国家出版基金项目
NATIONAL PUBLICATION FOUNDATION

现代农业高新技术成果丛书

棉花分子育种学

Cotton Molecular Breeding

李付广　袁有禄　主编

中国农业大学出版社
·北京·

内 容 简 介

本书由总论、棉花分子标记研究进展、棉花基因工程、棉花分子聚合育种进展、转基因棉花安全评价、棉花分子育种展望6部分组成。本书以与棉花分子育种相关的主要学科为中心，全面阐述了棉花在上述学科中的主要研究进展，重点论述了分子标记辅助育种及基因工程在生物信息学及基因组学高速发展背景下的主要研究进展，分析了棉花分子育种中存在的主要问题，提出了棉花分子育种的最新进展及发展方向。本书可以作为棉花遗传育种及生物技术研究人员、品种推广人员、科技管理人员、研究生等的参考用书，也可以作为相关领域研究人员的参考用书。

图书在版编目(CIP)数据

棉花分子育种学/李付广，袁有禄主编. —北京：中国农业大学出版社，2013.5
ISBN 978-7-5655-0678-9

Ⅰ.①棉…　Ⅱ.①李…　②袁…　Ⅲ.①棉花－作物育种　Ⅳ.①S562.03

中国版本图书馆CIP数据核字(2013)第050495号

书　　名　棉花分子育种学
作　　者　李付广　袁有禄　主编

责任编辑　魏秀云　　　责任校对　王晓凤　陈　莹
封面设计　郑　川
出版发行　中国农业大学出版社
社　　址　北京市海淀区圆明园西路2号　　　邮政编码　100193
电　　话　发行部 010-62818525,8625　　　读者服务部 010-62732336
　　　　　编辑部 010-62732617,2618　　　出　版　部 010-62733440
网　　址　http://www.cau.edu.cn/caup　　　e-mail cbsszs @ cau.edu.cn
经　　销　新华书店
印　　刷　涿州市星河印刷有限公司
版　　次　2013年5月第1版　2013年5月第1次印刷
规　　格　787×1 092　16开本　23.25印张　580千字　彩插3
定　　价　118.00元

图书如有质量问题本社发行部负责调换

现代农业高新技术成果丛书
编审指导委员会

编 委 会

主　编　李付广　袁有禄

副主编　刘传亮　石玉真　张朝军　商海红　崔金杰

参　编　郭香墨　王红梅　庞念厂　刘　坤　巩万奎
李俊文　杨晓杰　兰孟焦　杨泽茂　李文坦
张建宏　孙福鼎　董章辉　孔凡金　赵云雷
王倩华　孔德培　秦文强　雒珺瑜　张　帅
马　艳　马小艳　张金凤　邹长松　刘爱英
龚举武　王　晔　王天抗　宋威武　张　震

出版说明

瞄准世界农业科技前沿,围绕我国农业发展需求,努力突破关键核心技术,提升我国农业科研实力,加快现代农业发展,是胡锦涛总书记在2009年五四青年节视察中国农业大学时向广大农业科技工作者提出的要求。党和国家一贯高度重视农业领域科技创新和基础理论研究,特别是"863"计划和"973"计划实施以来,农业科技投入大幅增长。国家科技支撑计划、"863"计划和"973"计划等主体科技计划向农业领域倾斜,极大地促进了农业科技创新发展和现代农业科技进步。

中国农业大学出版社以"973"计划、"863"计划和科技支撑计划中农业领域重大研究项目成果为主体,以服务我国农业产业提升的重大需求为目标,在"国家重大出版工程"项目基础上,筛选确定了农业生物技术、良种培育、丰产栽培、疫病防治、防灾减灾、农业资源利用和农业信息化等领域50个重大科技创新成果,作为"现代农业高新技术成果丛书"项目申报了2009年度国家出版基金项目,经国家出版基金管理委员会审批立项。

国家出版基金是我国继自然科学基金、哲学社会科学基金之后设立的第三大基金项目。国家出版基金由国家设立、国家主导,资助体现国家意志、传承中华文明、促进文化繁荣、提高文化软实力的国家级重大项目;受助项目应能够发挥示范引导作用,为国家、为当代、为子孙后代创造先进文化;受助项目应能够成为站在时代前沿、弘扬民族文化、体现国家水准、传之久远的国家级精品力作。

为确保"现代农业高新技术成果丛书"编写出版质量,在教育部、农业部和中国农业大学的指导和支持下,成立了以石元春院士为主任的编审指导委员会;出版社成立了以社长为组长的项目协调组并专门设立了项目运行管理办公室。

"现代农业高新技术成果丛书"始于"十一五",跨入"十二五",是中国农业大学出版社"十二五"开局的献礼之作,她的立项和出版标志着我社学术出版进入了一个新的高度,各项工作迈上了新的台阶。出版社将以此为新的起点,为我国现代农业的发展,为出版文化事业的繁荣做出新的更大贡献。

中国农业大学出版社

2010年12月

前　　言

作为战略物资，棉花纤维在国民经济中的地位举足轻重。棉花既是一种重要的天然纺织纤维作物，又是重要的种子油料作物，同时棉花种子也是一种重要的饲料资源。目前世界上超过 80 个国家种植棉花。中国是最大的原棉生产国和消费国，常年植棉面积 8 000 万亩，总产 650 万吨左右。

近年来，随着棉纺织业的迅猛发展，我国棉花需求与日俱增，供需矛盾日益突出。我国棉花从 2002 年进口 18 万吨猛增至 2011 年的 335.6 万吨，2002—2011 年累计净进口 2 148 万吨，占同期全球棉花净出口量的 26.9%。我国棉纤维内在品质相对较差，纤维比强度偏低；长度、强度、细度等主要品质指标不协调；纤维类型单一，我国棉纤维 95%主要集中在中绒棉类型，缺乏适纺 60 支以上高支纱的长纤维和适纺牛仔布、地毯、纱布的粗短纤维。在稳定棉花种植面积的情况下，解决上述问题最有效的途径是培育高产、优质、多抗、高效的棉花新品种。由于陆地棉的遗传基础狭窄，纤维品质、产量和抗性等重要性状之间存在负相关，使得以表型选择为主的传统育种技术难以实现棉花纤维品质、产量和抗逆性等多基因的有效聚合。

进入 21 世纪后，随着基因组学、生物信息学等新兴学科的迅猛发展，植物育种理论和技术正在发生重大变革，多学科深度的交叉融合催生育种技术进入分子水平，育种效率得到了极大提升。通过多基因聚合等分子育种手段培育高产、优质、多抗、高效农作物新品种，已成为国内外学者研究的热点。随着国家转基因重大专项、"863"计划和"973"计划等项目的实施，以分子标记和转基因等为代表的现代分子育种技术在棉花遗传改良研究中得到了广泛应用。我国在棉花陆海遗传图谱构建及陆地棉优异纤维品质基因的 QTL 定位及分子标记辅助选择方面取得了较大进展；转基因抗虫棉在我国的黄河流域、长江流域棉区已广泛种植，以优质纤维（高衣分、大铃、高比强）为主的第二代转基因棉花已开始应用于育种；中国农业科学院棉花研究所与深圳华大基因研究院等合作，已完成了二倍体雷蒙德氏棉（D）和亚洲棉（A）的测序，四倍体陆地棉的测序正在进行，为全基因组水平上开展 SNP 及 SSR 标记开发奠定了基础。

本书主要是基于"863"计划"高产优质多抗棉花分子育种与品种创制"（2012—2015）、"优质高产棉花分子品种创制"（2006—2010）、"棉花纤维品质相关功能基因的克隆与验证"（2006—2010），"973"计划"棉花纤维品质功能基因组研究及优质高产新品种的分子改良"

(2010—2014)、“棉花纤维品质功能基因组学研究与分子改良”(2004—2009),国家转基因生物新品种培育重大专项“转基因优质纤维棉花新品种培育”(2008—2015)等项目在转基因、分子标记等方面的研究成果,经进一步梳理而成。

本书由中国农业科学院棉花研究所生物技术研究室的转基因研究课题组和分子育种课题组、遗传育种研究室的中熟课题组和中早熟育种课题组、植物保护研究室的虫害研究课题组的科研人员及研究生共同编写而成。本书由李付广、袁有禄任主编,刘传亮、石玉真、张朝军、商海红、崔金杰任副主编,主编和副主编对全书进行了统稿工作。

我国棉花分子育种正处在即将取得重大突破的关键时期,希望本书的出版为我国棉花分子育种的研究与发展起到积极的推动作用。

受编者水平的限制,书中错误和不足在所难免,欢迎广大读者批评指正。

编　者

2013 年 3 月 18 日

目　录

第1章

总　论

1.1 棉花育种技术进展

中国是世界上有悠久植棉历史的国家。棉花生产及种植技术的发展经历了约2 000年的漫长历程，直到20世纪50年代前仍处于一个较低水平。而近半个多世纪以来，由于品种不断更新，种植技术不断完善，我国棉花生产获得了长足进展。

中华人民共和国成立以来，棉花种植面积、皮棉总产和单产均获得了大幅度增长。1949年全国棉田面积277万公顷，皮棉总产量44.4万吨，占当时世界总产量的6.2%，居世界第四位，每公顷皮棉单产165 kg；到20世纪80年代，全国平均年产皮棉400.4万吨，比1949年增长9倍，约占世界总产量的1/4，居世界首位（潘家驹等，1998）。20世纪80年代，单产提高到742 kg/hm^2。2001—2010年平均棉花平均单产1 182.52 kg/hm^2，进入了世界棉花高产国行列。棉花的纤维品质也有很大改进，纤维长度由1949年的21 mm，提高到目前的29 mm左右，还生产了35 mm以上的超级长绒棉，基本满足了纺织工业和人民生活的需要。2000年全国棉布产量277.00亿米，棉纱产量达到760.68万吨，到2010年，棉纱产量达到2 717万吨，棉布产量更是达到了800亿米（国家统计局资料）。根据国家海关总署资料，到2011年，我国服装以及纺织品等出口2 478.90亿美元，比2010年（2 065.3亿美元）增加20.03%。所以，我国的植棉业在世界上已具有举足轻重的地位。

半个世纪以来我国植棉业的巨大成就，除政策因素外，与科学技术的发展密切相关，其中新品种对棉花生产的贡献具有重要作用。从国外引种到自育良种，由常规育种技术发展到生物技术与常规育种技术相结合，良种繁育程序由“三年三圃制”发展到以育种家种子为源头的四级种子生产程序（郭香墨等，2006），自1949年中华人民共和国成立到现在，我国主产棉区先后进行了6次大规模的品种更换更新，每一次更换都使棉花产量和品质得到较大幅度的提高，棉花育种技术达到新的水平。

1.1.1 我国棉花育种技术的发展与品种的系统更换

1.1.1.1 国外引种与第一次品种更换

第一次品种更换的特点主要靠引进美国以及前苏联陆地棉(*Gossypium hirsutum* L.)和海岛棉(*G. barbadense* L.)品种取代我国长期种植的亚洲棉(*G. arboreum* L.)和草棉(*G. herbaceum* L.)及混杂退化的陆地棉品种。我国历史上长期种植的是亚洲棉,在西北内陆棉区也有部分草棉种植,它们都是二倍体棉种,耐旱耐瘠,抗逆性强,但植株较小,纤维短,产量低。陆地棉最早引入中国是1865年,海岛棉(*G. barbadense* L.)引入中国是在20世纪初。1949年陆地棉在全国种植面积占全国棉田总面积的52%。在这次品种更换中,主要用岱字棉15及斯字棉2B、斯字棉5A、珂字棉等品种进一步更换了亚洲棉和退化的陆地棉。在黄河流域和长江流域棉区用岱字棉15进一步更换斯字棉、德字棉和珂字棉等,在特早熟棉区推广锦育5号和克克1543等,在西北内陆棉区推广前苏联的108夫、克克1543、2依3、5904依及长绒3号等海岛棉品种,亚洲棉基本被淘汰。至1958年推广美国品种岱字棉15后,陆地棉在我国种植面积已占棉田总面积的98%,其余为少量海岛棉及亚洲棉,而草棉已被淘汰,海岛棉开始种植。这次换种使棉花单产提高15%,绒长增加2~4 mm,我国棉花种植面积和单产迅速提高,1952年我国植棉面积比1949年扩大1倍,棉花总产达130.4万吨,比1949年增长近2倍,棉纱产量达362万吨,棉布产量达38亿米,均达到历史最高水平。

1.1.1.2 系统育种与第二次品种更换

1964—1968年间,我国棉花育种家利用系统育种技术改进国外陆地棉品种,使品种的产量水平和生态适应性进一步改观。这一时期棉花育种的主要技术是系统育种,即在美国品种中选择变异植株,建立株行圃、株系圃和原种圃,重点是提高铃重、衣分和适应性。这种系统育种技术原理与从前苏联引进的“三圃制”良种繁育技术基本一致。应用上述技术,长江流域以岱字棉15复壮种和洞庭1号、沪棉204、鄂光棉等品种替代了岱字棉15;黄河流域推广如徐州1818、徐州209和中国农业科学院棉花研究所育成的中棉所2号、中棉所3号等;特早熟棉区种植朝阳棉1号等;西北内陆棉区推广新海棉、8763依等海岛棉品种。

中棉所2号是从岱字棉15中通过系统育种法于1959年育成,在1960—1962年黄河流域区域试验56个点中,平均比对照岱字棉15增产14.3%,1968年在河北、山东、河南等省推广13.3万公顷;中棉所3号是中国农业科学院棉花研究所1960年从岱字棉15中系统选育而成,1972年在河南、陕西、山西、山东、河北等省推广种植20万公顷。中棉所3号属于耐病丰产品种,对枯萎病具有较强的耐病性,全国许多育种单位以该品种为抗病种质,育成了多个新品种;中棉所7号是从乌干达棉中用系统育种法于1971年育成,生长势强,后期叶片保持青绿不衰,累计推广6.7万公顷。

1.1.1.3 杂交育种与第三、四次品种更换

第三次换种发生在20世纪70年代,其技术标志是通过杂交育种技术培育新品种,即通过不同基因型的亲本之间的有性杂交,使得两个或多个亲本的某些遗传物质结合形成新的基因

组合，是棉花品种改良的主要途径之一，包括两亲本杂交和复合杂交。应用上述技术，我国育成了一批产量明显优于美国引进品种和我国系统育种技术育成的棉花新品种，并在主产棉区迅速推广应用。黄河流域棉区的推广品种是以鲁棉 1 号、徐州 142、邢台 6871、中棉所 5 号和中棉所 7 号等为主，长江流域推广品种以泗棉 1 号、泗棉 2 号、鄂沙 28、沪棉 204 和徐州 142 等为代表，使推广面积一度居首位的美国品种岱字棉 15 在南北棉区被取代；在特早熟棉区黑山棉 1 号和辽棉 4 号等得到了大面积推广；西北内陆棉区推广军棉 1 号等，其中鲁棉 1 号的年推广面积曾达 210 万公顷，是我国棉花品种推广面积最大、推广速度最快的品种，1982 年通过国家审定，曾获得国家技术发明一等奖。这些丰产良种对提高我国的棉花产量和品质都不同程度地发挥了积极作用。20 世纪 50 年代，在我国自育的推广面积在 6.5 万公顷以上的陆地棉品种中，通过杂交育种育成的品种占 13%，20 世纪 60 年代占 21.2%，70 年代占 38.3%。

中棉所 5 号是中国农业科学院棉花研究所从徐州 209×(岱字棉 15×紫锦葵)组合后代选育而成的中早熟品种，1969 年育成，耐旱涝性较强，20 世纪 70 年代在黄河流域大面积推广。

第四次换种自 1980—1984 年，其特点是杂交育种技术进一步发展为利用多亲本的复合杂交技术培育新品种，国产品种完全取代国外引进品种，品种的熟性更加多元化，为棉花耕作制度改革提供了优质种源。黄河流域重点推广中棉所 8 号、鲁棉 1 号、冀棉 8 号及短季棉品种中棉所 10 号。中棉所 10 号为中国农业科学院棉花研究所育成的第一个短季棉品种，从引进品种黑山棉 1 号中系统选育而成，其育种策略是根据我国黄河流域广大棉区人多地少、粮棉争地矛盾突出的客观实际，选育适合麦棉夏套种植的新品种类型。中棉所 10 号具有早熟、高产等突出特点，成为 20 世纪 80 年代黄河流域短季棉的当家品种，是我国短季棉育种的开创性品种。长江流域推广泗棉 2 号和鄂沙 28 等；特早熟棉区推广辽棉 8 号、辽棉 9 号；西北内陆棉区推广军棉 1 号和新陆早 1 号，其中军棉 1 号在西北内陆棉区推广应用时间一直持续到 21 世纪初。经过这次换种，我国自育陆地棉品种基本普及，品种的丰产性有较大提高。

1.1.1.4 抗性育种与第五次品种更换

20 世纪 80 年代中期至 90 年代中期，棉花枯萎病(*Fusarium vasinfectum*)和黄萎病(*Verticillium daliae* Kleb.)呈快速发展态势，其对棉花生产造成的损失日益严重，因此，从遗传育种角度控制上述病害成为棉花育种目标的新内容。该阶段育种目标是在高产、早熟的基础上考虑影响棉花生产的枯萎病和黄萎病，并培育早熟、优质、抗病的春套棉和短季棉品种。在西北农业大学高永成教授提出棉花品种病地鉴定和强化选择理论后，中国农业科学院棉花研究所谭联望等认真总结育种经验，通过选择高产、抗病的引进品种乌干达 3 号和优质、广适的邢台 6871 作亲本，杂交后代连续在试验田接种棉花枯萎病、黄萎病病菌，连续鉴定和强化选择育成了丰产、抗病、优质棉花品种——中棉所 12。

中棉所 12 打破了高产与抗病性和纤维品质的遗传负相关，先后通过国家和河南、山东等 6 省审定，推广范围遍及全国三大棉区的 12 个产棉省，至 1993 年累计推广种植 730 万公顷，1990 年获国家技术发明一等奖。

中棉所 16 是从中 10 选系×辽 4086 组合后代中经连续选择而成的抗病、早熟短季棉品种，1990 年通过河南、山东两省品种审定委员会审定。该品种生长发育快，生育期 114 d，吐絮期落叶晚，表现早熟不早衰，丰产、优质，高抗枯萎兼抗黄萎病，成功地解决了麦田夏套棉早熟、抗病和不早衰的难题，累计种植面积 67 万公顷以上，1993 年获农业部科技进步一等奖，1995

年获国家科技进步一等奖。至此，中棉所系列品种成为我国棉花生产的主导品种，迅速覆盖黄河流域、长江流域和西北内陆三大棉区，“中”字号棉花品种年推广面积 270 万公顷左右，占全国棉田面积 50%。长江流域以泗棉 2 号、江苏棉 1 号、盐棉 48 和鄂抗棉 5 号为主，特早熟棉区推广辽棉 12。中棉所 17 是以抗病、优质材料 7259×6651 的后代为母本，以早熟、高产的中棉所 10 号作父本进行复合杂交育成，具有早熟、高产、优质、抗病、综合性状优良、适于麦棉套种等优良特性，1990 年山东省审定，纤维品质优异，洁白有丝光，主体长度 31.47 mm，强力 3.99 g，细度 6 402 m/g，断裂长度 25.5 km，成熟系数 1.58。中棉所 17 生育期 125 d，比春棉短 10～15 d，比夏棉长 10 d，适播期长，抗枯萎耐黄萎病，是黄淮海棉区麦棉套种、夺取粮棉双丰收的理想品种，1994 年获农业部科技进步一等奖，1996 年获国家科技进步二等奖，是黄淮海棉区麦棉套种的主导品种，耐盐碱，适于黄淮海棉区麦棉套种和滨海滩涂碱地种植，累计推广种植 75 万公顷以上，对于发展麦棉套种，缓解粮棉争地矛盾，以及开拓滨海滩涂碱地植棉有重要意义。中棉所 19 在 1989—1990 年河南省抗病区域试验中，每公顷霜前皮棉平均产量 1 017.0 kg，比对照中棉所 12 增产 2.6%，1990 年河南省麦套棉区域试验，每公顷霜前皮棉平均产量 1 068.0 kg，比对照中棉所 17 增产 4.3%。1991—1992 年长江流域抗病区域试验，每公顷霜前皮棉平均产量 987.0 kg，比对照中棉所 12 增产 12.9%，居首位。北京市纤维检验所测试，纤维主体长度 30.9 mm，单纤维强力 3.77 g，细度 6 448 m/g，1992 年和 1993 年分别由陕西省、河南省和全国农作物品种审定委员会审定，1997 年获农业部科技进步一等奖，1998 年获国家科技进步一等奖。

1.1.1.5 转基因育种与第六次品种更换

自 1995 年以来，随着现代生物技术的发展和棉花生产中棉铃虫、棉红铃虫的严重危害，棉花育种目标也迅速调整，在黄河流域和长江流域逐步以培育和推广转基因抗虫棉和抗虫杂交棉为特征，逐步进入分子育种技术与常规技术相结合的新阶段，品种的科技含量进一步提升。

20 世纪 90 年代，棉铃虫和红铃虫的危害成为我国棉花生产的灾难性害虫，棉铃虫每年造成的直接经济损失高达 100 亿元以上(夏敬源等，1995)。继美国 Agrocitus 公司成功构建来自苏云金芽孢杆菌(*Bacillus thuringiensis*)的 *Bt* 基因并在棉花上表达后，美国孟山都公司采用改造土壤农杆菌的 Ti 质粒转化载体的启动子，即在 35S 小亚基作启动子的基础上加入重复的强化表达区，使基因合成毒素的表达水平提高 100 倍。同时在不改变 *Bt* 基因合成毒蛋白的氨基酸序列的情况下，对 *Bt* 基因进行修饰改造，对构成该基因的 21%的核苷酸序列进行相应的替换，使 A、T、G、C 四种碱基趋于平衡，使其更适合在植物中表达；这样，*Bt* 基因合成杀虫晶体蛋白的量从原来的占可溶性蛋白的 0.001%提高到 0.05%～0.1%，抗虫效果明显改善。美国育成的抗虫棉品种 33B、99B 迅速占领中国棉种市场，至 1998 年，美国抗虫棉面积占我国抗虫棉总面积的 95%，我国民族育种业面临严峻挑战(安道昌等，1997)。

继成功构建具有自主知识产权的 *Bt* 基因后，中国农业科学院生物技术研究所又将 Bt 毒蛋白与豇豆胰蛋白酶抑制剂(CpTI)构建了双价基因的复合体，使我国成为世界第二个拥有抗虫基因自主知识产权的国家(郭三堆等，1999)。河北省石家庄市农业科学院把该双价基因导入常规棉品种石远 321 中，育成的双价抗虫棉 SGK321 于 2001 年通过河北省审定，2002 年通过国家审定；中国农业科学院棉花研究所与中国农业科学院生物技术研究所合作，利用花粉管通道法将双价基因转入常规棉品种中棉所 23 中，经过多世代连续鉴定选择、分子检测、毒力试验和转基因安全性评价，育成中棉所 41(郭香墨等，2002)，该品种具有抗虫性强，产量与抗虫杂交棉持平的特点，2002 年通过国家审定，之后在黄河流域大面积推广应用，其中陕西、山西两省推广面积一度占棉花播种面积的 70%以上，全生育期节省农药投资 60%以上；2007 年，该品种获得陕西省科技进步一等奖，2008 年获得中国农业科学院科学技术成果一等奖，2009 年获得国家科技进步二等奖，至 2010 年，在黄河流域 6 省累计推广面积 300 万公顷。中棉所 41 之后，中棉所 45、47 等双价抗虫棉相继问世，品种综合性状不断提高，国产转基因抗虫棉的面积迅速扩大。据统计，1998 年我国自育转基因抗虫棉面积共 25 万公顷，占我国抗虫棉品种面积 5%；2002 年抗虫棉总面积 194.3 万公顷，国产抗虫棉面积占 73.3 万公顷，占抗虫棉总面积的 38%；2004 年抗虫棉总面积 310.4 万公顷，国产抗虫棉面积 186.7 万公顷，占 60%；2006 年我国抗虫棉面积已占我国抗虫棉面积的 80%以上。此后我国转基因抗虫杂交棉和中熟、中早熟、早熟常规棉品种不断涌现，至 2010 年，国产抗虫棉的市场占有率达到 97%以上，实现了转基因抗虫棉国产化。

此阶段我国转基因抗虫棉育种成绩斐然，主要育成品种有我国第一个国审双价转基因抗虫棉中棉所 41，以及中棉所 45、鲁棉研 15、16、22、28 和 SGK321。西北内陆棉区大面积推广中棉所 35、中棉所 36、中棉所 43、中棉所 49 和新陆中 5 号等。这次换种的显著特征是：常规育种技术与生物技术密切结合，育种水平和效率显著提高，我国棉花的抗虫性明显改善，我国自主知识产权的抗虫基因广为应用，节本增效和保护生态环境初见成效。2001—2010 年我国棉田面积、总产及单产呈现持续增加态势，在世界棉花生产中占重要地位(表 1.1)。

表 1.1 2001—2010 年中国和世界棉花种植面积、总产和单产比较*

年份	棉花产量/万吨			棉花种植面积/万公顷			单产/(千克/公顷)		
	中国	全球	中国占世界/%	中国	全球	中国占世界/%	中国	全球	中国比世界高/%
2001	532.35	2 148.77	24.77	480.980	3 371.700	14.27	1 106.80	637.29	73.67
2002	491.62	1 981.01	24.82	418.416	3 074.100	13.61	1 174.96	644.42	82.33
2003	485.97	2 108.51	23.05	511.053	3 231.600	15.81	950.92	652.47	73.67
2004	632.35	2 645.35	23.90	569.287	3 570.100	15.95	1 110.78	740.97	82.33
2005	571.42	2 534.57	22.55	506.180	3 472.400	14.58	1 128.89	729.92	45.74
2006	674.58	2 661.14	25.35	540.887	3 453.200	15.66	1 247.17	770.63	49.91
2007	762.36	2 604.98	29.27	592.610	3 284.600	18.04	1 286.44	793.09	54.66
2008	749.20	2 336.47	32.07	575.410	3 058.900	18.81	1 302.03	763.83	61.84
2009	637.70	2 225.80	28.65	495.180	3 016.000	16.42	1 287.81	738.00	62.21
2010	596.10	2 534.20	23.52	484.870	3 333.800	14.54	1 229.40	760.15	70.46

* 世界数据来自 USDA，中国数据来源中国农业部。

在转基因育种技术上，目前我国主要采用三种途径：一是农杆菌介导法转化技术，即利用棉花组织外植体与含有外源基因的农杆菌进行共培养后，再进行组织培养，获得转基因再生植株，如山西省农业科学院棉花研究所陈志贤等培育的转 *Bt* 基因抗虫棉品种 95-1 等就是利用此方法获得的。该技术的优点是转化效率较高，缺点是转化周期长，受到受体材料基因型限制，不是所有棉花品种都可以作为受体，受体形成再生植株较困难，而且从转化到形成再生植株一般需要 7～8 个月，甚至更长时间。二是花粉管通道法转化技术，即在棉花开花当天，用微型注射器把外源基因注射进入子房，在精细胞和卵细胞结合形成合子的发育过程中外源基因随机插入，其后通过有丝分裂形成胚，进而发育成转基因种子。该技术的优点是操作简单，注射可形成较大量种子，缺点是转化效率较低。三是基因枪轰击法转化技术，即把棉花顶尖或其他幼嫩组织通过基因枪轰击打入外源基因，在有丝分裂时随机插入染色体中，形成转基因植株，收获其种子后检测是否导入外源基因，优点是相对容易操作，缺点是转化效率低且往往形成嵌合体。中国农业科学院棉花研究所转基因实验室全面改进并应用上述三项技术，形成较为完善的转基因规模化转基因技术体系，并于2005年获得国家科技进步二等奖，经进一步技术改进和方法探索，使得转基因效率大幅度提高，其技术方法与基因的转化验证平台于2010年获得国家技术发明二等奖。

1.1.2 我国棉花育种技术创新

1.1.2.1 高产育种技术创新

根据棉花品种的熟性确定育种目标：优良的品种应能最充分地利用棉花生长期的气候资源获得高产和优质性状，并能与当地的种植制度相协调，成熟期不宜过早或过迟。如黄河流域棉区的自然条件适于棉花生长发育，但无霜期稍短，春季常出现倒春寒，影响壮苗早发；夏季雨水多，营养生长旺，蕾铃脱落较多；秋季低温来临较早，影响棉铃发育；因而适于种植中早熟类型的品种，达到中下部结铃集中、中期营养生长和生殖生长比较协调。新疆棉区的积温较低，南疆的无霜期比北疆长，4～5月份有低温期及风沙影响棉花保苗和生长发育，9～10月份降温快，影响中上部棉铃的成熟和吐絮，选育新品种要求出苗势强、早发、生育快，尤其是成熟早、吐絮快的中早熟类型品种。北疆和北方特早熟棉区的生育期短、积温低，更需要选择早熟及特早熟类型的品种等。需要说明的是，耕作栽培制度的变革对确定新品种的生育期有重要作用，如在实施地膜覆盖和营养钵育苗移栽的地区，由于延长了棉花生长期，其品种的生育期应该适当长一些。

杂交后代选择技术：杂交后代应注意选择棉株生长稳健的植株，保持花期净同化率高，伏期花量大、成铃快、结铃性强且集中，后期能保持较强光合势的类型。高产、稳产品种一般苗期发育快，花铃期营养生长与生殖生长比较协调。如鲁棉1号与岱字棉15相比，在7月26日前的逐日开花量无明显差别；而从7月27日到8月5日期间，鲁棉1号的平均日增铃速度为0.48个，而岱字棉15仅0.2个；鲁棉1号的前中期成铃数比岱字棉15提高51%。可见，伏期开花量大的植株成铃速度快，伏桃和早秋桃占的比重大，且靠近主茎铃多，是鲁棉1号产量的主体，是早熟、高产的主要原因。选择主茎叶片较多、叶片稍厚、叶色略深、叶肉组织致密的植株叶片功能期较长，到生长后期直至大量吐絮时仍能保持较强光合势的类型。再如中棉所12具有较高的光合速率和较低的呼吸速率，与鲁棉1号比，盛花期和盛铃期净光合速率分别提高9.5%和45.0%，蕾期至花期平均光补偿点低32.4%，花铃期二氧化碳补偿点低27.1%，能比较充分地利用二氧化碳，延长光合时间，特别是在弱光下的光合速率较高，较鲁棉1号的光饱和点高19.2%，蕾期和花铃期暗呼吸速率平均低18.7%，减少了能量消耗，光合生产力高，从而丰产、稳产性较好。

1.1.2.2 株型与结铃性的选择

首先要有一个理想的株型，以提高棉田光能利用率，并减少不良天气下田间郁闭而引起的蕾铃脱落和烂铃。如泗棉 3 号在长江流域棉花品种区域试验中单株铃数比其他参试品种增加 2.4 个百分点，中棉所 12 在黄河及长江两流域区域试验中比对照晋棉 7 号及 86-1 平均减少烂铃 11.8%，霜前好花率明显增加。这些都与株型结构具有较好的受光条件和通透性能，以及开花结铃集中、八月多桃、内围结铃率高等有直接关系，从而达到较适宜的气候时期与最佳的结铃期基本吻合，提高了结铃性，使生物学产量与经济产量同步增长，因而达到提高产量的效果。

1.1.2.3 衣分、衣指和铃重的选择

我国的自育品种与引进代表品种岱字棉 15 比，衣分有明显提高，是增产的重要因素。黄滋康等认为，对衣分的选择，必须保持一定的子指水平，如果衣分提高，导致种子变小，发芽势差，生长势弱，则达不到提高产量的目的。而在鄂荆 1 号的选育过程中，采用了在提高衣指的基础上提高衣分的策略，较好地解决了高衣分与高子指的矛盾，是在长江流域棉区的生态条件下，集大铃(6 g)、高衣分(40%)、高衣指(8 g)、高子指(11.5 g)等性状于一体的新品种。

不同棉区对棉花铃重的要求有所不同。一般不追求过大的棉铃，而是着重选择铃型整齐，分布均匀，全株早、中、晚期铃重差异小，铃壳薄，囊壳比值大，吐絮畅的类型，以提高总体平均铃重。如岱字棉系统的后代材料，一般要求铃重 5～5.5 g，有利于单株结铃性的提高。采用提高衣指来提高衣分，也有铃重提高到 6 g 的先例，如抗虫杂交棉中棉所 48 在长江流域棉区的铃重可达到 7 g 以上。2002—2003 年参加安徽省棉花品种区域试验，两年加权平均每公顷子棉、皮棉、霜前皮棉分别为 3 208.5 kg、1 263.0 kg 和 1 024.5 kg，分别比对照皖杂 40 增产 11.7%、5.7%和 5.1%。只有结铃性强、铃较大、子棉增产稳定，且衣分较高的品种，才能大幅度增产皮棉。综合分析，只有总产量和好花量的高低，才能作为评定丰产性的标准。

在结铃性、早熟性、铃重相类似的情况下，吐絮状况的好坏，对于产量和纤维品质有很大影响。如品种的成熟期与当地的气候条件不协调，或遇到特殊的低温晚熟年份，棉株纵然结铃多而不能如期成熟，或僵瓣烂铃多，同样不能达到丰产、优质的目的。

1.1.2.4 早熟性和稳产性的选择

早熟性的选择：鉴定早熟性的标准很多，如棉花植株第一果枝节位、开花期、吐絮期、霜前花的绝对收花量、霜前花率等，但多数人认为较可靠的是霜前花的绝对收花量，只有霜前收花量高、总产量稳定增产，才是经济价值高的品种。为此，要着重选择伏期开花量大、成铃速度快，伏桃和早秋桃比例大的类型，同时，这种类型具有内位铃多且铃壳薄、后期棉铃脱水快的特点。与早熟性状有关的如开花期、吐絮期等遗传率较高，且标志明显，个体之间界线清楚，可根据表现型进行早代选择；同时还要注意选择主茎节距不宜过长、第一果枝节位适中、前期生育快、初花至盛花期较短等性状。

稳产性的选择：稳产性的选择主要靠加强异地鉴定，选择多年多点在不同生态条件下表现一致的类型。如泗棉 2 号在长江流域区域试验中，皮棉产量变异系数为 13.4%、铃重变异系

数为 9.9%、衣分变异系数为 3.7%，而其他参试品种则分别为 16.0%～19.2%、10.6%～11.0%和 4.0%～5.3%。变异系数较小，表明在不同生态环境及栽培条件下的适应性较强、产量比较稳定；又如泗棉 3 号对肥水反应弹性宽、产量波动小、稳产性能较好。据 1985 年、1986 年两年黄河、长江流域抗病区域试验 41 个点次霜前皮棉稳产性测定，中棉所 12 回归系数分别为 1.09 和 1.03，连续 4 年皮棉产量稳定性居首位，是以上两个品种区域试验参试 12 个品种中变异系数最小的品种之一。该品种为 8 个主系组成的多系品种，群体基因组成较丰富，增大了对环境的应变缓冲力，从而增强了品种的稳定性。

1.1.2.5 棉花纤维品质改良策略

20 世纪 80 年代以前，我国棉花育种的主要目标是提高产量，所育成品种只能纺织 30 支以下棉纱，20 世纪 80—90 年代纤维品质有所提高，纤维品质中等，能纺 30～40 支纱，如中国农业科学院棉花研究所育成的中棉所 12，较好地解决了丰产、优质与抗病性的矛盾，纤维长度 29.9 mm，单纤维强力 3.91 g，细度 5 855 m/g，断裂长度 22.89 km。20 世纪 90 年代末纤维品质达到中上等水平，育成了一批能纺 40～60 支纱的优质品种，如中棉所 17 纤维主体长度 31.47 mm，单纤维强力 3.99 g，细度 6 402 m/g，断裂长度 25.5 km，中 6651 的纤维长度 31.4 mm，单纤维强力 3.94 g，细度 6 337 m/g，断裂长度 24.97 km。20 世纪 90 年代后期育成了一批纤维品质优级、能纺 60 支以上高支纱的品种，如渝棉 1 号、新陆中 9 号、赣棉 2 号和科棉 1 号等，其中渝棉 1 号纤维上半部平均长度 30.8 mm，断裂比强度 28.9 cN/tex，马克隆值 4.2，试纺 60 支纱达到优等标准。

从我国培育优质棉品种的主要技术分析，一般采用以下技术：一是通过品种间杂交、回交、复合杂交和修饰杂交等技术改良纤维品质，如湖北省农业科学院经济作物研究所通过品种间杂交育成的优质棉品系 6078，纤维强度 4.21 g，细度 6 050 m/g，断裂长度 25.8 km；二是对产量、抗病性和纤维品质综合改良，如西南农业大学张凤鑫等将复合杂交、个体间互交、多抗筛选等技术综合运用，建立 3 种种质库，然后通过不同种质库材料杂交和轮回选择，育成优质、高产、抗病品种渝棉 1 号（张凤鑫等，1990）；三是通过远缘杂交渐渗外源优质基因，如四川农业大学江先炎等通过陆地棉与亚洲棉杂交育成 G206、1471 等优质棉品系，江苏省农业科学院经济作物研究所钱思颖等采用陆地棉与异常棉（*G. anomalum*）杂交，育成 7131、7158 等 8 个优质棉选系（钱思颖等，1992），中国科学院遗传研究所梁正兰等用陆地棉与斯特提棉（*G. sturtianum*）杂交，育成优质棉品种秦远 4 号（梁正兰，1982）；四是采用诱变育种、基因工程等手段培育优质棉品种。

1.1.2.6 棉花育种的技术策略

育种目标要有明确的针对性：为了达到高产优质的目标，在不同的育种阶段，需要根据影响产量和品质的某些关键性状，作为最终育种目标，解决生产关键问题，实现产量的突破。如 20 世纪 40～50 年代长江流域棉区卷叶虫危害严重，育成的鸡脚德字棉，控制了四川棉区的卷叶虫危害，20 世纪 70～80 年代育成了一大批抗病品种，控制了我国主要棉区枯萎病的危害，20 世纪 90 年代从引进到自育成的转基因抗虫棉品种有效地控制了棉铃虫和棉红铃虫的危害。这些抗病虫性状虽不属于产量性状范畴，但对产量的保持和提高起到了关键的、不容忽视的作用。

从目前我国陆地棉的产量结构水平看，衣分一般已达到40%左右的较高水平，继续提高的潜力较小；棉铃的大小，由于受各地生态条件的制约，一般不宜追求过大的棉铃；同时衣分过高、棉铃过大，往往对产量会带来不利的影响；而提高品种的结铃性、增加单株结铃数的潜力较大，是提高品种产量水平最主要、可靠的因素。因此，棉花高产育种宜把提高品种的结铃性为主要目标性状，选择结铃性强、成铃多的种质材料为亲本；对杂种后代的选择也应把注意力集中在结铃性上，并适当改进衣分和铃重，以求产量有所突破。

低世代杂交组合的选择：从大量的育种成功经验分析，正确选配杂交组合是育种成败的关键因素之一。首先要求杂交组合的起点要高，选用当地大面积种植品种或自育的新品种（系）为亲本之一，选择与其性状互补且具有突出优点的异地材料为另一亲本，成功的几率较高。如鄂荆92是以自育品种鄂荆1号基础材料作父本，以来自[锦州所选自（关农1号×隆字棉）×（关农1号×斯字棉）]的品系3208做母本杂交，在杂种低世代 F_2 和 F_3 设4～6次重复的高优势组合中鉴定后系统选育而成；军棉1号是选用生产上表现优良性状较多、唯独长势较弱的司1470作母本，以生长势强、大铃丰产的“五一大铃”棉花品系等作父本，使性状重组达到结铃性和丰产性强的要求育成。中棉所12是乌干达4号与邢台68-71感病亲本的杂交后代，先在非病地选择丰产性，后在病圃中选择抗病性；这两个品种都是将杂交后代先在非病地中选出产量高的优系，然后于枯萎病圃中连续选择育成。因为抗病性与产量呈负相关，往往通过选择相对耐病的材料，比抗病和高抗的材料可望获得结铃多且产量高的后代；到了高世代再选择与抗病结合的综合性状，避免了由于抗病性是显性，过早地在杂种圃中把丰产性状好的后代淘汰掉。

扩大杂种群体规模，加强高世代选择强度：对棉花杂交后代的选择，需要扩大群体，加强高世代的选择强度，在大量的组合中发现突破性的组合和新类型，从中进行优株选择，要多看精选，优中选优。苗期观察出苗势和苗期长势，初花期选开花早、成铃率高、丰产性好的单株，吐絮期入选铃多铃大、吐絮畅且集中、早熟不早衰的无病单株，特殊优异材料则加大选择比例。

从育成品种中继续选择剩余变异，是系统育种的理论依据。棉花的经济性状属数量遗传，连续选择的余地较大。如20世纪70年代中国农业科学院植物保护研究所马存等从陕棉5号中选到了高衣分的86-1，使我国抗病品种产量提高到常规品种水平；又如江苏省徐州农科所从徐州209中选出了大面积推广的丰产品种徐州1818，辽宁省锦州农科所从锦棉1号中选出铃重增大的特早熟品种黑山棉1号，成为北部特早熟棉区的主推品种，中国农业科学院棉花研究所从黑山棉1号中选出早熟棉品种中棉所10号，成为黄河流域第一个麦棉套种的早熟棉品种；江苏棉花原种场从养马大桃天然杂交后代的迟熟材料中育成成熟较早且丰产的泗棉2号等，均是系统育种的成功范例。

棉花杂种优势利用：杂交棉的选育和推广应用是我国棉花产量持续提高的重要技术支撑之一。我国利用棉花杂种优势主要有两种途径：一是品种间人工去雄、人工授粉；二是利用雄性不育生产杂交种。

20世纪80年代，中国农业科学院棉花研究所邢以华、靖深蓉等在配合力分析的基础上，筛选出中棉所28（即中杂028）杂交种（潘家驹等，1998），在1986—1989年全国棉花育种攻关联试中，F_1 比对照晋棉7号增产23.75%，比对照中棉所12增产20.45%，1993—1994年参加安徽省区域试验，1997年通过安徽省审定。此后杂交种品种数量和种植面积不断增加，21 世纪以来，全国杂交种面积占棉田总面积 25%以上，长江流域基本普及了杂交棉，杂交棉播种面积占 95%以上，黄河流域部分地区种植抗虫杂交棉，西北内陆棉区仅在建设兵团有少量种植。棉花杂种优势主要表现在生长势和结铃性强，植株健壮，单株结铃比常规棉品种增加 15%～25%，成熟集中。推广应用人工去雄、人工授粉的杂交种存在的主要问题是制种效率低，人工成本高，劳动力缺乏，种子生产量有限，因而种子售价较高，不能大规模推广应用。

进入 21 世纪后，棉花人工制种技术进一步规范化，制种效率明显提高，如全株去雄不套袋技术、小瓶授粉技术等，2008 年安徽省农业科学院棉花研究所在总结各地人工制种技术的基础上，制定了棉花杂交种制种技术规范，作为行业标准发布执行。

利用棉花雄性不育系生产杂交种是克服上述问题的有效途径。20 世纪末首先开展棉花核不育的研究，自从 1972 年四川省仪陇县农业科学研究所从推广品种洞庭 1 号中发现自然变异产生的核雄性不育株以来，我国在核雄性不育系的发现、收集、鉴定和转育利用等方面做了大量研究，“洞 A”不育系及其衍生系已应用于生产，此后从美国引进双隐性核雄性不育系，中国农业科学院棉花研究所用其转育的中抗 A 不育系与 GK1 杂交育成杂交棉中棉所 54，2007 年通过山西省审定。无论是单隐性或双隐性核不育系在制种和繁殖不育系时，有 50%可育株需要除去，因此增加了工作量，制种效率仍受到限制。针对上述情况，我国利用哈克尼西棉(*G. harknessii*)、海岛棉等细胞质雄性不育系实现三系配套做了大量研究，贾占昌等首先发现海岛棉的雄性不育系，并培育了恢复度达到 90%以上的恢复系，初步实现了三系配套(贾占昌，1990)。至 21 世纪初，哈克尼西棉和海岛棉雄性不育系实现了三系配套，不育系的不育度、恢复系的恢复度均达到 100%，并育成一批杂交棉品种在生产上大面积推广应用。中国农业科学院生物技术研究所郭三堆等与河北省邯郸市农业科学院合作育成的三系杂交种银棉 2 号，具有海岛棉的不育细胞质，2003—2004 年参加黄河流域杂交棉品种区域试验，平均霜前皮棉为每公顷 1 356.0 kg，比对照中棉所 41 增产 29.1%，霜前花率 92.6%，衣分 42.6%。2004 年黄河流域生产试验结果，子棉、皮棉和霜前皮棉产量分别为每公顷 3 498.0 kg、1 468.5 kg 和 1 405.5 kg，分别比对照中棉所 41 增产 23.9%、26.6%和 28.7%，2005 年通过国家审定。河北省邯郸市农业科学院育成转双价基因三系杂交棉邯杂 429，2003 年参加河北省抗虫区试，皮棉和霜前皮棉产量分别较对照品种新棉 33B 增产 16.6%和 18.7%，达极显著水平。2004 年参加国家麦套棉试验，子棉、皮棉和霜前皮棉产量分别较对照增产 6.8%、15.5%和 19.8%，均居第一位。转单价基因三系杂交棉邯杂 98-1，2005 年通过河北省审定。1999—2000 年省区试，每公顷霜前皮棉平均产量 1 251.0 kg，较对照品种新棉 33B 增产 10.4%，2000 年省春播抗虫生产试验，每公顷霜前皮棉平均产量 1 258.5 kg，较对照新棉 33B 增产 26.7%，居第一位。2004 年参加国家抗虫棉区域试验，子棉、皮棉和霜前皮棉产量分别较对照增产 31.7%、33.6%和 37.1%，均居第一位。据报道，湖南省岳阳市农业科学院发现了瑟伯氏棉细胞质雄性不育系，已实现三系配套，无论不育系的不育度还是恢复系的恢复度均达到 100%，并出现了一批高优势杂交组合。

目前棉花三系杂交种应用于生产尚存在以下主要问题：一是恢复系培育困难，培育特殊配合力高且恢复度高的恢复系成功率较低；二是恢复系类型少，尤其缺乏纤维品质优良的恢复系，因此杂交种品质类型单一，不能满足纺织工业对原棉多样化的需求。

1.1.3 棉花主要性状的遗传研究进展

1.1.3.1 早熟性与其他性状的遗传相关

早熟性与农艺性状的遗传相关：潘家驹研究发现陆地棉棉苗的出叶期与霜前花产量、霜前花百分率、单株总子棉产量，棉花阶段生育期与霜前花百分率、单铃重等性状都具有负的遗传相关，且棉花出叶期和阶段生育期的遗传率较高，可作为选择早熟、丰产类型的间接指标（潘家驹，1979）。陈仲方等 1989 年研究指出：早熟性指数值可用自播种至第 10 果枝第 2 果节开花期的天数来表达，这些果节开花时，棉株上已有 36 个果节开花，包括产量的主体果节位；该指数涵盖了霜前花的所有果节，与霜前花率的关系极大（陈仲方等，1989）。喻树迅（1990）研究指出：第一果枝节位对霜前花率的通径系数（1.5）高于其他性状对霜前花率的影响（＜1.0）。对霜前花率直接影响大的性状有：第一果枝节位、苗期、铃期、全生育期，而脱落率和蕾期的间接效应大于直接效应，是影响早熟的关键性状。胡积运（1996）研究指出：各数量性状对霜前花率贡献的大小，依次为衣分（0.708 0）＞单铃重（0.306 7）＞果枝数（0.083 6）＞单株铃数（−0.025 4）＞株高（−0.359 6）＞生育期（−1.315 3）；为获得陆地棉早熟性能好的品种，应着重注意衣分高、单铃重的类型。

早熟性与纤维品质的遗传相关：一般认为早熟性状与纤维品质为遗传负相关，随着育种技术的提高，正逐步在将这些负相关打破，出现了早熟、优质的棉花新品种。李瑞祥（1989）指出 5 个纤维品质性状的遗传率在 70％以上，表明它们受环境条件的影响较小，选择的可靠性高，其遗传率的位次为：绒长＞强力＞断长＞成熟度。在相同的选择强度下，绒长的遗传进度最大，且与细度、断长呈高正相关，所以在优质育种中可先对绒长进行选择，而后进行强度和细度的选择。

早熟性与其他一些性状的遗传相关：Munro（1971）分析了能够缩短棉株形成前 30 个果节所需天数的各个影响因素，指出果枝着生节位、始花期、开花的纵向间隔期和横向间隔期是棉花早熟性的重要指标。赵伦一（1974）指出，现蕾期、盛絮期的遗传率较高，而且与首次收花率负相关极显著。因此，可以现蕾期或盛絮期作为评定陆地棉早熟性的指示性状。Salvador（1985）采用不完全双列杂交设计，研究指出，第一果枝节位、株高、见花期、见絮期和开花横向间隔期等性状有显著或极显著的加性-显性效应。陈仲方等（1989）研究指出：理论始花期、果枝始节、开花垂直间隔期与早熟性指数间的关系达极显著水平（0.827 1～0.949 1）。喻树迅（1990）研究结果也表明阶段生育期可作为早熟性的指示性状。指出苗期、蕾期、铃期、第一果枝节位以及脱落率与霜前花率的遗传相关为显著负相关。遗传通径分析还证明，苗期对全生育期的直接正效应高于蕾期、铃期的直接作用；蕾期通过脱落率的间接正效应也十分明显，所以在早熟育种中可将苗期、蕾期及脱落率作为鉴定早熟性的指标，从遗传变异系数和遗传率的信息看，棉花品种早熟性的选择尚有很大潜力。

1.1.3.2 棉花的抗病性遗传

多数认为品种的抗病性由多基因控制。如 Fahmy（1927）用免疫品种与感病品种杂交，在海岛棉中的抗性由 1 个显性基因和几个微效基因决定。Kelkar 等（1947）指出，海岛棉的抗性由 1 个显性基因和 1 至多个修饰基因控制。Jones 等(1957)研究表明,在枯萎病与肾形线虫并存的情况下,抗病性由 2～3 个基因控制。Smith 等(1960)、Singh 等(1988)认为,棉花在有根结线虫存在时,陆地棉抗性由 1 个显性基因和一些修饰基因控制。

国内多数研究单位,如山西省农业科学院棉花研究所、北京农业大学、江苏南通地区农科所及校百才(1985、1988、1992)、张凤鑫(1987)、李俊兰(1987)、王振山(1984)等的研究发现:棉花对枯萎病的抗性主要是加性和显性效应,受多基因控制。西北农学院高永成认为,控制棉花枯萎病的基因除少数质量性状基因外,微效修饰基因也产生一定作用,棉花群体的抗枯萎病性是杂合的,在病圃中选择有效(高永成,1979)。

棉花抗黄萎病性状的遗传研究,认识尚不一致。有的认为感病性属显性遗传,抗病性属隐性遗传。如 Harrison(1955)从感病品种 Acala 5-12 中选出抗黄萎病品种 Acala 4-42;也有的认为抗病性是显性,如 Bell 等(1969)用 1 个抗病海岛棉品种与 7 个感病陆地棉品种杂交,F_1 表现出抗病,其中 2 个组合为部分显性,5 个组合为完全显性。对于黄萎病的抗性是由单个基因控制,还是多个基因控制的看法不完全一致。如 Fahmg(1931)认为抗黄萎病的抗性是单基因遗传。Stephen 等(1969)用抗病的海岛棉和感病的陆地棉杂交的 86 个组合中,F_1 均表现抗病,7 个 F_1 与抗病亲本回交的 B_1F_1 表现抗病,12 个 F_1 与感病亲本回交的 B_1F_1,分离出抗、中抗、感三种类型,认为抗性是由单个显性基因控制。

南京农业大学蒯本科等(1987)在陆地棉的抗×感、抗×抗的杂交试验中,结果也认为对黄萎病的抗性为显性单基因遗传。但也有研究认为对黄萎病的抗性受多基因控制,如 Harrsion(1995)认为 Acala 4-42 对黄萎病的抗性受几个基因支配。Verhalen 等(1971)用 10 个抗病程度不同的陆地棉品系组成的不完全双列杂交,试验表明对黄萎病的抗性是受多基因控制的数量性状。校百才(1985)分析指出,F_1 对黄萎病的抗性非常复杂,抗病性一般配合力方差明显大于特殊配合力方差,说明基因的作用以加性效应为主。王振山等(1989)指出,棉花对黄萎病的抗性,表现为数量性状遗传的特征,以加性效应为主,其次是显性效应。谭永久等(1991)用抗、感品种的双列杂交后代结果分析,抗黄萎病性的群体一般配合力方差明显大于特殊配合力方差,因而认为在陆地棉抗黄萎病性的遗传中,一般配合力比特殊配合力更重要,其基因作用以加性效应为主。谭永久等在多次鉴定和筛选的基础上,育成高抗棉花黄萎病的种质系川 737 和川 7802,为棉花抗黄萎病育种创造了优良抗源(谭永久等,1997)。

1.1.3.3 棉花的抗虫性及其遗传

形态抗虫性:棉花的形态抗虫性是指棉花植株器官或组织着生点的大小、颜色、结构组成等方面的特异性对虫害产生的抗性,是棉花在长期进化过程中对害虫所产生的适应性反应。

棉花的植株形态抗虫性很多,如茎叶多茸毛、光滑叶、无蜜腺、红叶、鸡脚叶、厚叶片及蜡质层等,棉铃的张开苞叶、小苞叶和扭曲苞叶,铃壳的厚度和致密度等。

棉花的早熟性可避开早期棉蚜、棉铃象虫和棉红铃虫等钻蛀性害虫的发生和为害高峰期,减轻棉叶和棉铃受害,也可减轻生长后期造桥虫等叶面害虫的为害。

棉花的茸毛着生在茎秆和叶片背面,是由表皮细胞向表面突起生长形成的,棉属不同种间和不同品种间茸毛的长度和密度差异很大,郭香墨等利用普通光学显微镜进行观察发现,多茸毛品种中 99 每平方厘米叶脉上茸毛密度多达 296.4 根,而其他 15 个品种每平方厘米叶脉茸毛平均为 188 根,对叶片主叶脉和一级侧脉、二级侧脉及更小的支脉观察发现,茸毛有的呈单生状，即各茸毛间互相分离，称为单毛，有的几根茸毛根部生长在一起，呈簇生状，称为复毛（郭香墨等，2004）。进一步研究表明，棉花的不同生长发育阶段、不同部位茸毛密度均不相同，不同材料茸毛的直立性也不同，有的为直立型，有的呈倾斜状的匍匐型或半匍匐型，棉花叶片的多茸毛性与抗棉蚜性的关系已有大量报道，20 世纪 50 年代以前的研究认为棉株上的棉蚜量和危害程度与茸毛多少和着生状态无关，而近期的研究表明多茸毛品种抗棉蚜，这说明一方面多茸毛性不是抗棉蚜的唯一因素，另一方面说明茸毛性状本身具有复杂性。

当茸毛密度达到一定程度后才会对棉蚜活动和吮吸叶内汁液产生明显的机械阻碍作用，从而产生抗棉蚜性，但同时又不是茸毛密度一个因素对棉蚜取食和活动所造成的机械阻碍作用，茸毛的长度、茸毛的直立状况、棉叶下表皮的厚度等，均对棉花的抗棉蚜性产生不同程度的影响，叶片上的复毛密度大，可对棉蚜产生明显的抗性，其原因是簇生状的复毛对棉蚜活动和取食产生的机械阻碍作用比单毛更大，茸毛的直立状或半匍匐状对棉蚜活动产生的阻碍作用比匍匐状茸毛更大，茸毛只有达到一定的长度后才能对棉蚜的活动产生明显的抗性。根据郭香墨等的研究结果，茸毛的长度在 650 μm 以上抗棉蚜效果明显。

表 1.2 多茸毛品种中 99 与正常茸毛品种中棉所 12 茸毛密度比较

品种	幼茎		叶主脉		叶侧脉		复毛/单毛
	复毛	单毛	复毛	单毛	复毛	单毛	
中 99	100.8	30	88	14.2	32	1	4.89
中棉所 12	4	20	24	4	12	2	1.53

研究表明，棉花茸毛性状受多个基因控制。主要包含三组复等位基因 T_1、T_2 和 T_3，T_1 为叶、茎秆、铃茸毛稠密，T_1^{t0} 和 T_1^{an} 均为叶和茎秆茸毛稠密，而铃光滑，T_1^{h} 为叶和茎秆茸毛长而不密，而 t_1 为正常茸毛；第二组复等位基因中，T_2 为茎秆光滑、叶片有茸毛，其复等位基因 T_2^{mi} 基因表现茎秆及叶片茸毛稠密，t_2 代表正常茸毛；第三组基因 T_3 为茎秆、叶脉及叶缘有茸毛，t_3^{h} 为正常茸毛。

光滑叶性状对棉铃虫等害虫具有一定抗、耐性，其原因是叶片光滑不适于某些害虫产卵或卵粒易受风吹雨淋影响而脱落。郭香墨等(1991)经过连续观察发现，具有光滑叶性状的棉花品种棉铃虫落卵量和蕾铃受害均比多毛品种减少，抗虫效果明显。

表 1.3 不同茸毛品种棉铃虫卵量与危害比较

品种类型	品种数/个	单株卵量/粒	单株受害蕾铃数/个
光滑叶	5	11.4	0.355
多茸毛	5	16.1	0.595

研究表明，棉花光滑叶性状受 T_2^{am} 和 T_2^{t0} 两个主效基因控制，前者为茎叶光滑、叶片基本光滑，后者为茎叶光滑、叶片半光滑，均为显性基因。

叶片无蜜腺性状也是形态抗虫性状之一，陆地棉的无蜜腺性状是从半野生棉中转育而来，过去无蜜腺性状对棉铃虫是否有抗性说法不一，有的认为该性状可使棉铃虫产卵量和蕾铃被害率降低，另一些研究则认为蜜腺有无对棉铃虫危害程度无明显相关性。20 世纪 80 年代后研究表明，无蜜腺性状可减少棉铃虫密度和产卵量，因而减轻危害。观察结果表明，棉铃虫幼虫在无蜜腺棉株上停留在上部 1/3 处，在有蜜腺棉株上则喜向下移动而多数捕食性昆虫栖息在上部，因此无蜜腺棉株上棉铃虫虫口密度显著低于有蜜腺棉。此外，无蜜腺棉花由于不释放诱虫物质，棉铃虫成虫数量减少，也是虫口密度降低的原因之一。根据郭香墨等 1992 年的研究结果，无蜜腺的 4 个品系平均单株蕾铃受害率为 0.879 个，而 4 个有蜜腺棉品种平均蕾铃受害率为 2.170 个，两者差异显著。无蜜腺棉对棉红铃虫的抗性已有不少报道，与有蜜腺棉相比，棉铃被害的虫孔率可减少 39%～50%，此外，虫口数和籽害率均显著降低。美国斯字棉公司利用无蜜腺性状育成斯字棉 825 和斯字棉 731N 等品种，华中农业大学育成的棉花品种华棉 101、华棉 102 和华棉 103 等品种也具有无蜜腺性状。中国农业科学院棉花研究所于 20 世纪 90 年代育成的抗棉铃虫品系中 4717、中 5905 等也属于无蜜腺性状。

棉花无蜜腺性状由 ne_1 和 ne_2 两个隐性基因控制，属于质量性状遗传，较容易在棉花育种中利用。

窄卷苞叶是指棉花苞叶呈扭曲状，并向外翻卷，使棉铃暴露充分，农民称其为“扭丝棉”；张开苞叶是棉花苞叶从棉铃基部向外伸展。窄卷苞叶和张开苞叶都能使棉铃充分暴露，不利于棉铃虫、棉红铃虫等害虫的藏匿，不利于害虫向棉铃移动危害，便于天敌捕食，提高化学农药防治效果，还能增加棉铃透光性，使铃壳加速木质化，因此是棉花的形态抗虫性。20 世纪 70 年代美国农业部 Pee Dee 试验站育成的窄卷苞叶棉花品系 PD695 与对照品种斯字棉 213 在使用半推荐剂量杀虫剂处理的比较试验中，PD695 的蕾铃受害率比斯字棉 213 减少 20.7 个百分点，每百个花蕾的幼虫数减少 13.8 个百分点，说明窄卷苞叶性状棉花的农药使用效果比常规品种明显有效。20 世纪 90 年代中国农业科学院棉花研究所利用窄卷苞叶性状育成了适于麦棉套种的棉花品种中棉所 33(C378)，在 1994—1995 年山西省棉花区域试验中抗棉铃虫性明显，而且具有高产、优质、抗病等优良性状，1998 年通过山西省品种审定。利用张开苞叶性状育成的棉花品种，至今未见报道。

窄卷苞叶性状受 fg 和 fg^h 两个隐性基因控制，这两个基因来自海岛棉，对棉花其他性状无明显不利影响，可在棉花育种中利用。

鸡脚叶是棉花叶片的一种特殊可遗传性状，其表现为叶片缺刻较深，一般为叶片长度的 1/2～1/3，像鸡爪状，而超鸡脚叶的叶片缺刻更深，一般可达叶片长度的 2/3 以上，超鸡脚叶也称为条形叶。具有鸡脚叶或超鸡脚叶的棉花品种多具有早熟性而且植株冠层松散，改善棉田小气候，降低湿度，易于通风透光，减少烂铃，也是较理想的农艺性状。鸡脚叶和超鸡脚叶棉花不利于棉红铃虫危害，而且对棉铃虫也具有较好的抗性。

澳大利亚在培育鸡脚叶棉花品种上成效显著，20 世纪 90 年代培育的 SIOCRA 系列鸡脚叶棉花品种，占该国绝大部分种植面积，利用该性状不仅有效地控制了棉红铃虫和棉铃虫的危害，而且改善了棉田通风透光条件，提高了种植密度，减少了烂铃，增加了棉花产量。我国学者曾认为鸡脚叶棉叶面积系数小，对光能利用不利，而且对棉花纤维品质会产生不利影响，但 20 世纪末河南省农业科学院植物保护研究所马奇祥等利用该性状育成了抗虫杂交棉品种标杂 A1 和标杂 A2 等，1998 年参加河南省棉花杂交棉区域试验，每公顷皮棉平均产量 1 810.5 kg，比中棉所 12 增产 36.3%；1999 年每公顷皮棉平均产量 1 583.0 kg，比中棉所 19 增产 28.8%。1999—2000 年生产试验，两年皮棉平均每公顷产皮棉 1 545.0 kg，比中棉所 19 增产 25.3%。该杂交种高抗枯萎病，耐黄萎病；2.5%跨长 30.8 mm，比强度 21.4 cN/tex，马克隆值 4.3。亚鸡脚叶型标杂 A2 在 2001 年参加河南省杂交棉区域试验，平均每公顷产子棉、皮棉、霜前皮棉分别为 4 026.0 kg、1 594.5 kg 和 1 518.1 kg，分别比对照中棉 19 增产 24.8%、26.3% 和 29.1%，2002 年每公顷产子棉、皮棉、霜前皮棉依次为 4 437.0 kg、1 770.0 kg 和 1 627.0 kg，分别比对照中杂 38 增产 18.9%、26.5% 和 32.2%，均居 13 个参试品种第 1 位。2003 年参加河南省杂交棉生产试验，平均每公顷产子棉、皮棉、霜前皮棉依次为 2 223.0 kg、864.0 kg 和 678 kg，分别比对照中杂 38 增产 13.7%、16.3% 和 19.8%。

鸡脚叶性状来自海岛棉，该性状由 L_2^o、L_2^s 和 L_2^u 三个隐性基因控制，属于质量性状遗传，3 个纯合隐性基因同时存在时为超鸡脚叶，2 个纯合隐性基因存在时为鸡脚叶。

此外，棉花的红叶性状可减弱棉铃象甲（*Anthonomus grandis*）的吸引，成虫不易发现这种颜色，或不喜欢红色，因此不选择红色棉产卵。但是多年研究发现，红色棉光合作用速率明显低于正常绿叶棉，导致茎秆细弱，叶片较小，生长速度较慢，棉铃变小，产量低。1991 年，郭香墨等对普通绿叶棉和红叶棉田间调查发现，虽然红叶棉对棉铃象甲具有较好的抗性，但作为抗虫性状在生产上利用十分困难，目前尚未见到红叶棉品种成功应用的报道（表 1.4）。

表 1.4 红叶棉与绿叶棉性状比较

品种类型	株高/cm	单株结铃数/个	单铃重/g
红叶棉	72	7.8	3.9
绿叶棉	102	14.9	5.8

控制棉花红叶性状的基因为 R_1 和 R_1^{dar} 两个显性基因，均来自陆地棉，属于质量性状遗传，位于第三连锁群上。如果田间种植红叶棉材料，其花粉极易对绿色棉造成污染，要清除污染需要几个世代。

生化抗虫性：棉花植株体内的次生代谢物质，可对棉花害虫产生忌避或抑制作用，使觅食昆虫避开、离去或阻遏害虫取食，也可对害虫消化系统产生不利影响，阻碍害虫对食物的消化分解和吸收，某些次生代谢物质甚至能使害虫中毒，造成死亡、或延迟其生长发育，降低繁殖率，而使棉花本身免于蒙受更大的伤害。

棉酚是棉株体内代谢产生的一种次生物质，广泛分布于棉株的茎秆、叶片、苞叶、铃壳以及种子内，一般呈卵圆形或球形，这就是色素腺体，显微镜下观察可看到腺体为中空的腔状，腔内充满各种有色素物质，主要是棉酚。生化研究发现，根据棉酚的旋光性可进一步分为左旋棉酚和右旋棉酚两种，对棉铃虫等害虫产生毒害作用的是左旋棉酚，其作用是害虫幼虫体重及蛹重降低，发育历期延长，化蛹率及羽化率降低，死亡率升高等。进一步研究表明，低浓度棉酚对棉铃虫生长发育无明显影响，棉酚含量超过 1.2%（以干重计）时，棉铃虫幼虫死亡率可达 50%，对棉红铃虫的抗性与棉铃虫大致相同，棉蕾中棉酚含量较高的品种（如 HG-BR-8，斯字棉 731N 等）比含量较低品种（如 AET-5 和中无 473 等）幼虫存活率降低 30% 左右。许多研究证明，棉酚对棉蓟马、棉盲蝽象、地老虎、拟地虫等均有较好抗性。我国 20 世纪 80 年代育成一批高棉酚抗虫棉品种，如四川省农业科学院棉花研究所育成川 98，中国农业科学院棉花研究所育成高棉酚种质系中 99 和中 5905 等，均作为抗虫棉亲本应用于棉花抗虫育种。

鞣酸是棉花植株中次生代谢合成的另一类抗虫物质。鞣酸也称丹宁，它的分子上的羟基可与蛋白质分子的羟基结合形成稳定的交叉链，使害虫体内的蛋白质或参加代谢的酶类鞣化，导致害虫消化和代谢受阻，从而对害虫产生抑制作用。鞣酸分为缩合鞣酸和可水解鞣酸两种，前者为儿茶酸或无色花色素的聚合物，性质稳定；后者为葡萄糖与没食子酸等结合而成，也称为鞣化鞣酸。鞣酸的作用在于干扰害虫肠道内的消化系统，与昆虫体内的蛋白质和消化酶结合，也能与昆虫摄入的淀粉结合而影响昆虫对淀粉的消化吸收，所以害虫对富含鞣酸的棉花植株有拒食作用。研究表明，棉株体内鞣酸含量与抗棉蚜性有关，可降低蚜虫的繁殖率而降低害虫密度。高鞣酸含量棉株可降低棉铃虫幼虫的消化率，抑制幼虫的生长发育，形成虫体瘦小，化蛹受阻。一般情况下，当棉株中鞣酸含量达 0.1%时，可抑制棉铃虫的生长发育；含量达到 0.5%时，可降低幼虫消化率，明显抑制棉铃虫繁衍。四川省农业科学院棉花研究所的研究表明，鞣酸含量高对棉叶螨有明显抗性，利用该性质育成抗棉叶螨品种川 98-30。华中农业大学利用棉铃和棉籽仁中高鞣酸含量作为生化抗性指标，育成了对棉红铃虫有较好抗性的棉花品种华棉 101、华棉 103 等，是我国利用该性状于棉花生产的成功范例。

斛皮酮是一类有毒性的杀虫物质，分布于棉株各个器官中，对棉红铃虫、棉铃虫、造桥虫等夜蛾科昆虫具有一定毒性，其机理在于它能与害虫体内的蛋白质和起代谢消化作用的酶类物质作用，形成蛋白质的复合物，导致消化酶和能量、物质转化的酶类失去活性，从而阻碍害虫的正常生长发育。斛皮酮还对棉蚜的种群繁衍和生长发育产生不利影响。斛皮酮含量高低对棉铃虫的作用差异很大，含量高于 0.3%有毒害作用，含量低于 0.1%反而有刺激作用。

棉株体内可溶性糖类作为基本营养元素，与昆虫食物的选择有密切关系。20 世纪 80 年代中山大学利用抗棉蚜品种中 99 与感棉蚜品种中棉所 12 研究结果，可溶性糖含量高的棉花品种抗棉蚜性低于含糖量低的品种，起主要作用的是还原糖，而非还原糖含量高低无明显影响；用抗棉叶螨品种川 98、川 98-19 与感棉叶螨品种中棉所 12 含糖量研究结果，证明抗棉叶螨性与抗棉蚜性有相同的趋势(表 1.5)。

表 1.5 抗棉叶螨品种与感棉叶螨品种还原糖含量比较 %

品种	总含糖量	还原糖含量	非还原糖含量
中棉所 12	1.34	1.12	0.22
川 98	0.36	0.15	0.21
川 98-19	0.54	0.13	0.41

此外，棉株体内氨基酸含量与抗虫性有关。脯氨酸含量高可抑制棉蚜危害，叶片蜜腺分泌出的氨基酸是一种诱虫物质，外渗量大招致害虫大量趋势和繁殖。过去人们认为 X 因子对棉铃虫幼虫生长发育具有明显的抑制作用，现已证明 X 因子实际上是倍半萜烯、半棉酚酮和甲基半棉酚酮等次生物质，其中倍半萜烯内酯的化学结构已经明确，其分子质量为 600 ku。棉株体内还含有芦丁、芳香苷、花青苷等次生代谢物质，对棉铃虫、棉红铃虫、棉叶螨、烟芽夜蛾等害虫具有抑制作用，可影响上述害虫的幼虫生长发育和化蛹。

棉花生化抗虫性的遗传一般为多基因控制的数量性状遗传，单个基因和单一性状对害虫作用较小，抗虫育种中需要根据其遗传规律加以开发利用。

棉花抗虫育种，针对不同生态区的主要害虫选择可利用的抗虫性状进行转育。如新疆内陆棉区以棉蚜为重点，选择叶片多茸毛及厚度较大的材料作亲本；黄河流域把抗棉铃虫为重点，抗棉蚜为兼抗目标；长江流域以抗棉红铃虫为主、棉叶螨次之。对无蜜腺、光滑叶、鸡脚叶、窄卷苞叶、铃壳较厚，多茸毛性状的利用，要注意不以牺牲农艺和经济性状为代价。一般认为，无蜜腺性状对农艺性状和产量性状无明显影响，而如多茸毛性状可带来成熟较晚、鸡脚叶性状常招致降低光合产物的积累、窄卷苞叶易引起后期早衰等。因此，形态抗虫性状的转育是一个较长时期的积累过程，需要经过复合杂交和多代连续选择才能奏效。

1.2 棉花生产及育种中存在的问题

1.2.1 我国棉花产业中存在的问题

要满足我国纺织工业快速发展的需求并参与国际竞争，我国棉花产业中存在的一些问题应当引起重视。

1.2.1.1 生产总量不足

我国棉花生产面临着粮棉争地矛盾加剧、种植面积下降、病虫危害严重、水资源极度短缺、干旱、沙化和盐碱化等不利自然条件仍未得到根本改善等重大生产问题，已严重制约了我国棉花生产的进一步发展，不能满足纺织工业对原棉“量”的需求，我国棉花缺口量从 2002 年的 12.3%猛增至 2009 年的 46.8%（表 1.6），2002—2009 年累计进口 1 527 万吨，占同期全球棉花出口量的 25.0%，原棉大量进口可能造成我国棉花产业被国外所操控，使我国在世界棉花产业发展中失去话语权。

1.2.1.2 棉纤维内在品质相对较差

严重缺乏优质原棉，不能满足纺织工业对原棉“质”的需求。纤维比强度偏低，比美国原棉平均低 1～2 cN/tex；长度、强度、细度等主要品质指标不协调；纤维类型单一，市场需求纤维长度 33 mm 以上的长绒棉、27～31 mm 的中绒棉和小于 27 mm 的短绒棉比例为 15 ∶ 75 ∶ 10，而我国棉纤维 95%主要集中在中绒棉类型，缺乏适纺 60 支以上高支纱的长纤维和适纺牛仔布、地毯、纱布的粗短纤维，不能完全满足纺织工业的需求。在稳定棉花种植面积的情况下，解决上述问题最有效的途径是培育高产、优质、多抗棉花新品种。

表 1.6 我国纺织用棉及原棉实际产量供需情况

年份	纺织用棉/万吨	原棉产量/万吨	缺口/万吨	缺口比例/%
2002	561	492	69	12.3
2003	671	486	185	27.6
2004	883	632	251	25.1
2005	980	571	410	41.8
2006	1 180	753	427	36.2
2007	1 180	762	418	35.4
2008	1 130	749	381	33.7
2009	1 202	640	562	46.8

注：数据来源于国家统计局报告。

1.2.2　我国棉花育种中存在的问题

棉花育种经历了引种、系统选育、杂交选育、理化诱变、杂种优势利用等常规技术不断发展的历程，培育了大量的高产、优质、多抗陆地棉新品种。我国棉花育种领域存在的一些问题也应当引起重视(喻树迅等，2008a，b)。

(1)缺乏优异的育种亲本材料，高产、优质与多抗突破性的品种少，急需实现种质资源向基因资源的转变。

长期以来，我国培育和种植的棉花品种大多数是通过从美国引进的岱字棉、斯字棉、德字棉、福字棉、金字棉等基础种质，经系谱选择或杂交育种衍变而来，这些引进品种最早都来自墨西哥的一个家系材料。另外，新品种选育往往是在亲缘关系近的优良品种间杂交，使其遗传基础越来越狭窄，狭窄遗传基础不仅限制了产量和品质的进一步改良，而且使得作物对生物性和非生物性环境胁迫的脆弱性增加。因此，必须采取多途径多方向进行种质创新，特别是生物技术，发掘和应用有重大育种价值的基因资源，实现种质资源向基因资源的转变，拓宽棉花育种的遗传基础。

(2)育种方法和技术相对落后，高效的分子育种体系建设亟待加强，实现由表型选择到基因型选择的转变，解决多性状多基因聚合、后代选择效率低等难题，大幅度提高育种效率，创制有重大应用前景的育种新材料，为高产优质棉花新品种选育奠定基础。

棉花的产量及纤维品质性状都属于数量性状(quantitative trait)，受多个基因控制，表现连续变异，遗传机理复杂，易受到环境的影响。因此，传统的表型选择的方法存在很大的盲目性和不可预测性，在棉花品种改良中效率低，周期长，育种工作很大程度上依赖于经验和机遇。随着基因组学、系统生物学、生物信息学的迅猛发展，作物育种理论和技术正在发生重大变革。作物分子育种与常规育种技术紧密结合，对目标性状进行设计与操作，实现优良基因的最佳配置，将推动传统的“经验育种”向高效的“精确育种”的转变，大幅度提升作物育种效率和技术水平。加强棉花育种前沿技术的研究与开发，构筑分子育种技术体系已成为推进我国棉花育种科技跨越式发展的重大战略选择，有利于提升我国生物种业的国际竞争力(李付广，袁有禄，2011)。

1.3　分子育种概念的提出

作物分子育种，即在经典遗传学和分子生物学等理论指导下，将现代生物技术手段整合于传统育种方法中，实现表现型和基因型选择的有机结合，培育优良新品种(万建民等，2007)。根据分子手段参与形式的不同，分子育种可分为以下几种主要类型。其基本框架见图1.1(黎裕等，2010)。

1.3.1　分子标记育种

分子标记育种又称为分子标记辅助选择，是利用与目标基因紧密连锁的分子标记，在杂交

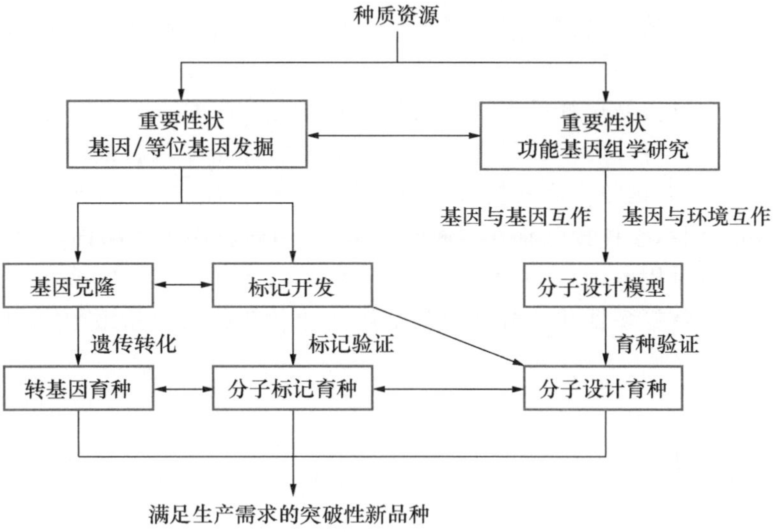

图 1.1 作物分子育种框架图

(引自黎裕等,2010)

后代中准确鉴别不同个体的基因型,从而进行辅助选择育种。因此,分子标记育种能有效地结合基因型与表现型鉴定,显著提高选择的准确性和育种效率。

1.3.2 转基因育种

转基因育种是利用重组 DNA 技术,将功能明确的基因通过遗传转化手段导入受体品种的基因组,并使其表达期望性状的育种方法。由于克隆的基因可来自任何物种,所以转基因育种能打破基因在不同物种间交流的障碍,克服传统育种方法难以解决的问题。

1.3.3 分子设计育种

作物分子设计育种最初由荷兰科学家提出(Peleman et al,2003),其目的是通过各种技术的集成与整合,在育种家的田间试验之前,对育种程序中的各种因素进行模拟、筛选和优化,确立目标基因型、提出最佳的亲本选配和后代选择策略、提高育种过程中的预见性。

开展分子设计育种一般包括以下步骤:①找到育种目标性状的基因/QTL 或其紧密连锁标记;②利用 QTL 位置、遗传效应、QTL 之间的互作、QTL 与环境之间的互作等信息,模拟和预测各种可能基因型组合的表现型,从中选择符合特定育种目标的基因型;③进行目标基因型的途径分析,制定育种方案;④根据制定的育种方案进行育种,在此过程中合理应用分子标记育种、转基因育种和传统育种技术,实现预期目标(万建民,2006;顾铭洪,2009;王建康等,2011)。

关于设计育种的核心,万建民等于 2006 年提出了自己的思路——建立以分子设计为目标的育种理论和技术体系,通过各种技术的集成与整合,对生物体从基因(分子)到整体(系统)不同层次进行设计和操作，在实验室对育种程序中的各种因素进行模拟、筛选和优化，提出最佳的亲本选配和后代选择策略，实现从传统的“经验育种”到定向、高效的“精确育种”的转化，以大幅度提高育种效率(万建民，2006；王建康等，2011)。由此看来，可把分子设计育种看成分子育种的高级形式。全基因组选择技术也可认为是分子设计育种的组成部分。

棉花分子育种围绕育种效率的提高及具有突破性的棉花新材料及新品种的培育，将分子标记辅助选择技术、转基因技术和常规育种技术进行有效集成，建立优质高产多抗高效等多性状同步改良的技术平台，整体提升棉花育种选择效率；对转基因导入的优质、高产、多抗等重要性状基因与棉花本身基因的主效 QTL 进行同步聚合，打破优质、高产、多抗性之间的负相关，有望将优质、高产、多抗等多性状聚合到棉花主栽品种和有苗头的品系中，创制出具有突破性的棉花新品种(系)。

主要参考文献

[1]顾铭洪，刘巧泉. 作物分子设计育种及其发展前景分析. 扬州大学学报(农业与生命科学版)，2009，30：64-67.

[2]郭三堆，崔洪志，倪万潮，等. 双价抗虫转基因棉花研究. 中国农业科学，1999，32(3)：1-7.

[3]郭香墨，张永山，刘海涛. 转双价基因抗虫棉新品种中棉所 41. 中国棉花，2004：2913-2914.

[4]贾占昌. 棉花雄性不育系 104-7A 的选育及三系配套. 中国棉花，1990，17：11.

[5]黎裕，王建康，邱丽娟. 中国作物分子育种现状与发展前景. 作物学报，2010，36：1425-1430.

[6]李付广，袁有禄. 棉花分子育种进展与展望. 中国农业科技导报，2011，13：1-8.

[7]钱思颖，黄骏麒，彭跃进，等. 棉花纤维品质新种质培育研究初报. 江苏农业科学，1992：19-25.

[8]谭永久，蔡应繁，等. 棉花抗黄萎病新抗原种质系川 737、川 7802 的抗性及研究. 棉花学报，1992：7：184-188.

[9]万建民. 中国水稻分子育种现状与展望. 中国农业科技导报，2007，9：1-9.

[10]万建民. 作物分子设计育种. 作物学报，2007，32：455-462.

[11]王建康，李慧慧，张学才. 中国作物分子设计育种. 作物学报，2011，37：191-201.

[12]夏敬源，崔金杰，马丽华. 抗虫棉在棉铃虫综合治理中的应用研究初报. 中国棉花，1995，22：8-11.

[13]喻树迅，郭香墨，邢朝柱. 我国棉花现代育种技术应用与育种展望(上). 中国农业信息，2008，3：19-22.

[14]喻树迅，郭香墨，邢朝柱. 我国棉花现代育种技术应用与育种展望(下). 中国农业信息，2008，4：16-18.

[15]张凤鑫，蒋新河，王瑜宁，等. 陆地棉综合育种的联合水平选择法研究. 西南农业大学学报，1990，12：446-449.

[16]郭香墨,刘金生,罗云佳,等.抗虫棉栽培管理技术.北京:金盾出版社,2004.

[17]郭香墨,刘金生,等.棉花良种引种指导.北京:金盾出版社,2006.

[18]梁正兰.棉花远缘杂交.北京:科学出版社,1982.

[19]潘家驹,等.棉花育种学.北京:中国农业出版社,1998.

[20]Peleman J D, van der Voort J R. Breeding by design. Trends In Plant Science, 2003,8: 330-334.

第 2 章

棉花分子标记研究进展

2.1 分子标记种类及新型标记开发

在作物遗传育种研究中，所采用的遗传标记(genetic makers)经历了形态学标记(morphological makers)、细胞学标记(cytological makers)、生物化学标记(biochemical makers)以及分子标记(molecular makers)4 个发展阶段。前 3 种遗传标记都以表现型为基础，由于可利用的标记数量少，多态性低，对环境敏感，限制了其应用；分子标记则是 DNA 碱基序列差异的直接反映，和其他 3 种遗传标记相比，分子标记具有以下优越性：①以 DNA 的形式直接表现出来，不受环境和季节的影响，同时不存在基因表达与否的限制；②多态性高，在生物体内存在丰富的等位变异；③数量多，遍布整个基因组中；④在遗传上表现为中性，不影响生物体中目标性状的表达；⑤多为共显性标记，方便鉴定杂合和纯合基因型的个体。随着对研究工作深入的需要及生物技术的迅速发展，DNA 分子标记由最初的限制性片段长度多态性(restriction fragment length polymorphism，RFLP)标记发展到现在的 60 多种标记类型，为不同领域的研究提供了有利的研究工具。本节主要以棉花为例，介绍一些较为常用或具有较广阔应用前景的 DNA 分子标记技术，并阐述几种新型的分子标记的开发与应用，为棉花育种工作者提供参考。

2.1.1 分子标记的种类

分子标记根据产生的特点，大致可分为五大类：第一类是基于 Southern 杂交的 DNA 标记，如限制性片段长度多态性、可变串联重复序列(variable number of tandem repeats，VNTR)等。第二类是基于 PCR(polymerase chain reaction)的 DNA 标记，根据所用引物类型不同，基于 PCR 的 DNA 标记可分为随机引物的 PCR 和特异性引物的 PCR 标记。随机引物的 PCR 标记主要包括随机扩增片段多态性(random amplified polymorphic DNA，RAPD)、

DNA 扩增指纹分析(DNA amplified fingerprinting，DAF)、随机引物 PCR 扩增(arbitrary primed PCR，AP-PCR)、简单重复序列区间(inter-simple sequence repeat，ISSR)等。特异性引物的 PCR 标记主要包括简单重复序列(simple sequence repeat，SSR)、序列标签位点(sequence-tagged sites，STS)、序列特异性扩增区(sequence characterized amplified region，SCAR)、抗性基因同源序列(resistance gene analogs，RGA)等。第三类是基于 PCR 扩增与限制性酶切技术相结合的 DNA 标记，如扩增片段长度多态性(amplified fragment length polymorphic，AFLP)、切割扩增多态性序列(cleaved amplified polymorphism sequence-tagged sites，CAPS)等。第四类是基于单核苷酸多态性的 DNA 标记，即 SNP(single nucleotide polymorphism)标记。第五类是原位杂交技术，包括原位杂交(in situ hybridization，ISH)、荧光原位杂交(fluorescence in situ hybridization，FISH)、基因组原位杂交(genome in situ hybridization，GISH)等。

2.1.1.1 限制性片段长度多态性

RFLP(restriction fragment length polymorphism，RFLP)最早由 Grodzicker 等于 1974 年提出，1980 年 Bostein 等首次建议利用 RFLP 作为新的遗传标记应用于人类的基因组作图，随后该标记技术在生物技术领域得到广泛应用。RFLP 的基本技术是基因组 DNA 经限制性内切酶，产生若干在长度上有差异的含同源序列的酶切片段，这些片段经琼脂糖凝胶电泳、印迹转移至硝酸纤维素滤膜或尼龙膜上，用放射性同位素或荧光素标记的特定 DNA 克隆作为探针进行杂交检测。若样品 DNA 间存在差异，可产生不同长度的酶切片段，放射性自显影后，在感光胶片上能清晰显示不同的杂交带型，RFLP 产生的基本原理是基因组 DNA 序列上的变化如内切酶识别序列内的点突变或 DNA 片段的缺失、插入、易位或倒位等导致限制性酶切位点的发生改变，用限制性内切酶消化 DNA 所得到的片段发生变化，从而导致限制性片段长度多态性的出现。由于长期的进化，不同植物的种、属甚至品种、品系间 DNA 序列的限制性内切位点各不相同，因此利用 RFLP 检测 DNA 片段的多态性，可以揭示种、属甚至品种、品系间的差异性。对于每一个 DNA/RE 组合，所产生的 DNA 酶切片段都是特异的，可作为某一 DNA 所特有的“指纹”。

RFLP 标记在遗传上呈共显性，可以区别纯合和杂合基因型，而且标记数量多，实验结果稳定可靠、重复性高。但也存在一些缺点：如提取的 DNA 纯度要求高；对 DNA 的需求量较大(5～10 μg)；实验操作繁琐、费时、费力、周期长；需要放射性同位素或荧光素标记探针，且探针具有种属特异性等。

在棉花上 RFLP 是最早使用的分子标记。Gaiac(1988)首次将 RFLP 作为一种标记手段应用到棉花上，但仅为试探性研究。Wendel 等(1989)为了探讨棉花种质的演化，利用 RFLP 分子标记对四倍体棉种和 A、D 染色体组的二倍体棉种的叶绿体 DNA(cpDNA)进行了研究，其结果表明：四倍体棉种细胞质中的 cpDNA 与 A 染色体组的二倍体棉种相类似；在棉花多倍化的过程中，cpDNA 的变化具有明显的保守性，四倍体棉种起源较晚，在 100 万～200 万年前，然后在新大陆迅速演化并多样化。Galau 等(1989)分析了陆地棉 Coker 核 DNA 的 RFLP，认为四倍体(AD)基因组源于原始二倍体 A、D 棉种。1993 年 Wendel 等对四倍体栽培种栽培陆地棉和海岛棉不同类型的 cpDNA 和核基因组 DNA(gDNA) 进行了 RFLP 分析，他们认为陆海两个棉种的种质渗透模式有差异，陆地棉向海岛棉的种质渗透主要表现在现代品种上，而在同域分布的材料上很少；相反，海岛棉向陆地棉的种质渗透主要表现在同域材料上，而在现代品种中表现不多；且核基因的渗透量远超过胞质基因。Reinisch 等（1994）利用陆地棉野生种系 Palmeri 和海岛棉野生种系 K101 为作图群体，构建了一个含 57 个单株的 F_2 群体，利用1 200余个来源不同的 DNA 探针，首次构建了一张较为完整的陆海种间 RFLP 遗传图谱，该图谱包括 750 个 RFLP 位点（占总探针数的 46.2%），分布在 41 个连锁群，覆盖基因组 4 675 cM，标记间的平均遗传距离为 7.1 cM。种间 RFLP 遗传图谱的构建，为改善棉花纤维品质、提高棉花产量以及了解野生种进化为栽培种的过程提供了重要基础。

2.1.1.2　随机扩增片段多态性

RAPD（random amplified polymorphic DNA，RAPD）是 1990 年由美国杜邦公司 Williams 和加利福尼亚生物研究所 Welsh 发展起来的一种分子标记技术。它是以人工合成的、通常为 9～10 个碱基、碱基顺序随机排列寡聚核苷酸序列为引物，以基因组总 DNA 为模板，利用 PCR 技术随机扩增得到一系列多态性 DNA 片段，最后通过凝胶电泳将长短不同的 DNA 片段分开。

RAPD 的优点是在不需要知道模板 DNA 序列信息的情况下，能产生 DNA 片段"指纹"；操作程序简便、快捷；所需模板 DNA 量少，且对纯度要求不高；随机引物没有种属特异性，可适用于不同的基因组分析；当随机引物数量足够大时，RAPD 标记所检测的标记信息几乎能够覆盖整个基因组。缺点是它一般表现为显性遗传，不能区分显性纯合和杂合基因型；更重要的是，由于使用的随机引物较短，扩增产物易受实验条件的影响，实验结果重复性和稳定性差。

在棉花上，RAPD 标记主要应用于三个方面：一是棉花遗传多样性研究。Multani 和 Lyon（1995）研究了澳大利亚栽培的 12 个陆地棉品种、1 个陆地棉品系和海岛棉品种 Pima S-7 的 RAPD 指纹图谱，分析结果所揭示的遗传亲缘关系和已知的传统系谱具有广泛的一致性。Iqbal 等（1997）利用 50 个随机引物对 20 个巴基斯坦陆地棉品种和 1 个亚洲棉品种进行 RAPD 分析，认为亚洲棉品种 Ravi 与陆地棉品种的遗传差异较大，多数陆地棉品种的遗传基础狭窄。宋国立等（1999）通过 RAPD 分析研究了澳洲棉的遗传多样性，研究表明 6 个澳洲棉种具有丰富的遗传多样性，认为澳洲棉与鲁滨逊氏棉、南德华棉与斯特提棉具有较近的亲缘关系。二是棉花品种纯度和真实性鉴定。耿川东等（1995）利用 14 个随机引物对川抗 77、川 98 等 4 个陆地棉品种进行遗传分析，结果有 1 个引物所扩增出来的产物表现出品种间的差异。郭旺珍等（1996）利用 RAPD 技术对我国 9 个棉花主栽品种基因组 DNA 进行 PCR 扩增，以研究棉花不同栽培品种的指纹图谱，研究结果表明，18 个不同的随机引物中有 13 个能够扩增出多态性 DNA 片段，证明用 RAPD 鉴定鉴别我国现有棉花推广品种纯度是可行的。三是棉花遗传图谱的构建及重要农艺性状基因的定位。Ulloa 等（2000）利用 NM 24 016×TM1 的 F_2 群体构建了一个含有 199 个 RAPD 标记和 1 个 SSR 标记的连锁群，并定位了 2 个与棉花气孔导性相关的 QTLs。左开井等（2000）用 16 个 RAPD 随机引物、34 个探针/酶组合、5 个 SSR 引物研究了陆地棉 Ejing-1×Simian-3＋Bt 的 F_2 群体，共发现了 67 个位点，其中包含 11 个 RAPD 位点、40 个 RFLP 位点和 16 个 SSR 位点，分布在 9 个连锁群上，总遗传距离长度达 1 337.4 cM。

2.1.1.3　扩增片段长度多态性

AFLP（amplified fragment length polymorphic，AFLP）是荷兰科学家 Zabeau 等于 1992

年发明的一项检测DNA多态性的分子标记技术，1993年获欧洲专利局专利。它是以PCR为基础的RFLP，其基本技术是植物基因组DNA经两个限制性内切酶酶切后（通常一个酶切点数多，另一个酶切点数较少），与特定接头相连接，然后用已标记的专用引物选择性地扩增限制性酶切片段，用变性的聚丙烯酰胺凝胶电泳分离，放射性自显影检测DNA多态性。设计的专用引物由三部分组成，5′端对应于接头序列，中间对应于酶切位点，3′端为1～3个选择性碱基，引物长度一般为18～20个碱基。AFLP扩增片段的数目可以通过调节3′端的选择碱基的数目和序列来调节。

AFLP是限制性酶切和PCR相结合的一项技术，因此兼具有RFLP和RAPD的优点，既有RFLP稳定可靠、可重复强的特点，又具有RAPD快速、高效的特点，可在一个反应体系内检测到大量的限制性片段，一般每次可获得50～100条谱带的信息。但该技术也存在一些不足，如操作步骤繁琐，不易优化；使用甲基敏感的内切酶时，会使甲基化的DNA产生假多态性；在内切酶MseI识别AATT序列时，常常会导致其在一些物种基因组的不均匀分布；此外，由于该技术目前受专利保护，所以成本较高。

AFLP带型稳定且多态性高，同时由于AFLP使用的专用引物3′端选择碱基数目和序列是随机的，因此它能提供比RAPD和RFLP更多的DNA多态性信息，是作图效率最高的一种DNA指纹技术。Reddy等(1996)利用64对引物长绒海岛棉3-79×陆地棉TM-1的F_2及双亲进行AFLP分析，在F_2群体中发现了300个标记与亲本的长绒和高产性状有关，其中每一对引物均检测到3～16个AFLP标记。Abdalla等(2001)用16个AFLP引物组合对草棉、亚洲棉、雷蒙德氏棉、海岛棉和陆地棉进行分析，多态性达31%，明显高于RAPD标记。宋国立等(2001)首次改良了一种适合于棉花研究的AFLP扩增产物检测方法——银染方法，大大地减少了AFLP技术的成本，并利用26对AFLP引物对8个棉花品种进行了指纹图谱分析，研究表明，利用AFLP绘制的指纹图谱能有效地将8个品种区分开来。朱云国等(2002)采用AFLP同位素标记法，构建了棉花细胞质雄性不育系、保持系、恢复系及其杂种F_1的DNA指纹图谱。王省芬(2003)以20世纪50年代我国开展抗病育种研究以来培育的143份品种和14份国外品种为材料，在鉴定结果的基础上，依据品种的抗性表现、育成年代、育成省份及推广面积，选用117份抗病材料进行品种AFLP指纹图谱的构建，通过对影响AFLP技术关键因素的摸索，建立了新的适于棉花品种指纹图谱构建的AFLP标准技术体系。

2.1.1.4 简单重复序列

SSR(simple sequence repeat)通常也称为短串联重复(short tandem repeat)、微卫星DNA(microsatellite DNA)、STMS(sequence-tagged microsatellite)或者SSRP(simple sequence repeat polymorphisms)。SSR于1982年首先在人类遗传研究中被发现，1992年又在大豆中被发现，1994年SSR作为一种新的分子标记用于拟南芥遗传图谱的构建。其串联重复的核心序列一般为2～6个碱基，重复次数通常为10～50次，广泛分布于基因组不同位置。其多态性的产生基础是重复次数以及重复程度的不同造成DNA片段大小的差异。SSR标记的基本技术是根据微卫星两端的保守序列进行特异性引物设计，利用设计好的引物对DNA片段进行PCR扩增，然后通过凝胶电泳将大小不同DNA扩增片段分离开来，进行多态性分析。

SSR标记数量丰富，广泛分布于整个基因组；具有大量的等位变异，多态性高；一般以孟德尔方式遗传，呈共显性，可以辨别杂合和纯合基因型；实验所需要的DNA量小，且要求的

DNA质量相对于RFLP要低得多;结果重复性高,稳定可靠。其不足是必须知道重复序列两端的DNA序列的信息才能进行引物的设计,因而SSR标记的建立首先要对微卫星侧翼的序列进行克隆、测序等基础性研究工作,开发费用相当高。但由于其巨大的应用潜力,一些主要农作物的SSR标记研究通过各个实验室间合作,共同开发SSR引物。目前,在棉花上已开发并公布的SSR引物接近12 000对,且每隔一段时间补充增加新的引物,为SSR在棉花遗传育种中的应用提供良好条件。

大量研究表明,利用SSR能够较为准确地分析作物群体间和群体内的遗传亲缘关系。Liu等(2000)利用SSR对棉花种质保存系进行了遗传分类评价,认为SSR标记可以在遗传育种中鉴定材料的遗传多样性,同时也可以用来评价未来种质系的完整性。郭旺珍等(2003)利用SSR分子标记技术,对四倍体代表棉种和棉属A、D染色体组二倍体进行了遗传多样性研究,结果表明供试的10个二倍体代表棉种间遗传多态性丰富,分子聚类结果与Fryxell棉属分类结果相同。贺道华等(2010)用均匀分布于棉花全基因组的132个SSR标记,对92个棉花品种(系)进行遗传多样性研究分析,结果表明,此自然群体的遗传基础较为宽广,聚类分析和系谱追溯的结果显示,该群体中品种的选育过程复杂,存在较高程度的遗传多样性。

SSR以其信息量高、操作简便、呈共显性遗传等特性,被国际植物品种权保护组织(UPOV)在BMT测试指南草案中确定为当前各个作物构建DNA指纹数据库的首选标记。朱美霞等(2005)以中棉19、中棉12、86-1号、冀棉668以及新棉99B共5个棉花栽培品种为试验材料,通过15对SSR引物对5个品种各自随机选出的100个单株进行检测和引物组合法检测,证明了引物组合法具有高效性和结果可靠性,完全可以用于检测品种纯度。陈光等(2006)利用SSR标记对20世纪50年代我国引入海岛棉以来培育的45个国内品种(系)及8个国外品种的遗传多样性分子聚类分析,所用供试材料被分为两大类,与系谱来源一致。王俊芳(2009)构建了85份棉花种质的SSR标记指纹图谱,探讨了DNA指纹图谱技术应用于棉花品种真实性和纯度检测的可能实现途径。

SSR标记已广泛应用于遗传图谱的构建,且伴随着大量SSR引物被开发和公布,棉花上已建立了几张高密度的SSR标记遗传图谱。2004年Nguyen等利用1 160个SSR分子标记位点构建了一张陆地棉的分子遗传图谱,图谱总长度为5 519 cM。Yu等(2011)利用陆海BC_1构建了一张覆盖棉花26条染色体、含有2 316个标记位点的SSR及EST-SSR遗传图谱,图谱总长度为4 418.9 cM,标记间的平均遗传距离为1.91 cM。中国农业科学院棉花研究所袁有禄等利用中棉所36和海1为作图亲本,构建了含有135个单株的BC_1群体,并利用SSR标记技术绘制了一套含有2 280个SSR标记位点、分布在26个染色体的遗传图谱,该图谱总的遗传距离为5 088.3 cM,标记间平均遗传距离为2.23 cM。利用SSR标记构建相对饱和的遗传图谱,为棉花基因组育种的顺利进行提供了有力的保障。

此外,SSR标记常应用于棉花功能基因或QTLs定位,并且寻找到与目标性状主效QTL紧密连锁的SSR标记进行辅助选择,不仅可以提高选择的准确度,并且能够加快选择的进度,提高棉花育种工作效率。张天真等(2001)利用高强纤维种质系7235为材料,开展了棉花高强纤维基因或QTL微卫星标记的筛选。从211对SSR引物的筛选3个与高强纤维QTL连锁SSR标记。王沛政等(2009)利用SSR标记对分别高抗和易感枯萎病的中棉所35和军棉1号杂交后的F_2代进行检测,研究发现抗枯萎病基因与D3(Chr17)染色体上的$JESPR304_{280}$紧密连锁。柳李旺等(2003)利用cMS恢复基因Rf_1紧密连锁的3个SSR标记和*Bt*基因的PCR

标记开展分子标记辅助选择，培育聚合有 Rf_1 和 Bt 的转基因抗虫棉恢复系，共获得 54 个同时具 Rf_1 与 Bt 基因的聚合单株。这些聚合单株自交后通过标记辅助选择，获得 10 株含 Bt 基因且 Rf_1 纯合的单株。

2.1.1.5 插入/缺失多态性

InDel(insertion/deletion)是指由核苷酸水平上碱基的插入或缺失引起的多态性，在植物基因组中有较高的分布频率，具有遗传稳定性高、分布广、多态性强等优点。InDel 标记是一种新型 DNA 分子标记，其基本技术是依据基因组插入、缺失核甘酸序列，设计扩增这些插入缺失位点的 PCR 引物，以基因组 DNA 为模板进行 PCR 扩增，然后通过凝胶电泳或焦磷酸测序技术检测 PCR 扩增产物多态性。

由于 Nipponbare 和 9311 两个水稻亚种的全基因组测序完成，使得 InDel 标记在水稻研究中取得了长足发展。Shen(2004)利用 Nipponbare 和 9311 基因组序列构建了水稻基因组水平的 DNA 多态性数据库，其中包括 479 406 个 InDel 多态性和 1 703 176 个单核苷酸多态性(SNP)；Feltus(2004)通过去除多重拷贝序列及低质量序列后 Nipponbare 和 9311 基因组草图的比对分析，获得了 408 898 个单碱基 InDel 和 SNP，这些多态性序列可以有效地开发成高密度的分子标记；卢宝荣(2006)、蔡星星(2009)、王明军(2010)等利用 InDel 标记研究了籼稻和粳稻品种及探索稻属不同物种间的亲缘关系；潘存红等(2007)利用 InDel 和 SNP 精细定位了一个水稻叶片卷叶基因。此外，InDel 标记在番茄(2011)、黄瓜(2011)、玉米(2012)等植物中也被应用于基因定位、遗传多样性分析、种子纯度检验等研究中，但在棉花上报道较为少见。

2.1.1.6 单核苷酸多态性

SNP(single nucleotide polymorphism)是指同一位点的不同等位基因之间只有一个或几个核苷酸的差异，具有单核苷酸差异，是近年来提出的继 RFLP 和 SSR 之后的第三代 DNA 分子标记，也被认为是最彻底、最精确地研究基因组 DNA 多态性的方法。它的发现有两种途径：一是对同源 DNA 片段测序或直接利用现有基因与 EST 序列，通过序列比对，获取多态性的位点。通过特异 PCR 扩增和酶切相结合的方法进行检测；二是由于 SNP 通常表现为二等位多态性，可直接应用高通量快速的 DNA 芯片、DNA 微阵列等高新技术来发现与检测生物基因组或基因之间的差异。在遗传分析中，SNP 的优点主要有：①数量丰富，分布广泛，覆盖密度高；②多态性丰富；③遗传稳定性高；④由于 SNP 一般只有 2 个等位基因，在检测时只需要通过一个简单的“+/−”方式即可进行基因型分析，使得 SNP 检测与分析易实现自动化。

SNP 作为一种新生的分子标记，目前已有 2 000 多个标记定位到人类染色体上，在拟南芥、玉米、水稻等二倍体植物上也开发了大量的 SNP 标记并应用于群体结构分析、关联作图等研究，在棉花等多倍体植物上，其开发和利用进展相对滞缓，但随着 DNA 芯片技术、DNA 测序技术的迅速发展以及各植物基因组测序的陆续完成，SNP 必将成为植物遗传育种研究中的重要工具。

2.1.1.7 原位杂交

原位杂交(in situ hybridization，ISH)是分子遗传学和细胞遗传学相结合产生的一种技术，开始与 20 世纪 60 年代，最初由 Gall 等将标记的 rDNA 探针在非洲爪蟾初级卵母细胞核染色质上定位获得成功。其基本原理是根据同源序列碱基互补配对的原则，应用同位素或荧光染料标记的 DNA 探针与染色体 DNA 杂交，然后通过放射自显影或在荧光显微镜下可以看到 DNA 探针与之互补的 DNA 顺序结合的位置。

原位杂交技术的发展经历了从使用放射性同位素标记的探针进行的原位杂交到应用非放射性标记探针的原位杂交，即荧光原位杂交，再发展到现在的与 BAC 文库相结合的荧光原位杂交 BAC-FISH，其检测强度和灵敏度逐步提高。

原位杂交从染色体水平和 DNA 水平为细胞遗传学研究提供了一种新的分子标记，这种标记可以是低拷贝或单拷贝 DNA 序列，也可以是高度重复的序列，或者是基因组 DNA。在棉花上，减数分裂的荧光原位杂交是棉花分子标记的特色技术，而与 BAC 文库相结合，更使得其在棉花生物学研究中发挥重大的作用。目前，减数分裂原位杂交已用于棉花物理图谱的构建。Ji 等(1995)在陆地棉上应用减数分裂荧光杂交对 5 个易位体，一个缺失 14 臂的端体进行检测，结果表明，B77 位点位于 D-亚基因组的右臂上，并且这个右臂相当于短臂，说明减数分裂的荧光原位杂交是综合形态、分子、细胞遗传标记图谱的有力工具。Ji 又在陆地棉上应用荧光原位杂交对减数分裂四价体进行检测，不仅检测出 6 个与易位断点有关的大的 rDNA 位点，而且检测出其他 11 个小的 18S、28S rDNA 位点，并分别作图到染色体 9、17、19、20 的右臂上、染色体 5、11、12、15 的左臂上、染色体 8、10、14 的非确定臂上。Reyes-Valdes 等(1996)用原位杂交技术对棉属四倍体种陆地棉的减数分裂二价体配对分析染色体 16 和染色体 23，并且对其臂长进行估计，结果表明染色体 23 与其 RFLP 图上的结果一致，这为进行染色体基因组减数分裂比较提供了一种有利工具，并且可以快速估计重组效率。

2.1.1.8 其他类型的分子标记

植物育种中常用的分子标记还有序列标签位点(sequence-tagged sites，STS)、简单重复序列区间(inter-simple sequence repeat，ISSR)、序列特异扩增区域(sequence characterized amplified region，SCAR)等。

STS 是根据单拷贝 DNA 片段两端的序列设计一对特异引物，对基因组 DNA 进行扩增而产生的一段长度为几百个碱基的特异序列。STS 的特点是与 SSR 一样呈共显性遗传；标记来源广、数量多；同时由于采用常规的 PCR 引物长度，扩增结果稳定可靠；在基因组中往往仅出现一次，能够界定基因组的特异位点。由于这些特点的存在，STS 标记可作为比较遗传图谱和物理图谱的共同锚定点，使其在基因组作图上发挥着非常重要的作用。其缺点是与 SSR 一样，开发必须依赖于 DNA 序列的分析和引物的合成，成本较高，且多态性常低于相应 RFLP 标记。

ISSR 是 Zietkeiwitcz 等于 1994 年发展起来的一种以微卫星为基础的分子标记。其基本原理是用锚定的微卫星 DNA 为引物，即在 SSR 序列的 3′端或 5′端加上 2～4 个随机核苷酸，在 PCR 反应中，锚定引物可引起特定位点退火，导致与锚定引物互补的间隔不太大的重复序列间 DNA 片段进行 PCR 扩增。在两个相距较近、方向相反 SSR 序列之间的区段所扩增的多个条带通过聚丙烯酰胺凝胶电泳得以分辨，扩增谱带多为显性表现。ISSR 的特点是引物的开发不像 SSR 引物那样需测序获得 SSR 两侧的单拷贝序列，开发费用降低；ISSR 引物可以在不同的物种间通用，不像 SSR 标记一样具有较强的种特异性；ISSR 揭示的多态性较高，可获得几倍于RAPD的信息量；同时由于ISSR所用的引物长度一般为20个碱基左右，扩增的结果稳定性高，精确度几乎可与RFLP相媲美，检测非常方便，因而是一种非常有发展前途的分子标记。

SCAR是在RAPD的基础上发展起来的，其原理是将目标RAPD片段从凝胶上回收进行克隆并对其末端测序，根据RAPD片段两端序列设计特异引物，对基因DNA片段再进行PCR特异扩增，把与原RAPD片段相对应的单一位点鉴别出来。SCAR的特点是由于使用较长的引物和较高的退火温度，实验结果可靠性高，重复性好；揭示的信息量高，可用于构建高密度的遗传图谱；类似于STS标记，可以作为比较遗传图谱和物理图谱的共同锚定点；SCAR一般维持RAPD的显性特征或者转化为共显性标记。SCAR对于定位农作物重要农艺性状基因和分子标记辅助选择具有重要的作用。Guo等(2003)研究了SCAR在分子标记辅助育种的作用，并用两个与棉花纤维强度连锁的RAPD标记转化成了SCAR标记。

2.1.2 新型标记开发

DNA分子标记被广泛应用于植物遗传多样性和种质资源的研究、遗传图谱的构建、重要农艺性状基因的定位与克隆、分子标记辅助育种等各个方面，并取得了骄人的成绩。

重要农艺性状基因的定位与克隆、分子标记辅助育种要求标记位点与目标性状基因间的距离较近，因此在研究中找到的标记位点与目标性状基因间距离的远近决定了其在应用上的价值。但备受研究工作者青睐的SSR、RAPD以及AFLP等标记所扩增的区域均是非编码区域或是基因随机扩增的片段，这些标记位点与目标性状基因位点相距较远，用这些标记筛选与目标性状基因紧密连锁的标记位点需要花费大量的人力、物力。

为了缩短标记位点与目标性状基因间的距离，研究工作者尝试了大量的方法，最后发现利用真核生物基因的编码序列开发的标记能解决这一问题。在这一思想的引导下，研究工作者开发了多种与编码序列相关的新型分子标记，包括EST分子标记、相关序列扩增多态性(sequence-related amplified polymorphism，SRAP)、靶位区域扩增多态性(target region amplification polymorphism，TRAP)、内含子序列扩增多态性(intron sequence amplified polymorphism，ISAP)等新型标记。

2.1.2.1 EST分子标记的开发

EST(expressed sequence tags)是长度在150～500 bp的基因表达序列，其技术核心是mRNA经反转录成cDNA并克隆到载体构建cDNA文库，进行随机挑选大规模的cDNA克隆并进行测序，然后通过与已知序列的比对获得生物体生理生化特征的过程。由于此项技术的基础材料是cDNA，它是不含内含子的基因表达序列，具有短小精悍的优点。根据开发方法的不同，EST分子标记可分为EST-PCR、EST-SSR、EST-RFLP、EST-AFLP以及ETS-SNP。

(1)EST-PCR

EST-PCR是根据EST序列设计引物对特定的区域进行扩增，以揭示不同DNA样品在编码区、非编码区及调控区序列的差异。该标记技术难度小、成本低而且准确度高，易被人们接受。目前，EST-PCR标记已在洋葱、白菜、云杉和火炬松等植物中得到了应用。

(2)EST-SSR

根据 EST 序列建立的 SSR 标记是目前采用较多的一种开发分子标记的策略。其技术是预处理后,对序列进行组装,去除冗余序列,延长转录片段的长度,然后利用专业的分析软件搜索 EST 序列中 SSR 的频率、特点和分布,然后选择目标 SSR 进行引物设计,并通过 PCR 扩展技术建立 EST-SSR 标记。常用的 SSR 位点鉴定软件包括 SSRFinder(Gao,2003)、BuildSSR(Rungis,2004)、SSRHunter(李强等,2005)、MicroSatellite、SSR Identification Tool、CUGIssr、Sputnik 等。

和基因组 SSR 相比,EST-SSR 具有很多内在的优点:使用公用的 EST 序列,开发成本低;来源于比较保守的转录区,在相关物种间具有很高的通用性和转移性;EST-SSR 反映的是基因的编码区域,因此可能作为"绝对"的标记鉴定功能基因;EST-SSR 高质量标记的比率要比基因组 SSR 高。EST-SSR 的缺点是多态性要比基因组 SSR 低。

(3)EST-RFLP

在 RFLP 的基础上将探针改进为 cDNA,它的多态性在于不同限制性内切酶与探针间的结合情况。主要应用于遗传图谱的构建,目前在大麦上(Schwarz et al,2002)已有报道。它具有共显性,重复性高的优点;但由于技术路线较复杂,耗时耗财,应用范围较小。

(4)EST-AFLP

此项技术是以 cDNA 为材料,利用限制性内切酶切开双链后加入人工接头,再进行预扩增和选择性扩增来检测基因表达量的差异。它结合了 RT-PCR 和 AFLP 技术优点,使得低表达的产物也能准确检测。2001 年由 Qin 等开发的 GenEST 软件,有效实现了 cDNA-AFLP 和 EST 信息的结合及转化。由于其对实验技术要求较高,在实验室水平较难推广。

(5)ETS-SNP

SNP(single nucleotide polymorphism)是不同等位基因在同一位点上单个核苷酸或者碱基的差异。SNP 广泛存在生物体基因组中,是生物多样性和生物进化的源泉。将 ETS 和 SNP 技术结合,为寻找探索基因的功能和标识作用提供方向。ETS-SNP 可以通过比对序列簇的 ETS 来获得多态性信息,可以从 NCBI 中 UniGene 数据库的聚类基因簇(cluster)查询 SNP 数据信息。常用的分析同源聚类序列的数据包有:consed、phrap、phred、polyphred 等,他们的基本设计思路是:先进行聚类分析,然后对这些序列进行对比。ETS-SNP 技术在拟南芥(Iwata et al,2001)、玉米(Useche et al,2001;Barker 等,2003)和大麦(Kota et al,2001)等植物中相继被报道。虽然 SNP 在基因组中具有高通量表达的优点,但是由于 ETS 是在 cDNA 克隆的情况下开发的,所以人们无法辨识一个位点的碱基差异是测序误差所致还是自然存在的突变,此标记技术有待测序方法技术的进一步纯熟。

2.1.2.2 相关序列扩增多态性的开发

SRAP 又叫基于序列扩增多态性(sequence-related amplified polymorphism),是美国加州大学蔬菜作物系的 Li 和 Quiros 于 2001 年提出一种新型标记。其原理是通过独特的双引物设计,对开放式阅读框(open reading frames,ORFs)的特定区域进行扩增。基于外显子 G、C 含量丰富,内含子 A、T 含量丰富的特定,分别进行上游和下游引物的设计,其中上游引物长度为 17 个碱基,5′端的前 10 个碱基是一段填充序列,紧接着的是 CCGG,它们组成核心序列及 3′端 3 个选择碱基,对外显子区域进行特异扩增。下游引物长度为 18 个碱基,5′端的前 11 个碱基是一段填充序列，紧接着的是 AATT，它们组成核心序列及 3′端 3 个选择碱基，对内含子和启动子区域进行特异性扩增。不同个体间因内含子、启动子与间隔区长度不等而产生多态性。

SRAP 标记呈高度共显性遗传，具有引物设计鉴定、结果稳定、多态性丰富、便于克隆目标片段的特点，已被广泛应用于多种生物的遗传多样性分析、种质资源的鉴定评价、遗传图谱的构建、重要性状基因标记以及图位克隆等方面。在棉花上，林忠旭等(2003)用邯郸 208×Pima90 的 F_2 群体构建了首张 SRAP 标记连锁图谱。

2.1.2.3 靶位区域扩增多态性开发

TRAP(target region amplification polymorphism，TRAP)是由美国农业部北方作物科学实验室 Hu 和 Vick 于 2003 年首次提出，其技术是从 SRAP 技术改进而来的。SRAP 使用两个任意引物，而 TRAP 使用一个长度为 16～20 个核苷酸的固定引物与一个任意引物，固定引物以公用数据库中的靶 EST 序列设计而来；任意引物与 SRAP 所用的一样，为一段以富含 AT 或 GC 为核心、可与内含子或外显子区配对的随机序列。

目前在向日葵、水稻、小麦、甜菜等作物上都开发 TRAP 标记，并应用较成功，目前在棉花遗传育种中的报道较少。范玲等(2009)利用与棉花纤维伸长相关和纤维细胞次生壁发育相关的基因设计了 9 条固定引物，与 42 条随机引物组合成 378 对引物，从中筛选出亲本间有显著差异长绒棉共显性 TRAP 标记 12 个，并通过试验证明这些共显性 TRAP 标记可以广泛用于陆海杂交后代或渐渗杂交后代是否携带与标记相关的海岛棉基因的选择。

2.1.2.4 内含子序列扩增多态性的开发

ISAP(intron sequence amplified polymorphism，ISAP)是一种新型的功能型分析标记。其原理是它利用内含子剪接位置的保守一致序列作为其引物的核心序列，其上下游引物均为 18 个碱基，上下游引物间通过组合配对的方式作为扩增的引物对，对真核生物的基因序列进行扩增。

陈才瑞等(2008)研究设计了 9 条上游引物，8 条下游引物，共计 72 个 ISAP 引物组合，对陆海杂交 F_2 群体进行扩增并构建遗传连锁图谱，其中 67 个组合显示了多态性，共得到 212 个 ISAP 位点；将 212 个 ISAP 位点连同 164 个 SRAP 位点构建了一张包含 276 个位点的遗传连锁图谱，ISAP 标记在整个连锁群中分布比较均匀，部分区域呈现标记高饱和现象，可能为编码序列富集区；另外对 20 个片段进行测序的结果表明，85%的序列显示了与已公布 EST 序列的同源性，说明扩增是跨越了外显子进行的，得到的序列与表达序列紧密连锁。结果表明 ISAP 标记是一种简单、可靠，具有较高多态性，并且扩增基因区域的功能型分子标记。同时，在使用 ISAP 标记对其他植物进行了扩增中，也取得了良好的效果。因此该标记技术在图位克隆和分子标记辅助育种中具有广阔的应用前景。

2.2 分子标记群体类型及分析方法

分子标记的种类在前一节我们已经了解，但要知道不同分子标记在染色体上的位置，就要构建分子标记的连锁图谱，所以就要构建用于作图的群体。

2.2.1 分子标记群体类型

分子标记群体即为构建分子标记连锁图的群体，也称基因分离群体。分离群体的类型多样，根据其遗传稳定性主要可分为两类：一类是暂时性分离群体，这一类群体中分离单位是个体，包括自交作物的分离世代，异交作物的分离世代，如 F_2 群体、F_3 群体、BC 群体、三交群体等。这类群体遗传性不稳定，一经自交或近交就会使个体的遗传组成发生变化，不能永久使用。另一类是永久性分离群体，这类群体的分离单位是品系，不同品系之间存在基因型的差异，而品系内个体间的基因型是相同的，自交不分离，如重组自交系群体（RI）、双单倍体群体（DH）等。这类群体可通过自交或近交繁殖后代，而不会改变群体中各品系的遗传组成，可以永久使用。这些不同的群体有其各自的优势，因此应根据实际情况合理选用，以求获得最佳的效果。

2.2.1.1 F_2 群体

F_2群体可以利用两个亲本杂交得到的 F_1 代自交获得，它易于配制（自交不亲合材料除外），需要时间短，不论是自花授粉植物，还是异花授粉植物，建立 F_2 群体都是容易的，这是使用 F_2 群体进行遗传作图的最大优点。它所提供的遗传信息最为丰富，可以估算加性效应及显性效应。迄今大多数植物的 DNA 标记连锁图谱都是用 F_2 群体构建的。张德水等（1997）用栽培大豆“长农 4”与野生大豆“新民 6”的杂种 F_2群体，以 RFLP 标记为主，构建我国第一套大豆分子遗传图谱。殷剑美等（2003）利用陆地棉种内杂交 F_2 和 $F_{2:3}$群体以 SSR 和 RAPD 标记筛选到控制产量性状变异的主效 QTL，共定位 10 个产量性状 QTLs。吴茂清等（2003）利用陆海种间 F_2 群体作图，覆盖1 717.0 cM 图距，以 $F_{2:3}$家系性状进行 QTL 定位，共定位 16 个产量性状 QTLs。Zhang 等（2005）利用 F_2 群体和 $F_{2:3}$家系检测到了 4 个与衣分相关的 QTLs。He 等（2007）利用 F_2 群体进行棉花经济性状的 QTL 定位，共检测到 52 个 QTLs，有 36 个与产量性状相关。

但 F_2群体由单株组成且尚未达到纯合，提供的材料有限，很难对其进行连续性研究。由于每个基因型只有一株，由此得到的数量性状数据可靠性差。补救办法是利用 F_2 代单株衍生家系，选取同一家系中的若干个体进行分析，但这样做，不仅加大了工作量，而且容易造成抽样误差。因此，为了保证这种代表性的真实可靠，衍生系中选取的单株必须是随机的，且数量要足够多。这种方法对于那些繁殖系数较大的自花授粉植物（如水稻、小麦等）特别适用。

2.2.1.2 BC_1 群体

BC_1 群体（回交一代）也是一种常用的作图群体。BC_1 群体中每一分离的基因座只有两种基因型，它直接反映了 F_1 代配子的分离比例，因而 BC_1 群体的作图效率最高，这是优于 F_2 代群体的地方。BC_1 群体还有一个用途，就是可以用来检验雌、雄配子在基因间的重组率上是否存在差异。其方法是比较正、反回交群体中基因的重组率是否不同。袁有禄等（2009）利用陆地棉推广品种中棉所 36 和海 1 配制杂交组合，并用中棉所 36 为轮回亲本构建回交群体 BC_1F_1，BC_2F_1 和 BC_1S_1。宋宪亮等（2005）以海陆种间杂交 BC_1 为作图群体，利用 SSR、SRAP 标记技术构建了四倍体栽培棉种高密度分子图谱。图谱具有 802 个标记位点，总长4 347.5 cM，基因组覆盖率为 79.01%。

虽然 BC_1 群体是很好的作图群体，但它也与 F_2 群体一样，存在不能长期保存的问题。可以用 F_2 中使用的类似方法来延长 BC_1 群体的使用时间。另外，对于一些人工杂交比较困难的植物，BC_1 群体也不太合适，因为一是难以建立较大的群体，二是容易出现杂种。

实践表明，利用这些初级定位群体定位的 QTL 精度较低，其结果有时与实际偏差较大，只有当性状的遗传力较高、群体足够大时，定位结果才是准确的。群体内个体间不同的遗传背景是造成 QTL 定位偏差的主要原因之一。为了提高数量性状 QTL 作图的准确性，Eshed(1994)、Tanksley(1996)、Doil(1997)、Tuinstra(1997)等利用了在相似遗传背景下进行 QTL 作图的思路与方法，即利用重组自交系(RILs)、双单倍体(DH)、染色体片段代换系(CSSLs)、近等基因系(NILs)等次级作图群体(secondary mapping populations)进行 QTL 作图。

2.2.1.3 RI 群体

RI(重组自交系)是将个体连续自交直到完全纯合所产生的一系列品系。在遗传学上，自交是使分离的基因型逐代趋于纯合。例如，从一对基因的杂合体 Aa 开始，一代接一代地进行自交，就一代一代地分离为纯合体 AA、aa 及杂合体 Aa。随着自交世代的增加，群体纯合体的比例越来越大，而杂合体的比例则越来越小，最终群体将趋于完全纯合。RI 群体是通过自交方式产生的，通常从 F_2 开始，采用一粒传法建立。因此，RI 群体中每个株系都是纯合的，因而 RI 群体是一种可以长期使用的永久性分离群体。

在理论上，无论自交多少代，在最终形成的 RI 品系中仍然存在不同基因座位的杂合体。但在经过数代的自交后，杂合体在群体中的比例已经很小，可忽略不计。因而，建立一个无限大的 RI 群体，必须自交无穷多代才能达到完全纯合；建立一个有限大小的 RI 群体则只需自交有限代即可达到完全纯合。利用 RI 群体进行遗传图谱的构建，所应用的是纯合的 RI 品系。与只经历一次减数分裂的 F_2 群体和回交一代群体不同，RI 群体在达到纯合化前已经历了多轮的减数分裂，因而连锁基因间具有更大的重组机会。在 RI 群体中，每一分离座位上只存在两种基因型，且比例为 1∶1。从这点看，RI 群体的遗传结构与 BC_1 相似，也反映了 F_1 配子分离比例。但是，当分析 RI 群体中两个标记座位之间的连锁关系时，算得的重组率比例并不等于 F_1 配子中的重组率，这是因为在建立 RI 群体的过程中，两标记座位间每一代都会发生重组，所以 RI 群体中得到的重组率比例是多少代重组频率的累积。从理论上讲，我们可以推算出，RI 群体中的重组比例(R)与 F_1 配子中的重组率(r)之间的关系是：$R=2r/(1+2r)$。因此，用 RI 群体仍然可以估计重组率。张天真等(2005)利用重组自交系 $F_{6:8}$ 及 $F_{6:9}$ 的遗传分析及 QTLs 定位，从分子水平上揭示杂种优势形成的遗传基础，为棉花杂交种育种提供理论依据，并为分子标记辅助育种奠定了基础。孙福鼎等(2010)利用 196 个 $F_{6:8}$ 家系的重组自交系群体研究了 4 个环境中纤维长度、纤维强度、马克隆值、伸长率、整齐度指数、单株结铃数、铃重、衣分、子指、单株子棉产量及单株皮棉产量等性状。

但是 RI 群体并不像 F_2 群体那么容易构建，需要花费很长的时间，另外，异花授粉植物由于存在自交衰退和不结实现象，建立 RI 群体也比较困难。因此，如果是以构建连锁图为目的，选用 F_2 群体比 RI 群体更明智。

2.2.1.4 DH 群体

DH(加倍单倍体)是由单倍体经过染色体加倍形成的二倍体，也称为双单倍体。高等植物的单倍体是含有配子染色体数目的孢子体。因此，DH 群体是完完全全的纯合群体。DH 群体的产生途径很多，包括染色体消失、子房培养或雄核发育、花药离体培养和花粉离体培养等。花粉离体培养的效果最佳，但由于技术难度太大，因此花药离体培养是比较常用的方法。花药离体培养是把花粉发育到一定阶段的花药接种到培养基上，来改变花药内花粉粒的发育程序，使其分裂形成细胞团，进而分化成胚状体，形成愈伤组织，由愈伤组织再分化成单倍体植株。然后对单倍体植株进行染色体加倍即产生 DH 植株。DH 植株是完全纯合的，自交后即产生纯系。因此，DH 群体可以稳定繁殖，长期使用，是永久性群体。DH 群体是来自 F_1 代配子的随机样本，其遗传结构直接反映了 F_1 配子中基因的分离和重组，加之 DH 群体可以反复使用，重复试验，因此 DH 群体特别适合用于 QTL 定位的研究。与二倍体遗传模型不同，DH 遗传模型排除了显性效应，不需要作不存在的上位性之类的不现实的假设，因而适合研究控制数量性状的基因加性上位性及连锁。王凯等（2006）利用加倍单倍体（DH）群体构建了一个棉花遗传图谱，覆盖基因组3 262.9 cM 遗传距离。

DH 群体优点很多，首先其与 BC_1 一样，是很好的作图群体，作图效率是最高的；其次 DH 群体是直接由 F_1 代的花药经离体培养产生的，因此容易建立，不像 RI 群体那样费时；另外，DH 群体可以永久使用，重复试验。但是，要建立 DH 群体必需依赖于花培技术。花药培养虽然较花粉培养容易些，但也存在局限性。有些植物的花药培养非常困难，无法通过花培建立 DH 群体。而且，植物的花培能力和基因型有很大关系，因而花培过程会对不同基因型的花粉具有选择性，从而破坏 DH 群体的遗传结构，造成比较严重的偏离现象，影响遗传作图的准确性。同 RI 群体一样，DH 群体同样不是构建连锁图的理想群体。

2.2.1.5 染色体片段代换系

染色体片段代换系（chromosome segment substitution lines，CSSLs ）又叫导入系（introgression lines，ILs），是在相同的遗传背景中导入供体亲本的染色体片段。染色体片段代换系可分为多片段代换系和单片段代换，与其受体亲本之间只有代换片段的差异。如果代换系中只含有一个来自供体亲本的染色体片段则称为单片段代换系（single segment substitution lines，SSSLs）。文献上很多名词的含义与之相同，如染色体片段导入系、近等基因导入系等（何风华等，2005；张丽霞等，2004）。染色体片段代换系一般是通过多代回交结合分子标记选择来建立的。具体步骤是将供体亲本与受体亲本杂交获得 F_1，以受体亲本作为轮回亲本，经过多代回交并进一步自交获得多个 BC_nS 染色体片段代换系。一般，为了获得含特定基因染色体片段代换系，从 BC_2F_1 开始辅以分子标记选择直至从 BC_nS 中鉴定出含特定基因染色体片段代换系或单片段代换系（Akshay Talukdar，2007；严长杰等，2000）。轮回回交的主要目的是重建受体背景（Law et al，1996）。从理论上来讲，经过几代回交之后应该能够恢复受体背景的纯合性，并且含有不同数量的导入基因。一般进行回交 8 代（杨武云等，1997），但也有事例证明，即使回交代数减少，染色体代换系也能够予以鉴定。但为了精确地鉴定 QTL 通常都应该通过分子标记和高代回交构建出染色体单片段代换系。番茄是最早建立单片段导入系的作物之一，Monforte 和 Tanksley（2007）以野生番茄为供体，建立了以栽培番茄为遗传背景的单片段代换系群体，这个群体有 99 个株系，对番茄基因组的覆盖率超过了 85％。Guo 等（2007）发表的棉花连锁图包含了1 790个标记，其中有1 122个是 SSR 标记，标记间平均距离 1.91 cM。中国农科院棉花研究所袁有禄等（2009）构建了 SSR 标记连锁图谱，并以此为基础获得了棉花染色体单片段代换系材料。

2.2.1.6 近等基因系

近等基因系(near-isogenic line,NIL)是由 Young(1988)和 Muclmore(1988)最早提出来的,由杂交及多代回交分离育成,也可通过自发突变获得。近等基因系的育成是分子遗传图谱构建、数量性状基因定位及分子标记辅助育种的重要基础之一,具有特殊的应用价值。目前,近等基因系的构建方法主要有以下几种(张洁夫等,2002):①连续多次回交选育法:将带有感兴趣基因的供体与带有其他特性的轮回亲本杂交,并多次回交,且每代回交后筛选只带有目的基因表型的子代个体与轮回亲本回交,从而获得除目标基因外,其他遗传背景与轮回亲本相同的品系。回交转育是近等基因系构建的最常用方法。②从突变体中分离获得:经自然突变或人工诱变,只在1个位点或少数位点发生突变的情况下,选育获得具有突变性状品种(系),与原品种即构成1对近等基因系。③结合分子标记技术检测连续回交选育法:在连续多次回交选育的基础上,选择可与目标性状连锁的分子标记进行检测,选育得到近等基因系。④杂交高世代群体材料中分离选育:在杂交高世代群体材料中,由于连续自交,控制大多数性状的基因趋于纯合,仅少数基因处于杂合状态,从中选育具有相对性状差异的品系构建近等基因系。20世纪90年代,近等基因系在棉花育种中得到了广泛应用。陈于和等(1996) 利用近等基因系研究了显性无腺体基因在3种不同遗传背景下对棉花农艺性状的影响。祝水金等(1995)用3个不同类型的陆地棉品种为轮回亲本与海岛棉显性无腺体种质材料进行杂交和连续10次回交,育成3个陆地棉显性无腺体近等基因系。肖松华等(1996)对陆地棉芽黄近等基因系进行了研究,揭示了芽黄基因对陆地棉农艺性状的作用方式和影响程度,为芽黄指标性状的杂种优势利用奠定了理论基础。

2.2.2 分子标记群体的分析方法

2.2.2.1 基于遗传图谱的分析方法

(1)质量性状的分子标记分析方法

质量性状指属性性状,一般可观察描述而不能量测,同一种性状的不同表现型之间不存在连续性的数量变化,而呈现质的中断性变化的那些性状。多由一对或少数几对基因决定,每对基因都在表型上有明显的可见效应。因此对质量性状基因的定位克隆相对数量性状容易很多,目前大多数被克隆和功能验证的基因大多为控制质量性状的基因,并且由于其控制表型明显,对其利用改善动植物的一些重要质量性状已经取得了很好的经济效益。另外,某些数量性状虽然由很多基因共同决定,但是其中存在一个或少数几个效应较大的主效基因。数量性状的主基因具有质量性状基因的特征,在鉴别和分析方法上也可采用质量性状基因分析的方法。因此利用分子标记对质量性状进行定位对分子育种工作及基因的图位克隆具有重要的意义。目前利用近等基因系分析法和分离体分组混合分析法是快速有效地寻找与质量性状基因紧密连锁的分子标记的主要途径。

1)近等基因系分析法

近等基因系分析法(Muehlbauer et al,1988)基本分析策略:是比较近等基因系,供体亲

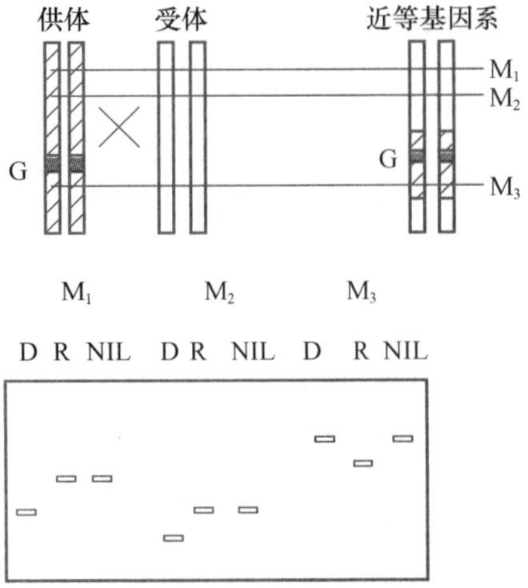

图 2.1 用标记 M_1、M_2、M_3 对供体亲本(D)，受体亲本(R)，近等基因系(NIL)三者的基因型检测，只有目标区段的标记 M_3 基因型近等基因系和供体亲本一致

本，受体亲本三者的标记基因型，如果近等基因系足够纯的话，理论上三者之间只可能在目标基因区有多态性分子标记，并且近等基因系的标记基因型与供体亲本一致而与受体亲本不同(图 2.1)。

此方法的定位效果取决于以下几个因素：第一，供体亲本与受体亲本之间的亲缘关系的远近，若亲缘关系越近，多态性标记越少，则进行标记定位的难度越大；相反，若亲缘关系越远，多态性标记越多，就越容易找到与目的基因连锁的分子标记。因此，在构建定位群体时最好选择亲缘关系较远的品种进行杂交，比如选择不同亚种间(如棉花育种中可选择海岛棉与陆地棉作为杂交亲本)，栽培种和野生种等杂交。第二，与近等基因系本身的纯度有很大的关系，如果近等基因系包含目标片段以外的供体亲本的染色体片段，则会给分子标记定位带来杂音，使定位结果偏离目标基因很远甚至不在同一条染色体上。因此在构建目标基因近等基因系的过程中利用分子标记进行背景选择和加大回交杂交的强度对于减少连锁累赘，去掉定位杂音十分重要。第三，与近等基因系目标片段的长度和标记的密度也有很大的关系，目标片段越短，目标区域分子标记密度越大定位的结果越精细，反之亦然。

目前，利用近等基因系已经在不同的作物中成功的定位克隆了很多有不同性状的基因，中国农科院棉花研究所蒋小燕等(2002)利用 RAPD 及 SCAR 标记和近等基因系材料将无腺体基因 *Gl2e* 定位于标记 OPD06-1530 遗传距离 6.4 cM 处。王海燕等(2010)利用小麦抗叶锈病基因近等基因系材料 TcLr 35 获得一个 β(1,3;1,4)葡聚糖苷酶基因 cDNA 全长。

2)分离体分组混合分析法

分离体分组混合分析法，简称 BSA 法(Michelmore et al,1991)是一种很简便实效的质量性状基因定位方法，在基因的初步定位中经常用到，它是采用了基因池的思想来规避目标基因以外片段的杂音，从而使基因池间相当于只有目标区段差异的 NILs。可以用于任何作图群体的基因初步定位，不需要花大量的人力物力构建 NILs，在基因初步定位中具有很大的优势。

BSA 法根据分组混合的方法不同可分为基于性状表现型和基于标记基因型两种。但是它们的思想都是一致的，都是根据目标性状(表型或基因型)的相对差异，将作图群体分成两组，然后分别将两组中的个体 DNA 等量混合，形成 DNA 池(通常只需要挑取部分单株组成 DNA 池即可，如 20 株)。例如，将一个作图群体中的抗病植株和不抗病植株分成两组，然后分别构建两个 DNA 池；若此抗病性状基因已初步定位于连锁群上，则可以根据目标基因两侧的分子标记信息进行分组构池，将来自亲本 1 的基因型个体 A_1A_1/B_1B_1(A、B 分别表示目标基因两侧分子标记)分成一组，来自亲本 2 的基因型个体 A_2A_2/B_2B_2 分成另一组，分别构建抗病和不抗病的 DNA 池(图 2.2)。DNA 池之间除了目标基因区域差异以外，其他染色体区均是随机组合，理论上应该没有差异。因此，在这两个 DNA 池间表现出多态性的 DNA 标记，就有可能与目标基因连锁。

在检测两 DNA 池之间的多态性时，通常应以双亲的 DNA 作对照，以利于对实验结果的

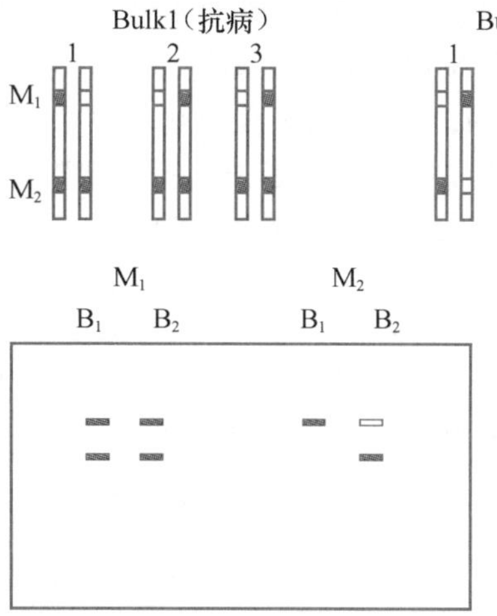

图 2.2 用标记 M_1、M_2 对抗病池(Bulk1)和感病池(Bulk2)进行基因型检测,只有目标区段的标记 M_2 标记基因型存在明显的多态性

正确分析和判断。在用 BSA 法获得连锁分子标记后,可在此标记附近开发更加密集的分子标记对作图群体检测,以期找到与目标基因连锁更加紧密标记,从而实现对其精细定位。

宋振云(2007)等利用亚红株与正常绿株杂交构建的 BC_1 定位群体,采用 BSA 法将控制亚红性状基因定位于标记 NAU1362 与 me1em6 之间,标记间最小距离为 8.3 cM,通过对照前人棉花分子标记图谱,发现基因位于棉花第 7 号染色体。胡磊(2009)等使用 BSA 法获得 2 个与 *ms14* 基因连锁的标记,分别是 BNL3971 和 NAU663,其中标记 BNL3971 距离 *ms14* 基因更近,相距 16.7 cM。根据已公布的棉花图谱将 *ms14* 基因定位在了 Chr02 上。David (2010)等利用 BSA 法将 *Cbd* 基因定位于棉花第 10 号染色体 SSR 标记 DC20027 0.75 cM处,并对突变株标记附近的片段测序实现了该基因的克隆。

近等基因系分析法和分离体分组混合分析法只能对目标基因进行分子标记(molecular tagging),但还不能确定目标基因与分子标记间连锁的紧密程度及其在遗传连锁图上的位置。因此,在获得与目标基因连锁的分子标记后,还必须进一步利用作图群体将目标基因定位分子连锁图上。定位方法与经典遗传学的方法完全一样。

(2)数量性状的分子标记分析方法

QTL 定位主要是以标记为基础的分析方法(marker-based analysis)。其原理是,以标记基因型为依据对试验群体进行分组,如果某个标记与某个(或某些)QTL 连锁,那么在杂交后代中该标记与 QTL 间会发生一定程度的共分离,于是该标记的不同基因型之间,在数量性状上的分布、均值和方差存在差异。检验这些差异,就能推知该标记是否与 QTL 连锁。

虽然早在 20 世纪初就开始了 QTL 定位研究的探索,相关研究一直在进行(Tanksley et al,1982;Edwards et al,1987),但受限于遗传标记的缺乏,没能取得显著进步,方法仅限于标记与 QTL 间的回归分析。分子标记 RFLP 被应用于遗传图谱构建后,获得饱和的完整的遗传图谱成为可能,激起在实验中将数量性状分解为离散的孟德尔因子的研究。针对传统单标记分析的缺陷,Lander 和 Botstein(1989)开发了区间作图法,通过两个侧邻标记定位 QTL。由于该方法具有诸多优点,特别是估计的表型效应是渐近无偏的,成为了 QTL 作图事实上的标准。但是仍然有两个没有解决的问题:①与分析区间连锁的 QTL 会影响对目标 QTL 的表型效应的估计;②未能利用其他标记信息对背景加以控制。为解决以上问题,Rodolphe 和 Lefort(1993),Jansen 等(1994)提出多 QTL 模型,同时检测染色体上的多个标记,以说明是否存在多个 QTLs。而 Zeng(1993,1994)复合区间作图,大大提高 QTL 作图的精确度,得到了较为广泛的应用。由于多元回归的局限性,用复合区间作图方法难以有效地定位具有上位性和基因型×环境互作效应的 QTL。1998 年 Zhu 和 Weir(1998)开发了基于混合线性模型的复合区间作图方法,为有效地定位具有上位性和基因型×环境互作效应的 QTL 提供了有力工具。

尽管已经取得这么多的成就，要彻底解释数量性状，还有许多问题要解决。

1)单标记分析法(single marker analysis)

单标记分析法就是通过方差分析、回归分析或似然比检验，比较不同标记基因型数量性状均值的差异。如存在显著差异，则说明控制该数量性状的QTL与标记有连锁。如果一对等位标记MM和mm与一对等位基因QQ和qq连锁，在不发生交换即紧密连锁的前提下则有：

$$\mu_{MM}=\mu_{QQ},\ \mu_{mm}=\mu_{qq} \tag{2.1}$$

式中，μ_{MM}、μ_{mm}、μ_{QQ}和μ_{qq}分别为标记基因型MM、mm和QTL基因型QQ、qq的表型均值。如果标记和基因之间有一定交换率$r(r<0.5)$则：

$$\mu_{MM}=(1-r)\mu_{QQ}+r\mu_{qq} \tag{2.2}$$

$$\mu_{mm}=r\mu_{QQ}+(1-r)\mu_{qq} \tag{2.3}$$

如果群体中某个标记存在3种基因型(如F_2群体)则我们可以类推出3种标记基因型的性状均值分别为：

$$\mu_{MM}=(1-r)^2\mu_{QQ}+2r(1-r)\mu_{Qq}+r^2\mu_{qq} \tag{2.4}$$

$$\mu_{Mm}=r(1-r)\mu_{QQ}+[1-2r(1-r)]\mu_{Qq}+r(1-r)\mu_{qq} \tag{2.5}$$

$$\mu_{MM}=r^2\mu_{QQ}+2r(1-r)\mu_{Qq}+(1-r)^2\mu_{qq} \tag{2.6}$$

从以上的几个公式可以看出，当$r=0.5(r\in[0,0.5])$时，即标记与基因之间没有连锁，遵循自由组合规律，则有$\mu_{MM}=\mu_{Mm}=\mu_{mm}$。而当$0<r<0.5$时，即标记与QTL之间存在连锁，则有$\mu_{MM}\neq\mu_{Mm}\neq\mu_{mm}$。不难发现，当$r$值越小，三种(或两种)标记表现型之间的差距越明显，当$r=0$时，即标记与QTL之间完全连锁，这时三种(或两种)标记表型差异最大且表型值与其连锁的QTL表型一致。因此，用单因素方差分析法检验三种(或两种)标记基因型间的性状均值差异是否显著，就能推知该标记是否与QTL连锁。

由于单一标记分析法不需要完整的分子标记连锁图谱，因而早期的QTL定位研究多采用这种方法(高用明等，2000)。但方差分析法和简单线性回归法只能检测标记与QTL的连锁，无法估计它们之间的重组率。单标记分析方法难以避免以下缺点：①当两个QTLs呈相引连锁(即两个增效基因连锁在一起或两个减效基因连锁在一起)且相距不太远时，由于两个QTLs的效应相互累加，可能会使得位于两个QTLs之间的标记表现出最大的t值或F值，从而导致无法识别那两个真实QTLs，却错误地认为在它们之间的某个位置上存在一个QTL。这个推断出的QTL显然是虚假的，是一个“幻影QTL”(ghost QTL)。相反，当两个QTLs呈相斥连锁(即一个增效基因与一个减效基因连锁在一起)且相距不太远时，由于两QTLs的效应相互抵消，可能会使得两个QTLs附近的标记表现出很小的t值或F值，从而无法检测出这两个QTLs。由于这些局限性，目前单标记均值差检验法仅用于对数据的初步分析。②当QTL不位于标记位点时，可能需要更多的后代。具体而言，标记所能解释的方差若以系数$(1-2\theta)2$减少，需要增加的后代数目则以系数$1/(1-2\theta)2$增加。③建议的假阳性概率$\alpha=0.05$忽略了有许多标记被检测的事实。当每一个给定标记的假阳性概率是5%时，在基因组上至少有一个假阳性的概率是相当高的(达到13个标记时就会高于50%)。其间有不少的人进行了大量的探索，其中20世纪80年代末90年代初Luo和Kearsey(1989)利用标记基因型的均值和方差获得 QTL 基因型的均值和方差的矩法估计公式(Luo et al,1991),使得最大似然估计只涉及重组率一个未知参数,发展了分别适合于 F_2、回交群体和 DH 群体的统计方法。Darvasi 和 Weller(Darvasi et al,1992)证明该方法只能得到参数的近似最大似然估计。Luo 和 Woolliams(1993)将其改称为矩估计法,进行近交 F_2 群体有关参数估计的最大似然方法,这样把参数估计和连锁检验合为一体,提高了 QTL 定位的效率。

2)区间作图法(IM)

鉴于传统的 SMA 方法存在的问题,Lander 和 Botstein 提出了基于两个侧邻标记的区间作图方法,即区间作图法(interval mapping,IM)。其采用的性状-标记(QTL)模型为:

$$y_i = \mu + \sum_{j=1}^{m} b_j x_{ij} + \varepsilon_i \tag{2.7}$$

式中,y_i 为第 i 个个体的性状值;μ 为模型均值;b_j 为第 j 标记的偏回归系数;x_{ij} 为第 i 个个体第 j 标记基因型的指示变量,依标记基因型为 MM 或 mm 而取值 1 或 0;m 为标记个数;ε_i 为随机误差。b_j 的大小反映了标记与数量性状的相关程度,如果某标记与某个性状相关性达到显著水平,则标记附近可能存在 QTL。如果标记与 QTL 完全连锁或就落在基因上,则偏回归系数即为此标记的遗传效应值。

基于两个侧邻标记的区间作图法是以正态混合分布的最大似然函数和简单回归模型,借助于完整的分子标记连锁图谱,计算基因组的任一相邻标记之间的任一位置上存在 QTL 和不存在 QTL 的似然函数比值的对数(LOD 值),即:

$$\mathrm{LOD} = \lg\left[L(b \neq 0)/L(b = 0)\right] \tag{2.8}$$

或

$$\mathrm{LR} = -2\ln\left[L(b = 0)/L(b \neq 0)\right] \tag{2.9}$$

其中 $L(b=0)$ 和 $L(b\neq 0)$ 分别表示 $b=0$ 和 $b\neq 0$ 时的最大似然值(注:LR 与 LOD 之间存在转换关系:LOD≈0.217LR)。当似然比统计量 LR 或 LOD 的值大于给定的显著阈值时,则认为 $b\neq 0$,即假定的 QTL 的效应不为零,因而可推断 QTL 存在。

根据整个染色体上各点处的 LOD 值可以描绘出一个 QTL 在该染色体上存在与否的似然图谱。当 LOD 值超过某一给定的临界值时,QTL 的可能位置就可用 LOD 支持区间表示出来(图 2.3)。

区间作图方法的优点在于:①QTL 似然函数图清楚地代表了 QTL 在沿整个基因组不同位点的证据的力度。②与之前传统方法相比,估计的表型效应是渐近无偏的。这是它们对一个恰当的特定模型的最大似然估计的直接结果。③QTL 的可能位置由支持区间确定,支持区间显示似然比在最大系数 10 内的位点(points)的范围。④区间作图在检测 QTL 上与传统方法相比需要较少后代。对于间隔 10、20、30 和 40 cM 的图谱,可分别节省后代数目的 9%、16%、23%和 28%。⑤QTL 似然图也可以用来区别一对连锁不太紧密的 QTL。正是因为这些优点,使得区间作图法,成为了 QTL 作图的标准方法。

但是,区间作图法仍存在许多问题:①与检验区间连锁的 QTL 会影响检验结果,或者导致假阳性,或者使 QTL 的位置和效应估计出现偏差;②每次检验仅用两个标记,其他标记的信息未加以利用。虽然 Lander 和 Botstein 提出对多个区间上的多个 QTLs 进行同步检测的

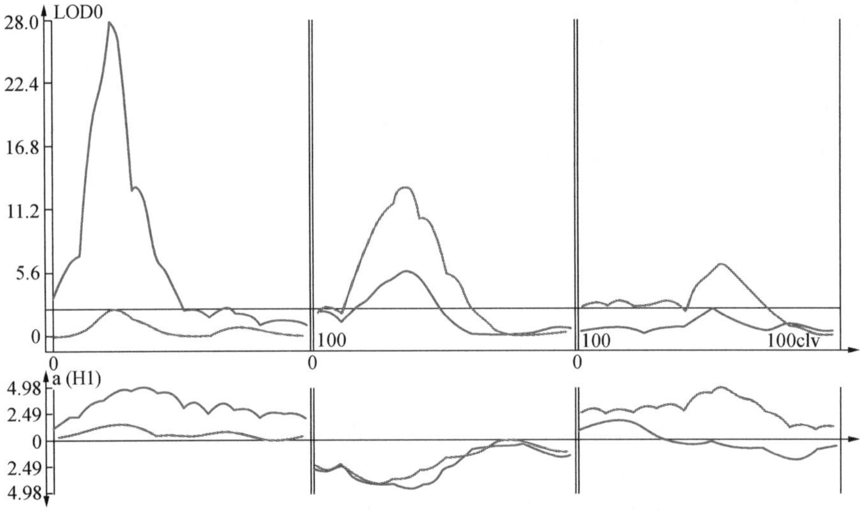

图 2.3 用 IM(左图)、CIM、MCIM 分析棉花株高、铃重 QTL 结果，发现用 CIM 定位了 2 个铃重 QTL(灰线)2 个株高(绿线)

策略；Martinez 和 Curnow 则提出用三个或更多的标记进行回归分析，试图解决这些问题，但由于种种困难并不成功。

3)复合区间作图法(CIM)

为了解决区间作图法存在的问题，Zeng 系统研究了多元线性回归方法进行 QTL 作图的理论基础，进而提出把多元线性回归与区间作图结合起来的复合区间作图方法(composite interval mapping，CIM)。复合区间作图统计模型：

$$Y_j = \mu + b^* x_i^* + \sum_{j=1}^{m} b_j x_{ij} + e_i \tag{2.10}$$

式中，b^* 和 x_i^* 分别为被检 QTL 的效应和基因型指示变量，其他符号的含义与式(2.7)相同。

从其统计模型不难发现，在对某一特定标记区间进行检测时，将与其他 QTL 连锁的标记也拟合在模型中以控制背景遗传效应(必须注意的是，模型中不一定要包含全部的标记。理论上只需将可能与 QTL 相邻因而拥有信息的标记纳入模型中就可以了，这样可增加回归分析的自由度，提高参数估值的准确性)。假定不存在上位性效应和基因型与环境的互作效应，用类似于区间作图的方法获得各参数的最大似然估计值，即

$$\mathrm{LR} = -2\ln[L(b^*=0)/L(b^*\neq 0)] \tag{2.11}$$

式中符号含义与式(2.9)相似。

依据似然比统计量的显著性，可获得 QTL 可能位置的标记区间。因其理论基础稳固和算法详尽，目前被广泛应用。

复合区间作图法的主要优点是：①仍采用 QTL 似然图来显示 QTL 的可能位置及显著程度，从而保留了区间作图法的优点；②一次只检验一个区间，把对多个 QTLs 的多维搜索降低为一维搜索；③假如不存在上位性和 QTL 与环境互作，QTL 的位置和效应的估计是渐近无偏的；④充分利用了整个基因组的标记信息；⑤以所选择的多个标记为条件，在较大程度上控制

了背景遗传效应，提高了作图的精度和效率(图 2.4)。

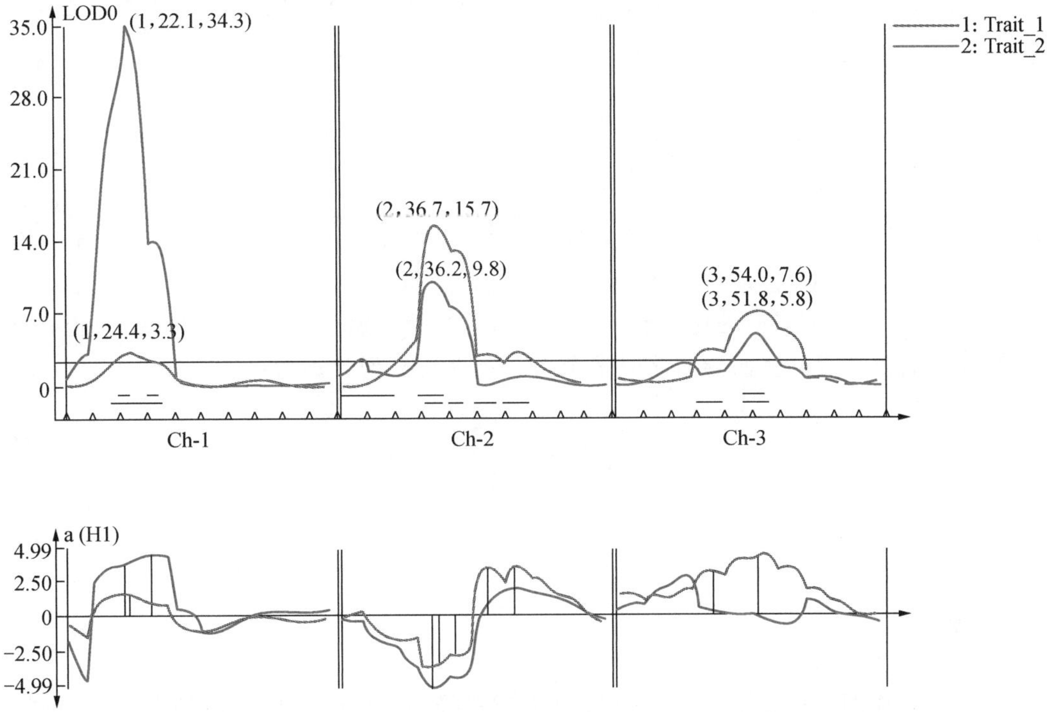

图 2.4 用 IM、CIM、MCIM 分析棉花株高、铃重 QTL 结果，发现用 CIM 定位了 2 个铃重 QTLs(灰线)3 个株高(绿线，比 IM 多一个)

复合区间作图法目前存在的主要问题有：①不能分析上位性及 QTL 与环境互作等复杂的遗传学问题；②为了保证检验统计量有一定的自由度，需要从大量的标记中筛选一部分有效的标记，而筛选时采用的显著性水平以及筛选的方法均会对定位结果产生影响；③由于拟合在模型中的标记会吸收其附近的 QTL 效应，复合区间作图法需要为检验的区间开辟一个窗口，窗口内的标记不能拟合在模型中。但适合的窗口大小不易确定，过小，检验的效率会降低，过大，与检验区间连锁的 QTL 又会使 QTL 位置和效应的估计产生偏差。

4)完备区间作图法(ICIM)

由于复合区间作图在算法上有一些缺陷，致使 QTL 效应可能会被侧连标记区间之外的标记变量吸收，同时不同的背景标记选择方法对作图结果的影响较大，并且难以推广到上位型互作的 QTL 定位。针对以上问题，中国农业科学院作物科学研究所王建康教授提出了完备区间作图法(inclusive composite interval mapping，ICIM)，该法首先利用所有的分子标记检测的信息，通过逐步回归选择重要的标记变量并对其效应进行估计；然后利用逐步回归得到的线性模型校正性状的表型数据，进而通过一维扫描定位加(显)性效应的 QTL，通过二维扫描定位上位性互作的 QTL。完备区间作图统计模型：

①加显性模型下多个 QTLs 的遗传模型可表示为：

$$G = \mu + \sum_{j=1}^{m} [a_j w_j + d_j v_j] \tag{2.12}$$

式中，μ 为模型均值（只含加性效应）a_j 和 d_j 分别为第 j 个 QTL 加性效应和显性效应；w_j 和 v_j 是第 j 个 QTL 基因型指示变量，当 $w_j=1, v_j=0$ 表示基因型 QQ；$w_j=0, v_j=1$ 代表基因型 Qq；当 $w_j=-1, v_j=0$ 代表基因型 qq。

$$y=\beta+\sum_{j=1}^{m+1}\lambda_j x_j+\sum_{j=1}^{m+1}\rho_j y_j+\sum_{j=1}^{m}\lambda\lambda_{j,j+1}x_j x_{j+1}+\sum_{j=1}^{m}\rho\rho_{j,j+1}y_j y_{j+1}+\varepsilon \tag{2.13}$$

式中，β 为模型均值（包括加性效应和显性效应），x_j 和 y_j，x_{j+1} 和 y_{j+1} 分别为某两个 QTL 标记基因型指示变量。λ_j 为 x_j 对应的加性效应，ρ_j 为 y_j 对应的显性效应；$\lambda\lambda_{j,j+1}$ 为 $x_j x_{j+1}$ 对应的加性效应，$\rho\rho_{j,j+1}$ 为 $y_j y_{j+1}$ 对应的显性效应，ε 为随机变量。

对于只包含 2 种基因型的作图群体，如回交、重组近交家系、加倍单倍体等，只包含加性效应（加性效应的含义因群体而异），这时多个 QTLs 遗传模型分别为：

$$G=\mu+\sum_{j=1}^{m}a_j w_j \tag{2.14}$$

即

$$y=\beta+\sum_{j=1}^{m+1}\lambda_j x_j+\varepsilon \tag{2.15}$$

②上位型互作 QTL 的遗传和统计模型：

上位 QTL 作图目前还没有一个公认的比较完善的方法。这里以杂种 F_2 群体中加性×加性的互作来说明上位性的遗传和统计模型。遗传模型为：

$$G=\mu+\sum_{j=1}^{m}a_j w_j+\sum_{j<k}aa_{jk}w_j w_k \tag{2.16}$$

与之相对应的完备线性模型为：

$$y=b_0+\sum_{j=1}^{m+1}b_j x_j+\sum_{j<k}b_{jk}x_j x_k+e_i \tag{2.17}$$

式中，b_o 为遗传效应均值，b_i 为 x_j 的遗传效应，b_{jk} 为第 j 个标记与其他 $k-j$ 个标记互作遗传效应值。其他参数与等式 2.14，2.15 中相似。

ICIM 的优点是：简化了复合区间作图中控制背景遗传变异等复杂的过程，并且可提高对 QTL 的检测功效；ICIM 有较低的抽样误差，较高的作图效率；有 QTL 的区域 ICIM 有显著高的 LOD 值，没有 QTL 的区域 ICIM 的 LOD 值接近于 0；ICIM 对作图参数有着很好的稳健性，同时也很容易推广到上位性作图，在上位性作图时，不仅可以检测到有加性效应 QTL 间的互作，而且还可以检测到没有明显加性效应的 QTL 之间的互作，该方法可适用于 CSSLs 群体的 QTL 定位（王建康，2009）。

ICIM 的缺点是：ICIM 不能绘制遗传连锁图谱，同时还缺少图像的自动保存和输出功能，通过一维和二维扫描所绘制出的 LOD 曲线及曲面图必需人工保存，这给该软件的使用和分析带来了不便（姚丹等，2010）。

5)基于混合线性模型的 CIM

以上的几种方法虽然能够算出 QTL，但是都建立在基因与环境，基因之间无互作的假设下,而实际生物的生长中这种情况是不存在的。朱军等提出了基于混合线性模型(即同时包含固定效应和随机效应的线性模型)的复合区间作图方法。其遗传模型为:

$$y = \mu + G_{Q_i} + G_{Q_j} + G_{Q_i}G_{Q_j} + E + G_{Q_i}E + G_{Q_j}E + G_{Q_i}G_{Q_j}E + G_M + G_MG_M + G_ME + G_MG_ME + e_j \tag{2.18}$$

式中,y 为个体表型值,μ 为模型均值,G_Q 为被检测的 QTL 遗传效应;G_QG_Q 为 QTL 互作效应;E 为环境效应;G_QE 为 QTL 与环境互作效应;G_QG_QE 为 QTL 与 QTL 及环境之间的互作效应;G_M 为标记遗传效应;G_MG_M 为标记之间互作遗传效应;G_ME 为标记与环境的互作效应;G_MG_ME 为标记与标记及环境互作效应;e_j 为残差。

这种方法的优点是减少了回归自由度对复合区间定位的限制,能够用来估计 QTL 的上位性效应(即不同等位基因间的互作效应)和 QTL 与环境的互作效应(图 2.5,彩图 1),从而拓展了复合区间定位法的应用范围。不过,这种方法在检测 QTL 上位性效应时,必须在基因组上进行二维搜索,因而计算上比较复杂。

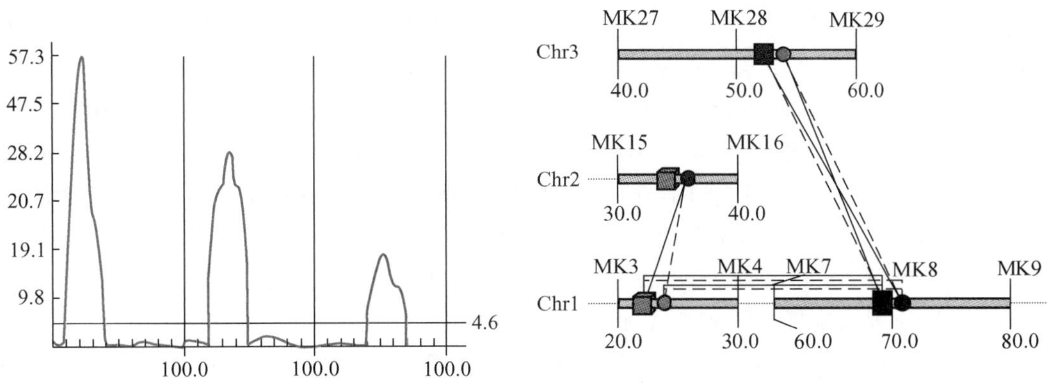

图 2.5(彩图 1) **用 IM、CIM、MCIM 分析棉花铃重 QTL 结果,发现用 MCIM 定位了 3 个铃重 QTLs 并能分析基因间的互作**

红色球表示只有加性效应 A,红色方块表示只有显性效应 D,绿色球表示具有 A 效应与 AE 互作效应(E 为环境效应),蓝色球表示具有 A 和 AE 效应,蓝色方块表示具有 D 和 DE 效应,黑色球和方块表示只有发生互作才表现出效应值;红色线表示具有互作效应,蓝色虚线表示除 QTL 之间互作外与环境也有互作。

6)QTL 分析软件

20 世纪 80 年代,分子标记的诞生使数量性状基因位点得以分解成单个的孟德尔遗传因子,从而可以对其像控制质量性状基因加以研究。数量遗传学成为生命科学研究的热点,过去的 30 年中,有关数量性状研究的文章和数据成指数增长,面对如此庞大而复杂的数据,找到合适的分析方法是必要的,利用这些分析方法计算不可能手工完成,因此必须借助计算机进行分析和处理。随着生物信息学和计算机科学的发展,分析 QTL 的软件不断涌现。第一个推广发行的 QTL 分析通用软件是 Mapmaker/QTL,它是针对区间定位法而设计的。该软件的发行,大大促进了区间定位方法的实际应用。此后,陆续开发出了许多 QTL 分析软件,如 QTL Cartographer、PLABQTL、Map Manager、QGene、MapQTL 、QTLNETWORK 等(方宣钧等,2000)。许多 QTL 分析软件都可以从因特网上查寻到并免费下载(如 http://www.bioon.con/,http://linkage.rockefeller.edu/soft/list.html,http://ibi.zju.edu.cn/)。随着研究方法的发展（如深度测序技术、关联分析方法）、海量数据的产生必将对生物计算提出更高的要求，可以预见，以后将有更多，更强大的 QTL 分析软件产生。

2.2.2.2 全基因组关联研究(GWAS)

在应用 QTL-图位克隆研究中发现该方法存在一定的局限性：① 杂交不亲和物种或难以进行杂交操作的物种很难获得所需的杂交组合或后代；②QTL 研究群体只能研究少数的性状和等位基因（一般为 2 个）；③构建相关群体常常需要多年时间，构建达到基因克隆水平的次级群体往往需耗时 5～10 年；④连锁分析的 QTL 定位精确度低。初级群体对 QTL 定位一般可达到 10～30 cM 水平，次级群体可达近 1 cM，但其区段所包含的核苷酸碱基往往也将近百万对。因此，通过连锁分析克隆基因不仅操作繁琐，而且耗时耗力。鉴于此，科学家们开始探讨新的研究方法以克服这些障碍，其中一个新方法就是基于连锁不平衡的关联分析方法。全基关联研究（genome-wide association studies，GWAS）是指在全基因组层面上，开展多中心、大样本、反复验证的基因与性状的关联研究，是通过对大规模的群体 DNA 样本进行全基因组高密度遗传标记（如 SNP 或 CNV 等）分型，从而寻找与复杂性状相关的遗传因素的研究方法，全面揭示与性状相关的遗传基因。其分析不需要构建特殊的群体且可同时对多个性状进行分析，对 QTL 定位的精度可达到单基因水平。鉴于关联分析本身存在的优势，目前关联分析已广泛应用于多种植物的研究，特别是已经完成全基因组测序的植物。如玉米籽粒的淀粉含量（Wilson et al，2004）和维生素 A 原等（Harjes et al，2008；Jinsheng Lai et al，2010）；水稻的粒宽，产量等（Zhang et al，2010；Huang et al，2010）；小麦（*Triticum aestivum*）的籽粒大小和研磨品质（Breseghello and Sorrells，2006）；拟南芥（*Arabidopsis thaliana*）的开花期和抗病性等（Olsen et al，2004；Austin et al，2011）。目前关联分析已成为植物遗传学研究的热点。

(1)关联分析的基础——连锁不平衡

连锁不平衡（linkage disequilibrium，LD）是生物群体在自然选择过程中出现的一种现象。在 20 世纪初期，Jinnings 就提出了连锁不平衡的概念：连锁不平衡，又称等位基因关联，是指群体内不同位点上基因间的非随机性关联，它既包括染色体内的连锁不平衡，又包括染色体间的连锁不平衡，在关联分析中利用的是染色体内的连锁不平衡（Flint-Garcia et al，2003），它是关联分析的基础。连锁不平衡并不等同于遗传连锁，它们之间既有联系又有区别：遗传连锁考虑的是两位点间的重组率是否等于 0.5，一般来说，同一染色体上的任何两位点间都存在一定的连锁关系。连锁不平衡考虑的是不同位点上基因之间的相关性，只要一个基因座上的特定等位变异与另一基因座上的某等位变异同时出现的几率大于群体中随机组合几率时，就称这两个等位基因处于连锁不平衡状态；当然，当两位点间处于紧密连锁状态时，其等位基因间可能存在较强的连锁不平衡关系。连锁不平衡程度通常用 r_2（squared allele-frequency correlations）和 D'（standardized disequilibrium coefficients） 两个参数来表示，r_2和 D' 的取值范围介于 0～1。通常，r_2和 D'值越大，两基因座间的连锁不平衡性越强。当 r_2和 D'都等于 1 时，两基因座处于完全连锁状态，而当 r_2 和 D'都等于 0 时，两基因座处于遗传平衡状态。在 r_2 和 D'中，D'较多地反映了重组率的影响，而 r_2 可同时考虑重组率和突变率的影响，因此，r_2 更能客观地反映不同基因座基因间的连锁不平衡关系（于海霞，2009）。假设考察的两个基因座，其中一个具有等位变异 A 和 a，另一个具有 B 和 b，它们在群体中的等位变异频率分别为 π_A、π_a、π_B 和 π_b，4 种可能单倍型 AB、Ab、aB 和 ab 的频率分别为 π_{AB}、π_{Ab}、π_{Ab}及 π_{ab}，则 r_2 和 D'的计算公式为：

$$r_2 = (D_{ab})\ 2/\pi_A\pi_a\pi_B\pi_b \tag{2.19}$$

$$|D'| = (D_{ab})2/\ \min(\pi_A\pi_b, \pi_a\pi_B), D_{ab} < 0$$

$$|D'| = (D_{ab})2/\ \min(\pi_A\pi_B, \pi_a\pi_b), D_{ab} > 0$$

其中，$D_{ab}=(\pi_{AB}-\pi_A\pi_B)$，式中 $\min(\pi_A\pi_b,\pi_a\pi_B)$ 和 $\min(\pi_A\pi_B,\pi_a\pi_b)$ 分别表示选取 $\pi_A\pi_b$ 与 $\pi_a\pi_B$，$\pi_A\pi_B$ 与 $\pi_a\pi_b$ 两个数值中的较小者。在进行统计时，频率小于5%或10%的等位变异可以忽略不计(Ivandic et al,2002)。了解生物基因组LD的结构和规律是有效进行关联分析的前提和基础。关联研究的成效如何在很大程度取决于群体中LD的强弱和式样。有效利用LD结构，研究生物基因型和表现型的关联，作出高分辨率的图谱，对于生物基因组的研究意义非常重大。一般来说，对于位点间连锁不平衡性较低的染色体区段，在进行关联分析时需要检测的分子标记较多，但是我们极易找到与靶基因(或QTL位点)紧密连锁的标记，实现关联分析的精确作图；反之，在连锁不平衡性高的基因组区段，可能检测很少的标记就能找到与目标位点相关联的标记，但是却很难找到与目标位点紧密连锁的标记，作图效果不会太理想。

(2)关联分析的研究策略

关联分析是利用标记与QTL等位基因间的LD来定位QTL，当选取的标记数量多到足以覆盖全基因组片段时，即可定位到所有影响表型的QTL，此种定位QTL的策略称为基于全基因组扫描的关联分析。全基因组扫描方法所需标记的数目取决于物种的基因组大小和LD水平。物种基因组大小相同时，LD衰减速度慢的物种所需标记少，但由于标记与目标基因在物理距离较远的情况下亦可出现高的LD，故其定位精度比衰减速度快的物种低。鉴于物种的基因组碱基序列通常数以千万计甚至更多，全基因组扫描所需检测标记数量极为庞大。据估计，若保证对绝大部分重要的基因均实现作图，人类约需要检测70 000个标记，玉米地方品种群体则需750 000个，优良玉米自交系群体的LD衰减速度慢，约需50 000个，基因组较小且LD衰减速度较慢的拟南芥约需2 000个标记(Flint-Garcia et al,2003)。因此，目前全基因组扫描方法仅应用于基因组信息丰度较高且标记易于获得的物种。LD较高的物种或群体，应用较少的标记即可实现全基因组扫描。自花授粉的物种，经历瓶颈效应和强烈人工选择的群体仅包含所有群体中少部分的等位基因，故可利于用全基因组扫描法进行分析(Rafalski,2002；Rostoks et al,2006)。在植物研究中，亦可采取此法对 F_2 代分离群体进行全基因组扫描。由于 F_2 代分离群体亲缘关系极高且LD水平很高，因此，应用少量标记即可实现对群体的全基因组扫描。另外，鉴于每个位点只有2个等位基因，统计分析等位基因的效应和等位基因之间的上位性比采用自然群体功效更高。有些基因对表型有决定性的影响，这种基因则是主效基因或质量性状基因。有时主效基因单个碱基的差异亦可决定表型。因此，对可能影响表型性状的基因组部分区段进行关联分析，不需要过多的基因型分析工作即可定位目的基因，这种策略称为基于候选基因的关联分析。应用全基因组扫描方式研究LD衰减速度快的物种时，标记与QTL处于LD状态的概率较低，定位到目标基因的几率很小，因此，采用候选基因法对这类物种进行研究更为有效。此外，利用候选基因关联分析法可鉴定到位于该区段中影响表型的多态性，并可估计其效应，因此应用候选基因关联分析可对特定基因的等位变异是否控制目标性状进行验证，进而挖掘出优异的等位基因。候选基因法所需标记数量较少且成本较低，并可对目的基因进行功能鉴定，因而在植物遗传学研究中较为常用。为了提高候选基因关联分析的目的性和效率，选择候选基因（特别是关键生理生化途径中的重要功能基因、前期 QTL 研究定位区域所含的基因和近缘物种研究中表明效应较大的同源基因）时，往往需要利用基因组测序、比较基因组学、转录组学、QTL 和反向遗传学研究所提供的信息。

（3）关联分析中的假阳性及其消除

关联分析中，群体中的 LD 将受到遗传漂变、群体分层和自然选择等诸多因素的影响，因此在进行关联分析时，一些非等位基因亦可与 QTL 形成 LD，从而表现出与性状关联，此种现象称为伪关联或假阳性（Lander and Kruglyak，1995）。在上述因素中，群体分层（population stratification）被认为是引起假阳性的最主要因素（Cardon and Palmer，2003）。群体分层是指群体内存在等位基因频率不同的亚群体，这些亚群体的产生可能是因为有共同的祖先或者经受了相同的环境和人工选择等因素所致（Hey and Machado，2003）。人类遗传学研究表明，在人群中普遍存在分层现象（Rosenberg et al，2002）。在对植物的研究中，Flint-Garcia 等（2005）研究了玉米群体中分层对表型性状的影响，结果表明，群体分层解释了表型性状中约 9.3％的变异。群体分层效应与目标性状基因效应协同干扰了关联分析，形成假阳性，为了减轻并消除关联分析中主要由群体分层引起的假阳性，研究者们发展了一系列方法，如传递不平衡法（transmission disequilibrium test，TDT）（Spielman et al，1993）、基因组对照（genome control）法（Devlin and Roeder，1999）、结构关联（Q）＋亲缘关系（K）混合模型法（Yu et al，2006）、非计量多维标度法（nonmetric multidimensional scaling，NMDS）（Zhu and Yu，2009）等。传递不平衡法是基于家系分析的研究方法，其余方法均是基于群体的关联分析法。为了检测这些方法在单独应用和联合应用时的有效性，Yu 等和 Zhao 等对这些方法进行了模拟数据和实际数据的比较验证，结果表明，Q＋K 混合模型和 P（PCA）＋K（Kinship）混合模型均能够较好地捕获由群体分层引起的假阳性。但这些方法的有效性尚有待进一步验证，为了分析的可靠性，新的统计分析方法需要进一步开发。

不久的将来，随着深度测序进一步发展，测序成本降低，对生物全基因组测序研究将成为研究者最常用的研究手段，随之而来的海量数据必须借助强有力的分析方法加以处理，全基因组关联分析完全能够担当此角色。可以预见，新的测序技术和关联分析的结合将极大地推动生命科学的发展，改变人民的生活和思维方式。

2.3 棉花遗传图谱构建

随着分子标记技术的发展，棉花分子连锁图谱的研究取得了很大的进步。除了早期的 RFLP、PAPD、SSR、SNP 和 AFLP 等，近年来开发的 SRAP、TRAP 和 REMAP 等新型分子标记，丰富了标记的种类，为利用构建遗传图谱来研究更多的作物提供了基础。EST（expressed sequence tag）测序计划在许多植物上已经完成或正在进行，因此积累了大量的 cDNA 序列，这些序列已经应用于基因组的比较研究中（Schlueter et al，2004；Hughes and Friedman，2004）。根据释放的棉花 EST 序列开发了大量的 EST-SSR 引物，这为构建高密度遗传图谱提供了可能，尤其是棉花基因组测序已经完成了 D 亚基因组的测序，随着测序的进一步完成，将有更大量的 SSR 引物被设计出来，可以构建饱和的棉花遗传图谱，为研究棉花的遗传机制和分子育种打下基础。目前，世界上已经有多个实验室用不同的 DNA 分子标记及作图群体对棉花基因组开展了遗传图谱的构建工作(Ulloa et al，2000；Ulloa et al，2002；Zhang et al，2002；Rong et al，2004；Mei et al，2004；Zhang et al，2005；Frelichowski et al，2006；Yu et al，2011)，并取得了重大进展。

2.3.1 如何构建分子连锁图谱

利用 DNA 标记构建遗传连锁图谱的基本步骤包括(方宣钧等，2000)：选择合适的 DNA 标记；确定作图群体类型；建立分离群体或衍生系；测定作图群体单株的标记基因型；目前主要利用 Joinmap 3.0(van Ooijen，2001)对标记基因型数据进行连锁分析，构建标记连锁图。

亲本的选择直接影响到构建连锁图谱的难易程度及所建图谱的适用范围。第一，要考虑亲本间的 DNA 多态性。第二，选择稳定的材料，并通过自交进一步纯化。第三，杂交后代可育性。第四，选配亲本时还应对亲本及其 F_1 杂种进行细胞学鉴定。

根据选择作图亲本间的多态性和实验费用等问题，选择合适的 DNA 标记。

分离群体类型的选择。可用于构建分子连锁图谱的作图群体有多种，概括起来分为：初级作图群体(F_2，BC_1，RIL，DH 等)，次级作图群体(NILs，ILs，CSSLs 等)，高级群体(SSSLs 等)。

遗传图谱的分辨率和精度，很大程度上取决于群体大小。从作图效率考虑，作图群体所需样本容量的大小取决于以下两个方面：一是从随机分离结果可以辨别的最大图距，二是两个标记间可以检测到重组的最小图距。因此，作图群体的大小可根据研究的目标性状和所用群体的类型来确定。构建分子标记连锁图时，为了达到相同作图精度，所需的群体大小的顺序为 F_2＞RIL＞ BC_1 和 DH。

2.3.2 陆海种间遗传图谱研究进展

Reinisch 等(1994)发表了第一个详尽的异源四倍体棉花 RFLP 图谱，经过科学工作者的不断努力，棉花种间遗传图谱饱和度有了较大的提高，目前已发表的棉花种间分子遗传图谱的分子标记有 RFLP、AFLP、SSR、EST-SSR、REMAP、SRAP 和 SNP 等，如表 2.1 所示。

表 2.1 已发表的陆海种间遗传图谱

标记类型	位点数	总图距	群体类型	参考文献
RFLP	705	4 675	F_2	Reinisch(1994)
RFLP	271	3 767	F_2	Jiang(1998)
RFLP、PAPD	355	4 766	F_2	Kohel(2001)
SSR、PAPD	489	3 314.5	DH	Zhang(2002)
AFLP、RFLP、SSR	888	4 397.2	BC_1	Lacape(2003)
AFLP、RFLP、SSR	1 160	5 519	BC_1	Nguyen(2004)
AFLP、RFLP、SSR	392	3 287	F_2	Mei(2004)
RFLP、SSR、isozymeSSR	2 584	4 447.9	F_2	Rong(2004)

续表 2.1

标记类型	位点数	总图距	群体类型	参考文献
SSR	624	5 644.3	BC_1	HAN(2004)
SSR	444	3 262.9	DH	Song(2005)
SSR	443	4 331.2	BC_1	Song(2005)
SSR、GSR	193	1 277	RIL	Park(2005)
SSR、SRAP、PAPD	566	5 148.8	F_2	HE(2005)
RFLP	589	4 259.4	F_2	Waghmare(2005)
SSR	907	5 060	BC_1	HAN(2006)
SSR、SRAP、PAPD、REMAP	1 029	5 472.3	F_2	HE(2007)
SSR、SRAP	1 790	3 425.8	BC_1	Guo(2007)
SSR	2 247	3 540.4	BC_1	Guo(2008)
SSR、AFLP	1 745	3 637	BC_1-RIL	Lacape(2009)
SSR	2 316	4 418.9	BC_1	Yu(2011)
SSR、SNP	2 072	3 380	RIL	Yu(2012)

Yu 等(1997)利用海、陆杂交 F_2 群体，构建了由 RAPD、RFLP、AFLP 和 SSR 标记构成的棉花遗传图谱，并首次利用分子连锁图谱对棉花的重要农艺性状进行了 QTL 定位。

Khan 等(1997,1998)先将中棉与三裂棉杂交，再将其 F_1 与陆地棉杂交，经自交得到了 90 个单株。以此为基础，建立了拥有 438 个分子标记、51 个连锁群、总长为 6 663 cM 的遗传图谱。

Jiang 等(1998)利用陆、海种间杂交产生的 271 个 F_2 单株，建立了由 261 个 RFLP 标记、27 个连锁群组成的总长为 3 767 cM 的连锁图谱。

Ulloa 等(2000)利用一个具有 60%陆地棉和 40%海岛棉染色质的品种 NM24 016 和陆地棉标准系 TM-1 杂交形成 F_2 群体，构建了一个由 28 个连锁群组成的图谱总长为 1 058 cM 的连锁图谱。左开井等(2000)将 RFLP、RAPD 和 SSR 分子标记技术相结合，以海岛棉和陆地棉杂交而成的 F_2 群体为材料，建立了 9 个连锁群、67 个标记位点、总长度为 1 337.4 cM 的遗传图谱。该研究属我国较早开展棉花遗传图谱的探索。

Saranga 等(2001)和 Paterson 等(2003)以陆地棉品种 Siv'on 和海岛棉品种 F-177 杂交而成的 F_2 群体为材料，应用 RFLP 探针构建了包含 253 个位点、标记间平均间距为 23.1 cM 的遗传连锁图。

Zhang 等(2002)利用陆地棉和海岛棉杂交培育而成的 58 个加倍单倍体，应用 SSR 及 RAPD 标记技术，构建了包含 489 个标记、43 个连锁群，总长度为 3 314.5 cM 的遗传连锁图。在此基础上，Hart 等(2004)将来源于亚洲棉 EST 的 SSR 标记整合到了该图上，使其包含了 622 个 SSR 位点和两个形态标记，共覆盖 34 个连锁群，总长 5 644.3 cM。Song 等(2005a)将该 DH 群体增加到了 73 个加倍单倍体，并以此为对象，构建了由 444 个 SSR 标记组成的 40 个连锁群，图谱总长 3 262.9 cM。

Lacape 等(2003)在陆地棉和海岛棉杂交而成的 BC_1 群体中，共检测到了 1 014 个多态性标记，其中的 888 个标记被分配进入了 37 个连锁群，图谱总长度为 4 397.2 cM。在此基础上，Nguyen 等(2004)对其进行了加密，使总标记数目达到了 1 160 个，覆盖了5 519 cM 的遗传距离。

林忠旭等(2003)采用 SRAP 标记技术建立了基于海、陆杂交 F_2 群体的分子标记连锁图谱，共有 237 个标记进入了 39 个连锁群，图谱总长为 3 030.7 cM。其后将 SSRs、RAPDs 与 SRAPs 标记相结合，使标记总数目增加到 566 个，分布于 41 个连锁群上，图谱总长为 5 141.8 cM(Lin et a1,2005)。He 等(2007)再次对其进行了丰富，使其包含了 1 029 个标记、26 个连锁群，总长度达到 5 472.3 cM。同年 Yu 等(2007)对该图谱再次进行了加密，使其包含了 1 097 个标记、总长度达到了 4 536.7 cM。

Han 等(2004)以陆地棉标准系 TM-1 为母本与海岛棉“海 7124”进行杂交，然后用 TM-1 回交，构建了含有 138 个单株的 BC_1 群体。以该群体为材料，先后经过多次加密，所构建的遗传图谱现已包含 1 790 个标记、覆盖着 26 个连锁群，总长度为 3 425.8 cM，已成了较饱和的棉花四倍体分子连锁图(Song et al,2005；Han et al,2006；Guo et al,2007)。

Mei 等(2004)以陆地棉 Acala 44 和海岛棉 Pima S7 杂交的 94 个 F_2 单株为群体，构建了一张包含 392 个位点、42 个连锁群、总长 3 287 cM 的连锁图。

Rong 等 (2004) 在 Reiniseh 等(1994)的基础上构建了迄今为止密度最高的一张四倍体棉花整合遗传图谱。该图谱以 RFLP 标记为主，包含 2 584 个位点，覆盖了 4 447.9 cM 的遗传距离，标记间的平均遗传距离为 1.72 cM，分布在 26 个连锁群上，约每 774 kb 上有 1 个分子标记，相邻位点间的遗传距离>10 cM 的 gap 有 41 个。同时，在 Brubaker 等(1999)的基础上构建了一张二倍体图谱，图谱包含 763 个位点，13 个连锁群，覆盖了 1 493.3 cM 的遗传距离，标记间的平均遗传距离为 1.96 cM。研究发现二倍体和四倍体的图谱都存在双交换、负干扰，有丰富的双重组；四倍体中 Dt 亚组和二倍体 D 基因组之间没有发现主要的结构变化，但在四倍体的 At 亚组之间发现 2 个相互易位及几个转换。位点的复制模式证实了 13 个部分同源群的关系，而且进一步证明在 600 万～1 100 万年前 A～D 分化之前存在一次多倍体化事件。

Nguyen 等(2004)在 Lacape 等(2003)的基础上，利用 Guazunch02×VHS-4602 的 BC_1 群体(包括 75 个单株)，主要利用 AFLP、SSR、RFLP 三种标记类型，构建的图谱包含 1 160 个位点，总长 5 519 cM，标记间的平均遗传距离为 4.8 cM。

Park 等(2005)利用陆地棉和海岛棉种间重组自交系(RIL)群体，构建了包含 193 个位点、全长为 1 277 cM 的连锁图谱。

Bolek 等(2005)以海岛棉品种 Pima S-7 和陆地棉品种 Acala44 为亲本所构建的 F_2 群体为材料，建立了仅包含 35 个标记、11 个连锁群、总遗传长度为 532 cM 的遗传图谱。

Lin 等(2005)在林忠旭等(2003)的基础上利用邯郸 Zos×Pimago 的 F_2 群体构建的图谱。图谱包含 566 个位点，覆盖了 5 141.8 cM 的遗传距离，标记间的平均遗传距离为 9.08 cM，分布在 41 个连锁群上。

Song 等(2005)在 Zhang 等(2002)的基础上利用 TM-1×海 7124 的 DH 群体构建的图谱。图谱包含 444 个位点，覆盖了 3 262.9 cM 的遗传距离，标记间的平均遗传距离为 7.35 cM，分布在 40 个连锁群上。

Frelichowski 等(2006)在 Park 等(2005)的基础上利用 TM-1×3-79 的 RIL 群体构建图谱。该图谱包含 433 个位点，覆盖了 2 126.3 cM 的遗传距离，标记间的平均遗传距离为

4.91 cM,分布在 46 个连锁群上。

Frelichowski 等(2006)利用海、陆种间 RIL 群体,构建了一包含 433 个位点、46 个连锁群、总长 2 126.3 cM 的遗传图谱,覆盖了四倍体棉花基因组的 45%。

王沛政等(2007)以陆地棉和海岛棉杂交而成的 F_2 群体为材料,构建的连锁图谱包含了 430 个标记、41 个连锁群,图谱总长 3 745.9 cM。除以陆地棉与海岛棉的种间杂交群体为材料构建遗传图谱外,Altaf 等(1997)利用亚洲棉(*G. arboreum*)和三裂棉(*G. trilobum*)合成的异源四倍体(A2Ds)与陆地棉标记基因系 T586 杂交而成的 F_2 群体,构建了以 AFLP 和 RAPD 为标记的遗传图谱。Brubaker 等(1999)建立了 D 染色体组棉中的三裂棉和雷蒙德氏棉杂交形成的 F_2 群体,以此为基础构建了一个棉花 D 染色体组遗传连锁图谱。后经 Rong 等(2004)对其进行丰富,使该 D 基因组图谱包含了 763 个位点,平均位点间距 1.96 cM,并将 D 染色体组遗传图谱和四倍体棉花遗传图谱进行了比较,为四倍体棉花基因组结构和进化关系提供了依据。

Guo 等(2008)在前人的基础上构建了一张包含功能标记最多的高密度遗传图谱。该图谱包含 2 247 个位点,覆盖了 3 540.4 cM 的遗传距离,标记间的平均遗传距离为 1.55 cM,全部分布于 26 个连锁群上(Song et al,2005;Han et al,2004,2006;Guo et al,2007,2008)。这为全基因组扫描、鉴定重要功能基因及主效 QTL,为阐述功能基因与表型性状关系、功能基因间互作、功能基因与环境互作以及功能基因与优质纤维 QTLs 关系奠定了基础。进一步通过 BAC-FISH 技术,利用从陆地棉遗传标准系 TM-1BAC 文库中筛选获得的与已知连锁群相关的单克隆为探针,与不同染色体易位杂交体的中期染色体分裂相杂交,将 6 条连锁群定位在相应的染色体上,从而在国际上首次完成了四倍体栽培棉种染色体和 26 条连锁群的完全整合(Wang et al,2006c)。

Lacape 等(2009)利用陆海 BC_1-RIL 群体,构建了基于 AFLP 和 SSR 分子标记的遗传图谱,包含 1 745 个标记,覆盖 3 637 cM 遗传距离,并进行了纤维品质 QTL 定位。

Yu 等(2011)利用 Emian22 和 3-79 构建的 BC_1 群体,采用 SSR 分子标记构建了包含 2 316个标记位点分布在 26 条染色体上,覆盖 4 418.9 cM 遗传距离的遗传图谱,标记间平均遗传距离 1.91 cM,是目前比较饱和的几张四倍体棉花种间图谱之一。

Yu 等(2012)利用 TM-1 和 3-79 构建 F_2 群体,构建了基于 SSR 和 SNP 分子标记的遗传图谱,包含了 2 072 个标记位点,覆盖 3 380 cM 遗传距离。通过对同时扩增出多个标记位点的情况进行分析,认为 Chr14 应和 Chr03 为同源染色体,而 Chr17 和 Chr02 为同源染色体。

虽然棉花种间遗传图谱的饱和度已经很高,但是由于作图时过分考虑亲本间的差异,导致遗传作图脱离了育种,很难直接应用于分子标记辅助选择。目前的种间遗传图谱仍存在一些问题:①缺乏代表性的栽培品种的图谱。②选用的作图群体多为 F_2、BC_1 暂时性作图群体,很难进行长期深入的研究,不同研究者因选材料群体不同而很难进行协作研究。③即使饱和度很高的图谱仍存在很大的空隙(gap)。因此,棉花基因组研究的首要任务是利用有代表性的异源四倍体栽培种构建饱和的分子遗传图谱。要完成这一目标,首先要培育一个适宜于作图的永久性的作图群体,以供多个实验室共同协作进行深入的研究。另外要开发利用多种分子标记技术,尽可能筛选足够数量的分子标记多态性位点,覆盖异源四倍体棉种的整个基因组。随着分子标记技术的进一步发展,在棉花基因组的测序全面完成之后,棉花遗传图谱构建的工作一定会有长足的进步。

针对目前棉花种间遗传图谱构建的现状，中国农业科学院棉花研究所分子育种课题组实验室在进行图谱构建的时候采用大面积推广陆地棉品种作为轮回亲本，把作图和育种联系起来。利用陆海 BC_1 群体构建了基因 SSR 标记的遗传图谱，包含 2 280 个标记位点分布于棉花的 26 条染色体上，覆盖 5 088.3 cM 遗传距离，标记间平均距离 2.23 cM，是覆盖全基因组比较饱和的一张遗传图谱。并使用该群体通过高代回交构建染色体片段代换系(CSSLs)，已经获得了与棉花的产量、品质及抗黄萎病相关的在不同世代稳定存在的 QTLs 和优质遗传材料，通过研究可以进一步揭示棉花的遗传机制，通过分子标记辅助选择培育出高产优质抗病的棉花新品种。

2.3.3 陆地棉种内遗传图谱研究进展

针对海陆杂种的遗传图谱难以应用于陆地棉的遗传改良，很多人开始进行陆地棉种内遗传图谱的构建，以研究陆地棉的遗传机制。Shappley 等(1998)利用陆地棉种间 F_2 群体构建了包含 120 个标记总长 865 cM 的 RFLP 遗传图谱，近些年棉花种内遗传图谱的研究工作进步很大，如表 2.2 所示。

表 2.2 已发表的陆地棉种内遗传谱图

标记类型	位点数	总图距	群体类型	参考文献
RFLP	120	865	F_2	Shappley 等(1998)
RFLP	81	700.7	F_2	Ulloa 和 Meredith(2000)
RFLP、SSR、PAPD	67	1 337.4	F_2	左开井(2000)
SSR、AFLP	70	525	F_2	Zhang 等(2005)
RFLP	284	1 502.6	F_2	Ulloa(2005)
SSR	132	865.2	RIL	Wang 等(2006)
SSR	156	1 024.4	RIL	Shen 等(2007)
SSR、SRAP、PAPD	388	1 946.2	RIL	孔广超(2009)
SSR、SRAP、IT-ISJ	604	3 140.9	RIL	张正圣(2009)
SSR	125	965	RIL	Wu 等(2009)
SSR、PAPD、RGAP	471	3 070.2	F_2	Lin 等(2009)
ET-ISJ、IT-ISJ、SRAP、SSR	673	3 216.7	RIL	Gang 等(2010)
SSR	155	959.4	F_2	Sun 等(2011)
SSR	190	700.9	RIL	Sun 等(2011)

Ulloa 和 Meredith(2000a)利用(MD5678ne×Prema)$F_{2:3}$ 群体构建的遗传连锁图谱包括 81 个 RFLP 标记，共 17 个连锁群，覆盖连锁群长度 700.7 cM。

左开井等(2000)利用陆地棉品种泗棉 3 号和转 *Bt* 基因的鄂荆 1 号杂交而成的 F_2 群体，

构建了由 RFLP、SSR 和 RAPD 三种分子标记结合而成的含 67 个标记、8 个连锁群，全长仅 1 337.4 cM的连锁图谱。

Ulloa 等(2002)利用 Joinmap 软件将其实验室的 4 张 RFLP 图谱整合为一张遗传图谱。整合后的图谱包含 284 个位点，覆盖了 1 502.6 cM 的遗传距离，标记间的平均遗传距离为 5.3 cM，分布在 47 个连锁群上。

倪西源(2004)以陆地棉多标记基因系 T582 和 T586 为亲本，构建了 120 个 F_2 单株组成的群体，并以此为基础建立了一个含 SSR、AFLP 和形态标记在内的共 73 个标记的棉花遗传图谱。

Shen 等(2005)利用三个陆地棉品种杂交的 $F_{2:3}$ 群体构建了三个遗传图谱，分别用对 127、77、96 个标记位点进行了连锁分析；图谱的位点数分别为 86、56、73 个，连锁群数为 21、17、22，覆盖长度分别为 666.7 cM、557.8 cM、588 cM，分别占基因组的 14.8%、12.4%、13.1%。

Zhang 等(2005)利用陆地棉品种间杂交 F_2 群体，构建的遗传连锁图谱包括 20 个连锁群和 70 个标记位点(其中 55 个 SSR 标记)，覆盖长度为 525 cM，标记间平均距离为 7.5 cM，约占基因组的 11.8%。

范术丽等(2006)以陆地棉品种中棉所 36 与 TM-1 为亲本发展而来的 207 个 F_2 单株作图群体，构建了包含 43 个标记的连锁图谱，总长度为 1 174.0 cM。

Shen 等(2006a)利用陆地棉品种7 235和 TM-1 杂交而成的 RIL 群体，构建了一个 10 个 SSR 位点、总长仅 810.7 cM 的遗传图谱。其后，将其丰富到包含有 156 个 SSR 标记位点，总长度为 1 024.4 cM(Shen et al,2007)。

Wang 等(2006a)利用陆地棉品种湘杂 2 号与中棉所 12 杂交而成的 RIL 群体，构建含 132 个 SSR 标记位点、总长度为 865.20 cM 的遗传图谱。

王娟等(2007)利用 TM-1 和渝棉 1 号杂交形成的 F_2 群体，构建了一个由 138 个标记、32 个连锁群构成的总长度为 959.7 cM 遗传图谱。

秦鸿德和张天真等(2008)探索了以陆地棉品种间四交群体(泗棉 3 号/苏棉 12∥中 33/8891)为基础的遗传图谱构建，建立了由 286 个 SSR 标记位点组成的 51 个连锁群，平均标记间隔 7.4 cM，总长为2 113.3 cM，覆盖了棉花基因组的 42.3%。

Wu 等(2009)利用陆地棉 HS46 和 MARCABUCAG8US-1-88 杂交形成的 188 个 RIL，构建了由 125 个 SSR 标记位点、26 个连锁群的遗传图谱，总长度为 965 cM。

Lin 等(2009)利用陆地棉 DH962 和冀棉 5 号构建 F_2 群体，基于 SSR、PAPD 和 RGAP 标记的遗传图谱，包含 471 个标记分布于 51 个连锁群上，覆盖3 070.2 cM 遗传距离，标记间平均距离为 6.5 cM。

Zhang 等(2009)利用多基因标记系 T586 和渝棉 1 号所构建的 270 个 RIL，建立了包含 604 个标记(509 SSR、58 IT-ISJ、29 SRAP 和 8 个形态标记)的连锁图谱。图谱包含 60 个连锁群，总长3 140 cM，平均标记间距为 5.2 cM。Lin 等(2010)在此基础上，加入了 ET-ISJ 标记，最终构建的图谱包含 673 个标记位点，覆盖3 216.7 cM 的遗传距离，这是目前为止基于陆地棉种内 RIL 群体的最密的遗传图谱，但该图谱因为多基因标记系的采用和形态标记的加入，降低了其实用性。

Sun 等(2011)利用优质纤维系 0-153×sGK9708 构建 F_2 和 RIL 群体分别作图，分别构建了包含 155 个和 190 个标记位点，覆盖 959.4 cM 和 700.9 cM 遗传距离的两张图谱，并对棉花纤维品质进行了 QTL 定位研究。

不难看出，陆地棉种内遗传图谱在标记数和基因组覆盖率上落后于种间遗传图谱，其主要原因就是陆地棉品种间的差异小，分子标记的多态性低，这样导致 QTL 定位不精确，降低分子标记辅助选择的效果。我们可以通过开发新的标记比如 SNP 来增加陆地棉种间的多态性，从而增加陆地棉品种间的多态性，还可以通过整合不同种内图谱，构建覆盖陆地棉全基因组的遗传连锁图谱。

2.3.4 棉花分子标记连锁群的染色体定位

Reinisch 等(1994)利用 RFLP 标记构建了棉花中第一张分子标记连锁图谱，并利用单体和单末端替换系将对应连锁群分别定位在 14 个染色体上，还依据 Chr09 和 Chr23 的同源转化群的关系，将 D06 暂时改名为 Chr23。这成为此后相当长一段时间内分子标记连锁群和染色体建立联系的参考依据。Mei 等(2004)利用 SSR 标记和陆海种间非整倍体杂种为研究材料，确定 SSR 标记的染色体定位，并将 7 个连锁群定位到染色体上，丰富了染色体上的框架 SSR 标记。Frelichowski 等(2006)利用 BAC 末端 SSR 将 A01 和 A02 及 D03 定位到对应染色体上。Wang 等(2006)利用连锁群特异的 SSR 筛选获得特异性 BAC，然后利用易位系和荧光原位杂交将 6 个分子连锁群定位在染色体上，至此确定了全部 26 个染色体与相应连锁群的对应关系。并据此提出了四倍体棉花 *A*/*D* 基因组新命名法(表 2.3)，方便识别同源转化群。这样促进了棉花遗传图谱的发展，方便不同研究获得的图谱之间的比较，也方便将遗传图谱和物理图谱相对应，开拓了遗传图谱的应用领域。

表 2.3 四倍体棉花 AD 基因组新旧命名对照表

A 亚基因组染色体		D 亚基因组染色体新命名	
新命名	旧命名	新命名	旧命名
A01	Chr01	D01	Chr15
A02	Chr02	D02	Chr14
A03	Chr03	D03	Chr17
A04	Chr04	D04	Chr22
A05	Chr05	D05	Chr19
A06	Chr06	D06	Chr25
A07	Chr07	D07	Chr16
A08	Chr08	D08	Chr24
A09	Chr09	D09	Chr23
A10	Chr10	D10	Chr20
A11	Chr11	D11	Chr21
A12	Chr12	D12	Chr26
A13	Chr13	D13	Chr18

2.4 重要性状的 QTL 定位

2.4.1 纤维产量性状的 QTL 定位

随着生产和社会的发展，人们对棉花品种的要求具有越来越多的优良性状，如优质的纤维、早熟性、对环境胁迫的抗性(耐旱、耐渍、耐盐碱、抗病、抗虫等)、种子的营养品质以及适应机械化栽培、短季栽培等，对棉花育种目标的要求也愈加趋于综合化。棉花品种在某些必不可少的优良特性的前提下，产量目标应该放在首位，因为产量是植棉效益的基础。

棉花产量为数量性状，数量性状相对于质量性状，是受多个基因控制、表现为数量上或程度上连续性变异的一类性状，容易受环境条件的影响。传统的育种方法年限过长，而同时选择的效果又不好，现代数量遗传学采用数理统计方法对分子标记和表型测量的数据结合进行分析，可以在分子水平上揭示数量变异的遗传基础和遗传规律。分子标记可以直接对基因型进行选择，不受环境的影响，筛选出与目标性状紧密连锁的分子标记，对目标性状进行选择，可以大大提高选择效率。因此，分子标记的发展对数量性状的研究提供了有力的工具，也为提高棉花遗传育种的效率和精确度提供了一个新的途径，成为遗传育种发展的新方向。

分子标记技术的发展，人们已可以将复杂的数量性状进行分解，像研究质量性状基因一样对控制数量性状的多个基因分别进行研究。随着棉花育种单产提高进入平台期，常规育种方法已经不能满足提高单产的要求，分子标记技术成为提高棉花产量的手段。为了找出重要农艺性状的有益基因，提高棉花的产量，相关性状的 QTL 定位成为广大数量遗传学家和育种家们比较关心的问题。一些数量性状基因已被绘制到连锁图上，并找到与其紧密连锁的分子标记，并用于育种实践。Peterson 等(1988)运用完整的 RFLP 连锁图把数量性状分解为具体的孟德尔因子，在番茄的种间回交群体中，对果重、可溶固形物等进行了定位。

2.4.1.1 陆海杂种群体纤维产量性状的 QTL 定位

在陆海杂种群体的研究上，Meredith(1994)认为分子标记对于提高棉花育种效率具有重要意义。他较早地报道了分子标记与产量和品质性状的关系，利用 113 个 RFLP 标记得到的 118 个多态性位点与产量和纤维品质有关。单标记分析发现，13 个标记与产量有关，能解释 4.2%～14.2%的变异。

Jiang 等(1998)利用 GH(陆地棉)×GB(海岛棉)杂交构建 F_2 分离群体，分别在 D07 和 A02 染色体上检测到了与子棉产量有关的 QTLs，共可解释表型变异的 17.0%，两个 QTLs 分别可解释 12.3%和 6.4%的表型变异。另外两个与单株铃数相关的 QTLs 分别在 23 和 25 染色体上，共可解释表型变异 58.5%，两个与铃数相关的 QTLs，分别可解释 54.1%和 7.9%的表型变异。

吴茂清等(2003)利用陆地棉与海岛棉杂种(邯郸 208×Pima90)F_2 群体为作图群体，构建了一张含 126 个标记的遗传图谱，包括 68 个 SSR 标记和 58 个 RAPD 标记，可分为 29 个连锁群，总长1 717.0 cM，覆盖棉花总基因组约 34.34%；以遗传图 126 个标记为基础，对 $F_{2:3}$家系符合正态分布的 10 个农艺性状及纤维品质性状进行全基因组 QTL 扫描，检测到 16 个与产量相关性状有关的 QTLs。其中 1 个与衣指有关的 QTLs，在 LG21 上，解释表型变异的 22.2%；3 个与子指有关的 QTLs，分别位于 LG11、LG21 和 LG29 上，共解释 56.06%的表型变异；5 个与皮棉产量相关的 QTLs，分别位于 LG5、LG12、LG15、LG25 和 LG27 上，解释表型变异的 13.81%～47.01%；6 个与子棉产量相关的 QTLs，解释表型变异的 16.26%～47.01%；1 个与衣分相关的 QTLs，解释 17.17%的表型变异。

于霁雯等(2006)以陆地棉优质短季棉品种中棉所 36 和海岛棉品种海 7124 为亲本，构建 F_2 和 $F_{2:3}$ 分离群体，对标记进行筛选，共得到1 250个多态性标记位点以及 2 个形态标记，最终有 SSR 697 个，TRAP 171 个，SRAP 129 个，AFLP 98 个和两个形态标记进入 35 个连锁群，并将其中 27 个连锁群定位到相应的染色体上。利用软件 WinQTLCart2.5，复合区间作图法对 F_2 单株和 $F_{2:3}$ 家系的子棉、皮棉、衣分、铃重、铃性状进行 QTL 检测，得到 8 个与子棉产量有关的 QTLs，在 F_2 检测出来的 2 个，解释 15%～15.9%的表型变异，在 $F_{2:3}$ 检测出来的 6 个，解释 17.9%～52.9%的表型变异；在 F_2 和 $F_{2:3}$ 两个世代分别检测到 5 个与皮棉产量的 QTLs，解释 11.3%～42.8%的表型变异；得到 3 个与衣分有关的 QTLs，解释 14.0%～19.9%的表型变异；得到 3 个与铃重有关的 QTLs，解释 12.0%～15.0%的表型变异；得到 8 个与子指有关的 QTLs，解释 13.5%～51.4%的表型变异；得到 3 个与铃重有关的 QTLs，解释 9.0%～19.7%的表型变异。

尤春源等(2007)以海岛棉中早熟性突出、品质优良的长绒棉品系苏 K202 和早熟性突出、结铃性强的新陆早为亲本，构建 F_2 和 $F_{2:3}$ 分离群体，利用 SSR 引物对其进行筛选，得到 168 对多态性引物。采用 Windows QTL Cartographer2.0 的复合区间作图法进行 QTL 定位，检测到产量性状相关的 QTLs 19 个，包括衣指 4 个、子指 3 个、铃重 5 个、子棉产量 3 个、皮棉产量 4 个。其中衣指的 4 个位点可以解释共 77.24%的表型变异，每个位点可以解释表型变异的范围在 15.2%～25.9%，其分别在 Chr05、Chr17、D03、D08 染色体上；子指检测到 3 个可以解释总变异的 48.5%，单个位点可以解释的范围在 10.3%～19.5%，分别在 Chr01、Chr04、A02 三条染色体上；5 个铃重的位点可以解释 72.5%的总变异，单个位点可以解释 10.3%～18.3%的变异，分别在 Chr03、Chr06、Chr15、Chr25、D08 五条染色体上；子棉产量的 3 个位点可以解释 41.7%的总变异，单个位点可解释 10.2%～16.8%的变异，分别在 Chr03、Chr06、LG13 上；皮棉产量 4 个位点可解释总变异的 52.5%，单个位点可解释 10.1%～17.5%的变异，分别在 Chr05、Chr15、Chr25、A02 上。

李爱国等(2008)利用早熟优质的陆地棉推广品种中棉所 36 和带有显性无腺体基因的高抗黄萎病的海岛棉栽培种海 1 配制杂交组合，并用陆地棉中棉所 36 为轮回亲本构建高代回交群体，利用 BC_1F_1 构建遗传连锁图谱，筛选与产量性状紧密连锁的分子标记，利用陆海杂种 BC_1F_1、BC_2F_1 和 BC_1S_1 的表型数据，通过复合区间作图，共检测到 9 个 QTLs，解释表型变异 6.90%～19.17%。其中 3 个增效基因来自海岛棉亲本海 1，6 个增效基因来自陆地棉亲本中棉所 36。此外，控制衣分的 2 个 QTLs 在 3 个世代都能够检测到，分别位于第 16 号和第 14 号染色体上，解释 6.90%和 19.17%的表型变异。

栾明宝等(2008)利用中棉所 43×置换系 CSB22sh 构建遗传连锁图，依据 3 个世代，4 个环境的数据，用单位点法进行 QTL 定位，共检测到 4 个与单株铃数有关，2 个与单铃重有关，1 个与子指有关，2 个与衣分有关，2 个与子棉产量有关和 2 个与皮棉产量有关的 QTLs。同时分别利用置换系 CSB14Sh、CSB22Sh 与 TM-1 杂交产生 F_2 分离群体，构建了 14 染色体短臂和 22 染色体短臂的遗传图谱，14 染色体短臂遗传图谱含 21 个分子标记，总长 65 cM，检测到纤维上半部平均长度和断裂比强度的稳定 QTL 各 1 个，从分子水平证实了海岛棉 14 染色体短臂对纤维上半部平均长度和断裂比强度具有重要作用。22 染色体短臂遗传图谱含 63 个分子标记，总长 89 cM，标记间平均间距 1.43 cM，最小间距为 0.048 cM，最大间距为 5.367 cM，为目前最密集的遗传图谱，并检测到 1 个上位性衣分 QTL，该 QTL 位点在前人的研究和本研究的 2 个不同群体均被检测到，为主要的 QTL 位点；并检测到纤维品质 5 个指标的稳定 QTL 各 1 个，从分子水平证实了 22 染色体短臂对衣分、纤维品质具有重要作用。

李莲等(2008)利用陆地棉 34B 与海岛棉 Giza70 杂交，以陆地棉 34B 为轮回亲本，构建 $BC_2F_{4:6}$ 和 $BC_2F_{4:7}$ 高代回交重组自交系群体 146 个家系，进行两年 3 个环境的田间试验，并利用覆盖棉花 26 条染色体 196 对 SSR 引物对家系群体进行了分析，采用单标记分析法(SMM)对纤维品质性状、产量性状和抗黄萎病性状进行了 QTL 定位。利用 $BC_2F_{4:6}$ 和 $BC_2F_{4:7}$ 家系 2 个环境下的产量性状数据，定位到两个环境以上且效应方向一致的 QTLs 共 28 个，铃重的 19 个，衣分的 9 个。其中关于铃重的 10 个 QTLs 可以在 3 个环境下检测到。在检测到的关于产量性状的 28 个 QTLs 中仅有 4 个(14.29%)的增效基因来自海岛棉，提高产量的基因主要是来自陆地棉，单个 QTL 的贡献在 2%～7%之间。

王沛政等(2008)用新陆中 10 号、中棉所 35 号、军棉 1 号和新陆早 7 号 4 个品种构建了 3 个 F_2 作图群体，应用 SSR 引物进行多态性筛选，对产量及产量构成因素进行了 QTL 分子标记和定位。连锁群构建及 QTL 定位使用 MAPMAKER/EXP(Version3.0b)、MapQTL5 和 WinQTLCartV2.5。3 个作图群体图谱覆盖了除 D04 和 D12 外的棉花所有染色体，将筛选出皮棉产量、单铃重、衣分、子指、结铃数等性状在位置、效应一致的 QTL 认为是一个 QTL，共鉴定、筛选出产量构成因子 QTLs 11 个。其中与子指有关的 QTLs 共 3 个，分别位于 A01、A05 和 A07 上；与衣分有关的 QTLs 3 个，分别位于 A07、A13 和连锁群 6 上；与铃重有关的 QTLs 4 个，定位在 A07 上有 3 个、D03 上 1 个；与皮棉产量有关的 QTL 1 个，定位在 D03 上。涉及单铃重、衣分和子指等与产量性状相关的 QTL 大部分都分布在 A07 染色体上的同一区域。产量相关性状的 QTL 分布在棉花染色体同一区域，并在不同群体或两年环境中稳定表达，这些 QTLs 可能有助于今后新疆陆地棉分子标记辅助育种的提高。部分子指 QTLs 在染色体水平上的定位(A01 和 A05)与前人研究相同，其余 QTLs 在染色体水平上的定位(A07、D03 和 A13)与前人研究不同。

李骏智等(2009)利用陆地棉推广品种中棉所 36 和海 1 配制杂交组合，并用中棉所 36 为轮回亲本构建回交群体(BC_1F_1，BC_2F_1 和 BC_1S_1)。用亲本和 F_1 对新开发的 SSR 引物进行多态性筛选，共筛选到 317 对含有海 1 显性带的引物，占筛选引物总数的 15.08%；最终对其中的 275 对引物进行了 BC_1F_1 群体扩增，获得 306 个 SSR 标记差异位点。连锁分析表明(LOD=6.5)，有 254 个标记位点连锁，分布在 42 个连锁群中，覆盖2 252.36 cM，约占棉花基因组的 50.05%；平均每个连锁群有 6.08 个标记，覆盖 53.63 cM；标记间平均间距为 8.87 cM。利用 BC_1F_1、BC_2F_1 和 BC_1S_1 3 个不同世代分离群体产量性状数据，共定位 16 个产量性状 QTLs，解释表型变异 5.77%～19.86%。其中，衣分 6 个，铃重 6 个，子指 4 个。有 9 个增效基因来自陆地棉亲本中棉所 36，7 个增效基因来自海岛棉亲本海 1，说明了表型性状较差的品种同样可能含有可用于性状改良的增效基因。控制衣分的 3 个 QTLs 可在不同的世代稳定检测到，分别位于 Chr03/Chr14 和 Chr17 上，效应稳定，增效基因均来自高值亲本陆地棉，为进一步分子标记辅助选择奠定了基础。

王鹏等(2009)以纤维品质中等陆地棉遗传标准系 TM-1 为母本与优质抗黄萎病海岛棉海 7124 为亲本,借助 SSR 分子标记辅助选择,培育了国内首套陆地棉标准系 TM-1 背景的海岛棉染色体片段导入系。用 MapManager QTXb20 在 $p<0.001$ 的设定下,进行单标记分析。在 BC_5 群体中检测到 23 个显著性标记,其中纤维品质的 17 个,产量组分(铃重和衣分)6 个。在 BC_5S_1 群体中检测到 27 显著性标记,其中纤维品质的 22 个,产量组分(铃重和衣分)7 个。在 CSIL 群体中检测到 14 个显著性标记,其中纤维品质的 12 个,产量组分(铃重和衣分)2 个。

张科等(2009)利用陆地棉 34B 与海岛棉 Giza70 杂交,以陆地棉 34B 为轮回亲本,构建 $BC_2F_{4:6}$和 $BC_2F_{4:7}$高代回交重组自交系群体,进行 3 年 4 个环境的试验,并利用 431 对 SSR 引物对家系群体进行了分析,利用 $BC_2F_{4:6}$和 $BC_2F_{4:7}$家系 4 个环境下的产量性状数据,对产量性状进行了 QTL 定位,共定位到 49 个 QTLs,两个环境以上且效应方向一致的 QTLs 3 个,其中,铃重的 1 个位于第 25 染色体上,子棉产量 1 个位于第 7 染色体上,皮棉产量 1 个位于第 7 染色体上,未检测到衣分有多环境重复的 QTL 位点。在检测到的关于产量性状的 49 个 QTLs 中仅有 5 个的增益基因来自海岛棉,提高产量的基因主要是来自陆地棉。单个 QTL 的贡献在 1%～18%之间。

史丽芳等(2009)以高抗枯萎病海岛棉品种海 7124 与高感枯萎病的陆地棉品种军棉 1 号配制杂交组合,得到一个含 148 个单株的 F_2 作图群体。利用 SSR 分子标记,对陆海杂交 F_2 进行多态性筛选,构建了一个含 56 个标记位点,全长 673.3 cM,图谱标记间平均距离 17.3 cM 的陆海种间遗传图谱。采用 WinQTLcart2.0 中复合区间作图法进行产量相关性状的定位,结果检测到 3 个稳定的 QTLs:1 个与衣分相关的 QTL,位于染色体 D10 上,1 个与果枝苔数相关的 QTL,位于染色体 D12 上,1 个与主茎单叶面积相关的 QTL,位于连锁群 LG6 上,这些 QTLs 解释表型变异的范围是 15.33%～21.24%。

朱亚娟等(2010)以染色体片段导入系 IL-15-5 和 IL-15-5-1 构建的 F_2 和 $F_{2:3}$分离群体,利用 SSR 标记对数量性状衣分和子指 QTL 进行了定位。应用复合区间作图法分析两个组合的 774 个 F_2 单株和 $F_{2:3}$家系衣分和子指,检测到 2 个衣分的 QTLs,1 个子指的 QTL。衣分 QTL qLP-15-1 在两世代中都被检测到,位于相同的分子标记置信区间 JESPR152～NAU3040,置信的遗传距离分别为 5.40 cM 和 3.20 cM;qLP-15-2 只在 $F_{2:3}$中被检测到,位于分子标记 NAU 5302～NAU 2901之间,置信的遗传距离为 0.08 cM。子指 QTLqSI-15-1 在 F_2 和 $F_{2:3}$中都被检测到,分别位于分子标记 NAU 2814～NAU 3040和 JESPR152～NAU 3040,置信的遗传距离分别为 6.70 cM 和 5.70 cM。

姚金波等(2010)以陆地棉遗传标准系 TM-1 为背景的第 22 染色体短臂被海岛棉 Pima3-79 置换的海陆置换系 CSB22sh 杂交构建了 104 个 F_2 单株的作图群体,应用6 748对 SSR 引物对亲本进行分子标记筛选获得 90 个多态性标记位点,其中 85 个标记位点构建了总长 85.24 cM 的遗传图谱。通过复合区间作图法对 $F_{2:3}$和 $F_{2:4}$家系的 7 个产量相关性状(衣分、铃重、子指、株高、第一果枝节位、单株铃数、单株果枝数)进行 QTL 检测,共检出 28 个不同 QTLs 解释性状表型变异的 3.5%～44.8%。仅在一个环境中检测到的 QTLs 有 17 个,2 个环境同时检测到的 QTLs 有 8 个,3 个环境同时检测到的 QTLs 有 3 个。

梁燕等(2010)利用生产上推广的优良早熟陆地棉栽培品种中棉所 36 为受体亲本,海岛棉海 1 为供体亲本,选择培育了一套由 303 个单株组成的 BC_5F_2 代换系,从已构建的 BC_1F_1 遗传图谱上以5～10 cM为标准，挑选391对多态性标记进行分子检测，多数单株含有海岛棉代换片段数为2～10个，对该群体的单株产量品质性状进行了表型鉴定，存在大量具有优良品质的单株，纤维强度最高的能达到37.8 cN/tex，铃重、衣分、纤维长度、整齐度、马克隆值、伸长率及纤维强度超轮回亲本分别为17.82%、44.55%、46.86%、33.33%、74.92%、41.58%、42.57%。采用性状-标记间的单向方差分析，共定位了20个与产量性状和33个与纤维品质性状有关的QTL，其中qUN-14-2、qBW-2-20(C8/C20)、qFL-2-20和qMV-1-38这4个QTLs存在一定的遗传稳定性。鉴定的QTLs大多是微效基因，解释表型变异为3.01%～9.69%。

兰孟焦等(2011)利用生产上大面积推广种植的陆地棉中棉所45与显性无腺体海岛棉海1，通过杂交高代回交、自交，初步构建了渐渗有海岛棉染色体片段的代换系群体，利用SSR标记技术对入选BC_4F_3单株(587个)和BC_4F_4优系单株(186个)2个世代群体的海岛棉染色体渐渗情况进行评价，并采用单向方差分析方法(ANOVA)对入选BC_4F_3单株、$BC_4F_{3:4}$株行(587个)以及BC_4F_3优系单株3个群体进行纤维产量性状的QTL定位分析，共检测45个控制纤维产量的QTLs，1个衣分的QTL(C5)在2个群体中被检测到。通过与前人的结果进行比较，发现有8个QTLs在前人的研究中被检测到，其中铃重2个、衣分4个、单株铃数1个和株高1个，表明这些QTLs在不同群体和环境条件下具有稳定性。

2.4.1.2 陆陆杂种群体纤维产量性状的QTL定位

在陆陆杂种群体的研究中，Sharpley等(1998)以两个陆地棉MARCABUCAG8US-1-88(父本)和HS46(母本)构建了分离群体，利用Zhu和Weir(1998)提出的基于混合线性模型的作图方法，鉴定出4个与子指有关的QTLs，其中具显著加性效应引起子指1 g以上变化的2个QTLs分别位于第4和第11连锁群上，其中在第11连锁群上的QTL加性效应引起子指变化达到2 g。同时还鉴定出5个与衣分有关的QTLs，其中具显著加性或显性效应引起衣分1%以上变化的2个QTLs分别位于第16和第25连锁群上。

Ulloa等(2000)以高产、低强度和粗纤维的MD5678ne和具有高强纤维品质的爱字棉品系Prema构建做图群体，利用三种分析程序对其进行分析，检测到2个与皮棉产量有关的QTLs，其中一个在第10连锁群上A85D6a附近，能够解释9.2%的表型变异，在三种分析程序下均能获得。另一个位于第17连锁群A17A6附近，能够解释15.7%的表型变异，在两种分析程序下获得。同时有3个与衣分相关的QTLs被检测到，其中2个分别位于第1连锁群A80F3b和A42B1b附近，分别在三种和两种分析程序下获得，分别解释19.6%和4.8%的表型变异。第3个位于第10连锁群A85D6a附近，在三种分析程序下均能获得，解释12.6%的表型变异。还检测到2个与子指有关的QTLs，分别位于第1连锁群A88C2附近和第3连锁群A81F4b附近，能在两种和三种分析程序下获得，分别解释3.8%和11.2%的表型变异。

易成新等(2001)以陆地棉遗传标准系TM-1(衣分31.4%)和具有TM-1遗传背景的形态标记基因系T586为亲本构建衣分QTLs的作图群体。根据F_2单株的表现，以BSA法进行筛选，获得4个与控制陆地棉衣分QTLs连锁的RAPD分子标记。其中，OPD13947、OPAD02500、OPAO16947三个标记位于同一连锁群，且与茸毛基因(*T1*)连锁，位于棉花的第6染色体上。该衣分QTL来自T586，标记位点可解释6.6%的表型变异。OPAK05940与另一衣分QTL连锁，其供体基因来自TM-1，可解释7.6%的表型变异。此外，鉴定出影响衣分表达的3个形态标记，植株被茸毛(*T1*)对衣分具有增益作用，可解释表型变异的3.57%；棕色纤维($LC1$)对衣分具有减效作用,可解释表型变异的 3.85%;光籽($N1$)对衣分具有巨大的副作用,该 F_2 群体约 43.26%的衣分损失是由于该基因的抑制作用引起的。

武耀廷等(2001)以陆地棉品种间杂交种湘杂 2 号为研究材料,构建 F_2 和 $F_{2:3}$ 分离群体,应用 SSR 和 RAPD 标记对产量性状的 QTLs 标记筛选和定位分析,检测到与子指有关的 4 个 QTLs,衣分有关的 4 个 QTLs 和铃重有关的 2 个 QTLs。并对未进入连锁群的 11 个标记进行了 t 测验和回归分析,其中 3 个标记与产量相关性状达到显著或极显著相关。

殷剑美等(2002)选用长江流域棉区广泛栽种高产品种泗棉 3 号和美国陆地棉商用品种岱字棉 14 连续自交产生的陆地棉遗传标准系 TM-1 做亲本,构建 F_2 和 $F_{2:3}$ 作图群体,应用 301 对 SSR 引物和1 040个 RAPD 引物,对产量性状 QTLs 进行了分子标记筛选,结果共筛选出了 37 对 SSR 多态性引物和 10 个 RAPD 多态性引物的 49 个位点,鉴定出了 9 个控制产量性状变异的 QTLs,位于第 9、第 10 和第 16 染色体上。定位于第 9 染色体的连锁群,分别具有控制铃重、衣分和子指的主效 QTLs,铃重的 2 个 QTLs 分别解释 $F_{2:3}$ 群体表型变异的 18.2%和 21.0%;在 F_2 群体检测到的 1 个衣分 QTL 解释表型变异的 25%,另一个衣分 QTL 在 F_2 群体和 $F_{2:3}$ 群体都检测到,解释 F_2 群体衣分的 24.9%的表型变异,解释 $F_{2:3}$ 群体衣分的 5.9%的表型变异;在 $F_{2:3}$ 群体铃重的一个 QTL 的同一位置同时检测到一个子指 QTL,它解释 15.6%的表型变异。

沈新莲等(2004)利用以高强纤维种质系 7235 和陆地棉遗传标准系 TM-1 为亲本,构建重组自交系群体,对 1 362 对 SSR 引物进行多态性筛选,得到 131 对多态性引物,利用 Mapmarker3.0 进行分析,构建 27 个连锁群,并将 20 个连锁群定位于 16 条染色体上,整个遗传图谱共覆盖 810.07 cM,大约相当于棉花基因组的 18.02%。共检测到 25 个与产量相关的 QTLs,其中 4 个 QTLs 与铃重有关,表型贡献率为 4.53%~24.43%,增效基因全部来自 TM-1,qBS-D03-1 在 4 个环境下均能检测到,qBS-D03-2 和 qBS-10-1 能在两个环境下检测到;5 个 QTLs 与衣分有关,表型贡献率为 4.23%~32.22%,qLP-22-1 能在 4 个环境下均能检测到,qLP-3-1 能在 3 个环境下检测到,其余的(qLP-2-1、qLP-23-1 和 qLP-LG03-1)均能在两个环境下检测得到;6 个 QTLs 与子指有关分别位于连锁群 D03,Chr25,染色体 2、10 和 23 上,4 个能在两个环境下检测到,表型贡献率为 3.99%~19.99%;4 个 QTLs 与单株结铃数有关,表型贡献率为 4.05%~17.51%;2 个 QTLs 与子棉产量有关,均位于连锁群 D03,且都能在两环境中检测出,表型贡献率为 8.37%~14.03%;4 个 QTLs 与皮棉产量有关,表型贡献率为 5.50%~17.0%,位于 D03 上的 2 个 QTLs 能在两个环境检测,另 2 个分别在 D03 和染色体 2 上。

张培通等(2005)利用中国长江流域大面积种植的 2 个高衣分、高皮棉产量品种泗棉 3 号和苏棉 16 号,构建 F_2 和 $F_{2:3}$ 作图群体,用 2 131 对 SSR 引物和 1 040 个 RAPD 随机引物对苏棉 16 号和泗棉 3 号进行多态性筛选,结果筛选到 37 对 SSR 和 5 个 RAPD 引物在 2 个亲本间具有多态性。它们共产生了 43 个稳定的多态性位点。利用 Mapmaker/Exp(Version3.0b)确定分子标记连锁关系,结果有 17 个标记分别被构建到 6 个连锁群上,连锁群总长度为 394.5 cM。利用 CartographerVersion 1.13 复合区间作图法定位与连锁群标记连锁的 QTL,检测到 6 个稳定的控制衣分及其相关性状的 QTL,其中 3 个 QTLs 在 F_2 和 $F_{2:3}$ 群体中同时被检测到。在检测到的 2 个控制衣分的 QTLs 中,1 个 QTL 在 F_2 和 $F_{2:3}$ 群体中都能检测到,位于 LGD03 上,分别解释 29.13%和 15.15%的表型变异;另 1 个只在 F_2 群体中检测到。还检测到 4 个控制其他相关性状的 QTLs,包括 1 个控制衣指的 QTL,在 F_2 和 $F_{2:3}$ 群体中都能检测到，位于 LGD03 上，分别解释 26.12%和 16.15%的表型变异；3 个控制百粒子棉重的 QTLs，其中 1 个 QTL 在 F_2 和 $F_{2:3}$群体中都能检测到，位于 LGD03 上，分别解释 29.19%和 43.13%的表型变异；另外 2 个控制百粒子棉重的 QTLs 只在 $F_{2:3}$群体中检测到。对试验中未连锁的分子标记也进行单标记分析，分子标记 CIR096 在 2 个群体中都被检测到与衣分存在连锁关系，证明该标记与衣分的连锁关系很可靠，可以用于对衣分的 MAS。除 1 个位于 Chr03 上外，其他 5 个 QTLs 分布在 LGD03 上，这些 QTLs 是成簇分布的。

张培通等(2005)以泗棉 3 号和 CARMEN 组合构建的 RIL 群体进行 QTL 定位，40 个标记分别被构建到 11 个连锁群上，总长 402.2 cM。其中 6 个连锁群被定位到相应的染色体上。在 3 个环境下，检测到控制产量及相关性状的 36 个 QTLs，其中，4 个控制皮棉产量的 QTLs，解释 3.59%～15.91%的表型变异，并有 2 个 QTLs 在两个不同环境下被检测到，分别位于 LGD08 和第 16 染色体上；检测到控制子棉产量的 3 个 QTLs，并在两个环境下均能检测到，解释 3.52%～7.60%表型变异，2 个位于 LGD08 上，1 个位于第 16 染色体上；检测到控制果节数的 5 个 QTLs，解释 3.23%～10.62%的表型变异，其中在 LGD08 上的 qFND08 在 3 个环境中均被检测到，其他 4 个位于第 1、LGD03 和第 12 染色体上；检测到控制成铃率的 1 个 QTL，解释表型变异的 4.03%，位于第 16 染色体上；检测到控制铃数的 2 个 QTLs，解释表型变异的 3.74%～4.34%，分别位于第 16 染色体和 LGD08 上；检测到控制铃重的 3 个 QTLs，其中 1 个在 3 个环境中均被检测到，另 2 个在两个环境中存在，解释 5.37%～43.28%的表型变异，均位于 LGD08 上；检测到 1 个控制衣分的 QTL，解释 12.31%的表型变异，位于第 1 染色体上；检测到 6 个控制子指的 QTLs，解释 3.31%～9.01%，其中 1 个 QTL 在两个环境中存在，位于 LGD08 上；检测到 4 个 QTLs 与控制衣指有关，解释 3.39%～5.42%，其中 1 个在 3 个环境中均能被检测到，位于 LGD08 上；检测到控制百粒子棉重的 4 个 QTLs，解释2.23%～5.15%，位于第 1 和 LGD08 染色体上；检测到 3 个控制单株种子数的 QTLs，解释 2.14%～2.74%的表型变异。

宋美珍等(2006)选用早熟不早衰短季棉品种辽 4086 为父本和早衰短季棉中棉所 10 为母本进行杂交，构建 F_2 和 $F_{2:3}$分离群体。利用 SSR、SRAP 和 TRAP 进行筛选，获得 124 个多态性位点，通过连锁分析，有 94 个多态性位点构建了 21 个连锁群的连锁图。采用 WINQTLCart2.5 软件利用 F_2 代群体数据进行 QTL 分析，应用复合区间作图法(CIM)进行 QTL 检测。其中 1 个与铃数有关的 QTL，能解释 17.2%的表型变异，位于第 18 染色体上；2 个与衣分有关的可能 QTLs，解释 5.2%和 6.1%的表型变异；1 个与子指有关的 QTL，能解释 6.0%的表型变异；1 个与衣指有关的可能 QTL，解释 5.1%的表型变异。

万群等(2007)以高品质品种渝棉 1 号和多显性基因标记系 T586 为亲本，构建重组自交系，对 SSR 标记进行多态性筛选，构建了包括 346 个位点(338 个 SSR 和 8 个形态标记)，56 个连锁群的连锁图。连锁群长度 3.1～103.8 cM，含 2～20 个分子标记，标记间的平均距离为 5.8 cM。遗传连锁图覆盖2 014 cM，约占棉花基因组 45.3%。对 56 个连锁群进行定位，有 43 个连锁群定位到 24 个染色体上。采用 QTL 分析软件 MapQTL5.0，选用区间作图方法，以 LOD＝2.0，对衣分性状进行全基因组 QTLs 扫描，检测到 5 个衣分 QTLs。5 个 QTLs 分布于 Chr06、Chr07、Chr12、Chr14、Chr21 五个染色体上，分别解释衣分变异 4.8%～63.8%。第 7 染色体的 LP2 和第 12 染色体的 LP3 以及第 21 染色体的 LP，在 4 个环境均检测到。检测 3 个与形态标记连锁的衣分 QTLs，即位于第 6 染色体与多毛(T1)连锁的 LP1、位于第 7 染色体与棕色纤维(Lc1)连锁的LP2,位于第12染色体与显性光籽(N1)连锁的LP3,分别解释表型变异8.4%~10.3%、9.2%~27.7%、7.5%~63.8%。多毛表现为增加衣分,棕色纤维和显性光子表现为减少衣分。

杨昶等(2007)用一个高抗黄萎病的陆地棉品系5026和一个高感黄萎病的陆地棉品种李8为材料,构建一个重组自交系群体,用5 300对SSR引物筛选亲本多态,获得115个多态位点并进行标记间连锁分析,构建了一张包括20个连锁群全长560.1 cM的陆地棉品种间分子标记遗传图谱。用复合区间作图法对抗病、产量和纤维品质等性状进行QTL定位。检测到了2个皮棉产量(LG01)、1个子棉产量(LG01)、2个单株果枝数(A11/A02)、1个单株铃数(D11)、2个铃重(D09/10)、1个子指(D08/11)、1个衣分(LG01)和1个衣指(LG01)等11个产量构成因素的QTLs,解释的变异方差范围是4.1%~10.6%。

秦鸿德等(2007)利用湘杂棉2号、皖杂40、中棉所28以及南抗3号中分别源于长江流域棉区和黄河流域棉区的亲本及一个栽培品种分别构建了一个四交群体(泗棉3号/苏棉12//中4133/8891)和一个三交群体(164/中12//低酚棉8号)及它们各自的$F_{2:3}$家系,利用SSR标记和Joinmap3.0软件构建各自的连锁群,利用$F_{2:3}$家系的两年表型数据,用MAPQTL5.0对产量、纤维品质和农艺性状进行QTL定位。其中在四交群体中检测到31个控制产量性状及产量构成因素的QTLs,其中6个为显著性QTLs,分布在D02、D03和A10上,26个为可能性QTLs,解释的表型变异3.3%~30.5%。在三交群体中检测到15个与单株铃数、铃重、衣分、每铃种子数、子指、子棉产量、皮棉产量等产量性状及产量构成因素相关的QTLs,其中6个为显著性QTLs,分布在D02、D05、D09和A12上,9个为可能性QTLs,解释的表型变异从2.6%到11.0%。通过两个群体得到的QTLs进行比较,在D02和D07上发现1个控制铃重、1个控制子指和1个控制果枝数的QTL在两个群体中位置相近或重叠。

李成奇等(2007)利用泗棉3号、石短5号(组合Ⅰ)的F_2、$F_{2:3}$和泗棉3号×黔农465(组合Ⅱ)的F_2衣分差异群体,对产量及产量构成因素进行了QTL分子标记和定位。应用SSR引物对亲本进行多态性检测。组合Ⅰ共鉴定出了18个控制产量及产量构成因素变异的QTLs,分布在Chr03(A03)、Chr04(A04)、Chr05(A05)、Chr06(A06)、Chr09(A09)、Chr10(A10)、Chr14(D02)、Chr12(A12)和Chr26(D12)上,包括2个衣分QTLs,4个子棉产量QTLs,4个皮棉产量QTLs,2个衣指QTLs,3个单株铃数QTLs,2个铃重QTLs和1个子指QTL,解释的表型变异分别为6.9%~16.9%、5.6%~16.2%、4.80%~15.60%、7.7%~13.3%、8.2%~11.6%、6.1%~7%和6.6%。单标记分析还检测到8个分子标记分别与各产量性状连锁。组合Ⅱ共鉴定出了7个产量及产量构成因素的QTLs,分布在Chr02(A02)、Chr04(A04)、Chr05(A05)和Chr11(A11),包括1个衣分QTL,1个子棉产量QTL,1个皮棉产量QTL,1个衣指QTL,2个子指QTLs和1个单株铃数QTL,解释的表型变异分别10.0%、41.9%、36.5%、12.6%、6.8%~10.9%和15.9%。单标记分析还检测到11个分子标记分别与各产量性状连锁。

张建宏等(2008)采用亚洲棉渐渗的纤维强度突出的陆地棉优质新品系0-153与陆地棉转基因抗虫新品系sGK9708为亲本,构建了F_2及$F_{2:3}$分离群体。利用3869对SSR引物筛选亲本,得到125对多态性引物。进一步对183个F_2群体单株分析得到150个多态性标记位点,其中100个标记位点连锁,构建20个连锁群,共覆盖660 cM,占棉花总基因组的14.67%,每个连锁群平均包含5个标记位点,标记间平均相距6.6 cM,其中13个连锁群确定了对应的染色体。利用 F_2 和 $F_{2:3}$ 的数据，通过 Wincart2.5 复合区间作图，共检测到 28 个产量及相关因素的 QTLs。这些控制产量性状的 QTLs 只存在于 5 个连锁群(分布在 D08、Chr15、Chr07、Chr13、Chr25)上，成簇分布。与皮棉产量性状有关的 2 个 QTLs，均与其他多个产量相关性状的 QTLs 在同一个连锁区段内，增效基因遗传效应方向一致，来自高产亲本 sGK9708。

张先亮等(2008)利用 2 个陆地棉种质材料爱字棉 1517 与德州 047 构建了重组近交系，利用 SSR 标记构建了一张包括了 51 个标记，分为 15 个连锁群，总长 504.05 cM 的遗传连锁图。利用两年田间数据检测到 QTLs 位点 15 个，其中 5 个产量性状，包括单株铃数的 1 个(LG11)，解释 7.62%的表型变异；铃重的 1 个(Chr07)，解释 10.13%的表型变异；衣分的 1 个(Chr17)，解释 15.7%的表型变异；子指的 2 个(Chr17)，分别解释 24.22%和 26.13%的表型变异。

陈利等(2008)以渝棉 1 号×中棉所 35 的 F_2、$F_{2:3}$ 群体的产量性状鉴定结果，利用区间作图方法，检测到 4 个产量性状 QTLs，即 2 个衣分(Chr07、Chr15)、1 个铃重(Chr07)、1 个子指能在两个环境下检测得到，位于第 7 染色体上。

陈红等(2009)在(7235×TM-1)RIL，(7235×TM-1)F_2 以及 $F_{2:3}$ 群体与纤维品质及产量性状相关的 QTL 定位研究结果的基础上，利用(7235×TM-1)RIL 中三个互相重叠而且是高强纤维的家系 7TR-133、7TR-132 和 7TR-214 再与 TM-1 回交，构建三个 F_2 及 $F_{2:3}$ 群体，开展 2 年 2 点的重复试验，用基于 PCR 的 SSR 标记筛选不同环境中稳定表达的主效 QTLs。PopA(7TR-133×TM-1)、PopB(7TR-132×TM-1)和 PopC(7TR-214×TM-1)三个群体中检测到与产量性状相关的 QTLs 共 6 个。其中，与铃数性状相关的 1 个 QTL，位于 D08 上，具有 5.6%～9.4%贡献率；与铃重性状相关的 3 个 QTLs，位于 D08 上，具有 15.0%～35.5%贡献率；与衣分性状相关的 2 个 QTLs，具有 10.9%～19.3%贡献率。产量性状铃数、铃重增效基因来自父本 TM-1(铃数和铃重增加)，衣分性状增效基因来自母本(7235XTM-1)RIL 家系 7TR-133，7TR-132 和 7TR-214(衣分增加)。

孔广超等(2009)以两个亲缘关系较远、棉花产量及纤维品质性状均存在较大差异的陆地棉品种 HS46 和 MARCABUCAGBUS-1-88 为亲本，通过改良行混合法培育而成的 RIL 群体为材料。以 SSR 标记为主，结合 SRAP 和 RAPD 标记，建立了包含 388 个分子标记、共 30 个连锁群、覆盖1 946.22 cM 遗传距离的陆地棉种内遗传图谱。通过 3 年 3 点 4 个环境下的棉花产量及纤维品质性状调查表明，环境对棉花产量具有较大影响。因此，采用 4 个环境下的棉花产量调查数据开展多环境联合 QTLs 定位，共检测到与棉花子棉产量相关的 QTLs 共 33 个，分布于 17 条染色体或连锁群中，即 A 亚组的第 3,5,6,8,9 号和第 13 号染色体上依次分别分布有 4,5,6,3,1 和 1 个 QTL 位点；D 亚组的第 15,18,21,23 号和第 25 号染色体各分别有 1,3,1,1 和 2 个 QTLs 位点。另外，在未定名的连锁群 LG01,LG04,LG06,LG07,LG15 上各有一个位点，在 LG9 上有两个位点。可见与子棉产量相关的 QTL 在 A,D 亚组染色体上均有分布。与皮棉产量相关 QTLs 共 23 个，与衣分有关 QTLs 共 6 个，与单铃重有关 QTLs 共 14 个，与子指有关 QTLs 共 20 个，与衣指有关的 QTLs 共 13 个。其中共有 21 对 QTLs 是通过上位性效应来影响棉花产量及其相关性状，且加加上位性 QTLs 的总贡献率较加性 QTLs 总贡献率大。这表明上位性效应是影响棉花产量及其相关性状的重要因素。在 QTLs 与环境互作以及上位性与环境互作检测中，共检测到 9 个加性 QTLs 与环境的互作效应达到了显著或极显著水平，另有 17 对加加上位性 QTLs 与环境的互作效应也达到了显著或极显著水平，且互作效应的表型贡献率较大。这表明环境与 QTL 互作对棉花产量及其相关性状具有重要影响，因此要培育具有广泛适应性的棉花品种，必须聚合更多 QTLs 才可能实现。同时所检测到的与棉花子棉产量相关的单个 QTL 的效应都较小，且试点环境差异程度和采用的环境数量也会对其遗传效应产生影响。可见，仅通过对个别 QTLs 的选择，对于棉花产量性状的改良效果不明显，只有实现大量优势 QTLs 的聚合才能获得较大产量性状的遗传增益。

林忠旭等(2009)以 DH962×冀棉 5 号的 $F_{2:3}$家系为分析群体，用 WinQTLCartv2.5 进行复合区间作图定位主效 QTL，利用 EPISTACY 软件对共显性标记进行两位点的上位性互作分析。应用复合区间作图法共检测到 9 个与产量相关性状的 QTLs，分布在 6 个连锁群(LG01、LG03、LG04、Chr13、Chr20、Chr25)上，解析 9.14%～20.99%的表型变异。在 LG01 上检测到 1 个同时控制单株子棉重、单株皮棉重和子指主效 QTL。在两位点的互作对中也发现了同时影响单株子棉重、单株皮棉重和马克隆值的互作位点 1 对，同时影响衣分和纤维长度的互作位点 4 对。

秦永生等(2009)分别以中棉所 12×4133(中棉所 28)和中棉所 12×8891(湘杂棉 2 号)配制成两个陆地棉强优势杂交种。以其 F_2 为作图群体，筛选6 000多对 SSR 引物，利用两群体间 27 个共有多态位点，通过 Joinmap3.0 软件整合了一张包含 245 个多态位点、全长1 847.81 cM 的遗传图谱。利用 WinQTLCart2.5 复合区间作图法分别对两群体 8 个产量相关性状在 F_2 和 $F_{2:3}$中进行 QTLs 定位，在中棉所 28 群体多环境平均值的联合分析中检测到 16 个 QTLs，三环境分离分析中检测到 43 个 QTLs，在湘杂棉 2 号群体分别检测到 20 个和 66 个 QTLs。在 A03、D08、D09 等染色体上有 QTLs 成簇分布现象，同时在两个群体中发现一些不受环境影响且稳定遗传的 QTLs。对考察的 8 个性状在两个群体中发现 12 对共有 QTLs，控制果枝数、衣分和子指的 QTLs 增效基因位点均来源于共同亲本中棉所 12。综合分析推测中棉所 12 的育种价值主要是通过提高后代的结铃性来实现的。

魏新奇等(2009)以(渝棉 1 号×中棉所 35)×(渝棉 1 号×15407)F_1 构建群体，用 SSR 引物对其进行多态性筛选，构建包括 68 个位点和 25 个连锁群的遗传连锁图。利用 QTL 定位软件 MapQTL5.0，选择区间作图法，以 LOD＝2.0 对产量性状进行全基因组 QTLs 扫描，共检测到 9 个产量性状 QTLs。其中 1 个单株铃数 QTL(Chr16)，解释性状表型变异 53.4%；1 个单铃重 QTL(Chr16)，解释形状表型变异 17.9%，1 个衣分 QTL(Chr19)，解释性状表型变异 23.9%；3 个单株子棉重 QTLs(Chr01、Chr06、Chr19)，解释性状表型变异 58.6%～60.4%，3 个单株皮棉重 QTLs(Chr05、Chr16、Chr19)，解释性状表型变异 56.9%～58.6%。

孙福鼎等(2009)以具有亚洲棉渐渗的纤维强度突出的优质陆地棉品系 0-153 及黄河流域推广的抗虫棉品种中棉所 41 选系 sGK9708 为亲本杂交，通过 $F_{2:6}$的单株选择，构建了一套含有 196 个系的陆地棉 $F_{6:8}$重组自交系群体，并进行了 2 年 3 点 4 个环境(2007 年安阳、2008 年安阳、曲周、临清)的重复试验，筛选多环境稳定表达的主效 QTLs。采用 WinQTL Cartographer2.5 的复合区间作图法(CIM)，对 RIL 群体的产量性状进行单环境分析，检测到 44 个产量性状的 QTLs，其中单株结铃数 6 个，铃重 9 个，衣分 10 个，子指 6 个，单株子棉产量 7 个，单株皮棉产量 6 个。

张建等(2010)以共同亲本渝棉 1 号分别与中棉所 35 和贝尔斯诺杂交 F_1 代，再次杂交得到复合杂交群体。利用利用6 565对 SSR 引物对 3 亲本进行多态性引物筛选，获得 92 对多态性引物，以多态性引物检测复合杂交群体 172 个单株的标记基因型，共获得 96 个标记位点。

利用遗传图谱构建软件 Joinmap3.0 对 96 个标记位点进行遗传连锁分析，构建的遗传连锁图谱包括 63 个位点和 19 个连锁群。采用 MapQTL5.0 软件中多 QTLs 作图方法以复合杂交群体 F_2 株系的产量性状鉴定结果，检测到 7 个产量性状 QTLs，即 1 个单株铃数(Chr19)，2 个单铃重(Chr18、Chr19)，1 个衣分(Chr16)，1 个单株子棉(Chr19)和 2 个单株皮棉(Chr19、Chr23) 7 个 QTLs 分布于 4 条 D 基因组染色体，其中第 19 染色体分布 4 个 QTLs。同时，不同亲本之间存在产量性状 QTL 等位基因的差异。

姚金波等(2010)以陆地棉遗传标准系 TM-1 为背景的第 22 染色体短臂被海岛棉 Pima3-79 置换的海陆置换系 CSB22sh 杂交构建了 104 个 F_2 单株的作图群体，应用6 748对 SSR 引物对亲本进行分子标记筛选获得 90 个多态性标记位点，其中 85 个标记位点构建了总长 85.24 cM 的遗传图谱。通过复合区间作图法对 $F_{2:3}$ 和 $F_{2:4}$ 家系的 7 个产量相关性状(衣分、铃重、子指、株高、第一果枝节位、单株铃数、单株果枝数)进行 QTL 检测，共检出 28 个不同 QTLs，解释性状表型变异的 3.5%～44.8%。仅在一个环境中检测到的有 17 个 QTLs，2 个环境同时检测到的有 8 个 QTLs，3 个环境同时检测到的有 3 个 QTLs。

王义青等(2010)为进一步挖掘来自美国新墨西哥州立大学的陆地棉高品质品系 NM03102 的优异纤维品质性状的基因，利用国内大面积推广种植的陆地棉 1138(鲁棉研 21)作为母本、NM03102 为父本组建了 F_2 和 $F_{2:3}$ 分离群体。利用不同来源的 7892 对 SSR 引物对亲本进行筛选，获得 225 对多态性引物。利用多态性引物检测(1138×NM03102) F_2 群体 195 个单株的标记基因型，共获得 242 个标记位点。利用 Joinmap3.0 构建遗传连锁图谱，182 个标记构建了 37 个连锁群，共覆盖1 661.6 cM，相当于棉花基因组的 37.34%，平均每个连锁群覆盖 44.91 cM，每个连锁群包含的标记位点数从 2 个到 18 个不等，平均每个连锁群包含 4.9 个标记位点，标记间平均相距 9.1 cM。其中的 35 条连锁群定位到 20 条染色体上。采用 WinQTLCartographer2.5 的复合区间作图法(CIM)，对 1138×NM03102 的 F_2 和 $F_{2:3}$ 群体的产量性状进行分析，检测到 27 个产量性状 QTLs，包括单株子棉产量 3 个、单株皮棉产量 4 个、铃重 1 个、子指 6 个、衣分 6 个、株高 4 个和果枝数 3 个，主要分布在 Chr13、Chr15 上，解释表型变异率范围为 5.93%～44.29%。

张伟等(2010)以陆地棉优质品系爱字棉 1517(Acala1517)和德州 047(Dezhou047)为父母本，构建陆地棉种内重组近交系中 G6，进行三年份的重复实验。利用 SSR 引物，对群体进行多态性筛选，构建陆地棉种内遗传连锁图谱。采用 QTLNetwork2.0 软件($P=0.005$)的基于混合线性模型的复合区间作图法，检测陆地棉重组近交系的主要农艺性状不同年份稳定存在的主效 QTLs 和上位性 QTLs，共检测到 19 个与产量性状相关的主效 QTLs。其中相关于单株子棉、单株皮棉、衣分、子指以及单株铃数的分别检测到 1 个不同年份稳定存在的主效 QTL，分别位于 LG13、LG13、LG17(A7/D7)和 LG13 上；对 3 年的产量性状作环境因子联合分析，检测到 14 个主效 QTLs，其中 6 个与环境互作，检测到 20 对加加上位性 QTLs，其中 7 对与环境互作。不同年份检测的稳定且受环境影响小或不受环境影响的与近处标记紧密连锁的主效 QTL 可用于分子标记辅助选择，以提高育种的效率。

柳宾等(2010)以两个陆地棉品种鲁棉研 19 和新丰 66 的 216 个 $F_{2:3}$ 家系为作图群体，共筛选出 80 个多态性引物，76 对 SSR 标记、4 个 SRAP 组合，构建了第一张包含 50 个标记位点，总长 398 cM 遗传连锁图，共检测到 8 个性状的 13 个 QTLs，分布在 9 个连锁群上，其中 4 个与产量性状有关，能解释 1.8%～36.5%表性变异，分布在 LG05、LG06、LG10、LG11 上。

李昆等(2010)以适宜长江流域棉区种植的转基因抗虫杂交棉新品种中棉所 66 的两个亲本(母本:9018;父本:中棉所 45)进行杂交,构建 $F_{2:3}$分离群体。利用来源不同的 SSR 引物对亲本及群体进行筛选,共获得 193 个标记位点。利用遗传图谱构建软件 Joinmap 3.0,对 193 个 SSR 标记位点进行遗传连锁分析,127 个标记构建了 33 个连锁群,共覆盖 1 396.2 cM,相当于棉花基因组的 31.0%,连锁群最长的为 96.2 cM,含有 13 个标记,最短的为 13.8 cM,仅含有 2 个标记,标记间平均距离为 10.99 cM。利用 $F_{2:3}$家系以 SSR 分了标记构建遗传连锁图谱,采用复合区间法(CIM)和基于混合线性模型的 QTLNetwork2.0 软件对产量及纤维品质相关性状进行 QTL 定位和上位性分析。采用 Windows QTL Cartographer 2.5 软件的复合区间作图法(CIM),对产量性状进行两个环境下的 QTL 作图,共检测到 9 个产量性状的 QTLs,包括 1 个衣分,1 个衣指,3 个铃重,2 个霜前子棉重,1 个霜后子棉重,1 个小区总产量。采用基于混合线性模型的复合区间作图法进行分析,检测到 5 个产量性状的加性效应 QTLs。检测到产量性状 10 对加加上位 QTLs。在利用两种检测方法检测到的 15 个产量及构成因素 QTLs 中,9 个 QTLs 增效基因来自高值亲本。

潘兆娥等(2011)以杂交种中棉所 48 的子代构建 F_2 分离群体,利用4 961对不同来源的 SSR 引物进行亲本间多态性筛选,结果筛选到 86 对多态性引物,用 71 对条带清晰,稳定性好的多态性引物对 261 个 F_2 群体进行了扩增。利用 Joinmap3.0 构建连锁图谱(LOD 值 3.0),获得了包含有 48 个位点的 14 个连锁群。采用 WinQTL Cartographer 2.5 的复合区间作图法(CIM),对 F_2 群体的铃重、衣分及纤维品质进行分析,共检测到 6 个与衣分、铃重相关的稳定 QTLs,其中铃重有 2 个,分别位于第 14 号和第 23 号染色体上,其中位于第 14 号染色体上的一个铃重 QTL 与 BNL3502 紧密连锁,仅仅相距 2.0 cM,解释的表型变异为 8.1%,其加性效应为−0.369 9,显性效应为−0.224 4,增效基因源自父本951 188。qBW2-1 位于第 23 号染色体上,解释的表型变异为 6.9%。与衣分相关的 QTLs 有 4 个,分别位于第 9、10 和 15 号染色体上,15 号染色体上的 qLP1-1 与标记 DPL215 零距离连锁;第 10 号染色体上的qLP3-1 与标记 BNL2960 紧密连锁,仅仅相距 2 cM,解释的表型变异为 14.6%。总之,控制衣分的 4 个 QTLs,分别与标记 DPL215、NAU3903、BNL1669、BNL1669 紧密连锁,其遗传距离都在5.0 cM 以内,每个衣分 QTL 的加性效应和显性效应都有较大差别,而且,其效应的正向和负向方向也差别大,说明这些标记可以用于大铃、高衣分品种的分子标记辅助育种。

孔凡金等(2011)以高品质中长绒棉品种新陆早 24 号为父本,转基因抗虫棉常规品种鲁棉研 28 号和高产、优质棉花新品种冀棉 516 为母本,构建 F_2 和 $F_{2:3}$分离群体。利用 7638 对 SSR 引物对鲁棉研 28 号和新陆早 24 号进行多态性进行筛选,共获得 225 对多态性引物,对 238 个 F_2 单株 DNA 扩增获得 238 个多态性标记位点,其中 185 个构建了包括 44 个连锁群,总长为1 509.38 cM 的遗传连锁图谱,标记间的平均距离为 8.16 cM,覆盖棉花总基因组的 33.91%。利用复合区间作图法定位鲁棉研 28 号与新陆早 24 号分离群体,共检测到 22 个产量相关性状的 QTLs,包括 4 个单株结铃数、3 个衣分、5 个子指、3 个单株子棉产量、3 个单株皮棉产量、1 个铃重、2 个株高和 1 个果枝数 QTL,1 个子指的 QTL 能在 F_2 和 $F_{2:3}$中检测到;根据鲁棉研 28 号×新陆早 24 号定位结果,选择了 14 对 SSR 引物,分析冀棉 516 与新陆早 24 号的多态性,其中 6 个标记构建了两个连锁群。1 个衣分和 1 个子指的 QTL 在 2 个群体中均检测到,分别位于 Chr07 和 Chr24 上。

贾菲等(2011)利用以 SGK9708 为母本,0-153 为父本构建的 196 个陆地棉重组自交系

($F_{6:8}$)构建了包含186个标记,总长827.84 cM,标记间平均距离4.45 cM,覆盖棉花基因组18.6%的遗传连锁图谱,并对7个环境下的铃重和衣分性状进行QTL定位和上位性互作分析。利用两种分析软件(Win QTL cart 2.5和QTL Net work 2.0)共同定位了多个环境下稳定表达的5个主效QTLs(qBW-1-1,qBW-1-2,qLP-2-1,qLP-2-2和qLP-4-2),分别位于Chr25、Chr13和Chr16上。利用QTL Net work 2.0分别检测到4对铃重上位性互作QTLs和7对衣分上位性互作QTLs,以背景位点间的互作和加性效应位点与背景位点间的互作为主。

王琳等(2011)利用我国生产上曾经大面积推广的高产抗虫杂交棉品种鲁棉研15号及其两个亲本613,R55,F_2,$F_{2:3}$家系群体,选用12 117对不同来源的SSR引物筛选亲本间的多态性,151对多态性引物在558份F_2群体中共产生154个多态性位点。利用Joinmap3.0作图软件进行连锁图谱的构建(LOD>7.0)获得了含有116个位点的25个连锁群,共覆盖892.25 cM,约占棉花总基因组的20.05%。平均每个连锁群4.64个标记,标记间平均距离7.76 cM,根据已有图谱的定位结果,19个连锁群与染色体建立了联系。选用WinQTLCart2.5软件中的复合区间作图法(CIM)对3个$F_{2:3}$家系亚群体产量性状进行QTL作图,共检测到77个产量性状的QTLs且7个至少能在两个环境中同时检测到,分别位于Chr05、Chr08、Chr15、Chr07/16,并且这些QTLs的表型贡献率较大。

张兴居等(2011)以陆地棉抗黄萎病种质系鲁HB22与陆地棉感病品种冀棉11为亲本材料,获得了243个F_2单株为作图群体。用4 419对SSR引物和SRAP引物筛选亲本间的多态性,共得到多态性引物154对。用多态性引物对$F_{2:3}$群体进行基因型分析,共得到了154个多态性位点。用Joinmap3.0进行连锁分析,有118个位点构建到22个连锁群上,全长989.94 cM,覆盖棉花基因组21.98%,标记间平均遗传距离为8.38 cM,其中17个连锁群定位到17个染色体上。用完备复合区间作图法对8个产量相关性状,检测到13个与产量性状相关的QTLs,其中果枝数、铃重QTLs都检测到3个,分别位于A03,A11,A02和A03,D05,LG04,分别能解析1.94%~9.1%,3.2%~5.6%表型变异,检测单株铃数QTL到1个,位于LG05上,能解析8%的表型变异,与子棉产量有关的QTLs检测到2个,分别位于D05和LG02上,能解析6.5%~7.2%表型变异,与皮棉产量有关的QTL检测到1个,位于D05上,能解析7.2%的表型变异,衣分、衣指、子指QTL各检测到1个,分别位于A03、A13、LG02上,分别能解析8.38%,12.3%,14.1%表型变异。

Liu等(2011)利用Xiangzamian2衍生的重组自交系群体及由这套重组自交系互交配制的永久性F_2群体,开展产量及产量构成因子性状的QTL定位,在定位的111个QTLs中,23个在两种群体都可以检测到,而其中又有16个存在与环境的显著互作效应;结果还表明,显性效应对Xiangzamian2的杂种优势起重要作用,而非加性遗传是该群体中衣分遗传的主要模式。

2.4.1.3 其他种间杂种群体纤维产量性状的QTL定位

在其他种间杂种研究中,马雪霞等(2007)以两个亚洲棉江陵中棉和浙江萧山绿树两个亚洲棉做亲本,构建F_2和$F_{2:3}$家系群体,运用MapQTL4.0中多QTL模型作图法对二倍体亚洲棉的产量、产量构成因子进行的QTL定位分析,F_2代共检测到与产量性状有关显著性的QTLs 12个,可能的QTLs 21个,分布于13个连锁群上,$F_{2:3}$代检测到与产量性状有关显著性的 QTLs 有 12 个，可能的 QTLs 29 个。衣指、子棉产量各有 2 个 QTLs、子指有 3 个 QTLs 在两世代中显示了很好的一致性，衣指的 2 个 QTLs 分别位于 A10 和 A06 上，分别解释 10.3%～33%和 6.9%～10%的表型变异；子棉产量的 2 个 QTLs 分别位于 A08 和 A13 上，分别解释 12.2%～17.6%和 17.9%～22.3%的表型变异；子指的 3 个 QTLs 分别位于 A07、A08 和 A10 上，分别解释 9.7%～10%、7.8%～9.4%和 28.3%～39%的表型变异。

2.4.1.4 多环境稳定的纤维产量性状的 QTL

在棉花产量相关性状 QTL 的多环境检测方面，南京农业大学张天真研究团队开展得较早，主要针对棉花子棉产量、皮棉产量、衣分、子指、铃重、衣指、铃数、果枝数等性状开展研究，共定位约 216 个产量相关性状 QTLs，其中，衣分 54 个，子指 43 个，铃重 28 个，占 60.2%。获得了大量多环境稳定的 QTLs，其中殷剑美等(2002)在 Chr09 上的 $OPAP12_{800}$ 到 $OPX2_{1300}$ 上检测到 1 个能在 F_2 和 $F_{2:3}$ 群体中都能检测到的 QTL。沈新莲等(2004)检测到 qBS-D03-1 在 4 个环境下均能检测到，qBS-D03-2 和 qBS-10-1 能在两个环境下检测到；qLP-22-1 能在 4 个环境下均能检测到，qLP-3-1 能在 3 个环境下检测到，其余的(qLP-2-1、qLP-23-1 和 qLP-LG03-1)均能在两个环境下检测得到；6 个 QTLs 与子指有关，分别位于连锁群 D03、Chr25，染色体 2、10 和 23 上，4 个能在两个环境下检测到；2 个 QTLs 与子棉产量有关，均位于连锁群 D03，且都能在两环境中检测出；位于 D03 上的 2 个与皮棉产量 QTLs 能在两个环境检测。张培通等(2005)在 LGD03 上的 BNL2961 与 NAU985 之间检测到 1 个能在 F_2 和 $F_{2:3}$ 群体中都能检测到的 QTL。张培通等(2005)检测到铃重(qBSD08-1，qBSD08-2 和 qBSD08-3)、子指(qSI01-1 和 qSID08-1)、衣指(qLID08-2)、百粒子棉重(qSW01-1，qSWD08-1 和 qSWD08-2)、子棉产量(qSYD08-1，qSYD08-2 和 qSY16)和皮棉产量(qSYD08-1 和 qSY16)相关的 14 个 QTLs，均能在两个以上环境存在。马雪霞等(2007)检测到衣指(qLI8-1 和 qLI10-1)、子棉产量(qSCW8-1 和 qSCW13-1)各有 2 个 QTLs、子指(qSI7-1，qSI8-1 qSI10-1)有 3 个 QTLs 在两世代中显示了很好的一致性。李成奇等(2007)在 Chr03 上检测到的衣分 QTL 与沈新莲等(2004)检测到的 qLP-3-1 都与标记 NAU1190 紧密连锁，2 个 QTLs 很可能相同或紧密连锁。王沛政等(2008)在 3 个陆地棉研究群体中都在 A07 上检测到 1 个子指 QTL，位于同一染色体相同标记区间，解释效应在 9.7%～52.1%，加性效应方向相同。在衣分 QTL 的检测上，其中 2 个群体分别在 A07 上检测到 1 个 QTL ，位于相同标记区间；LG6 上的两个衣分 QTLs 为同一个群体两年的检测结果，位于同一标记区间；QTL 加性效应都为正。在铃重 QTL 检测中，3 个作图群体在 A07 上检测到 3 个铃重 QTLs；其中一个群体在不同年份各检测到 2 个 QTLs，另外 2 个群体检测到 1 个 QTL。分析发现在 A07 上定位的 3 个单铃重 QTLs，位于 NAU393-NAU1593 区间，但其 QTL 的位置和效应有一些差异。秦永生等(2009)在 Pop1 中 qFN-D8-1 与秦鸿德等(2007)报道的位置和效应大致相同；Pop2 中 qFN-A5-1、qSY-A5-1、qLY-D9-1、qLP-A1-1 等与汪保华等(2006)报道的用不同作图群体得到的结果吻合。朱亚娟、王鹏等(2010)检测到 Chr15 上的 qSI-15-1 和 qLP-15-1 在 F_2 和 $F_{2:3}$ 两个世代中都被检测到。

中国农业科学院棉花研究所袁有禄课题组针对棉花产量相关性状开展了陆陆间、陆海间、染色体置换系等方面的研究。共检测与棉花产量相关性状有 293 个 QTLs，主要集中在衣分(90 个)、铃重(68 个)、子指(53 个)，占总检测数的 72%，并获得了大量在多个环境下稳定的 QTLs。其中，李爱国等(2008)在 Chr16/D07 染色体上 NAU2556 标记附近定位到 1 个与衣分相关，能在 3 个环境下稳定遗传的 QTLs(qLP-07-1)；在 Chr14/D02 染色体上 DPL0529 标记附近定位到 1 个与衣分相关，能在 3 个环境下稳定遗传的 QTLs(qLP-18-1)。李莲等(2008)检测到在 3 个环境下稳定的 10 个与铃重有关的 QTLs；在两个环境下稳定存在的 9 个铃重相关 QTLs 和 9 个衣分相关 QTLs。孙福鼎等(2009)在 C7 染色体 NAU1085-TMB1618 间检测到 1 个单株结铃数的 QTL，能在 4 个环境下检测到；检测到与铃重相关能在两个环境以上稳定存在 4 个 QTLs，分别位于 Chr25、Chr12 上；检测到与衣分相关并在两个环境以上稳定存在的 6 个 QTLs，分别位于 Chr13、Chr04、Chr07 和 Chr24 上；检测到与子指相关并在两个环境以上稳定存在的 4 个 QTLs，分别位于 Chr04、Chr07、Chr07/Chr14 和 Chr16 上；检测到与单株子棉产量相关并在两个环境以上稳定存在的 2 个 QTLs，分别位于 Chr04 和 Chr07 上；检测到与皮棉产量相关并在两个环境以上稳定存在的 3 个 QTLs，分别位于 Chr04、Chr07 和 Chr05 上。李俊智等(2009)在 Chr03/Chr14 和 Chr17 上检测到 3 个与衣分相关的 QTLs，其中在 Chr17 上的 2 个 QTLs(qLP-15-1 和 qLP-15-2)分别位于 HAU630 和 HAU764 附近，能在 3 个环境下稳定遗传；在 Chr03/Chr14 上的 QTLs(qLP-2-1)在 HAU1741 附近，能在两个环境下稳定遗传。贾菲等(2011)检测到 39 个能在两个环境以上稳定存在的 QTLs，其中子棉产量 3 个，皮棉产量 6 个，铃重 9 个，衣分 10 个，子指 11 个，这些稳定的 QTLs 主要分布在 Chr07、Chr13、Chr15、Chr16 和 Chr25 上。兰孟焦等(2011)在 Chr16 上 NAU3459 附近检测到与衣分相关的 QTL 并在两个环境稳定遗传。

西南大学的张正圣教授也开展了棉花产量相关性状的 QTL 研究，共获得 50 个产量相关性状 QTLs，主要是衣分、铃重、子棉、皮棉产量和铃数，并获得多环境稳定的 QTLs。其中，万群等(2007)检测到与衣分相关在第 7 染色体的 LP2 和第 12 染色体的 LP3 以及第 21 染色体的 LP，在 4 个环境均检测到。陈利等(2008)在 Chr07 上 JESPR172-BNL1604 区间检测到 1 个与子指相关并且能在两个环境下稳定遗传的 QTL。

还有其他一些科研单位也开展了棉花产量相关性状的定位研究，并获得了稳定的 QTL。张科等(2009)在第 7 染色体 BNL2441-NAU3654 区间，检测到 1 个与子棉产量相关和 1 个与皮棉产量相关的 QTL。在第 25 染色体 NAU5373-NAU3305 区间，检测到 1 个与铃重相关的 QTL。这 3 个 QTLs 均能在两个环境稳定遗传。姚金波等(2010)在第 22 染色体上检测到衣分和铃重的 QTLs 各 2 个，子指的 QTL 1 个，这些 QTLs 能在两个环境下稳定遗传。张伟等(2010)检测到单株子棉、单株皮棉、衣分、子指、铃数各 1 个 QTL，分别位于 LG13、LG13、A03、A07/D07 和 LG13 上，这些 QTLs 能在两个环境以上稳定遗传。王琳等(2011)在 Chr08 和 Chr05 上检测到 3 个与子指相关的 QTLs，在 Chr15 上检测到与衣分相关的 QTL，这 4 个 QTLs 均能在两个环境以上稳定检测到。

上述这些 QTLs 在不同世代或不同群体亦或不同环境下稳定检测，这为分子标记辅助选择奠定了基础。

目前共检测到的 1 000 多个与棉花产量性状相关的 QTLs，其中近 50%分布在 Chr07、Chr05、Chr22、Chr03、D08、Chr15、Chr16、Chr14、D03 和 A01 上。能在两个环境以上稳定检测的 QTLs 近 200 个，主要集中在 Chr07、Chr22、Chr16、D03、D08 和 Chr25 上。在这些染色体上更容易筛选到效应稳定可用于分子标记辅助选择的 QTL。

在产量相关性状方面，衣分、铃重、子指的 QTLs 最多，占总数的 50%以上，其次是子棉、皮棉产量，占总数的 30%，其他性状相对少，因此检测棉花产量 QTL，对衣分、铃重和子指的检测是最有效的。

2.4.2 纤维品质性状的QTL定位

随着纺织工业的发展和人们生活水平的提高，对纤维品质的要求越来越高。分子标记技术的迅猛发展，棉花纤维品质QTL定位研究也获得了较大的发展。

2.4.2.1 陆海杂种群体QTL定位

Jiang等(1998)利用陆地棉及海岛棉种间杂交构建的F_2群体，以及RFLP标记构建的遗传图谱研究了棉花纤维品质性状QTL在染色体上的定位以及在亚染色体组上的分布，结果发现，大部分纤维品质QTLs定位在D染色体组，来源于不长纺织纤维的祖先。Jiang等认为大部分纤维品质QTLs位于D亚染色体组上可能是由于在四倍体棉花驯化和育种选择过程中，对D亚染色体组上变异位点的选择使得四倍体棉花品种相对于只有A亚染色体组的二倍体品种具有了更好的纤维品质。在该研究中，共定位了14个纤维相关性状的QTLs，3个纤维强度QTLs共解释表性变异的30.9%，1个纤维长度QTL可解释表型变异的14.7%，1个纤维细度相关的QTL可解释12.6%的表型变异，2个纤维伸长率的QTLs共解释21.1%的表型变异。Kohel等(2001)利用陆地棉遗传标准系TM-1和海岛棉3-79构建的种间F_2群体鉴定了13个纤维品质相关的QTLs，4个控制纤维强度的QTLs，3个纤维长度QTLs，6个纤维细度相关QTLs，且多数QTLs定位在了不同染色体上，可解释表型变异的30%～60%。

Paterson等(2003)对陆海种间$F_{2:3}$群体在灌溉与自然降雨条件下开展多环境试验，连锁图谱覆盖5 844 cM，共获得68个与纤维品质性状有关的QTLs，其中纤维伸长率9个，纤维比强度21个，纤维整齐度7个，纤维细度25个，黄度11个，纤维长度6个。并将这些QTLs与染色体或连锁群建立了联系。

Mei等(2003)检测到与6个纤维品质性状相关7个QTLs中，5个QTLs分布在A染色体亚组，结合以前研究检测到的位于D染色体亚组上的纤维品质QTL，Mei等认为，控制纤维性状的基因来自部分同源染色体。吴茂清等(2003)以SSR标记和RAPD标记，陆地棉邯郸208与海岛棉Pima90的种间杂交F_2群体为作图群体，构建了一张含有126个标记，总长1 717.0 cM的连锁图谱。利用$F_{2:3}$家系纤维品质性状进行了全基因组QTL扫描，定位了13个纤维品质性状的QTLs，其中纤维长度、整齐度、纤维强度、伸长率以及马克隆值等性状相关的QTL分别为2、4、2、4和1个，可解释表型变异的12.76%～43.87%，其中与纤维比强度有关的2个QTLs能够解释表型变异的34.15%和13.86%。该研究中，标记表现偏分离分布，179个标记中，22个标记表现偏分离，并剔除以保证图谱的可信性。吴茂清等认为，偏分离可能是由于父本或母本配子的不育或配子基因型的选择导致的。

He等(2007)利用陆海杂交群体，采用复合区间法共定位了52个QTLs，其中16个纤维品质性状QTLs，包括3个纤维强度QTLs，2个位于A02，1个位于Chr23；5个纤维长度QTLs，分别位于A02、Chr01、Chr06、Chr09及Chr14；8个马克隆值QTLs，分别位于A02、A03、Chr10、Chr14(3个)、D03及Chr22。由于陆地棉种内杂交群体亲本间多态性较低，大多数构建的陆地棉种内遗传图谱标记数量较少，难以加密遗传图谱。

Lacape等(2005)利用海陆杂交Guazuncho2×VH8构建的三个群体BC_1、BC_2和BC_2S_1

的表型数据分析了 11 个纤维性状的 QTLs，共检测到 80 个相关性状 QTLs，其中 50 个 QTLs 的 LOD 值在 3.2～5.7，在主要纤维品质性状方面，如纤维长度、纤维强度、纤维细度及颜色，分别检测到 15、12、21 及 16 个 QTLs。通过 QTL 分析结果可见，大部分控制纤维品质性状的位点来自海岛棉亲本，但陆地棉也存在控制纤维品质性状的位点，Chr05 上存在控制纤维长度性状的 QTL，Chr18 上存在控制纤维强度性状位点，以及在 D08、Chr06、A02 及 D03 上还存在控制纤维细度/成熟度的位点。Lacape 等研究结果中，大部分纤维品质 QTLs(58%)来自 D 亚染色体组，同样证实了，四倍体棉花 AADD 中，D 亚染色体组较 A 亚染色体组控制更高的纤维品质性状(Paterson et al，2003)。

杨鑫雷等(2009)以陆地棉中棉所 8 号和海岛棉 Pima90-53 组配衍生的 214 个单株的 F_2 群体为材料，构建了包含 110 个 SSR 标记和 65 个 AFLP 标记的遗传连锁图谱。应用复合区间作图法分析该组合的 F_2 单株和 $F_{2:3}$ 家系纤维品质性状，共得到了 25 个纤维品质性状 QTLs，其中 5 个纤维长度，分布于 4 个连锁群上，解释表型变异的 10.2%～35.8%；4 个纤维整齐度 QTLs，分布于 4 个连锁群上，可解释 12.6%～36.6%的表型变异；7 个为马克隆值相关的 QTLs，可解释表型变异的 11.5%～26.1%；7 个断裂比强度的 QTLs，解释表型变异的 16.5%～52.8%；2 个位于染色体 Chr09 和 Chr21 上的纤维伸长率 QTLs，分别解释表型变异的 18.1%和 27.1%。该研究定位的 25 个纤维品质相关的 QTLs 大部分表现显性和超显性效应，且多聚集在 LG09、LG12 和 Chr21 上，呈簇状分布。杨鑫雷等认为 QTL 的呈簇状分布可能是进化过程中染色体重组造成的，也可能是控制这些性状的基因排列紧密，而在后代是以单个位点分离。

2.4.2.2 陆地棉种内群体 QTL 定位

Shappley 等(1998) 利用陆地棉种内杂家 F_2 群体，基于 RFLP 标记的遗传图谱，定位了 100 个农艺及纤维品质相关的 QTLs，其中 81 个与纤维品质相关的 QTLs，包括纤维强度、纤维长度、纤维细度以及纤维成熟度等。Ulloa 等(2000) 利用 RFLP 标记构建的陆地棉种间分子遗传图谱，共定位了 26 个 QTLs，介绍表型变异的 3.4%～44.6%，其中纤维品质 QTLs 包括 3 个纤维强度 QTLs，2 个 2.5%纤维跨长 QTLs，4 个马克隆值 QTLs，4 个纤维周长 QTLs，3 个纤维伸长率 QTLs，2 个纤维成熟度 QTLs，且一个与 A38A5B 连锁的 QTL 可解释 24.6% 纤维强度，11.5%的纤维长度以及 21.7%的马克隆值表型变异。

Wang 等(2006)以中棉所 12×8891 的杂交组合，构建了含有 180 个家系的 RIL 群体，进行多环境下的重复实验，共检测到 48 个纤维品质性状的 QTLs，16 个 QTLs 在多环境联合分析中检测到。一个纤维强度 QTL qFL-D2-1 和 1 个反射率 QTL qFR-D2-1 在两个生态区两年内可同时检测到。

杨昶等(2007)用高抗黄萎病的陆地棉品系 5026 和高感黄萎病的陆地棉品种李 8 构建的 RIL 群体进行抗黄萎病 QTL 定位的同时，还定位了纤维品质性状 QTL，共检测到 2 个纤维长度、2 个纤维强度、1 个纤维细度、1 个整齐度、1 个短纤维指数和 2 个纤维伸长率等 9 个与纤维品质相关性状的 QTLs，解释表性变异的 6.7%～15.7%。

Qin 等(2008)利用四交群体构建了含有 285 个 SSR 标记以及一个形态标记的遗传图谱，定位了 31 个纤维品质及产量性状的 QTLs。四交群体包含有 4 个自交系，因此，在两个家系间存在多态性的标记均可用于遗传图谱的构建，而如果只有两个亲本，在该研究中，用于构建图谱的标记，有 37%的标记不能用于连锁分析。因此，四交群体可用于增加陆地棉种内图谱的密度以及染色体覆盖率。

林忠旭等(2009)为了较为全面地了解陆地棉产量和纤维品质相关性状的遗传基础，利用 DH962×冀棉 5 号的 $F_{2:3}$分析群体，包含 471 个标记、总长3 070.2 cM 的遗传图谱进行了主效 QTL 定位和上位性互作分析。纤维品质方面，应用复合区间作图法共检测到 5 个 QTLs，其中 2 个纤维强度、1 个纤维伸长率、2 个马克隆值 QTLs，但整齐度和比强度在显著 LOD 值下(分别为 4.25 和 4.05)没有检测到相关 QTL。5 个 QTLs 可解释表型变异的 10.87%～43.67%。该研究还表明，除主效 QTL 外，上位性是陆地棉产量和纤维品质性状的重要遗传基础。主效 QTL 的效应小和上位性互作将使棉花分子标记辅助育种更加困难和复杂。

An 等(2010)选用两个纤维突变体 MD17、181 以及一个陆地棉栽培种 FM966 为亲本，构建了两个 F_2 分离群体，定位了 2 个马克隆值 QTLs，1 个纤维强度 QTL，2 个 50%纤维跨长 QTLs，2 个 2.5%纤维跨长 QTLs。利用多个纤维突变体进行 QTL 定位，有助于加快了解棉纤维发育的遗传机制，通过育种程序提高纤维品质。

王义青等(2010)选用了来自新墨西哥州立大学的陆地棉高品质品系 NM03102 及陆地棉大面积推广的品种鲁棉研 21 为亲本，构建了 F_2 及 $F_{2:3}$分离群体，通过 7 892 对 SSR 引物筛选，获得了 222 对多态性引物，在群体中获得 242 个标记位点。182 个标记位点连锁构建了 37 个连锁群，覆盖了基因组的1 661.6 cM。采用复合区间作图法，检测到了 20 个纤维品质性状 QTLs，包括 4 个纤维长度、4 个断裂比强度、5 个马克隆值、3 个纤维伸长率、4 个纤维整齐度。其中，1 个纤维强度和 1 个马克隆值 QTL 可在两个世代同时检测到。

秦永生等(2009)以湘杂棉 2 号和中棉所 28 两个具有共同亲本的陆地棉强优势杂交种的 F_2 为作图群体，构建了含有 245 个多态性位点，全长1 847.81 cM 的遗传连锁图谱。其中，中棉所 28 群体在多环境平均值的联合分析中检测到 22 个 QTLs，三环境分离分析中检测到 39 个 QTLs，其中 15 个在联合分析中检测到，4 个能在 2 种环境下检测到；湘杂棉 2 号群体在联合分析中检测到 18 个 QTLs，在分离分析中检测到 51 个 QTLs，其中 16 个在联合分析中检测到，5 个能在 3 种环境下检测到，另外 5 个能在 2 种环境下检测到。综合两群体 6 个纤维品质性状 QTLs 分别结果，发现 8 对共有 QTLs，其中与纤维长度有关的 QTL 1 对，均表现为超显性，但在不同群体中，增效基因来源不一致，认为可能是不同品种所携带的等位基因效应不同所致。该研究中同样发现了多性状 QTL 呈簇状分布，多集中于 A01、A03 及 D02 染色体。

2.4.2.3 多环境稳定的纤维品质性状的 QTL

南京农业大学对于优质棉渐渗系 7235 与纤维强度有关的主效 QTL 进行了深入的研究。袁有禄等(2000，2001)及 Zhang 等(2003)利用一个异常棉渐渗的且具有高品质的种质系 7235 和陆地棉遗传标准系 TM-1 为亲本构建的 F_2 和 $F_{2:3}$群体，9 个标记，包括 3 个 SSR 标记，6 个 RAPD 标记定位了 2 个纤维强度 QTLs，其中一个为主效 QTL，可在南京、海南以及美国的德克萨斯州立大学同时检测到。该 QTL 与 8 个标记相连锁，且可解释表性变异的 30%，并鉴定出该 QTL 来源于爱字棉。Shen 等(2005) 选用 3 个陆地棉优质纤维品系为亲本，其中一个亲本组合同 Zhang 等(2003)，分别构建了 SSR 标记分子遗传图谱，用于纤维品质性状的 QTL 定位。共定位了 39 个 QTLs，其中 17 个为显著性 QTLs，LOD≥3.0，22 个为潜在的 QTLs，LOD 值介于 3.0 和 2.0 之间。在检测到的所有 39 个纤维品质 QTLs 中，11 个纤维长度

QTLs，10 个纤维强度 QTLs，9 个马克隆值 QTLs 以及 9 个纤维伸长率 QTLs。17 个显著性 QTLs 中，5 个 QTLs 具有高 LOD 值且可同时在 F_2 和 $F_{2:3}$ 两个世代中检测到，有可能用于分子标记辅助选择。有 3 个 QTLs 还可同时在两个群体中检测到，意味着这些群体可能存在共同的高品质基因来源。Shen 等(2007)同样利用 7235×TM-1 的杂交组合构建的 RIL 群体定位了 27 个纤维品质性状 QTLs，其中 4 个主效 QTLs，可解释较大表型变异。其中 qFS-D08-1 同 Zhang 等(2003)检测到的主效 QTL，该 QTL 并能在 Shen 等(2005)中检测到，为多世代多环境下稳定表达的 QTL。Chen 等(2009)为了更好地精细定位 Zhang 等(2003)及 Shen 等(2007)检测到的解释较大表性变异的纤维强度 QTL，选择了来自 7235 和 TM-1 杂交构建的重组自交家系群体中的 3 个家系 7TR-133，7TR-132，7TR-214，再和亲本 TM-1 回交，构建更大的作图群体。选用 SSR 标记构建的定位于第 24 号染色体(D08)的连锁群，进行纤维强度 QTL 的精细定位，在 D08 染色体上检测到了 5 个紧密连锁的纤维强度 QTLs，可解释表性变异的28.8%～59.6%。Chen 等认为，较大的群体可能减小了检测到的 QTL 的置信区间，选用 RIL 群体回交的方法以及不完全随机区组设计可能根除了连锁障碍的影响。Guo 等(2005)利用与该 QTL 连锁的标记进行标记辅助选择效果研究，结果表明，该 QTL 在不同环境条件下均稳定表达，对不同遗传背景的育种群体均有显著的选择效果。

在优质棉渝棉 1 号的优异基因挖掘方面，王娟等(2007)利用陆地棉遗传标准系 TM-1 和优质品种渝棉 1 号为亲本构建了 F_2 和 $F_{2:3}$ 分离群体，通过 5 544 对 SSR 引物对亲本进行筛选，获得 178 个多态性标记，其中 138 个位点构建了总长为 959.7 cM 的遗传图谱。应用复合区间作图法检测到 12 个纤维品质 QTLs，包括 1 个纤维长度、4 个纤维强度、3 个马克隆值、3 个整伸长率的，分别解释各性状表性变异的 6.1%、5.31%～14.62、7.88%～19.17%、7.4%～11.71%和 8.26%。该研究还发现，Chr23 和 Chr24 是优质纤维 QTLs 的富集区，且认为对于纤维品质 QTL，D 组染色体的贡献率可能大一些。陈利等(2008)利用中棉所 35 和渝棉 1 号为亲本构建的 F_2 群体 180 个单株为作图群体，构建了含有 148 个标记，36 个连锁群，总长1 309.2 cM 的遗传连锁图谱。以渝棉 1 号×中棉所 35 的 F_2、$F_{2:3}$ 群体的表型性状，利用复合区间作图法，检测到 5 个纤维品质性状的 QTLs，其中 1 个纤维长度 QTL 位于 Chr7 染色体，在重庆及海南两个环境下分别解释表型变异的 8.8%和 11.0%；2 个纤维强度性状的 QTLs，位于染色体 Chr07 和 Chr21，只在重庆检测到，分别解释表型变异的 19.4%和 8.9%；2 个纤维细度性状 QTLs，位于染色体 Chr09 和 Chr20，也只在重庆环境下检测到，分别解释表性变异的 8.2%和 8.6%，该 5 个纤维品质性状的 QTLs 有利等位基因均来自渝棉 1 号，其纤维比强度 QTL 有利等位基因可用于陆地棉纤维品质改良。胡文静等(2008)利用陆地棉优质纤维品系 7235 和渝棉 1 号做亲本，以 7235×渝棉 1 号的 F_2 与 $F_{2:3}$ 分离群体为材料，通过 5514 对 SSR 引物对亲本进行多态性筛选，获得 117 个多态性标记，其中 80 个标记构建了总长为1 147.8 cM 的遗传图谱，应用复合区间作图法共检测到 36 个纤维品质 QTLs，其中纤维长度、比强度、细度、伸长率、整齐度相关的 QTLs 各 6、8、7、8、7 个，分别解释各性状表性变异的 3.4%～14.4%、5.0%～42.5%、6.5%～11.7%、5.1%～19.4%和 6.9%～14.0%且该研究检测到的纤维品质 QTL 多来源于 D 染色体组。Zhang 等(2009) 利用陆地棉种内亲本组合 T586×渝棉 1 号构建了一套含有 270 个重组自交家系的群体，基于 SSR、SRAP、IT-ISJ 以及形态等四种标记构建的含有 604 个位点，覆盖基因组3 140.9 cM 的遗传图谱，定位了 13 个纤维品质性状 QTLs，包括 4 个纤维长度 QTLs，2 个纤维强度 QTLs，3 个纤维整齐度 QTLs 以及 2 个纤维伸长率 QTLs。每个 QTL 可解释 7.4%～43.1%的表型变异，其中，5 个纤维品质 QTLs 可在 5 个环境中同时检测到，且解释表型变异的 20%以上。11 个 QTLs 分布在 A 染色体组，其余两个分布在 D 染色体组。在该研究中，标记发生了严重的偏分离。Zhang 等认为，重组自交系群体的严重偏分离可能主要来自于基因漂移。马建等(2011)利用复合杂交群体定位了陆地棉纤维品质性状的 QTL，以陆地棉优质品种渝棉 1 号分别与贝尔斯诺和中棉所 35 杂交获得 F_1 代，随后利用两个 F_1 再次杂交得到复合杂交群体。利用 6 565 对 SSR 引物筛选渝棉 1 号、中棉所 35 和贝尔斯诺，获得 155 对多态性引物，158 个多态性位点，构建了包含 102 个位点，覆盖基因组 1 199.0 cM 的遗传连锁图。利用 MQM 作图法检测到了 11 个纤维品质性状 QTLs，其中 4 个纤维长度、2 个纤维整齐度和 5 个纤维比强度 QTLs，且均解释了较大的表型变异。该研究还认为，陆地棉不同品种同一纤维品质性状 QTL 等位基因存在差异，三亲本杂交群体不仅可以提高群体多态性分子标记比例，而且可以显示同一 QTL 在不同遗传背景的等位基因表现差异，在鉴定最优 QTL 有利等位基因方面具有突出的优点。且该研究检测到的 11 个纤维品质性状 QTLs 均分布在 D 染色体组，同样认为不产生棉纤维的 D 染色体组同样具有纤维品质基因。

中国农业科学院棉花研究所分子育种课题组在优质纤维种质系 0-153 的基因挖掘方面做了大量工作(Sun et al,2012)。利用大面积推广的陆地棉品种中棉所 41 的选系 sGK9708 以及一个具有亚洲棉渐渗的高强纤维种质系 0-153 为亲本组合，构建了 $F_2/F_{2:3}$分离群体以及重组自交家系群体，利用两个群体分别构建 SSR 标记遗传图谱，并结合表型数据进行纤维品质性状的 QTL 定位。2001 年于河南安阳中国农业科学院棉花所农场构建杂交组合。2002 年于安阳种植 F_1，自交获得 F_2 种子。2003 年种植 F_2 分离群体，利用 F_2 群体构建分离世代 SSR 标记遗传连锁图谱，并获得各个体的纤维品质数据；2004 年随机选取 196 个 F_2 单株种植生成 $F_{2:3}$ 家系，$F_{2:3}$ 按株行混收，测定各家系的纤维品质数据。对 196 个 $F_{2:3}$ 家系及以后世代每个单株自交，家系内每单株选择一个自交铃混收，冬天于海南加代种植 $F_{2:4}$家系，2005 年于安阳种植 $F_{2:5}$，2006 年于安阳加代种植 $F_{2:6}$，经过一次随机单株选择，2006 年冬天在海南种植 $F_{6:7}$，以后各世代按家系混收，2007 年于安阳种植 $F_{6:8}$，将 $F_{6:8}$世代及以后的群体作为重组自交系群体。以 $F_{6:7}$世代的 196 个家系，构建 RIL 群体遗传连锁图谱，并测定 $F_{6:7}$世代各家系纤维品质。2008 年于河南安阳、河北曲周、山东临清种植 RIL 群体，两重复，并分别测定各环境不同重复的纤维品质数据，用于 RIL 群体纤维品质性状的 QTL 定位。选用 5 742 对 SSR 引物进行亲本间多态性筛选，F_2 群体中产生 229 个多态性位点，其中 155 个标记位点构建了含有 26 连锁群，覆盖染色体组 959.4 cM 的遗传连锁图谱。在 RIL 群体中产生 217 个多态性位点，其中 190 个标记位点构建了 34 个连锁群，覆盖染色体组 700.9 cM 的遗传连锁图谱。F_2 世代遗传连锁图结合两世代的纤维品质数据，基于符合区间作图法，共定位了 20 个纤维品质性状 QTLs，可解释表型变异的 5.02%～30.67%，其中包括 6 个纤维强度，1 个纤维长度，5 个马克隆值，3 个纤维整齐度以及 5 个纤维伸长率。2 个纤维强度 QTLs qFS-C7-1、qFS-C25-1 可在两个世代同时检测到，在两个世代可分别解释表型变异的 19.83%、16.67%和 11.05%、9.43%；1 个纤维长度 QTL qFL-C7-1 在两个世代中分别解释表型变异的 13.73%和 15.30%；1 个纤维伸长率 QTLqFE-C15-1 在两个世代中分别解释表型变异的 12.86%和 7.70%。RIL 群体遗传连锁图结合四环境纤维品质数据，共定位了 40 个纤维品质性状 QTLs，可解释表性变异的 1.60%～27.86%，其中 7 个纤维强度，10 个纤维长度，9 个马克隆值,6个纤维整齐度以及8个纤维伸长率。位于染色体Chr07上的2个纤维强度QTLs qFS-C7-1、qFS-Chr7-2可同时在4个环境下检测到,在不同环境中分别解释表型变异的16.81%～27.86%,2.79%～6.54%。位于染色体Chr25上的2个相邻的QTLs qFS-Chr25-1a和qFS-Chr25-1b也可同时在4个环境下检测到,在不同环境中分别解释表型变异的14.25%～19.12%,14.69%～21.36%。3个纤维长度的QTLs qFL-Chr7-2、qFL-Chr25-1、qFL-Chr25-2可同时在4个环境下检测到,不同环境中分别解释表型变异的5.33%～5.97%、7.00%～11.64%、11.41%～20.65%。2个马克隆值QTLs qFM-C25-1及qFM-C25-2可同时在4个环境下检测到,4个环境下分别解释表性变异的5.06%～8.13%、4.79%～18.70%。另外,1个纤维整齐度性状的QTL qFU-C25-1及1个纤维伸长率的QTL qFE-C4-1可同时在4个环境下检测到。综合三世代共检测到50个纤维品质性状QTLs,两个纤维强度QTLs(qFS-C07-1、qFS-C25-1)在低世代及高世代的4个环境下可同时检测到,且qFS-Chr25-1与其他研究检测到的QTL位于相同的染色体上,具有共同连锁的标记,因此,该QTL在不同世代、不同环境及不同研究群体中,均稳定表达,可用于分子标记辅助选择。

2.4.3 抗病性状的QTL定位

2.4.3.1 概述

棉花生长过程中常遭受多种病原物的侵染。据报道,全世界棉花病害有120多种,我国已发现了40余种,其中严重危害的有15种。棉花病害在整个生育期都会发生。根据发病时期,棉花的主要病害可分为三大类:一是苗期病害,包括立枯病(*Rhizoctonia solani* Kühn)、棉苗疫病(*Phytophthora boehmeria* Saw.)、炭疽病(*Colletotrichum gossypiin* Southworth)、红腐病(*Fusarium moniliforme* Sheld.)、猝倒病(*Pythium aphanidermatum* Fitz.)和角斑病(*Xanthomonas malvacearum* Dowson),这些病害造成黑根死苗,僵苗迟发和缺苗断垄;二是成株期病害,包括枯萎病(*Fusarium oxysporum f.* sp. *vasinfectum* (Atk.) Snyder & Hansen)和黄萎病(*Verticillium dahliae* Kleb.),目前这两种病害已遍布美国、中国、前苏联、印度等世界棉花主产区,并且范围不断蔓延,危害逐年加重,给世界植棉业造成严重威胁,成为棉花生产的主要障碍,因此被称为"棉花的癌症";三是铃期病害,包括棉铃疫病、棉铃炭疽病、棉铃红腐病、棉铃红粉病(*Cephalothecium roseum* Corda)、棉铃黑果病(*Diplodia gossypine* Cooke)、棉铃角斑病、棉铃曲霉病(*Aspergillus* spp.)、棉铃软腐病(*Rhizopus nigricans* Ehrenburg)等,这些病害造成烂铃和僵瓣,对棉花品质影响极大。

国内外的经验证明,防治农作物病害必须采取综合治理策略,而应用抗病品种是农作物病害综合治理的最基本途径。对棉花来说,防治苗期病害应提倡预防为主,农业防治与化学防治相结合的综合防治原则,目前主要采用种衣剂包衣技术,达到既防治苗期病害,又可有效控制苗期虫害的目的。铃病的防治应以预防为主,综合防治,如合理密植、精细管理、适量追施氮肥、及时打顶、整枝打杈、控制棉田郁闭等。在棉花枯、黄萎病防治上,由于枯、黄萎病是典型的土传维管束病害,用化学农药不易防治,因此防治棉花枯、黄萎病最经济、安全、有效的方法就是培育和推广抗病品种。

我国从20世纪50年代开始进行抗病育种研究,经过40多年的努力,于20世纪80年代育成了以中棉所12为代表的一批抗病丰产的棉花新品种，并在生产上大面积推广种植，基本上控制了棉花枯萎病的危害。

但是，由于黄萎病遗传机理复杂，黄萎病菌寄主范围广，传播途径多，变异频繁，能够以微菌核的形式在土壤中长期存活，很难有效防治，陆地棉中抗病遗传资源缺乏，传统育种方法培育抗病品种需要的周期过长，耗费的人力、物力、财力过大，抗病育种的进展与棉花生产的需求仍存在较大差距。

近年来，随着分子标记技术的发展，使育种家可以直接根据基因型而不只是根据表现型进行选择，在很大程度上提高了选育的准确性和进程，因此利用分子标记技术，筛选不受环境因子影响，并与我国现有的抗病种质的抗性基因紧密连锁的分子标记，就可应用于辅助选择抗病育种，从而加速抗病育种的进程。因此，应开展棉花抗黄萎病性的分子标记及QTL定位分析等方面的研究，为棉花抗黄萎病育种提供理论和实践依据，进而充分利用棉花自身基因资源，有计划性地进行抗病分子育种，提高选择效率，加快抗病育种进程，以满足棉花生产发展的需求。

2.4.3.2 棉花抗病性的遗传

根据基因对基因假说，植物抗病性表现的前提条件是寄主植物含有与病原菌的毒性基因相对应的抗病基因。因此，抗病性的表现，首先是在一定环境影响下，由寄主植物的抗病基因和病原物的致病基因相互作用的结果，是由长期进化过程所形成的。由于病原菌存在小种分化和致病力的变异，对植物抗病性遗传的研究也常常受病原菌小种、鉴定条件等因素的制约，因此是一个不断完善、不断发展的过程。

(1)棉花角斑病抗性的遗传研究

对角斑病菌的抗病性，在棉花中是了解得最充分的特性之一。法国Delannoy等(2005)对棉花的角斑病抗性进行综述表明，目前鉴定了22个具有不同致病力的棉花黄单胞菌(*XcM*)生理小种，从这些小种中已经分离出了一些无毒基因(*avr*基因)，这些无毒基因都属于*avrBs3*基因家族。研究表明，中等致病力的*XcmH*菌系含有10个*avrBs3*基因家族成员，而高致病力的*XcmN*菌系则含有不到5个*avrBs3*基因家族成员，因此可以逃避几乎所有的*R*基因而使植物发病。*avrBs3*基因家族成员序列长度在1.5～4.3 kb，具有95%～98%的序列同源性。这些基因都含有一段102 bp长的富含亮氨酸序列呈串联重复排列，重复的数目在13.5～24.5，形成基因的中心结构域。富含亮氨酸重复在基因中心结构域中的排列和数目可以特异地引起寄主的不相容反应。

自1939年发现棉花对角斑病菌具有抗性以来，对棉花抗角斑病品种的选育工作就已经开展起来。Hillocks(1992)研究表明，棉属的不同种对角斑病菌的抗性表现出明显的差异。在印度，一些一年生的二倍体亚洲棉和草棉栽培种对该病表现出很高的抗性或者免疫。在四倍体栽培种中，陆地棉品种对该病表现出从高度感病到抗病的一个广谱范围变化，而海岛棉则缺乏对该病的抗性。通过对二倍体棉种的*R*基因进行转移，目前可以广泛地进行抗角斑病陆地棉和海岛棉品种的培育，这主要归功于对抗病栽培种的有效鉴定。

在抗病品种培育上，对抗病基因的数目及其遗传方式的研究是十分必要的。目前已经鉴定了20个棉花抗角斑病的主效基因。Simpson和Weindlin(1946)最先报道了斯字棉的角斑病抗性表现为隐性而感病性状表现为显性，同时抗病性的充分表现还需要一些修饰基因或微效基因的作用。Bird 和 Blank (1951)研究了抗病的斯字棉与耐病的岱字棉和感病的艾字棉进行三代回交后的分离群体,发现斯字棉的抗性为隐性性状,但是当有微效基因存在时,杂合体倾向于表现中间型。Knight(1953)研究认为,斯字棉的抗病性状表现为简单的显性性状遗传,同时微效基因对抗性的表达也起重要作用。Wallace 和 Ei-Zik (1989)分析了棉花对角斑病菌混合小种的抗性,认为抗性由完全显性的单个基因(B_{12})控制。Bird 和 Hadley(1958)利用抗病性不同的斯字棉、岱字棉和艾字棉分别组配杂交和回交群体,研究了斯字棉对棉花角斑病抗性的遗传,结果表明有两个效应因子对抗性起作用,一个是主基因 B_7,另一个是微效基因 Bsm,岱字棉和中等抗病的斯字棉各有一个效应因子,而艾字棉没有效应因子。岱字棉和中等抗病的斯字棉中的效应因子由微效基因组成。这些主基因和微效基因都具有加性效应,没有显性效应。当有两个微效基因成分存在时,单个主基因表现比较高的加性效应,并且不受环境影响;而当只有一个微效基因成分时,单个主基因则不产生作用,并且受环境影响很明显。Haidar 等(2007)分别用两个抗角斑病的品种与感病品种杂交研究了棉花抗角斑病基因的遗传,结果表明棉花在幼苗和成株期对角斑病的抗性均为单基因遗传。Brinkerhoff(1984)研究认为,在抗病品种施加的选择压力下,角斑病菌的致病力常常产生变异,因此单个抗病基因并不能对角斑病表现持久抗性或者免疫。Thaxton 和 Ei-Zik(2001)报道了将多个抗病基因聚合在一起可以产生抗多个角斑病生理小种的品系。例如,近 30 年来,在美国部分地区,通过聚合 B_2、B_3 抗病基因及多基因复合成分,可以获得对所有角斑病生理小种产生抗性的品系;在非洲,通过合并来自陆地棉的 B_2B_3 及 $B_{9L}B_{10L}$ 抗病基因,获得了对除小种 20、21、22 之外的所有小种具有抗性的品系。

(2)棉花枯萎病抗性的遗传

棉花品种抗枯萎病的遗传规律,国内外均有很多研究,但由于所有菌系及品种组合不一致,所采用的抗病性鉴定方法不同,所获得的结果差异很大。

一般认为,抗棉花枯萎病性遗传是由多基因控制的,或是受 1 个主基因和多个微效基因所控制;或者由 2 个显性基因和 1 个抑制基因控制。早在 1927 年 Fahmy 用免疫品种与感病品种杂交,其 F_2 代分离出 75%的免疫株,15%的耐病株和 10%的感病株,免疫株可固定不再分离;而抗病株可再分离出免疫株、抗病株或三种类型全有;而感病株一般在苗期便死亡。1936 年他又报道,免疫×感病,F_1 是免疫的,F_2 的分离比例同上。因此他们认为棉花对枯萎病的抗性是由 1 个显性基因和几个微效基因所决定的(何旭平等,1999)。Jones(1961)以抗病的德字棉 425、珂字棉 100GA 与感病的半半棉杂交,结果表明 F_2、F_3群体中抗、耐、感植株数量呈连续变异,故认为是数量性状遗传,其抗病性是由 2~3 个基因所控制(何旭平等,1999)。

国内王振山等(1989)利用 4 个陆地棉杂交组合,六个世代的材料对棉花枯萎病的基因作用效应进行分析,认为在枯萎病混合病圃中棉花抗枯萎病性受多对基因控制,基因的作用较为复杂。任爱霞等(2002)认为棉花对枯萎病的抗性可能是由隐性基因控制,或者由两对一隐一显的主效基因和多个微效基因共同控制。

近年来,有研究表明棉枯萎病抗性是显性单基因遗传。Netzer(1985) 用陆地棉与海岛棉杂交,认为棉花枯萎病抗性是一个显性基因控制的(何旭平等,1999)。张金发等(1995)研究表明,棉花抗枯萎病性部分显性,以加性效应占优势,显性效应小,无上位性,狭义遗传力高达 83.0%,认为至少有一组显性抗病基因控制枯萎病抗性的遗传。冯纯大等(1998)对 4 个抗病品种和 4 个感病品种共 8 个亲本及其 28 个半双列杂交组合的 F_2 代的平均病级进行双列杂交分析，研究认为陆地棉对枯萎病 7 号小种的抗性呈不完全显性，抗性受一对基因控制。朱永军等(2010)以高产、优质、高感枯萎病的海岛棉品种新海 21 号为母本、高抗枯萎病的海岛棉品系 HK237 为父本，构建了 P_1、P_2、F_1、F_2、$F_{2:3}$家系、BC_1六个世代群体，研究发现：F_2 代单株不同病情指数的个体株数的分布统计结果表明抗、感病株呈明显的双峰分布；F_1代、BC_1代和 F_2 代抗、感病单株分离比例经卡方适合性检验表明分别符合 1∶0,1∶1,3∶1 分离比例，证明海岛棉 HK237 对枯萎病的抗性遗传受显性单基因控制，表现为质量性状的遗传规律。

棉花枯萎病的抗性与棉花线虫侵害也存在一定的相关关系。Wang 和 Robert(2006)首次报道利用陆海杂交棉作为研究材料，在棉花染色体 A3 上检测到抗棉花线虫基因(*rknl*)，并且与 CIR316a 标记紧密连锁。Shen 等(2006)利用 2 个陆海种间杂交研究群体，在棉花 A11 和 A7 染色体上检测到棉花抗线虫基因(QTL)。另外 Wang 和 Robert(2006)的 A3 染色体与 Shen 等(2006)的 A11 染色体上有 6 个以上标记相同，经与饱和遗传图谱比对后认为该 A3 染色体应该是 A11 染色体。由此可认为棉花对枯萎病和线虫抗性的主效基因(QTL)不为同一基因，但其微效基因(QTL)有可能相同。

(3)棉花黄萎病抗性的遗传

关于棉花黄萎病的抗性遗传方式，1931 年 Fahmy 首次发表了研究报告，此后虽然有不少学者进行了研究，但由于试验材料、接种菌种和鉴定方法不同等原因，至今还没有得出确切定论。具有代表性的理论如表 2.4 所示。

表 2.4 棉花黄萎病抗性遗传理论

病菌小种类型	试验设计		结论	研究者
落叶型菌	1 个抗病海岛棉×7 个感病陆地棉	温室鉴定	抗性为显性遗传	Bell,Prerley(1969)
VJ44、VJ47、VJ37、VJ17	海岛棉×陆地棉	生长室鉴定	抗性为显性单基因遗传	马峙英等(1997)
—	抗病海岛棉×感病海岛棉及陆地棉	黄萎病圃	抗性由单基因或少数主效基因控制	齐俊生等(2000)
中等致病力的安阳菌系	3 个海岛棉和 5 个陆地棉配制 23 个组合	纸钵育苗，撕底伤根接种	抗性由 1 个显性基因控制	房卫平等(2003)
SS-4	耐病陆地棉×感病陆地棉	刺茎接种，生长箱鉴定	抗性为单显性基因遗传	Barrow T. R(1970)
—	墨西哥棉×感病陆地棉	田间病圃鉴定	墨西哥棉抗性呈显性单基因遗传	Wilhelm(1970)
VD-2、VD-5、VD-312	抗病海岛棉×感病海岛棉、海岛棉×陆地棉、陆地棉×陆地棉	苗期蘸根法，毒素鉴定单菌系及混合菌系接种	各组合对三类菌株抗性呈显性单基因遗传，且三个基因互不相同	潘家驹等(1989—1994)
VJ25、VJ17	7 个陆地棉配制 6 个组合	单菌系接种人工生长室鉴定	品种黄萎病抗性受 2 个显性互补基因控制	王省芬等(1999)

续表 2.4

病菌小种类型	试验设计		结论	研究者
川 V8、苏 V13	抗病陆地棉×感病陆地棉	苗期蘸根接种，无菌地鉴定	品种抗性受 1 或 2 对显性基因控制，对不同菌系抗性表现不同	蔡应繁等(2000)
—	爱字 1517(陆)×兰卡特 57(陆)	田间鉴定	抗性受两对隐性基因支配	Robert(1972)
—	10 个抗病和感病品种配成所有可能杂交组合	针刺法接种田间鉴定	加性方差是抗性变异的主要来源，显性方差也是显著的	Verhalen(1971)
—	三个组合及家系	田间鉴定	抗性由隐性基因控制	Devey(1987)
—	陆地棉×陆地棉共四个组合	田间枯黄萎混生病圃鉴定	黄萎病抗性遗传方式以加性效应为主	王振山等(1989)
—	陆地棉×陆地棉共 3 个组合	田间人工病圃	黄萎病抗性属数量性状遗传加性效应大于显性效应	校百才等(1985、1998)
—	8 个陆地棉品种配制半双列杂交组合	田间多年发病均匀的重病地	抗性遗传方式以加性效应主，显性效应为次	韩祥铭等(2001)
非落叶型生理Ⅲ号小种	7 个棉花品种 NCII 设计	常年发病均匀的自然病圃	黄萎病抗性以加性效应为主，但是同时具有较高的显性效应	梁亚军等(2010)
—	高抗陆地棉×高感陆地棉 6 个世代	田间人工病圃	抗性受 1 对显性基因和 2 对加性基因控制，且加性基因起主要作用	王升正等(2010)
中等致病力的安阳菌系	8 个陆地棉半双列杂交	黄萎病圃	在病圃人工接菌条件下，品种平均病指及收获期剖秆病指均以加性遗传效应为主	王红梅等(2004)

注："—"表示参考文献中未明确指出。

从表 2.4 中可以看出，海岛棉对黄萎病的抗性，众多研究表明其抗性受显性或不完全显性单基因控制。Bell 等(1969)用 1 个抗病海岛棉品种与 7 个感病陆地棉品种杂交，F_1 表现显性，其中 2 个组合部分显性，5 个组合为完全显性。马峙英(1997)用 12 个组合的 6 世代群体(P_1、P_2、F_1、F_2、BC_1、BC_2)和 36 个组合的 4 世代群体(P_1、P_2、F_1、F_2)材料，以 3 个强致病力

VGI 菌系(VJ37/VJ44/VJ47)和 2 个中等致病力 VGⅡ菌系(VJ25/VJ17)所做的抗性鉴定和遗传分析表明,海岛棉品种对黄萎病的抗性为显性单基因遗传,不存在母体效应。齐俊生等(2000)利用抗病的海岛棉与感病的陆地棉配制杂交组合来研究黄萎病抗性的遗传规律,结果显示黄萎病抗性是单基因显性或少数主效基因控制,且来源不同的海岛棉间的抗病基因是等位的。房卫平等(2003)以 3 个海岛棉品种与 5 个陆地棉品种配制的 23 个正反交组合的 4 个分离群体(F_1、F_2、BC_1、BC_2)为材料,以中等致病力的安阳菌系接种,研究棉花黄萎病抗性的遗传规律,结果发现海岛棉和陆地棉的抗病对黄萎病的抗性均由一个显性基因控制,其抗性基因可能位于同一基因位点。

在陆地棉种内杂交实验中,黄萎病抗性遗传存在两种不同的结论。Barrow(1970)用耐病的 Acala9519 和感病的 Acala227 品系为亲本进行杂交,以 ss-4 菌系刺茎接种,F_2 代及 F_1 与感病亲本回交,分别符合 3∶1 及 1∶1 比例,从而认为 ss-4 菌株的耐病性是由一个显性基因决定的。Wilhelm 等(1974)、潘家驹等(1994)、马峙英等(1997,2000)、王省芬等(1999)、房卫平等(2001,2003)的研究也都认为陆地棉的黄萎病抗性为质量性状遗传,受主基因控制。而 Verhalen 等(1971)用 10 个抗病程度不同的陆地棉品系组成不完全双列杂交,结果发现其抗性是由微效多基因控制的数量性状,加性方差是变异的主要来源。Roberts 等(1972)、Devey 等(1987)、A1-Rawi 等(1984)、校百才等(1985,1998)、王振山等(1989)、韩祥铭等(2001)、王红梅等(2004)、梁亚军等(2010)、王升正等(2010)也报道了相似的研究结果,即陆地棉对黄萎病的抗性,表现为数量遗传的特征,其遗传基因作用以加性效应为主,其次是显性效应。

棉花抗黄萎病的遗传涉及亲本材料的抗病能力、病原菌的致病能力和抗性鉴定方法等多方面因素。仔细分析上述研究可以看出,在温室或生长室由单一菌系接种鉴定的情况下,黄萎病抗性结论多为单基因遗传;而在田间病圃条件下鉴定时,黄萎病抗性结果多为多基因遗传。

2.4.3.3 棉花抗病性状 QTL 定位

在棉花抗病品种培育上,传统育种方法培育抗病品种需要的周期过长,耗费的人力、物力、财力过大,无法满足生产上的迫切需要,不适应我国经济发展的长远目标。近年来随着分子标记技术的发展,使育种家可以直接根据基因型而不只是根据表现型进行选择,在很大程度上提高了选育的准确性和进程。因此,利用分子标记技术,筛选不受环境因子影响,并与我国现有的抗病种质的抗性基因紧密连锁的分子标记,就可应用于辅助选择抗病育种,从而加速抗病育种的进程。

(1)棉花枯萎病抗性的 QTL

近年来,通过利用分子标记方法对抗枯萎病性状进行基因/QTL 定位,获得了一些与抗枯萎病基因紧密连锁的标记及其 QTL。

Wang 和 Roberts(2006)通过对棉花种间杂交群体进行遗传分析,发现一个控制枯萎病抗性的主效基因,进一步找到两个 AFLP 标记与主效抗病基因连锁,同时发现具有根结线虫抗性的植株同时具有枯萎病抗性,因此,通过杂交育种将线虫抗性和枯萎病抗性结合起来,可以有效地避免植物形成根结线虫-枯萎病复合体。

陈勋基等(2008)以高抗枯萎病的陆地棉品系 98134 和海岛棉感病品种新海 14 号为亲本,构建 98134×新海 14 的 F_2 及 $F_{2:3}$ 分离群体。用复合区间作图法对 $F_{2:3}$ 家系的病情指数(RI)进行基因组 QTL 扫描,共检测到 4 个棉花抗枯萎病性状 QTLs,分别位于 3,15,23 和 26 连锁群上,分别解释 $F_{2:3}$ 家系变异的 12.4%,20.96%,4.7%和 11.9%。其中 2 个 QTLs 能够解释表型变异超过15%，认为属于主效的QTL；1个QTL的增效等位基因来自低值亲本新海14号，属于低值亲本也含有增效基因的情况。本研究为分子标记辅助选择抗枯萎病棉花育种提供了重要理论依据。

Wang等(2009)利用高抗枯萎病的中棉所35和感病的军棉1号进行杂交产生的F_2及$F_{2:3}$家系检测与棉花抗枯萎病基因紧密连锁的分子标记，结果表明在$F_{2:3}$家系中抗、感性状符合3∶1的分离比例，说明为单基因遗传，同时在第17号染色上鉴定了一个与抗枯萎病基因紧密连锁的SSR标记JESPR304；利用复合区间作图分别在第7、15、23和17号染色体上检测到4个抗病QTLs，其中位于第17号染色体的QTL与标记JESPR304相距仅0.06～0.2 cM，解释了52.5%～60.9%的表型变异，为抗枯萎病主效QTL，说明在第17号染色体上存在抗枯萎病的主效基因。这是有关抗棉花枯萎病主效基因的首次报道。

史丽芳等(2009)以高抗枯萎病海岛棉品种“海7124”与高感枯萎病的陆地棉品种“军棉1号”配制杂交组合，获得一个含148个单株的F_2作图群体，用该群体构建了一个含56个标记位点，全长673.3 cM，图谱标记间平均距离为17.3 cM的陆海种间遗传图谱。对F_2群体分别在苗期和成熟期调查群体发病情况，用复合区间作图法进行抗病QTL检测：苗期没有检测到QTL，成熟期检测到4个QTLs，分别位于染色体D12、A9和D10上，这些QTLs解释的表型变异范围是7.35%～36.38%。

朱永军等(2010)以高产、优质、高感枯萎病的海岛棉品种新海21号为母本、高抗枯萎病的海岛棉品系HK237为父本，构建了P_1、P_2、F_1、F_2、$F_{2:3}$家系、BC_1 6个世代群体；采用BSA法对2 000对SSR引物进行筛选，共获得5对在亲本及抗、感DNA池表现多态性的引物。根据多态性标记对F_2群体基因型鉴定结果结合抗病性表现，利用Mapmaker/Exp(Version3.0b)统计分析软件进行遗传连锁分析。结果表明，标记NAU3240与海岛棉枯萎病抗性位点之间紧密连锁。

Ulloa等(2011)分别利用海陆种间杂交F_2群体和RIL群体对棉花枯萎病抗病基因进行了定位，利用F_2群体进行分析表明来自9条染色体的24个SSR标记与枯萎病抗性有关，含有抗病亲本标记的纯合子代比含有感病亲本标记的纯合子代表现出更高的抗性，说明抗性基因具有加性效应，有利于对子代进行选择；利用RIL群体，通过multiple-QTL模型和区间作图在5条染色体上检测到主效抗病QTL，可以解释8%～31%的表型变异，其中位于第16号染色体上的主效抗病QTL可以解释31%的表型变异，该QTL在F_2和RIL群体中均可以检测到，一个SSR标记MUSB0812与这个主效抗病QTL相连锁，因此可以将该QTL作为一个目标QTL用于棉花抗枯萎病性状的分子标记辅助选择育种。

(2)棉花黄萎病抗性QTL定位

近年来，国内外学者先后开展了棉花黄萎病抗性基因的分子标记及QTL定位研究。在棉花黄萎病抗性分子标记研究方面，Kota等(1998)筛选到一个黄萎病抗性RAPD标记。1999年，在美国圣迭戈召开的“植物与动物基因组第七次会议”上，澳大利亚悉尼大学的Mona首次报道用AFLP技术对棉花黄萎病抗性基因进行了标记。Lyon等(1999)利用AFLP技术分析SicalaV-1(抗)X Siokral-4(感)的F_2组合，得到SicalaV-1的主效抗性单基因*VWR*1紧密连锁的两个分子标记SV-Ml/SV-M3。郭旺珍等(1999)利用RAPD技术对25个抗(感)黄萎病陆地棉品种(系)进行聚类分析，供试的40个引物中26个随机引物对棉花品种(系)DNA扩增表现多态性，构建了25个棉花品种(系)DNA指纹图谱，并进一步分析了遗传多样性，结果表明可将抗病品种(系)分成三组而感病品种(系)聚在另一组,该研究从 DNA 水平上揭示了中国现有的抗(耐)黄萎病品种(系)的遗传真实性。

目前,用于棉花黄萎病抗性基因定位的分子标记主要有 AFLP、SSR、RAPD、SRAP 等,已经定位的与棉花不同生长阶段的抗黄萎病性状相关的分子标记或 QTL 已超过了 100 个(表 2.5)。从表 2.5 中可以看出,关于棉花抗黄萎病分子标记定位的研究主要集中在国内,国外在这方面的研究比较少。在基因定位的研究中,SSR 标记使用最多,主要是由于 SSR 标记操作简单,不同连锁图标记间易于比较,便于在标记辅助选择育种中利用。由于 RFLP 标记探针的获得比较困难,因此在国内应用较少。近年来在棉花抗黄萎病分子标记定位中也出现了利用 RGA/RGAP 标记的报道(曹承忠,2005;刘艳等,2009)。抗病基因同源序列(resistance gene analog,RGA)是一种存在于植物基因组中、与至今已分离出来的植物抗病基因的保守序列有较高同源性的 DNA 片段。目前,人们利用同源序列克隆法从柑橘、杏、葡萄、苹果、水稻、香蕉、棉花、花生等多种植物中克隆了 RGA。遗传分析表明,RGA 广泛分布在基因组中,通常成簇存在,在染色体上呈不均匀分布,经常在某一染色体上的分布多于其他染色体。将 RGA/RGAP 作为一种新型的分子标记用于遗传图谱构建和基因定位对于棉花 *R* 基因的发掘和分子标记辅助选择具有重要意义。

对于农艺性状的定位,在抗病性鉴定中单纯针对一个单株的病级来确定其抗、感类型并不准确,因为单株病级除受本身遗传因素影响外,还容易受到环境、人为等因素的影响,如果影响到病级的形成,就会影响抗、感的比例,致使鉴定的结果不可靠。所以对黄萎病抗性基因定位时,采用 F_2 群体不是理想的选择,如果能形成一个群体,则可以弥补各单株之间由于发病不均匀等因素造成差异的缺陷。若把每个 F_2 单株延续到 F_3 株系,以 F_3 株系群体的抗病性作为 F_2 单株的抗病性,则能更准确地鉴定 F_2 单株的抗病性。$F_{2:3}$家系群体的各单株间的遗传基础是相同的,其黄萎病抗性都应来源于上代的 F_2 单株,即 F_2 代抗病性强,则其 $F_{2:3}$家系的抗病性也强。同时,$F_{2:3}$家系群体又可以消除遗传因素外的其他因素对抗性鉴定的影响,使得到的抗性鉴定结果更加准确,因此,一般采用 $F_{2:3}$家系作为 F_2 单株的抗病性。

表 2.5 棉花黄萎病抗性基因分子标记/QTL 统计

群体亲本	群体类型	标记类型	QTL 或分子标记	染色体或连锁群	参考文献
G. hirsutum L. × *G. hirsutum* L.	F_2	AFLP	AFLP 标记 E-AGG/M-CTA		Zhu 等(2001)
G. hirsutum L. × *G. hirsutum* L.	F_2	RAPD	RAPD 标记 $OPB\text{-}19_{1300}$		房卫平等(2001)
G. hirsutum L. × *G. barbadense* L.	F_2	RAPD 和 SSR 标记	2 个主效 QTLs,1 个微效 QTL	LG04、LG07	高玉千等(2003)
G. hirsutum L. × *G. barbadense* L.	F_2 群体/$F_{2:3}$家系	SSR	1 个 QTL(BNL 1414-BNL3556)		杜威世等(2004)
G. hirsutum L. × *G. hirsutum* L.	F_2 群体/$F_{2:3}$家系	SSR、RAPD 和 SRAP	3 个 QTLs	LG03(Chr18),LG04,LG08	王红梅(2005)

续表 2.5

群体亲本	群体类型	标记类型	QTL 或分子标记	染色体或连锁群	参考文献
G. hirsutum L. × *G. barbadense* L.	F_2 群体/$F_{2:3}$家系	SSR	6 个 QTLs	LG03(Chr12),LG05(Chr02),LG22(Chr16),LG25	王红梅(2005)/Wang 等(2008)
G. hirsutum L. × *G. barbadense* L.	F_2	SSR	3 个基因座/QTLs	LG-1(Chr11)、LG-2(Chr11)	Bolek 等(2005)
G. hirsutum L. × *G. barbadense* L.	F_2 群体/$F_{2:3}$家系	SSR	SSR 标记 BNL 3255-208		甄瑞等(2006)
G. hirsutum L. × *G. hirsutum* L.	F_2 群体/$F_{2:3}$家系	SSR、SRAP	1 个 QTL	Chr09	葛海燕等(2008)
G. hirsutum L. × *G. barbadense* L.	F_2 群体/$F_{2:3}$家系	SSR	2 个主效 QTLs	连锁群 1	昝伟等(2008)
G. hirsutum L. × *G. hirsutum* L.	F_2 群体/$F_{2:3}$家系	SSR	41 个 QTLs	D07、D09	蒋锋等(2009)
G. hirsutum L. × *G. hirsutum* L.	F_2	SRAP、RGA	3 个 SRAP，3 个 RGA		刘艳等(2009)
G. hirsutum L. × *G. hirsutum* L.	F_2 群体/$F_{2:3}$家系、RIL 群体	SSR	11 个 QTLs	LG01、D07、D08、A11、A05、D06、D09、D11	杨昶等(2007)
G. hirsutum L. × *G. barbadense* L.	F_2 群体、BC_1 群体	SSR、RGAP、DDRT 位点	多个 QTLs	A05、A07、A08、A09、D04、D05、D11	杨昶等(2009)
G. hirsutum L. × *G. barbadense* L.	宿生永久 F_2 群体/$F_{2:3}$家系	SSR	多个 QTLs	LG01、LG02、LG03、LG11、LG22、LG23、LG30	吴翠翠(2007)
G. hirsutum L. × *G. hirsutum* L.	两个 F_2 群体	SSR	6 个 QTLs	LG1、LG4、LG7、LG13、LG17	李磊(2007)
G. hirsutum L. × *G. hirsutum* L.	两个 F_2 群体/$F_{2:3}$ 家系	SSR	8 个 QTLs	Chr05、Chr09、Chr13、Chr15、Chr20、Chr25	王沛政(2007)
G. hirsutum L. × *G. hirsutum* L.	F_2	AFLP、RGA	1 个 AFLP 标记、1 个 RGA 标记		曹承忠(2005)

在抗病基因分子标记的研究中，BSA 方法的应用具有很大的优越性。实践中，由于植株的长势受多种因素的影响，故很难用肉眼对分离群体中每一植株的抗病性进行评价，但在较大数量的群体中很容易根据表型综合评价并选择多株抗病和感病植株用于构建两个 DNA 池，两个 DNA 池在总体上对所选性状表现出较大的差异，通过抗、感基因池对在亲本间有差异的

引物进行筛选，从而减少了需要检测的多态性引物的数量，使得筛选到的引物与黄萎病抗性基因之间有很大的相关性，便于找到与目标性状紧密连锁的分子标记，避免了构建大量连锁图谱所耗费的人力、物力和财力。如齐俊生等(2001)进行了海岛棉的抗黄萎病基因的 AFLP 标记研究，找到了 4 个与抗病相关，1 个与感病相关的分子标记，计算出其中 1 个抗病标记与抗病基因的距离是 10.95 cM，感病标记与感病基因的距离为 13.49 cM。Zhu 等(2001)利用对黄萎病抗性水平不同的近等基因系 Z5629 和 Z421 以及 F_2、F_3 代，用 64 对引物对抗、感基因池进行了多态性分析，在近等基因系中共扩增出3 840条清晰的带，用多态性引物对 E-AGG/M-CTA 分析了 Z5629×Z421 的 F_2 代群体，其多态性带与陆地棉黄萎病抗性基因连锁，估算出其与黄萎病抗性基因的连锁遗传距离为 9.29 cM。房卫平等(2001)以抗黄萎病品种豫棉 21 号和感黄萎病品种冀棉 11 号的杂交 F_2 为材料，采用 BSA 法，用 RAPD 引物筛选出豫棉 21 号黄萎病抗性的 RAPD 标记 OPB-191300，该标记与棉花黄萎病抗性的交换值为 12.1%，遗传距离为 12.4 cM，由于 RAPD 标记的稳定性较其他几种分子标记差，通过将此 RAPD 标记转化成稳定性好的 SCAR 标记，便可以用于抗黄萎病辅助育种。杜威世等(2004)以高抗黄萎病的海岛棉品种Ⅱ15-3493 和高感黄萎病的陆地棉品种石河子 875 杂交产生的 F_2 代单株作为标记群体，采用 BSA(bulked segregant analysis)法筛选多态性引物，构建了一个包括 3 个 SSR 引物在内的连锁群，通过 Mapmaker 软件将与黄萎病抗性有关的一个位点定位在该连锁群，该位点与 SSR 标记 BNL3556 相距 13.1 cM，可解释表型变异方差的 50.1%，为主效基因位点。该研究在抗性鉴定时，采用 $F_{2:3}$家系为鉴定群体，使得抗性鉴定结果更为可靠。甄瑞等(2006)利用高抗黄萎病的海岛棉品种 Pima90-53 与高感黄萎病的陆地棉品种中棉所 8 号杂交产生的 F_2 群体及其 $F_{2:3}$家系，采用 BSA 法用 768 对 SSR 引物对 F_2 群体的抗、感基因池进行扩增，获得两个多态性引物 BNL3255 和 BNL2440，并且这两对引物在该组合亲本的相应位置上也存在多态性。其中，BNL3255 在抗、感基因池间扩增出一条大小为 208 bp 的多态性片段，定名为 BNL3255-208。利用这两对引物对该组合 F_2 单株进行 SSR 扩增，并利用 MAPMAKER/EXP(VERSION3.0b)软件对扩增结果进行分析，结果表明，BNL3255-208 标记与黄萎病抗性基因连锁，且它们之间的遗传距离为 13.7 cM，BNL2440 扩增出的多态性标记与黄萎病抗性基因之间不连锁。用 356 对 AFLP 引物对该组合的 F_2 抗、感基因池进行扩增，结果表明，在该组合的抗、感基因池之间未能找到差异引物。利用海陆杂种后代选系对 BNL3255-208 标记进行验证表明该标记在大部分抗黄萎病的植株中都存在。并且该标记在 F_2 群体中抗病、感病植株比例经 χ^2 适合性测验均符合 3∶1 分离比例。该标记可以在棉苗早期作为一种选择性的标记结合其他选择性标记在选择性育种中加以应用，从而为今后黄萎病抗性分子标记辅助选择的进行奠定基础。刘艳等(2009)以高抗黄萎病品种辽棉 18 号和高感黄萎病品种军棉 1 号及其杂交后代 F_2 为材料，采用分离群体分组分析(BSA)法，对棉花抗病基因进行 SRAP 分析，在 88 对 SRAP 引物中筛选出 3 对引物在两亲本及抗、感基因池中均能扩增出稳定的差异条带，命名为 S6-6、S6-10、S8-8。通过 F_2代个体验证，抗病个体均能扩增出此差异条带，而感病个体中不能扩增出此差异条带，证明这三对引物是与棉花抗病基因紧密连锁的 SRAP 分子标记。

在分离群体的选择上，利用永久性群体有很大的优越性。与暂时性分离群体(如 F_2、BC_1 等)相比，永久性群体如 RIL(recombinant inbred lines)、DH(doubled haploid)、CSSL(chromosome segment substitution line)、NIL(nearly isogenic line)和 IF_2(immobilized F_2

Population)等,不同的株系间基因型存在差异,而株系内个体间的基因型相同并且纯合,自交不分离,通过自交或者近交不断繁殖后代,可永久使用。近年来在棉花黄萎病抗性基因定位中也出现了利用永久群体的报道,如杨昶等(2007)用一个抗黄萎病陆地棉品系 5026 和一个陆地棉感病品种李 8 配制杂交组合,得到一个含 154 个单株的 F_2 群体自交得到 $F_{2:3}$家系,同时用该组合配制了一个含 169 个家系的 RIL 群体。对 $F_{2:3}$家系接种了 VD8 病菌,对 RIL 群体分别接种了 BP_2,VD8 和 592 病菌,分别在苗期和成株期考查各病池中群体的发病情况,对两个群体的抗病遗传用主基因+多基因混合遗传模型进行分析,得到的结果显示陆地棉的抗病性为两个主基因遗传。用 F_2 群体构建了一张含 99 个 SSR 位点、21 个连锁群、全长 760.88 cM,标记间平均距离为 7.69 cM 的陆地棉品种间分子标记遗传连锁图。对 $F_{2:3}$家系抗病情况用复合区间作图法进行抗病 QTL 检测:苗期检测到了 3 个 QTLs,分别定位在 LG01 连锁群和 D08,D07 染色体上;成株期检测到了 4 个 QTLs,分别定位在连锁群 LG01 和染色体 A11,D08,D07 上,这些 QTLs 解释的表型变异范围为 6.39%～33.22%。对 RIL 群体抗病情况用复合区间作图法进行抗病 QTL 检测:在 BP2 病池中,苗期检测到了 3 个 QTLs,成株期检测到了 1 个 QTL,这些 QTLs 被分别定位在 A05、D06、D09/D10 和 D11 染色体上;在 VD8 病池中,苗期和成株期分别检测到了 2 个和 1 个 QTLs,这些 QTLs 分别被定位在 A11、A08 和 D09/D10 染色体上;在 592 病池中,苗期和成株期分别检测到了 3 个和 1 个 QTLs,这些 QTLs 分别被定位在 A05、A11/D11、A08 和 A05 染色体上,这些 QTLs 解释的表型变异的方差范围是 5.36%～11.8%。吴翠翠(2007)配制了海岛棉 7124 和邯郸 14 杂交的宿生永久 F_2 群体,该群体含有 184 个单株,对2 865对 SSR 引物进行筛选获得 163 对多态性引物用于 F_2 群体的扩增,获得 193 个多态性位点。对多态性标记进行偏分离检测分析,有 46 个标记存在显著偏分离,占标记总数的 23.8%,其中 4 个标记与抗病性相关;用 Joinmap3.0 对多态性标记进行连锁性分析,构建了一个分子标记遗传连锁图,包括 142 个位点,30 个连锁群,全长 1 169.6 cM,覆盖棉花总基因组约 23.4%,标记间的平均距离为 8.24 cM。单一连锁群的标记数最少是 2 个,最多是 24 个。根据已发布的连锁图谱将 30 个连锁群定位在 21 条染色体上。用 WinCart2.5 软件进行 QTLs 的检测,用复合区间作图法对田间和苗期病指进行检测,共得出 9 个 QTLs,可解释的表型变异为 4.97%～22.30%。2006 年 7 月 31 日与 8 月 31 日两次田间鉴定的病指检测到一个共同的 QTL,位于 LG02 (Chr10)上,最近标记都是 NAU1221d。对田间三个时期和苗期的平均病株率进行 QTL 检测,共检测到 10 个显著性 QTLs,可解释的表型变异为 5.14%～22.73%。

在棉花抗黄萎病基因 QTL 研究报道,既有利用海陆群体也有利用陆陆群体进行抗黄萎病基因 QTL 研究。普遍认为种内群体的多态性低于种间群体,这主要是因为种间群体的遗传多样性高以及亲本间的杂合性高。为了获得最大的多态性,棉花的遗传连锁图多是基于种间群体的。因此现有关于棉花抗黄萎病的分子标记的研究多是以海岛棉作为抗源亲本,对海岛棉抗黄萎病 QTL 的鉴定和定位。如高玉千等(2003)利用 RAPD 和 SSR 标记,以感病陆地棉品种邯郸 208 与抗病海岛棉品种 Pima90 杂交的 F_2 群体构建了含有 99 个标记位点(35 RAPDs 和 64 SSRs),17 个连锁群,全长1 842.8 cM 的海陆分子遗传连锁图谱,标记间平均间距 18.61 cM,覆盖棉花基因组的 36.8%,用单因子方差分析和复合区间作图检测到与黄萎病抗性相关的 3 个 QTLs,分别解释表型变异的 15.39%、54.11%和 57.18%,初步认为 Pima90 对邯郸 208 的黄萎病抗性由 2 个主效 QTLs 和 1 个微效 QTL 共同控制,该研究通过寻找与黄萎病抗性相关的分子标记，为开展棉花抗黄萎病分子育种奠定基础。Bolek 等(2005)利用高抗黄萎病的海岛棉品种 PimaS-7 与感病的陆地棉品种 Acala 44 杂交产生的 F_2 群体对棉花抗黄萎病性状进行定位，在接种后 3 周对病害发生相关的一组生长参数(正常叶片数、节数、叶片重量、主茎重量、总枝条重量)进行分析，结果表明抗病性为多基因遗传。采用 BSA 方法从 225 对 SSR 引物中筛选出 53 对只在抗病基因池和 Pima S-7 中出现、而在感病基因池和 Acala 44 中缺乏的引物，被认为与黄萎病抗性共分离。从 58 对与抗病性共分离的引物中选择 48 对引物对 F_2 群体进行筛选，获得了 60 个标记位点，采用 Mapmaker 软件构建了含有 35 个 SSR 标记位点，11 个连锁群，总长 531 cM 的连锁图谱，标记间平均距离 15.17 cM。采用单标记分析和区间作图表明，15 个标记与抗病性显著关联，其中 9 个分别定位在第 10、11、12 和 25 号染色体上。有 3 个基因座/QTL(cM12，STS1，3147-2)对黄萎病抗性表现出比较大的效应，其中两个基因座(cM12，STS1)位于 LG-1 连锁群，另一个基因座(BNL3147-2)位于 LG-2 连锁群，由于 LG-1、LG-2 连锁群都定位在第 11 号染色体，因此推测第 11 号染色体对于黄萎病抗性具有大的效应。昝伟等(2008)以高抗黄萎病海岛棉品种新海 15 号和高感陆地棉品种新彩棉 1 号为材料，通过对其 F_2 分离群体和 $F_{2:3}$ 家系进行 QTL 研究，构建了一个包括 11 个连锁群、标记间平均间距为 8.6 cM、全长 547 cM 的海陆种间分子标记遗传连锁图。应用 WinQTLCartV2.5 软件，利用复合区间作图法(CIM) 原理对相对病情指数进行了全基因组扫描和基因定位分析，检测到 2 个跟抗黄萎病性状紧密连锁的 QTLs，都位于连锁群 1 上，并分别解释 $F_{2:3}$ 群体的表型变异为 46.74%和 48.69%，初步认为海岛棉新海 15 号抗黄萎病性状由 2 个主效 QTLs 共同控制。

由于海陆杂交后代容易分离，性状难以稳定，在育种实践中实用性不强。所以近年有关陆地棉抗黄萎病的 QTL 定位研究步伐相对加快。王红梅(2005)、王沛政(2007)、李磊(2007)、杨昶等(2007，2009)、葛海燕等(2008)、蒋锋等(2009)分别进行了陆地棉抗黄萎病的 QTL 定位研究。其中葛海燕等(2008)以陆地棉抗黄萎病品系常 96 和感病品种军棉 1 号为研究材料，构建了一个含有 138 个 F_2 单株的作图群体。利用强致病力菌株 VD8 对 P_1、P_2、F_1、$F_{2:3}$群体进行营养钵接种，估算各世代的相对病指。应用主基因-多基因混合遗传模型分析得出该组合的最适遗传模型为 C-0 模型，即加性-显性-上位性多基因模型。对 1998 对 SSR 引物和 230 对 SRAP 引物进行筛选，获得 148 个 SSR 和 6 个 SRAP 多态性标记位点，进一步利用 MAPMAKER 作图软件，构建了一张含 122 个标记位点的陆陆杂种遗传连锁图。利用复合区间作图法在第 9 染色体 NAU462-JESPR114 区间内，检测到 1 个抗黄萎病 QTL，可解释的表型变异为 13.8%。李磊等(2007)利用高抗非落叶型黄萎病陆地棉品种新陆中 10 号与高感非落叶型黄萎病陆地棉品种军棉 1 号、新陆早 7 号分别构建两个 F_2 作图群体，利用 MAPMAKER/EXP(Version3.0b)构建连锁群，LOD 值最小为 3.0，最大遗传距离为 50 cM，所构建的 2 个作图群体连锁群总长度1 465.8 cM，覆盖棉花基因组的 26.65%，总标记数为 156 个位点。利用复合区间作图法原理对两个作图群体的黄萎病发病高峰期的花铃期和吐絮期及苗期鉴定的发病病指进行了全基因组扫描，取 LOD=2.5，共检测到 3 个抗病 QTLs，解释 14.2%～48.4%的表型变异，分别位于 3 个不同的连锁群，由此认为陆地棉对非落叶性黄萎病的抗性是多基因控制的；同时也检测到 3 个感病 QTLs，解释的表型变异分别为 11.3%，12.9%，45.2%，由于这 3 个 QTLs 均在标记 NAU1211 附近，因此这 3 个 QTLs 可能为同一 QTL。该研究在两父本中的相同位置检测到感病 QTL，推测陆地棉对黄萎病的感病性由相同的基因控制。另外，两个群体没有检测到共同的抗病 QTL，可能原因是由于黄萎病的抗性是多基因控制的，两个连锁图谱远达不到饱和，而且标记的染色体上分布不均匀，加上由于是一年的鉴定结果，因此许多基因漏检，或是检测到的是假 QTL，因此得到的结果还需要进一步去验证。

利用单个作图群体进行 QTL 定位，由于桥梁标记少，而且多数连锁群没有与棉花相应染色体对应起来，因此在不同的抗黄萎病基因 QTL 研究群体间很难进行相互比较。从理论上来讲，如果利用海陆群体和陆陆群体所构建的分子标记遗传连锁图谱具有相同的标记密度，那么对同一性状的 QTL 定位有可能出现一致的结果。王红梅等(2005)分别对陆陆杂交群体和陆海杂交群体对抗黄萎病性状进行定位。在陆陆群体中，利用陆地棉遗传标准系 TM-1 与常抗棉 2 个陆地棉品种杂交并自交，获得 109 个 F_2 单株及 $F_{2:3}$家系为作图群体，以 SSR、RAPD 和 SRAP 3 种分子标记对群体进行筛选，结果从 1 611 对(条)引物中仅筛选到 70 对(条)多态性引物，获得 75 个多态性位点并进行标记间的连锁性分析，构建了包含 15 个连锁群，全长 535 cM 的连锁图谱，标记间平均距离为 11.15 cM，连锁群的标记数最少 2 个，最多 6 个；长度从1.0 cM 到 92.7 cM 不等。对其 $F_{2:3}$家系的成株期抗黄萎病性状即平均病情指数的分布进行分析，显示其呈正态分布，进一步说明陆地棉对黄萎病的抗性为数量遗传；单标记分析及复合区间作图，检测出与抗黄萎病性相关的 3 个 QTLs，分别位于第 3、5、6 连锁群上，贡献率分别为 14.15%、3.45%和 18.78%。在陆海群体中，利用感黄萎病陆地棉品种“新陆早 1 号”和抗黄萎病海岛棉品种 “海 7124”杂交产生的 76 个 F_2 单株及 $F_{2:3}$家系为材料，以 1142 对棉花 SSR 引物进行分子标记筛选，其中 478 对在双亲间具有多态性，获得 508 个多态性位点。用 Mapmaker3.0 对多态性标记进行连锁性分析，构建了一个包括 466 个位点，42 个连锁群，全长 4 604.7 cM，覆盖大约 92.1%棉花总基因组的分子标记遗传连锁图，标记间平均距离为 9.88 cM。连锁群的标记数最少 2 个，最多 36 个。并根据已经通过非整倍体或连锁图确定染色体位置的 SSR 位点，将本研究所得的 32 个连锁群定位到 23 条染色体上。对多态性标记进行偏分离检测分析，有 56 个标记存在显著偏分离，占 11.7%，其中有 46 对标记进入连锁群，占连锁群标记数的 9.87%的 4 对标记与抗病性相关。用 QTL Cartographer V2.0 软件对所获得的 $F_{2:3}$家系性状进行单标记分析及复合区间作图，检测出与抗黄萎病性相关的 6 个 QTLs，分别位于第 3,5,22,25 连锁群上，贡献率分别为 5.44%,10.82%,15.95%,33.29%,45.89%和 71.26%。同时也对该群体生长过程中黄萎病不同发病高峰期的病情也进行了分析。进一步通过比较陆陆群体与海陆群体构建的两张连锁图谱，发现陆地棉品种间连锁图谱与海陆种间连锁图谱存在一定的相关性。陆陆群体构建的连锁群 LG03 上的全部 5 个中的 4 个 SSR 标记(1 个未出现在连锁图谱中)和 LG09 上的全部 2 个 SSR 标记同在海陆群体连锁群 LG02(染色体 Chr18)上出现，但标记相连的顺序存在差别；连锁群 LG05 上的全部 3 个中的 2 个 SSR 标记(1 个未出现在连锁图谱中)同样出现在海陆连锁群 LG22 上，连锁群 LG12 上的 1 个 SSR 标记(另一个为 SRAP 标记)在海陆连锁群 LG15 上出现，而这两个海陆连锁群同被定位到染色体 Chr16 上；陆陆连锁群 LG07 上的两个 SSR 标记分别在海陆连锁群 LG11 和 LG24 上，这两个海陆连锁群又同被定位到染色体 D03。标记 BNL2865 附近同时在 2 个群体中检测到抗病 QTL，可能陆地棉和海岛棉对同一黄萎病菌系的抗性存在相同的基因位点。

利用多个群体进行 QTL 定位，大多利用 SSR 标记作为桥梁标记。尽管 SSR 在陆地棉之间的多态性比较低，但 SSR 标记技术具有容易检测、共显性和染色体定位的桥梁标记等特点，使得在不同研究间比较QTLs的位置和效应易于进行，因此它们成为一个丰富的遗传标记来源，并在图谱构建中得到广泛应用。王沛政(2007)以高抗非落叶型黄萎病陆地棉品种新陆中10与高感非落叶型黄萎病陆地棉品种军棉1号、新陆早7号分别配制两个F_2作图群体，以5 400对SSR引物对两个群体进行筛选，并进行遗传连锁图谱构建。在所获得的图谱中，新陆中10号×军棉1号群体图谱含62个标记位点，覆盖棉花基因组593.6 cM；新陆中10号×新陆早7号群体图谱，含有78个标记位点，连锁群总的长度830.2 cM。两个作图群体$F_{2:3}$家系在黄萎病发病高峰期铃期和吐絮期共检测到8个黄萎病抗性QTLs，LOD均大于3。其中4个QTLs的抗性基因位点来自抗性母本，分别位于4个不同的染色体(Chr05、Chr15、Chr20、Chr25)，另外4个QTLs的抗性基因位点来自感病亲本，位于Chr09、Chr13上。由此认为陆地棉对非落叶性黄萎病的抗性是多基因控制的。其中染色体13上共检测到3个QTLs，由于这3个QTLs均在标记NAU1211附近，它们可能为同一QTL。在该研究中，两个群体间以及两个发病高峰期的QTLs只有一个在染色体水平上的检测相同(Chr13)，表明棉株在不同的遗传背景和不同的发病时期可能部分抗性QTLs不同；本研究在Chr13上检测到3个主效抗病QTLs，并且在染色体的位置大致相同，效应值从7%～59%不等，有可能为同一QTL。

Song等(1997)报道，*R*基因家族成员成簇分布的现象在植物基因组中普遍存在，如水稻基因组中的*Xa21*基因家族含有7个家族成员，分布在230 kb的区域内；番茄12个家族的7个成员成簇分布在90 kb的基因组范围内(Simons，et al，1998)；拟南芥RPW8的5个成员集中分布在13 kb区域内(Xiao et al，2001)；3个CC/NBS/LRR基因成簇分布在大麦基因组的240 kb的范围内，组成*Mla*基因家族(Wei et al，1999)。蒋锋等(2009)利用抗黄萎病品系60182和感黄萎病品种军棉1号为亲本配制杂交组合，对陆地棉抗黄萎病性状进行遗传分析和抗病基因分子标记定位。用主基因＋多基因混合遗传模型和P_1、P_2、F_1、B_1、B_2和F_2六世代联合分析的方法对病叶比例性状进行遗传分析。结果表明，接种BP_2，VD_8，T_9和三者等浓度混合病菌时，抗病性都受两对加性-显性-上位性主基因控制，陆地棉60182的抗病性在各个分离世代都以主基因遗传为主。运用F_2为作图群体构建了一个含139个标记位点，31个连锁群，总长1 165 cM的分子标记连锁遗传图谱，标记平均距离为8.38 cM，覆盖棉花全基因组的25.89%。调查229个$F_{2:3}$家系各时期平均病级，代表F_2单株抗病性，结合连锁遗传图谱，复合区间作图检测QTL。结果显示，在60182上，接种BP_2时检测到4个QTLs位于D07染色体上，4个QTLs位于D09染色体上；接种VD_8时，有5个QTLs位于D07染色体上，9个QTLs位于D09染色体上；接种T_9时，有4个QTLs位于D07染色体上，5个QTLs位于D09染色体上；接种混合病菌时，有3个QTLs位于D07染色体上，7个QTLs位于D09染色体上。60182在不同调查时期对4种黄萎病菌的抗性QTLs都集中在D07、D09两条染色体上，形成两个明显的抗病QTLs集中区。这一结果与两对主基因的遗传模式相吻合，充分表明陆地棉抗黄萎病品系60182兼具对落叶型、非落叶型黄萎病菌的广谱抗性。同时与陆地棉抗黄萎病QTL连锁的分子标记可加速抗黄萎病基因的应用，为培育稳定高抗黄萎病新材料提供有价值的理论依据。在该研究中，陆地棉抗黄萎病品系60182在不同生育期，接种不同种黄萎病菌下所检测到的主效QTL均集中分布在染色体D07和D09相对较小的一段范围内，由此推测这些聚集的QTL很可能就是*R*基因家族的成员。

(3)棉花抗其他病害QTL的定位

在棉花抗其他病害 QTL 定位研究方面，Wright 等(1998)利用前人构建的棉花种间 RFLP 遗传连锁图谱定位了棉花抗角斑病的 7 个 QTLs，单个水平抗性基因 QTL 能解释 21.3%的表型变异，单个垂直抗性基因 QTL 能解释 93.2% 的变异；在四倍体种的 6 个抗性基因中，其中有 5 个抗病 QTLs 位于 D 染色体组的染色体上，说明四倍体棉花的 D 基因组比 A 基因组能产生更多的抗病基因，表明多倍化的形成为进化提供了新的途径，为表型选择提供了新的机会。Rungis 等(2002)利用抗病的陆地棉 CS50 和感病的海岛棉 Pima S-7 的回交 F_2 代，以 RFLP、AFLP 和 SSR 标记进一步对抗角斑病性状进行分子标记定位，结果表明抗性位点与来自非洲棉花栽培种的一个广谱抗病基因附近的一个标记共分离，利用与角斑病抗性位点连锁的 AFLP 和 SSR 标记进行标记辅助选择，可以将陆地棉的抗病性状转育进海岛棉。Niu 等(2008)对 2 倍体棉花的根腐病抗性进行定位，获得了 3 个根腐病抗性 QTLs，这三个 QTLs 分别解释了 19.1%、10.3%和 8.5%的表型变异，通过将 QTL 区域与拟南芥基因组进行比较，可以分析棉花根腐病抗性 QTL 和拟南芥抗病基因间的对应关系，共发现有 624 个拟南芥基因位于根腐病抗性 QTLs 的共线性区域，其中包括 22 个病原防御基因和 36 个胁迫反应基因，通过分析这些基因或 QTLs 在陆地棉中的分布可以促进陆地棉的抗病育种。Shen 等(2006)利用 SSR 标记对陆地棉抗根结线虫品系 M-120 与 Pima S-6 的 F_2 群体进行了分析，在第 7 号和第 11 号染色体上各发现 1 个与抗根结线虫有关的 QTL，可分别解释表型变异的 7.7% 和 63.7%。可见在鉴定抗根结线虫基因型的育种过程中利用 SSR 标记将会取代大量的温室筛选。Shen 等(2010)进一步对位于 11 号染色体上的主效抗根结线虫 QTL 区域进行精密定位，利用 AFLP 标记，采用混合体分离分析法，找到了 9 个 AFLP 标记与目标区域紧密连锁，通过扫描 1 221 个 F_2 单株，将抗性位点限定到一个 3.6 cM 的区域中，从而为图位克隆抗根结线虫基因打下了基础。Gutierrez 等(2010)利用 3 个 RIL 群体，检测与根结线虫抗性 QTL 紧密连锁的 SSR 标记，结果表明至少有两个主效基因参与根结线虫抗性，一个基因定位在 11 号染色体，与标记 $CIR316_{201}$ 紧密连锁，另外一个抗病基因定位在 14 号染色体的短臂上，与标记 $BNL3545_{118}$ 和 $BNL3661_{185}$ 紧密连锁，研究表明位于 11 号染色体的抗病 QTL 主要影响根的损伤，而位于 14 号染色体上的抗病 QTL 可以间接减少根结线虫产生子代，利用这些与抗病基因紧密连锁的 SSR 标记可以对来自抗病品种的分离群体进行标记辅助选择获得高抗根结线虫的单株。

2.4.4 其他性状的 QTL 定位

除了纤维品质性状和产量性状等重要经济性状的研究，在其他性状方面，前人也做了很多的研究，包括早熟性(范术丽等，2006；宋美珍等，2005)以及形态学研究(Khan et al，1999；Jiang et al，2000；Wang et al，2006)、第一果枝节位(Guo et al，2008)、育性恢复基因(郭旺真等，1997；柳李旺等，2003；Yin et al，2006)、抗虫性(Wang et al，2006；Shen et al，2006；Chen et al，2007)、绒毛相关性状(Altaf et al，1998；Wright et al，1999；Ulloa et al，2000；倪西源等，2003；Lacape et al，2005)等。张朝军等(2011)鉴定出与棉花叶柄分化率相关的 3 个 QTLs 位点，其中一个贡献率达到 58.1%，可能是两个主基因中的一个，另一个在同一连锁群上，贡献率是 14.4%；在另一连锁群上发现了一个 QTL 位点，贡献率为 8.4%。

主要参考文献

[1]蔡应繁,谭永久,江怀仲,等.陆地棉抗黄萎病遗传分析.云南农业大学学报,2000,15(2):105-107.

[2]曹承忠.陆地棉抗黄萎病AFLP和RGA分子标记研究.郑州:河南农业大学,硕士学位论文,2005.

[3]陈才瑞,喻树迅,于雯雯,等.功能型分子标记(ISAP)的开发及评价.遗传,2008,30(9):1207-1216.

[4]陈光,杜雄明.我国陆地棉基础种质遗传多样性的SSR分子标记分析.遗传学报,2006,33(8):733-745.

[5]陈利,张正圣,胡美纯,等.陆地棉遗传图谱构建及产量和纤维品质性状QTL定位.作物学报,2008,34(7):1199-1205.

[6]陈勋基.棉花枯萎病抗性QTL定位及枯萎菌生物学分析.乌鲁木齐:新疆农业大学,硕士学位论文,2008.

[7]杜威世,杜雄明,马峙英.棉花黄萎病抗性基因*SSR*标记研究.西北农林科技大学学报(自然科学版),2004,32(3):20-24.

[8]范玲,王冬梅,师维军,等.TRAP分子标记在棉花海陆渐渗杂交后代选择中的应用研究.新疆农业科学,2009,46(4):784-788.

[9]方宣钧,吴为人,唐纪良.作物DNA标记辅助育种.北京:科学出版社,2001:41-84.

[10]房卫平,许守民,孙玉堂,等.棉花抗黄萎病的RAPD标记.河南农业科学,2001,9:11-13.

[11]房卫平,祝水金,季道藩.陆地棉和海岛棉的黄萎病抗性遗传研究.棉花学报,2003,15(1):3-7.

[12]冯纯大,张金发,刘金兰.陆地棉枯萎病抗性基因的等位性测定及连锁分析.遗传,1998,20(1):33-36.

[13]高玉千,聂以春,张献龙,等.棉花抗黄萎病基因的QTL定位.棉花学报,2003,15(2):73-78.

[14]葛海燕,汪业春,郭旺珍,等.陆地棉抗黄萎病性状的遗传及分子标记研究.棉花学报,2008,20(1):19-22.

[15]耿川东,龚蓁蓁,黄骏麒,等.用RAPD鉴定棉花品种间差异.江苏农业学报,1995,11(4):21-24.

[16]郭旺珍,王凯,张天真.利用SSR标记技术研究棉属A、D染色体组的进化.遗传学报,2003,30(2):180-188.

[17]郭旺珍,张天真,潘家驹,等.我国棉花主栽品种的RAPD指纹图谱研究.农业生物技术学报,1996,4(2):129-134.

[18]郭旺珍,周兆华,张天真,等.RAPD鉴定棉花抗(耐)黄萎病品种(系)的遗传变异研究.江苏农业学报,1999,15(1):1-6.

[19]韩祥铭,刘英欣,宋宪亮.陆地棉黄萎病抗性的遗传分析.作物学报,2001,27(4):465-468.

[20]何旭平,潘光照,张敏健,等.国外棉花枯萎病研究进展.中国棉花,1999,26(5):4-5.

[21]贾菲.陆地棉重组自交系产量与纤维品质性状的QTL定位.长沙:湖南农业大学,硕士学位论文,2011.

[22]蒋锋,赵君,周雷,等.陆地棉抗黄萎病基因的分子标记定位.中国科学C辑:生命科学,2009,39(9):849-861.

[23]孔凡金.陆地棉高比强材料纤维品质及产量相关性状QTL定位.北京:中国农业科学院,硕士学位论文,2011.

[24]孔广超.陆地棉RIL群体遗传图谱构建及产量与纤维品质QTL定位.杭州:浙江大学,博士学位论文,2009.

[25]李爱国,张宝才,李俊文,等.AB-QTL法定位陆海杂种棉花产量相关性状.分子植物育种,2008,6(3):504-501.

[26]李成齐.棉花衣分等产量性状的遗传、QTL定位及不同衣分材料纤维初始发育的比较研究.南京农业大学博士学位论文,2007.

[27]李骏智,杨泽茂,李俊文,等.利用陆海杂种BC_1群体构建棉花遗传连锁图谱并初步定位产量性状相关的QTL.中国农学通报,2009,25(9):11-18.

[28]李磊.棉花黄萎病及重要性状QTL定位研究.乌鲁木齐:新疆农业大学,硕士学位论文,2007.

[29]李莲.陆海杂种高代回交重组近交系纤维品质—产量—抗病性状的分子标记研究.北京:中国农业科学院,硕士学位论文,2008.

[30]李强,万建民.SSRHunter,一个本地化的SSR位点搜索软件的开发.遗传,2005,27(5):808-810.

[31]梁亚军,曲延英,李吉琴,等.棉花黄萎病的抗性遗传研究.新疆农业科学,2010,47(9):1759-1764.

[32]梁燕,贾玉娟,李爱国,等.棉花BC_5F_2代换系的产量及品质相关性状表型分析及QTL定位.分子植物育种,2010,8(2):221-230.

[33]林忠旭,冯常辉,郭小平,等.陆地棉产量、纤维品质相关性状主效QTL和上位性互作分析.中国农业科学,2009,42(9):3036-3047.

[34]林忠旭.棉花分子标记遗传连锁图构建和产量、纤维品质相关性状定位.武汉:华中农业大学,博士学位论文,2005.

[35]刘艳,陈全家,曲延英,等.利用SRAP-BSA法筛选棉花抗病基因的分子标记.新疆农业科学,2009,46(6):1158-1163.

[36]柳李旺,朱协飞,郭旺珍,等.分子标记辅助选择聚合棉花Rf_1育性恢复基因和抗虫*Bt*基因.分子植物育种,2003,1:48-52.

[37]栾明宝.海岛棉特定染色体的遗传效应及主要性状的QTL定位.北京:中国农业科学院,博士学位论文,2008.

[38]马雪霞.二倍体亚洲棉(*Gossypium arboreum* L.)遗传图谱的构建及产量、品质QTL分析.南京:南京农业大学,硕士学位论文,2007.

[39]马峙英，王省芬，张桂寅，等. 河北棉花黄萎病菌致病性的研究. 棉花学报，1997，9(1)：15-20.

[40]马峙英，王省芬，张桂寅，等. 不同来源海岛棉品种黄萎病抗性遗传研究. 作物学报，2000，26(3)：315-321.

[41]闵留芳，张天真，潘家驹. 有关棉花黄萎病(*Verticillium dahliae* Kleb.)抗性遗传研究的几个问题. 棉花学报，1995，7(4)：197-200.

[42]潘家驹，张天真，蒯本科，等. 棉花黄萎病抗性遗传研究. 南京农业大学学报，1994，17(3)：8-18.

[43]潘家驹. 棉花育种学. 北京：中国农业出版社，1998.

[44]齐俊生，马存，赵良忠，等. 海岛棉品种抗黄萎病遗传规律初步研究. 棉花学报，2000，12(4)：169-171.

[45]秦鸿德，张天真. 棉花叶绿素含量和光合速率的 QTL 定位. 棉花学报，2008，20(5)：394-398.

[46]秦鸿德. 陆地棉产量与纤维品质性状 QTL 定位和标记辅助轮回选择. 南京：南京农业大学，博士学位论文，2007.

[47]任爱霞. 棉花枯黄萎病抗性遗传及生化机理研究. 杭州：浙江大学，硕士学位论文，2002.

[48]沈新莲. 陆地棉纤维品质 QTL 的筛选、定位及其应用. 南京：南京农业大学，博士学位论文，2004.

[49]史丽芳. 陆海杂交棉枯萎病抗性基因分子标记及部分农艺性状 QTL 定位研究. 乌鲁木齐：新疆农业大学，硕士学位论文，2009.

[50]宋国立，崔荣霞，王坤波，等. 澳洲棉种研究多样性的 RAPD 分析. 棉花学报，1999，11(2)：65-69.

[51]宋国立，张春庆，贾继曾，等. 棉花 AFLP 银染技术及品种指纹图谱应用初报. 棉花学报，1999 ，11(6)：281-283.

[52]宋美珍. 短季棉早熟不早衰生化遗传机制及 QTL 定位. 北京：中国农业科学院，博士学位论文，2006.

[53]孙福鼎. 陆地棉优质纤维重组自交系纤维品质及产量性状 QTL 定位. 北京：中国农业科学院，硕士学位论文，2009.

[54]万群. 陆地棉遗传连锁图普构建与衣分 QTL 定位. 重庆：西南大学，硕士学位论文，2007.

[55]王红梅，张献龙，贺道华，等. 陆地棉对黄萎病抗性的分子标记研究. 植物病理学报，2005，35(4)：333-339.

[56]王红梅，张献龙，李运海，等. 陆地棉黄萎病抗性遗传分析. 棉花学报，2004，16(2)：84-88.

[57]王健康. 数量性状基因的完备区间作图方法. 作物学报，2009，35(2)：239-245.

[58]王娟，郭旺珍，张天真. 渝棉 1 号优质纤维 QTL 的标记与定位. 作物学报，2007，33(12)：1915-1921.

[59]王俊芳. 基于 SSR 标记的棉种真实性和品种纯度鉴定技术研究. 北京：中国农业科学

院，硕士学位论文，2009.

[60]王沛政. 新疆陆地棉抗病、高产等育种目标性状 QTL 标记及定位. 南京：南京农业大学，博士学位论文，2007.

[61]王鹏，丁业掌，陆琼娴，等. 陆地棉遗传标准系 TM-1 背景的海岛棉染色体片段置换系的培育. 科学通报，2008，53(9)：1065-1069.

[62]王升正，齐放军，张文蔚，等. 抗黄萎病新品系中植棉 KV-3 抗性遗传特性研究. 棉花学报，2010，22(5)：501-504.

[63]王省芬，张桂寅，李瑞奇，等. 陆地棉黄萎病抗性的遗传研究. 河北农业大学学报，1999，22 (2)：10-14.

[64]王省芬. 中国棉花抗枯、黄萎病品种的抗性与 DNA 指纹图谱研究. 保定：河北农业大学，硕士学位论文，2003.

[65]王义青，李俊文，石玉真，等. 陆地棉高品质品系纤维品质性状 QTL 的分子标记及定位[J]. 棉花学报，2010，22(6)：533-538.

[66]王振山，马峙英，曲健木. 棉花枯黄萎病的抗性基因效应分析. 河北农业大学学报，1989，12(2)：21-25.

[67]魏新琦，张建，刘大军，等. 陆地棉开花期 QTL 定位. 西南大学学报（自然科学版），2008，30(12)：61-64.

[68]吴翠翠，简桂良，王安乐，等. 棉花抗黄萎病 QTL 初步定位. 分子植物育种，2010，8(4)：680-686.

[69]吴翠翠. 棉花黄萎病抗性的分子标记和 QTL 定位. 武汉：华中农业大学，硕士学位论文，2007.

[70]吴茂清，张献龙，聂以春，等. 四倍体栽培棉种产量和纤维品质性状的 QTL 定位. 遗传学报，2003，30(5)：443-452.

[71]武耀廷. 棉花产量性状杂种优势的遗传基础研究. 南京：南京农业大学，博士学位论文，2001.

[72]校百才，景忆莲，刘耀斌，等. 陆地棉抗黄萎病性状遗传的初步研究. 西北农业学报，1998，7(2)：55-58.

[73]校百才. 陆地棉抗枯、黄萎病性状配合力、遗传力的初步研究. 作物学报，1985(4)：267-273.

[74]杨昶，高玉龙，胡重怡，等. 棉花 RGAP、DGAP 和 DDRT 标记的定位研究. 棉花学报，2009，21(2)：133-137.

[75]杨昶，郭旺珍，张天真. 陆地棉抗黄萎病、纤维品质和产量等农艺性状的 QTL 定位. 分子植物育种，2007，5(6)：797-805.

[76]杨鑫雷，王志伟，张桂寅，等. 棉花分子遗传图谱构建和纤维品质性状 QTL 分析. 作物学报，2009，35(12)：2159-2166.

[77]杨泽茂，李骏智，李爱国，等. 利用高代回交和分子标记辅助选择构建棉花染色体片段代换系. 分子植物育种，2009，7(2)：233-241.

[78]易成新，张天真，郭旺珍. 陆地棉衣分 QTL 的形态和 RAPD 分子标记筛选. 作物学报，2001，27(6)：781-786.

[79]殷剑美,武耀廷,张军,等.陆地棉产量性状QTLs的分子标记及定位.生物工程学报,2002,2(18):162-166.

[80]尤春源.棉花陆海杂交F_2群体连锁图谱构建及纤维品质与产量性状QTL定位.乌鲁木齐:新疆农业大学,硕士学位论文,2007.

[81]于霁雯.短季棉遗传多样性分析及其重要农艺和经济性状的QTL定位.武汉:华中农业大学,博士学位论文,2006.

[82]袁有禄,张天真,郭旺珍,等.棉花高强纤维性状QTLs的分子标记筛选及其定位.遗传学报,2001,28(12):1151-1161.

[83]咎伟,高峰,刘海峰,等.海岛棉抗黄萎病性状分子标记的研究及QTL的定位.新疆农业科学,2008,45(5):805-808.

[84]张保才.AB-QTL法定位海岛棉优异纤维品质基因和抗黄萎病基因.北京:中国农业科学院,硕士学位论文,2006.

[85]张建,陈笑,张轲,等.利用复合杂交群体定位陆地棉产量性状QTL.农业生物技术学报,2010,18(3):476-481.

[86]张建宏,王淑芳,石玉珍,等.转基因抗虫棉产量相关性状QTL的分子标记及定位.棉花学报,2008,20(3):179-18.

[87]张金发,吕复兵,聂以华.棉花杂种一代对枯萎病抗性的分析.华中农业大学学报,1995,14(1):15-19.

[88]张培通,郭旺珍,朱协飞,等.高产棉花品种泗棉3号产量及其构成因素的QTL标记和定位.作物学报,2006,32(8):1197-1203.

[89]张培通,朱协飞,郭旺珍,等.陆地棉衣分及相关性状的遗传和QTL分子标记.江苏农业学报,2005,21(4):264-271.

[90]张培通.泗棉3号高产优质性状的遗传和分子标记研究.南京:南京农业大学,博士学位论文,2005.

[91]张天真,袁有禄,郭旺珍,等.棉花高强纤维QTLs的微卫星标记筛选.中国农业科学,2001,34(4):363-366.

[92]张伟,刘方,黎绍惠,等.陆地棉重组近交系产量及其构成因素的QTL分析.作物学报,2011,37(3):433-442.

[93]张先亮.陆地棉重要农艺性状的QTL定位.北京:中国农业科学院,硕士学位论文,2007.

[94]张艳欣.海岛棉EST-SSR引物的遗传评价及海陆棉种间高密度遗传连锁图谱构建与QTL定位.武汉:华中农业大学,硕士学位论文,2008.

[95]甄瑞,王省芬,马峙英,等.海岛棉抗黄萎病基因SSR标记研究.棉花学报,2006,18(5):269-272.

[96]朱美霞,李英芝,王建书,等.利用SSR方法鉴定棉花品种纯度.安徽农业科学,2005,33(11):2010-2016.

[97]朱亚娟.利用染色体片段导入系精细定位3个产量构成因素QTLs和海岛棉叶形、光滑茎基因.南京:南京农业大学,硕士学位论文,2009.

[98]朱永军,张西英,李金荣,等.海岛棉枯萎病抗性遗传规律及分子标记的初步筛选.新

疆农业科学,2010,47(2):268-273.

[99]朱云国,王学德,李悦有.用AFLP技术构建棉花雄性不育三系及其杂种F_1的DNA指纹图谱.棉花学报,2001,13(3):158-160.

[100]左开井,孙济中,张献龙,等.利用RFLP、SSR和PAPD标记构建陆地棉分子标记连锁图.华中农业大学学报,2000,19(3):190-193.

[101]Abdalla A M, Reddy O U K, El-zik K M, et al. Genetic diversity and relationships of diploid and tetraploid cottons revealed using AFLP. Theoretical and Applied Genetics, 2001, 102:222-229.

[102] Al-rawi K M. A quantitative genetic analysis resistance to verticillium wilt of Upland cotton. Irari J of Agri. Sci. 1984, 2(2):13-23.

[103]Paterson A H, Londer E S, Hewitt J D, et al. Resolution of quantitative traits into Mendelian factors by using a complete linkage map of restriction fragment length polymorphisms. Nature, 1988, 335:721-726.

[104] Konieczynt A, Ausubel F M. A procedure for mapping Arabidopsis mutations using co-dominant ecotype-specific PCR-based markers. Plant J, 1993; 4(2):403-410.

[105]Wang B H, Guo W Z, Zhu X F, et al. QTL mapping of fiber quality in an elite hybrid derived-RIL population of upland cotton. Euphytica, 2006, 152:367-378.

[106]Wang B H, Wu Y T, Guo W Z, et al. QTL Analysis and epistasis effects dissection of fiber qualities in an elite cotton hybrid grown in second generation. Crop Science, 2007, 47: 1384-1392.

[107]Barker G, Batley J, Sullivan H O, et al. Redundancy based detection of sequence Polymorphisms in expressed sequence tag data using auto SNP. Bioinformatics, 2003, 19:421-422.

[108]Barrow J R. A genetic analysis of verticillium wilt tolerance in cotton. Proceedings Beltwide Cotton Conferences, 1970, 68.

[109] Bell A A, Presley J T. Temperature effects upon resistance and phytoalexin synthesis in cotton inoculated with Verticillium albo-atrum. Phytopathology, 1969, 59: 1141-1146.

[110]Bird L S, Blank L M. Breeding strains of cotton resistant to bacterial blight. Texas Agr. Expt. Sta. Bull. 1951, 736:25.

[111]Bird L S and Hadley H H. A statistical study of the inheritance of Stoneville-20 resistance to the bacterial blight disease of cotton in the presence of xanthomonas malvacerum race 1 and 2. Genetics, 1958, 43:750-767.

[112]Bolek Y, Kamal M Z, Alan E P, et al. Mapping of verticillium wilt resistance genes in cotton. Plant Science, 2005, 168:1581-1590.

[113]Brinkerhoff L A, Verhalen L M, Johnson W M, et al. Development of immunity to bacterial blight of cotton and its implications for other diseases. Plant Dis. 1984, 68:168-73.

[114] Chen H, Qian N, Guo W Z, et al. Using three overlapped RILs to dissect genetically clustered QTL for fiber strength on Chro. D8 in Upland cotton. Theor Appl

Genet,2009,119:605-612.

[115]He D H, Lin Z X,Zhang X L,et al. QTL mapping for economic traits based on a dense genetic map of cotton with PCR-based markers using the interspecific cross of *Gossypium hirsutum*×*Gossypium barbadense*. Euphytica,2007,153:181-197.

[116]Devey M E,Roose M L. Genetic analysis of verticillium wilt tolerance in cotton using pedigree data from three crosses. Theor App Genet,1987,74(1):162-167.

[117]Gall J G,PardueM L. Molecular hybridization of radioactive DNA to the DNA of cytological preparations[J]. Proc Natl Acad Sci USA,1969,64:600.

[118]Gao L F,Jing R L,Huo N X,et al. One hundred and one new mierosatellite loci derived from ESTs (EST-SSRs) in bread wheat. Theor Appl Genet,2004,108:1392-1400.

[119] Myers G O. An intraspecific AFLP map of G. hirsutum. International cotton genome initiative ICGI-2004 workshop. ,1999,20(5):80-83.

[120] Grodzicker T, et al. Physical mapping of temperature-sensitive mutations of adenoviruses. Cold Spring Harbor Symp Quant Biol,1974,39:439-446.

[121]Guo W Z,Cai C P,Wang C B,et al. A Microsatellite-Based,Gene-Rich linkage map reveals genome structure,function and evolution in gossypium. Genetics,2007,176:527-541.

[122]Gutie'rrez O A,Robinson A F,Jenkins J N,et al. Identification of QTL regions and SSR markers associated with resistance to reniform nematode in *Gossypium barbadense* L. accession GB713. Theor Appl Genet,2011,122:271-280.

[123]Gutie'rrez O A,Jenkins J N,McCarty J C,et al. SSR markers closely associated with genes for resistance to root-knot nematode on chromosomes 11 and 14 of Upland cotton. Theor Appl Genet, 2010,121:1323-1337.

[124] Han Z G, Guo W Z, Song X L, et al. Genetic mapping of EST-derived microsatellites from the diploid *Gossypium arboreum* in allotetraploid cotton. Molecular *Genetics and Genomics*,2004,272:308-327.

[125]Han Z G,Wang C B,Song X L,et al. Characteristics,development and mapping of *Gossypium hirsutum* derived EST-SSRs in allotetraploid cotton. Theor Appl Genet,2006, 112:430-439.

[126]He D H,Xing H,Zhao J X,et al. Genetic diversity analysis and construction core collection based on phenotypes in cotton. Agricultural Science & Technology. 2010(6): 57-61.

[127]He D H,Lin Z X,Zhang X L,et al. Mapping QTLs of traits contributing to yield and analysis of genetic effects in tetraploid cotton. Euphytica,2005,144:141-149.

[128]He D H,Lin Z X,Zhang X L,et al. QTL mapping for economic traits based on a dense genetic map of cotton with PCR-based markers using the interspecific cross of *Gossypium hirsutum*×*Gossypium barbadense*. Euphytica,2007,153:181-197.

[129]Hillocks R J. Bacterial blight. In Cotton Diseases,ed. Wallingford,UK:CAB Int. Redwood Press,1992.

[130] Hu J, Vick B A. Target region amplification polymorphism: A novel marker

technique for plant genotyping plant. Molecular Biology Reporter,2003,21:289-294.

[131]Iqbal M J, Aziz N, Saeed N A. Genetic diversity evaluation of some elite cotton varieties by RAPD analysis. Theor Appl Genet,1997,94:139-144.

[132] Iwata H, Ujino-lhara T, Yoshimura K, et al. Cleaved amplified polymorphic sequence markers in sugi and their locations on a linkage map. Theor Appl Genet,2001,103:881-895.

[133]James E. F Jr, Michael B. P, Dorrie M, et al. Cotton genome mapping with new microsatellites from Acala' Maxxa' BAC-ends. Mol Gen Genomics,2006,275:479-491.

[134]Jansen R C. Interval mapping of multiple quantitative trait loci. Genetics, 1993, 135: 205-211.

[135]Lacape J M, Nguygen T B, Courtois B, et al. QTL Analysis of cotton quality using multiple *Gossypium hirsutum* × *Gossypium barbadense* backcross generations. Crop Sci, 2005, 45:123-140.

[136]Ji Y F, Donato M D, Mcknight T D, et al. Construction of a physical map of major and minor rDNA sites in *Gossypium hirsutum* L. Plant Genome IV Conference Abstract, Town & Country Conference Center, San Diego, CA, January, 1995.

[137]Jiang C X, Wright R J, El-Zik K M, et al. Polyploid formation created unique convenues for response to selection in Gossypium (cotton). Proceedings of the National Academy of Sciences, 1998, 95:4419-4424.

[138]Jiang C X, Wright R J, Woo S S, et al. QTL analysis of leaf morphology in tetraploid Gossypium (cotton). Theor Appl Genet, 2000, 100:409-418.

[139]Jiang F, Zhao J, Zhou L, et al. MoleCular mapping of VertiCillium wilt resistance QTL clustered on chromosomes D07 and D09 in upland cotton. SCi China SerC-Life SCi, 2009, 52(9):872-884.

[140]Yu J Z, Kohel R J, Fang D D, et al. A high-density simple sequnence repeat and single nucleotide polymorphism genetic map of the tetraploid cotton Genome. Genes Genomes Genetics, 2012, 1:2.

[141]Rong J K, Abbey C, Bowers J E, et al. A 3347-locus genetic recombination map of sequence tagged sites reveals features of genome organization, transmission and evolution of cotton (*Gossypium*). Genetics, 2004, 166:389-417.

[142]Wang K, Song X L, Han Z G, et al. Complete assignment of the chromosomes of Gossypium hirsutum L. by translocation and fluorescence in situ hybridization mapping. Theor Appl Genet, 2006, 113:73-80.

[143]Kao C H, Zeng Z B, Teasdale R D. Multiple interval mapping for quantitative trait loci. Genetics, 1999, 152:1203-1216.

[144]Knightr L. The genetics of blackarm resistance. X. J. Genet. 1953, 51:515-519.

[145]Kohel R J, Yu J, Park Y H, et al. Molecular mapping and characterization of traits controlling fiber quality in cotton. Euphytica, 2001, 121:163-172.

[146] Kota R, Rudd S, Facius A, et al. Snipping polymorphisms from large EST

collections in barley(Hordeum vulgare L). Mol Genet Genomics,2003,270(1):24-33.

[147]Kota R. et al. Identification of molecular markers linked with enhanced tolerance to verticillium wilt in cotton (*Gossypium hirsutum* L). In: Plant & Animal genome VI conference Town & country hotel,san diego,CA,January 18-22,1998.

[148]Lacape J M,Jacobs J,Arioli T,et al. A new interspecific Gossypium hirsutum×G. barbadense RIL population: towards a unified consensus linkage map of tetraploid cotton. Theor Appl Genet,2009,119:281-292.

[149]Lacape J M, Llewellyn D, Jacobs J, et al. Meta-analysis of cotton fiber quality QTLs across diverse environments in a *Gossypium hirsutum* ×G. barbadense RIL population. BMC Plant Biology,2010,10:132.

[150]Lacape J M,Nguyen T B,Thibivilliers S,et al. A combined RFLP-SSR-AFLP map of tetraploid cotton based on a *Gossypium* × *Gossypium* barbadense backcross population. Theor Appl Genet,2004,108:280-291.

[151]Lander E S,Botstein D. Mapping Mendelian factors underlying quantitative traits using RFLP linkage maps. Genetics,1989,121:185-199.

[152]Levi A,Paterson A H,Cakmak I,et al. Metabolite and mineral analyses of cotton near-isogenic lines introgressed with QTLs for productivity and drought-related traits. Physiologia Plantarum,2011,141:265-275.

[153]Li G,Quiros C F. Sequence-related amplified polymorphism(SRAP),a new marker system based on a simple PCR reaction: its application to mapping and gene tagging in Brassica. Theor Appl Genet,2001,103:455-461.

[154]Lin Z, He, D, Zhang X, et al. Linkage map construction and mapping QTL for cotton fibre quality using SRAP,SSR and RAPD. Plant Breeding,2005,124:180-187.

[155]Liu S,Cantrell R G,Me Carty J C,Jr. Simple sequence repeat-based assessment of genetic of genetic diversity in cotton race stock accessions. Crop Sci,2000,40:1459-1469.

[156]Lorieux M,Goffinet B,Perrier X, et al. Maximum-likelihood models for mapping genetic markers showing segregation distortion. 1. Backcross populations. Theor Appl Genet, 1995a,90:73-80.

[157]Lorieux M,Perrier X,Goffinet B, et al. Maximum-likelihood models for mapping genetic markers showing segregation distortion. 2. F_2 populations. Theor Appl Genet,1995b, 90:81-89.

[158]Lyon. DNA markers and the molecular breeding of cotton. The Australian cotton grower,1999,20(5):80-83.

[159]Mei M, Syed N H, Gao W, et al. Genetic mapping and QTL analysis of fiber-related traits in cotton (Gossypium). Theor. Appl. Genet,2004,108:280-291.

[160]Multani D S,Lyon B R. Genetic fingerprinting of Australian cotton cultivars with RAPD markers. Genome,1995,38(5):1005-1008.

[161]Nguyen T B,Giband M,Brottier P,et al. Wide coverage of the tetraploid cotton genome using newly developed microsatellite markers. Theoretical and Applied Genetics,

2004,109:167-175.

[162]Chen N,Lister H E,Nguyen B,et al. Resistance to Thielaviopsis basicola in the cultivated a genome cotton. Theor Appl Genet (2008) 117:1313-1323.

[163]Paterson A H,Saranga Y,Menz M,et al. QTL analysis of genotype×Environment interaction affecting cotton fiber quality. Theor Appl Genet,2003,106(3):384-396.

[164]Paterson A H,Lander E S,Hewitt J D,et al. Resolution of quantitative traits into Mendelian factors by using a complete linkage map of restriction fragment length polymorphisms. Nature,1988,335:721-726.

[165]Qian N,Zhang X W,Guo W Z,et al. Fine mapping of open-bud duplicate genes in homoelogous chromosomes of tetraploid cotton. Euphytica,2009,165:325-331.

[166]Qin H D,Guo W Z,Zhang Y M,et al. QTL mapping of yield and fiber traits based on a four-way cross population in *Gossypium hirsutum* L. Theor Appl Genet, 2008, 117: 883-894.

[167]Qin L,Prins P,Jones J T,et al. GenEST,a powerful bidirectional link between cDNA sequence data and gene expression profiles generated by cDNA-AFLP. Nucleic Acids Res,2001,29(7):1616-1622.

[168]Reinisch A J,Dong Jian-min,Brubaker C L,et al. A detailed RFLP map of cotton Gossypium hirsutum×Gossypium barbadense: chromosome organization and evolution in a disomic polyploid genome. Genetics,1994,138:829-847.

[169]Ren L H,Guo W Z,Zhang T Z. Identification of quantitative trait loci (QTLs) affecting yield and fiber properties in chromosome 16 in cotton using substitution line. Acta Botanica Sinica,2002,44(7):815-820.

[170]Reninisch A J. Dony J M ,Brubaker C L,et al. A detailed RFL P map of cotton, *Gossypium hirsutum* × *Gossypium barbadense*: chromosome organization and evolution in a disomic polyploid genome. Genetics,1994,138(3):829-847.

[171]Reyse-Valdes M H,Ji Y F ,Crane C F,et al. ISH-facilitated analysis of meiotic bivalent pairing[J]. Genome,1996,39:784-796.

[172]Roberts C L, Staten G . Heritability of verticillium wilt tolerance in crosses of American Upland cotton. Crop Sci. 1972,12:63-66.

[173] Roder M S, Korzun V, Gill B S, et al. The physical mapping of microsatellite markers in wheat. Genome,1998a,41:278-283.

[174] Roder M S, Korzun V, Wendehake K, et al. A microsatellite map of wheat. Genetics,1998b,149:2007-2023.

[175]Rong J K,Abbey C,Bowers J E,et al. A 3347-locus genetic recombination map of sequence-tagged sites reveals features of genome organization,transmission and evolution of cotton (Gossypium). Genetics,2004,166:389-417.

[176]Rungis D,Berube Y,Zhang J,et al. Robust simple sequence repeat markers for spruce(*Picea* spp.) from expressed sequence tags. Theor Appl Genet, 2004, 109(6): 1283-1294.

[177] Schwarz G, Miehalek W, Jahoor A, et al. Direct selection locus of expressed sequence on a YAC clone revealed praline-rich-like genes and BAKE-1 sequence physically linked to the complex Mla powdery mildew resistance locus of barley(*Hordeum vulgar* L). Plant Science,2002,163:307-311.

[178]Shappley Z W,Jenkins J N,Meredith W R,et al. An RFLP linkage map of upland cotton,Gossypium hirsutum L. Theoretical and Applied Genetics,1998,97:756-761.

[179]Shen X L,Zhang T Z,Guo W Z,et al. Mapping fiber and yield QTLs with main, epistatic,and QTL×Environment interaction effects in recombinant inbred lines of Upland cotton. Crop Sci,2006,46:61-66.

[180]Shen X L,Guo W Z,Zhu X F,et al. Molecular Mapping of QTLs for fiber qualities in three diverse lines in upland cotton using SSR Markers. Molecular breeding. 2005,15:169-181.

[181]Shen X L,Becelaere G V,Kumar P,et al. QTL mapping for resistance to root-knot nematodes in the M-120 RNR Upland cotton line (*Gossypium hirsutum* L.) of the Auburn 623 RNR source. Theor Appl Genet,2006,113:1539-1549.

[182] Shen X L, He Y J, Lubbers E L, et al. Fine mapping QMi-C11 a major QTL controlling root-knot nematodes resistance in Upland cotton. Theor Appl Genet,2010,121:1623-1631.

[183]Sibov S T, de Souza Jr C L, Garcia A A F, et al. Molecular mapping in tropical maize (*Zea mays* L.) using microsatellite markers. 1. Map construction and localization of loci showing distorted segregation. Hereditas,2003,139:96-106.

[184] Simons G, Groenendijk J, Wijbrandi J, et al. Dissection of the Fusarium 12 gene cluster in tomato reveals six homologs and one active gene copy. Plant Cell, 1998, 10:1055-1068.

[185]Simpson U M,and Weindling R. Bacterial blight resistance in a strain of Stoneville cotton. Agron,1946,38.

[186]Song W Y,Pi L Y,Wang G L,et al. Evolution of the rice Xa21 disease resistance gene family. Plant Cell,1997,9:1279-1287.

[187]Song X L, Wang K, Guo W Z, et al. A comparison of genetic maps constructed from haploid and BC_1 mapping populations from the same crossing between *Gossypium hirsutum L.* ×*G. barbadense* L. Genome,2005,48(3):378-390.

[188]Stelly D M, Saha S A, Raska D A, et al. Registration of 17 germplasm lines of upland cotton (Gossypium hirsutum), each with a different pair of *G. barbadense chromosomes* or chromosome arms substituted for the respective *G. hirsutum* chromosome or chromosome arms. Crop Science,2005,45:2663-2665.

[189]Thaxton P M, El-Zik K M. 2001. Seasonlong diseases. In compendium of cotton diseases,ed. TL Kirkpatrick,CS Rothrock,pp. 34-35. St. Paul,MN:APS Press. 2nd ed.

[190]Ulloa M,Cantrell R G,Percy R G,et al. QTL analysis of stomatal conductance and relationship to lint yield in an interspecific cotton. The journal of Cotton Sci,2000,4:10-18.

[191]Ulloa M, Meredith W R, Shappley Z W, et al. RFLP genetic linkage maps from four $F_{2:3}$ populations and a Joinmap of *Gossypium hirsutum*. Theor Appl Genet, 2002, 104: 200-208.

[192]Ulloa M, Meredith W R. Genetic linkage map and QTL analysis of agronomic and fiber quality traits in an intraspecific population. The Journal of Cotton Science, 2000, 4: 161-170.

[193]Ulloa M, Shaha S, Jenkins J N, et al. Chromosomal assignment of RFLP linkage groups harboring important QTLs on an intraspecific cotton (*Gossypium hirsutum* L.) joinmap. Journal of Herdity, 2005, 96(2): 132-144.

[194]Ulloa M, Wang C, Hutmacher R B, et al. Mapping Fusarium wilt race 1 resistance genes in cotton by inheritance, QTL and sequencing composition. Mol Genet Genomics (2011) 286: 21-36.

[195]Useche F J, Gao G, Hanafey M, et al. High throughput identification database storage and anaiysis of SNPs in EST sequenee. Genome Informatics, 2001, 12: 194-203.

[196] Verhalen S, Brinkerhoff L A, Fun K, et al. A quantitative genetic study of verticillium wilt resistance among selected lines of Upland cotton. Crop Sci., 1971, 11: 407-412.

[197]Waghmare V N, Rong J K, Rogers C J, et al. Genetic mapping of a cross between *Gossypium hirsutum* (cotton) and the Hawaiian endemic, *Gossypium tomentosum*. Theor Appl Genet, 2005, 111: 665-676.

[198]Voorrips R E. MapChart: Software for the graphical presentation of linkage maps and QTLs. The Journal of Heredity, 2002, 93(1): 77-78.

[199]Wallace T P, El-Zik K M. Inheritance of resistance in three cotton cultivars to the HV1 isolate of bacterial blight. Crop Sci, 1989, 29: 1114-1119.

[200]Wang B H, Wu Y T, Huang N T, et al. QTL analysis of epistatic effects on yield and yield component traits for elite hybrid derived-RILs in upland cotton. Acta Agronomica Sinica, 2007, 33(11): 1755-1762.

[201]Wang B H, Wu Y T, Huang N T, et al. QTL Mapping for plant architecture traits in upland cotton using RILs and SSR markers. Acta Genetica Sinica, 2006, 33(2): 161-170.

[202]Wang C, and Roberts P A. A fusarium wilt resistance gene in gossypium barbadense and its effect on root-Knot nematode-wilt disease complex. PHYTOPATHOLOGY. 2006, 96 (7): 727-734.

[203]Wang C, Ulloa M, Roberts P A, et al. Identification and mapping of microsatellite markers linked to a root-knot nematode resistance gene (rkn1) in Acala NemX cotton (*Gossypium hirsutum* L.). Theor Appl Genet, 2006, 112: 770-777.

[204]Wang H M, Lin Z X, Zhang X L, et al. Mapping and quantitative trait loci analysis of verticillium wilt resistance genes in cotton. Journal of Integrative Plant Biology, 2008, 50 (2): 174-182.

[205]Wang P Z, Su L, Qin L, et al. Identification and molecular mapping of a Fusarium

wilt resistant gene in upland cotton. Theor Appl Genet,2009,119(1):93-103.

[206]Wang S C J,Zeng Z B. 2007,Windows QTL Cartographer 2. 5. Department of statistics, north carolina state university, Raleigh, NC. (http: // staten. ncsu. edu/qtlcart/WQTLCart. htm).

[207]Guo W Z,Cai C P, Wang C B,et al. A microsatellite-Based,gene-Rich linkage map reveals genome structure, function and evolution in gossypium [J]. Genetics, 2007, 176: 527-541.

[208]Wei F S,Werner K G,Morroll S M,et al. The Mla (powdery mildew) resistance cluster is associated with three NBS-LRR gene families and suppressed recombination within a 240 kb DNA interval on chromosome 5S(1HS) of barley. Genetics,1999,153:1929-1948.

[209]Wendel J F. New World cottons contains old World cy-toplasm. Pro Natl Acad Sci USA,1989,86:4132-4136.

[210]Wilhelm S,Sagen J E,Tietz H. Resistance to verticillium wilt in cotton: source, techniques of identification, inheritance trends and the resistance potential of multiline cultivars. Phytopathology,1974,64:924-931.

[211]Williams J G K,Kubelik A R,Livak V J,et al. DNA polymorphisms amplified by arbitary primers are useful genetic markers. Nucleic Acid Res,1990,18:6531-6535.

[212]Wright R J,Thaxton P M,El-Zik K M,et al. D-Subgenome Bias of xcm resistance genes in tetraploid gossypium (Cotton) suggests that polyploid formation has created novel avenues for evolution. Genetics 149:1987-1996 (August 1998).

[213]Wu J X,Gutierrez O A,Jenkins J N,et al. Quantitative analysis and QTL mapping for agronomic and fiber traits in an RI population of upland cotton. Euphytica,2009,165:231-245.

[214]Wu M Q, Zhang X L, Nie Y C, et al. Localization of QTLs for yield and fiber quality traits of tetraploid cotton cultivar. Acta Genetica Sinica,2003,30 (5):443-452.

[215]Xiao S Y, Ellwood S, Calis O, et al. Broad-spectrum resistance in *Arabidopsis thaliana* mediated by RPW 8. Science,2001,291:118-120.

[216]Xu P,Zhu J,Zhang X G,et al. Molecular mapping and identification of QTLs for fiber micronaire on chromosome 7 from *Gossypium klotzschianum*. Acta Agron Sin,2012,38 (03):447-453.

[217]Yang C,Guo W Z,Li G Y,et al. QTLs mapping for Verticillium wilt resistance at seedling and maturity stages in *Gossypium barbadense* L. ,Plant Science,2008,174:290-298.

[218]Park Y H,Alabady M S,Ulloa M,et al. Genetic mapping of new cotton fiber loci using EST-derived microsatellites in an interspecific recombinant inbred line cotton population. Mol Gen Genomics,2005,274:428-441.

[219]Yu Y, Yuan D J, Liang S G, et al. Genome structure of cotton revealed by a genome-wide SSR genetic map constructed from a BC_1 population between *Gossypium hirsutum* and *G. barbadense*. BMC Genomics,2011,12(15):1-14.

[220]Zebeau M,Vos P. Selective restriction fragment amplification: A general method

for DNA fingerprinting. Paris: European Patent Office, European Patent Application Number:94202629.7(Publication No.0534858 A 1).1993.

[221] Zeng Z B. Precision mapping of quantitative trait loci. Genetics. 1994, 136: 1457-1468.

[222] Zeng Z B. Theoretical basis of separation of multiple linkage gene effects on mapping quantitative trait loci. Proc. Natl. Sci. ,1993,90:10972-10976.

[223] Zhang J, Guo W Z, Zhang T Z. Molecular linkage map of allotetraploid cotton (*Gossypium hirsutum* L. ×*Gossypium barbadense* L.) with a haploid population[J]. Theor Appl Genet,2002,105:1166-1173.

[224] Zhang T Z, Yuan Y L, Yu J, et al. Molecular tagging of a major QTL for fiber strength in Upland cotton and its marker-assisted selection. Theor Appl Genet,2003,106: 262-268.

[225] Zhang Z S, Xiao Y H, Luo M, et al. Construction of a genetic linkage map and QTL analysis of fiber-related. Euphytica,2005,144:91-97.

[226] Zhang Z S, et al. Construction of a comprehensive PCR-based marker linkage map and QTL mapping for fiber quality traits in upland cotton (*Gossypium hirsutum* L.). Mol Breeding,2009,24:49-61.

[227] Zhu S J, Fang W P, Ji D F. Studies on the molecular marker assistant selection for Verticillium wilt resistance in upland cotton (*Gossypium hirsutum*). Plant Genomics in China,2001,66.

[228] Zietkiewicz E, A Rafalski, D Labuda. Genome fingerprinting by simple sequence repeat(SSR) anchored polymerase chain reaction amplification. Genomics,1994,20:176-183.

第3章

棉花基因工程

DNA双螺旋结构的发现为分子生物学的创立奠定了理论基础，在对遗传物质本质及基因的结构、功能深入了解的同时，DNA重组技术的建立使人们不仅可以从生物体内分离出目的基因，还可以进行基因的人工合成、修饰与拼接。而植物细胞的全能性为植物的细胞、组织培养及基因转化提供了理论上的前提条件。在植物组织培养基础上发展起来的一系列将外源基因导入植物细胞的遗传转化技术已经基本成熟。棉花基因工程是在分子水平上定向重组遗传物质，改良目标性状，培育高产优质特色棉花新品种的分子育种技术。棉花是目前少有的几种已投入商品化生产的转基因农作物之一，自1996年转*Bt*基因抗虫棉投入商品化生产后，转抗除草剂基因棉、抗逆基因棉也相继进入生产试验阶段，同时棉花基因工程在抗病、抗旱、耐盐等方面的研究也初见端倪。

本章以棉花转基因工程的研究概况为主线，从目的基因的分离、克隆及表达载体的构建开始，深入论述目的基因的转化(包括棉花再生系统、主要遗传转化技术)、转基因材料的创制(包括转基因植株的分子检测和转基因的遗传稳定性)等。

3.1 应用于棉花的主要基因及其遗传转化载体构建

具有重要利用价值基因的克隆是转基因育种、作物分子设计育种的基础。虽然不易将各种基因分离技术方法严格的分类，但一般来讲，从遗传学观点可将基因克隆策略分为两种途径：正向遗传学途径和反向遗传学途径。前者以待克隆基因所表现的功能为基础，通过鉴定基因的表达产物或表型性状对目的基因进行的克隆，如功能克隆和表型克隆等，而表型基因克隆策略又带动了许多新技术产生和发展；反向遗传学途径则着眼于基因本身特定的序列或者在基因组中的特定位置进行克隆，如图位克隆，同源序列法克隆等。近年来，生物信息学的快速发展又促进了电子克隆技术的产生，电子克隆的技术原理是利用日益发展的生物信息学技术，借助电子计算机的巨大运算能力，通过EST(expressed sequence tag)或基因组的序列组装和拼接,利用 RT-PCR(reverse transcription PCR)的方法快速获得新基因。表达载体是携带靶DNA 片段进入植物宿主细胞进行扩增和表达的媒介。在作物转基因分子育种研究中,载体转化系统是多种转化系统中机理最清楚、技术最成熟、使用最多的一种转化系统。

本节主要对基因分离的策略及方法,重要功能基因的克隆及应用,包括核转化和质体转化系统载体构建等内容做一概括性的论述。

3.1.1 现代基因分离策略和克隆技术及应用原则

3.1.1.1 基因分离策略和克隆技术

基因分离一直是生命科学研究的重要组成部分,是现代生命科学技术中最核心的内容,也是当今生物技术研究的热点。分离生物功能基因便于对基因的结构和表达进行深入研究,并进而经转基因技术对农作物的目标性状进行定向改良,使其满足人们的要求。

(1)正向遗传学途径

1)功能性克隆(functional cloning)

功能性克隆是一种经典的基因克隆策略,是指从蛋白质的功能着手进行基因克隆,也是人类采用的第一个克隆基因的策略。其基本原理是:根据生物体已知的生化缺陷或异常表型特征确认与该功能有关的蛋白质,分离纯化蛋白并测定其部分氨基酸序列。再根据遗传密码推测可能的编码 DNA 序列,设计相应的核苷酸探针,杂交筛选 cDNA 文库或基因组文库;或者使用该蛋白质特异的抗体,筛选表达载体构建的 cDNA 文库,通过抗原抗体反应寻找特异的克隆,最后对选中的克隆测序,最终获得编码异常蛋白质的基因序列。该方法虽然有其自身的局限性,但随着生命科学研究的深入,以及蛋白质双向电泳技术和蛋白质测序技术的日趋成熟与完善,各种差异表达的蛋白质将被大量分离纯化,必将给功能克隆提供更好的条件,功能克隆也必将继续发挥其重要作用。

2)同源性克隆(homology cloning)

随着基因研究的不断深入,人们发现几乎所有的基因与其同类基因都有一定的联系,即生物的种、属之间编码基因序列的同源性高于非编码区的序列。基于此原理,在其他种属同源基因被克隆测序的前提下,构建 cDNA 文库或基因组文库,然后利用已知分子高保守序列设计简并引物,对含有目的基因的 DNA 文库进行 PCR 扩增。同源性序列克隆技术自提出以来,受到了国内外学者的广泛重视和应用,发展迅速。但该技术也存在一些问题:首先,由于密码子的简并性和不同同源序列间同源程度的差异,需要简并引物的特异性要设计得当,必要时需要设计几套引物组合;其次,由于某些同源序列并不专属于某一基因家族,因而扩增产物未必一定是某一基因家族成员;最后,基因家族成员往往成簇存在,克隆的基因片段是否真正为目的基因尚需进一步判断。因此,PCR 扩增产物和克隆产物,有必要进行基因与性状共分离分析及插入失活或遗传转化等功能鉴定工作,以便最终筛选到目的基因。

3)表型克隆(phenotype cloning)

与功能性克隆类似,表型克隆是指某些植物除了在表型上存在差异外,我们对它的基因产物以及可用于基因定位的物理图谱知之甚少,因此可以利用表型差异或组织器官特异表达产生的差异来克隆植物基因。表型克隆在策略上就是利用表型的差异与基因结构以及基因表达的密切相关性，从而分离与特定表型相关的基因。因而，表型克隆可以不需要预先知道基因所对应的生化功能，而仅仅根据基因的表达效应就直接分离该基因。表型基因克隆策略带动了许多新技术的发展，如：差式筛选(differential screening)、扣除杂交(subtraction hybridization)、差异展示反转录PCR(differential display reverse transcription PCR，DDRT-PCR)，cDNA代表性差式分析法(representational difference analysis，RDA)，标签接头竞争PCR技术(adapter-tagged competitive PCR，ATAC-PCR)，抑制消减杂交法(suppression subtractive hybridization，SSH)，基因表达连续分析(serial analysis of gene expression，SAGE)，交互差减差异RNA显示(reciprocal subtraction differential display，RSDD)及基因芯片(gene chip)等技术方法。这些技术省去了分子标记开发及利用、基因定位的繁琐程序，可以分离出许多未知产物的表达基因。差异表达基因的分离方法及技术也伴随分子生物学技术的发展由单一化发展为多元化，而且呈各种技术方法互相结合的趋势。

(2)反向遗传学途径

1)转座子标签法(transposon tagging)

转座子是可以从染色体的一个位置转移到另一位置的DNA片段，由McClintock于1951年首先在玉米中发现。20世纪80年代中期，在了解转座子的遗传特性和分子结构的基础上，人们开始用转座子作为分子标签来分离由于其插入而引起突变的基因。目前，在植物中应用最多的是Ac/Ds双因子系统。

基因发生转座能够引起插入突变，使插入位置的基因失活并诱导产生突变型(隐性突变)或在插入位置上出现新的编码基因(显性突变)。由转座子引起的突变体，以转座子DNA为探针，从纯合突变株构建的基因组文库中筛选含该转座子的同源片段，并获得含有部分突变株DNA序列的克隆，进而以该DNA为探针，筛选野生型的基因组文库，最终得到完整的基因。通过转座子上的标记基因(如抗药性等)就可检测出突变基因的位置并克隆到该基因。利用转座子标签法克隆植物基因首先要把已分离得到的转座子与选择标记基因构建成含转座子的质粒载体，然后把转座子导入目标植物，利用Southern杂交等技术检测转座子是否从载体质粒中转座到目标植物基因组中，最后对转座子插入突变进行鉴定及分离。该技术的优点在于：第一，分离基因不需要预先知道被目的产物的结构及性质。因此，那些背景尚不清楚的，如抗病及与生理过程有关的基因都有可能利用该方法进行分离；第二，由于转座子总是沿其邻近的位点转座，因此只要转座子在染色体上定位后，就很容易确定与其连锁的突变基因的相对位置；第三，如果把转座子导入目标植物，通过经典的田间自交、杂交、回交等便可得到一个较大的含不同插入位点的转座子群体，从而“定位”功能不同的目的基因。虽然转座子标签技术具备突出的优点，但该法的广泛应用还存在一些困难。譬如，筛选鉴定转座元件引起的表型突变体均是在个体水平上进行的，因而筛选工作量非常大；另外，由于一些植物很难获得转座子突变体，因而不能运用该方法，对于基因组庞大、重复序列多的植物，该技术的应用也受到了较大的限制。

2)T-DNA标签法(T-DNA tagging)

转移DNA(Transfer DNA，T-DNA)是位于根癌农杆菌(agrobacterium tumefaciens)Ti(tumor inducing)质粒上的一段DNA，它可以从农杆菌中被转移并稳定整合到植物核基因组中。由于T-DNA高频地进行转移整合不引起植物基因组大的重排，对特定的基因类别没有明显的插入偏向性、可随机地整合、在表达活跃区域的整合几率较高等优点。因此，在基因克隆中被广泛引用。利用T-DNA标签快速克隆功能基因，首先以人工构建好的T-DNA作为标签，通过农杆菌转化植物，构建突变体库，获得大量具有一定表型的突变体；再根据插入片段及人工扩增插入点侧翼的植物基因组序列与突变性状的共分离检测，最终实现快速鉴定和克隆功能基因的目标。

T-DNA标签法是近几年发展起来的高通量克隆功能基因的新方法。同样，该方法具备独特的优点：①高效构建遗传研究群体上。利用某种作物已经构建好的遗传转化体系，快速构建T-DNA插入突变体库。②基因定位速度快。只要发现某个性状与整合的T-DNA共分离，则很容易分离到T-DNA侧翼的基因组DNA序列，进而快速实现目的基因的精确定位。③通过构建T-DNA侧翼序列数据库，可以高通量的寻找和鉴定新的基因，表现为克隆基因规模上的高效率。客观上讲，T-DNA标签法也有自身的局限性：①受突变体库规模的限制，某些感兴趣的基因未必包含在突变体库之中；②某一转化子的T-DNA多拷贝整合或串联重复整合，均会增加获得侧翼基因序列的难度；③转化过程的组织培养自身引起的变异，以及T-DNA的整合很可能引起受体植物基因组DNA的局部重组，因此突变表型并非直接由T-DNA整合位点所致，这就需要增大突变群体，鉴定突变性状与侧翼序列的共分离鉴定。这就客观上增加了鉴定的工作量和问题的复杂性。

3)图位克隆法(map-based cloning)

基因的图位克隆，又称为定位克隆(positional cloning)，是根据目标基因在染色体上的位置进行基因克隆的一种方法。其基本原理是根据功能基因在基因组中都有相对较稳定的基因座，在利用分子标记技术对目的基因进行精细定位的基础上，用与目的基因紧密连锁的分子标记筛选DNA文库，从而构建目的基因区域的物理图谱，再利用此物理图谱通过染色体步移(chromosome walking)逐步逼近目的基因或染色体登陆(chromosome landing)的方法最终找到包括该目的基因的克隆，并通过遗传转化试验证实目的基因的功能。图位克隆方法的基本步骤：第一步，建立一个目标性状的分离群体；第二步，利用分子标记技术寻找在目标基因两侧与之紧密连锁的标记；第三步，采用遗传作图和物理作图将目标基因定位在染色体的特定位置上，同时构建细菌人工染色体(BAC)文库或酵母人工染色体(YAC)文库等大片段基因组文库；第四步，用目标基因两侧紧密连锁的标记筛选含有大的插入片段的基因组文库，通过染色体步移筛选到含有目标基因的克隆，最后通过遗传转化和功能互补实验进行验证，该法的步骤见图3.1。

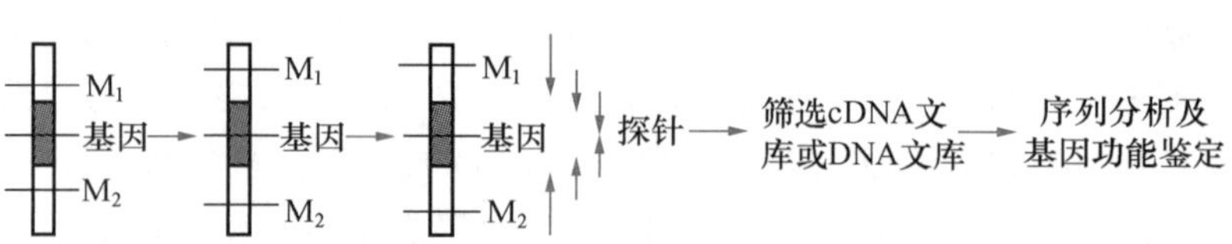

图3.1 图位克隆示意图

图位克隆方法依赖于高密度的分子标记连锁图谱，因此该技术对于基因组较小、重复序列少，且已经构建了高密度SSR、RFLP或RAPD等标记图谱的植物无疑是非常有效的。但对于小麦、棉花等基因组大而且重复序列多，又难以构建高密度分子标记连锁图的植物来说，采用此法不仅投资大，而且效率不是很高。

(3)生物信息学途径

利用生物信息学途径进行基因克隆，即指近些年来发展起来的电子克隆(in silico cloning)，也称为电子延伸(in silico elongation)技术。电子克隆技术的基本程序为:第一,利用序列同源性比较软件(如Blast软件)将信息序列(种子序列)对EST数据库进行检索;第二,从数据库中挑选出全部相关序列;第三,对所有序列进行片段整合分析,形成延伸后的序列,称新生序列;随后,此新生序列作为种子序列重复进行上述三步过程,直至新生序列不能被进一步延伸为止,通过完整性分析即获得全长的新基因序列。电子克隆的基本流程如图3.2所示。

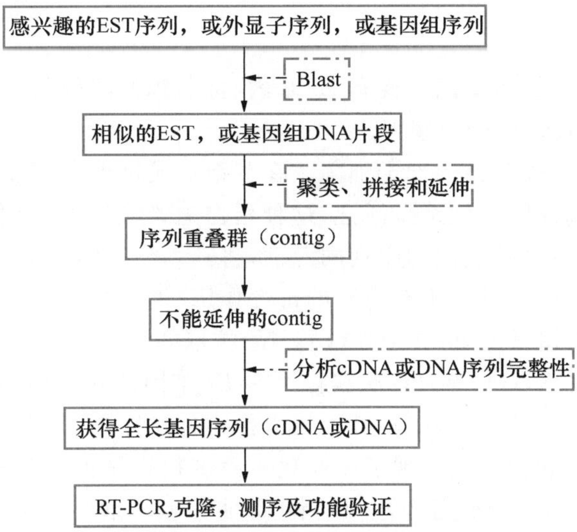

图3.2 基于生物信息学数据库的电子克隆流程示意图

电子克隆虽然在基因克隆效率上有自己突出的优势,但也存在一些不足。首先是通过电子克隆获得cDNA全长序列可行性大小,受现有的EST数目制约。目前,植物EST数据库的资料还很欠缺,获得cDNA全序列的概率不是很大。其次是电子克隆不适用种间保守性差的基因,以及外显子数目多、且每个外显子较短的基因,使得电子克隆技术应用的普遍性受到一定的限制。

3.1.1.2 基因分离策略及方法的选择原则

分子生物学的迅速发展促使基因分离技术不断创新,各种方法相继出现。为了能够选择恰当的技术方法克隆目的基因,根据对目的基因的了解程度选择相应的技术方法:①对已知目的基因DNA序列的基因(包括全长DNA序列或部分DNA序列,全长cDNA序列或部分cDNA序列及其他物种同类DNA序列)或目的基因编码的蛋白质氨基酸序列而言,一般采用PCR技术或探针杂交技术分离目的基因;②对目的基因已进行精细定位或其与转座子标签及T-DNA标签紧密连锁而言,可相应的分别采用图位克隆、转座子标签法及T-DNA标签法分离目的基因;③对表达具有组织、器官等时空特异性但未知DNA序列的目的基因,则可采用表型克隆策略中的相应技术,譬如DDRT-PCR、SSH-PCR等技术。

3.1.2 重要基因的克隆及在棉花转基因育种中的应用

我国丰富的作物种质资源为高效发掘和利用优异基因奠定了物质基础。至2011年,利用各种自然群体和人工群体，标记和定位了一大批基因。据不完全统计，至2011年，我国已克隆农作物性状相关的基因包括抗病虫基因47个，抗非生物胁迫基因101个，品质相关基因61个，产量相关基因11个，育性相关基因18个，与生理发育有关的基因126个。然而，在已克隆基因中，只有少数基因转入来源作物进行功能检测，表现出应用潜力，但在育种中进行利用价值评估的基因数目更是寥寥无几，存在基因发掘规模与应用需求存在较大差据。

3.1.2.1 抗虫基因

在棉花中得到应用的抗虫基因主要有 *Bt* 基因、蛋白酶抑制剂基因。

(1)*Bt*(*bacillus thuringiensis*)基因

苏云金杆菌属于革兰氏阴性的孢子细菌。在芽孢形成过程中，可产生伴胞晶体，它由一种或多种蛋白组成，具有高度特异性杀虫活性，这种蛋白通常被称作 δ-内毒素或杀虫结晶蛋白。根据杀虫结晶蛋白的抗虫谱及它们的序列同源性，将其划分为四个主要类型：类型Ⅰ(Cry Ⅰ)具有抗鳞翅目昆虫的活性，对其幼虫有特异的毒性作用；类型Ⅱ(Cry Ⅱ)抗鳞翅目和双翅目昆虫；类型Ⅲ(Cry Ⅲ)抗鞘翅目昆虫；类型Ⅳ(Cry Ⅳ)抗双翅目昆虫。

自1987年比利时的Vacek等人首次获得携有 *Bt* 基因的转基因植株以来，经过了两代转基因 *Bt* 植物的发展过程，目前获得的转基因抗虫作物包括棉花、玉米、大豆、水稻等10多种主要作物，其中转基因玉米和棉花已实现了产业化。我国抗虫基因工程棉花品种的培育起步较晚，但发展很快。1991年，谢道昕等首次报道将 *Bt* 毒素基因通过花粉管途径导入我国棉花品种。范云六、郭三堆等通过对 *Bt* 基因进行改造，获得了具有自主知识产权的抗虫性强的 *Bt* 基因。随后，中国农科院棉花研究所等多个单位联合攻关将改造后的 *Bt* 基因导入到我国自育品种中棉所12号、中棉所16号、晋棉7号、泗棉2号、泗棉3号等中，获得了我国第一批转基因棉花。目前，转基因 *Bt* 棉在世界范围内广泛推广，占我国棉花种植面积的90%以上。

害虫可能会对转 *Bt* 基因植物产生抗性是转 *Bt* 基因棉花推广应用中一个必须要面临的潜在的严重问题。为了防止昆虫对转基因植株产生耐受性，可以采取两种策略降低抗性的选择压，防止抗性扩散：第一，载体构建时使用组织专一性启动子或化学诱导启动子，进行组织专一性启动子的使用，可使 *Bt* 基因的表达局限在植物特定组织，如只在棉花的棉铃中表达，以便未经选择的害虫能在叶片上存活；在生活周期的某一阶段，进行特定的化学因子的诱导，使杀虫结晶蛋白在特定的时期内高剂量表达。第二，将遗传工程植株和非工程化植株混种，以保证在昆虫自然群体中保留一部分未经选择的害虫。

(2)蛋白酶抑制剂基因

植物中主要存在三类蛋白酶抑制剂，分别是丝氨酸蛋白酶抑制剂、巯基蛋白酶抑制剂和金属蛋白酶抑制剂。其中，丝氨酸蛋白酶抑制剂与抗虫关系密切，因为大多数昆虫所利用的蛋白消化酶正是丝氨酸类蛋白消化酶，特别是类胰蛋白酶。丝氨酸类蛋白酶抑制剂有6个家族，其中豇豆胰蛋白酶抑制剂(CpTI)的抗虫效果最为理想。豇豆胰蛋白酶抑制剂对许多给农业生产造成重大经济损失的害虫都具有抗性，其中包括鳞翅目的烟草芽蛾、棉铃虫、黏虫和直翅目的蝗虫等(表3.1)。CpTI抗虫谱广泛是其应用于棉花基因工程的最主要的优点。

自1987年，Durham大学的Hilder等将 *CpTI* 基因转移到烟草植株获得成功以来，世界各地及我国的科学家相继把该基因转移到许多具有重要经济价值的作物中，如水稻、棉花等。我国学者将该基因和 *Bt* 基因一同转入同一个棉花植株获得双价抗虫棉，提高了抗虫的效果。

表 3.1 蛋白酶抑制剂基因及其应用

蛋白酶抑制剂	目标昆虫	获得的转基因植物
豇豆胰蛋白酶抑制剂(CpTI)	鞘翅目、鳞翅目、直翅目	烟草、马铃薯、番茄、甘薯、油菜、棉花、莴苣、草莓、太阳花、苹果树、水稻
南瓜胰蛋白酶抑制剂(CMT)	鳞翅目	烟草
大豆丝氨酸蛋白酶抑制剂(C-Ⅱ)	鞘翅目、鳞翅目	烟草、马铃薯、番茄、油菜、杨树
芥菜丝氨酸蛋白酶抑制剂(MTI-2)	鳞翅目	烟草、拟南芥
大豆丝氨酸蛋白酶抑制剂(PI-Ⅳ)	鳞翅目	烟草、马铃薯
水稻巯基蛋白酶抑制剂(CO-Ⅰ)	鳞翅目、同翅目	烟草、油菜、杨树
马铃薯蛋白酶抑制剂Ⅰ(PI-Ⅰ)	鳞翅目、直翅目	烟草、矮牵牛
马铃薯蛋白酶抑制剂Ⅱ(PI-Ⅱ)	鳞翅目、直翅目	烟草、莴苣、桦树、水稻
大豆 Kunitz 型蛋白酶抑制剂基因(SKTI)	鳞翅目	烟草、马铃薯
海芋蛋白酶抑制剂(GTPI)	鳞翅目	烟草
番茄蛋白酶抑制剂Ⅰ(TI-Ⅰ)	鳞翅目	烟草、苜蓿、龙葵、番茄
番茄蛋白酶抑制剂Ⅱ(TI-Ⅱ)	鳞翅目	烟草、番茄
玉米巯基蛋白酶抑制剂 CC	鳞翅目	水稻
烟草天蛾蛋白酶抑制剂	鳞翅目	烟草、棉花、苜蓿

蛋白酶抑制剂基因的抗虫谱广泛，但要达到理想的抗虫效果，在转基因植物中对蛋白酶抑制剂所要求的表达量远远高于对杀虫结晶蛋白所要求的表达量，这是由蛋白酶抑制剂本身所具有的特性决定的。要求蛋白酶抑制剂基因能够在转基因植物中高效表达，是基因工程必须解决的难题。通过使用特定启动子，或对蛋白酶抑制剂基因进行修饰，可以解决上述难题提高抗虫基因在转基因植物中的表达水平，有效抑制虫害的发生。

(3)植物凝聚素基因

植物凝集素是一组广泛存在于植物组织中的蛋白质成分，在储藏器官和繁殖器官中含量尤其丰富。在植物生长各个阶段执行促进有丝分裂、防御病虫害、细胞及组织间等多种生物学功能。它可以和具有半乳糖、甘露糖等糖基团的糖蛋白发生特异性结合，抑制其生理活性，并且上述两种糖蛋白广泛存在于昆虫肠道细胞、植物病原菌、植物病毒的表面，而植物本身很少有这两种糖，所以是在植物体内表达从而控制病虫害发生的理想物质，主要用于防止同翅目、鳞翅目害虫(表 3.2)。

表 3.2 植物抗虫凝集素基因及其转基因作物

抗虫凝集素基因	目标害虫	转化作物
雪花莲外源凝集素基因(*GNA*)	同翅目、鳞翅目	油菜、马铃薯、水稻、甘薯、甘蔗、烟草、番茄、玉米、小麦、棉花
菜豆外源凝集素基因(*P-lec*)	同翅目、鳞翅目	马铃薯、烟草
小麦胚凝集素基因(*WGA*)	鳞翅目、鞘翅目	玉米

续表 3.2

抗虫凝集素基因	目标害虫	转化作物
水稻外源凝集素基因(*BCH*)	同翅目、鳞翅目	玉米
菊芋块茎凝集素基因(*HTA*)	同翅目	烟草、棉花
拌刀豆凝集素基因(*ConA*)	同翅目	番茄、马铃薯
苋菜凝集素基因(*AHA*)	同翅目	甜瓜、烟草
半夏凝集素基因(*PTA*)	同翅目	水稻

根据进化关系可以将已知的植物凝集素划分为 4 类：豆科植物凝集素、结合几丁质凝集素、2 型核糖体失活蛋白质以及单子叶结合甘露糖的凝集素。如果以整体结构来划分，凝集素分为三种类型:部分凝集素、全凝集素和嵌合凝集素。部分凝集素是一类构造简单专一的结合碳水化合物,结构域较小的单一多肽蛋白,不能凝集细胞和沉淀糖缀合物;全凝集素也是构造专一的结合碳水化合物的结构域,但其有 2 个以上,且相同或高度同源的结构域。此类凝集素分子有多个结合位点,因此,可以凝集细胞或沉淀糖缀合物。所有已知的凝集素大多为全凝集素；嵌合凝集素是一类融合蛋白,含有一前一后排列的结合碳水化合物的结构域及另一不相关的结构域,并有其他生物活性。研究表明,植物凝集素具有抗虫性,其抗虫原理是当被昆虫取食之后,外源凝集素在昆虫的消化道中与肠道围食膜上的糖蛋白相结合,从而影响营养的吸收。这种结合具有专一性,即不同的外源凝集素与相应的糖类结合。同时,外源凝集素还可能在昆虫的消化道内诱发病灶,促进消化道中细菌的繁殖。这些作用对害虫都造成危害,从而达到杀虫日的。日前用于转基因的植物凝集素基因主要有两种:豌豆凝集素和雪莲花凝集素(GNA)。绿玉蟒(*H. virescens*)幼虫取食转豌豆凝集素基因植物后,生物量、生存率和繁殖率大大降低。

山西省农业科学院棉花研究所与中国科学院遗传与发育研究所合作,从菊芋块茎 cDNA 文库中,通过测定蛋白酶抑制剂活性的手段分离得到了 4 个菊芋块茎凝集素的同源基因。对细菌表达产物的测定结果说明该基因产物具有蛋白酶抑制剂活性,凝血试验也显示了凝集素的功能,因此该基因可能编码一个具有蛋白酶抑制剂/凝集素双重功能的蛋白质。利用来自棉花曲叶病毒的超强启动子或韧皮部高效表达的特异性启动子控制菊芋块茎凝集素基因高效、特异地表达,构建适合双子叶植物转化的植物表达载体,通过农杆菌介导法转化到常规棉花品种中,获得转化再生株。通过对转基因棉花的抗蚜试验表明，该基因对蚜虫有明显的抗性,和对照相比,对蚜口密度和蚜虫繁殖力的抑制率可达 50%～60%,对若虫的发育也具有一定抑制作用。具有通过转化后代材料选育出高效抗蚜能力的棉花品系的巨大潜力。

3.1.2.2 抗病基因

枯萎病、黄萎病是世界级的植物病害,它们能感染多种植物,严重时可使植物萎蔫致死,且极难防治,因此有“植物癌症”之称。每年由于枯、黄萎病给全球造成的经济损失约数十亿美元。枯、黄萎病对棉花的影响尤其严重,造成的经济损失也最惨重。控制病害关键取决于对植物与病原菌相互作用分子机制的深入了解。目前,虽然对致病和防卫反应形成的机理还不完全清晰明了,但是已经认识到植物防卫反应主要表现在增强细胞壁结构和诱导产生或激活抗菌物质两方面。与一系列物质成分如 RP 蛋白(resistance protein)、几丁质酶、羟脯氨酸糖蛋白(hydroxyproline-rich glycoprotein，HRGP)等密切有关。这些基因如几丁质酶基因、葡聚糖酶基因和葡萄糖氧化酶基因已用于棉花的抗病基因工程育种，取得了一定的效果，培养出一批棉花抗病新品系(表 3.3)。在抗病遗传工程育种中具有应用潜力的还有过氧化物酶(peroxidase)基因、植物抗毒素基因、系统获得性抗病相关基因等。这些基因还需要进一步的开发利用。

表 3.3 棉花抗病基因工程育种主要基因

基因	作用原理	转化棉花应用文献
几丁质酶基因(*chitinase*，*Chi*) β-1，3-葡聚糖酶基因(*β-1*，*3-Glucanase*，*Glu*)	几丁质和β-1，3-葡聚糖是许多病原真菌的细胞壁主要成分，几丁质酶和β-1，3-葡聚糖酶降解几丁质和β-1，3-葡聚糖，不仅破坏细胞新物质的沉积，致使病原体死亡，而且产生的细胞壁碎片具有诱导物作用。从而刺激寄主植物产生抗病反应	刘桂珍等，中国激光，2000；程红梅等，中国农业科学，2005；崔百明等，生物技术，2002；吴家和等，遗传学报，2004
葡萄糖氧化酶基因(*glucose oxidase*，*GO*)	葡萄糖氧化酶催化葡萄糖氧化生成过氧化氢和葡萄糖酸，过氧化氢不仅对病原微生物有直接的抑杀作用，而且和相关的活性氧一起在激发植物的超敏反应和系统获得性防卫反应中起十分重要的作用	刘慧君等，《植物保护与现代农业——中国植物保护学会 2007 年学术年会论文集》，2007
NPR1(*none expresser of PR gene*)	*NPR1* 是防卫反应下游的一个多功能调节子。*NPR1* 不但是 SAR 途径中的主要信号元件，在细胞核中作为正调控因子促进依赖于 SA 的 *PR* 基因的表达	王旭静等，中国农业科学，2006
多聚半乳糖醛酸酶抑制蛋白基因(*PGIP*)	病原菌侵染植物体时，首先利用自己合成的酶来破解植物细胞壁，其中多聚半乳糖醛酸酶(PG)是最重要的成分。多聚半乳糖醛酸酶抑制蛋白能够高效、特异性地与多聚半乳糖醛酸酶结合，抑制其活性，阻止病原体的侵染过程，增强植物抗病能力	黄华坤等，河南农业科学，2008

3.1.2.3 抗逆境胁迫基因

非生物胁迫是指不利于植物生长发育的理化因子，主要包括高、低温胁迫，旱、涝胁迫及盐等化学因素的胁迫。其中，干旱胁迫和盐渍胁迫是影响我国作物生产最主要的非生物限制因子。

目前，向植物导入的抗非生物逆境胁迫的基因有两类。第一类基因编码产物是在植物的抗性中直接起保护作用的蛋白质。这些蛋白质可细分为以下 5 种：①合成渗透调节物质的关键酶类，如脯氨酸合成酶；②具有解毒作用的酶类，如超氧化物歧化酶(SOD)；③保护生物大分子及膜结构的蛋白质，如抗冻蛋白；④具保护作用的蛋白酶类，如巯基蛋白酶，此酶可降解变性蛋白质，为新蛋白质的合成储备原料；⑤水通道蛋白。第二类基因编码的产物是在信号转导和逆激基因表达过程中起调节作用的蛋白质因子，主要包括以下 3 种：①传递信号和调控基因表达的转录因子；②感应和转导胁迫信号的蛋白激酶；③与第二信使生成有关的酶类。

(1)渗透调节物质合成酶基因

渗透调节物质是在细胞中产生和积累的,植物在高盐或干旱条件下,这些小分子有机化合物起到维持渗透平衡和体内水分,进而消除胁迫所造成的伤害(表 3.4)。

表 3.4 渗透调节生物小分子合成酶基因

编码产物类别	基因名称	作用及抗胁迫原理
氨基酸及其衍生物类	*P5cs*、*CMO*、*BADH* 基因等	在干旱胁迫下分别促进脯氨酸和甜菜碱的合成,而后两者能提高植物抗旱性
糖类	*OtsA*、*OtsB*、*TPS*、*TreY*、*TreZ* 及 *SacB* 基因等	在干旱、低温及高温胁迫下,分别促进海藻糖和果聚糖的合成,而海藻糖能提高植物抗旱机高、低温胁迫,果聚糖则提高植物抗低温胁迫
醇类	*MtlD* 基因	在高盐胁迫下,促进甘露醇的合成而甘露醇能使植物耐盐性显著提高

(2)保护生物大分子及膜结构的蛋白质基因

保护生物大分子及膜结构的蛋白质基因可分为以下四类:抗冻蛋白基因,提高生物膜流动性蛋白基因,调渗蛋白基因及胚胎发生后期富集蛋白基因(表 3.5)。

表 3.5 保护生物大分子及膜结构的蛋白质基因

编码产物类别	基因名称	作用及抗生物胁迫原理
抗冻蛋白类	*AFP*、*AFGP* 基因等	降低冰点及冰晶生长速度
提高生物膜流动性蛋白类	*des A*、*des9* 基因等	使饱和或半饱和脂肪酸上形成顺式双键,进而降低相变为温度
调渗蛋白类	*OSM* 基因	参与细胞脱水保护作用
胚胎发生后期富集蛋白类	*lea*、*hva1* 基因等	具有高度亲水性,保持膜系统及生物大分子免受破坏

(3)*DREB*/*CBF* 转录因子基因

随着近年来植物分子生物学的发展,人们对植物细胞如何感应环境胁迫、如何将这些胁迫信号传递到细胞核的转录因子以及下游的各种功能基因表达调控的认识逐步深入,已有望从改良或增强一个关键调节因子的调控能力着手,进而促使多个功能基因发挥作用,从而使植物抗逆性得到综合的、根本性的改良。

转录因子是能够与真核基因启动子区域中顺式作用元件发生特异性作用的 DNA 结合蛋白,通过它们之间以及与其他相关蛋白之间的相互作用,激活或抑制基因转录。*DREB*/*CBF*(dehydration responsive element binding protein/C-repeat binding factor)转录因子,即干旱应答元件结合蛋白质/C-重复序列结合子,能特异结合普遍存在于干旱、高盐或低温等逆境应答基因的启动子中的 *DRE*/*CRT*(dehydration responsive element/C-repeat)顺式作用元件。*DREB*/*CBF* 转录因子由逆境胁迫诱导产生后,可激活其他一系列依赖 DRE/CRT 顺式作用元件的抗逆功能基因的表达,从而增强植物对干旱低温及高盐等逆境的抗性。因此,*DREB* / *CBF* 转录因子在植物抗逆中的作用越来越广泛地受到重视,已成为植物抗逆分子生物学研究的热点之一。

3.1.2.4 雄性不育基因

植物的雄性不育性是指由于生理上或遗传上的原因造成植物花粉败育，而雌蕊正常，仍能接受外来花粉的特性。目前生产上杂种优势的利用几乎都是通过三系或二系配套实现的。但近十几年来，由于细胞器 DNA 分离技术的出现，限制性内切核酸酶技术的发展，以及克隆和序列分析方法的问世，人类对植物雄性不育性的分子基础开始逐渐有所认识。但棉花利用基因工程的手段尚未创制出可利用的雄性不育系。

(1)核基因

“三系法”杂种优势利用的基础就在于其雄性不育性是由细胞核与细胞质共同控制的。参与控制的核基因数目不定，不同的作物甚至同一作物不同品种之间都可能不同，或由少数一两对基因控制，或由多对基因共同参与。最近 10 年来，“两系法”在杂种优势利用中崭露头角，这主要归因于光(温)敏雄性核不育材料的开发。其主要特点在于雄性不育性是单纯由核基因引起的，并且这种育性会因光照长度或温度高低(或两者兼有)而在可育与不育之间相互转换。因此，利用杂种优势时就可以不再需要保持系，由此可以节省大量人力和经费。

核糖核酸酶基因。该基因编码核糖核酸酶，该酶具有酶切 RNA 的作用。把 *RNase* 基因和植物花药绒毡层特异表达启动子相连接，然后把此嵌合基因导入植物，就能够导致植物雄性不育。

(2)线粒体基因

最初发现，玉米的正常品系和细胞质雄性不育品系之间的线粒体 DNA 有不同的内切酶图谱，这意味着它们之间的核苷酸序列有所差别。随后在小麦、高粱、油菜、棉花等作物中都有类似的发现。当然，线粒体基因组结构的变化有些是在进化过程中积累下来的，与细胞质雄性不育未必有直接的关系。对玉米的研究发现，一种分子质量为 13 ku 的多肽只存在于玉米 T 型细胞质雄性不育系中，而在其相应的保持系及恢复系中都不存在，该蛋白由线粒体 DNA 中一个长为 3 547 bp 的片段(称为 *turf2H3* 基因)编码的。比较水稻不育系及其正常品系之间的线粒体 DNA 结构，也同样发现两者之间存在差异，水稻不育系中线粒体基因组有两个 *atp* 基因拷贝，而相应的保持系线粒体基因组中只有一个拷贝。此外，线粒体内类质粒 DNA 分子的数目及大小也往往与育性相关联。所有这些结果，促使人们认为细胞质中的雄性不育基因很可能就在线粒体 DNA 上。

目前棉花细胞质雄性不育性分子机制方面的研究报道较少，主要集中在线粒体基因组上。王学德对哈可尼西棉细胞质雄性不育系及其保持系线粒体 DNA 分别进行了 RAPD 和 RFLP 分析，表明棉花的细胞质雄性不育与线粒体基因变异密切相关。RAPD 分析表明，不育系与保持系的线粒体基因组之间存在着明显的差异；以 4 个线粒体基因(*rrn26S*、*atp9*、*atp6* 和 *coxⅡ*)为探针进行的 RFLP 分析发现缺少一个分子质量为 1.9 kb 的与 *coxⅡ* 基因具有同源序列的片段，而 *coxⅡ* 为线粒体细胞色素氧化酶基因。因此推测，*coxⅡ* 基因的变异引起线粒体功能的失调和导致雄性不育的可能是存在的。黄晋玲用合成的线粒体基因组探针(*atpA*、*atp6*、*atp9*、*coxⅠ*、*coxⅡ* 和 *cob*)对晋 A 细胞质雄性不育系和保持系线粒体 DNA 进行了 RFLP 分析，发现 *atp6* 和 *coxⅡ* 基因在两者中的杂交带型不一致；与保持系相比，*atp6* 和 *coxⅡ* 基因在晋 A 不育系中分别缺少 5.7 kb 和 4.2 kb 的强杂交带，并推测条带的缺失可能是线粒体 DNA 分子内或分子间重排所致，*coxⅡ* 基因的变异导致了线粒体功能的失调和雄性不育。

(3)叶绿体基因

叶绿体 DNA 与细胞质雄性不育有关的报道最早见于棉花和烟草,以后陆续在玉米、油菜、小麦、水稻、高粱等作物中发现了叶绿体 DNA 或叶绿体蛋白质的一些变化与细胞质雄性不育有关。例如,雄性不育烟草与正常烟草的 1,5-二磷酸核酮糖羧化酶(ribulose-1,5-bisphosphate carboxylase/oxygenase,RuBisCO)大亚基存在差异;玉米、高粱、水稻、小麦等作物中,细胞质雄性不育系的 1,5-二磷酸核酮糖羧化酶活性也发生了变化。又如叶绿体编码的 ATP 酶亚基,在油菜的不育系和可育系之间也发生了变异。

3.1.2.5 棉花纤维品质基因

由于棉纤维品质与产量为遗传负相关,传统育种技术同步改良纤维品质与产量进展十分缓慢。采用基因操作的分子育种工程有望打破不良连锁,使棉花纤维品质与产量得以同步改良。

利用基因工程的方法,通过对棉花纤维发育相关基因的大规模解析,为定向改良棉花纤维品质提供有效的基因元件及纤维发育各个阶段特异表达的调控序列,是棉花纤维品质分子改良的重要工作。应用棉纤维特异表达启动子,可在棉纤维发育的特定阶段表达外源基因,加速对纤维品质的重要指标如强度、细度、长度等的改良,还可以给纤维增添新的品质性状,如抗皱、抗缩、色泽等。

(1)纤维品质改良相关基因

棉花纤维由胚珠外珠被表皮细胞在受精前后,经分化突起、伸长和细胞壁增厚及脱水成熟期而形成。目前,人们已对纤维发育过程的细胞微结构、生理生化研究得比较清楚,而对于与棉纤维发育及合成有关基因的分离鉴定以及调控研究相对起步较晚。克隆出与棉纤维发育及合成有关基因,对掌握棉花纤维和其他植物细胞壁多聚体的合成机制、外源基因在棉纤维发育过程中表达与调控奠定基础。自从 1992 年 John 和 Crow 等首次报道棉纤维特异表达基因 E6 的分子克隆后,至今已用减法杂交和差异显示等技术分离出 10 余个与纤维发育有关的基因(表 3.6)。

表 3.6 棉花纤维特异表达基因

基因	开花后表达时期(d)	结构特征	功能预测
E6	5～28	编码含信号肽的 238 个氨基酸蛋白	未知
H6	10～30	编码富含脯氨酸的 214 个氨基酸蛋白	次级细胞壁复合物组装
Rac9/*Rac13*	5～35	编码 186 个氨基酸蛋白	纤维素沉积的引导和定位
FbL2A	15～35	编码富含谷氨酸和赖氨酸的 354 个氨基酸蛋白	
FS5	6～14	与 *E6* 高度同源(92%)	细胞壁蛋白
FS6	6～14	编码含信号肽的 120 个氨基酸的油脂转运蛋白	初级细胞壁蛋白
FS17	6～14	编码含信号肽富含脯氨酸的 276 个氨基酸蛋白	细胞壁结构蛋白

续表 3.6

基因	开花后表达时期(d)	结构特征	功能预测
GhEX1	6～24	编码含信号肽的 276 个氨基酸蛋白	纤维细胞伸长
B6	15～35	编码含信号肽的 236 个氨基酸蛋白	未知
LTP6/LTP3	5～20/5～20	编码含信号肽的 120 个氨基酸蛋白	蜡质和角质合成
CelA1	17～35	编码 974 个氨基酸蛋白	纤维素合成
GhACP	2～20	编码含信号肽的 136 个氨基酸的酰基载体蛋白	细胞膜油脂蛋白
FS18	6～20	编码含信号肽的 71 个氨基酸蛋白	未知
SS3	5～35	编码果糖合成酶	碳物质进入纤维细胞和纤维素合成
GhCAP	10～17	编码 417 个氨基酸的腺苷酸环化酶	细胞骨架重建中起信号作用
Annexins	5～24	编码 70～75 个氨基酸蛋白家族	间接参与纤维细胞伸长
GhTUB1	0～16	编码 β-微管蛋白	纤维细胞伸长
Gh-BtubL	0～20	编码 β-微管蛋白	纤维细胞伸长
GhRGP1	5～35	编码 359 个氨基酸的类 RGP 蛋白	参与植物细胞壁的非纤维素多糖合成

根据对这些基因功能鉴定发现，它们在纤维发育过程中呈现出一定的组织特异性和发育阶段性。根据它们在纤维形成不同时期的表达特性，可将它们分为以下几类：① *E6*、*FS*、*GhEX1*、*GH3* 和 *GhCAP* 等都在纤维伸长高峰期或稍前表达量最大，之后迅速下降；②在纤维细胞壁增厚阶段表达的基因，如 *H6*、*FbL2A* 等在纤维细胞壁增厚期表达积累多，而在早期表达弱或不表达；③在纤维整个发育过程都表达的基因，如肌动蛋白、内木葡聚糖转移酶基因等，其表达特点是表达水平稳定，没有明显的积累高峰或更替现象。

(2)色素合成酶基因

从动物、微生物及相关植物中克隆可改变纤维色泽的目的基因，可以实现对棉花纤维色泽进行快速有效的改良。在目前尚未克隆出棉花自身调控颜色基因的情况下，棉花纤维颜色的改良主要依赖棉花以外的基因资源。例如，将产生黑色素的基因及产生靛蓝色素的基因与棉纤维特异启动子连接构成融合基因，通过根癌农杆菌介导法或花粉管通道法等导入棉花，产生的色素若沉积在纤维腔内则会呈现出相应的颜色，进而获得黑色或靛蓝色的棉花纤维。

(3)兔角蛋白基因

1994 年，陈晓亚等将兔角蛋白基因导入受体品种 SGK321 双价抗虫棉中，使棉纤维的绒长、比强度、马克隆值等纤维的综合品质都得到了明显的改善:转基因植株的棉纤维中酪氨酸的含量明显增加,绒长增加了3.0 mm,整齐度增加2.1个百分点,比强度增加5.8 cN/tex。

3.1.3 遗传转化载体系统

虽然在植物基因转化研究中已经建立了多种转化系统,但质粒载体转化系统仍然是机理最清楚、技术最成熟、使用最多的转化系统。一般所言的植物基因工程载体主要即是指这类载体,而Ti质粒载体则为最常用。随着植物基因工程技术的发展,适合于不同研究目的的各种载体系统应运而生,在为某种特定的植物构建表达载体时,为了使外源基因高效、稳定、安全表达,或由于特定的要求,需要构建新载体或改造已有载体。

转基因植物作为一种特殊的"外来"物种,在其环境释放和大规模的商业化生产中,极有可能因为"基因逃逸"和"基因漂移"而形成新的杂交物种,或者因为"基因污染"而破坏本土的原始基因库,尽管有关试验结果并不足以表明现有的转基因植物对生态环境有直接危害,但对核转化安全性的担心以及对基因表达水平与稳定性的更高要求,促使人们继续探索和发现新的更为安全和有效的转化体系。近几年来叶绿体转化研究的一系列重要进展已引起人们的普遍关注,作者着重就该领域的主要进展作一简要概述。

3.1.3.1 细胞核转化载体系统

植物转基因载体主要是指质粒转化载体,具体包括*Ti*质粒转化载体、*Ri*质粒转化载体以及病毒转化载体等。其中*Ti*质粒转化载体应用最为广泛,本小节主要对植物转基因工程中载体构建所涉及的概念、共性及相关理论做概括性的介绍。

(1)植物基因工程载体的种类和概念

根据植物基因工程载体的功能及构建原理,将有关载体分为目的基因克隆载体、中间载体、卸甲载体及植物基因转化载体等四大类,其中中间载体又分为中间克隆载体和中间表达载体:①目的基因克隆载体:通常是由多拷贝的*E. coli*质粒为载体,其功能是保存和克隆目的基因。②中间克隆载体:是由大肠杆菌质粒插入T-DNA片段及目的基因、标记基因等构建而成。中间克隆载体是中间表达载体的基础质粒。③卸甲载体:是解除武装(切除了T-DNA上的*onc*毒基因)的Ti质粒,其功能是作为构建植物基因转化载体的受体质粒。由于利用野生型的*Ti*质粒作载体时,*onc*基因的致瘤作用影响植株的再生。因此,为了使野生型的*Ti*质粒成为基因转化载体,必须切除毒基因。在*onc-Ti*质粒载体中,T-DNA中缺失部分被大肠杆菌的*pBR322*取代。④植物基因转化载体:是最后直接用于目的基因导入植物细胞的载体。该载体是由中间表达载体和卸甲载体构建而成。根据其结构特点,该载体又可分为一元载体系统和双元载体系统。

(2)植物基因工程载体构建原理

1)卸甲载体、中间载体的结构及构建

卸甲载体,即无毒的*Ti*质粒载体。由于*onc*载体中,T-DNA中缺失的部分被大肠杆菌的*pBR322*取代,使得任何适合于克隆在*pBR322*质粒中的外源片段,都可以通过与*pBR322*质粒DNA的同源片段发生遗传重组,进而被共整合到*onc-Ti*质粒载体中。目前,常用的*Ti*卸甲载体主要有*pGV3850 onc*载体、*pGV2260 onc*载体及*pTiB6S3SE onc*载体。

pGV3850 onc 载体，由胭脂碱 *Ti* 质粒 *pTiC58* 衍生而来。该载体具有以下特征：第一，含有 T-DNA 边界区和 T-DNA 区以外的全部 *Ti* 质粒 DNA 序列；第二，保留下来的位于右侧边界区附近的编码胭脂碱合成酶基因(*nos*)可作为鉴别转化细胞的一个标记；第三，*onc* 致瘤基因被切除，从而保证了转化的植物细胞能够正常分化；第四，T-DNA 内部的 *onc* 缺失区序列被 *pBR322* 序列所取代。

构建中间载体时，为了解决 *Ti* 质粒不能直接导入目的基因的问题，中间载体是由在普通大肠杆菌中的克隆载体插入一段 T-DNA 衍生而来。根据中间载体的结构特点，可将其分为共整合系统中间载体和双元载体系统中间载体。其中共整合系统中间载体需具备如下特征：①含有与受体 Ti 质粒 T-DNA 区同源的序列，使其在被引入根癌农杆菌后即可与受体 *Ti* 质粒 T-DNA 区进行遗传重组。②具有便于筛选共整合质粒的细菌选择标记。③具有 *bom* 位点。这样，在有诱导质粒存在的情况下，可以使中间载体在不同细菌细胞间进行转移。④含有利于植物转化细胞筛选的植物选择标记。⑤含有便于外源基因插入的多克隆位点。⑥可以不包含 Ti 质粒的边界序列。相对而言，双元载体系统中间载体则不要求与受体 *Ti* 质粒有同源序列，但必须有两个边界序列和能够在根癌农杆菌中自主复制的复制子。目前，广谱中间载体和由 *pBR322* 衍生的中间载体为最常用的中间载体。

2)中间表达载体的组成及构建

外源基因能否表达是植物基因工程中的十分重要的问题。研究表明，在中间载体上外源基因前加上能够在植物细胞中表达的启动子后，可使外源基因在植物细胞中正常表达。这类含植物特异启动子的中间载体即被称为中间表达载体。

构建中间表达载体的过程繁琐而又复杂。概括起来讲，就是在中间载体基础上增加表达元件(如启动子、终止子等)，选择标记基因及目的基因，使目的基因最终能够在受体植物细胞中成功的表达。其中启动子是与 RNA 聚合酶能够识别并与之结合，从而起始基因转录的一段 DNA 序列，通常位于基因上游。一个典型的启动子包括 CAAT-框和 TATA-框，两者分别为 RNA 聚合酶的识别和结合位点，一般位于转录起始位点上游几十个碱基处。目前，棉花基因工程最常使用的组成型启动子是花椰菜花叶病毒(CaMV)35S 启动子，终止子一般是利用 *Nos* 3′端的非编码区域。

3)棉花表达载体的构建

构建好的中间表达载体是大肠杆菌质粒，故仍不能直接将外源基因转化到受体植物细胞。因而，需要把中间表达载体和 Ti 质粒构建成能侵染植物细胞的转化载体。由于转化载体有上述两种质粒构成，通常称之为植物转化载体系统，根据其构建原理，又可将转化载体系统分为一元载体系统和双元载体系统。目前，双元载体系统是棉花遗传转化中应用最广泛的载体系统。

双元载体由分别含有 T-DNA 和 *Vir* 毒性区的相容突变 *Ti* 质粒构成的载体转化系统。双元载体的构建原理可以归纳为以下几点：①微型 *Ti* 质粒的作用。除了缺失 *Vir* 基因外，微型 *Ti* 质粒含有 T-DNA 的左右方向重复边界、广谱质粒复制位点及选择标记基因。目前植物转基因工程中最常用的微型 *Ti* 质粒是 *pBin19*。该微型质粒的左右边界之间的 T-DNA 区含有植物选择标记 *NPT-Ⅱ* 基因、*Lac* 基因以及在 *Lac* 基因内部含有多克隆位点。这样，在方便外源基因插入的同时，自然造成 *Lac* 基因自身的失活，从而方便了在平板培养基上直接筛选含有重组质粒的阳性转化子；②辅助 *Ti* 质粒的作用。辅助 Ti 质粒是 T-DNA 缺失型的 Ti 质粒,完全丧失了致瘤功能。其在双元载体系统中的功能是利用自身的 *Vir* 基因功能,激活处于微型 Ti 质粒上 T-DNA 的转移。在棉花转基因工程中,目前最常用的辅助 Ti 质粒是根癌农杆菌 *LBA4404* 中的 *pAL4404*。

双元载体的构建主要是通过将微型 Ti 质粒转化速冻的根癌农杆菌感受态细胞。同样,含有微型 Ti 质粒和辅助质粒的根癌农杆菌可以直接用于植物细胞的转化。与一元载体相比,双元载体具有以下特点和优势:①双元载体不需要共整合过程。因而,此系统中的微型质粒和辅助质粒之间无需同源序列。同时,由于两个载体之间无需共整合过程,使得其构建的过程相对简单、便于操作;②微型质粒不仅具有大肠杆菌*E. coli* 质粒复制位点,而且分子质量仅仅 10 kb 左右。这些特点使得其能在大肠杆菌的拷贝数增加到原来的 10～100 倍,同时由于分子质量小而便于体外遗传操作、构建频率相对较高,也容易转化根癌农杆菌菌株。

4)载体构建中启动子的选择

启动子是 RNA 聚合酶能够识别并与之结合,从而起始基因转录的一段 DNA 序列,是植物基因转录调控的中心。在植物转基因工程载体构建中,选择合适的启动子对增强外源基因在受体植物体内高效表达具有重要的意义。按作用特征,可将启动子分为组成型启动子、组织特异型启动子、诱导型启动子和复合型启动子四类:①组成型启动子。组成型启动子在所有组织中都能持续性启动基因的表达。目前在棉花上使用最广泛的组成型启动子是花椰菜花叶病毒的 *CaMV35S* 启动子,水稻肌动蛋白 Actin 启动子和玉米泛素 Ubiquitin 启动子。②组织特异型启动子。组织特异型启动子往往调控外源基因在特定器官或组织中的表达,表现出时空调节的特性。目前,在棉花转基因工程中,可供选择的器官特异表达启动子还比较有限。③诱导型启动子。诱导型启动子是植物在特定的发育阶段、组织器官或生长环境下,接受诱导信号后,启动某些基因表达或者大幅度提高或降低基因的转录水平。这种特定因素诱导激活的表达模式,在一定程度上避免了植物体内资源的浪费。目前已克隆的有光诱导表达启动子,热诱导表达启动子,化学诱导表达启动子及创伤诱导表达启动等多种。④复合型启动子。在植物转基因研究中,通过基因工程手段对现有启动子进行改造和修饰,并通过选择不同类型的启动子串联组合成复合型启动子,借以提高外源基因的表达效率。这种经修饰的复合型启动子表达效率高,可以通过多种因素激活,并根据不同转化目的和表达目标进行选择和优化组合,从而更高效地调控外源基因的表达效率和表达稳定性。复合型启动子已逐渐受到重视并得到广泛的研究和应用。

5)载体构建中常用的选择标记基因与报告基因

植物转基因工程中,载体上的选择标记基因和筛选标记基因(报告基因)是方便对阳性转化体(或转化子)进行选择和筛选。目前,已经有许多标记基因可供载体构建应用。作为标记基因,需具备一些条件:①编码的产物在正常的植物受体中不存在;②基因小,便于构成嵌合基因及后期的遗传转化;③在转化体中能够充分表达,并且便于检测或者定量分析。

选择标记的功能是在各种选择压力下将转化体分离出来。其原理是在选择培养基中加入选择剂,其产生的选择压使未转化的细胞生长受阻而最终趋于消失。而转化的细胞由于选择标记基因的表达产物对选择压产生抗性得以正常生长、发育,从而使其得以选择出来。作为培养基中的选择剂及选择标记的基因需要具备以下特征:①能够抑制生长但不立即致死植物细胞的化合物,优先被用来做转化系统的选择剂;②选择剂和选择标记基因产物不能对转化细胞的生长、发育产生不利的影响;③选择标记基因产物要便于分析。目前,新霉素磷酸转移酶基因(*NPT-Ⅱ*)、潮霉素磷酸转移酶基因(*HPT*)、庆大霉素抗性基因(*gent*)、草丁膦抗性基因(*bar*)等在棉花转基因工程中广泛用做抗性选择标记基因。

报告基因是一种编码可被检测的蛋白质或酶的基因,亦即是一个其表达产物非常容易被鉴定的基因。把它的编码序列和基因表达调节序列相融合形成嵌合基因,或与其他目的基因相融合,在调控序列控制下进行表达,从而利用它的表达产物来标定目的基因的表达调控,筛选得到转化体。作为报告基因,在遗传选择和筛选检测方面必须具有以下几个条件:①已被克隆和全序列已测定;②表达产物在受体细胞中本不存在,即无背景,在被转染的细胞中无相似的内源性表达产物;③其表达产物能进行定量测定。由于一些选择标记基因同样能起到报告基因的功能,所以,新霉素磷酸转移酶基因(*NPT-Ⅱ*)、潮霉素磷酸转移酶基因(*HPT*)及草丁膦抗性基因(*bar*)等基因也常作为报告基因使用。另外,β-葡萄糖酸苷酶(*GUS*)、绿色荧光蛋白(*GFP*)等是广泛应用的报告基因。

3.1.3.2 细胞质体转化及其载体

自从植物转基因技术诞生以来,采用农杆菌介导或基因枪等方法将外源基因导入细胞核一直是其主要的研究方向。然而,随着研究的不断深入,人们逐渐认识到核基因组遗传转化技术有其自身难以克服的缺点。譬如,由于细胞核基因组大,遗传背景复杂,外源基因的整合位点和拷贝数难以有效控制,造成外源基因表达效率低,在后代中遗传不够稳定,易出现"基因沉默"和"位置效应"等现象;另一方面,由于核基因易随花粉扩散,有可能带来生态安全性的问题,正在全球范围内引起人们的关注。幸运的是,Boynton 等于 1988 年首次利用生物粒子轰击法将外源 *atpB* 基因转入莱茵衣藻(*chlamydomonas reinhardtii*)的缺陷型叶绿体基因组,恢复了其光合作用能力,这是首次不通过核基因组成功完成的基因遗传转化。自此,质体转化开辟了一条可能回避风险的外源基因遗传转化的途径。

(1)叶绿体遗传转化的特点

叶绿体自身的母系遗传、多拷贝及叶绿体转化技术等内在特征决定了叶绿体遗传转化具有如下明显优点:①转化效率高且遗传表达稳定。植物细胞中含有多个基因组拷贝,将外源基因导入叶绿体基因组中,并达到同质化,该基因在植物细胞中的拷贝数将增加到数万个。又由于叶绿体对表达产物的积累具有较强的承受力,因而为外源基因在叶绿体中的大量表达提供了保障。②基因表达原核性。叶绿体基因组的遗传表达具有原核性。其基因组基因的排列方式、调控方式、GC 碱基对含量及翻译所偏爱的密码子与原核生物相接近,这有利于直接表达来自原核生物的基因,无需进行繁琐的优化密码子改造。③多基因同时转化。在叶绿体基因组中,许多功能相近的基因聚合在一起共用同一个启动子,组成操纵子。这种结构为在同一启动子的调控之下同时表达多个外源基因提供了可行性。④定位整合。由于一些植物的叶绿体基因组遗传背景较清楚,因此在转化叶绿体时通过在载体上设计相应的同源片段,可将外源基因定位整合到叶绿体基因组中,从而减少由于外源基因整合位点的不确定性以及由此而产生的位置效应对表达造成的不利影响。⑤环境安全性高。绝大多数植物的叶绿体遗传为母系遗传,不会发生目的基因因花粉传递而可能造成的环境安全问题。目的基因表达具有绿色组织特异性,不会在转基因植物果实中大量积累,以子实为产品的转基因植物的食用安全性增强;⑥便于分子操作。叶绿体基因组具有分子质量小、结构简单、不结合组蛋白等特点,有利于实现分子操作。

基于叶绿体转化技术的诸多优点，该技术已成为植物基因工程新热点，并在基础研究和实践中得到了较为广泛的应用。

(2)叶绿体遗传转化技术的原理

叶绿体是绿色植物细胞中的半自主细胞器，每个叶绿体中一般含有多拷贝能够自我复制的 DNA 分子。大部分叶绿体 DNA 分子是共价闭合的双链环状分子，长度一般为 120～160 kb。另外，大多数植物的叶绿体 DNA 都有一个共同的特点，即环状 DNA 分子上均有两个反向重复序列。叶绿体遗传转化技术的原理可归为以下几点：①同源重组和位点特异性整合实现叶绿体遗传转化的定点整合。在构建叶绿体遗传转化表达载体时，一般都在外源基因表达盒和报告基因表达盒的两侧各连接一段称为同源重组片段或定位片段(targeting fragment)的叶绿体 DNA 序列。当载体导入叶绿体后，通过定位片段与叶绿体基因组上的同源片段发生遗传重组，外源基因就可以整合到叶绿体基因组的特定位点。叶绿体遗传转化所用载体很多，譬如 pBluescript SK、pPRV 系列、pRB 系列、pUC119 等。其中 pPRV 系列、pRB 系列应用最为广泛，两者均具有可在不同质体转化中应用的优点。在以作物遗传改良为目的的叶绿体基因组遗传转化中，客观上需要同源重组发生既不引起叶绿体基因原有序列的丢失，又不至于破坏原有基因的功能。为满足这一要求，目前均选用相邻的两个基因作为同源重组片段，例如 rbcL/aacD,16strnV/rps2rps7 等。当发生同源重组以后，外源基因定点插入在两个相邻基因的间隔区，保证了原有基因的功能不受影响。②叶绿体特异的启动子，终止子及 5′-UTR 和 3′-UTR 区序列实现外源基因高效表达。为了使外源基因整合进叶绿体基因组后能够高效表达，在构建转化载体时，一般选用叶绿体来源的启动子和终止子。譬如，目前常用的启动子为叶绿体的 16S *rDNA* 基因的启动子 *Prrn* 和光系统Ⅱ作用中心的启动子 *PpsbA*；常用的终止子为叶绿体的 *psbA* 基因的终止子 *TpsbA* 和 *rps* 16 基因的终止子 *Trps 16*。③采用筛选标记基因高压多轮次等方法实现叶绿体基因组的同质化(homogeneity)。叶绿体基因组以多拷贝存在，同时转化这么多基因组几乎是不可能的。在叶绿体转化中通常有两类同源异质体：一类是质体间同源异质体，即在同一个细胞内同时含有野生型和重组型的叶绿体；另一类是质体内同源异质体，即在同一个叶绿体中同时含有野生型和重组型的叶绿体基因组。同源异质体最终导致无法保证获得的目标性状稳定遗传下去。因此叶绿体基因组转化所面临的一个关键问题就是去除未转化的叶绿体基因组。

目前，实现同质化主要采取以下策略：第一，在构建叶绿体转化载体时，加入筛选标记基因(selectable marker gene)，转化后在高浓度的选择压力下进行多轮次的筛选，淘汰未转化的叶绿体，进而实现叶绿体基因组的同质化；第二，采用在转化前设法降低受体细胞中叶绿体基因组拷贝数的方法，间接实现同质化。通过使用 DNA 损伤试剂(DNA damaging agents)或叶绿体 DNA 合成抑制剂处理受体细胞来实现；第三，野生型大肠杆菌 *recA* 基因介导法。有研究表明，野生型大肠杆菌 RecA 蛋白可使叶绿体 DNA 同源重组的频率提高 15 倍。因此，将*recA* 基因导入叶绿体基因组中，可以提高 DNA 分子的重组频率，从而实现提高叶绿体转化的同质化水平。

(3)叶绿体遗传转化的方法

外源基因导入叶绿体基因组的方法主要有农杆菌介导转化法、PEG 介导转化法、激光注射法、显微注射法、基因枪转化法和转运肽介导的叶绿体间接转化法等等。其中，基因枪转化法是目前最常用和最有效的方法。基因枪转化法又称粒子轰击技术(particle bombardment)。

这一方法是用粒子枪把表面吸附有外源 DNA 的金属微粒高速地射进植物细胞或组织。基因枪转化法具有转化效率高，转化后的组织可以迅速再生成植株，并且该方法适合于不同种类的植物；然而，该技术的缺点是成本较高。转运肽介导的叶绿体间接转化法，是在构建叶绿体表达载体时，把叶绿体的转运肽编码序列和目的基因相连，然后用细胞核转化技术把外源基因导入植物细胞。这样目的基因编码的蛋白质就有可能在转运肽的引导下输送到叶绿体颗粒中去，从而克服叶绿体 DNA 多拷贝的问题，并在一定程度上能够缓解转化体的分离。

(4)叶绿体遗传转化面临的技术问题

缺乏十分有效的选择标记基因。烟草叶绿体遗传转化所用的选择标记基因是抗壮观霉素(aadA)基因；然而，高等植物核转化表明这种选择标记基因对部分具抗生素耐性的双子叶植物和单子叶植物选择效率低，无法得到大量转化植株。因此选择有效的标记基因是实现扩大叶绿体遗传转化植物种类的关键因素。

外源基因表达缺乏组织发育专一性。叶绿体基因组的启动子一般都没有组织专一性(光调控启动子除外)，特别是发育专一性表达的特性。而对于转基因植物来说，为了保障不影响细胞正常代谢，提高细胞内物质能量的有效利用率，常要求外源基因能够具有可调控的组织或时间上的表达特异性。因而，表达调控元件的选择对外源基因的高效表达就显得十分重要。

3.1.3.3　多基因转化系统

在过去的 20 多年里，人们通过基因工程技术，往往仅利用 1～2 个基因来定向改良单一的性状。然而在自然界中，生物的性状却更多是由多基因共同协调控制的，一个简单的代谢可能需要多种酶的参与才能进行。对于农作物而言，其农艺性状如株高、穗数、成熟期等，在遗传上往往是由大量微效基因共同控制的。而产量、抗性、产量性状等重要经济性状本身又是由若干数量性状构成的复合性状。为此，多基因组装与转化技术便应运而生。

(1)多基因转化的策略

1)重复转化法

该法将一个个目的基因多次地导入同一生物体中的方式。该方法尽管理论上可行，但由于耗时长，筛选困难，不同基因间易发生分离或诱发沉默，且每次转化均需要不同筛选标记，因而在实践中难度较大。

2)杂交聚合法

该法先将不同基因分别转化受体亲本，再把获得的转基因纯系杂交以聚合多个目标基因。这种先选育纯系再进行杂交的方法费时费力，一般多适用于已有的转基因纯系。考虑到转基因的位置效应和基因表达的稳定性，还必须扩大相应的育种群体。

3)多载体的共转化法

多载体共转化法是将位于不同载体上的多个基因同时导入受体基因组中。Chen 等用基因枪法将 14 个带有不同基因的质粒共转化水稻，有 17%的转化子带有 9～13 个外源基因。共转化方法由于简单易行已经成为目前国内外多基因转化的首选方法。但是共转化的不足是共整合频率不稳定，随不同转化事件、不同的受体，不同的表达载体结构、大小和数量而变化。

一般来说，当转化载体的数量增加时，获得多基因共转化体的频率将会大幅度下降。当然也可以先把多个基因分成几组分别构建在不同的载体上，再将分别含有多个基因的几个载体进行共转化，如此便可兼顾共转化的效率和载体的容量及构建载体的难度。另外各个基因的表达也受其复杂的整合模式影响而变化很大。因而，同时进行转化的目的基因之间，转化和表达的效率可能差异较大。

4)多基因单载体一次性转化法

多个基因如能构建在同一载体上，将省去杂交、回交及重复转化繁琐过程，避免或减少非载体DNA转化的不确定性和共转化频率低、整合模式复杂以及多个转入的基因在后代中分离与重组等问题。因此多基因表达载体的构建已经成为多基因转化策略的关键性技术之一。但目前多基因载体的构建和组装仍面临着一系列的技术难题，如大容量载体系统的构建，大片段DNA分子的定点切割与连接。基于酶切与连接方法的传统分子克隆技术显然已难以满足多基因大分子DNA的操作。

5)质体转化法

如前所述，在叶绿体中，许多功能相近的基因聚合在一起，共用一个启动子，以多顺反子的形式同时在叶绿体中转录和表达，因而可以利用叶绿体来进行多基因表达。叶绿体表达体系不仅有超量表达和积累外源蛋白的能力，而且能为原核基因的表达提供理想场所。由于叶绿体DNA背景清楚，可以通过同源重组实现定点整合，使目的基因定点重组于合适的表达位点，较好地解决"位置效应"、"顺式失活"等基因沉默的问题。目前，尽管叶绿体转化法还不成熟，但它已显示出自己独有的优势。因此，通过发展合适的叶绿体转化载体和转化方法，可望为高等植物的多基因转化开辟一条新的途径。

(2)多基因载体的构建

1)独立表达框组合法

各个目的基因两端各携带有自己的启动子、增强序列、终止子等转录和翻译的调控元件，将各个表达框串联在一起共同组建于一个表达载体中。这种组合在一起的目的基因由于有各自的表达元件，因此能分别转录成多个转录本，并表达出各自的产物。它们之间一般完全连锁，可同时表达。通过不同的启动子元件，还可以控制不同基因在表达上的时空特异性，从而使多基因得到更灵活协调的表达。但随着加入基因数的增多，寻找多个合适启动子的工作将会变得越来越艰巨。

2)多聚蛋白-酶解法

多个目的基因的编码序列融合在同一个开放阅读框(open reading frame，ORF)内，形成操纵子，它们共用同一个启动子，以多顺反子的形式转录成一个转录本，翻译后得到一个由不同功能蛋白拼合在一起的多聚人工蛋白。考虑到融合蛋白结构和功能的复杂性，如果欲将各个目的基因的表达产物分离开来行使各自的功能，还可以在各基因之间插入编码某个蛋白酶特异识别位点的DNA序列，这样，融合蛋白一旦翻译成多肽，完全可以通过相应的酶解过程使其分离。由于融合在一起的多个基因处在同一个表达盒中，缩小了整合进载体的DNA片段长度，减轻了载体的运载负担，同时还使各基因的表达完全同步，表达水平相当，因此便于对表达进行控制。

3)利用内部核糖体进入位点(internal ribosome entry site，IRES)法

IRES位于2个ORF之间，是不依赖于启动子的翻译起始区。它们可以直接引导核糖体对下游ORF进行翻译而不需要5′帽子结构。它能完全独立于上游顺反子而介导下游顺反子的有效翻译，即使IRES 5′端的转录本没有进行翻译也不会影响其3′转录本的翻译。因此可以将多个基因串联成多顺反子，每2个顺反子间设置一个IRES来进行多基因表达。

(3)多基因转化的应用前景

众所周知,植物中绝大多数性状都是由多基因控制的。而发育、分化、代谢等复杂的生理生化过程,则是更需要多种基因表达产物协调作用而共同完成。弄清每个基因各自的功能及其相互之间的作用,是生物学和遗传学理论研究中最重要的课题。随着基因组计划研究的深入,将会有更多的与个体发育及生物钟有关的基因被克隆,进而有可能控制各种生物体生长发育的各个过程。以此为基础,结合多基因转化的策略和传统育种方法,人类将有可能最大限度地改变由上述基因控制的有关性状,在农业上创造融合多种优良性状的新物种。

3.2 棉花细胞工程

3.2.1 棉花细胞工程的研究历史与现状

细胞工程(cell engineering)就是利用细胞的全能性,采用组织培养与细胞培养技术对植物进行修饰,为人类提供优良品种、产品及珍贵物种。体细胞培养是以组织培养为基础,经过人工培养、器官再生获得再生植株的技术。组织培养中植株再生的途径有两条:一是器官分化,二是胚胎发生。器官分化就是由外植体或其形成的愈伤组织直接长出根、茎、叶等器官,并逐步形成完整植株的再生方式。器官分化对于种质资源的保存和交换;杂种优势的固定以及稀有种质的保存等均具有极其重要的作用。目前在栽培棉种中,茎尖及茎尖分生组织通过其芽分化途径再生出植株,而其他外植体则还没有器官分化植株再生报道。棉花组织培养植株再生主要是以胚胎发生途径进行的。

胚状体发生包括直接发生和间接发生。胚状体直接发生是由外植体中的胚性细胞(即胚状体决定细胞)经培养后直接进入胚状体发生阶段而形成胚状体,不需要借助于外源激素的作用;胚状体间接发生是由外植体先脱分化,之后诱导出胚性细胞(诱导胚状体的决定细胞),最终发育成胚状体。棉花胚状体发生是利用无菌苗的下胚轴、子叶、胚根、叶柄或成株的幼茎、幼叶以及不同来源的外植体等,经过愈伤组织诱导、胚状体发生、胚状体发育从而得到再生植株。该过程包括外植体的选择、培养基成分配比、培养方式的选择等。从发展趋势上看,棉花组织培养技术在经过前期的一个高速发展之后已经开始减缓,并逐渐着重于分子机理的研究;虽然前人的报道为后期工作提供了大量的参考依据,但是建立棉花组织培养的胚状体发生再生体系仍受到许多因素的影响。如培养材料的生理状态和遗传特性、培养过程中的环境条件、培养基成分中化合物和物理性状、植物生长调节剂等。

3.2.1.1 棉花细胞工程的发展

棉花被公认为是难于进行体细胞培养而获得再生植株的农作物之一,其体细胞培养技术研究起步较晚。棉花组织培养技术作为现代棉花品种改良的重要手段,从一开始就备受关注。自从 Beasley 等(1971)首次报道了由陆地棉胚珠的珠孔区诱导形成愈伤组织以来,许多学者纷纷报道了从棉属不同种和不同外植体中得到了愈伤组织,但在很长一段时间内未能得到胚状体及再生植株。1979 年,Price 和 Smith 等首次报道了从克劳茨基棉通过细胞悬浮培养获得胚状体,但一直未培养成苗。直到 1983 年,Davidonis 等首次建立陆地棉(*Gossypium hirsutum* L.)组织培养体系。Trolinder 等(1987)通过技术改进,尤其是采用 MS 培养基中 KNO_3 加倍技术、悬浮培养技术,利用 Coker 棉系统高频胚胎发生材料,使棉花体细胞再生技术向前推进了一步。但棉花体细胞胚发生和植株再生能力仍然受到基因型的限制,只有少数品种能够通过组织培养获得再生植株。Trolinder 和 Xhixian 对陆地棉 28 个品种研究结果表明,只有珂字 312 和 T25 具有较高的体细胞胚发生能力。董合忠等根据成胚数量和发育成植株的多少将陆地棉品种分为四类:第一类是体细胞发生能力强,易成苗的品种,如珂字 312 和珂字 201;第二类是具有一定的体细胞胚发生能力,成苗数量中等的品种,经多次继代筛选后可得到较多的体细胞胚和部分再生植株,如岱字 15 和岱字 16;第三类是体细胞胚发生能力差,畸形胚多,经长时间继代筛选后方可得到个别植株的品种,如鲁棉 1 号和鲁棉 7 号;第四类为体细胞胚极难或不能发生,如斯字棉 215 和斯字棉 50 等。棉花种质资源丰富,目前仅珂字棉系列,中棉系列、鲁棉系列等少数品种获得了体细胞胚和再生植株。我国长江流域、黄河流域、新疆棉区的棉花品种植株再生能力没有明显差别,但长江流域和新疆棉区棉花品种的体细胞胚胎发生时间较长。

与其他作物相比,棉花组织培养体系很不完善,主要表现在胚性愈伤组织诱导困难、体胚发生率低、培养周期长、试验重复性差等方面。导致了农杆菌介导的棉花遗传转化效率低、周期长、可利用的转化体少等不利因素,限制了该技术在棉花上的应用。改良棉花组织培养体系、拓展受体基因型范围和外植体、缩短体细胞再生周期等课题的研究,始终是棉花组织培养研究的重点。

3.2.1.2 棉花细胞工程的应用

植物组织培养已由初期用以回答植物生长发育某些理论问题的纯学术性研究,逐步发展成为包括单细胞培养、单倍体诱导(如花药培养、花粉培养、胚珠培养等)、三倍体诱导(胚乳培养)、离体授粉、胚胎抢救(合子胚培养)、原生质体培养与体细胞杂交育种、体细胞无性系变异与选择育种、植物脱毒、离体快繁、种质保存、人工种子、植物细胞反应器等多方面内容的技术体系(李浚明,1996),在农业、林业、医学等多个领域发挥出巨大的应用价值。在异花授粉植物杂交育种中,采用花药或花粉培养技术可大大缩短杂合体纯合所需时间,加快育种进程;在远缘杂交中,通过离体授粉或胚胎抢救可以克服受精前或受精后障碍,通过体细胞融合还有可能制造出细胞质杂种;利用植物脱毒、离体快繁、人工种子等技术可以解决植物种质退化、珍稀名贵植物快速繁殖等问题;体细胞无性系变异、超低温离体保存、植物细胞反应器等技术在植物遗传改良、种质资源保存与利用、次生物质生产等方面也同样显示出广阔的应用前景。

此外,组织培养可为植物遗传转化提供理想的受体材料,是植物基因工程研究的基本条件和重要手段,在植物基因工程改良中发挥着重要作用。目前棉花组织培养主要应用于农杆菌介导的遗传转化、基因枪轰击法遗传转化和纳米材料介导的遗传转化等。棉花大部分转化成功的例子是采用农杆菌介导转化法完成的,其主要原因是:棉花是双子叶植物,易受农杆菌感染、对设备没有特殊要求、转化的外源基因以单拷贝或双拷贝居多,遗传稳定性好,并且多数符合孟德尔遗传规律,因此转基因植株能较好地为育种提供中间材料。

建立高效稳定的再生体系才能有效地服务于作物品种改良,为棉花细胞分化和胚胎发生的机理、纤维发育、基因表达和代谢调控等理论研究提供新的实验系统,更为棉花的细胞工程如突变体筛选、人工种子的研制、种质资源的保存和交换、杂种优势的利用、试管棉纤维的生产以及基因工程的遗传操作等应用研究的开展奠定可靠的基础。因此棉花组织培养技术的完善为棉花育种与生产的深入开展开拓了新的途径。

棉花的组织培养和植株再生比较困难，受基因型影响严重，大多数能获得再生植株的基因型是生产上已淘汰了的品种。必须再通过杂交或回交转育的方法将目的基因转育到当前推广的优良品种中，进而培育出新的转基因棉花品种。同时，该方法周期长，12～15 个月才能获得转基因植株，转化效率低，一般在 10%左右，缺少稳定的组织培养与转化体系，因此从棉花组织培养诞生至今，基因型限制是妨碍其应用的瓶颈。

总之，棉花细胞工程的发展潜力十分巨大，需要在降低操作难度、提高植株再生率等方面完善其体系，以取得突破性的进展，服务于棉花育种研究。

3.2.2 实验室设备及一般技术

3.2.2.1 实验室设备

植物组织培养是在严格无菌的条件下进行的。需要一定的设备、器材和用具，同时还需要人工控制温度、光照、湿度等培养条件。在设计组织培养实验室时，应按组织培养程序来设计，以免给后续工作带来不必要的麻烦。实验室组成包括化学实验室、灭菌洗涤室、无菌操作室（接种室）、培养室、分子生物学检测实验室等。

（1）化学实验室

组织培养所需要的各种药品的贮备、称量、溶解、配制、培养基分装等。主要设备及仪器包括：药品柜、防尘橱（放置培养容器）、冰箱、天平、纯水系统、酸度计、摇床及培养基配制用玻璃仪器。

（2）灭菌洗涤室

完成各种器具的洗涤、干燥、保存、培养基的灭菌等工作。主要设备：水池、操作台、高压灭菌锅、洗瓶机、培养基分装设备等。

（3）无菌操作室（接种室）

主要用于植物材料的消毒、接种、培养物的转移、试管苗的继代、原生质体的制备以及一切需要进行无菌操作的技术程序。主要设备：紫外光源、超净工作台、消毒器、酒精灯、接种器械（接种镊子、剪刀、解剖刀、接种针）、培养箱等。接种室宜小不宜大，一般 7～8 m^2，要求地面、天花板及四壁尽可能密闭光滑，易于清洁和消毒。配置拉动门，以减少开关门时的空气扰动。接种室要求干爽安静，清洁明亮。在适当位置吊装 1～2 盏紫外线灭菌灯，用以照射灭菌。最好安装一小型空调，使室温可控，这样可使门窗紧闭，减少与外界空气对流。接种室应设有缓冲区，面积 1 m^2 为宜。进入无菌操作室前在此更衣换鞋，以减少进出时带入接种室杂菌。缓冲间最好也安装一盏紫外线灭菌灯，用以照射灭菌。

（4）培养室

培养室是将接种的材料进行培养生长的场所。培养室的大小可根据所需要培养架的大小、数目以及其他附属设备而定。其设计以充分利用空间和节省能源为原则。高度比培养架略高为宜，周围墙壁要求有绝热防火性能。培养材料放在培养架上培养。培养架大多由金属制成，一般设 5 层，最低一层离地高约 10 cm，其他每层间隔 30～40 cm，培养架高 2 m 左右。

培养架长度是根据日光灯的长度而设计。培养室最重要的影响因子是温度，一般保持在28～31℃，具备产热装置，并安空调机。棉花组培室室内湿度不要求恒定，一般不需要加湿机，相对湿度以保持在70%以下为宜，夏季最好有除湿机。主要设备：培养架（控温控光）、紫外光源等。

(5)细胞学实验室

用于对培养物的观察分析与培养物的计数等，培养箱。主要设备：显微镜、体式显微镜、倒置显微镜等。

(6)分子检测实验室

要建立单独的分子检测试验室，以满足转基因材料的分子鉴定。主要仪器有PCR仪、杂交炉、RT-PCR、凝胶成像系统、电泳仪、分光光度计、恒温水浴锅、电炉等，加热器具、磁力搅拌器、高速冷冻离心机等。

3.2.2.2 常用培养基的配方及其特点

棉花组织培养中最常用的培养基为MS培养基的无机盐和B5培养基的有机成分，基本配方如下：

表3.7 常用培养基的配方 mg/L

成分	用量	成分	用量
$CaCl_2$	332.02	KI	0.83
KH_2PO_4	170	$MnSO_4 \cdot H_2O$	16.9
KNO_3	1 900	$Na_2MoO_4 \cdot 2H_2O$	0.25
$MgSO_4$	180.54	$ZnSO_4 \cdot 7H_2O$	8.6
NH_4NO_3	1 650	VB_1	0.01
$CoCl_2 \cdot 6H_2O$	0.025	VB_6	0.001
$CuSO_4 \cdot 5H_2O$	0.025	烟酸	0.001
EDTA-$FeNa_2$	36.7	肌醇	0.1
H_3BO_4	6.2		

Murashige et al，1962。

棉花组织培养中常用的激素为IAA、KT、2,4-D、6-BA、ZT等。一般认为2,4-D是棉花愈伤组织诱导阶段最有效的生长调节剂，能够高效的诱导愈伤组织，但后期高浓度的2,4-D不利于棉花体细胞胚的形成，所以在胚状体生长的培养基中一般要去除2,4-D。Price and Smith(1979)发现在悬浮培养基中加入2,4-D能促进悬浮培养物的生长，继而形成体细胞胚。董合忠等(1993)研究表明，棉花下胚轴诱导愈伤组织需要外源2,4-D，而加入激动素(KT)可增强2,4-D的效果，并认为由愈伤组织形成胚性细胞和胚性细胞团需要2,4-D和KT的共同作用。KT可以促进胚性细胞团分化出胚状体，而加入2,4-D则会降低KT的效果。此外，还有研究表明BR单独使用可使Coker 201顺利形成愈伤组织，并伴有体细胞胚胎发生，BR与2,4-D配合时效果更好(王武和张献龙，1994)。张宝红等(2000)认为培养基中适当应用植物激素不仅是成功诱导体细胞胚胎发生的决定因素，也是影响胚状体高频率诱导的主要因素。

由于不同植物或同种植物的不同基因型受激素调节影响的水平不同，在组织培养过程中对外源激素的反应也表现出基因型的特征。在棉花组织培养中，筛选一个合适的基因型与激素组合是诱导体细胞胚胎发生的关键。在众多的测试组合中，发现IBA无论在胚性愈伤的诱导还是活力保持上均优于2,4-D和IAA。IBA与KT配合使用能使珂字201愈伤组织的胚胎分化率提高到89.5%。有研究表明BR能使难以进行胚胎发生的品种进行胚胎发生。

3.2.2.3 培养方法与培养条件

不同培养条件对体细胞胚胎发生效率具有重要影响，棉花细胞培养条件主要从温度、光照、pH值和通气状况等4个方面考虑：

(1)温度：对大多数植物组织28～30℃即可满足生长所需，晚间可以降到24～27℃最适合。

(2)光照：通常在散射光线下进行。光的影响可导致不同的结果。有些植物组织在暗处生长较好，而另一些植物组织在光亮处生长较好，但由愈伤组织分化成器官时，每日必须要有一定时间的光照，棉花组织培养一般采用日光灯为光源，强度不超过3 000 lx为好。

(3)酸碱度：棉花生长的最适宜pH为5～6.5。在调pH值时，一般选用氢氧化钾和盐酸，用氢氧化钠效果没有氢氧化钾好。

(4)通气：悬浮培养中细胞的旺盛生长必须有良好的通气条件。小量悬浮培养时经常转动或振荡，可起到通气和搅拌作用。大量培养时可采用专门的通气和搅拌装置。

3.2.2.4 液体悬浮培养

不同的培养方式也影响着体细胞胚胎发生效率。通过液体悬浮培养能有效地诱导体细胞胚胎发生，增加体细胞胚数目，促进胚的萌发成熟。植物细胞悬浮培养是一种在受到不断搅动或摇动的液体培养基里培养出单细胞及小细胞团的培养系统，是植物细胞生长的微生物化。悬浮细胞由于其分散性好，细胞形状及细胞团大小大致相同，而且生长迅速，重复性好，易于控制，所以被广泛用于生理学、细胞学、生物化学、发育生物学、遗传学、分子生物学的研究。因此，悬浮细胞培养已成为植物生物技术中最有用的研究手段之一。

(1)悬浮培养的类型

悬浮培养依据其培养方式可分为两种类型，即分批培养和连续培养。分批培养是把细胞分散在一定容积的培养基中进行培养，培养过程中只有气体和挥发性代谢产物可以同外界空气交换。当培养基中的主要营养物质耗尽时，细胞的分裂和生长即停止。为了使分批培养的细胞能不断增殖，必须进行继代培养。在分批培养中，由于细胞培养基的成分不断改变，虽然在短暂的指数生长期内细胞数目可以加倍，但由于细胞缺乏一个稳态生长期，因此，其代谢物和酶的浓度不能保持恒定，所以它不是一种理想的研究细胞生长和代谢的手段。连续培养是利用特制的培养容器进行大规模的细胞培养。在连续培养中，由于不断注入新鲜培养基，排掉用过的培养基，在培养物的容积保持恒定的情况下，培养液中的营养物质能够不断地得到补充。连续培养是植物细胞培养技术中的一项重要进展，它对于研究植物细胞代谢调节机理、生长限制因子对细胞生长影响以及大量生产细胞的培养过程中次生物质的形成都有一定的意义。

(2)悬浮细胞的培养方法

一般色泽新鲜、生长旺盛、质地疏松且增殖率高的淡黄色愈伤组织可以用来获得悬浮细胞系。处于这种状态下的愈伤组织生长迅速、易于分散、在悬浮培养基中分散程度好,单细胞多,细胞分裂旺盛,细胞体积较小,适合进行悬浮培养以获得悬浮细胞系。具体操作:取愈伤组织0.5～1.0 g,在无菌操作条件下,破碎成小块之后接种于装有液体培养基的锥形瓶中,在(28±2)℃散射光或黑暗的培养室中,置于120 r/min旋转式摇床上振荡培养,悬浮细胞一般的生长周期为2～4周,每3～4周需要继代一次。

(3)悬浮细胞活性的测定

1)TTC(氯化三苯基四氮唑)法:该法利用活细胞呼吸所产生的NADH2和NADPH2催化渗透到细胞内的TTC,使其还原生成红色的TTF(三苯基甲腙),通过观察其显色反应和对提取的TTF分别进行定性和定量从而衡量细胞的活性。

2)相差显微术法:在显微镜下,通过观察细胞质环流和细胞核存在与否来判断细胞的活力。具有活力的细胞往往有细胞核和正常的环流。

3)FDA(荧光素双醋酸酯)法:FDA本身不具有极性,不能发出荧光,可以自由出入细胞膜。在活细胞中,FDA被酯酶裂解,释放出有极性的荧光素。荧光素不能自由穿越质膜,只能在活细胞中积累。当紫外光照射时,活细胞中的荧光素可以发出绿色荧光,以此可以区别活细胞和死细胞。

4)伊凡蓝法:当以伊凡蓝(Evans blue)的稀溶液(0.025%)对细胞进行处理时,只有受损的细胞能够摄取伊凡蓝,因此被染成蓝色的细胞往往是无活力细胞。

3.2.3 原生质体培养和体细胞杂交

3.2.3.1 原生质体培养

植物原生质体的概念是由Hanstein于1880年提出的,是指细胞中去掉了细胞壁的部分,包括原生质膜、细胞质、细胞核等结构。棉花原生质体培养起始于1974年,当时Beasley和Ting首次从陆地棉开花后2 d的纤维中分离出原生质体,经过培养得到了小细胞团。随后,Bhojwani等(1977)从陆地棉下胚轴愈伤组织、Thomas和Katterman(1984)从陆地棉花药愈伤组织、Finer和Smith(1982)从克劳茨基棉下胚轴愈伤组织、EI-Shihy和Evans(1983)从海岛棉子叶分别分离得到原生质体,经培养获得肉眼可见的愈伤组织或小细胞团。早在1892年,Klercher等通过诱导植物细胞发生质壁分离,然后采取机械切割的办法获得原生质体。Cocking于1960提出酶法分离植物原生质体,大大提高了分离效率(Cocking,1960)。这些研究虽未获得再生植株,但它为以后棉花原生质体培养的成功奠定了基础。1989年,佘建明等和陈志贤等分别以陆地棉3118、晋棉4号、Coker 312和Coker 201下胚轴诱导的胚性愈伤组织为材料分离得到原生质体,并首次获得了陆地棉原生质体的再生植株,开创了陆地棉原生质体培养的新纪元。迄今为止,已经对陆地棉、海岛棉、亚洲棉、克劳茨基棉和戴维逊氏棉等棉种的子叶、下胚轴、叶片和茎等器官的外植体进行了原生质体的分离、培养和研究,其中陆地棉、海岛棉和克劳茨基棉3个种获得了再生植株。原生质体再生株的获得,为细胞杂交铺平了道路。2004年,Sun等通过电融合法进行了陆地棉和克劳茨基棉两个种间的原生质体融合,获得了18株再生植株，形态学、遗传学、细胞学和RAPD技术鉴定证明有16株是种间体细胞杂种再生植株，这是国际上首次通过细胞融合获得棉花杂种植株。原生质体融合可以转移细胞核中的染色体组、染色体、染色体片段，或者是细胞质中的叶绿体DNA及线粒体DNA。这一手段配合常规育种技术，对于创造新种质、克服远缘杂交不亲和性以及研究棉花进化都具有重要意义。

培养基的种类、植物激素、培养方法、培养密度、渗透压调节剂都能够影响原生质体培养和再生。棉花原生质体培养常用KM_8P和K_3培养基。平衡培养基中生长素和细胞分裂素的含量并及时更换新鲜培养基有利于细胞分裂，添加2,4-D有利于原生质体启动分裂和诱导出愈伤，用葡萄糖和甘露醇的配合作为碳源和渗透压稳定剂能促使棉花原生质体细胞壁的再生、细胞分裂和细胞团的增殖。添加谷氨酰胺、天冬酰胺等有机物能不同程度地提高原生质体分裂的频率，培养基中附加NH_4NO_3和$CaCl_2$可增加原生质体的存活率，棉花原生质体培养的pH值应控制在5.6～5.8。棉花原生质体培养常用液体浅层培养法、固体包埋法和固液浅层培养法。其中，固液双层培养法通气性好，能充分接触氧气，代谢物能很快扩散，容易更换和添加新的培养基，也可以方便使用倒置显微镜观察和拍照。培养密度也是原生质体能否再生的重要因素，棉花原生质体的密度在5×10^4 cell/mL较好，低于这个密度较难成功(陈志贤，1989)。液体浅层培养和固液双层棉花原生质体培养要求较高的密度，为2×10^5～1×10^6 cell/mL (Sun et al，2005)。佘建民等认为在培养过程中，采用合适的渗透压调节剂并及时调节渗透压，能够促进细胞分裂和愈伤组织形成。

分离的原生质体材料主要来源于愈伤组织、胚性悬浮细胞系和叶片组织等，不同组织分离得到的原生质体再生能力差异明显。目前，主要用酶解法分离原生质体，即利用纤维素酶、果胶酶、半纤维素酶的CPW溶液消化细胞壁。酶解效果受酶液种类和浓度，酶解时间、温度和处理方式以及酶液渗透压等多个因素的影响。根据材料不同，酶解时间从6～24 h不等。用3%纤维素酶、5%果胶酶、0.5%半纤维素酶混合酶液在黑暗中轻摇酶解20 h获得高质量的原生质体。酶解后，可以先采用细胞筛去除较大的杂质，然后采用原生质体洗液(CPW)添加不同物质(甘露醇和蔗糖)进行密度梯度离心，得到纯净的原生质体。另外，加入适量的PVP或MES可稳定酶解过程中的pH值，对于分离原生质体较为有利。

3.2.3.2 棉花体细胞杂交

棉花体细胞杂交最重要的技术就是融合方法。植物原生质体融合是植物细胞工程的一个重要方面，包括原生质体的制备、细胞融合的诱导、杂种细胞的筛选和培养以及杂种植株的再生和鉴定等环节。早在植物原生质体融合技术发展的初期，科学家们试图通过原生质体融合将两个亲缘关系较远的物种基因组结合在一起，以期创造出新的植物类型。典型的例子是马铃薯与番茄的原生质体融合，期望得到一个上面结番茄，下面长马铃薯的植株，然而，最后得到的融合杂种植株既不长番茄也不长土豆，只是形态上类似番茄植株(Melchzeretal，1978)，推测原因可能是由于远缘融合杂种中异源染色体不相容而导致的杂种不育，由此设想可以只将异源种属中的少数染色体或片段导入受体细胞，从而改善杂种育性并可以转移有利性状。目前主要有两种融合方法：PEG诱导融合法和电融合法。PEG诱导融合法的融合频率较低，一般只有1%～5%，PEG对植物原生质体有较大的毒性，甚至导致线粒体严重破坏。采用聚乙酸乙烯酯(PVA)、聚乙烯吡咯烷酮(PVP)、藻酸钠和葡聚糖(Dextran)作为融合剂融合频率可达

10%。二甲基亚砜、链霉蛋白酶等作为融合促进剂，能显著地提高融合频率，但操作过程繁琐。因此，电融合法具有对原生质体损伤小、易操作、融合率高(15%以上)等优点，该技术已得到广泛的应用，并表现出比 PEG 法更多的优越性。

3.2.4 外植体的选择和灭菌

3.2.4.1 外植体类型

外植体类型是影响棉花胚性愈伤和胚状体分化的重要因素。研究表明不同外植体类型之间在愈伤组织诱导和分化方面存在着差异。因此棉花组织培养体系的改良与外植体的筛选历来是组织培养工作者的重点之一。棉花下胚轴比子叶或叶作外植体优越(Trolinder 等，1988)。子叶节附近是下胚轴最易形成愈伤组织的部分(Finer，1984；张献龙等，1990)。Finer 等(1984)发现用成熟棉株的茎、叶、叶柄作外植体与用无菌苗相比，难以诱导出愈伤组织。谭晓连等(1988)研究了盆栽拟似棉的叶、叶柄和茎在离体培养中的反应，发现采用茎最容易诱导体细胞胚胎发生和植株再生。未授粉胚珠产生的愈伤组织不如授粉胚珠(宋平，1987)。外植体的放置方向很重要，利用下胚轴作外植体时，必须使表皮与培养基接触，若使切口与培养基接触，会产生生长缓慢的红色愈伤组织。在难易程度方面，下胚轴最易，中胚轴和上胚轴次之，子叶较差，叶片和茎段最差，近年来研究毛根能够再生，但难易程度缺少比较(焦改丽等，2002)；张海等(2002)报道了棉花子叶柄离体培养与植株再生，但再生频率不高。不同研究者得出的结论有一定差异，可能与不同遗传型材料对诱导培养体系存在较大的差异有关。此外，外植体的生理状态也很重要，幼嫩组织比成熟组织更易诱导。总而言之，在建立一个新品种的再生体系时，应该试用不同的外植体进行培养，同一品种不同外植体可能会有不同反应，选择适合的外植体也很重要。

3.2.4.2 花药和花粉培养

花药培养是器官培养，花粉培养属于细胞培养，与花药培养相比，花粉培养需要进行花粉分离。花粉培养和花药培养都是获得单倍体植株的重要途径，而单倍体植株经染色体加倍以后可得到遗传上稳定的纯合二倍体植株，具有缩短育种周期、提高育种效率等优点。同时单倍体植株还是育种和研究遗传规律的好材料。棉花花药培养虽然始于 20 世纪 70 年代，但长期以来一直处于条件摸索和优化阶段，目前仅能获得少量单倍体愈伤组织、胚状体、根状体和茎状体，个别种可得到再生植株。棉花花药培养能否成功地诱导出再生植株及诱导频率的高低受到基因型、花药培养的时期、培养基及其组成、培养方式等多种因素影响。1978 年，Barrow 等对陆地棉和海岛棉的花药进行了培养并获得了大量的愈伤组织，但细胞学检查表明，仅有 2%～4%的细胞表现为单倍体 ($n = 2X = 28$)，且都包埋于双倍体愈伤组织中，常随愈伤组织的增殖而退化和消失。此后，李秀兰等(1987)用石蜡切片法观察花药培养中小孢子的发育状况，发现在适宜的培养条件下，花粉细胞可以启动分裂并能形成多细胞团和愈伤组织，从而证明了棉花花药培养形成花粉单倍体植株是有希望的。必须注意的是整个操作过程中不应使花药受到损伤，若受到损伤，则应淘汰，因为损伤常常会刺激花粉壁形成二倍体的愈伤组织。

3.2.4.3 胚珠培养

棉花子房胚珠的离体培养为棉花纤维生长发育的研究提供了实验平台，是研究棉纤维伸长发育的重要方法之一，可以作为研究细胞伸长和分化的一个参考模型。棉花纤维是棉花所特有的一种表皮毛细胞，是从胚珠表皮细胞分化而来的单细胞结构。棉花纤维伸长分为四个时期：纤维原始细胞起始分化、纤维细胞伸长、初生壁形成期、次生壁合成期。离体纤维培养可以避免大自然的一些不确定因素（天气、温度、光照等）而大量稳定生产，又可以用于一些特殊用途，人工控制产生的无菌纤维可用于制造优质的医用纱布和绷带等。

自 Beasley 等开创棉花胚珠培养以来，在棉花胚珠培养及其影响因素方面已有了大量的研究，其中大多集中于激素的作用。例如海岛棉和陆地棉纤维的差异关系、为什么海岛棉纤维延长时间比陆地棉长，这一研究的目的是找出有关基因以改良陆地棉的纤维长度。Triplet 用光籽棉种胚珠培养研究激素对纤维形成的影响，发现增加 IAA 和 GA_3 的浓度对光籽胚珠产生纤维的百分率有协同效应，证明激素与纤维诱发有关。张衡木等研究了不同激素对于试管棉纤维培养的影响，结果表明 IAA 对棉纤维的伸长起重要作用。程超华等和刘晓杰等研究表明，在同时含有 IAA 和 GA_3 两种激素的培养基中，突变体和野生型胚珠产生的纤维长度均显著高于只含有一种激素培养基的纤维长度，说明 IAA 与 GA_3 之间在诱导纤维伸长上有协同作用，并在一定程度上能解除突变体纤维伸长的抑制。Singh 等认为，NAA 与 IAA 有相似之处，也可以促进离体胚珠培养时纤维的伸长，并促进胚珠膨大以及单位面积内纤维的生长量。通过棉纤维 cDNA 文库测序和后续微阵列分析，Shi 等发现乙烯生物合成是使纤维伸长最显著上调的生化途径之一。

胚珠培养还用于研究寄主与病原菌的互作作用，Mellon 等在胚珠培养基中接种真菌，发现胚珠在培养中有类似整株棉株一样的抵抗反应。胚珠培养还用于克服种间杂交不亲和或用于提高远缘杂种成胚率。

3.2.4.4 胚培养

离体胚培养多用于解决植物远缘杂交的败育问题，对于那些不能形成具有生活力种子的杂交组合可通过离体胚的培养获得杂种植株。同时离体胚培养也是研究棉纤维发育和离体受精的重要手段，可以采用该技术对胚及其各部分的再生潜力进行深入的研究（Umbeck and Stewart，1985）。早在 1935 年，Skovsted 将剥离去种皮后的杂种胚放在培养基上培养，获得了戴维逊氏×斯笃克氏棉两个野生棉种 F_1 杂种植株。此后，Mauney（1961）和 Eid 等（1973）成功地将棉花种间不同天数的胚珠培养成植株。Stewart 和 Hsu（1978）把四倍体与二倍体棉种杂交后 2 d 的许多组合的胚珠，在液体培养基上培养获得杂种植株。钱思颖等（1988）用 White 培养基培养种间杂种零代种子的胚，获得了一批陆地棉、亚洲棉和二倍体野生种的种间杂种。近年来，许多学者已利用胚珠培养技术成功地获得了陆地棉×中棉、陆地棉×瑟伯氏棉、陆地棉×克劳茨基棉、陆地棉×比克氏棉、亚洲棉×哈克尼西棉、草棉×辣根棉、海岛棉×澳洲棉等几十个种间杂种，并选育出许多抗病、抗虫、抗旱、耐盐碱、优质等一大批优良新种质，其中部分已应用于育种并将广泛被推广利用。

3.2.5 棉花体细胞胚胎发生与植株再生

棉花体细胞植株再生技术是进行原生质体融合、创造杂种植株的必要技术条件,同时是进行抗性研究、遗传变异筛选、基因转化、光合作用研究的良好实验系统。与其他作物相比,棉花组织培养较难,主要表现在体胚发生率低、培养周期长等方面。自 Beasley 等(1971)报道了由陆地棉胚珠的珠孔区诱导形成愈伤组织以来,许多学者纷纷报道了从棉属不同种和不同外植体中得到了愈伤组织,但在很长一段时间内未能得到胚胎发生和植株再生。直到 1979 年,Price 和 Smith 等首次报道从克劳茨基棉细胞悬浮培养获得胚状体形成,但一直未培养成苗。Davidonis 等(1983)报道了陆地棉子叶愈伤组织在改良 Linsmaier 和 Skoog(1965)培养基上继代培养两年后得到再生植株。Trolinder 等(1987)通过技术改进,尤其是采用培养基 KNO_3 加倍技术、悬浮培养技术和高频胚胎发生材料 Coker 棉系统,使棉花细胞再生植株技术大大向前推动了一步。我国棉花组织培养 20 世纪 80 年代才见有报道。刘桂云(1983)最先从野生戴维逊氏棉的愈伤组织诱导分化形成再生小植株,此后刘桂云(1986)、陈志贤等(1987)、李秀兰等(1988)、吴敬音等(1988)、谭晓连等(1988)和陆振鑫等(1991)分别从亚洲棉、陆地棉、雷蒙得氏棉、拟似棉和戴维逊氏棉等不同棉属种下胚轴、子叶、幼叶、叶柄和幼茎等外植体的愈伤组织诱导形成胚状体或再生植株。但主要以下胚轴为主,通过脱分化和再分化途径得到再生植株。

3.2.5.1 棉花组织培养途径

棉花体细胞胚发生有两条途径,即正常途径和异常途径。正常途径是指棉花体细胞胚由胚性细胞分裂逐渐形成原胚、球形胚、心形胚、鱼雷胚和子叶胚的途径。异常途径是指棉花体细胞胚在发育过程中出现异常发育现象的途径,在异常发育途径中棉花体细胞胚具体表现为畸形胚。畸形胚发生的频率极高,且严重影响了棉花组织培养的植株再生率,从而影响了植物组织培养技术在生产与育种中的应用。至于产生畸形胚的机理及其克服方法还缺乏研究。郑泗军等提出染色体变异可能是造成棉花畸形胚发生的主要原因之一,但对其因果关系并没有做详细的论述,至于是否还存在其他引起畸形胚发生的原因更是未知数。在发育时期上,体细胞胚虽然与合子胚基本相同,但是棉花体细胞胚可以停滞在任何发育时期,且具有一定的休眠现象。棉花体细胞胚的发育是连续的,且只有发育到鱼雷期晚期以后的体细胞胚才能萌发。但是棉花体细胞胚也存在着一种过早萌发现象,即一些尚未发育成熟的胚能萌发出根,但极难成芽,一般不能发育成植株。

虽然棉花组织培养中形成的愈伤组织多种多样,但在扫描电镜下均可归为两类。一类由多细胞构成,呈颗粒状,形成一个个大小近乎相等的多细胞团,且组成颗粒体的细胞之间结合紧密,几乎观察不到空隙,只是细胞团与细胞团之间结合疏松,空隙较大,容易分离。构成这类愈伤组织的细胞大小均一,体积较大、大多呈圆球形,经验证这类愈伤组织为胚性愈伤组织。随着胚性细胞的老化,胚性细胞稍有变长,且表面变得粗糙,并开始死亡或转变为非胚性细胞,另一类愈伤组织为非胚性愈伤组织,其在外观上虽然形态多样,但在扫描电镜下却有共同特点,那就是无论是硬块状非胚性愈伤组织,还是疏松或稀泥状的非胚性愈伤组织,在扫描电镜下均表现为细胞较小且细而长,不少细胞的长宽比超过了 10,形似纤维状细胞,且细胞大多是单个存在，细胞之间大多存在空隙，很少有多细胞团存在，疏松和稀泥状非胚性愈伤组织中长细胞数目较少，且长度和细胞之间相互交替和重叠较少，故在水中极易分开而形成单细胞。而硬块状的愈伤组织，由于长细胞多且相互重叠和交叉多，故连接较为紧密，难以分开。陆地棉两类愈伤组织在扫描电镜下的形态表现与其他物种有所不同，这可能也是陆地棉组织培养较难的原因之一。

在棉花组织培养中，一般认为先诱导产生的愈伤组织是非胚性愈伤组织，也有报道称在扫描电镜下发现胚性愈伤组织和非胚性愈伤组织往往同时存在，且在愈伤组织诱导的初期这种共存的形式就已形成，只是胚性愈伤组织的量较少不易表现出来，后来由于培养条件的不合适，而使非胚性愈伤组织快速增殖更掩盖了胚性愈伤组织的表现。

棉花体细胞胚的发育与合子胚的发育存在着异同，其相似之处为先后经历了球形期、心形期、鱼雷期和子叶期等几个阶段(图 3.3)。过程首先是一个胚性细胞进行不均等分裂，产生大小不等的两个细胞，然后较小的顶细胞经多次分裂形成一个有极性的球形细胞团突起即球形胚；球形胚进一步发育，体积增大，其顶部不断分化出两个小突起，即出现了两个子叶原基，此时的体细胞胚外形像心脏故叫心形胚；随后子叶原基发育，与之相对应的部位突起形成鱼雷

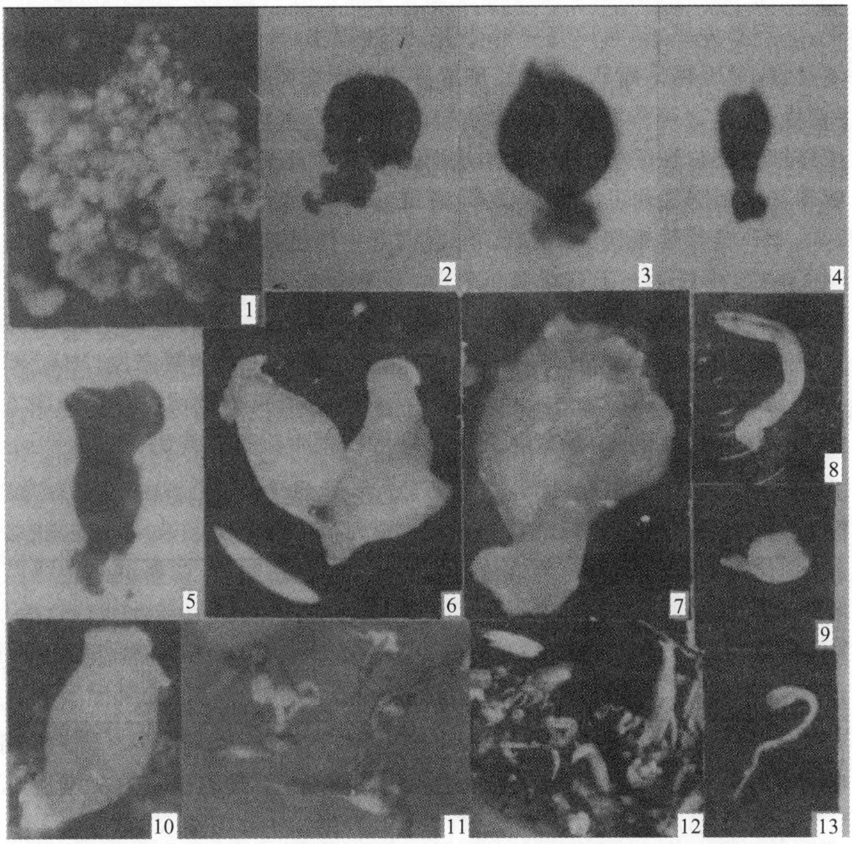

图 3.3 离体胚的萌发过程

1. 胚性愈伤组织 2. 球形胚 3. 心形胚 4. 鱼雷胚 5. 子叶胚 6～10. 畸形胚 6. 三联体胚 7. 玻璃化胚 8～10. 不完全胚 11、12. 体细胞胚的萌发 13. 胚的提早萌发

(张宝红等，1996)

胚；鱼雷胚进一步发育，随后子叶出现并发育而形成子叶胚；继而长成小植株。在棉花体细胞胚的发育过程中，除上述 4 种类型外还存在着许多的过渡类型。

棉花体细胞胚的发育与合子胚之间也存在着极大的差异，主要表现在以下几个方面：①在体细胞胚的发育过程中往往产生较多的畸形胚，因而体细胞胚的萌发率与植株再生率往往较低，而合子胚一般发育正常，均能萌发成苗；②体细胞胚的发育途径有多条，而合子胚的发育途径仅有一条，且合子胚的发育途径也是体细胞胚的发育途径之一；③体细胞胚与合子胚在形态学上差异明显，棉花体细胞胚胚轴细而长，子叶小而厚，且变异较多；而合子胚一般子叶大而薄呈卷曲状，胚轴短而粗；④体细胞胚的发育往往不同步，且可停留在不同的发育时期，造成了在同一块愈伤组织上同时存在着不同大小、不同发育时期的体细胞胚，而合子胚的发育则是同步进行；⑤棉花体细胞胚的发育除经历了原胚、球形胚、心形胚、鱼雷胚和子叶胚以外，还有许多典型的过渡类型，如慈姑胚、喇叭胚、不规则胚等就属于鱼雷胚与子叶胚之间的过渡类型。

在棉花组织培养体细胞胚发生过程中，在产生正常体细胞胚的同时，往往还产生许多不同类型的畸形胚，根据其表型特征可分为以下几种：①联体胚，由两个或两个以上的体细胞胚构成。根据其发育是否同步又可分为初级联胚和次级联胚两种。初级联胚的各个胚在体细胞胚发生的初期均已形成并同步发育，只是各个胚状体之间通过胚轴或胚根的薄壁细胞连在一起，有的连接较多，有的连接较少。连接较少的联体胚，经轻微振荡或切割便可分离；而连接较多的联体胚，往往是整个胚轴和胚根均连在一起，不易分离，但也可切割成两个或多个胚状体，这类胚一般均能发育成苗。次级联体胚是一种从早期胚状体上再分化出新胚状体的畸形胚，这类胚往往发育不同步，新老胚状体连在一起形成扇形多胚或线形多胚。线形多胚一般仅顶部的胚状体有顶芽，可分化成苗扇形；多胚大部分胚均具有顶芽，在条件合适的情况下均能萌发成苗，但由于发育不同步，故难同时成苗。②子叶畸形胚，这类胚又可分为两类：子叶数目畸形胚和子叶形状畸形胚。前者一般子叶发育正常，但数目发生了变化，根据其数目的多少又可分为无子叶胚、单子叶胚、三子叶胚、四子叶胚、五子叶胚等，其中以单子叶胚最为常见，其次为无子叶胚和三子叶胚，子叶越多的胚发生的频率越低。子叶畸形胚常常表现为杯状子叶和莲座状子叶。这类胚也可萌发成苗。③生长点畸形胚，这类胚又可分为三类：无极胚、单极胚和多极胚。无极胚由于没有胚芽和胚根，一般不能萌发成植株。单极胚较多，包括无茎尖生长点胚和无根尖生长点胚两类。多极胚是由至少具有两个芽生长点或根生长点构成的胚，在一般情况下往往是芽多极胚，这类胚萌发后往往形成多头苗。④胚轴畸形胚，在棉花组织培养中所形成的胚轴也多种多样，有的细长，有的短粗，有的扁平，有的呈纺锤形，形态各异，在这些之中仅胚轴均匀细长者为具有正常胚轴的胚。⑤玻璃化胚，这类胚子叶肉质化，茎、子叶和叶柄透明而易脆。这类胚仍可萌发，但萌发形成的苗为玻璃化苗，一般不能继续生长，萌发后不久便死亡。这类胚较多，尤其是在长期继代培养的愈伤组织中。⑥重新愈伤化胚，这类胚在棉花体细胞胚形成中也时常发生，但形成不久又会重新愈伤化。愈伤组织多从胚轴和胚根部位形成然后将整个胚状体包裹在愈伤组织之中。⑦白化胚，一般子叶失绿变白，萌发后形成白化苗，这类畸形胚数目极少。畸形胚在棉花组织培养中的发生频率极高，可达分化胚的 80% 以上。棉花组织培养中分化产生的不同发育时期的体细胞胚，其形态特征不同，随着发育的进程，体细胞胚的鲜重不断增加，体细胞胚不断变长、不断增粗、长宽度增加、体积增大。而且不同发育时期的体细胞胚在愈伤组织中的含量不同，愈伤组织中的球形胚的数量最多，占可观察到胚状体的 58.8%；以后随着发育的进程，胚状体所占的比例减少，其中子叶胚仅占观察到胚状体的

5.0%,即大约有 20 个胚中才有一个发育成熟的胚状体,由此也可见到棉花组织培养中体细胞胚发育的不同步。

棉花体细胞胚的萌发可分为三种类型:①胚根先萌发,然后依次是胚轴伸长,子叶张开,胚芽长出,进而形成正常植株,这类萌发与正常种子的萌发相同;②胚芽先长出,然后是子叶张开,胚轴伸长,最后才是胚根长出,这种类型胚根往往发育不正常,常因褐化而死亡,然后形成许多不定根来代替胚根的功能;③胚根、胚芽同时长出,平衡生长,以这种萌发类型的体细胞胚最多,但在棉花组织培养中,由于畸形胚较多,其中不少体细胞胚的胚芽均不易抽出,从而造成其萌发类型以第一类型较多。

棉花体细胞胚的发育途径类似于合子胚的发育,先后经历了原胚期、球形胚期、心型胚期、鱼雷胚期和子叶胚期 5 个阶段(张宝红等,1999)。只有通过鱼雷胚期的胚(即成熟胚)才能形成植株。获得体细胞胚后,必须及时创造条件促进体细胞胚进一步发育,使其转变为成熟胚,这样才能发育成植株。

3.2.5.2 培养基的改良

目前应用于棉花组织培养的基本培养基很多,如 MS、LS、White、BT、BS、Hitsch、CM-1、KM_8P 等,但以 MS 和 LS 应用较多。在我国,主要应用 MS 培养基的无机盐组分和 B5 培养基的维生素部分,组成 MSB 培养基。培养体系的改良是拓展可再生棉花基因型的主要途径。其中涉及氮源配比、碳源、激素等各个方面。

(1)激素对棉花胚状体发生的影响

棉花组织培养中常用的植物激素有五大类:生长素类、细胞分裂类、赤霉素、乙烯和脱落酸。绝大多数研究结果表明,适当应用植物激素不仅是成功地诱导胚性愈伤组织的决定因素,也是影响胚状体高频率诱导的主要因素。在五大类激素中,以生长素类、细胞分裂素类和脱落酸类对胚状体高频率诱导关系最密切(张宝红等,2000)。激素不仅影响棉花胚状体形成数量的多少,而且对胚状体的发育进程也有重要影响(亓建飞等,2005)。

生长素类:在促进外植体脱分化形成胚性愈伤组织阶段是必不可少的。在不同的生长素对照使用试验中表明,2,4-D 效果最为明显。如李淑君等(1990)在棉花胚状体发育研究中观察到 2,4-D 对棉花胚状体诱导率高达 93.3%,IAA 为 77.7%,NAA 为 50%。在胚状体发育和成熟阶段,加入低浓度的 2,4-D 能较大地提高胚状体的诱导频率。

细胞分裂素类:主要有 6-BA(苄基腺嘌呤)、激动素,均有利于棉花胚状体的形成。在棉花胚状体的诱导中适当添加一些细胞分裂素类物质有利于胚状体的大量形成(张朝军等,2005)。生长素和细胞分裂素类的结合使用,一般认为可以促进棉花胚状体的高频诱导。

脱落酸类及其他:ABA 促进棉花胚状体的发生,其诱导数目为对照的 1.216 倍。另外,GA 抑制棉花胚状体的发生,在含有 GA 的培养基上诱导获得的胚状体数目仅为对照的 28.4%。

对棉花胚状体发生具有诱导作用的激素有三类:第一类是对棉花胚状体发生具有促进作用的物质,这类物质有 IBA、ABA、IAA、BA、KT、ZT 其效果按以上述次序递增;第二类是对棉花胚状体发生具有抑制作用的物质,这类物质有 GA、TDZ 和 2,4-D,这三种激素对棉花胚状体发生的抑制作用差别不大;第三类物质是对棉花胚状体发生无影响的物质,这类物质有 BU-30 等。在上述激素当中,作用最明显的是 TDZ 和 GA,二者均显著抑制了棉花胚状体的形成及发育，即使能获得少量的胚状体，但均停留在球形胚和心形胚阶段。其中 TDZ 对棉花胚状体发育的影响最大。在单独使用 TDZ 的培养基上胚性愈伤组织产生的胚状体均停留在球形胚阶段，未见进一步发育的胚状体。含有 GA 的培养基上虽然诱导获得的胚状体可发育到鱼雷期，但不利于胚状体的进一步发育，也就是说 GA 不利于棉花胚状体的成熟和萌发。

近年来，体细胞胚胎发育中内源激素和外源生长调节剂平衡的问题越来越受到研究者的关注（张宝红等，2000；张献龙等，1997）。体细胞胚发生过程中，植物激素的平衡是调控胚胎发育的重要条件，启动细胞分化、脱分化不是外源生长调节剂与内源激素的简单相加，更可能是由于外源生长调节剂通过对内源激素的调节使内源激素达到新的平衡所致，其作用机制可能与细胞信号转导有关。

（2）氮源对体细胞胚发生的影响

1）氨基酸：Price（1979）曾指出，棉花体细胞胚发生关键是在培养基上加入谷氨酰胺，这可能是在棉花胚发育和萌发过程中，氨的变化途径是从谷氨酰胺经天门冬氨酸、精氨酸转为储藏蛋白，这些储藏蛋白的分解为体细胞胚发生和发育创造了类似于正常胚发生的环境。常用的棉花培养基中，一般要添加谷氨酸、脯氨酸、天冬氨酸（张宝红等，2000）。

2）无机氮源：在培养基中常用的是铵态氮和硝态氮。Davidonis（1983）和 Trolinder（1987）发现，利用 MS 培养基不加 NH_4NO_3，但是增加 KNO_3 两倍标准浓度更有利于体细胞胚胎发生。Trolinder 还指出，氮化合物对于体细胞胚的发育和成熟都是很重要的，增加 KNO_3 浓度以促进胚的发生，表明硝态氮具有诱导体细胞胚的效果。张寒霜等（1999）分析其试验结果认为，NH_4NO_3 减半时，减少氮源有利于胚性愈伤组织的形成，KNO_3 加倍时 K^+ 的调节作用有利于胚状体的形成。

（3）其他因素

1）培养基的 pH 值：在棉花组织培养中，一般使用偏酸性的培养基。培养基的 pH 值对植物组织培养有很大的影响。pH 值可通过影响培养物对营养元素的吸收、呼吸代谢、多胺代谢和 DNA 合成、植物激素进出细胞等作用直接或间接地影响愈伤组织形成及其形态建成。在进行棉花的组织培养时，应将培养基的 pH 值调整在 6.0～6.5 的范围内（吴家和等，1999）。大多数研究者认为 pH 值 5.8～6.2 是适于棉花体细胞胚胎发生和植株再生的。

2）培养环境：在愈伤组织诱导中培养环境起着很大作用，一般较高光强和高温度是棉花愈伤组织培养的较佳培养条件。液体悬浮培养是诱导体细胞胚发生并增加体细胞胚数量的有效方法，悬浮培养可使细胞胚增加 10 倍，但是，会使畸形胚比例升高。光照也影响体细胞胚发生，光照强度由 6 500 lx 降到 1 500 lx 可使体细胞胚产量增加 6 倍。

3）培养基固化剂：培养基固化剂也是影响因素。国内多用琼脂作为固化剂，随着海洋污染日趋严重，现在生产的琼脂往往含有许多杂质，对棉花组织培养产生不利的影响。Gelrite 作为固化剂由于成分稳定而优于琼脂，但是在替换琼脂时需要对培养体系进行改进，不然容易产生玻璃化。与 Gelrite 作用相同的还有一种称为 phytagel 的固化剂，在水稻组织培养中应用得较多，在棉花上与 Gelrite 应用效果没有明显区别，基本不需要调节培养体系。

3.2.5.3 体细胞胚胎发生过程的分子机理研究

由愈伤组织分化为胚性愈伤组织的过程中，随着细胞功能的转变，细胞内部基因的差异表达，引起了蛋白质组分、酶组分与活性、激素等各方面的变化，这些变化一直是组织培养研究的热点，大量的研究成果促进了培养体系的改良。但对棉花非胚性愈伤组织向胚性愈伤组织转变过程中的动态研究却未见报道，可能是该阶段愈伤组织形态没有明显的变化，难以获得研究样本造成的。

(1)胚性和非胚性愈伤组织中生化物质差异的分析

吴家和等(1999)研究发现从下胚轴开始诱导出愈伤组织到愈伤组织出现胚分化，其可溶性糖，淀粉含量呈下降趋势，而蛋白质和核酸含量呈上升趋势。分析表明，Glu、Ala、Leu、Gly、Cys、Val 和 Pro 七种氨基酸的含量在胚性愈伤中含量较高，而 Asp、His、Arg、Lys 的含量较低。Ke 等在培养基中加入 Arg、Asp、His 和 Lys，发现个别氨基酸在促进胚性愈伤形成方面有正效应，说明胚胎发生机制的研究对于改进技术方法有一定指导价值。

(2)体细胞胚发生能量代谢动态

植物胚性愈伤发生过程中伴随着一系列生理生化变化，这些变化在形态转变之前就已经发生，但在棉花上未见该方面的研究报道。崔凯荣等(2001)研究宁夏枸杞(*Lycium barbarum* L.)的早期胚性细胞时发现，ATP 酶反应产物主要沉积于质膜和液泡膜上。尤其是在质膜上 ATP 酶活性高，且呈连续分布，这时其他部位未见 ATP 酶活性。胚性细胞后期，ATP 酶活性从细胞质膜逐渐转入细胞内，细胞质、液泡以及细胞核中均有 ATP 酶活性反应。处于“生理隔离”的晚期胚性细胞或胚性细胞团一直处于一个厚壁包围之中，与其周围细胞之间的胞间连丝消失，随着胚性细胞壁的加厚，在细胞间隙和细胞壁上存在广泛的 ATP 酶活性。

(3)体细胞胚发生中酶活性及同工酶研究

胚性和非胚性愈伤组织在形态及细胞学上都有一定差异，差异涉及体细胞脱分化为愈伤组织后，经再分化阶段形成胚性愈伤组织(EC)，因而它们在酶水平上存在一定差异，研究最多的是同工酶谱的变化。崔凯荣等(2001)认为 EC 发生与发育是大量酶特异性合成和参与代谢的结果。在多数植物的 EC 发生中过氧化物酶(POD)的活性较高，同工酶的种类较多。在大麦中 POD、酯酶和酸性磷酸酶同工酶的结合应用可以作为 EC 发生的标志酶。潘有福等(1994)发现秦艽 EC 发生过程中 POD 与细胞色素氧化酶均在球形胚阶段出现一活性高峰，酯酶同工酶在 EC 发育过程中有特征带的出现，酸性磷酸酶酯酶的活性与 EC 发育程度成正相关，综合利用这几种同工酶的实验数据，可以检测 EC 的发育过程。在向日葵的形态发生过程中，酸性磷酸酶、乙醇脱氢酶、酯酶、葡萄糖-6-磷酸脱氢酶和磷酸葡萄糖变位酶的图谱分析结果表明，各个发育时期均有其特异性酶带，而且 2,4-D 浓度等并未导致图谱的明显差异。以胡萝卜(*Daucus carota*)体细胞胚发生为材料的研究报道更多。在温度敏感型胡萝卜胚胎发生中，存在一种阳离子过氧化物酶同工酶，在体细胞胚发育过程中该同工酶可分泌到培养基中，并认为这种酶是胡萝卜体细胞胚发生中必需的酶。这种温度敏感型胡萝卜体细胞胚在温度过高时只能发育到球形胚期，如在培养基中加入 32 ku 的酸性几丁质酶，球形胚可以继续发育。胡萝卜体细胞胚形成与丁二胺合成中的关键酶——精氨酸脱羧酶的活性有关。以胡萝卜为材料研究结果证明，鸟氨酸甲酰转移酶的瞬时增加与体细胞胚发生潜力相关。还有报道认为，野生胡萝卜体细胞胚形成过程中需要多胺和精氨酸脱羧酶的参与。

徐桂芳等(1983)对哈密瓜 4 种脱氢酶同工酶的研究结果表明，长芽和不长芽愈伤组织中的 6-磷酸葡萄糖脱氢酶和苹果酸脱氢酶同工酶酶谱明显不同，长芽愈伤组织中酶带较多且酶活性较强。Kochba 等(1977)在柑橘的研究中也观察到胚性愈伤组织中过氧化物酶同工酶的活性大大强于非胚性愈伤组织。杨金玲等(1999)研究中发现，胚性愈伤组织的过氧化物酶同工酶酶带着色较深，活性较强，这可能意味着胚性愈伤组织有活跃的物质代谢和旺盛的生长潜力。关于过氧化物酶同工酶的变化与形态发生的关系，王亚馥等(1989)、王熊和罗士韦(1985)、白守信等(1981)分别在枸杞、烟草、豌豆的组织培养中进行过研究，发现细胞分化在过氧化物酶同工酶酶谱变化上都有极其细致的反映，从而推断过氧化物酶同工酶可以作为组织培养过程的分化指标。杨金玲等(1999)认为作为组织培养中形态建成的指标，过氧化物酶及酯酶同工酶酶谱的变化的确是有规律可循的。

(4)体细胞胚发生的标记性蛋白研究

植物体细胞经脱分化生长出愈伤组织后，愈伤组织经再分化形成胚性愈伤组织，在发生明显形态变化之前，细胞内的生理变化是揭示细胞再分化的途径，但是很难获得研究样品。人们期望通过标记性蛋白的变化，可以对细胞分化进行跟踪研究，因此许多学者提出了判断胚胎发生的标记方法。Sung 等(1983)指出根据 3 个方面的生化变化可以判断出胚胎发生的基因程序是否已经表达，即精胺和亚精胺的合成、胚胎特异蛋白的合成、抗环己亚胺(蛋白质合成抑制剂)能力。邢更生等(1999)认为体细胞分化为胚性细胞受细胞内外多种因子调控，其中最重要的是受特定基因的调控，而伴随着特定的基因的表达，产生 35～55 ku 多肽是多种植物胚胎发生早期共有的胚性发生分子标志。大量的研究揭示出不同植物 EC 发生有不同的分子标记：苜蓿 EC 发生中膜上的 50 ku 蛋白(Giroux et al，1996)、在胡萝卜、水稻、玉米、豌豆 EC 中的 45～55 ku 的胚胎相关性多肽、小麦体细胞胚发生早期的 49 ku 的胚胎相关性多肽(王亚馥等，1993)、枸杞 EC 中的 35 ku 和 44 ku 特异蛋白质(陈雄等，1995)等。在受精卵中 AGL15 (AGAMOUS-1ike l5)蛋白是一标志蛋白，在蒲公英和苜蓿的体细胞胚中，AGL15 蛋白在细胞核中明显增加，Perry 等(1999)以此提出假说：AGL15 蛋白出现是早期胚性细胞出现的标志蛋白。

(5)核酸水平的研究

Komamoine 等比较了胡萝卜体细胞胚发生早期活跃 DNA 合成的细胞(actively DNA synthesizing cells，ADSCs)和不活跃 DNA 合成的细胞(unactively DNA synthesizing cells，NDSCs)之间的分子差异，发现在 ADSCs 中有 3 种是 NDSCs 内所没有的蛋白质，并认为这些蛋白质可作为 DNA 合成极化的分子标志物。由此也说明 DNA 合成与细胞分化中基因差别表达的关系。

DNA 代谢动态的研究：以红豆草(*Onobrychis viciaefolia* Scop.)无菌苗胚轴为外植体诱导愈伤组织，在此基础上建立了“胚性细胞系”和“非胚性细胞系”。应用“H-胸苷(3H-thymidine)”标记，放射自显影方法研究了这两种细胞系的 DNA 合成动态，结果表明，当愈伤组织转入“胚发生培养”后 4 h，就可见到少量薄壁细胞被标记，接着标记的细胞数和标记量增加，表现出 DNA 合成十分活跃，且 DNA 合成只限于核大、圆形的胚性细胞和胚性细胞团，到球形胚时 DNA 合成速率达到最高峰，而周围的细胞中很少见到“H-胸苷”的掺入。在小麦的体细胞胚发生中采用“H-胸苷”放射性同位素液体闪烁计数方法，并在不同时期加入核酸合成抑制剂的处理作为对照，分析了 DNA 合成的动态，发现该定量分析的结果与红豆草中定位测定的结果是完全一致的，也是随着体细胞胚发育的进程，DNA 合成量明显增加。DNA 合成动态正好与胚性愈伤组织生长曲线相一致，加入抑制剂后不仅抑制了 DNA 的复制，同时也抑制了胚性愈伤组织的增殖，而且抑制剂加入时间愈早，影响愈严重。由此也表明 DNA 的复制为细胞分裂增殖奠定了物质基础。细胞分裂增殖的分子基础是 DNA 的复制，细胞分化的分子基础是基因差别表达，而细胞的分化又是多细胞生物个体形态发生的基础。可见细胞不但通过增殖而有数量的变化，并且还能通过分化而有质的变化产生形态和机能不同的细胞后代。细胞数量的变化和质量的变化是相互依存和相互制约的。因此，胚性细胞 DNA 复制不仅为细胞增殖奠定了物质基础，也为细胞分化提供了条件。

胚胎发生的 mRNA 差别显示与 cDNA 克隆：崔凯荣等(1997)对小麦体细胞胚胎发生过程的研究表明，胚性愈伤组织的 RNA 合成速率增加迅速，其 RNA 合成速率明显高于非胚性愈伤组织。他们还利用 mRNA 差异显示技术分析了枸杞体细胞胚胎发生早期基因的差异表达，并得到了 3 个在体细胞胚胎发生早期组织中特异表达的片段。Sengupta 等(1980)发现，在胡萝卜体细胞胚胎发生中，RNA 合成起始于诱导培养的 2～4 h。培养 2 d 后，细胞分裂加快，总 RNA 和蛋白质含量增加，且在胚性细胞中合成的 RNA 主要是 mRNA。有人建立了胡萝卜体细胞胚的 cDNA 文库，并从中分离了一些胡萝卜体细胞胚的基因，其中一些基因是在胚胎发生早期，如在原胚和球形胚中表达。有研究表明，在黄瓜的胚、根和芽等器官中表达的基因，有些与胡萝卜体细胞胚中 cDNA 具有同源性，且这些在黄瓜中受发育调控所表达的基因，也与黄豆、小麦、芹菜等的 DNA 具有同源性。因此，从胡萝卜体细胞胚胎中克隆的基因可能具有普遍意义。刁丰秋等(2000)利用改进的 cDNA RDA 技术，从调控 12 h 的胡萝卜体细胞胚胎中克隆到了一种与胚根发育有关的新基因序列。这种序列在胡萝卜基因组中可能以单拷贝或低拷贝的形式存在。刘良式等(1987)则利用特异蛋白制备抗体，从 cDNA 表达文库中筛选 cDNA 克隆，从而分离到了胡萝卜体细胞胚胎发生过程特异表达的基因。张献龙等对陆地棉品种珂字 201 胚性和非胚性愈伤组织的生化代谢产物进行了比较，结果发现胚性愈伤组织中的 RNA 和蛋白质含量高于非胚性愈伤组织。我们在进行总 RNA 的提取和 mRNA 的分离过程中，也发现珂字 201 的胚性愈伤组织中，RNA 和 mRNA 的含量相对高于下胚轴和经过诱导的非胚性愈伤组织中的含量。李惠英等(2003)对珂字 201 体细胞胚胎发生过程中基因的差异表达进行了初步的研究，并分离到了一个可能与体细胞胚胎发生相关的 cDNA 片段。

(6)胚胎发生的激素动态研究

激素是影响体细胞胚发生的关键因素。植物激素并非是由其中某一类型单独发挥作用，在更多情况下，是由多种激素相互协调、相互影响和相互对立条件下促进植物成长发育的，体胚发生与内源激素关系密切。近年来，体细胞胚胎发育中内源激素和外源生长调节剂平衡的问题越来越受到研究者的关注(邢登辉等，1999)。体胚发生过程中，植物激素的平衡是调控胚胎发育的重要条件，启动细胞分化、脱分化不是外源生长调节剂与内源激素的简单相加，更可能是由于外源生长调节剂通过对内源激素的调节使内源激素达到新的平衡所致，其作用机制可能与细胞信号转导有关。

首先，EC 的形成和维持受内源激素调控，高水平内源 ABA、低水平内源乙烯有利于胚性能力的启动或表达。其次，体胚发生和发育受内源激素调节。在体胚发生过程中，各种内源激素都会发生动态变化。内源 IAA 含量上升或维持在较高水平是胡萝卜、水稻等体胚发生的关键因素；高水平内源 CTK 对不同植物体胚发生作用不同，有明显的基因型差异；内源 ABA 有利于体胚发育和成熟；高水平内源乙烯抑制体胚发生，高水平多胺促进体胚发生，二者相互制约。外源生长调节物质与体胚发生中内源激素的关系比较复杂，相对明确的是添加 ABA、多胺能提高其相应内源物质的水平，进而调节体胚发生。

在不少植物中，2,4-D 是一种很重要的激素。在所有的生长素或生长素类似物中，2,4-D

对体细胞胚发生的调节最有效。在体细胞胚发生成功的例子中一半以上使用2,4-D。棉花胚性愈伤组织诱导中大多数也是使用2,4-D,Price和Smith(1979)发现在诱导棉花愈伤组织形成体细胞胚时,在悬浮培养基中加入2,4-D能促进悬浮培养物的生长,然后形成许多体细胞胚。不少研究者发现2,4-D和KT配合使用,更能促进体细胞胚发生(王武和张献龙,1992)。

(7)体细胞胚胎发生的基因型限制研究

棉花体细胞胚发生和植株再生可分为4步:胚性愈伤组织诱导、胚性愈伤组织增殖、体细胞胚发生和植株再生(张宝红等,1999)。培养方式可分为固体培养和液体悬浮培养两种。基因型对棉花体细胞胚发生和植株再生能力具有决定性作用。在棉花组织培养过程中,不同品种或外植体,在体细胞胚胎发生能力上存在差异,即通常所讲的棉花组织培养的基因型限制。从外植体诱导体细胞脱分化生长出愈伤组织比较容易,未见受基因型限制的报道。从愈伤组织诱导分化出胚性愈伤组织,是棉花组织培养的瓶颈,受基因型限制的报道集中在胚性愈伤组织的诱导阶段。

1)棉属间的差异

基因型对棉花体细胞胚发生和植株再生能力具有决定性作用。首先表现在棉属中不同棉种之间体细胞胚发生和植株再生能力不同。有人对多个棉种进行了比较,只有陆地棉、雷蒙德氏棉、夏威夷棉能形成体细胞胚(董合忠等,1990)。董合忠和陈志贤(1991)比较了4个棉花栽培种的体细胞胚发生能力,发现陆地棉较易诱导体细胞胚,亚洲棉次之,海岛棉和非洲棉较差。棉属共有50个种,其中45个野生种,4个栽培种,而到目前为止仅克劳茨基棉、戴维逊氏棉、陆地棉、海岛棉、亚洲棉、草棉、雷蒙德氏棉、夏威夷棉8个种获得了体细胞胚,其中陆地棉、海岛棉、草棉和戴维逊氏棉获得了再生植株(Ella and Mirandah,2000);Hamidou等(2003)报道了亚洲棉的体细胞胚胎发生和植株再生。

2)陆地棉品种间的差异

在体细胞胚发生和植株再生能力上,棉花品种间也存在着差异。Trolinder(1988)对陆地棉28个品种进行了研究,结果表明只有珂字312和T25具有较高的体细胞胚发生能力,而其他品种较难或不能进行体细胞胚发生。董合忠等(1990)根据成胚数量和发育成植株的多少将陆地棉品种分为四类:第一类是体细胞发生能力强,易成苗的品种,如珂字312,珂字201等;第二类具有一定的体细胞胚发生能力,成苗数量中等品种,经多次继代筛选后可得到较多的体细胞胚和部分再生植株,如岱字15、岱字16等;第三类体细胞胚发生能力差,畸形胚多,经长时间继代筛选后方可得到个别植株,如鲁棉1号、7号;第四类为体细胞胚极难或不能发生,如斯字棉215、斯字棉506等。目前仅珂字棉系列,中棉系列、鲁棉系列等少数品种获得了体细胞胚和再生植株。

我国主要的遗传转化体系有:中国农业科学院棉花研究所的CCRI24组织培养体系、山西省农科院棉花所的冀合713、泗棉3号组织培养体系、华中农业大学的泗棉3号组织培养体系等。

3)组织培养中基因型限制的遗传研究

Sharp等(1980)把体胚发生方式概括为两种:一是从组织或细胞直接发生,不经过愈伤组织,如烟草的植株再生。二是经过愈伤组织阶段再分化为体胚。通常EC(胚性愈伤)诱导也分两阶段,首先外植体在适宜条件培养基上进行胚性细胞诱导与增殖,然后胚性细胞在诱导培养基上进行胚的发育。关于胚状体的起源有两种意见,宫相忠等(1997)认为胚状体起源于单个的胚性细胞,曹有龙等(1999)认为起源于胚性细胞团或胚性细胞复合体,这可能与植物的种类有关。细胞脱分化为愈伤组织一般研究认为不受基因型限制，而愈伤组织分化为胚性愈伤组织则受基因型限制。从胚性愈伤组织到再生植株是否受基因型限制，目前还没有报道。因此植物组织培养基因型限制的遗传研究集中在愈伤组织分化为胚性愈伤组织的能力上。

有关水稻组织培养特性的遗传研究，在再生力方面有较多的报道。不少双列杂交的研究表明，水稻体细胞培养愈伤组织的再生力表现出较高的遗传力。张林等(1996)报道了一个控制高再生力的显性基因，1998 年又找到了另一个控制高再生力的隐性基因，Takeuchi 等(1997)也报道了一个控制高再生力的显性基因。Abe 和 Futsuhara(1991)报道了水稻愈伤组织增殖力与 2 组基因有关，并且在高增殖力的 Kuju 与低增殖力的 Somewake 的 F_2 中，低增殖力和高增殖力类型的分离符合 1 对因子分离的 3∶1 的理论比。有关研究还表明，水稻的愈伤组织增殖和再生力是由不同的基因控制的。下面分别从玉米、小麦和棉花三种作物进行阐述。

在玉米的组织培养特性的遗传研究方面，孙世孟、徐丽娟等(1995)对 6 个世代的胚性愈伤组织频率进行了分析。结果表明：玉米幼胚胚性愈伤组织发生频率不存在上位性；主要以加性效应为主，显性度为 0.1，狭义遗传力为 92%，广义遗传力为 97%，控制该性状的基因至少有 3 对。Armostrong 和 Prioli(1985，1990)先后报道：玉米愈伤组织的发生频率和植株再生能力，主要受 2 对核基因控制，另外还有一对核基因位点可能只对其有修饰作用，基因间的作用方式主要以加性效应为主，不存在上位性效应。但是，许多研究者对于细胞质的作用提出了不同的看法，Close 等(1987)和 Kamo 等(1986)认为母性效应会影响胚性愈伤组织的诱导，它的遗传方式较为复杂。

棉花再生能力的遗传问题一直很受关注，因为它能为解决该性状的染色体定位及基因克隆、解决再生能力的品种依赖性、培育适合组织培养的棉花特异材料等提供研究基础。由于现行棉花组织培养体系均采用无菌苗的器官组织作外植体，不能对杂交亲本直接进行组织培养筛选，组织培养的个体不能活体保存而缺乏分子标记研究，因此没有水稻、玉米研究的清楚。目前主要结果有：①Gawel 和 Robacker(1990)研究认为再生能力可以遗传，为数量性状。②张献龙等(1996)研究认为再生能力是质量性状，一对隐性主基因控制胚状体的发生能力，而胚状体诱导率受少数修饰基因存在。张家明等(1997)提出品种的局限性具有一定规律，在美国爱字棉和斯字棉系统难再生，岱字棉极难或不能再生，珂字棉系统最易再生；在我国，黄河流域品种容易，长江流域品种困难。③一个封闭基因系统(Blocker gene system)控制着再生性状。④张朝军(2011)以两个叶柄分化率性状稳定的棉花材料 W10、W12 为亲本，构建了两个 5 个世代联合群体(P_1、P_2、F_1、F_2、$F_{2:3}$)，采用植物数量性状主基因＋多基因混合遗传模型对群体的叶柄组织培养分化率进行多世代联合分析。结果表明，棉花叶柄组织培养分化率在两个群体中均表现为遗传受 2 对加性、显性、上位性主基因＋加性、显性多基因(E-1 模型)控制。两对主基因的加性效应均为正值，均使分化率提高。两个 F_2 群体显示的主基因遗传率分别为 83.22%和 74.68%，多基因遗传率分别为 10.47%和 16.78%。张朝军(2011)通过 W10×TM-1 组合的 F_2 群体分子标记，找到了 27 个多态性标记，采用 Mapmaker/Exp(Version 3.0)数据分析软件构建连锁群，进行分子标记的连锁群分析与位点排序，对检测到的 19 个位点进行分析，有 12 个位点进入 2 个连锁群(LOD≥3.0)，两连锁群分别包含 5 个和 7 个分子标记。根据连锁群长度从大到小顺序对各连锁群进行命名为 LG1、LG2，LG1 连锁群长度为 194.3 cM，LG2 连锁群长度为 109.1 cM，标记间的最小遗传距离为 12.7 cM，最大的遗传距离为 43.3 cM。应用复合区间作图法共检测到 3 个与分化率相关性状的 QTL(LOD≥2.5)，分布在2个连锁群上，解析8.4%～58.1%的表型变异。其中，1个贡献率达到58.1%。另两个贡献率分别为14.4%和8.4%。

3.3 棉花转基因技术发展

3.3.1 棉花规模化转基因技术体系平台建设及其应用

3.3.1.1 农杆菌介导转化法

棉花是全球性重要的纤维作物和经济作物，传统的棉花育种方法发展到今天面临着种质资源贫乏、远缘杂交困难等问题，这就使有益性状的结合，尤其是高产、优质、多抗性状的有机结合十分困难。利用基因工程手段培育抗虫棉花品种是一个新兴的领域，DNA体外重组技术及棉花组织培养植株再生技术为棉花基因工程奠定了基础。将外源抗虫基因转入到棉花细胞中，使其在棉花细胞内稳定地遗传和表达，从而育成抗虫的棉花新品种(系)。目前，棉花大部分转化成功的例子是采用农杆菌介导的(表3.8)。其主要原因是：①棉花是双子叶植物，易受农杆菌感染；②农杆菌介导的转化是利用天然的转化载体系统，能够转移界定的DNA序列，成功率高；③外植体的适用范围广，可以在原生质体、单细胞、细胞团、组织进行操作，只要建立了成熟再生技术体系，就可以采用这种转化；④技术简单，对设备没有特殊要求；⑤转化的外源基因以单拷贝或双拷贝为多数，遗传稳定性好，并且多数符合孟德尔遗传规律，因此转基因植株能较好地为育种提供中间选育材料。

表3.8 部分棉花遗传转化

转化方法	外源基因	时间	作者
农杆菌介导法	*NPTⅡ*、*CAT*	1987	Umbeck等
农杆菌介导法	*NPTⅡ*	1987	Firoozabady等
农杆菌介导法	*Bt*	1990	Perlak等
基因枪	*GUS*、*HPT*	1990	Finer等
农杆菌介导法	*GUS*、*NPTⅡ*	1991	Cousins等
农杆菌介导法	*2,4-D*	1992	Bayley等
农杆菌介导法	*2,4-D*	1993	Lyon等
基因枪	*GUS*	1993	MeCabe等
农杆菌介导法	*TfdA*	1994	陈志贤等
基因枪	*CPTI*+*NPTⅡ*	1994	吴敬音等
农杆菌介导法	*PI*	1995	Thomas等
农杆菌介导法	*NPTⅡ*	1995	Cousins等
基因枪	*NPTⅡ*	1995	Chlan等
农杆菌介导法	*CP4*	1996	Nida等

续表 3.8

转化方法	外源基因	时间	作者
农杆菌介导法	突变体 *AHAS*	1996	Rajasekaran 等
农杆菌介导法	*NPTⅡ*	1996	Rajasekaran 等
农杆菌介导法	*Bt+CPTI*	1997	焦改丽等
农杆菌介导法	Mn 超氧化物歧化酶基因	1997	焦改丽等
基因枪	*Bialaphos*	1997	Payton 等
农杆菌介导法	*NPTⅡ*	1998	Payton 等
农杆菌介导法	*CpTI*	1998	Keller 等
农杆菌介导法	*CpTI*	1998	赵俊侠等
基因枪	*CPTI+NPTⅡ*	1998	王伟等
农杆菌介导法	*P-Lec+SKTI*	1999	李燕娥等
农杆菌介导法	*Bt+CPTI*	1999	朱卫民等
农杆菌介导法	*NPTⅡ*	1999	王伟等
基因枪	兔防御素基因 *NP-1*	1999	李付广等
基因枪	*GUS+NPTⅡ*	2000	Zapata 等
农杆菌介导法	*Bt+GUS+NPTⅡ*	2001	郝秀英等
农杆菌介导法	*TfdA+GUS+ NPTⅡ*	2001	Rajasekaran 等
农杆菌介导法	*GFP*	2001	李宝平等
农杆菌介导法	*GFP*	2001	李宝平等
农杆菌介导法	葡萄糖氧化酶基因	2002	黄国存等
激光微束	1,3-葡聚糖酶,几丁质酶基因	2002	Sunilkuoar 等
农杆菌介导法	*GFP*	2003	巩万奎等
农杆菌介导法	*α-globulin Promoter*	2003	陈正华
农杆菌介导法	*CpTI*	2002	Sunilkuoar 等
农杆菌介导法	*CryⅠAc3*	2002	Sunilkumar 等
农杆菌介导法	*Bt*、*API-B*	2003	陈宛新等
农杆菌介导法	*BmKITS+chi*	2004	张志云等
农杆菌介导法	*aroAM12*	2004	谢龙旭
农杆菌介导法	*Bt-CpTI-GNA*	2005	吴霞
农杆菌介导法	*pBinMoBc*	2005	张林水
农杆菌介导法	*Btslm*	2005	张福永
农杆菌介导法	*PBP*	2006	李萍
农杆菌介导法	*GhABP*	2006	芦亚
农杆菌介导法	*EPSPS*	2007	刘锡娟

续表 3.8

转化方法	外源基因或载体	时间	作者
农杆菌介导法	*ARF3*	2007	张锋
农杆菌介导法	*barnase*	2007	张慧军
农杆菌介导法	*GhACT1*	2008	范小平
农杆菌介导法	*SoBADH*	2008	罗晓丽
花粉管通道法	*MpAFP149*	2008	马纪
农杆菌介导法	*arf1* 启动子	2008	管敏
农杆菌介导法	*GhADL1*	2009	南芝润
农杆菌介导法	*alfAFP*	2009	张海平
农杆菌介导法	*GhGAI1*	2009	王拴锁
农杆菌介导法	*PhyA*	2009	郭彩菊
农杆菌介导法	*CkND*	2009	李付广
农杆菌介导法	*accD*	2009	张煜星
农杆菌介导法	*SNC1*	2010	雷江荣等
农杆菌介导法	*GroEL*	2010	吴丹等
农杆菌介导法	*Vd991*	2010	徐荣旗
农杆菌介导法	*NAC*	2011	刘美英等
农杆菌介导法	*TaERFL1*	2011	郭恒新等
农杆菌介导法	*OtMYB*	2012	张路等

农杆菌是一种革兰氏阴性土壤杆菌，1970 年人们发现它是植物致瘤的起因，而且是一种天然的植物遗传转化体系。农杆菌转化植物细胞涉及一系列复杂的反应，主要包括：①受伤的植物细胞为修复创伤部位，释放一些糖类、酚类等信号分子。②在信号分子的诱导下，农杆菌向受伤组织集中，并吸附在细胞表面。③转移 DNA 上的毒粒基因被激活并表达，同时形成转移 DNA 的中间体。④转移 DNA 进入植物细胞，并整合到植物细胞基因组中。

(1)农杆菌转化棉花适宜的载体系统

中国农业科学院棉花研究所通过对 24 个棉花转化中间载体进行详细比较，发现不同载体系统转化效率差异很大，其中 *pBI121* 和 *pCAMBIA2300* 载体的转化效率最高，其转基因植株的阳性率平均为 76.4%和 69.5%，说明这两套表达载体系统比较适宜在本实验室培养体系下进行遗传转化操作。而其他的载体系统例如：*pROKII*、*pPTL*(*pBI101*)、*PBin*、*Pby520*、*pART*、*pHB* 等转化率非常低或者得不到转基因植株。

(2)基因转化受体系统

外植体的选择是建立再生系统的第一环节。尽管目前认为植物体的任何组织和器官都可以作为建立再生系统的外植体，甚至作为植物基因转化的外植体，但是这些外植体的脱分化和再分化能力、细胞全能性潜在趋势及感受态程度等都有很大差别，即使是同一组织器官的不同部位也有明显差异。因此不同种类的外植体对离体培养的反应不同，培养效果也不同。依据如下外植体选择原则选择幼年型、增殖能力强、萌动期、具有强再生能力基因型、遗传稳定性好的外植体。实验表明，叶片、叶柄、子叶、子叶柄、下胚轴、茎、花茎、匍匐茎、块茎、茎尖分生组织、芽、根、合子胚或体细胞胚，以致成熟的种子等都可作为外植体转化。但各种外植体材料的转化率有明显差异。贾世荣等(1992)对不同外植体转化成功的事例进行分析统计结果表明，叶片、子叶、胚轴、茎等外植体转化成功的事例最多，它们分别占 35%，9%，10%和 17%。但是，不同植物的最佳外植体种类不同，要根据具体植物进行选择。

近几年来，农杆菌转化在真菌、裸子植物和单子叶植物转化方面取得了可喜的进展，其中以单子叶植物，尤其是禾谷类作物的成功转化最为引人注目，同时在转化方法上也有一定的突破，见表 3.9。

表 3.9　农杆菌转化的受体

转化受体范围	真菌	裸子植物	单子叶植物
转化受体	酵母、木霉、曲霉、镰孢霉、刺盘孢菌、脉胞菌、伞菌	挪威云杉、松树	石刁柏、水稻、玉米、小麦、大麦、甘蔗

(3)基因型限制

目前建立的植株再生体系受基因型限制依然突出，主栽棉花品种难以及时转化，多数品种的转基因效率依然较低。生产中需要早熟、中早熟、中熟以及杂交棉等多种类型的棉花新品种。仅几个基因型的棉花品种能够进行转化，远远满足不了生产需求。

为此，我们以 40 多个我国自育的棉花栽培品种(系)为受体，开展不同基因型棉花品种的组织培养再生和遗传转化研究。已建立了中棉所 24、中 394、中 091、冀合 321 等 16 个棉花栽培品种(系)的组培再生体系，拓展了棉花组织培养的基因型范围，但除中棉所 24 的转化率可达 15.1%外，其余品种基本上在 0.1%～6%之间波动，而且多数品种在 1%以下，只有中 394、中 091、冀合 321 等 3 个品种超过了 5%，表明这些品种的遗传转化效率较低。

(4)常用根癌农杆菌的菌系及菌株

农杆菌的侵染能力与转化率有着直接的关系，也是转化成败的主要因素。如何选择侵染能力强的菌株，怎样提高农杆菌的侵染能力等问题至今尚未解决。根据农杆菌产生的冠瘿碱的不同将农杆菌分成三大类菌系，即胭脂碱型(如 C58)、章鱼碱型(如 LBA4404)及农杆碱型(如 EHA105)。

业已证明，不同植物对农杆菌的敏感性不同，农杆菌的侵染能力对不同植物有着很大差异。因此，在转化研究中两者的匹配选择十分重要，即选择农杆菌与植物之间有着高侵染力的配合直接影响着转化率。宋成丽等在对小麦遗传转化的研究表明农杆菌菌株 LBA4404 转化率及植株分化率均高于 EHA105(宋成丽，2012)，陈天子等对农杆菌介导转化大丽轮枝菌的体系优化的研究表明：农杆菌 LBA4404 转化效率最高，其次是 AGL-1，但两者相差不多，这 2 个农杆菌转化效率分别是 EHA105 的 2.5～3.7 倍和 2.4～3.5 倍(陈天子等，2011)。很多研究者在农杆菌介导遗传转化中选择使用农杆菌菌株为 LBA4404，如表 3.10 所示。

(5)根癌农杆菌转化程序及操作原理

以棉花下胚轴为外植体的农杆菌转化实验技术流程如图 3.4(彩图 2)所示。

表 3.10　不同转化受体使用的农杆菌菌株

转化受体	时间	农杆菌菌株	研究者
大葱	2009	LBA4404	谭伟
丝状真菌	2010	LBA4404	朱咏华
苹果	2010	EHA105	杨越
玉米	2011	LBA4404	秦新民
小麦	2012	LBA4404	刘香利
葡萄	2012	LBA4404	余智莹

图 3.4(彩图 2)　棉花下胚轴为外植体的农杆菌转化实验技术流程

(6)农杆菌培养

农杆菌培养基本遵循细菌的培养原则和操作技术。常用液体培养基有 LB、YEB、YEP、TY 等培养基,主要成分见表 3.11。这些培养基中,LB、YEB、YEP 属富集培养基,其营养成分丰富,在这些培养基中农杆菌生长快、分裂旺盛,它们是常用制备工程菌液的培养基。

表 3.11 适于农杆菌生长的培养基主要成分

培养基名称	主要成分及用量/(g/L)
LB	蛋白胨为 10,NaCl 为 10,酵母提取物为 5
YEB	牛肉浸膏为 5,酵母浸膏为 1,蛋白胨为 5,蔗糖为 5,$MgSO_4 \cdot H_2O$ 为 0.5
YEP	牛肉浸膏为 10,酵母提取液为 10,NaCl 为 5
TY	蛋白胨为 10.0,酵母膏为 5.0,葡萄糖为 1.0,NaCl 为 5.0

(7)工程菌的保存

菌种保存的方法很多,例如:低温定期移植保藏法,液体石蜡保藏法,沙土管保藏法,滤纸片保藏法,自然基质保藏法,生理盐水保藏法,冷冻真空干燥法,液氮超低温保藏法等,液氮低温保藏的保护剂,一般是选择甘油、二甲基亚砜、糊精、血清蛋白、聚乙烯氮戊环、吐温 80 等,但最常用的是甘油(10%~20%)。根据其保存时间长短可分为三种方法:短期保存(数月),中长期保存(数年),长期保存。短期保存一般采用斜面或平板保存法,斜面菌种置于 4℃冰箱中可保存数月,中长期保存采用穿刺法,把菌种接入柱状培养基中。长期保存菌种主要采用甘油保存法,在 15%甘油中,菌种可于 −70℃冰箱或液氮中长期保存。当甘油含量增加到 40%~50%时,细菌可在 −20℃或 −70℃条件下,保存若干年而不失活。

(8)工程菌侵染悬浮液的制备

液体振荡培养的工程菌,通常培养 12~24 h 后即可达到对数生长期,即可用作接种外植体的工程菌液。农杆菌菌株选用 LBA4404,采用 LB 或 YEB 培养基培养,在采用棉花下胚轴作为外植体感染时,合适的农杆菌浓度是必需的,前人报道的 OD_{600} 值多为 0.6~0.8,但农杆菌处于此浓度范围内的时间很短(0.5 h 左右),难以适应大量感染的需要。更重要的是,过高浓度的农杆菌会造成外植体的死亡。我们经过研究发现 OD_{600} 值在 0.3~0.7 时,对愈伤组织的诱导率都比较理想(表 3.12)。当 OD_{600} 值小于 0.3 时,切段感染不足,前期切段会呈现绿色,后期因选择抗生素的作用逐渐死亡,愈伤组织基本难以发生 OD_{600} 值在 0.3~0.7 时,会获得 30%~40%的愈伤组织诱导率(OD_{600} 值在 0.5 时效果最好)且愈伤组织长势较好:大小适中,松软,接近黄色,对胚性愈伤组织的诱导会比较容易;值大于 0.8 时,绝大部分切段会发黑萎缩,只产生极少量的愈伤组织,且愈伤组织生长很差,小而发白,不适合下一步的工作。由于农杆菌处于此浓度区间的时间较长,对大量感染会非常便利。

(9)外植体的农杆菌浸染

方法是将切割成小块的外植体浸泡在制备好的工程菌液中,浸泡一定时间后,尚需用无激素植物培养基或无菌水漂洗,再用无菌吸水纸吸干。但目前外植体用菌液浸泡后常不经漂洗,直接放在无菌吸水纸上吸干外植体非伤口面的菌液,即可进行共培养。以中国农业科学院棉花研究所为例,取中棉所 24,剥去种子外壳后,用 0.1%升汞浸泡 5~8 min,然后用无菌水冲洗三次,接种于 MS1 培养基上使其萌发,以 7 日龄无菌苗下胚轴为外植体,切成 0.5~1 cm 切段，每个无菌苗大致可切成6～8段。

表3.12 改良 B_{29} 培养基上不同浓度农杆菌对CCRI24愈伤组织诱导率的作用

OD_{600}值		<0.1	0.2	0.3	0.5	0.7	>0.8
15 d切段生长状况	外观	发绿，两端有少量膨胀	发绿，两端有少量膨胀	变黄	深黄色	棕黄色	发黑、无愈伤组织
	愈伤组织诱导率	0.0c	2.4b	6.1a	5.8a	—	0.0c
30 d切段生长状况	外观	黄色、萎缩	棕色、萎缩	大量愈伤组织形成（未出愈伤组织切段棕色、萎缩）	大量愈伤组织形成（未出愈伤组织切段棕色、萎缩）	大量愈伤组织形成（未出愈伤组织切段黑色、萎缩）	黑色、干缩、死亡，极少愈伤组织
	愈伤组织诱导率	0.0d	6.8b	25.7a	23.8a	19.8a	0.5c
45 d愈伤组织诱导率		0.0c	—	31.0a	41.4a	26.7a	3.2b

刘传亮，2004。

(10)农杆菌与外植体共培养

农杆菌和外植体共培养是整个转化过程中非常重要的环节，因为农杆菌附着，T-DNA的转移及整合都在这共培养时期内完成，因此共培养技术条件的掌握是转化的关键。有的研究中在固体培养基表面加上1～2层无菌滤纸，有利于控制外植体上的农杆菌过度增殖，但目前大多数研究者认为无需加滤纸。共培养也可在液体培养基中进行，目前采用较少。共培养的时间对转化率有着很大影响，而且不同物种、外植体种类、农杆菌菌株的最佳共培养时间不同。同一植物的不同外植体所需的共培养时间也不同，棉花切段用农杆菌浸泡5 min，沥干菌液平放于培养基上共培养48 h。

(11)转化体的选择培养

转化的细胞和非转化细胞在生长发育过程中存在着竞争，如果转化细胞不能生长起来，转化就不能成功。因此，选择是必不可少的步骤。T-DNA上插入了标记基因和报告基因，例如*NPTⅡ*基因。该基因可产生对卡那霉素的抗性，在选择培养基中加入卡那霉素抑制非转化细胞的生长，而对转化细胞无抑制作用，从而起到选择的效果，迄今已有多种筛选标记基因及报告基因。在愈伤组织诱导或不定芽分化培养的一开始就加入选择压，使非转化细胞的生长受到抑制，只有转化细胞能进行正常生长发育。

在棉花转化的过程中各阶段均需要添加筛选剂，从农杆菌浸染外植体后愈伤组织生长开始，经过胚性愈伤组织，到胚状体每阶段需继代2次，每次均需在培养基中添加筛选剂，到出苗期停止。

(12)愈伤组织诱导

取出切段平放于愈伤组织诱导培养基，进行愈伤组织诱导。采用改良的MSB培养基(pH值5.8～6.5)，主要对IAA、2,4-D、KT等激素进行调整，通过比较分析确定合适的激素配比。

主要应用的培养基激素浓度(mg/L)分别为:改良 B29 培养基有 IAA0.1、KT0.1、2,4-D0.1;LX 培养基有 KT0.1、2,4-D0.1;L4 培养基有 IAA0.1、2,4-D0.1。感染不同的棉花品系后在不同时期调查切段生长状况及出愈率。从表 3.13 数据可知:CCRI24 对于所有培养基基本都能获得较理想的愈伤组织诱导率,其中,以改良 B29 培养基最好,虽然 LX 培养基能够获得更高的愈伤组织诱导率,但是改良 B29 培养基获得的愈伤组织更有利于分化;CCRI19 在 LX 培养基上能够获得理想的愈伤组织诱导率,而在其他 3 种培养基上的诱导率都很低;CCRI17 在 L4 培养基上能够获得较好愈伤组织诱导率,而在改良 B29 培养基上则极难获得愈伤组织。由于上述培养基的主要差别在于激素。这表明在处理不同受体材料时,需要对激素的种类、配比及含量进行适当的调整。

表 3.13 不同受体材料在三种主要培养基上的愈伤组织诱导率比较

材料	改良的 B29	LX	L4
CCRI24	35.6A	62.1A	9.1B
CCRI27	31.5A	1.0D	3.3C
CCRI34	6.5B	19.1B	—
CCRI19	5.8B	47.0A	5.8BC
CCRI17	0.5C	11.0C	26.8A
Zhong135	0.5C	7.2C	—

刘传亮,2004。

(13)胚性愈伤组织及胚状体诱导

严格选择诱导出的愈伤组织,剔除假阳性愈伤块。将愈伤组织转入胚性愈伤及胚状体诱导培养基上进行诱导。通过多年的研究,现在将胚状体诱导培养基的成分基本固定为 MS 盐+无激素或低于 0.01 mg/L 浓度激素处理:添加谷氨酰胺、天门冬氨酸、酪氨酸各 0.5 g,B_5 维生素加倍。

棉花胚状体萌发需要合适的激素种类及配比,主要采用 MS 培养基添加 6-BA 与 IAA 等两种激素。

(14)再生苗的诱导、培养及嫁接

再生苗诱导主要应用的培养基为改良 D29 培养基:MS 盐类(大量、微量及铁盐)+(1~5)倍 B_5 培养基的有机成分+3%蔗糖+(1~2)g 活性炭+0.1 mg/L IAA+(0.005~0.2)mg/L 6-BA 再生苗的诱导因材料不同,需要添加不同浓度 6-BA 处理,其浓度区间从 0.005~0.2 mg/L 不等。目前,除极个别的情况外,绝大部分胚性愈伤组织都可获得再生苗。

再生苗除生根移栽定值方法外,也可以采用嫁接方式(图 3.5,彩图 3),以受体棉花品种幼苗为砧木,以转化植株为接穗进行嫁接,其成活率可达到 93%以上。成活率大幅度提高。

(15)存在的主要问题

近几年,农杆菌介导的遗传转化在转化机理、转化方法、转化范围以及转化策略等方面都获得了很大的发展,其应用已日臻成熟,但仍然存在着许多尚待解决的问题。

1)转化机理方面。在转化过程中,农杆菌本身的分子调控已研究比较深入,但对有关植物因子的了解尚处于初期阶段。此外,农杆菌介导的转化中 T-DNA 何以往往是单或低拷贝整合。这种特性在多种亲缘关系很远的被转化生物中非常相似,因此很可能仅取决于农杆菌一

图 3.5(彩图 3) **转基因再生苗嫁接**

方的因素或者是农杆菌和这些生物中相当保守的因子的相互作用。另外也不排除存在着农杆菌和植物两方面参与的反馈抑制途径的可能。

2)转化范围方面。农杆菌介导的转化技术受到农杆菌宿主专一性的限制,农杆菌对某些品种的感染效率也很低,而且与农杆菌共培养的外植体必须经过愈伤组织-胚胎组织发生最后形成植株。在此过程中,再生苗畸形率高,限制了农杆菌的转化率。同时获得愈伤后需进行大量的扩繁继代,使再生苗率增加。所以在棉花农杆菌转化阶段工作量较大。因此组织培养和再生频率是限制农杆菌介导转化的又一个重要因子,因而发展不受宿主限制的外源基因导入法是十分必需的。此外,叶绿体的转化正成为当今基因工程的热点之一,但其转化方法均为物理转化法,仪器昂贵,操作复杂,转移和整合无选择性,不易得到“纯”的转化体(即无核基因同时被转化的“污染”)。

3)转化方法方面。对易于组织培养的品种的转化已基本成熟,但是操作方法仍较为复杂,因而无论对哪一种植物探讨花粉或种质介导,不需要组培而直接获得转基因植株的方法将十分有意义。现今农杆菌介导的棉花转化基本以下胚轴为起始材料,取材受生长周期限制很大,因此实践上迫切需要发展一些容易并且能够经常大量获得的外植体(如叶)的农杆菌转化体系。

4)转化策略方面。通过同源重组向植物基因组特定位点引入目的基因,效率极低,有时还需要在植物体内先引入某些序列(如 loxP)才能实现,因而新的基因靶位操作体系亟待建立,向植物体内导入大片段 DNA 的工作有待深入。

上述问题的解决必将极大地促进棉花,乃至植物基因工程的发展,它不仅使棉花的遗传改造成为可能,而且使其改良方法更趋简化,由单基因控制性状的转化向多基因转化方向发展,使人类能更好地按自己的意图实现对棉花的改造与利用。

3.3.1.2 花粉管通道转化法

(1)花粉管通道转化法概况

1979 年发表的“远缘杂交的分子基础”中“DNA 片段杂交假设的一个论证”一文,为花粉管导入外源 DNA 的整合奠定了理论基础。1983 年,周光宇等在“Methods in Enzymology”杂志上报道了棉花花粉管导入外源 DNA 获得成功的文章。这一技术的建立为活体基因的转化开创了新途径。

花粉管通道法是利用植物自身的生殖细胞如花粉粒、卵细胞、子房等,在处于感受态的时候将外源基因引入运行的花粉或花粉管,使之有机会参与受精过程,达到转化目的。它是在植物整体水平上进行口的基因 DNA 的导入，获得转化种子。

近年来，随着细胞生物学和分子生物学的不断发展、完善，植物分子育种技术加速了作物的优良性状选择和育种进程。植物基因工程技术研究目前已取得了重大进展，在外源基因导入技术中，花粉管通道法(pollen-tube pathway)已成功地应用于小麦、玉米、大豆、棉花、番茄、番木瓜等许多植物中，培育了许多抗病、抗虫及其他优良性状的植物新品种。目前，利用花粉管通道法转化法已成为植物遗传转化的有效途径之一。

近些年来，国内外已经通过花粉管通道法转化许多受体材料(部分棉花遗传转化研究进展见表 3.14)。

表 3.14 棉花遗传转化研究进展

转化受体	外源基因	导入性状	结果验证	参考文献
中棉所 12 非陆地棉	*Bt*	抗虫	*GUS* 检测	谢道昕等(1991)
泗棉 3 号 中棉所 12	*GFMcryIA*	抗虫	田间验证	倪万潮等(1996,1998)
石远 321，中棉所 19 3517，541	*GFMcryIA+CpTI*	抗虫	田间验证	郭三堆(1999)
中棉所 23，中棉所 27 中 9409，中 90 系	*GFMcryIA+CpTI*	抗虫	分子验证	李付广等(1999)
泗棉 3 号	*API*	抗虫	分子验证	黄骏麒等(2001)
苏棉 16 号	*Bt+CpTI*	抗虫	田间验证	刘志等(2003)
550，822 1304，石远 321	β-1,4 葡聚酶＋菜豆几丁质酶	抗枯、黄萎病	田间验证	乐锦华等(2002)
新彩棉 1 号， 绿 9902、绿 9903	*GAFP*	抗枯、黄萎病	分子验证	王义琴等(2003)
苏棉 16 号，泗棉 167 渝棉 1 号，H1	兔角蛋白基因	纤维改良	分子验证	张震林等(2004)
泗棉 3 号	蚕丝芯蛋白基因	纤维改良	分子验证	张震林等(2004)
SGK321 双价抗虫棉	兔角蛋白基因	纤维改良	分子验证	赵丽芬等(2005)
陆地棉	*ipt*	抗非生物逆境	分子验证	于晓红等(2000)
鲁棉 6 号	罗布麻 DNA	抗盐碱	田间验证	于元杰等(1991)
中棉所 10 号	*PSAG12-ipt*	抗早衰	分子验证	李静等(2004)

谢道昕等(1991)最早采用花粉管通道法将2个*Bt*亚种的杀虫基因转入4个棉花品种,*GUS*检测显示*Bt*杀虫基因在转基因植株中得到表达。倪万潮等从1993年开始将*Bt*、*Bt*+*CpTI*双价基因、*sGNA*(雪花莲凝集素基因)、抗真菌病害的几丁质酶基因、葡聚糖酶基因等多种功能基因及其各种基因的组合陆续导入我国棉花主栽培品种中,获得了高抗棉铃虫和抗病的转基因抗虫棉花植株。

2001年黄骏麒等也采用子房注射法将慈姑蛋白酶抑制剂(*API*)基因导入泗棉3号,经对棉铃虫抗虫性鉴定及分子生物学等严格分析,证明*API*杀虫基因转移到了棉花中。Lu把从醋杆菌属*xylinum*克隆得到的纤维合成酶基因通过花粉管通道法导入到栽培棉中,得到的转化种子经潮霉素和草丁膦除草剂(PPT)发芽筛选和PCR检测,934粒种子中筛选得到5粒转化种子。Trolinder等(1999)报道的一种原位转化方法并申请了专利,该方法通过子房注射用重组农杆菌或裸露DNA分子将理想表型的基因导入得到转化植株。通过子房注射法技术,已将抗虫、抗病、抗除草剂、纤维品质改良等不同基因导入棉花品系,获得了转基因棉株(王义琴等,2003;张红艳等,2004)。

Bechtold等(1993)提出了渗透转化发生时期的推测。T-DNA转移发生在植物生长发育晚期的配子形成末期或受精卵形成时期。Clousll等(1998)在先前的基础上发展了一种的真空渗透方法,该方法替代了真空渗透的一种表面活性剂,使农杆菌渗透在植物组织中进行。

李晓等(2004)把这种方法应用于转化棕色彩色棉品种GO07,报道了一种真空渗透法和农杆菌介导转化棉花的新方法。包含acsA和acsB的醋杆菌属*xylinum*纤维素合成酶基因通过农杆菌真空渗透法转化棕色棉的花粉粒,并通过载体*pCAMBIAI301*(包括*GUS*报告基因、抗潮霉素选择标记基因和目的基因acsA和acsB)和农杆菌菌株GV3101,把外源基因导入彩色棉。步骤包括棕色纤维棉花新鲜花粉粒的收集,取一部分农杆菌液放在灭菌后的1.5 mL离心管中3 000 rpm离心10 min。收集农杆菌重悬于花粉萌发培养液中,1 mL培养液大约加入50 mg棉花花粉,浸泡并抽真空(压力:−80 Pa,时间30 min)。随后悬浮液在3 000 rpm离心5 min,把混合有感染过花粉粒进行授粉。经PCR和Southern检测,共获得6株转化植株,转化率为1.4%。

蒋玉蓉(2006)以陆地棉Coker 312自交品系为受体材料,通过子房注射质粒DNA法、花粉粒农杆菌转染法和农杆菌介导点滴柱头法等方法,将抗除草剂*Bar*基因导入受体材料,获得了抗除草剂的转基因棉花植株。通过对转化植株Basta涂抹叶片抗性鉴定、PCR扩增和Southern杂交等检测,证实了*Bar*基因已经整合到棉花基因组中。通过多代自交,已经获得稳定的转*Bar*基因抗除草剂棉花新种质。

(2)棉花花粉管通道法的操作流程

花粉管通道法是一种有效的转化受体材料的遗传转化方法,其转化效率受到人为操作、受体材料、环境等诸多因素的影响。

1)花粉管通道法转化方法

利用花粉管通道法在转基因棉花的研究中主要有四种方法,包括:子房注射法、真空渗透转化法、柱头滴加法和花粉粒携带法。

①子房注射法(微注射法)。子房注射法是一种特殊的花粉管通道法,即用微量进样器把外源DNA溶液注入子房中,进入受精的卵细胞中,获得转化种子,此方法非常适合棉花的转

化。这种方法具有外源 DNA 进入胚囊的距离短、受体子房内具有更高浓度的外源 DNA、对注射时间要求比较宽松、对子房较大花朵操作比较容易等优点。子房注射法对于那些子房大、多胚珠的作物更为适宜。通过子房注射法将外源基因导入棉花已有诸多报告。一般方法是在棉花盛开期,选择自花授粉后 24 h 左右取扎线自交受精的隔日幼铃(花冠由白色变红色),抹平花柱,用合适的微量注射器把外源 DNA 注射进棉花子房。

②真空渗透转化法。真空渗透花粉粒的直接转化法是常规转基因方法中一种有效的转化方式。自 1993 年 Bechtold 等建立了整株原位真空渗入遗传转化方法后,许多学者在不同植物上已经进行了相应的研究。抽真空浸染植株作为农杆菌介导遗传转化的一种辅助手段,在拟南芥、白菜等的遗传转化中应用广泛,但是以完整植物的花序为对象,对株型较大的棉花适用性较低。后来,有采用子叶为外植体进行真空渗入浸染的研究,显著提高了转化率;2002—2004 年李晓等首次以花粉为外植体利用农杆菌真空渗透转化棉花,获得了转基因棉花植株。由于该方法利用了自然繁殖过程,又利用了 T-DNA 的整合特性,避免了组织培养受基因型限制的困难,同时也避免了花粉管通道法采用裸露 DNA 导致的转化频率低及整合机制不很明确等缺点,是棉花遗传转化中一种比较好的转化方法。该法使用真空渗透,与不使用相比可以更容易使农杆菌液渗入花粉,最终获得转基因棉花。它的转化程序不需要组织离体培养。在真空渗透中,细菌直接接种到植株减数分裂和有丝分裂旺盛的部位进行转化。

③柱头滴加法(涂抹法)。柱头滴加法是在授粉后,将含有外源 DNA 溶液滴加或者涂抹在柱头断面上,由于子房内的负压作用,使 DNA 溶液被吸入子房,进而实现遗传转化的目的。在棉花上,开花的当天下午,剥取花瓣,使柱头外露,使用毛笔蘸取外源 DNA 溶液,涂抹在柱头上,利用花粉管通道使外源 DNA 进行胚囊,从而实现转化的目的,在小麦抽穗期,取即将抽出的穗子去雄套袋,选当日将开放的花进行自花授粉,在授粉后一段时间内去柱头,滴上备用的 DNA 溶液套袋挂牌做标记。

④花粉粒携带法。以上三种方法都是利用花粉管通道将外源基因直接导入到胚珠细胞,而花粉粒携带法同以上三种方法不同的是先把外源基因着附于花粉粒上,然后由花粉粒携带外源基因导入胚珠细胞。在花粉管通道法创立之前,国外学者就已经展开过此方面的研究,1975 年 Pandey 将烟草供体品种的花粉用射线杀死后与受体品种新鲜花粉混合后授粉得到了具有供体花色性状的后代,指出经照射杀死的花粉其遗传物质可不经过配子融合而转化受体基因组。1980 年 Hess 用在外源 DNA 溶液中浸泡过的矮牵牛花粉进行授粉,结果得到了花色变异的矮牵牛。1986 年 Ohta 在美国科学院报上报道应用外源 DNA 与玉米花粉混合授粉,得到较高转化率的转基因后代。在棉花上,该方法还正在摸索中,未见详细报道。具体有两种方法:a. 先用含有外源基因的溶液处理花粉粒,让花粉粒接受外源基因后,然后授粉,间接地把外源基因导入到受体材料。b. 在开花前一天,将外源 DNA 通过微注射器或其他工具注入受体植物子房内,通过花粉粒携带实现转化的目的。

2)受体材料的选择

①棉铃的选择。因品种的不同,棉花在生长过程中,生物学特性表现出较大的差异,尤其是与花粉管通道法有关的幼蕾大小、花柱的粗细、幼铃成铃率、幼铃的分布等存在着显著差异,许多材料开花太小、或是幼蕾太小、或是花柱太细、或是幼铃成铃率太低、或是幼铃太靠近茎秆不宜操作等,造成了转化率较低的现象。通过田间观察和筛选,发现个别花冠大,幼铃也大的

材料，适合于花粉管注射，根据系统测量：开花时幼铃最宽处直径0.6 cm以上，高度0.7 cm以上，尤其是直径在1.0 cm以上的大幼铃适合于花粉管注射，棉铃不易脱落，而幼铃最宽处直径小于0.5 cm，高度小于0.6 cm的棉花品种花粉管注射后，棉铃易脱落。当幼铃的直径大时，其花柱也相对较粗，呈正相关，测量表明，进入幼铃处的花柱直径在0.7 mm以上，易于注射，棉铃不易脱落，而花柱较细，在0.7 mm以下，尤其是0.6 mm以下的幼铃，花粉管注射后，棉铃脱落率较高，影响转化率。

②果枝节位的选择。田间观察发现：在受体材料开花后，一般从第2果枝开花到第5果枝开花期间进行转导，此时的气候、土壤等环境条件最佳，植物体生长健壮，果枝可提供充足的养分，棉铃生长发育正常，遗传变异小，畸形铃少，结铃性好，是进行花粉管注射的最佳时期。而在第1果枝节位或第6果枝节位以上的花朵，因遗传变异较大、畸形、幼铃较小、成熟过早或过晚、气候条件不稳定、土壤养分减少及植株衰老等因素，造成落铃率较高，不利于棉铃的转导。

③子房的形状。子房的形状也较重要，由于品种的不同，种植生长环境的不同，对棉花的生殖器官造成影响，使许多子房的生长发育不完整，产生畸形，花柱在子房中不直，这些都会影响到注射的质量，在被注射后一般都会脱落，因此，在注射时，一定要选择生长匀称的标准子房，尤其注意伸入子房的花柱要垂直，注射损伤小，才能确保较高的成功率。

④花冠摘除方式。就是将花冠连同雄蕊、柱头、花柱一起摘除，仅剩裸露的幼铃和完整的包叶，花柱要从幼铃顶部断下，使伸入幼铃的花柱与幼铃顶端平齐，具体操作方法：选择开花24 h左右、花冠颜色呈浅粉色的花朵，用右手食指与中指夹住花柄靠花的底端，并用拇指、食指及中指固定在花萼部分，使整朵花不会随着用力而折断，然后用左手指尖部将整个花冠在花柱基部捏住，并与右手巧妙同时反向用力，并稍向上拔，将花冠自子房基部完整拉脱，同时使柱头在子房上部形成一个平整界面。见图3.6(a,b)。

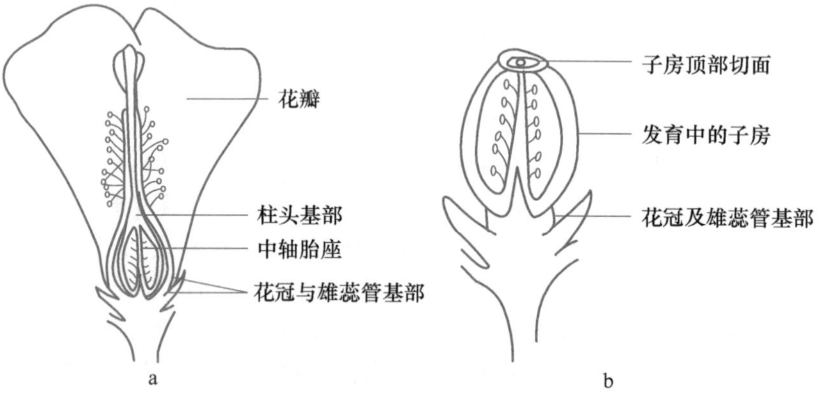

图3.6　棉花摘除花冠及雄蕊管前后花部结构

a. 棉花的花部构造　b. 摘除花冠及雄蕊管后花部结构

（王长海，1999）

3）对转化率的影响因素

①首先掌握棉花的受精过程及其时间规律，是花粉管通道法转化成功的关键因素。棉花珠心孔道开放时间约在授粉后12～28 h。因此，一定要掌握导入外源基因的最佳时间。

②提供有外源DNA片段纯度对转基因植株的获得及其后代的表型变异有一定的影响。在DNA纯化过程中，既要保持DNA片段的完整性，又要去除杂质DNA片段、蛋白或RNA的干扰。

③进行子房注射时，既要保证子房能够获得足够的外源DNA溶液，也要充分注意尽量减轻对子房的机械、渗透和膨胀所带来的伤害，尽可能地提高成铃率和植株的转化效率。

④注射器（微量进样器）要求针头应尽量细，与进入幼铃的花柱相比，针头的粗细应是其的1/3～1/2为宜，针头长度在3 cm左右，针管上的刻度明显，适合于室外操作观察，以10 μL为一个计量单位。

4）棉花花粉管通道法应遵循的基本原则

①适当稀植，减少棉田荫蔽，降低棉花蕾铃脱落率。

②尽量减少操作过程对受体子房的伤害，提高成铃率和产子率。

③供体DNA的纯度必须得到充分保证。

④转基因或其表达的表型易于观察和检测。

⑤转基因的受体棉花品种应在进行转基因导入操作的前一天进行自交，以杜绝外来基因的影响。

⑥选择天气晴朗时进行转基因导入的操作。温度高（24℃以上）、阳光充足、相对湿度适中，通道打开得快，可在早晨7时开始注射，温度低（20℃左右）、阴天、降温天气，湿度偏大（相对湿度80%以上）或偏小（50%以下），通道打开得慢，注射时间要推迟到下午，等花朵颜色变成粉红色才能进行，适宜的温度和相对湿度为24～29℃和60%～80%，此条件下外源DNA转导成功率较高。另外，光线柔和，不能太刺眼或视觉模糊，选择无风或小风时间，尽量减少对操作者的外界干扰，集中精力认真仔细操作，才能达到好的效果。

5）棉花子房注射法具体操作方法

①下午选择次日将开放的花蕾进行自交并标记。由于棉花是常异花授粉作物，天然的异交率在5%～10%，因而外来花粉往往会造成品种间的混杂。自交的目的就是为了防止外来基因的飘移产生的影响。在开花的前一天，可见花冠快速伸长，淡黄色或乳白色的花冠呈指状突出于花萼，次日即开放成为花朵。选择这些花蕾，于指状花冠的前端用细线扎紧，并将细线的另一端系于铃柄，作为收获时的标记。

②在开花后20～24 h，即开花次日，选择果枝和花位较好的幼子房作为花粉管注射对象。一般选择每个果枝的第一个和第二个果节位的花朵作为转化操作的对象。因为这些果节位上的棉铃成铃率较高，有利于收获较多的种子。

③一般使用50 μL医用微量进样器作为转基因注射的工具。每次使用前和使用后，应以淡洗涤剂清洗，再用蒸馏水漂洗。

④进行子房注射时，摘除或剥去花瓣，抹平花柱。在剥除花瓣时，注意不能损伤幼子房的表皮层，以免增加脱落率。

⑤一般用右手持微量注射器，左手轻扶摘除花瓣后的幼子房，从抹平花柱处沿子房的纵轴方向进针至子房长度的约2/3处，并后退至约1/3处。

⑥轻轻操作微量注射器，将转基因溶液注入受精子房之中。转基因溶液中的DNA含量，在使用供体总DNA时，浓度一般为每微升0.1～0.2 μg，每朵花1～2 μg；在使用质粒DNA时，浓度一般为每微升0.01～0.02 μg，每朵花0.1～0.2 μg即可。

⑦在铃柄基部涂抹 40 μg/L 的赤霉素溶液，以减轻幼铃脱落。

⑧挂牌标记已经进行转基因处理过的棉花幼铃，并在牌子上注明导入组合的编号或基因与受体的名称。

⑨摘除该花所在的果枝的顶心，促进营养集中，增加该花的成铃率。

⑩收获时，对转基因操作过的棉铃要单独采收，单独轧花，种子单独存放，以供进一步筛选和鉴定分析之用。

(3)花粉管通道法机理研究

随着分子生物学和基因工程的发展，外源 DNA 片段可通过花粉管通道导入植物胚囊这一事实越来越多地被许多学者所证实，同时也说明 DNA 片段杂交的存在。

关于花粉管通道法的转化机理，普遍观点认为：花朵在授粉后，花粉管穿过雌蕊组织，从而使外源 DNA 沿着经过珠心的通道进入胚囊，转化尚不具备正常细胞壁的卵、合子或早期胚胎细胞。1990 年 Potrykus 在研究受精过程中发现，只有同时具备再生感受态和转化感受态的细胞才能够成功转化。这类细胞的特征大多认为是脱分化状态，大多是指细胞核大、原生质浓厚、液胞化程度低和分生组织细胞相似。这类细胞具备了再生及转化感受态细胞的特点。花粉管通道法正是利用这一特点，恰在这时将外源基因导入花粉管中，参与受精达到转化的目的。所以，确定棉花授粉时间是正确使用棉花花粉管通道法的关键。如果把握好时机，将达到很高的转化率。

为了研究花粉管通道法导入外源基因的机理，国内外学者先后进行了许多工作。1984 年，上海中科院生化所与江苏省农科院经济作物所龚蓁蓁等应用的 H^3 标记棉花 DNA 于自花授粉 24 h 后注入棉花子房顶部。0.5～8 h 之间取样，冷冻切片，自显影三个月后，观察到：30 min 后取样，部分胚囊内已有 DNA 进入；2～4 h，80%以上的胚囊均有 DNA。除从珠孔到胚囊间的花粉管通道外，珠心的任何其他部位均无自显影斑点。进入胚囊的花粉管内亦无同位素，即使有 DNA 可以从中渗入，但和花粉管的通道比亦微不足道。以上结果清楚地说明，花粉管的珠心通道是外源 DNA 从珠孔到达胚囊的唯一途径。众所周知，珠心在花粉管到达之前为一封闭组织。珠心细胞具有细胞壁，外源 DNA 不可能通过。只有花粉管到达前，从珠孔到胚囊中间的细胞退化形成柱细胞，花粉管得以通过。从棉花胚珠冷冻切片中看到花粉管的通道相当宽，易于 DNA 进入。因此，授粉后形成花粉管珠心通道是外源 DNA 从珠孔到达胚囊的唯一途径。

1994 年雷勃钧等将外源高蛋白野生大豆总 DNA 直接导入栽培大豆后对转化后代、受体、供体进行 RAPD 分析，从 150 个引物中找到 24 个引物检测出 DNA 的多态性，证明外源总 DNA 片段可以通过花粉管通道导入受体，引起基因组变异。

李远新博士对授粉后 6～30 h 的黄瓜、西葫芦花粉管引导组织、花粉管的生长及胚珠的状态进行了研究，观察结果表明，授粉后 6 h，随着少数花粉管进入子房顶部，子房顶部少数胚珠开始出现珠心通道开放、花粉管进入珠心通道的现象。授粉后 12 h，子房前 1/3 处许多胚珠的珠心通道呈开放或半开放状态。注入子房的外源 DNA，顺着附近的引导组织，进入花粉管即将到达开放的珠心通道，并随着花粉管进入胚囊。

2000 年 Tjokrokusumo 等报道了用农杆菌真空渗透花粉或在授粉前在柱头上滴加农杆菌悬浮菌体在矮牵牛花中导入 35S-bar 为筛选基因的外源片段，得到相似的转化频率。在 T_1 代中 9%和 T_2 代中 5%的种子能在含 3 mg/L Basta 的培养基上萌发。经 GUS 检测，PCR 检测和 Southern 杂交证实了 *Bar* 基因已整合到受体基因组中。

1990 年 Potrykus 对受精过程的研究认为，在受体组织中，同时具备再生感受态和转化感受态的细胞是转化成功的关键。当受精过程开始后，卵细胞发生急剧的脱分化过程，形成合子后，彻底消除了以前的分化特性，变成核大、质浓和分裂活跃的细胞，具有再生及转化感受态细胞的特点。1993 年 Zhut 等通过亚显微结构的观察揭示，在精子进入时，卵细胞的细胞壁还未形成，一些壁物质分散地聚集在细胞膜的表面。因此这些卵细胞类似未完全酶解的原生质体，为外源基因的进入提供了可能性。

1998 年，董国存等通过绿色荧光蛋白基因 gfp，得到了在紫外激发光下显示绿色荧光的棉花胚胎，证实了花粉管通道是外源基因进入胚囊实现遗传转化的途径。

2000 年，邓德旺等采用激光共聚焦显微技术对花粉管通道法的机理进行研究，将外源 DNA 通过高亲和力荧光探针标记后，研究花粉管与外源基因的关系。发现中轴胎座中无花粉管，花粉管仅分布于各室的中轴胎座表面，基因经过花粉管外通道，经胎座上部传输组织的花粉管外缝隙、胎座、珠孔、珠心进入胚囊，直接进入无壁的处于融合期的生殖细胞，也验证了花粉管通道的可行性。

分子生物学的技术证明，通过花粉管通道直接注射外源 DNA，可以使外源 DNA 稳定地存在于受体中并整合到受体染色体上，这为该方法广泛运用于遗传育种奠定了理论基础。

1984 年翁坚等应用 mp′ 与受体重复顺序重组的分子导入棉胚中，以 mp′ 为探针，从 Southern blotting 的 Sau3A 酶切图谱来看，证明 mp′ 与受体基因组进行了整合。翁坚在德国马普植物育种研究所研究卡那霉素导入棉花中的系列整合与表达情况，证实基因重排现象与动物基因转移类似。

2006 年杨伟华等用石蜡切片法观察陆地棉科棉 1 号的花粉管生长、受精和受精卵分裂过程。结果表明，授粉后 15 h 花粉管通过珠孔进入胚囊；授粉后 18～21 h 精子和卵细胞开始融合，24 h 后形成一个核仁的受精卵；授粉后 48 h 始见胚分裂，72 h 后一早期胚形成。因此，棉花花粉管通道法外源 DNA 最佳导入时间是授粉后 21～24 h。

江苏省农业科学院经济作物研究所与中国农业科学院生物技术研究中心及中国科学院上海生物化学研究所合作，采用花粉管通道技术向我国陆地棉品种导入了 Bt(苏云金杆菌)的杀虫晶体蛋白基因和改造后的杀虫晶体蛋白基因、*CpTI*(*cowpea trypsin inhibitor*，豇豆胰蛋白酶抑制剂基因)、*API*(*arrowhead proteinase inhibitor*，慈姑蛋白酶抑制基因)，经表型变异、生物化学及分子生物学等严格分析，证明 *Bt*、*CpTI*、*API* 杀虫基因转移到了棉花中。*Bt*、*CpTI*、*API* 杀虫基因转化棉花获得成功，再次证明了花粉管通道法导入外源基因的可行性和可靠性。

(4)花粉管通道法转化法的技术评价

花粉管通道转化法作为一种颇具特色的转基因技术，由于其具备无基因型限制和易于实现大规模基因转化的特点，可以在任何开花植物和不同物种之间实现基因的转移，使得受体物种在获得新的基因型的同时，也获得转基因所表达的新的表型性状，由此为农作物育种提供了创造新种质、拓宽基因库的崭新技术途径。该法已经成功应用于棉花育种，获得了部分新品种(系)，并应用于农作物生产。利用花粉管通道法转化自花授粉作物进行分子育种具有以下几个优点：

1)利用整体植株的卵细胞、受精卵或早期胚细胞转化外源 DNA，由于无需细胞、原生质体等组织培养和诱导再生植株等一套人工培养过程，从而避免了植物组织培养过程中可能会产生的对植物基因型的依赖和各种无法预测的体细胞变异对后代的不利影响，一般不会形成嵌合体，纯合速度快。

2)方法简单，可以在大田、温室或盆栽中完成，一般常规育种工作者易于掌握。

3)单胚珠或多胚珠单子叶植株均可应用。只需针对具体的花器构造、开花习性和受精过程，采用合适的导入组织。

4)育种时间缩短。用此方法筛选遗传稳定的品系，只需3～4代时间。这是因为在自花授粉的基础上只有部分外源基因组DNA片段进入受体基因组，避免了供体基因和受体基因组全面重组。

5)可以任意选择生产上的当家品种进行外源DNA的导入，达到目的性状的转移，可以保留受体的优良性状，无需顾虑体细胞变异的问题。通过这一技术可以直接获得种子，对其后代的生产价值进行考虑。可避免一般生物技术的实验室研究和大田要求脱节的问题。

6)通过外源DNA片段的导入可以了解一下具有重大经济价值，而遗传背景极差的农艺性状。从而为近期的基因工程研究打下基础。

7)应用本技术可以达到较高的转化率，与其他技术相比较，转化率明显提高，转化率可达到1%左右，一般当年即可获得转基因植株。对于大多数农作物而言，从开花到收获均在2～3个月时间。因而在花期进行遗传转化操作，到收获转基因种子，再由转基因种子出苗进行目标性状和转化植株的分子水平鉴定，一般需要4个月左右时间，基本上可以达到当年转化，当年获得转基因植株。而且，在转基因第二代中，目的片段仍表达。

8)这一技术可以用以重组分子的导入。

9)利用整体植株的卵细胞、受精卵或早期胚细胞进行转化，直接获得的产品即是转基因植株。因此，在转基因表达的目标性状的鉴定上，完全可以直接针对目标性状的表现型来进行，从而可以避免一般情况下依赖于植物组织培养时的鉴定过程中，大量依赖于抗生素进行筛选的弊端。例如，在转基因抗虫棉的研究中，就可以直接鉴定转基因植株的抗虫性，来一步达到获得转基因植株的最终目的。而转基因抗病棉的鉴定则可以在人工病圃中直接进行转基因抗病性的筛选。由此上推，在转基因构建过程中，有可能省略抗生素标记基因。而在转基因产品中，将不会含有抗生素表达，安全性可能更好。

(5)应用这一技术存在的问题

1)应用总DNA片段的导入，筛选到的子代仍可能带入目的基因以外的片段。

2)这一技术局限在于只能用于开花植物，且只有花期可以进行转育。

3)方法虽然简单，但必须有遗传育种和分子育种学方面的基础，才能恰当地进行供受体的组合和判断DNA导入的结果，达到分子育种的目的。外源基因能否与受体基因整合，决定于目的基因的性状与功能是否与受体基因组DNA和细胞代谢相容。如果是不受单基因或单基因片段DNA控制的多基因性状，则不能或很难通过这一技术导入植物。

4)DNA大小和纯度的问题。过大易于断裂，过小遗传功能丧失。DNA不纯可能引起当代性状的变异。

5)在自然田间进行操作，受环境条件的影响很大。

6)本技术的转化成株率可达10^{-2}～10^{-1}(王关林，2009)，从分子的转移水平来看是相当高的，但从常规育种特别是显性基因的表现来看，一般育种工作者往往对百分之十几到几，甚至更少的转化植株引起异议,因为他们大多应用第一代田间表型观察来统计的平均数值判断基因导入,这是不符合分子转化规律的。事实上,外源基因的导入具有很大的随机性,和染色体配对完全不同,故应采取导入植株的单株记录,单株扩种检验,繁殖获得目的性状的后代植株。这种后代还必须从育种整体上看是否符合育种的要求。

7)花粉管通道法操作的经验性很强,需要一定的技术摸索和技巧。对单籽粒的、花器官小的作物来说,操作难度较大,工作效率较低。

总之,应用花粉管途径进行基因转移,即带有目的性状基因的 DNA 导入技术,虽然它的成功与否决定于供受体间 DNA 分子的相容性,但克服了常规育种中的障碍,缩短了育种的时间,能发挥育种工作者的积极性,将常规育种的丰富知识与分子育种的理论和技术连接,并通过广大的育种实践,不但使农业获得很大的效益,而且为基因工程、高层次的分子育种提供基础。

3.3.1.3 基因枪轰击转化法

20 世纪 80 年代,基因工程育种开始兴起。农杆菌介导法,因受基因型限制,不能满足人们的需求。打破基因型限制的物理转化方法,成为学者们研究的方向。1987 年,美国 Cornell 大学的 John Sanford 等研制出第一台用火药引爆的基因枪,并在同年与其学校的工程技术专家 Wolf 合作,利用基因枪成功进行基因转化,开创了基因枪转化研究历史的先河。基因枪转化法,打破了物种的基因型限制,并因其简便、快捷和稳定的特点,成为继农杆菌介导法之后又一应用较广的遗传转化技术。

(1)基因枪轰击转化法的原理

基因枪转化法(particle delivery technology),又称生物弹击法(biolistic method)或微弹轰击法(microprojectile bombardment),是一种依赖高速的金属微粒将外源基因导入活细胞的转化技术。

基因枪轰击法的原理是:应用氯化钙沉淀技术,把要转移的带有目的基因的克隆载体的 DNA 包裹在直径仅为 1 μm 左右的钨粒或金粒的外表面,如此便形成了生物弹(DNA-coated Microcarrier)。然后利用系统形成的高压气流轰击,将生物弹射入靶细胞或组织内,从而完成基因转化。

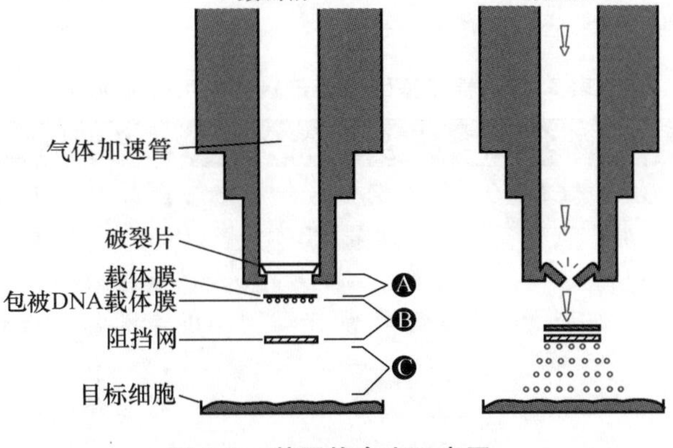

图 3.7 基因枪轰击示意图

(引自《Biolistic PDS-1000/He Particle Delivery System》)

(2)基因枪轰击法在棉花遗传转化中的应用

自1987年，美国 Cornell 大学的 Klein 等首次利用基因枪，成功转化洋葱表皮细胞之后。基因枪轰击法，迅速被科学家成功应用于大豆、水稻、棉花、玉米、小麦、烟草等多种农作物的基因转化与遗传改良。

1988年，Christou 等用外源 DNA 包被的钨粒对大豆茎尖分生组织进行轰击，结果约有2%的组织通过器官发生获得再生植株，并且在 R_0、R_1 代植株中检测到 *NPTⅡ*基因的表达。1988年，Cornell 大学的 Zhang W 等利用基因枪法转化水稻细胞，成功获得转基因再生植株。之后，以不同材料为受体的含不同外源基因的转基因工程水稻相继问世。1993年，Koziel 等人工构建了一个 *Bt* 基因，并用基因枪将其导入一个优良玉米自交系的幼胚中。转基因植株 *cryⅠA(b)*的表达水平较高，在田间试验中表现出很强的抗玉米螟的性状，且能在后代中稳定遗传。但是 PCR 和 Southern 杂交分析表明，基因枪轰击法转化的 *cryⅠA(b)*基因在玉米基因组的单一位点有多个拷贝。2002年，苏宁等利用基因枪轰击法，首次将双价抗虫基因 *Bt* 和 *Oryzacystatin* 基因共转化烟草叶绿体，经 Southern、Western 检测、表达蛋白活性测定证明，双价抗虫基因已整合到烟草叶绿体基因组中并稳定表达。

棉花作为国内外重要的纤维经济作物，因其体内存在大量的次生代谢产物，大大增加了其遗传转化的难度。1990年，美国俄亥俄州立大学的 John 等第一次将此技术应用于棉花遗传转化中，他以陆地棉胚性悬浮细胞系作为受体，将35S启动的 *GUS gene*（报告基因）和 *aphIV gene*（潮霉素B抗性基因）进行轰击转化。获得转基因再生植株后，进行 Southern blotting 检测，发现两个基因均以多拷贝形式存在于棉花基因组内。1993年，美国的 Dennis 等首次采用棉花茎尖分生组织为受体进行基因枪轰击转化，并获得转基因阳性再生植株。1994年，国内的吴敬音等以陆地棉茎尖分生组织为受体，应用基因枪轰击法将 *CpTI* 和 *NPTⅡ* 基因的重组质粒导入其中，培养获得卡那霉素抗性株。1999年，郝秀英等首次以棉花下胚轴为受体材料进行了基因枪轰击探索。2004年，Shashi Kumar 等建立了“Double Gene/Single Selection (DGSS)”质体转化系统，他们将 *aphA-6* 和 *NPTⅡ* 基因，通过基因枪轰击转入棉花质体中，并获得转基因阳性植株。*aphA-6* 和 *NPTⅡ* 基因均表现为卡那霉素抗性，将其一起转化，可以将转化效率提高60%。目前，基因枪轰击质体转化已开始进入其研究高潮。2004年，王义琴等以海岛棉茎尖为受体，利用基因枪轰击法将 *NPTⅡ* 基因和 *ADF3*（蜘蛛丝蛋白）基因成功导入其中，获得转基因阳性植株。2007年，于晓玲等以棉花离体胚珠为受体，进行基因枪轰击，并在轰击2 d后检测到 *GUS* 基因的瞬时表达。

表3.15　棉花基因枪轰击转化应用研究进展

受体材料	外源基因	目的性状	检测方法	应用程度	参考依据
Coker310 胚性细胞悬浮系	*GUS*, *APHIV*	β-葡萄糖苷酸酶，潮霉素B抗性	潮霉素筛选，Southern blotting 检测	转基因阳性植株	John J 等(1990)
珂字棉茎尖分生组织	*GUS*	β-葡萄糖苷酸酶	GUS 检测	转基因阳性植株	Dennis E 等(1993)
中棉所12、鲁棉6号、泗棉2号、泗棉3号、茎尖分生组织	*CpTI*	抗虫	卡那霉素筛选	转基因阳性植株	吴敬音等(1994)

续表 3.15

受体材料	外源基因	目的性状	检测方法	应用程度	参考依据
新陆早 4 号	*NP-1*	抗病	卡那霉素筛选	转化芽	郝秀英等（1999）
珂字棉胚性愈伤组织叶绿体	*APHA-6*，*NPTⅡ*	卡那霉素抗性	卡那霉素筛选，分子检测	转基因阳性植株	Kumar S 等（2004）
新海 16 号，新海 19 号茎尖分生组织	*ADF3*，*APTⅡ*	纤维品质改良	卡那霉素筛选，Southern blotting 检测	转基因阳性植株	黄全生等（2004）
珂字棉 312 离体胚珠	*GUS*	β-葡萄糖苷酸酶	GUS 检测	检测到 GUS 瞬时表达	于晓玲等（2007）
中棉所 12 胚性愈伤组织	*RRM2*	高产	卡那霉素筛选，Southern blotting 检测	转基因新材料	刘传亮等（2010）

目前，基因枪轰击转化主要以棉花茎尖分生组织和胚性愈伤组织作为受体，并不断对其转化体系进行优化，形成规模化的轰击转化。中国农业科学院棉花研究所以中棉所 12、19、24、60、鲁棉 6 号、泗棉 3 号等大田主栽品种的茎尖分生组织及胚性愈伤组织为受体材料，成功建立了规模化基因枪轰击转化体系，每人每周轰击 100～150 枪，转化效率可达到 4%以上，转化周期为 4 个月，每年可获得 1 000 个转化体以上。

(3)棉花基因枪轰击法的技术流程

基因枪转化法技术流程如图 3.8(彩图 4)。

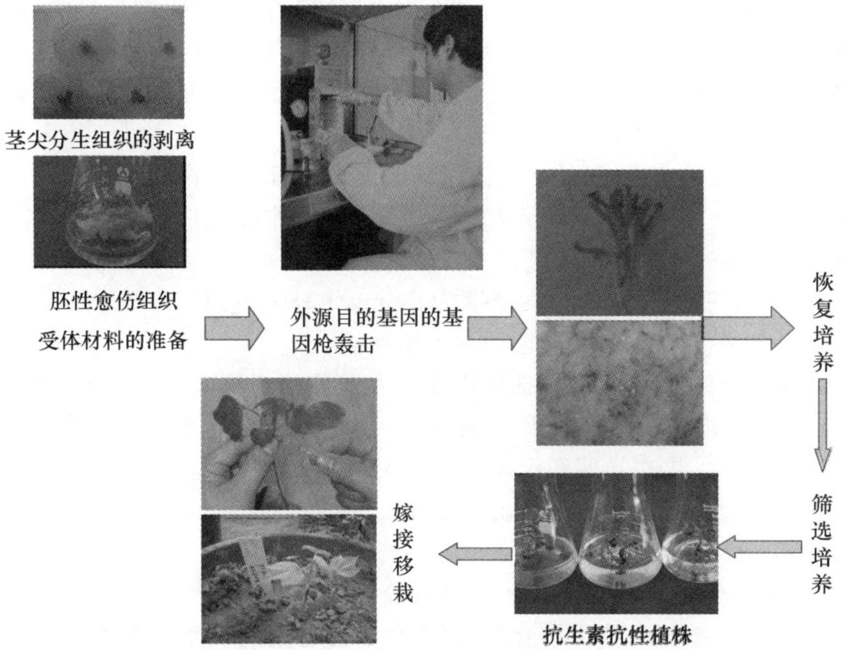

图 3.8(彩图 4)　基因枪转化法技术流程

1)受体材料的准备。茎尖分生组织的剥离:以自交纯合材料为转基因受体,将其种子去壳,消毒后接种于 MS 培养基上,28℃,光培养 48～72 h。子叶微张开时进行茎尖的剥离:将幼苗去掉子叶,留 0.4～1.0 cm 的下胚轴,在解剖镜下剥离出茎尖,保留两个叶原基。胚性愈伤细胞的诱导与处理:以自交纯合材料为转基因受体。参照棉花农杆菌介导转化法技术流程,进行纯组织培养,获得胚性愈伤组织。根据棉花胚性愈伤组织的状态,将其放入一定浓度的甘露醇溶液(无菌)中,放在摇床上培养 2 h。然后,将胚性悬浮细胞放在加了低浓度渗透剂的 MS 培养基平板上,准备基因枪轰击。受体材料的渗透预处理是很关键的一步。渗透剂能降低细胞的膨压,使质粒载体更易进入细胞。另外,渗透剂能稳定细胞膜,使微弹穿透细胞时造成的损伤得到较好的愈合,因此可以增加细胞的存活率。

2)质粒构建及其制备。质粒构建时,最好采用转化效率较高的载体骨架。质粒的提纯采用碱裂解法,经酚∶氯仿∶异戊醇＝25∶24∶1 纯化,使其浓度达到 1 μg/μL,260 nm 和 280 nm 处紫外吸光度比值处在 1.8～2.0。将提取好的质粒保存在－20℃备用。质粒的浓度与纯度,直接影响转化效率的高低。若 RNA 和蛋白质去除不干净,则会降低基因枪的轰击效率。

3)基因枪轰击。目前,试验用基因枪多为美国 Bio-Rad 公司的 PDS-1000/He Particle Delivery System。选用的轰击参数为:金粉直径为 1 μm,包裹微弹的沉淀剂用 10 μL 2.5 mol/L $CaCl_2$ 和 4 μL 0.1 mol/L 亚脒胺(spermidine,现用现配,或者储于－20℃冰箱中,时间不超过 1 个月。如没有保存好或保存时间过长,亚精胺会发生降解,从而影响 DNA 吸附于金属微粒表面的能力)。每轰击一枪的金粉用量是 1 μg DNA/600 μg 金粉;对于植物材料转化,微粒子弹载体的选择视受体材料而定。如胚性愈伤组织一般为1 100 Psi(＝7.584 MPa),茎尖分生组织一般为1 300 Psi(＝8.963 MPa)。此外,可裂圆片的规格应与微粒子弹载体对应。轰击距离为9 cm。将目的基因轰击到上述材料中。并以未轰击材料为对照。

4)恢复培养。将轰击材料转入 MS 培养基中,恢复培养至幼叶发绿。恢复培养是必不可少的。在微粒轰击过程中,转化细胞或多或少受到一定伤害,所以在转化后,需要有一个恢复调整过程。恢复培养的时间是很关键的,过短或过长,都会导致再生转化率下降。经多年试验,我们发现恢复培养 3～7 d 效果最好。

5)筛选培养。恢复培养后,开始采用抗生素梯度浓度筛选。这样既可以保证刚刚恢复的受伤转化细胞不至于在高浓度的抗生素筛选压下,又可使非转化细胞受到抑制。抗生素的梯度设置极为重要,每种抗生素都需要经过严格的预试验,才能确定最低和最高筛选浓度。以卡那霉素梯度筛选为例,我们采用的梯度浓度为 65 mg/L、80 mg/L、90 mg/L、100 mg/L 以上,每次筛选间隔 7～15 d,逐步筛选出转基因再生植株。

6)抗性再生植株的移栽。抗性植株采用嫁接方式移植到温室中。生长好的砧木苗,从生长点用刀片轻轻劈开,再生苗下胚轴两边削成 V 字形,夹在砧木苗里,用细绳把接口处捆绑好,套上塑料袋,封好口,放在光照和温度适宜情况下培养 10 d 左右。把塑料袋口打开炼苗,放置 7～10 d,待嫁接苗已长出新叶,移栽至温室。

(4)基因枪轰击法的特点

与其他转基因技术相比,基因枪轰击法具有以下特点。

1)无基因型限制。农杆菌介导转化法,只在少数可通过组织培养获得再生植株的棉花品种上适用,植株的组织再生与该品种的基因型息息相关。而基因枪轰击法,则不受基因型限制，可以任何棉花品种作为受体进行基因转化，并获得转基因植株。

2)受体类型广泛。PEG、脂质体介导的基因转化，需要以原生质体作为受体，而棉花原生质体的获得、培养与再生有较大的难度，且再生周期长、基因型限制等也阻碍了该方法的应用。基因枪轰击法则不然，迄今已知，不仅胚性愈伤组织、原生质体，而且茎或根的切段、种子胚以及分生组织、幼穗、幼胚、花粉细胞与子房等几乎所有具有潜在分生能力的组织活细胞，均可用基因枪进行轰击转化。

3)可控度高、重复性好。基因枪采用高压气体或高压电击驱动，已可根据试验需要，通过改变基因枪参数，控制生物弹速度及射入深度，将生物微弹射入特定层次的细胞，可以大大提高基因的转化效率。同时，在参数固定的情况下，重复性很好。

4)操作简便、快速。基因枪轰击转化法的周期较短，当受体材料是胚性愈伤组织细胞或茎尖分生组织时，3～4 个月即可获得转基因再生苗。

5)基因枪轰击法也有许多不足。基因枪转化体系外源基因整合位点较多，多拷贝比例相对较高，嵌合体比例较高，易出现共抑制和基因沉默现象等。

(5)值得进一步研究的问题

目前，基因枪转化法作为棉花遗传转化的有效手段，其转化效率还有待提高。基因枪转化还存在着外源基因整合位点较多、遗传稳定性较差，而且获得的阳性再生植株绝大多数为嵌合体等问题。这些问题解决办法，还需从生物因素、物理因素、培养程序及新的转化技术四个方面寻找。

1)生物因素。植物受体细胞本身在基因转化中起主导作用，各种转化系统只是将外源基因导入到细胞中。植物细胞本身的因素，即生物因素，才是决定转化的关键。影响转化的生物因素，主要有受体材料的种类、植物细胞的状态、受体细胞的再生能力以及对外源 DNA 的接受整合能力等。①棉花受体材料的种类有许多种，例如茎尖分生组织、愈伤组织、胚性愈伤组织、下胚轴、花粉等。我们在选取时，需挑选分生能力强的幼嫩组织，因为分裂能力强的细胞较易接受并整合外源 DNA。并且，若选用单细胞的小孢子作为受体材料，转化体存在嵌合体的可能性极小，能有效避免嵌合体概率高的问题。②受体细胞的状态也是关键。植物细胞只有在转化和再生两个方面都成为感受态，才能再生出转基因植株，因此如何诱导更多的细胞同时成为转化和再生感受态，也是一个值得研究的问题。③对外植体轰击前后的生物学变化，轰击后受伤细胞与转入基因细胞的比例，以及外源 DNA 转入细胞后的命运等基础问题的了解，将有助于有效的控制转基因过程。

2)物理因素。基因枪转化法是一种物理转化方法。轰击参数的确定及优化是进行转化的必备步骤。轰击参数主要包括质粒 DNA 的浓度与纯度、微弹的选择、生物弹载片及破裂片的选择、轰击距离及基因枪内真空时间等。不同的实验室具有不同的最适参数，需在试验前进行探索优化。

3)培养程序。与农杆菌介导法不同，基因枪轰击法需对受体材料进行恢复培养和梯度抗性筛选培养。在基因枪轰击后，只有部分受体细胞被转化，其他大多为未转化细胞。转化细胞在轰击过程中受到损伤，需进行一定的恢复调整。未转化细胞在恢复和筛选程序中，对转化细胞具有一定的保护性。所以，在基因枪转化过程中，恢复培养和筛选培养条件的探索与优化至关重要。恢复程序中，恢复时间的确定是关键，时间过长或过短都会导致转化效率的降低。筛选程序中，抗生素浓度梯度的确定至关重要，既不能过高致使受伤的转化细胞死亡，又不能太低无法抑制非转化细胞的生长。其中,最低筛选浓度的确定非常重要,过高会导致转化效率下降,过低则会延长转化周期,甚至使非转化细胞产生耐药性。

4)新的转化技术。转化技术的创新,能极大地促进基因枪转化技术的发展。叶绿体转化、多基因转化、定点转化等新型转化技术,在基因枪轰击转化中的初步应用,极大地提高了基因枪轰击法的效率,解决了基因枪转化拷贝数高、外源基因遗传不稳定等许多问题,还缩短了棉花遗传育种的周期。但是,目前部分新型技术在棉花上的应用还不完善,需要进一步的探索改良。此外,与其他转化方法配合使用,也能补充基因枪转化技术的不足。郝连芳等报道,以基因枪空轰击茎尖,再进行农杆菌侵染,这样可以解决基因枪转化法嵌合体高、多拷贝的缺点,又可以极大缩短再生植株周期,无受体基因型限制。

基因枪轰击法,作为棉花遗传转化的有效手段,但成本较高、转化率较低,还需进一步创新发展。相信随着科技的进步,基因枪转化技术也会越来越完善,应用范围也越来越广泛。

3.3.2 高效、安全转基因技术的研究进展

传统的转基因技术,只是将外源 DNA 导入植物受体细胞。外源基因在整合到受体基因组时,具有随机性,会产生大量的突变,大部分突变可能会导致再生植株的死亡或畸形,极大地降低了基因的转化效率。此外,传统转基因技术的选择标记基因,多为编码抗生素或除草剂的抗性基因。这些基因在转基因作物的后代中进行稳定遗传和表达,其产物对动物具有潜在的毒性或过敏性。若转入微生物中,可能会导致超级细菌的产生(吴广海,2006)。此外,外源基因和标记基因可能会随着花粉进行传播,产生的基因污染,可能导致自然生物种群的改变,对环境的生态平衡产生破坏,危害生物多样性。

尽管转基因农作物具有潜在的危害性,但是其产生的效益是巨大的。通过转基因技术把优良的基因转入到作物中,改善了其品质,提高了其产量,缩短了育种周期,减少了生产成本。此外,转基因作物的种植,可以减少农药的喷洒量,降低农业对环境的毒害。从 1996 年开始,转基因抗虫棉的种植,相比于种植传统的棉花,杀虫剂的使用量减少了 19%,环境影响减少了 24%。

基于这种情况,科学工作者提出了“高效、安全的转基因技术”这一概念。高效、安全转基因技术,主要是指基因转化效率高,通过少量的转化事件即可获得足够的正常的转基因阳性植株,且转基因植株对动物和环境不存在危害性或危害性极低。目前,高效、安全转基因技术,主要包括多基因转化技术、基因定点转化技术、质体转化技术、安全型选择标记转化技术等。

3.3.2.1 多基因转化研究

植物基因工程的迅速发展和广泛应用为棉花的现代分子遗传改良开拓了广阔的前景。自从 1987 年 Agracetus 公司首次报道获得转基因棉花以来,科学家们已成功地通过基因工程培育出了耐除草剂型、抗病虫害类、纤维改良、雄性不育等转基因棉花新品种,但它们中绝大多数是通过单个目的基因的遗传转化而获得的单一性状改良品种。然而,棉花的许多性状往往是由多个基因控制的,例如棉花纤维长度为数量性状,由多个基因控制,此外一般的生化代谢过程需要多种酶的催化作用才能完成。而且长期以来培育具有高产、优质、抗病虫害、抗逆境等多个优良性状的棉花新品种,是每一个从事棉花遗传改良科学家的共同愿望。随着植物转基

因技术研究的发展，利用基因工程技术来达到这个目的已成为可能。研究者们对发展多基因转化系统，将多个目的基因同时导入到棉花基因组中进行了探索，并且成功地实现了多个目的基因在棉花中的表达。根据前人的研究，在表达载体构建和基因转化上采取一定的策略，运用现有的植物基因工程技术就有可能获得转多价基因的棉花新品种。

为实现多个基因在棉花中的同时转化，可以通过下面两条途径进行：一是将多个基因用表达元件隔开或融合在一起构建成一个多基因表达载体，利用基因枪轰击法等转基因技术，转入到棉花中；二是多个目的基因构建在多个表达载体上，利用成熟的转基因技术体系，通过共转化(co-transformation)的途径，获得转多价基因棉花新材料。

(1)多基因表达载体途径

1)多基因载体的构建策略

独立表达框组合法：目的基因的两端均具有各自的启动子、增强子、终止子等转录和翻译调控元件，将多个表达框串联在一起共同组建于一个表达载体中。这种组合在一起的目的基因由于有各自的表达元件，因此能分别转录成多个转录本，并表达出各自的产物。它们之间一般完全连锁，可同时表达。通过不同的启动子元件，还可以控制不同基因在表达上的时空特异性，从而使多基因得到更灵活协调的表达。2003 年，华南农业大学刘耀光在国际上率先开发了第一代多基因组装转化系统，并已获得中国发明专利。他们创建了不可逆 Cre-loxP 重组系统，获得 20 组不可逆重组的 loxP 突变位点。然后，用其中的两组位点构建完成了新型多基因组装与转化载体系统，并创建了具有标记剔除功能的多基因载体系统。最终完成了一个含有 9 个基因(1 个潮霉素筛选标记基因 *HPT*，和 8 个花色素苷合成途径关键酶基因)的多基因载体 pYLTAC380DTH 的组装(图 3.9，彩图 5)，并与中国农业科学院棉花研究所合作，成功进行了烟草、棉花方面的转化。但是，该技术体系虽然有效，其试验操作性比较复杂，组装效率较低，还需要进一步改良简化其操作和提高效率。

多聚蛋白酶解法：将多个目的基因的外显子序列融合在一起，构建在同一表达框内，使多个基因在同一个调控元件下转录成为一个聚合 mRNA，翻译后得到一个由不同的功能多肽结合在一起而形成的融合蛋白。采用这种构建方式时，须要先对融合蛋白的多个功能区的活性、稳定性等特性进行验证。1994 年，Theo van der Salm 等将含 *cryIA(b)* 和 *cryIC* 基因的融合蛋白基因表达载体成功地转入到烟草和番茄中，获得了抗多种害虫的转基因阳性植株。考虑到所获融合蛋白的结构、功能的复杂性及有时必须得到各目的基因的表达产物时，还可以在各基因之间插入编码某个蛋白酶特异识别位点的 DNA 序列。这样，融合蛋白一旦翻译成多肽，就可以通过相应的酶解过程使其分离，表现出各自的功能，并且彼此间不受影响。1995 年，Susanne Beck von Bodman 等构建了 *mas2-NIa-mas1* 融合蛋白基因表达载体，并在 *mas2* 基因和 *mas1* 基因之间用同一特定的 DNA 序列隔开，而该序列编码的氨基酸序列是融合蛋白基因中的 *Nla* 基因编码的 Nla 蛋白酶切割识别位点。他们用该载体转化烟草，并在获得的转基因烟草细胞中检测到了这些基因编码的酶反应产物，表明了融合基因表达的多肽被 Nla 蛋白酶正确地切割开来并表现出了各自的活性。由于融合在一起的多个基因处在同一个表达盒中，缩小了整合进载体的 DNA 片段长度，减轻了载体的运载负担，同时还使各基因的表达完全同步，表达水平相当，因此易于对表达进行控制。但是到目前为止，未在棉花遗传转化中见到该技术的使用。

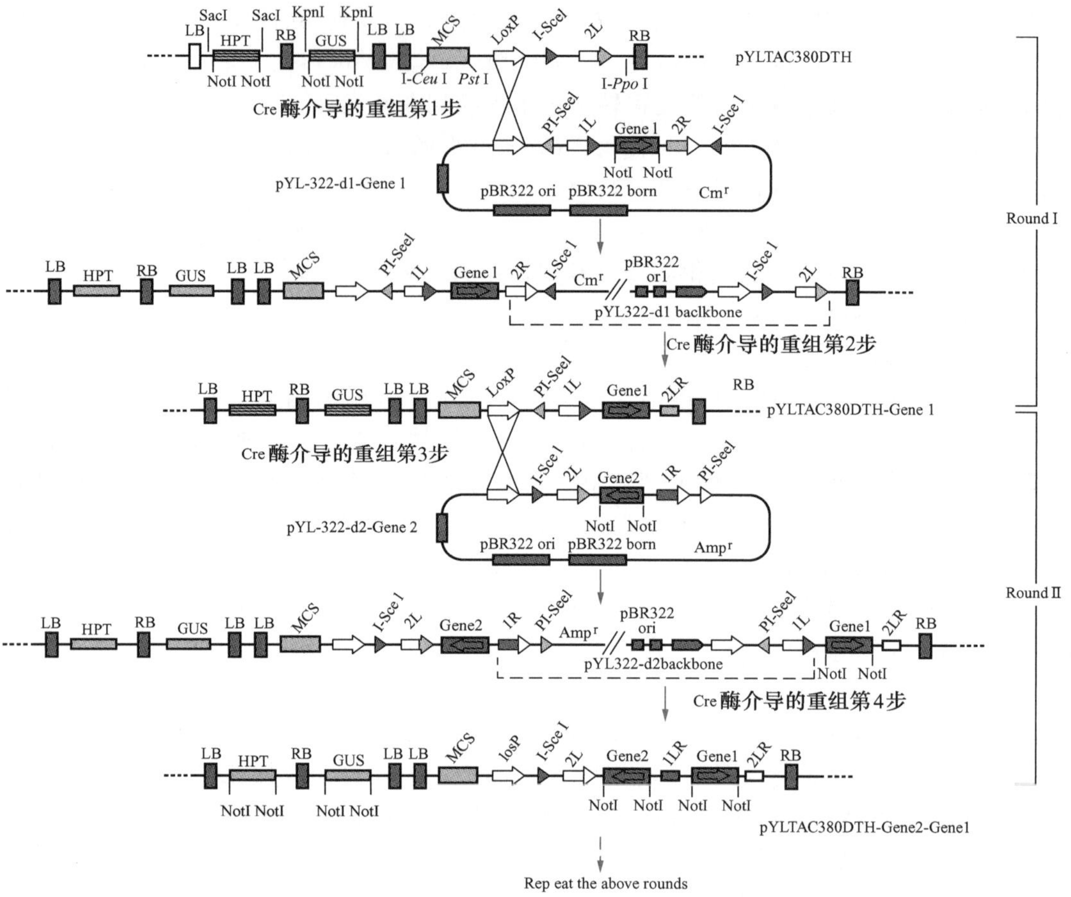

图 3.9（彩图 5） **pYLTAC380DTH 直接进行多基因组装示意图**

（引自国家转基因“863”项目：高效、安全规模化转基因技术体系构建）

2）多基因表达载体的转化

多基因表达载体的基因转化方法主要包括直接转化和农杆菌介导的转化两种，这些技术目前已相当成熟。每种基因转化方法都具有各自的优点和不足，在选择时尽量遵从转化率高、快速、工作效率高、重复性好和简单方便易于操作等原则。构建多基因表达载体时，要尽量使串联在一起的目的基因在转化时不发生分离或丢失，能一起整合到受体基因组中。另外，不同的转化方法能导入的目的 DNA 的大小也不同。1996 年，Hamilton 等利用农杆菌介导的转化体系将长达 150 kb 的目的 DNA 完整地导入烟草中，并获得转基因阳性植株。2009 年，中国农业科学院棉花研究所刘传亮等应用基因枪轰击法，将含有 *GaNHX1* 基因，*GaDREB* 基因，*TcVP1* 基因和 *NPTⅡ* 基因等五个基因的多基因载体，转入棉花茎尖分生组织中，并获得转基因阳性植株。

3）多基因表达载体转化的优缺点

多基因表达载体转化具有以下优点：

①构建一个多基因表达载体后，只要根据所用的受体选取合适的基因转化方法，通过一次

转化事件就可以将多个外源基因转入植物中，同时改良了植物的多个性状，降低了成本，缩短了育种周期。

②由于所转化的多个基因是连锁在一起的，所以多个基因一般整合在受体染色体的同一个遗传位点上。转化后，根据与其连锁的选择性标记基因进行筛选也很简单和方便，且不易发生遗传分离。

③多基因表达载体转化，减少了对农作物的重复转化，减少了选择标记的使用，降低了选择标记的危害。

在看到多基因表达载体途径优点的同时，我们还应该认识到其不足之处，如：表达载体构建繁琐、组装效率较低，多基因载体的转化效率较低等。另外，多基因表达载体的容量是一个重要的限制因素，所以有必要发展大容量的人工载体系统。相信，随着研究的深入，这些问题将逐一得到解决。

(2)共转化途径

1)共转化途径的概况

把含有不同目的基因的多个表达载体混合在一起转化同一受体材料，从而将多个基因共同导入到受体基因组中。这是获得多价转基因植物的又一策略。目前许多研究者通过这种方法，获得了大量的转多价基因植物。

1996 年，Hadi 等利用基因枪法一次导入大豆细胞多达 12～14 个不同的质粒，总长大约为 600 kb 的 DNA。1990 年美国的 Christou 等发现，用两个不同的载体进行共转化，获得双价转基因植株的频率约为 30%，即所获转化体中的 1/3 为共转化体。1998 年中国科学院遗传与发育研究所的戴顺洪等将 *pMon410*（*HPT* 基因）、*pActI-D*（*GUS* 基因）和 *pRTBV*（含 *CPI* 基因）三种质粒 1∶1∶1 混合后转化水稻，三转化频率只有 12%，三转化体约占所得转化体的 1/10。随着载体数的增加，获得所需多基因转化体的频率成倍下降。且 3 个外源基因分别整合到水稻的两条染色体上 *HPT* 基因与 *GUS* 基因连锁整合在同一条染色体上，*CPI* 位于另一条染色体上。2003 年开始，中国农业科学院棉花研究所棉花转基因及其应用实验室开始棉花共转化的研究，发现同时转化 2～3 个载体时，获得多价转基因棉花的频率在 10% 以上。

2)共转化途径的优缺点

共转化法具有一个最大的优点，即不需要进行多基因的载体构建，无需进行新技术体系的摸索，利用现有的转基因技术体系就可以进行转化，获得多基因转化再生植株。

但是共转化途径具有许多不足之处。首先，遗传转化稳定性差：所转各基因之间可能不连锁、转基因植株后代出现基因分离；可控性差。随着不同的转化事件、转化技术、转化载体的数量、受体等因素的变化而变化。其次，进行转化的不同目的基因之间的转化率也有较大的差异。一般来说，当基因转化载体的数目增加时，获得多基因转化体的频率就会成倍地下降。最后，共转化途径中，转基因再生植株的筛选与检测程序复杂，工作量大。

共转化途径的特点，决定了其发展缓慢，将会逐渐退出历史的舞台。

(3)棉花多基因转化研究存在的问题

上面较简单地探讨了几种获得多价转基因植株的策略，下面我们通过列表的方式进行比较（表 3.16）。

表 3.16 多基因转化技术各转化途径优缺点比较

	独立表达框组合途径	多聚蛋白途径	共转化途径
载体构建	繁琐，组装效率低，需要较多的表达调控元件，外源基因容量有限制	繁琐，需对融合蛋白的多个功能区特性进行验证，基因承载的外源基因数目较少	简单，易操作
转化方法	需对现有转基因技术进行优化，多采用基因枪轰击法转化	需对现有转基因技术进行优化，多采用基因枪轰击法转化	无需技术优化，任何转化技术均可
筛选检测	简单易行	简单易行	繁琐，工作量大
可控性	高	一般	较低
转化效率	一般	高	极低
遗传稳定性	高	一般	极低
棉花中的应用	较少	无报道	较少
实用性评价	实用	一般	不好

通过比较，我们可以看出，棉花多基因转化技术还存在着许多不足，还需进一步的研究。

①随着需要转化的目的基因数量的增加，多基因表达载体的容量是一个重要的限制因素，所以有必要发展大容量的人工载体系统，如 YAC、BAC 等表达载体系统，利用这些载体系统有可能实现多基因家族的连锁转化。同时，还得发展与之相对应的基因转化技术，将大容量载体有效地导入到棉花基因组中，提高转化率并保证多个目的基因进行整合时不发生分离和丢失。

②在大容量多基因载体的设计方面，我们还要注意目的基因的表达调控序列、报告基因或筛选标记基因的选择与组建。其中，目的基因的启动子、增强子以及终止子等调控序列的选择极为重要。调控元件的选择，既要保证目的基因的特异性高效表达，又要避免使用相同调控序列而引起同源重组导致基因沉默。另外，筛选标记基因的选择也十分重要，我们既要方便对多个目的基因的转化后代的筛选，又要避免标记基因在受体材料中的积累。目前，筛选标记基因的安全问题颇受争议，所以有时要考虑利用新型安全的选择标记。

③载体上各元件的安排也需要慎重考虑。

随着基因工程技术的不断发展，对基因表达调控的不断探索，我们对通过多基因转化获得多价优质转基因棉花新品种充满了信心。

3.3.2.2 基因定点转化研究

在棉花转基因过程中，当外源基因被导入受体植物中后，不同转基因植株中其表达水平常有很大差异，这主要是由于外源基因在受体植物基因组内插入位点不同而造成，即所谓的"位置效应"。另外，外源基因的随机整合容易导致棉花本身基因的突变，严重的会导致不育、细胞死亡等现象，大大降低了转基因效率。为消除位置效应，使外源基因都能够整合在植物基因组的转录活跃区，并降低转基因过程中导致的突变，研究者们开始致力于定点转基因技术的研究。定点转化技术是 20 世纪 80 年代后兴起的一种分子生物学技术，在深入研究基因功能、进行标记基因删除和提高转基因棉花生物安全性等方面具有重要意义。

(1)基因定点转化技术的原理

基因定点整合技术，是指构建在目的基因表达框两端含有与受体基因组特定位点同源DNA片段的整合载体，通过各种转化方法，使同源DNA序列与受体基因组序列之间发生同源重组，从而使目的基因插入到受体基因组特定的位点中，通过一系列的筛选培养，最终得到定向转化的再生植株。所谓同源重组，是指在细胞内具有相似的核苷酸排列顺序的DNA片段之间，可以根据碱基互补配对原则，相互配对并发生交换。

目前，基因定点整合的方式有三种解释：

普遍接受的是1983年Rothstein提出的双交换整合观点：即转化载体目的基因表达框两侧的同源片段与受体基因组序列发生双交换，从而将目的基因整合到受体基因组中。

第二种方式是1997年Leung W等提出的，他发现：外源同源序列的一端侵入受体基因组序列并发生重组，从而将目的基因整合到染色体中。

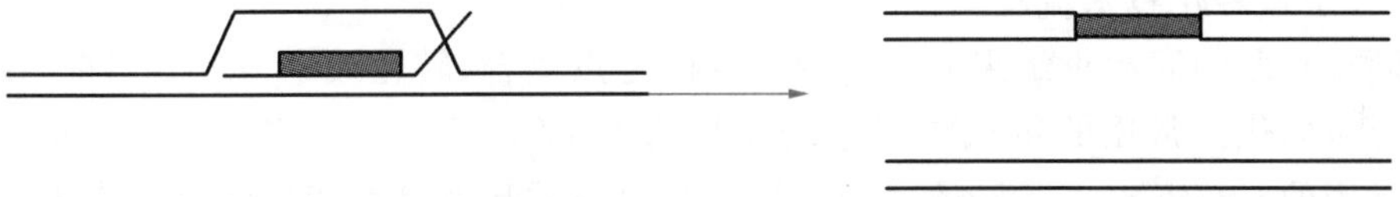

第三种解释是外源同源序列的两端同时与靶序列退火，并作为引物，引起新链的合成。

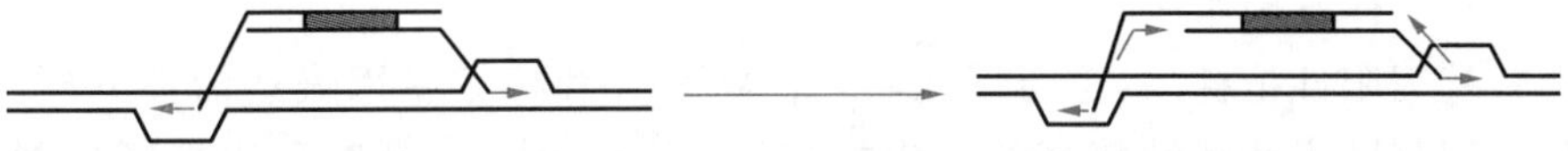

Cre/loxP重组酶系统，由特异性重组酶Cre及其识别位点LoxP组成。当Cre重组酶识别loxP位点后，可以在该位置切断DNA，并在断端形成中间体，此后在Cre重组酶催化下可重组连接。

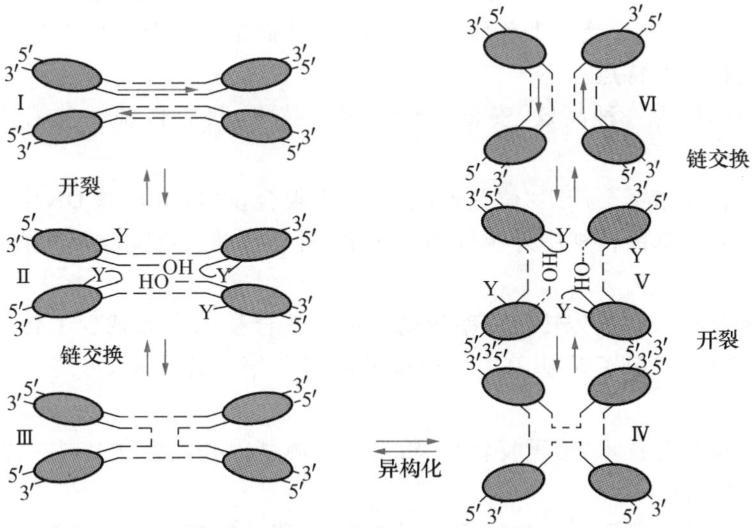

图3.10 **Cre/LoxP重组酶系统作用机制**

(引自孙家利等《Cre/loxP位点特异性重组系统在植物中应用的研究进展》)

(2)定点转化技术的应用

1995 年,Albert 等利用 Cre/loxP 位点特异性重组系统进行烟草原生质体的定点转化。他将目的基因构建在 2 个野生型或突变型的 LoxP 位点间,采取了瞬时表达 *Cre* 基因的策略来消除整合反应后的 *Cre* 基因的活性。研究结果显示,突变型及野生型的 loxP 位点均观察到整合反应。1997 年,Kempin 等利用同源重组技术,在拟南芥中实现了基因定点整合,但是转化频率只有 0.01%。1998 年,Vergunst 等利用 Cre/loxP 位点特异性重组系统将 *NPTⅡ* 基因准确整合到拟南芥染色体中预先设定的位点上,整合频率高达 89%。2001 年,Corneille 等成功利用 Cre/loxP 系统定点转化玉米,并获得转基因阳性植株。2002 年,Hoa 等利用 Cre/loxP 系统转化水稻,外源基因定点整合到水稻基因组中,获得了转基因阳性植株。2004 年,Maliga 实验室的 Lutz 等发明了由 *phiC31* 噬菌体位点特异性整合酶(integrase,INT)介导的位点特异性整合系统。该系统的建立,基于 INT 能够介导噬菌体 *attP* 位点与细菌 *attB* 位点之间的整合。2010 年,Matthias Fladung 等利用 FLP/FRT 重组系统,成功将 *NPTⅡ* 基因和 *Bar* 基因定点整合到杨树基因组中。

目前,还未见定点整合技术在棉花中成功应用的报道。

(3)基因定点转化技术流程

利用同源片段的同源重组来完成外源基因的定点整合,转化效率极低。目前,该方法已被重组酶系统所取代。常用的定点重组系统主要有 Cre/loxP、FLP/FRT 和 R/Rs 三种。下面我们以最常用的 Cre/loxP 重组系统为例,简单介绍一下基因定点转化的技术流程。

①通过经典的农杆菌介导法,将 LoxP 位点连在标记基因的两端导入到植物中,使 LoxP 位点随即整合在受体基因组中。

②获得转基因阳性植株后,进行田间农艺性状观察和标记基因表达活性分析。选择农艺性状较好且标记基因表达活性较高的再生植株,进行 Southern 杂交和边界序列测定,从中筛选出外源基因插入植物基因组 1~2 个拷贝的转基因植株作为定点转化的受体系。

③将目的基因、新选择标记基因、LoxP 位点和 *Cre* 基因瞬时表达框构建在同一载体上,通过基因枪轰击法转化受体系。在 Cre 重组酶的作用下,目的基因、新选择标记基因通过 LoxP 位点将初始筛选标记基因从受体染色体上置换下来,从而定点整合到植物基因组中。

(4)定点转化技术的特点

定点转化技术,作为一种高效、安全的转基因新技术,具有传统转基因技术无可比拟的优势:

第一,定点整合技术不会产生"位置效应"。定点整合技术,将外源 DNA 均整合至受体基因组同一位点,不同转基因植株中外源基因表达水平相同,极大地降低了或消除了"基因沉默"现象。

第二,定点整合技术的遗传转化效率较高。定点整合技术大大减少了转化过程中因基因插入导致的无益突变,降低了转基因再生植株的畸形苗率与死亡率,提高了外源基因的转化效率。

第三,通过定点整合技术,可重复转化,将多个外源基因叠加整合至同一位点,从而获得稳定的多基因改良新材料。

第四,定点整合技术可用于选择标记基因的删除,降低转基因作物对人类和动物食品安全的危害。所以,通过定点整合技术获得的转基因作物,更容易获得转基因安全证书。

第五,定点整合技术可用于受体材料的定点突变。基因的定点突变对研究基因的功能具有极其重要的意义。

目前,定点转化技术还存在着许多不足。首先,为了寻找较为合适的外源基因插入位点,第一次转化(引入重组)的规模较大,位点筛选任务繁重,周期较长。其次,目前与定点整合技术相对应的转化方法较少。定点转化多采用基因枪轰击法,少数采用农杆菌介导法进行转化,且转化效率较低。最后,定点转化技术只在少数植物中得到应用,且多为基础性研究,还未见在农作物中大规模应用的报道。

(5)棉花定点转化技术的展望

2011 年,中国农业科学院棉花研究所与华大基因研究中心进行合作,已将雷蒙德氏棉的 D 组和亚洲棉的 A 组基因组成功测序,部分数据已经公布发表。这为棉花基因中外源基因插入位点的筛选奠定了基础。

中国农业科学院棉花研究所已建立了规模化转基因技术体系,有能力承担棉花定点转化初期的转化及筛选工作。

目前,基因定点转化技术在棉花中的利用还存在着许多困难,但随着棉花基因组信息的公布,定点转化技术的改进和提高。相信,基因定点转化技术会在棉花育种方面发挥出巨大的作用。

3.3.2.3 质体遗传转化研究

质体转化技术是 20 世纪 90 年代兴起的一项基因工程技术。众所周知,在高等植物细胞中,细胞核、质体和线粒体都含有基因组,它们构成了既相对独立又相互联系的三个遗传系统。自 20 世纪 70 年代初基因工程技术诞生以来,细胞核转化技术已经应用于水稻、棉花等许多重要的农作物改良及分子生物学研究中。核基因转化,成为植物基因工程的主要研究方向。但是,随着研究的深入,人们逐渐认识到核基因转化有许多不足,例如:细胞核基因组大,背景复杂;外源基因表达效率低,易出现“位置效应”和“基因沉默”现象;核基因易随花粉扩散;对于来自原核的基因必须加以修饰改造等。研究者一直在寻找克服核基因转化弊端的方法技术。1988 年 Boynton 等独辟蹊径,以莱茵衣藻(*chlamydomonas reinbardii*)为材料,用基因枪进行叶绿体的转化,使突变体成功转化为能进行光合作用的正常莱茵衣藻。这一报道让学者们看到克服核基因转化弊端的希望。质体基因转化在一定程度上克服了核基因转化的不足,具有独特的优越性。近几年来,质体基因转化技术发展迅速,已开始成为植物基因工程中新的热点。

(1)质体转基因技术的原理和方法

质体是绿色植物细胞中的半自主细胞器,每个叶绿体中一般含有多拷贝能够自我复制的 DNA 分子,即质体基因组。植物质体具有原核生物基因组的特点,大部分叶绿体 DNA 分子是共价闭合的双链环状分子,长度一般为 120～160 kb,序列非常保守。另外,大多数植物的叶绿体 DNA 都有一个共同的特点,即环状 DNA 分子上均有两个反向重复序列。每个植物细胞大约含有 10 000 拷贝的质体基因组。

质体转化过程包括以下步骤:第一,准确地将外源基因导入到植物质体中。第二,进入到质体中的外源基因整合到质体基因组中。第三,然后通过筛选使受体植物细胞中的质体基因组达到同质化,即植物中所有质体基因组中都含有目的基因。第四,培养获得转基因再生植株。

质体转化载体的构建：因为外源基因整合到质体基因组中的方法主要以同源重组法和位点特异性重组法为主，所以在构建表达载体时应分开考虑。①同源重组法在构建质体表达载体时，选用相邻的两个基因作为同源重组片段，例如 rbcL/aacD，6strnV/rps2rps7 等；叶绿体来源的启动子，终止子及 5′-UTR 和 3′-UTR 区序列实现外源基因高效表达，例如常用的启动子 *Prrn* 和 *PpsbA*，常用的终止子为 *TpsbA* 和 *Trps16*。②位点特异性重组法构建载体，参考定点转化技术流程。

外源基因导入质体：农杆菌进入植物细胞后，不能穿越质体膜，因此在质体转基因中不能采用农杆菌介导法。现在绝大多数的植物质体转化都采用基因枪法。通过参数的调控，可以将质粒 DNA 直接射入质体中去。

质体基因组的同质化：前面已经提到，一个植物细胞中有成千上万个拷贝的质体基因组。而转基因过程首先只能将目的 DNA 片段整合到一个或者少数几个质体基因组中，那么如何使植物细胞中的所有质体基因组都带有目的 DNA 片段(即实现同质化)就成为质体转基因的关键步骤。而这一步至今仍然是许多物种不能实现质体转化或是转化效率极低的主要原因。实现质体基因组同质化的方法是将具有少数质体基因组转化子的植物细胞(异质体)在高浓度筛选条件下进行一轮一轮的筛选，质体基因组在一代代的复制过程中逐渐降低其异质化程度，直至再生出完全同质化的转化植株。在这一过程中，筛选标记基因的选择起着非常重要的作用，多选用 aadA 基因(壮观霉素抗性编码基因)和 *BADH* 基因(甜菜碱醛基因)。

(2)质体遗传转化的应用

1988 年，Boynton 等利用基因枪法成功将目的 DNA 导入到莱茵衣藻叶绿体中，质体遗传转化。1990 年，Svab 等利用基因枪法成功进行了烟草叶绿体转化，并获得稳定遗传的阳性再生植株，第一次实现了高等植物稳定的质体转化。随后，质体转化在拟南芥、油菜、马铃薯、番茄、水稻、棉花、烟草等少数几种高等植物中进行了应用。2004 年，Shashi Kumar 等建立了“Double Gene/Single Selection(DGSS)”质体转化系统，他们将 *aphA-6* 和 *NPTⅡ* 基因，通过基因枪轰击转入棉花质体中，并获得转基因阳性植株。*aphA-6* 和 *NPTⅡ* 基因均表现为卡那霉素抗性，将其一起转化，可以将转化效率提高 60%。目前，基因枪轰击质体转化已开始进入其研究高潮。

(3)质体转化的特点

与核基因转化相比，质体基因转化有以下特点：

①高效表达：每个叶片中的质体基因组拷贝数非常大，外源基因整合进去后，再生阳性植株的每片叶子的目的基因拷贝数必然极高，这就为基因的高效表达提供了条件。

②原核表达系统，大多数目的基因无需修饰改造：由于质体内的表达为原核表达系统，对于来自原核生物的或由 mRNA 反转录得来的具有重要价值的外源基因，无需改造和修饰就可在质体内高效表达，这是核基因转化无法做到的。

③安全性好：外源基因整合进质体基因组后，只进行母系遗传，不会随花粉扩散，从而保证了基因工程的安全性。

④便于遗传操作，并可以实现定点整合：质体基因组小，结构简单，许多作物的质体基因已被测序，正在进行深入的功能基因组学研究，其遗传背景较清楚，便于遗传操作。

⑤易保持纯系、后代不分离：一旦得到纯合而稳定的质体转化体，由于外源基因的母系遗

传特性,这种纯系的种子后代将永远保持为纯系,不会因为有性杂交而发生分离。

(4)质体转化的影响因素

同源重组法进行质体转化时,作为同源重组片段,有以下三点要求。①合适的整合位点:以改良棉花农艺生产性状为目的的定点整合,要求外源基因的整合既要是转录活跃区,又不能破坏插质体基因组的功能。为满足这一要求,应该尽量使外源基因插入到两个相邻基因的间隔区域。根据文献报道,研究人员多选取 rbcLL/aacD,16S trnV/rps12rps7 等保守性较高,且表达活跃的基因作为同源重组片段。②两个同源重组片段足够长,以保证外源基因的同源重组。科学家发现同源重组片段越长,重组频率越高,但是片段过长又会增加转化的难度。据研究发现:同源片段的长度在 1～2 kb 之间最为合适。③同源片段两端的酶切位点要单一化:为防止在克隆时定位片段被酶切消化,需要对同源片段进行酶切分析,选取两端带有单一酶切位点的 DNA 片段,或人工引入单一酶切位点。在符合以上条件时,我们就可以从转化受体中进行同源片段的克隆了。在质体中,基因的反向重复序列不会影响外源基因的整合,其中一个重复序列上的外源基因会通过拷贝校正作用使方向重复序列区也含有外源基因(曾凡荣,2004)。

在质体转化中,为使外源基因能够高效表达,多选择质体本身的启动子和终止子。目前,在已有的报道中,常用的启动子是16S rDNA 基因的启动子 *Prrn* 和光系统Ⅱ作用中心蛋白基因的启动子 *PpsbA*。常用的终止子是光系统Ⅱ作用中心蛋白基因的终止子 *TpsbA* 和叶绿体 *rps16* 基因的终止子 *Trps16*。利用质体本身的启动子,除了能保证外源基因的高效表达,因为质体启动子在真核表达系统中启动的效率极低,还可以排除当外源基因整合到核基因组中的高效表达。

单纯的转基因只能将外源基因整合到一个或几个质体基因组中,但是每个植物细胞中含有成千上万个质体基因组拷贝,所以如何使植物细胞的每一个质体基因组都含有外源基因,即实现同质化,就成为质体转化的关键。想要去除异质体中未转化的质体及细胞,可以从两个方向考虑:①质体转化前,降低植物细胞中的质体基因组的拷贝数。1990 年 Boynton 等用 5 mmol/L 的 5-氟脱氧尿苷(5-fluorodeoxyuridine)处理莱茵衣藻,然后进行叶绿体转化,发现叶绿体基因组的数量减少了 5～7 倍,转化效率提高了 20 倍以上。可见,使用 DNA 合成抑制剂或 DNA 损伤剂处理受体材料,可以促进同质化,提高质体转化效率。②选用合适的筛选标记,经过多轮筛选,去除未被转化的植物细胞。早期常用的筛选标记基因是突变型的 16S *rDNA*基因,可使转化细胞获得壮观霉素抗性,但是转化效率较低。随着基因研究的深入,学者们发现 *aadA* 基因和甜菜碱醛(*BADH*)基因的抗性筛选较为高效,且应用较为广泛。但随着筛选标记基因的生物安全问题的讨论越演越烈,许多科学家提出利用对草甘膦(Glyphosate)具有抗性的矮牵牛 5-烯醇丙酮酰-3-磷酸酶基因(*5-enoylpyruvate shikimatr-3-phosphate*,*EPSPS*)作为外源基因导入质体基因组的同时,作为筛选标记基因。相信随着研究的深入,质体转化的效率会有很大提高。

作为安全新型的转化方法,质体转化还存在着转化效率低、载体构建困难繁琐等问题,还需进一步研究。相信随着科学家们的努力,棉花规模化质体转化体系会很快建立起来,并为棉花性状的遗传改良带来新的生机和活力。

3.3.2.4 安全型标记遗传转化体系的研究

自 1983 年转基因植物诞生以来,转基因技术解决了作物遗传育种领域的许多实际问题,例如抗虫棉培育等。但是在传统的转化体系中，筛选标记多选用的是抗生素抗性等负选择标记基因。这类标记基因绝大多数来自于细菌，对人类健康和环境安全可能存在着潜在的风险。这一风险引起了人们对转基因产品的安全性问题进行了深刻的讨论，给转基因作物的商业化应用增加了难度。所以，为了消除公众对转基因作物的安全性顾虑，研究者们开始了安全型标记筛选体系的研究。

(1)标记基因删除体系

标记基因的数量有限，且每种标记基因的筛选体系的建立也需要耗费一定的时间，所以标记基因的存在，不但存在着潜在的安全风险，还给转基因的多次转化增加了难度。研究者们期望建立一个标记基因删除体系，以便进行多重转化增加转化基因的数目，并消除转基因作物的安全风险。

目前，应用于标记基因删除的分子生物学技术主要有共转化法、转座子介导的再定位法、同源重组法等多种方法。

共转化法，是指将目的基因和标记基因分别构建在两个表达载体上，通过基因枪轰击法或农杆菌介导法等，将其共同导入受体细胞或组织中，通过后代的遗传分离得到无选择标记基因的转目的基因的阳性植株。2004 年，张新梅等利用基因枪介导的共转化法将 *Bar* 基因和黄花叶病毒复制酶基因转入小麦，获得无 *Bar* 基因的转基因小麦。该方法简单、易操作，但是效率较低。

转座子介导再定位法，是指利用转座子的转座能力，进行基因转化获得无选择标记基因的转基因植株。但该方法的转化效率低，且删除定位不准确，易造成受体基因组其他位点的突变和整体的不稳定。目前该方法利用较少。

同源重组法，是指将标记基因构建在同源重复序列之间，通过同源序列的重组作用可以去除标记基因。该方法不需要辅助因子，不用通过遗传分离，但有可能影响转基因阳性植株的筛选，且效率低。

目前，较为成熟的标记基因删除技术，是定点敲除系统，即位点特异性重组系统。Natarajans 等许多科学家利用位点特异性重组系统成功进行了标记基因删除，获得了无标记基因的转基因烟草、水稻等。该系统在上一节的定点整合技术中有详细说明，这里就不做具体介绍了。该技术删除精确，重复性好，是目前最为常用的标记删除技术。

表 3.17　选择标记删除技术优缺点比较

技术名称	删除精确性	操作性	可控性	转化效率	遗传稳定性
共转化法	准确	易操作	差	极低	稳定
转座子介导的再定位	不准确	较难	差	低	不稳定，易导致突变
同源重组法	准确	易操作	好	低	较稳定
定点敲除技术	精确	易操作，但技术复杂	好	较高	稳定

(2)安全标记基因的研究

为了消除公众对转基因产品安全性顾虑，学者们除了积极建立标记基因删除体系之外，还努力研发新型的安全的筛选标记。随着研究的深入，发现了一些糖类代谢酶等正选择标记基因、可实时监控的荧光素酶类、荧光蛋白家族和 *GUS* 等报告基因、植物来源的耐胁迫类基因和一些安全的负选择标记基因。这些标记基因不存在危害人类健康和环境安全的风险，又可快速的用于转基因作物的商业化应用。

1)糖类代谢酶基因

不同细胞对糖类的代谢能力不同,绝大多数植物细胞都无法利用木糖、甘露糖和核糖等,而一些细菌则可以将这些糖类分解成为可利用的能量物质。学者们深入研究发现,细菌中发现的木糖异构酶基因(*xylose isomerase*, *xylA*)、磷酸甘露糖异构酶基因(*phosphomannose isomerase*, *pmi*)和核糖醇操纵子等可作为正选择标记基因,进行转基因阳性植株的筛选。2010年,山西农业科学院棉花研究所吴家和、罗晓丽等利用磷酸甘露糖异构酶基因作为标记基因进行了棉花的遗传转化。他们采用甘露糖作为碳源和能量来源,进行了筛选,并获得了R0、R1代阳性植株,建立了非抗生素筛选标记体系。该选择体系成本低廉,程序简单,筛选效果显著。但是此类筛选标记还有一些问题需进一步研究,例如核糖醇操纵子作为选择标记的应用还未见到报道。随着研究的深入,此类基因必然在转基因筛选体系中大放光彩。

2)实时监控的报告类基因

目前,可用作转基因阳性报告的安全型标记基因,主要有三类:*GUS*基因、荧光素酶类基因和荧光蛋白基因家族。

*GUS*基因:来自于*E. coli*等一些细菌基因组,编码β-葡萄糖苷酸酶。β-葡萄糖苷酸酶可以将β-葡萄糖苷酸酯类物质水解成为有色产物,其反应产物可用多种方法检测出来。例如组织化学法检测:以5-溴-4-氯-3-吲哚-β-葡萄糖苷酸(X-Gluc)作为反应底物,将转基因材料用含有底物的缓冲液浸泡。若组织细胞被导入*GUS*基因,并表达出*GUS*,在适宜的条件下,该酶就可将X-Gluc水解生成蓝色产物。这是由其初始产物经氧化二聚作用于形成的靛蓝染料,它使具*GUS*活性的部位或位点呈现蓝色,用肉眼或在显微镜下可看到,且在一定程度上根据染色深浅可反映出*GUS*活性。因此利用该方法可观察到外源基因在特定器官、组织,甚至单个细内的表达情况。由于绝大多数植物中没有检测到葡萄糖苷酸酶的背景活性,因此这个基因被广泛应用于转基因的研究中。

荧光素酶类基因:是一类催化荧光素或脂肪醛类氧化发光的基因统称,其中最常用的荧光素酶是萤火虫荧光素酶。将荧光素酶报告基因转化棉花细胞后,可用荧光素酶检测系统灵敏方便地测定荧光素酶基因的表达情况。荧光素酶报告基因有许多优点,例如非放射性、报告速度快、灵敏等。荧光素酶在植物中的半衰期为3.5 h,由于半衰期短,荧光素酶不会在植物中大量积累,对生物安全的影响极低。所以,自1986年起萤火虫荧光素酶基因被用作报告基因后,获得了广泛的应用。

荧光蛋白家族:荧光蛋白家族是从水螅纲和珊瑚类动物中发现的相为分子质量为20~30 ku的同源蛋白。绿色荧光蛋白(GFP)是应用最多的发光蛋白。GFP存在于发光水母(*aequorea victoria*)中。用395 nm的紫外线和475 nm的蓝光激发,GFP可在508 nm处自行发射绿色荧光,无需辅助因子和底物。GFP最大的优势是无需损伤细胞即可报告转基因阳性细胞或组织。自1991年克隆了*gfp*基因以来,目前已获得了几个突变体,如增强型*gfp*(*egfp*)和去稳定*egfp*等。目前已有许多利用*gfp*基因作为报告基因进行基因转化的报道。

3)其他基因

在负选择标记中,还存在着一些安全的选择标记基因,例如植物来源的耐胁迫类基因、重金属还原酶类基因和甜菜碱脱氢酶基因等。2005年Nishimura等从水稻品种Kasalath中分离出亚硝酸还原酶基因*Nir*,并进行转化。其在培养基中添加高浓度的亚硝酸盐,发现过表达

Nir 基因的愈伤组织能够正常分化出苗，而对照不能分化。2003 年，Yang 等利用 *merA* 基因作为标记基因进行花生转化，证明了 *merA* 等汞离子还原酶类基因作为筛选标记基因的可能。2001 年 Daniell 等证明甜菜碱脱氢酶基因可以作为安全的选择标记基因进行转基因研究。

安全型标记基因的应用，可以消除人们对转基因产品安全性的顾虑，不会对食品安全与环境多态性造成危害，更容易为人们所接受。此外，还可以省去对选择标记基因的安全性评价过程，为转基因作物的推广，减轻了阻力，缩短了转基因成果转化的周期，节省了大量的人力物力。

表 3.18 安全型标记基因的应用情况

基因名称	所属类型	特性	作物应用情况
xylA *pmi* 突变的 *ALS*	糖类代谢酶基因	成本低廉，筛选效果显著，但体系建立繁琐，工作量大	玉米 棉花 水稻
GUS		报告速度快、灵敏，简单易行，适用范围较宽	拟南芥，烟草，水稻，棉花，大豆，玉米，小麦，杨树等
萤火虫荧光素酶基因	实时监控的报告类基因	报告速度快、灵敏度高，稳定性好，主要应用于医学	烟草等
gfp		报告速度快、灵敏高，稳定性好，简单易行，适用范围较宽	拟南芥，烟草，水稻，棉花，大豆，玉米，小麦，杨树等
Nir	再生相关基因	成本低廉，程序简单，筛选效果显著，适用范围狭窄	水稻
merA	重金属还原酶类基因	成本低廉，程序简单，筛选效果显著，适用范围狭窄	花生
EPSPS	5-烯醇丙酮酸莽草酸-3-磷酸合成酶	植物来源，无毒害；成本低廉，程序简单，筛选效果显著，适用范围较宽	烟草，油菜，水稻，棉花等

(3)无标记目的基因表达片段进行植物转化的研究

转基因作物基因组中残留的载体骨架序列、抗性标记基因以及外源的启动子，这存在可能造成转基因植物具有潜在的生物安全隐患。因此，转基因植物安全性问题迅速成为公众关心的焦点和制约转基因农作物产业化的瓶颈。于是科学家从转基因植物引发安全性问题的根源入手，提出了一种无标记基因、无载体骨架的植物基因转化体系，通过物理方法将最小线性片段外源基因导入到受体材料中。该技术从根本上解决了转基因植物的安全性隐患问题。

1)无标记基因、无载体骨架的植物基因转化的概况

无标记基因、无载体骨架的植物基因转化技术的核心是：用外源基因表达框和两侧的 T-DNA 边界序列构建成线性载体片段，然后利用花粉管通道法这一简易、成本较低的转化技术进行转化，通过分子检测手段，获得无载体骨架序列和标记基因的转基因植株。

2007 年，高晓蓉和安利佳利用花粉管通道法，将植酸酶基因 *phyA* 线性表达框转入到大

豆中,获得 99 株转基因植株,经分子检测,有 13 株为转基因阳性。Southern 杂交检测和 RT-PCR结果显示植酸酶基因已整合到大豆基因组中,并在 RNA 水平稳定表达。2008 年,刘欣芳等构建了仅含有启动子序列、植酸酶基因和终止子序列的线性基因转化元件、两端分别带有 T-DNA 边界序列、一段载体序列 3 种不同线性转化元件,不含选择性标记基因和载体骨架序列,采用花粉管通道法转化玉米,3 个转化元件的阳性率分别为 4.4‰、22‰和 18‰,平均转化率为 15‰,植酸酶比活性结果说明外源基因在转化玉米植株内实现了蛋白质水平的表达。2009 年,杨爱馥等利用子房滴注法,将无载体骨架序列和选择标记的线性 *GFP* 基因表达框转化玉米。*PCR* 结果表明,转化效率为 3.01%,RT-PCR 结果表明,转基因植株中的 *GFP* 能在 RNA 水平上正常表达。且在转基因植株的根和幼胚中观察到 *GFP* 的表达。2012 年,中国农业科学院棉花研究所,与中国科学院遗传与发育生物学研究所的朱祯进行合作,进行棉花双 T-DNA 插入无选择标记转化研究。

2)棉花无标记基因转化技术的展望

虽然无标记目的基因表达片段进行植物转化,具有安全、简单、易操作的优点,但是该转化体系存在以下不足:

第一,该技术的转化,只能使用花粉管通道法等物理性转化技术,受体材料类型较少,转化方式较为单一。

第二,作为无选择标记转化新技术,无法进行抗性筛选,转化效率较低,分子检测工作量大,使得无法进行大规模的转化应用。转基因检测过程有待完善。

第三,该技术的应用范围较窄,只在玉米、大豆等少数作物中进行小规模的应用,生产使用性较低。

目前,棉花的遗传转化已开始向高效、安全转基因阶段迈进。在完成高效、安全的过程中,需要定点转化技术与多基因转化、质体转化、无选择标记或安全型选择标记等转化技术有机地结合起来。高效、安全的转基因技术,将会极大地降低公众对转基因产品的顾虑,并促进转基因农作物的商业化应用。相信随着研究的深入,基因工程育种技术将会越来越完善。

3.3.3 其他有应用价值的转化手段

自 1983 年获得第一株转基因植株以来,植物转基因技术迅猛发展。目前,植物转基因技术,已成为植物分子育种技术的强有力的手段,更是植物遗传转化研究的重要手段之一。以转化原理的不同,转基因技术可分为三大类:农杆菌介导的遗传转化技术、以原生质体、植物细胞和组织为受体的外源基因直接转化技术和种质系统的基因转化技术。目前,已公布的植物转基因技术有近十种,后面将对具有一定应用价值的遗传转化手段进行简要的阐述,而一些有争议的、较少应用的或比较繁琐的转基因技术就不再进行叙述说明。

3.3.3.1 超声波转化法

(1)超声波转化的原理

超声波是物理能量的一种形式,具有能量高、穿透力强、波长短和能定向等特点。当超声波在介质中传播时,会产生一定的超声效应,主要包括机械效应、热效应、化学效应和空化效应。超声波转化法,主要利用的是超声波的空化效应。

空化效应:在流体动力学中,超声波作用于流体,是流体内部形成拉应力,从而形成气泡或真空,这一现象成为“空泡现象”。高强度的超声波导致瞬态空化(周期较短的空化泡),而低强度的超声波产生稳态空化(可持续数个周期的空化泡)。瞬态空化短暂,可产生瞬时高压,形成强大的冲击波,易使细胞内的蛋白质变性,破坏细胞结构破碎,并产生自由基。稳态空化缓和并具有规律性,使周围的物质产生切应力,利于物质的流动转移。

超声波的生物学效应是十分复杂的,其不同条件下的生物学效应不尽相同。它可以引起细胞破裂,也可以增强蛋白酶类的催化活性。重要的是在一定的条件下,超声波处理可以改变细胞膜的通透性,促进胞内外物质的交换,有利于遗传物质的转化。

目前超声波法转基因的机制还不是很清楚,但一般认为有以下两种可能性:第一,超声波引发的空化泡破裂时产生的高压与高温冲击波可能导致局部细胞质膜的破裂,在细胞质膜复原以前,就有可能吸收周围物质如质粒 DNA 等,从而发生转化现象;第二,在超声波作用下,细胞膜内的流体静压力足够高以至于引发细胞膜的机械破裂。总之,超声波击穿细胞导致转化现象的发生,这有可能是瞬态空化泡破裂时或稳态空化泡变化大小时产生的高压诱导膜的机械破裂,也或许上述两种可能性同时存在导致细胞膜的机械破裂(刘晓艳,2004)。

(2)超声波转化法的应用情况

自从 1990 年许宁等首次报道利用超声波转化的空化作用将 *GUS* 基因导入小麦愈伤组织以来,超声波转化法在植物育种技术领域中的应用已经有了相当多的报道,已成为烟草、玉米、大豆、甜菜、银耳、苹果等植物的有效的转基因途径。

1990 年,章立建等利用超声波转化,直接将外源基因导入到烟草中,并获得转基因植株。Joersbo 与 Brunstedt 等利用超声波转化技术将氯霉素乙酰基转移酶(CAT)转入烟草与甜菜的原生质体中,获得了 81%与 12%的瞬间转化率。1997 年,张宏等利用超声波转化法,将 *Bt* 基因导入玉米愈伤组织中,并获得了转基因阳性株系。2005 年,谢宝贵等利用超声波转化法将 *GUS* 基因导入到银耳中,其转化效率达到 1.82‰。2007 年,丛郁等利用超声波转化法,将 *GUS* 基因直接导入到苹果叶中,但转化效率只有 1.85‰。

1997 年,Trick 等首次将超声波辅助农杆菌介导法应用于大豆和豇豆的遗传转化中,明显地提高了豆类植物的遗传转化效率。2010 年,张莹等应用超声波直接转化法、农杆菌介导法、恒定频率的超声波仪处理植物 15 min 后再用农杆菌介导法侵染植物和在农杆菌侵染过程中辅助以超声波处理 10 s。4 种方法对鱼腥草进行转基因研究,发现上述 4 种转化法对 *GUS* 基因最大瞬时表达率依次为 47%、60%、80%、75%。2008 年,Wang 等应用超声波处理花粉,提高了花粉介导的转基因技术的效率。以上说明,超声波辅助农杆菌介导和花粉管介导的转基因技术的转化效率得到了极大的提高。

(3)超声波转化的特点及展望

超声波转化法,是一种直接将外源 DNA 导入受体植物基因组的物理方法,具有操作简单、设备便宜、不受寄主范围限制等特点,但转化效率很低,获得转基因植株的比率通常只有 1‰~8‰由于超声波转化法的效率较低,所以其单独用于作物的直接转化较少,多辅助于农杆菌转化和花粉管介导的转化等技术。超声波辅助于农杆菌介导法和花粉管介导法,是指在其转化基础上,通过超声波处理受体材料,利用超声波空化效应,扩大目标作物转化范围,提高转化效率。

目前,还未见到超声波转化法在棉花中应用的报道。该技术本身还不成熟,不适合进行大规模的转化应用。可用于辅助转化,提高其他转化方法的转化效率。

超声波产生的生物学过程是非常复杂的,但是我们利用一定条件下产生的效应就可有助于植物转基因的发展。随着超声波现象机理研究的深入,其生物学效应的范围将会越来越大,在植物分子育种领域将会起到极其巨大的作用。

3.3.3.2 激光微束穿刺法

(1)激光微束穿刺转化法的原理

激光微束的直径很小,能量很高,可能引起细胞的可逆性穿孔。激光微束的这一效应,使学者开始考虑利用激光微束对细胞或组织进行穿孔,从而为外源 DNA 的导入打开通道。

激光微束穿刺法转基因,首先在动物细胞实验中获得成功。在植物转化应用方面,1987年 Weber 等首先用激光微束穿刺法将荧光素酶基因导入到离体油菜叶绿体中,并证实激光微束可定向地穿透细胞壁和质膜,将外源 DNA 导入到细胞及细胞器中。他们发现激光微束穿刺法具备一个其他转化方法不可比拟的优势——可定点对一个目的细胞器进行操作。此外,学者们还建立了渗透-激光微束转化系统,他们发现将受体细胞先用高渗透缓冲液处理一段时间,然后在正常渗透压溶液中进行激光微束转化,转化效率会有很大提高。这就是现代激光微束穿刺转化法的雏形,其原理是:植物细胞在高渗透溶液中处理一段时间后,质膜内外会形成一个内高外低的渗透压梯度,用激光微束进行穿孔时,外源 DNA 便通过孔道,顺着渗透压梯度进入到植物细胞内,在很短时间内,穿孔自然闭合,而进入细胞的外源 DNA 分子便整合到植物基因组中。

(2)激光微束穿刺转化法的应用

1998 年,王兰岚建立了成熟的植物激光微束穿刺法转基因技术体系,并在世界上率先得到了有分子证据的稳定转化植株。杨忠毅和王兰岚等利用激光微束穿刺法将几丁质酶基因导入到油菜中,经卡那筛选和 PCR 分子检测,共获得 3 株转基因阳性植株。1999 年,张海燕和王兰岚等利用该法将商陆抗病毒蛋白(PAP)导入到甘蓝型油菜(*Brassica napus* L.)中,经抗生素筛选、PCR 扩增检测和 Southern blotting 检测,鉴定出 2 株稳定整合的转基因阳性植株,转化效率为 1.5%。毒性实验证明该蛋白高效表达。2000 年,刘桂珍等利用激光微束穿刺法,将 β-1,3-葡聚糖酶和几丁质酶基因导入到棉花幼胚,经 PCR 扩增检测,鉴定出 7 株转基因阳性植株,这些植株对黄萎病菌具有一定的抗性。2006 年,陈凌娜等利用该法将抗真菌基因导入到棉花中,并获得转基因阳性植株。2006 年,乔光明等利用激光微束穿刺法将水稻胚乳启动子 *Gt1* 启动的 *gfp* 基因导入到玉米胚乳细胞中,检测到 *gfp* 在胚乳细胞中的表达。

(3)激光微束穿刺转化法的特点与展望

激光微束转化技术,因具有操作简便、定位准确、转化效率高、受体材料广泛、重复性好及对细胞损伤小等优点而受到广泛的重视。经过 20 多年的研究证明,该技术是一种行之有效的转基因方法,已成功在油菜、棉花、玉米等作物中进行了应用。但该技术还处在发展完善阶段,还存在着许多不足:各种作物利用该技术进行基因转化的最佳转化参数、最佳的受体等因素还未进行研究探索。还不具备进行生产性遗传转化的条件。另外,激光微束仪本身设备复杂、造价昂贵、普及度不高等严重制约了该技术的发展。但不可否认,激光微束转化技术具有巨大的应用价值。

但随着激光技术的发展,激光微束转化技术的完善,在不久的将来激光微束穿刺转化技术将活跃在作物遗传转化的舞台上。

3.3.4 其他转化技术及各转化技术的比较

此外,还有一些转化技术,例如低能离子束法、浸泡法、显微注射法、脂质体介导法和PEG介导法、病毒介导法等。这些转化技术的效率较低,并且显微注射法、脂质体介导法和PEG介导法三种技术的转化受体绝大多数为去壁的原生质体。棉花原生质体分离极其困难,费工费时。所以这些技术多用于动物细胞转化。低能离子束法,会导致受体的损伤,转化效率极低,目前主要用作棉花突变体的创制。所以,这些转基因技术的商业化实用性不强,且潜力较小,这里不再进行介绍说明。

植物基因转化方法可分为两类:外源DNA直接转化和农杆菌介导的外源DNA转化。直接转化又包括基因枪轰击法、花粉管通道法和激光微束穿刺法等。这些方法各有各的特点。

直接转化法,可用来进行细胞器转化,且其所转化的载体的大小理论上没有限制。但一般来说,直接转化存在着一个共同的、不可忽视的缺点:所获得的转基因植株为嵌合体,外源基因以多拷贝的形式整合到受体基因组中,转基因后代易出现外源基因失活与沉默现象。与直接转化相比,农杆菌介导的遗传转化,则具有明显的优势:转基因多是单拷贝或低拷贝插入。所以,目前农杆菌介导的遗传转化在世界范围内被广泛接受。

表3.19 各种转基因技术的优缺点比较

转基因技术	优点	缺点	应用情况
农杆菌介导法	转化效率高,拷贝数低,无嵌合体,可控程度高、重复性好,遗传稳定,成本低	受基因型限制,转化周期长	拟南芥、水稻、烟草、棉花、玉米、大豆、小麦等,普及性高
基因枪轰击法	无基因型限制,受体类型广泛,可控程度高、重复性好,转化周期短	转化成本较高,拷贝数相对较高,嵌合体比例较大,易出现共抑制和基因沉默现象	拟南芥、水稻、烟草、棉花、玉米、大豆、小麦等各种作物均有应用,应用范围广、普及性高
花粉管通道法	无基因型限制,无嵌合体,简单、易操作,转化周期短,成本低	转化时间受限制,转换率低,受气候等外界环境影响较大	小麦、玉米、大豆、棉花、番茄、番木瓜等,在国内应用较多
超声波转化法	操作简单、设备便宜、不受寄主范围限制	转化效率低,可控程度及重复性较差	烟草、小麦、玉米等,应用较少,多为辅助其他遗传转化技术
激光微束穿刺法	操作简便、定位准确、转化效率高、受体材料广泛、重复性好及对细胞损伤小	设备复杂,造价昂贵,转化应用较少	油菜、棉花、水稻等,应用较少,具有较高的潜在应用价值

续表 3.19

转基因技术	优点	缺点	应用情况
PEG 介导	操作简单、成本低、无需昂贵的基因转化仪器；嵌合体少	受基因型限制，原生质体的分离和植株再生费时、费力，后代变异大，且转化率低	应用价值不高
病毒介导法	转化效率高	拷贝数较高，对生物和环境具有潜在的危害性	烟草、玉米、棉花等，生产应用价值不高
浸泡法	最简单、快速、便宜	转化率较低，重复性较差，而且筛选和检测也比较困难	水稻、棉花等，应用价值不高

科研人员有时将几种转基因方法联合使用，获得了更佳的转化效果。例如王景雪等将花粉介导法和超声波法结合起来，大大提高了转化效率。2001 年，明小天等利用基因枪轰击法将根癌农杆菌细胞直接轰击到水稻的愈伤组织中，明显地提高了转化效率。因而，将各种转基因技术进行合理的组配，可以取长补短，获得更佳的转化效果。

随着安全型转化技术的发展，基因工程育种领域会发生一次巨大的改革。安全、高效，是转基因技术的必然发展趋势。在这一趋势下，任何转基因技术都要进行改进，否则将会被淘汰。但转变后的分子育种所面临的，将是另一个更为广阔的崭新天地。

3.4 转基因材料的筛选

在转基因育种的过程中，转基因植株的鉴定和筛选是其中的一个重要环节，这方面的工作通常都在实验室内进行，而且需要有相当完备的实验条件和进行较为复杂的试验，这对于一般的育种单位具有一定的难度。一个转基因的植株获得后，通常还要对其后代进行基因纯合、遗传稳定性的研究、农艺和经济性状的筛选，甚至还要进行基因的转育、产业化过程中的种性保持等一系列工作，所有这些过程都需要对目的基因进行跟踪调查，需要对越来越大量的转基因后代进行筛选、鉴定。而现有方法对大量总体的转基因植株进行检测较为困难，发展一种与之相适应的筛选技术已显得至关重要。在有选择压力的条件下，利用抗性基因在转化体内的表达，有利于从大量的非转化细胞中选择出转化克隆。目前使用的选择性试剂主要有抗生素类、除草剂类、氨甲喋呤、氨基酸类。表 3.20 列出了主要的选择剂及其抗性基因。

在田间直接对已进行基因转化或转育的棉花叶片进行卡那霉素、潮霉素、除草剂等抗性筛选，根据植株局部(如叶片)反应情况，结合实际经验，可以快速地检测转基因阳性植株，也可以避免对转基因植株正常生长带来影响。因而研究棉花叶片对抗生素处理的反应，对于提高转基因植株后代筛选效果和准确性有重要的指导意义。

表 3.20 植物遗传转化中主要选择剂及其抗性基因

选择试剂	抗性基因	抗性水平/(μg/mL)	抗性酶	作用	抗性机理	应用植物
卡那霉素(Km)	*apHA2*	50～70	NPTⅡ	蛋白质合成	选择剂磷酸化	玉米、棉花
Geneticin(G418)	*apHA2*	50～200	NPTⅡ	蛋白质合成	选择剂磷酸化	禾谷类、大豆
潮霉素(Hm)	*HPT*	5～100	APH(4′)	蛋白质合成	Hm磷酸化	单子叶、黄瓜、棉花
Basta	*bar*	5～200	PAT	氨基酸合成	Basta乙酰化	油菜、玉米、棉花
草甘膦	*aroA*	3～50	EPSPs	氨基酸合成	靶酶修饰或扩增	大豆、小麦、棉花
Chorsulfuron(CS)	*Csrl*	—	ALS	氨基酸合成	靶酶修饰	玉米、甜菜、油菜、亚麻
溴苯腈	*bxn*	0.1	腈水解酶	光合作用	选择剂降解	棉花
2,4-D	*tfdA*	300～3 000	DPAM	堵塞微管束	降解2,4-D	烟草、棉花
阿特拉津	*PSbA*	0.5～10	QB	光合作用	靶酶修饰	烟草

3.4.1 标记基因筛选

3.4.1.1 抗生素标记

(1)卡那霉素筛选转基因材料的研究

卡那霉素基因(*NPTⅡ*)是目前基因工程中被广泛使用的选择标记,它对植物细胞表现毒性的机理是干扰了细胞叶绿体及线粒体的蛋白质合成,最终导致植物细胞死亡,而转基因植株抑制了这个过程。因此通过卡那霉素处理棉花叶片筛选转基因植株从理论上讲是可行的。

①卡那霉素筛选转基因材料基本程序

利用卡那霉素筛选转基因材料共有 3 种施药方法。棉绒法:将脱脂棉绒蘸取 Kan 溶液,均匀地平铺在叶片上。涂抹法:用脱脂棉蘸取的 Kan 溶液,均匀涂抹叶片。喷雾法:用微型喷雾器将 Kan 溶液均匀喷施在叶片上,喷洒至叶面有水滴落为止。在转基因棉花筛选中,一般采用涂抹法,根据不同生育时期叶片对卡那霉素的敏感性,选取合适的浓度(常用的浓度有 500 mg/L、1 000 mg/L、1 500 mg/L、2 000 mg/L 的浓度),试验时用剪成平头自动下水的软头笔,吸取卡那霉素溶液,在棉花生长的不同时期,从上往下连续涂抹棉花新展开倒 1、倒 2、倒

3 叶上的相同部位，直径大小约 1 cm，以湿润为准，7 d 后观察涂抹部位的叶色反应。需要进行三次重复试验。

②叶片对卡那霉素抗性反应的分级标准

根据田间观察的结果，棉花叶片对卡那霉素处理后的最终反应程度划分为 7 个等级。

0 级：叶片正常。

1 级：叶片处理部位的叶色与周边正常叶色略有差异，但不明显，叶色仍为绿色。

2 级：叶片处理部位的叶色与周边正常叶色对比加深，差异较明显，叶色开始褪绿。

3 级：叶片处理部位的叶色与周边正常叶色差异明显，叶色由绿转黄。

4 级：叶片处理部位的叶色与周边正常叶色差异极明显，叶色由黄逐步转白。

5 级：叶片处理部位的叶色与周边正常叶色差异极明显，叶色由白逐步转褐，并稍有破损。

6 级：叶色处理部位的叶色与周边正常叶色差异极明显，叶色基本变褐，破损极为严重。

③卡那霉素筛选存在的问题

虽然卡那霉素抗性筛选可以初步检测转基因阳性植株，但在实际操作过程中，会出现各种无法预见的结果。棉花叶片对卡那霉素存在着一定的抗性，不同部位的叶片其抗性水平表现了显著差异，叶龄愈小的叶片对卡那霉素处理的反应愈敏感，其与叶片的生长速率表现出了明显的相关性。但不同的生育期，棉花叶片对卡那霉素抗性也表现了很大的差异，就是说，棉花整株的发育状态不同，其抗性表现也不一致，生育期越往后棉花新展叶对卡那霉素抗性越强，所需的卡那霉素处理水平要求越高。一方面在抗性范围以内，棉花叶片个体之间表现出了较大的差异，而当卡那霉素处理浓度超出抗性范围以外，其表现个体间的差异较小。另一方面对转基因植物表达而言，基因在植物体内的表达产物有一个量的限制，当卡那霉素浓度处理超过一定限度。例如，在棉花苗期，当浓度达到 1 500 mg/L 时，转基因植株同样也会显症；随着生育期的延长，植株对卡那霉素的抗性也逐渐加强。因此，选择合适的起始筛选浓度、浓度范围以及筛选时期显得至关重要。从卡那霉素筛选的结果看，通过卡那霉素和 PCR 检测的棉花转基因单株，其 Southern blotting 分子杂交的结果基本是相同。但也有不一致的情况，即卡那霉素检测通过的，PCR 结果却不一定出现特异性带，卡那霉素没通过的，PCR 结果可能也会出现特异性带，这种情况对通过花粉管通道法获得的转基因植株尤为明显。推测原因：一是由于棉花细胞酚类物质含量较大，在 DNA 提取过程中，酚类物质与 DNA 形成不可逆的复合物，从而影响了实验结果；二是采用花粉管通道法导入的质粒 DNA，在导入的过程中，受到棉花体内核酸酶的降解，有可能使目的基因或标记基因形成不完整片段，从而影响了基因的正常表达。此外，对利用花粉管通道法所获得的棉花抗病转基因后代，进行初代筛选的优势较大，但在后代的遗传分析中发现，后代入选的抗卡那霉素单株数量明显比理论值低，规律也不明显，推测可能与基因的甲基化有关，具体原因有待于进一步的研究确定。在实践上，卡那霉素筛选转基因材料过程中，叶片反应在 3 级以上的处理，可作为卡那霉素起始筛选的标准。

总之，利用卡那霉素对转基因植株进行筛选具有很大的适用性，可以作为筛选转基因棉花植株的通用方法。

(2)潮霉素筛选转基因材料的研究

潮霉素磷酸转移酶基因(*Hygromycin phosphotransferase gene*，*HPT*)应用也很普遍，由于 *HPT* 基因的序列较小(只有约 1.1 kb)，很容易与其他没有选择标记的目的基因结合并导入植物基因组。研究证明，它是单子叶植物较为理想的筛选基因，因其选择效率高、基因型差异小、对转化细胞不产生或很少产生毒害作用、再生的转基因植株育性较好等优点在水稻、玉米和小麦等作物上得到了广泛应用。*HPT* 基因产物的作用底物是潮霉素 B（Hygromycin B），Hyg B 是一种氨基糖苷类抗生素，可破坏各种细胞中核糖体的功能，导致基因翻译受阻，使敏感组织褐化死亡，而 *HPT* 编码的潮霉素磷酸转移酶可将磷酸基团共价地加到潮霉素 B 的第 4 位羟基上，使其发生磷酸化而失去活性，从而使受体细胞产生潮霉素抗性。目前，大多数转基因水稻的有关研究中，均以 *HPT* 作为抗性选择标记基因。

作为筛选标记基因的同时，*HPT* 也是一种较理想的检测转基因植株及其后代的报告基因。因为其经济、简便、直观等特点，适合转基因植株后代分离群体的分析和大规模筛选工作。2001 年刘巧泉等提出了利用转基因植株离体叶片进行水稻潮霉素抗性检测的方法，该方法简单，试剂用量少，非常适用于对大群体的快速初筛。

利用潮霉素方法在转基因棉花的筛选研究较少，岳建雄等（2002）以 *HPT* 基因作为筛选标记基因，潮霉素作为筛选剂，通过农杆菌介导法将 *GFP* 基因导入棉花细胞得到再生植株，研究确定了潮霉素作为棉花转化的筛选剂在农杆菌介导的转化中适用的浓度范围及筛选方法，即棉花转化中潮霉素的筛选浓度范围为 2.5～10 mg/L，在有 *GFP* 等一些易于观察和检测的标记基因存在时，起始浓度可用较低（2.5 mg/L）的筛选浓度；而在没有标记基因或检测方法较复杂时，起始浓度用较高（10 mg/L）的筛选浓度。

3.4.1.2 除草剂标记

除草剂选择标记基因与抗生素标记基因一样，也可以对转基因植株进行初步筛选，常用的有 *Bar* 基因等。在苗期，根据其对除草剂的敏感性试验结果，对需要进行筛选的植株喷洒 10～50 mg/L 的除草剂溶液，3～5 d 后，根据喷洒部位的反应进行抗性初步筛选，在 2 周后用同样方法对抗性株进行复筛。

3.4.1.3 其他

除了抗生素标记基因和除草剂标记基因外，还有很多其他的抗性标记基因，如大肠杆菌 B-半乳糖苷酶（*LacZ*）基因、胭脂碱合成酶（*NOS*）基因、章鱼胺合成酶（*OCS*）基因以及萤火虫荧光素酶基因等。但由于大多数植物具有内源 β-半乳糖苷酶活性，另外其基因太长，不易进行融合操作，因此，实验中很少应用；胭脂碱合成酶和章鱼胺合成酶在正常的植物细胞中也不存在内源的酶活性，但检测费力，不能定量，难以进行组织化学定位，所以也不被广泛地使用。从大肠杆菌中克隆来的 *GUS*（β-葡糖苷酸酶）基因，作为基因融合系统中的报告基因广泛应用于细菌、植物，甚至动物的基因调控、表达等分子遗传学的研究中。利用大肠杆菌 β-葡糖苷酸酶基因（*GUS*）作为报告基因在植物转化系统研究中也广泛地得到了较好的应用。

3.4.2 转基因材料的抗性鉴定

3.4.2.1 抗虫材料抗性鉴定

外源基因抗虫性是把其他植物、动物或微生物中的抗虫基因通过分子操作手段分离出来，或人工模拟合成抗虫基因后，加上启动子、终止子、加强子、标记基因、报告基因等调控元件后，转化到棉花中，以增强对害虫的抗性，这类基因工程棉花称为转基因抗虫棉。转基因抗虫棉抗虫性要强，可大幅度减少农药使用，达到安全、节本、省工、省时、保护生态环境的目的。在转基因抗虫棉的育种过程中，为了得到真正抗虫的材料，需要对其抗虫性进行筛选和鉴定，常采用田间自然感虫鉴定法、田间网室接虫鉴定法和室内饲养法进行直接性的抗虫性鉴定，也可以采用 ELISA、PCR 或者 Southern-blotting 进行间接抗虫性鉴定。

(1)试验设计方法

转基因棉对棉铃虫的抗性主要表现为对初孵和 1 日龄幼虫有较强的毒杀作用，对存活幼虫的生长发育有明显的抑制作用，在室内、罩笼内和田间均有较好的控制害虫效果。因此，评价转基因棉的抗虫性，应把室内棉株嫩叶饲养 1 日龄幼虫的校正死亡率和罩笼内及田间的蕾铃被害率、顶尖被害率等指标结合起来进行综合分析评判。此外，由于转基因棉对棉铃虫的抗性表现出时间动态，最好在棉铃虫发生的每一世代均进行一次抗性评价。

(2)测定方法

不同组织器官对幼虫的毒杀效果：于棉花现蕾期采摘棉株顶部展开的第三、四片嫩叶，上部顶尖生长点及幼蕾分别放入培养皿中，每皿接 1 日龄幼虫 5 头，每株重复 6 次，以常规棉作对照。接虫后将培养皿封严，以防幼虫逃逸和保持皿内湿度，培养皿置于 26～28℃、光照周期 16 h(光)：8 h(暗)培养箱内饲养，3 d 后调查处理幼虫死亡情况，并计算死亡率，以校正死亡率比较各转基因材料对幼虫的毒杀效果。

对幼虫生长发育的影响：将棉株叶片、嫩叶和幼蕾分别放入试管中，每管接初孵幼虫 1 头，每个材料各组织器官均观察 30 头幼虫生长情况；6 d 后每头幼虫分别称重，以平均体重比较各供试材料不同组织器官对幼虫生育的影响。

对不同龄期幼虫的毒杀效果：用棉株嫩叶、嫩尖和幼蕾分别喂养初孵、1 日龄(孵化后第 2 天幼虫)、2 日龄、3 日龄幼虫，以第 3 天的幼虫死亡率和校正死亡率比较和评判合适的供试幼虫虫龄。

(3)抗虫鉴定方法

网室鉴定：该方法能避免其他虫害和自然因素的干扰，试验结果准确可靠。每个被鉴定材料在网室的种植规模可视材料多少和网室大小而定，一般种植 1～3 行，每行 10 株左右，设置 2～3 个重复，所得结果与田间小区鉴定结果进行比较。网室经常可以与遮雨活动棚配套保用，在遇雨时在网室上及时覆盖塑料薄膜，以避免降雨对抗虫鉴定结果的影响。

田间鉴定：具体做法是将试验材料种植在田间，利用自然虫源对供试材料进行感虫性鉴定。关键技术在于准确掌握最佳调查时期，过早过晚均不能正确鉴定供试材料的抗虫效果，无法在供试材料间进行相互比较。田间鉴定每个材料的种植群体相对较大，一般设 3～4 次重复，每个材料 3～5 行，抗虫效果以中间几行的调查数据为准，避免边际效应对抗虫性的影响和干扰。

室内鉴定：该方法简便快速、结果准确，一般适用于虫体较大的害虫试验，如棉铃虫、棉红铃虫等。在棉花生育的不同时期，从田间采集嫩叶，带回室内进行鉴定，在棉花 2～3 个生育时期进行 2～3 次。鉴定时，给予害虫适宜的生存环境和保持供试材料的新鲜是非常重要的，如充足的水分、良好的通气状况和适当的光照条件。

生物鉴定：中国农业科学院植物保护研究所的网室鉴定方法，是将转基因抗虫棉株系在网室随机排列，以各自转基因的受体品种为对照，于棉花现蕾期接成虫，每 10 m^2 释放雌雄蛾各 4 头，7 d 后调查各株系棉株的落卵量、幼虫数和被害情况，并对所检查的各株系棉株接初孵幼虫两次，接虫量为每株 5 头，接虫后第 7 天和第 14 天分两次调查蕾铃数、顶尖被害数和存活幼虫数。室内组织的抗性生物测定和示范试验的鉴定是：田间采集新鲜叶片或幼蕾，放入保湿容器内，接虫后定时调查害虫存活、虫体变化及供试材料受损程度（董双林等，1996）。美国密西西比州 Starkeville 农部试验站大田鉴定是：设治虫和不治虫作为裂区设计的主处理，不同材料为副处理，6 次重复，当棉株有 6 个蕾时人工接种初龄幼虫，每株 12 头，每周一次，共接虫 4 次，各小区喷杀虫剂杀死除棉铃虫以外的其他害虫和天敌，最后比较产量。

生化鉴定：常用索氏斑点法和韦氏斑点法，前者是提取转化组织中的 DNA，电泳后通过分子杂交测定外源基因在受体内的整合；后者是提取转化组织中的蛋白质分子，电泳后将转化基因控制合成的蛋白质分子分离出来，再做血清反应。如美国 Agracetus 和 Monsanto 公司转育的 Bt 抗虫基因以及亚利桑那大学转育的胰蛋白酶抑制基因抗虫棉均已通过索氏斑点法鉴定。

转基因抗虫棉快速检测法：由山东农业大学沈法富（2000）申请了国家发明专利（97106143.2）。该方法以棉花种子、叶片、花、铃等器官作为材料，利用试剂盒进行转基因抗虫棉定性、定量测定。该方法操作方便，定性测定不需要仪器设备，检测灵敏度高，重复性好，成本低，测试所需材料少（5～10 g），且不破坏植株（植株可正常结铃），棉花育种单位可用于抗虫棉育种，良种繁育单位可用于去除不抗虫植株，保持抗虫棉的纯度，种子经营单位可用于鉴别抗虫棉的真伪。

这些鉴定筛选方法各有其优缺点，或者受小环境、小气候影响大，或者研究成本高，检测数量有限，鉴定条件严格，或者它们的工作量较大，既要大量的人力，又要大量的物力，所以如何提高鉴定筛选效率是目前转基因抗虫育种工作中必须要解决的关键问题。

3.4.2.2 抗病材料抗性鉴定

(1)病圃鉴定

棉花枯、黄萎病属土传侵染病害，检验鉴定棉花品种、品系或种质资源的抗性，一般均采用病圃鉴定法。病圃有自然病圃和人工病圃两种类型。

自然病圃多设在棉区的自然病地上，宜地势平坦，排灌系统合理，土质与菌系具有代表性，最重要的是病地本身发病重而均匀，菌系具有代表性，病圃面积不宜过大，一般 0.3～0.6 hm^2。病圃四周种植的当地常规感病品种为保护区，主要目的有三个：一是能将病圃隔离；二是可及时检验病圃发病的均匀性；三是可正确反映病圃的病情，这些品种以病情指数在 50 左右比较理想。在选择病圃的地理位置时，也应同时考虑到当地的常年气象条件，尤其是 6～9 月份遇到连续高温干旱天气，不利于病圃的发病，即需要灌溉降温保湿促病显症。根据我国目前病害发生情况，要选择具代表性的黄、枯萎病混生病圃较为方便，然而欲选择一块比较理想的自然黄、枯萎病圃就不太容易。

人工病圃则是通过模拟自然病田的发病环境，设计成可接种病原物，又可以调节水分，并限制病圃内水分流动。人工病圃必须发病重而均匀，抗感病级达标显著，能正确反映供试品种的抗性等级的标准。顾本康（1985）曾设计了标准人工病圃的工程图，即容积为 4 m×2.5 m×

1.2 m的水泥池。全池垂直结构分五层:底层为夯实层,其上为大块石层,厚15 cm;上为小石块块层,厚5 cm;再上为沙石层,厚10 cm;最上为土壤层,厚90 cm,土壤取自于从未种过棉花的深层老土(或稻田土)。这种结构的优点是可下渗土壤饱和水,土表水可以从四周的管孔排出。每5个池为一排,排距1.22 m,池距0.35 m,水泥铺面,排距间下设排水沟(深1.4 m)和浓氨水消毒池(深1.5 m)。池数可根据需要而定,最少为20个。土壤内接病原菌的接种物,可根据鉴定对象而定黄萎病菌或枯萎病菌。菌系宜用本地区具有代表性的菌株培养物。培养物多选用麦粒,或玉米、黄沙,或棉秆碎段,视可利用源而定。比较方便而又标准的培养物现多选用小麦粒。麦粒浸泡洗净后分装在培养平菇的塑料袋内或克氏瓶内,经消毒灭菌后,将代表菌株接种其上,在25℃下培养,一般棉枯萎病菌需培养2周左右之后,棉黄萎病菌需培养20 d左右之后,将培养物掏出晾干,每公顷约接种麦粒培养物750 kg。

在重病棉田连作2～3年抗病品种后的土壤接种病菌,致病力随种植抗病品种年份的增加,病情指数显著逐渐减轻($r=-0.6032$),连作4～6年病菌致病力的降低极显著;种植感病品种,病菌的致病力随着年份的增加而显著增强($r=0.6695$)。

经过试验检测,病圃可靠性分析,经28点设置的感病品种对照,平均病指为52.9,完全符合病圃发病均匀且重的标准。同时,供测品种病级间表现出差异显著性,如1983年鉴定的228个材料,按病级归类后进行方差分析,$F=30.37>F_{0.01}=4.08$,四级病指间的差异达极显著水平。1984年鉴定的198个材料分析,$F=66.99>F_{0.01}=3.88$,差异也达极显著水平,表明人工病圃对品种鉴定所显示出的病级差异是可行的。在人工病圃内从棉株的病情表现,同样可看出病情随着生育阶段而有波动,蕾期是发病的初次高峰,进入花铃期呈现出发病第二高峰。据测,第一发病高峰与第二发病高峰具有相关性。如1983年分析第一发病高峰、第二发病高峰相关系数$r=0.5092$($t=8.894>t_{0.01}=2.58$),回归式$y=45.50+0.60x$;1984年调查分析,两个发病高峰的相关系数$r=0.1520$($t=2.152>t_{0.05}=1.96$),回归式$y=50.26+0.45x$,两年结果均表明蕾期病指与后期病指具有显著相关性。在鉴定品种时,可利用蕾期的病情调查,即能反映品种抗感性,根据产量损失的估测,往往前期的病情表现影响较大。这样,注意品种第一发病高峰时的抗病性显得更为重要,并且调查前期病情还可减少后期剖秆所花的劳力和时间。因此,若有较多的种质资源或品系进行病圃抗性鉴定,应该重视蕾期的病情分级调查和抗性的表现。

关于病级和抗性的划分标准,虽然尚没有法定标准,但我国各单位仍然沿用原全国棉花枯、黄萎病综防协作组所商定的病级划分标准见表3.21。

(2)苗期鉴定技术

纸钵撕底菌液蘸根法:用旧报纸,按营养钵大小做成纸杯,内装非病原菌土,供试棉子播种后,置于温室内,经常保持土壤水分,待棉苗有2～3片真叶时,将纸钵的底纸撕去,露出苗根,在经培养好的枯萎病菌或黄萎病菌的分生孢子菌液里浸蘸,尔后将棉苗置于土盘内,经7 d后,棉苗即染病显症,当感病品种发病严重时,调查病情。菌液分生孢子浓度可根据试验需要而定,一般浓度在1.0×10^{6}个以上。病情调查时间,可视病程时间具体而定。如果种质资源数多,群体量大,可在5片真叶时采用苗期一次性剖秆进行病级统计;如果是品系材料,可拉长病期,分次计算病情,直到7叶大苗期剖秆检查统计病级。

表 3.21 棉花枯萎病、黄萎病病级划分标准

病级	棉枯萎病		棉黄萎病	
	蕾期	剖秆	蕾铃期	剖秆
0	无症状叶片	不变色	无症状叶片	不变色
1	显症叶片占 1/4 株以下，典型症状	变色部占剖面 1/4 以下	显症叶片占全株 1/4 以下，呈黄斑型	变色部占剖面 1/4 以下
2	病症叶片 1/4～1/2，表现病株矮化	变色部占 1/4～1/2	症叶片占 1/4～1/2，呈黄斑型，有枯斑型	变色部占 1/4～1/2
3	病症叶片 1/2～3/4，病株矮化	变色部占 1/2～3/4	症叶片占 1/2～3/4，呈枯斑型	变色部占 1/2～3/4
4	病株叶片全部显症，落叶、枯死	变色部占 3/4 以上	显症叶片 3/4 以上，多呈枯斑型，有落叶，结铃率下降	变色部占 3/4 以上

无底塑钵菌液浇根法：无底塑钵用厚塑料膜制备，直径 6 cm、高 8 cm 的圆桶，无底无盖。将制备好的无底塑钵放在塑料盆中，再将灭菌土小心装入其中，装至无底塑钵的 2/3 高即可，随后置于温室中，准备播种，播法同纸钵撕底菌液蘸根法，待棉苗长至 1 片真叶时接菌。病菌孢子液制备法也同纸钵撕底菌液蘸根法。接种时，先将无底塑钵从盆中取出，置于玻璃板上，用手握住塑料钵稍用力在玻璃板上转两圈，使底部的棉根产生伤口，随后将塑料钵倒过来，使苗底朝上，将 10 mL 菌液缓慢浇于钵底，使菌液完全被吸收。随后将其置于铺了薄薄一层潮湿的灭菌土的塑料盆中，1 h 后向盆底浇入 200 mL 自来水。精心管理，20 d 后调查发病情况。

苗期针刺接种法：棉子可直接播种在无病原菌的土沙盘内，也可直接播种在营养钵上或纸钵土内，待棉苗有 1～2 片真叶时，采用针刺接种法，即用针灸针或大头针，离针尖 0.5 cm 处，插一小消毒棉絮球或小泡沫球，饱蘸菌液后，将针由上而下斜刺在子叶节下，并向茎根方向挤压，菌液遂顺针尖流入棉苗茎部的维管束内。培养的分生孢子菌液浓度亦为1.0×10^6 个以上。接种的棉苗，统一放在相同环境的温室内，7 d 后发病均匀，经调查统计可明确显示出不同供测材料之间的抗性差异。

3.4.2.3 其他材料

(1)纤维材料鉴定方法

随着纺织工业的发展，人们对于棉花的纤维品质要求越来越高，培育纤维品质高的棉花优良品种(材料)能够满足纺织工业对于棉花纤维的要求。目前世界上许多国家采用计算机管理的大容量纤维测试仪 HVI(high-volume instrument)，该系统测试时间短和自动化程度高。测试项目主要包括纤维长度、长度整齐度、马克隆值、比强度、断裂伸长率、反射率、黄度、叶屑含量。通过以上指标的测定，可以鉴定纤维质量的好坏。

(2)耐盐材料鉴定方法

国内外所采用的耐盐性鉴定方法可分为以下几类：直接鉴定法、间接鉴定法，多标记组合

鉴定法。

直接鉴定法:包括胁迫发芽比较法、形态比较法和产量比较法。在棉花上采用的主要是形态比较法和产量比较法。产量比较法比较准确,但周期长,成本高,且年份和气候的变化影响较大,只能在材料较少时采用。目前普遍采用形态比较法,开始时以目测模糊的形态指标作分级标准,只能定性不能定量,误差较大。

叶武威等(1996)通过对棉花耐盐性的生理遗传研究,确定0.4%盐量(NaCl)作为棉花耐盐鉴定的最佳浓度值。主要有以下两个方面的根据:一方面是过氧化物酶(SOD)活性和超氧化物歧化酶(POD)活性对盐胁迫的反应,认为无论是对NaCl敏感品种(L09612),还是不敏感品种(中9807),SOD,POD活性(total activity)和比活(specific activity)都随NaCl浓度增加而提高,但不敏感品种中9807的SOD活性和比活的提高速度明显快于敏感品种L09612。当NaCl浓度高于0.4%时,中9807的SOD活性显著高于L09612,而中9807的POD活性显著低于敏感品种L09612;当NaCl浓度低于0.4%时,中9807的SOD活性显著低于L09612,中9807的POD活性显著高于L09612,这说明棉花耐盐与不耐盐以盐浓度0.4%为临界值。另一方面是盐对棉花萌发特性的影响,认为盐浓度在0.4%~0.6%时棉花的萌发对盐反应特别敏感,有利于耐盐性鉴定与筛选,从而确立了棉花耐盐性鉴定的行业执行标准。

该方法的主要操作如下:在土厚15 cm的盐池(平底水泥池),规格为90 m×2 m×0.15 m内,以行距15 cm,种子随机排列,设置3次重复。棉花出苗后长至两片真叶时定苗,株距15 cm;长至3片真叶时,记载每行有效总苗数(不能少于13株)和土壤含盐量(不能高于0.1% NaCl)。按土壤含盐量0.4%为上限含盐指标,在测定土壤原来盐分含量的条件下,逐行定量施盐,用喷壶浇水,使盐缓慢溶解于土壤中,最终使土壤盐分指标达到0.4%。棉花在0.4%盐分下生长10 d,统计各材料成活苗率(生长点成活的苗为活苗),以相对成活苗率来判定棉花不同的耐盐性(表3.22)。

表3.22 棉花耐盐类型分级标准 %

耐盐级别	耐盐类型	相对成活苗率	耐盐级别	耐盐类型	相对成活苗率
Ⅰ级	高抗	>90.0	Ⅲ级	耐	50.0~74.9
Ⅱ级	抗	75.0~90.0	Ⅳ级	不耐	<50.0

叶武威等,1996。

$$成活苗率(\%)=(成活苗数/总苗数)\times 100$$

$$相对成活苗率(\%)=[(成活苗率\times 0.5)/对照成活苗率]\times 100$$

采用该法鉴定了棉花种质6 400余份(次),结果和实际应用较接近,较形态观察法有如下改进:鉴定中采用0.4%盐量为最佳值,依据更充分。滨海盐土,如山东东营、平原等地土壤耕层含盐量0.3%,棉苗能够正常生长且盐分影响小。从大量种质资源鉴定结果分析,含盐量在0.4%的条件下,不同耐盐材料比较接近于正态分布情况。以往的施盐方法是在三叶期浇以0.3%的盐水。现在的土壤施盐方法是往土壤施干土量0.4%的NaCl,均匀地逐行撒施,然后用喷壶均匀缓慢浇水,避免了土面不平导致盐水流动所引起的盐量不匀。统计时采用定量标准,依据棉苗盐害存活率进行分级,结果准确。

间接鉴定法：利用生理学、生物化学和细胞学分析技术，研究棉花在盐胁迫下生理代谢过程中的物质如脯氨酸、甘氨酸、甜菜碱、山梨醇、清蛋白、自由水、束缚水、K/Na 等相关因子的变化。但这方面研究尚存在不同结论。利用组培法鉴定棉花耐盐性，还能进行耐盐细胞的筛选研究。采用电导法鉴定棉花的耐盐性，种仁吸收 NaCl 后在水溶液中的电导率和棉花耐盐性的相关系数为 $r=0.9174$，呈高度相关。1997 年，沈法富等利用水培的方法对棉花植株进行了耐盐性鉴定，并采用液滴培养技术对其花粉的耐盐性进行了鉴定，结果表明，棉花整株的耐盐性和花粉的耐盐性显著相关，达到极显著水平，确立了利用花粉鉴定、选择耐盐棉花材料的优越性。

多标记组合鉴定法：评价和鉴选耐盐种质是耐盐育种的前提，目前的棉花耐盐性鉴定方法大都建立在形态学的基础上，工作量大，成本高，且受生长季节的限制。分子标记的出现给耐盐性研究带来新思路和新方法。2010 年，叶武威、张丽娜等采用 SSR 技术，展开了棉花耐盐性鉴定技术的有关研究。从 DNA 快速提取到 PCR 扩增和产物检测以及多标记组合鉴定等环节进行分析探讨，初步制定了一套适于棉花耐盐性分子鉴定的方法，即多标记组合鉴定法。并用 11 份材料对该方法进行了验证，其结果和 0.4％盐量胁迫法的鉴定结果相符率达 90.91％。初步研究结果表明多标记组合鉴定法可用于棉花耐盐分子标记辅助鉴定。操作程序如下：棉花育苗、棉花基因组 DNA 提取、SSR-PCR 扩增和产物检测和标记组合鉴定。

(3)耐旱性鉴定

耐旱性评价的指标通常包括形态学指标、生理生化指标。1978 年，Fisher 等根据潜在产量，对干旱胁迫下产量表现影响等提出敏感指数(sensitive index，SI)概念，来估计一个品种对干旱胁迫的相对敏感性；Bouslama 等(1984)提出种子萌发胁迫指数(germinative stress index，GSI)，鉴定植物材料苗期的耐旱性，前苏联应用该指标进行了大规模抗旱性鉴定；张裕繁等(1987)根据生长点与顶部四片真叶的表现，棉株受旱、叶下垂、恢复时间的快慢，以及叶片受旱程度等来评价棉花耐旱指标；刘金定等(1996)提出用苗期反复干旱法鉴定棉花品种耐旱性；兰巨生(1990)提出“耐旱指数”(drought index，DI)概念；袁钧等(1990)根据耐旱特性与产量间的关系提出，以干旱条件下棉花品种的成铃多少，作为鉴定耐旱性的评价指标，耐旱性越强的品种成铃越多。

刘金定、叶武威等(1996)在形态学研究和大量棉花种质材料抗旱性鉴定的基础上，提出 3％作为耐旱鉴定中土壤含水量的下限，制订出棉花耐旱性鉴定方法及分级评价的行业标准，此法简便易行，适于大批量种质材料的耐旱性评价。主要操作程序如下：在旱棚底部铺 15 cm 的无菌砂壤土，播种前浇水达到种子在大田播种出苗所需的水分。棉种用温汤浸种，并在播种时拌多菌灵药剂。行距 10 cm，株距 6 cm，行长 1 m，齐苗后定苗，每行 13～15 株苗，每个处理重复三次，每次重复设一个对照，随机排列。设置 1～2 个耐旱对照品种。苗齐后 15 d，调查各处理实有总苗数，然后进行干旱处理。在土壤水分降为 3％时，浇饱和水使苗恢复，再干旱处理使土壤水分仍降为 3％，如此反复 3 次，计算各处理成活苗率。以相对成活苗率评价棉花种质苗期耐旱性。

$$成活苗率(\%)=[成活苗数/每行总苗数]\times 100$$

$$相对成活苗率(\%)=(各品系成活苗率\times 0.5)/对照材料成活苗率\times 100$$

表 3.23 棉花种质苗期耐旱性评价标准

(刘金定等,1996) %

抗旱级别	抗旱类型	相对成活苗率	抗旱级别	抗旱类型	相对成活苗率
Ⅰ级	高抗	>90	Ⅲ级	耐	50～70
Ⅱ级	抗	75～90	Ⅳ级	不抗	<50

另外,某些形态、生理、生化指标与耐旱性有关,可作为耐旱鉴定指标,但是存在诸多缺点,如设备投资大、能源消耗大、操作困难、与实际情况差异大、难以大批量操作等,需进一步研究和完善。

3.4.3 转基因材料的遗传特征及稳定性分析

利用转基因技术进行作物的品种改良已经成为一种重要的育种途径,通过把优良的外源基因导入受体材料,可以在短期内取得突破性进展。关于外源基因在转化植株世代过程中的遗传传递规律已有较多的研究,一般从表型传递、标记基因的表达及分子杂交分析等方面进行研究。1959 年 Braun 等早已证明,胭脂碱型 Ti 质粒农杆菌侵染植物细胞后产生的冠瘿瘤细胞中带有 T-DNA,并保留一些形态发生,但只能形成异常芽,亦称畸形瘤。通过嫁接到正常烟草植株上可使这些异常芽开花结果。自交的 F_1 后代仍然带有胭脂碱基因,说明 T-DNA 是可遗传的。后来的许多研究结果表明,转化的外源基因同样表现为典型的孟德尔遗传。1984 年 David Tcpfer 等用发根农杆菌(*Agrobacterium rhizogenes*)介导的胡萝卜、烟草、牵牛花的基因转化中得到的转化根易于形成完整植株,并能将 Ri T-DNA 传递给后代。转化植株表型的分析及 T-DNA 的 Southern 分子杂交证明后代中显性位点的遗传是真实的孟德尔遗传。

3.4.3.1 外源基因的整合机制

外源基因以质粒为载体通过同源或非同源重组随机整合到受体染色体 DNA 上。因而质粒 DNA 在受体染色体上的存在方式将影响外源基因在受体染色体中存在的完整性和拷贝数。以质粒 DNA 在受体染色体基因组中存在的完整性和拷贝数为依据,质粒 DNA 在受体染色体基因组中的存在方式具有多样性。因此,外源基因在基因组的整合有以下 2 种情况:

(1)单位点插入

外源基因的遗传规律主要是由外源基因插入的拷贝数及其插入位置决定。如果是一条染色体上的单位点插入(单拷贝或多拷贝串联),且插入单位点的位置对植株生长、发育、繁殖不会产生较大影响,则外源基因以单位点的孟德尔式遗传。

1981 年 Otten 等对转基因烟草植株进行后代遗传分析,结果发现转基因质粒中带有的基因通过雄配子和雌配子传递,为显性单基因位点的遗传方式。1984 年 Horsch 等分析了转基因烟草中 *NPT Ⅱ* 基因的遗传分离方式,T_1 代植株卡那霉素抗性表现为 3∶1 分离,Southern 分子杂交结果显示,抗卡那霉素阳性植株均带有 *NPT-Ⅱ* 基因,而阴性植株个体中则没有

NPT Ⅱ 基因。王忠华、崔海瑞等对 Bt 水稻“克螟稻”杂交后代进行转基因遗传分离规律分析，结果发现粳粳杂交 F_2 出现抗性株与非抗性株的 3∶1 分离，籼粳杂交的 BC_1 出现 1∶1 分离，籼粳杂交的 BC_1F_2 出现 3∶1 分离，表明转基因在杂交后代的传递属单基因显性遗传。姚方印、朱常香等对黄淮稻区常规粳稻推广品种与转 *Bt* 基因的中国 91(T_6 代)杂交，采用 Basta 抗性选择技术快速检测 *Bt* 转基因水稻及杂交后代群体单株，实验表明：外源基因在 F_2 和 BC_1 群体中遵循孟德尔分离。这种遗传表现在拟南芥、矮牵牛、棉花、大豆、油菜、花生、小麦、玉米等植物的转基因植株中都有存在。转基因双价植物也存在同样的分离规律。王守才采用田间接种玉米螟幼虫的方法研究了转基因 *Bt*、新 *Bt* 和 *PIN Ⅱ* 在其 13 个转化体后代家系中的遗传和表达。结果表明：3 种转基因无论是单独转化或是两种共同转化，其后代的遗传基本上均呈单基因显性的孟德尔遗传方式。单雷、毕玉平等对 TMV 和 CMV 双价外壳蛋白基因番茄 T_1 代群体 T_2 代株系进行 PCR 及 PCR Southern 鉴定，并分别进行温室及田间抗病毒实验，结果表明，T_1 代工程番茄植株中存在 CMV-TMV 双价外壳蛋白基因的遗传和分离，其遗传行为符合显性单基因孟德尔方式。T_2 代部分株系 CMV-TMV 双价 *CP* 基因已获得稳定遗传，共获得了 3 个遗传稳定的番茄株系。施荣华等对转基因油菜后代的遗传规律进行研究表明，R_1 代卡那霉素抗性为 3∶1 分离方式，在 R_2 代卡那霉素抗性植株中，有1/3为 *NPT Ⅱ* 基因纯合型，另 2/3 为杂合型(T∶O)，其遗传规律符合孟德尔单因子显性遗传。

(2)多位点插入

转化的外源基因在 R_1 代呈现 3∶1 单基因显性孟德尔式分离，是外源基因传递中的常见现象，但是并非都是呈现这种分离方式。1992 年 Akama 等在拟南芥菜上发现 R_1 代植株中有 10 个株系的抗性分离比为 3R∶1S，有 3 个株系是 15R∶1S，1 个株系是 63R∶1S，说明多数情况下为单位点插入形式，但也有两、三个位点的插入形式。进一步对 124 株独立转化株进行基因组杂交，分析 T-DNA 的拷贝数，发现拷贝数为 1、2、3 个 T-DNA 者分别占 4%、28%、10%，即 90%以上插入拷贝数在 4 个拷贝数以下，但也发现有 10 个拷贝数的植株。

1986 年 Buder 等在转基因烟草植株中也得到相似的结果，在获得 44 个转化后代中有 40 个 *Km* 抗性基因的分离符合孟德尔规律。他分析了 3 组杂交后代，即转化植株自交、转化植株与非转化植株杂交和转化植株间杂交，获得的种子在含有 *Km* 培养基上萌发情况，进行抗 *Km* 基因分离比分析，发现 40 个无性系中有 35 个包含一个单位点插入 *KmR* 抗性基因，其余 5 个是两个插入位点，并且在两个单位点插入无性系自交后的分离比中观察到 T-DNA 插入可能导致隐性致死突变。因此，他们提出了两个假说来解释得到的数据：①抗性标记基因按单一孟德尔因子分离，在自交时有两种情况，或者是带 *KmR* 基因的 T-DNA 整合诱导产生纯合状态下的致死突变，预期分离比为 *KmR*∶*KmS*＝2∶1，或者是 *KmR*∶*KmS*＝3∶1。②抗性标记基因按 2 个独立的孟德尔位点分离。这是因为两个插入位点彼此相距较远，已构成两个独立事件，则自交后分离比为 *KmR*∶*KmS*＝15∶1。

1994 年 Du 等利用根癌农杆菌在苜蓿的基因转化研究中发现，*NPT* 基因的拷贝数可多达 30～50 个，并整合在苜蓿基因组的 1～4 个位点上。在某些例子中，R1 代基因的分离并不符合 3∶1,15∶1 或 63∶1 等典型比例，说明基因的整合和分离是比较复杂的。

3.4.3.2 外源基因在后代中的表现

外源基因能否通过有性世代传递给后代并稳定表达，是分子育种成功的关键，同时，对于确定和评价转基因植物的实用价值和应用前景也具有重要的意义（王关林等，1996）。

通过各种途径整合进入植物基因组的外源基因中有很少一部分能够整合到基因组中，而能够稳定遗传的外源基因所占比例更是非常少。例如，利用转化效率较高的农杆菌对模式植物拟南芥进行外源基因转移来看，外源基因整合进入基因组的平均比例为30%～80%，而能够稳定遗传的转基因植株所占百分比例一般不超过10%，这主要是由于在转基因后代中大多数外源基因都已经丢失或者发生基因沉默（gene silence）所导致的。

在转基因技术出现的初期，人们关心的主要是转化频率，只要用分子生物学方法检测到外源基因整合到受体基因组中就已经令人满意了。随着研究的不断深入人们不但希望得到转化体，而且更希望得到的外源基因在受体植物中能够正常表达，进而获得有用的育种材料或种质，所以外源基因在转化体中的表达、表达水平成为了人们关注的焦点。通过对转化植株的检测发现，多数转基因植株能够正常表达，但是也有少数植株出现非正常情况，其中最主要的就是转基因植株发生基因沉默这一现象。

基因沉默主要是指转化体仍然保留着自身的完整性，但不表达或表达活性降低，或者是转化体虽然保留着转基因，但已发生了重排从而不表达或表达活性降低。1990年，Napli等首次在转基因植株中观察到外源基因失活现象，他们在进行矮牵牛转苯基乙烯合成酶（*chalcone synthase*，*CHS*）基因的研究中发现有42%的转基因当代植株产生白色或紫色相间的花朵，即外源基因与内源基因均被抑制，称为共抑制（Co-suppression）。1994年，通过对30多家从事转基因作物研究和商品化生产公司的调查发现，几乎所有调查对象的转基因植株中都存在这种转基因失活现象，主要表现为外源基因的表达水平大幅度降低，各独立转化体之间差异显著。上述调查结果极大地引起了人们的关注和重视，因为通过研究转基因发生的机制，一方面可以找到克服转基因沉默的方法，促进植物基因工程商品化；另一方面可以进一步探索植物调控基因的表达方式和途径。

目前，基因沉默在转基因植物中有较为深入的研究。基因沉默的方式可分为顺式失活、反式失活和共抑制三种形式（Matzke et al，1995）。顺式失活是因为多拷贝的转基因在一起，发生甲基化作用而失活（杨金水等，1995；Meyer，1995；Taylor，1997）。反式失活是顺式的一种复杂形式，顺式失活的转基因作为一个沉默因子而影响染色体上等位或非等位基因的甲基化，导致基因失活，而沉默因子自身则不发生变化；共抑制发生在转基因和内源基因之间或者转基因纯合体两个位点之间的相互作用导致基因沉默。通常认为，在众多的转基因技术方法中，直接转化法往往导致多拷贝转基因在宿主细胞中整合，无论是单位点整合还是多位点整合，都会使转基因植株发生较高几率的基因沉默。这是因为多拷贝转基因序列之间以及转基因与转录产物之间的配对，使整合位点的染色质发生异染色质化或使其从头甲基化，从空间上阻碍了转录因子与转基因的接触，最终导致转录水平的基因沉默。反式失活主要是由基因启动子间同源序列相互作用引起，启动子区域只要有90 bp的序列同源，即可使两个基因间产生反式失活（Park et al，1996）。共抑制是转录后水平基因沉默中最为常见的现象，最初在研究矮牵牛苯基苯乙烯酮合成酶（chalcone synthase，CHS）的实验中提出。它是由于转基因编码区与受体细胞基因组间存在同源性，导致转基因与内源基因的表达同时受到抑制。共抑制的产生不仅同内、外源基因间编码区的同源性有关，而且还与控制转基因的启动子强度有关，同时具有基因剂量的依赖性，强启动子往往增强共抑制的强度，扩大表型范围；同时共抑制也受植物发育的调控，可以通过基因的重组分离而逆转消失。基因沉默可发生在转录失活或转录后失活，且两者往往相互关联(Moljn et al，1989)。

在初步阐明外源基因失活机理的基础上，人们先后采用了多种方法克服基因沉默问题，其中最经典的方式有去甲基化、降低拷贝数、添加增强子和对外源基因的结构进行改造。现有研究结果表明，重复序列是引起基因沉默的关键，因此如何降低外源基因在植物体内整合的拷贝数是解决基因沉默的有效方法之一。这可以通过两条途径进行：一是在转基因植株后代中选择单拷贝植株；二是选用外源基因整合拷贝数较低的外源基因转化方法。例如，采用农杆菌介导转化法的转基因植株整合的拷贝数要比基因枪轰击转化法低很多。通过对目的基因进行结构改造也是克服基因沉默的一种很好的方式。例如，国外有报道称通过对原始的 *Bt* 基因进行结构改造，包括去除一些可能影响表达的序列、增加一些能与核糖体 80S 亚基形成二聚体起始复合物的序列，结果发现 *Bt* 基因的表达可以提高 10 倍以上。随着人们对外源基因整合规律、基因沉默机理研究的深入，相信一定能够找到解决外源基因表达异常的有效方法，进一步为转基因技术的应用提供基础。

3.4.3.3 外源基因在后代中的遗传规律

转基因的遗传分离与经典的基因分离概念不同。遗传分离规律的实质是在两个层面上进行的，即基因本身的分离和所控制性状的分离。在经典遗传理论中遗传分离是统一的，等位基因分离将会导致性状分离，遗传方式相对比较简单。但是，转基因的遗传分离研究表明，两者往往不一致，转基因的分离与其性状的分离不一定吻合(王守才等，2000)。

在转基因植物中，外源基因在后代中的遗传多样性通常用转基因植株与非转基因植株杂交或转基因植株自交结合 Southern blotting 来分析外源基因在后代中的遗传规律。外源基因一般作为一个显性基因传递给后代，遵循孟德尔式遗传分离规律，自花授粉后代表现 3∶1 分离规律，与非转化新本杂交后代表现 1∶1 分离规律。因此可能会出现在多拷贝转基因作物中，只有一个拷贝具有表达功能，或者所有表达的拷贝整合在受体染色体基因组的一个位点。但也有少部分表现出两个不连锁的显性基因，在自交后代中表现出 15∶1 的分离规律，或者呈现两对以上显性基因的分离规律。但是显性个体比例显著低于孟德尔比例的现象也普遍存在，这大多发生在早期世代，极少数转化体还常常发生复杂的转基因分离，另外，有一特殊现象表现出自交一代符合 3∶1 分离规律，但自交二代不符合孟德尔分离规律。在我们实验室的一些水稻转基因事件中，观测到抗除草剂基因 *Bar* 的性状在自交一代遗传也不符合孟德尔遗传规律。

一般理论上讲，外源基因在自交一代中发生分离，在自交二代中能得到纯合体。在一些文章中，对转基因无规律分离的原因做了探讨。可能的原因有：转基因的失活，外源基因的重排或者缺失，纯合体致死效应，外源基因导入诱发的隐性致死突变及一些未知的原因。进一步的研究证明，转基因分离方式的多样性与转基因整合方式和拷贝数有关。多拷贝整合是常见的整合方式，在某些转化事件中，转基因的拷贝数能够达到几十个，它们有的串联整合，有的独立整合，有的两者共存。另外，在转基因当代也有可能出现纯合体的情况。Spencer 等在分析转基因玉米后代遗传分离时，发现其中有一个转基因株系 T9 在由转基因当代传给自交一代时并不发生基因分离，Southern blotting 结果也表现出亲本与后代染色体 DNA 中只有一个相同的转基因整合位点，因而 T9 在转基因当代就产生了纯合体。原因可能在 T9 愈伤组织有丝分裂时，转基因的单一整合位点发生复制，形成了纯合体。也可能是因为发生了非细胞核的转化事件，后代受细胞质遗传控制。

转基因通过花粉传递的能力要小于通过卵细胞传递的能力。杂交试验表明不论筛选基因还是非筛选基因，以转基因植株作为母本比作为父本对转基因表达的遗传传递能力要大。转基因通过花粉传递能力很弱甚至于不传递，原因可能是转基因植株花粉的发芽力、花粉管伸长能力与受精能力比非转基因植株的花粉要差，也可能是转基因插入到影响花粉活力的基因位点上。

非筛选基因和筛选基因在后代中是协同分离的，进一步证明了两个外源基因共同整合到转基因当代染色体上而且紧密连锁。Southern blotting 分析进一步表明，非筛选基因往往跟有功能的筛选基因的基因位点协同分离。一般转基因植株后代染色体 DNA 中整合有外源基因时，其 Southern blotting 杂交图谱与转基因当代植株完全一致，表明外源基因整合在同一个染色体上。但由于转基因的基因丢失(gene losing)、基因重组(gene recombination)和基因扩增(gene amplifying)等现象，导致同一转基因株系的后代中外源基因杂交图谱发生变异。其中基因丢失可能会是影响转基因技术实用化的重要障碍。Spencer 等在分析转基因玉米后代遗传分离时发现，当后代筛选基因(*Bar*)在染色体 DNA 上的整合方式与转基因当代相似时，非筛选基因(*GUS*)的整合方式不一定与转基因当代相似，表明 *GUS* 基因与 *Bar* 基因位于不同的染色体上或者在传递过程中有一些基因序列发生丢失。Spencer 等认为基因丢失的可能性最大，如果 *Bar* 基因与 *GUS* 基因位于不同染色体上，那么没有 *Bar* 基因的后代中可能有 *GUS* 基因的存在，但实验结果表明没有 *Bar* 基因的后代中也没有 *GUS* 基因的存在。基因丢失还见于基因转化事件中。Srivastava 等观察到在一个小麦转化株系 2B-2 中，转基因在自交一代中能表达，在自交二代中仅能检测到，在自交三代中发生了丢失，用 Southern blotting 没有检测到外源基因的存在。基因丢失表明植物基因组中有些特定位点对转基因的可遗传性稳定整合是不利的。

基因沉默的方式可分为顺式失活、反式失活和共抑制三种形式(Matzke et al，1995)。顺式失活是因为多拷贝的转基因在一起，发生甲基化作用而失活(杨金水等，1995；Meyer，1995；Taylor，1997)。

3.5 转基因技术体系平台建设

3.5.1 转基因技术体系平台建设概况

构建一个高效、稳定、大规模的转基因技术体系平台，可高效地鉴定新基因和新载体的功能，更重要的是，可批量创制新型棉花转基因新材料，为棉花育种提供基础材料，同时，为棉花基础研究提供良好的研究材料。在国内，中国农业科学院棉花研究所于 2002 年建立了棉花规模化转基因技术体系，并于 2005 年构建了年产转基因植株 10 000 株的转基因技术体系平台，至 2011 年已为国内外 35 个实验室提供技术服务或合作研究。

该平台的主要创新点如下：

(1)拓宽了受体材料的基因型范围。该体系的三种转基因方法与其他棉花转基因不同的是所用的受体材料基本为我国生产上目前主要推广品种或有巨大潜力的优良品系,大部分来源于中国农业科学院棉花研究所。为转基因材料的快速利用及转基因棉的产业化奠定了良好的技术及物质基础。

(2)建立了规模化转化体系。将外源基因转化的三种方法同时并用,以使其优势互补,针对不同类型受体材料采用不同的转化方法,一般一年即可获得再生植株,并使所得到的转化材料具有遗传多样性,为棉花品种改良提供大量的育种中间材料或从中直接选育转基因棉花品种。

(3)缩短转化周期、提高转化效率。农杆菌介导法转化中,已将中棉所 24 号发展为快速模式化转化品种,其转化周期缩短为 4～5 个月,并使多品种如中棉所 17、中棉所 27、中 394 等 10 个以上的棉花品种转化成功。使大部分受体材料的愈伤诱导及胚状体发生率平均达到 20%,最高可以达到 60%;转化率平均达到 1.74%。

将这三种外源基因的转化方法同时成功地应用在棉花遗传转化中在国内尚属首次。本项研究总体水平上,在国内同类研究中处于领先地位,在国际上达到先进水平。

3.5.2 主要技术指标

3.5.2.1 农杆菌介导法

转化周期对于建立高效、快速、经济、批量的转基因技术体系起着关键性的作用,本体系的主要技术环节之一就是将转化周期大大缩短,并以国产陆地棉中棉所 24 号代替传统的珂字棉 201、珂字棉 312 发展成为本实验室的模式品种,其转化周期已缩短到 5～6 个月;即使公认的难再生的品种——中棉所 12 号的转化周期也控制在 12 个月以内;其他品种的转化周期一般为 8 个月左右。转化率:根据实验结果,对于模式品种如中棉所 24 的转化率可以过到 8.1%,而对于一般品种的转化率基本稳定在 0.2%～2%,平均转化率为 1.74%。愈伤诱导:愈伤诱导是成功转化的基础。愈伤的生长状态对于其后的分化培养起决定性的作用,通常在感染后 7～15 d 开始发生。愈伤诱导率对于转化率有着举足轻重的影响,其数值太大或过小都不适宜,若太高,出现假阳性的概率就较大,又不易分化,且造成不必要的人力、物力损耗。本体系中愈伤诱导率基本处于 8%～50%,一般为 10%～25%。试验表明,在相同(培养基)条件下,愈伤诱导率的高低与受体材料基因型及外源基因的类型有较大的关系。愈伤分化:棉花转基因的“瓶颈”在于愈伤组织的进一步分化,易转化的棉花材料愈伤分化率较高,难转化的材料分化率低甚至不分化。本实验室已获得 10 余个国产陆地棉品种(系)的转基因材料,但不同基因型材料胚状体分化率差异较大,从 2%至 60%不等。总体平均分化率约 20%。成苗率:通过对转化植株进行生化、分子及生物等检测,转基因植株的阳性率可达 63.9%。基因型限制:目前所用的受体材料都有分化,大部分已获得了转化体,其中中棉所 24 转化体系最为完善,鲁棉 6 号、冀合 321、泗棉 3 号等品种的转化体系也日臻完善;中棉所 27、12、19、35、8036、394 等品种(系)的转化体系也基本成熟,但须进一步完善。

表 3.24 2001 年农杆菌介导法转化率 %

品种	目的基因	愈伤诱导率	分化率	成苗率	转化率
CCRⅠ24	三价基因	10	30	100	2.0
CCRI24*	双价抗虫	35.9	35.6	100	8.1
CCRⅠ17	三价	7.9	11	0	0.0
CCRⅠ27	反式抗蚜	52.5	4.0	100	1.4
CCRⅠ24	三价	11.3	18.5	100	2.1
中 394	抗黄萎病	9	16.7	100	1.0
中 284	纤维改良	15			
中 394	纤维改良	8.3	24.2	100	1.3
CCRⅠ12	纤维改良	12.8			
中 394	纤维改良	18.8			
CCRⅠ27	抗蚜基因	17.2	10	100	1.1
CCRⅠ24	抗蚜基因	20	13	95	1.6
CCRⅠ27	三价基因	8	12.5		0.6
中 135	抗蚜基因	11.4	2.19		0.2
中 9602016	双价基因	17.5			
CCRⅠ19	纤维改良	6.5			
中 321	三价基因	6.0	33.3	100	1.3
CCRⅠ19	三价基因	15	2	100	0.2

注:CCRI 代表中棉所(如 CCRI24 即中棉所 24 号)。

3.5.2.2 花粉管通道法

充分利用中国农业科学院棉花研究所南繁基地的优势,使得花粉管通道法一年可以进行两次田间注射,每年可收获注射种子量达 30 kg 左右。一般用于注射的目的基因以双价抗棉铃虫基因和改良 *CpTI* 基因为主,但也有抗蚜基因和纤维基因。所用的受体材料分为两种类型,一类为全国棉花区试表现好的品种,如中 99668;另一类为本所育出的优良品种(系)如高纤维品系材料 51 504 等。2001 年对收获的转基因材料大约 35 kg 进行了田间鉴定。鉴定方法以抗生素抗性检测为主,结合生物鉴定和田间自然选择同时进行(为了确保卡那霉素的鉴定结果的可靠性,首先做了一系列浓度梯度试验,找出了不同生育时期的抗卡那霉素的临界值)。对转基因材料在不同生育期进行了 5 次抗卡那霉素的鉴定。从大约 232 000 株转基因苗中共筛选出 364 株抗卡那霉素的单株,其抗生素抗性转化率为 0.157%;对转抗虫基因的材料首先用卡那霉素进行了筛选,然后对抗卡那霉素的材料进行田间的生物鉴定。从大约 48 120 株中筛选出抗棉铃虫材料 64 份,其抗棉铃虫转化率为 0.133%。花粉管通道法的转化周期一般为一年。由于花粉管通道法不受基因型限制,一旦获得转化材料,就可以直接被育种家利用,弥补了农杆菌介导法和基因枪轰击法这两种方法的不足,对转基因品种的快速推广及产业化有着重要的意义。

3.5.2.3 基因枪轰击法

转化周期:随受体材料不同而定。顶端分生组织约 4～7 个月;胚性愈伤轰击已经获得胚状体，预计转化周期为 4～6 个月；胚状体轰击则会更短。转化率：不同品种之间转化率差别不大，最高可达 9.4%，最低为 4.7%，平均转化率为 7.1%左右。此外，茎尖大小对转化率具有较大影响。所以，品种以及茎尖培养时间是基因枪转化的关键因素。

年转基因能力：农杆菌介导法的年平均转基因能力＝153 600×1.74%，153 600 为外植体的感染数量(计算方法：以每次接种 500 粒种子，种子的成苗率为 80%，每棵无菌苗切 8 段外植体，每周感染 2 次，连续感染 3 周而计算的)；1.74%为平均转化率，故可得到 2 670 棵转基因苗。花粉管通道法年转基因能力＝35×8 000×0.145%，35 为收获的注射种子量；8 000为每千克所含种子数量，以平均转化率 0.145%计算，故年平均转基因能力可达到 350 棵。基因枪轰击法年转基因能力＝(14×2×8×40)×6.6%，14 为每次轰击的茎尖数，2 为每周轰击的次数，8 为每次轰击的枪数，40 为每年轰击的周数，6.6%为其转化率，故其年转基因能力可达到 590 棵。利用三种方法同时进行棉花的外源基因转化工作，可以达到年产转基因苗 3 600 棵以上，从而实现棉花外源基因遗传转化的规模化生产。目前由于实验条件的限制还未能达到这个目标，但已达到本项目所要求的转基因棉花植株 2 000 株/年以上的水平。

3.5.3 主要服务对象

至 2012 年，通过棉花规模化转基因体系，为国内外 27 家单位 35 个实验室提供服务和合作研究，为 212 个基因(300 多个载体)进行了规模化转基因功能验证。2012 年上半年，对 53 个基因，包括纤维改良基因 6 个、抗蚜虫基因 3 个、新类别抗虫基因 6 个、抗病基因 6 个、耐盐耐旱类基因 4 个、高产基因 4 个、熟性基因 1 个、雄性不育基因相关基因 6 个、体细胞胚发生相关基因 6 个及其他基因 12 个，共获得转化体 5 500 余个。

表 3.25 规模化转基因技术体系候选基因功能验证服务部分情况

基因名称或载体	性状	提供单位
35Spt-GhUER1-GhGAE3	纤维改良	北京大学
35Spt-GhGAE3-GhUER1		北京大学
GhKCS12pt-GhUER1-GhUGP2pt-GhGAE3		北京大学
GhKCS12pt-GhGAE3-GhUGP2pt-GhUER1		北京大学
GhKCS13pt-GhUER1-GhUGP2pt-GhGAE3		北京大学
GhKCS13pt-GhGAE3-GhUGP2pt-GhUER1		北京大学
35S::*WXM12*	抗虫相关	中科院上海植生所
En		河南农业大学
Cry2A		华中农业大学
Cry1C		华中农业大学
Vip3ACry2A		华中农业大学
Vip3ACry1C		华中农业大学
pBin438-35s-vip3A		中科院微生物所
cry3A＋*vhb*		中科院微生物所
AaβFS1		中科院遗传所

续表 3.25

基因名称或载体	性状	提供单位
IAP-p35	抗病相关	中国农业大学
A23:GAFP		中科院遗传所
pBI121-35s-Cyp		中科院微生物所
ZWLW		中国农业大学
z2931		江苏农科院
TsVP-PIS-HPT	抗逆相关	山东大学
Gh01399		中国农业大学
GhJA21		中国农业大学
pCAMBIA2301-cytsod		中国农业科学院棉花所
TA29-BN-A9-BN	雄性不育相关	清华大学
PKX164		清华大学
PKX165		清华大学
PKX171		清华大学
pBI121-35S-GASK		南京农业大学
pBI121-GASK-RNAi		南京农业大学
EHA105	早熟	中科院上海植生所
rPCD	高产	复旦大学
RRM2-bar		复旦大学
RRM2-Bn-EPSPS		复旦大学
pC1301-gDNA-GIF1		中科院上海植生所
pSW26	未知	清华大学
pSN27		清华大学
pKX149		清华大学
pSN30		清华大学
pBI 121-RQ	抗除草剂	江苏省农业科学院
pC2301-PnPQR		江苏省农业科学院
pBI-GmFT2a-EPSPS		中国农业科学院作科所
pCDMAR-NPT*II*		中科院遗传发育研究所
pCEP102-35s		中科院遗传发育研究所
1300-1174di-CsV-1174AALdi		浙江大学
pBI121-IAP-RRM2-EPSPS-HS1-GUS	多抗	中国农业大学
pBI121-IAP-RRM2-P35-BT-EPSPS-HS1-GUS		中国农业大学
pBI121-A1	体细胞胚胎发生相关	中国农业科学院棉花所
pBI121-A2		中国农业科学院棉花所
pBI121-D1		中国农业科学院棉花所
pBI121-D2		中国农业科学院棉花所
pBI121-WUS		中国农业科学院棉花所
pBI121-blank plasmid		中国农业科学院棉花所

其中基本完成转基因再生苗培育的载体(表 3.26)平均获得的独立转化体约 250 个,足以完成该基因(载体)的功能评价。

表 3.26 2012 年纤维品质相关载体的室内遗传转化

载体	转化体数	再生苗数
35Spt-GhUER1-Nos term-35Spt-GhGAE3-Nos	223	190
35Spt-GhGAE3-Nos term-35Spt-GhUER1-Nos	281	186
GhKCS12pt-GhUER1-Nos term-GhUGP2pt-GhGAE3-Nos	375	209
GhKCS12pt-GhGAE3-Nos term-GhUGP2pt-GhUER1-Nos	184	130
GhKCS13pt-GhUER1-Nos term-GhUGP2pt-GhGAE3-Nos	212	100
GhKCS13pt-GhGAE3-Nos term-GhUGP2pt-GhUER1-Nos	258	130
合计	1 533	945

3.6 棉花转基因新材料创制

由于转基因棉花在全世界已取得了成功,在中国转基因棉花研制一直处于各作物中的领先地位,已培育了大量转基因抗虫棉,新材料的创制也取得了很大成就,在棉花纤维品质改良、新型抗虫、耐旱及高产等方面已获得了众多材料。

3.6.1 转化再生植株的移栽

转基因材料的移栽对于转基因材料的创制非常重要。由于棉花根系再生能力较弱,直接移栽的再生植株的成活率基本为零。炼苗移栽的成活也很难达到 60%以上,且需要多耗时 2～3 个月。在中国农业科学院构建了转基因技术体系平台中,采用了嫁接移栽的方式,成果率可达到 95%以上。此后,国内的转基因再生植株的移栽基本采用此法。

嫁接流程如下:

砧木的准备:选用与转基因受体相同棉花材料的饱满种子,采用营养钵种植,每钵种植3～4 粒种子。出苗后适量浇水,避免高脚苗。待棉苗长到 1～2 片真叶时即可嫁接(根据苗的长势的不同可予以调整)。

嫁接:采用劈接法嫁接。用锋利的刀片将砧木子叶中间茎部劈开 2～3 cm 的细缝。

接穗的制备:生长点正常且茎秆超过 3 cm 的再生苗即可作为接穗。利用刀片将其切削成楔状,插入砧木细缝中,注意至少一面的韧皮部必须紧密贴合。采用细线绑好,套入塑料袋中,密封。

嫁接苗的培养:将嫁接苗适量浇水,在培养箱或湿度适中且通风良好的环境中培养 10～15 d 后,解开塑料袋,通风,适量浇水。

嫁接苗的移栽:将成活的嫁接苗移栽的花盆或温室土地中。注意尽量少伤根。

3.6.2 再生植株的分子检测

3.6.2.1 转基因材料的筛选方法

转基因后收获的种子进行鉴定时，必须以原受体品种为对照。对标记基因的表达进行鉴定一般包括以下几种方法。

(1)卡那霉素鉴定

1.5 mg/mL 卡那霉素水溶液涂抹倒三叶，5 d 后调查卡那霉素反应情况，计算其卡那霉素抗性率(卡那霉素抗性率＝卡那霉素抗性植株数/植株检测数×100%)。

该方法具有速度快，费用低，可大大减少进一步的工作量的优点。但标记基因表达与转基因表达之间存在着的不完全相关关系，如在转基因抗虫棉上就曾经发现，GUS 标记阳性的转基因棉花植株，并不都具备对棉铃虫的抗性(图 3.11，彩图 6)。

不具卡那抗性的棉花叶片　　卡那抗性棉花叶片

图 3.11(彩图 6)　转基因阳性植株卡那筛选

(孟宪鹏，2009)

(2)生物鉴定

即针对转基因应具有的表现型，直接采用生物学的方法进行鉴定，以明确目的基因能否在受体植物中表达出目标性状及其表达水平，如抗虫性和抗病性等。如转基因抗虫棉的抗虫性鉴定方法为：对卡那霉素抗性转化植株进行生物鉴定，棉铃虫由中国农科院棉花研究所植保室提供，对抗卡那霉素抗性植株生物鉴定依照马丽华(1998)方法进行鉴定。对含 *Bt* 基因的转化植株进行棉铃虫饲喂死亡试验(图 3.12，彩图 7)，计算 48 h 校正死亡率，校正死亡率＝(处理死亡率－对照死亡率)/(100－对照死亡率)×100%。花铃期校正死亡率大于 80%为抗性植株，依此计算棉铃虫抗性率(棉铃虫抗性率＝抗虫植株数/检测总数)。

转基因抗病棉的抗病性鉴定则可以直接在人工或天然苗圃中进行。

3.6.2.2 借助分子生物学手段进行鉴定

现在一般采用 PCR 方法和 Southern blotting 方法来进行目的基因的整合分析，采用 Northern blotting 和 RT-PCR 方法进行转录水平分析，应用 Western blotting 和 ELISA 方法

抗虫材料　　非抗虫材料

图 3.12(彩图 7)　**抗虫实验结果**

来进行目的基因在转基因植株中表达及表达水平的分析。

(1)棉花基因组 DNA 的分离与纯化

棉花富含棉酚、多糖、单宁等其他干扰物质,在细胞破碎时,棉酚等多酚类物质易自动氧化,然后跟蛋白质、核酸等发生不可逆反应,结果形成棕色胶状复合物,从而难以获得高质量的 DNA,而获取高质量的 DNA 又是分子生物学研究的关键。为此,在前人研究的基础上,针对棉花的特点,提出了一种简便、快速、经济、有效的 gDNA 提取方法。它在 CTAB 法的基础上,首先用 DIECA(diethyldithiocarbamic acid)抑制酚氧化酶的活性,然后用活性炭和 PVP40(polyvinylpyrrolidone)排除棉酚等其他次生干扰物质。主要增加下述三个步骤以解决这个问题:第一步是在研磨叶片时就加入酚氧化酶抑制剂 DIECA,从而阻止酚类物质的氧化,避免其与 DNA 的不可逆结合。这样不但可以提高 DNA 的纯度,而且可以提高 DNA 的得率;第二步是在提取液中通过加入高浓度的酚结合剂 PVP40 和活性炭去除棉花中富含的酚类物质。活性炭的加入不但可以去除酚类物质,而且还能去除脂类与其他色素物质。通过这两步,棉花中富含的酚类、多糖等其他干扰物质就基本上被去除干净了;第三步利用在乙醇的盐溶液中 DNA 的沉淀速度远远大于色素、多糖和酚类等其他物质的原理,加入乙酸钠和无水乙醇,在 DNA 沉淀出现后,将其立即挑出,这样又进一步排除了多糖、色素等其他杂质(宋国立,1998)。棉花基因组提取过程中用到的主要试剂配方如表 3.27。

表 3.27　**缓冲液Ⅰ**

母液(原液)	10 mL	100 mL	1 000 mL	终浓度
1 mol/L Tris	1	10	100	0.1 mol/L
0.25 mol/L Na_2-EDTA	0.2	2	20	0.005 mol/L
1%DIECA	1	10(0.1 g)	100	0.1%
抗坏血酸	0.01 g	0.1 g	1 g	0.1%
巯基乙醇	0.10	1.0 mL	10 mL	1.0%
双蒸水	4.70	47.0	470	

注:巯基乙醇提取时加入;其他除抗坏血酸外,按量混合,灭菌后降温后加抗坏血酸 0.1 g 4℃存放。

表 3.28 缓冲液Ⅱ

母液(原液)	10 mL	100 mL	1 000 mL	终浓度
1 mol/L Tris	1	10	100	0.1 mol/L
2.8 mol/L NaCl	5	50	500	1.4 mol/L
0.25 mol/L Na_2-EDTA	0.8	8	80	0.02 mol/L
20%CTAB	1	10(2 g)	100	2%
1%DIECA	1	10(0.1 g)	100	0.1%
抗坏血酸	0.01 g	0.1 g	1 g	0.1%
巯基乙醇	0.10	1.0 mL	10 mL	1.0%
双蒸水	0.1	1	10	

注:巯基乙醇提取时加入;其他除抗坏血酸外,按量混合,灭菌后降温后加抗坏血酸 0.1 g 4℃存放。

(2)PCR 技术

1983,Kary Mullis 提出此概念。PCR 扩增法,只需要数小时,就可以用电泳法检出 1 μg 基因组 DNA 中仅含数个拷贝的模板序列。

PCR 技术的基本原理:

在微量离心管中,加入适量的缓冲液、微量的模板 DNA、四种脱氧单核苷酸、耐热性多聚酶及一对合成 DNA 的引物,通过高温变性、低温退火和中温延伸三个阶段为一个循环的反应过程,每一次循环使特异区段的基因拷贝数增加一倍,通常是 30 次循环,扩增了特异区段的 DNA 带,最终使其拷贝数增加了数百万倍。

转基因植株的 PCR 检测:

选择对筛选剂鉴定和生物鉴定具有抗性的 T_1 代植株进行 PCR 检测,首先进行启动子的检测,检测到片段的植株再用特异引物进一步检测。在 PCR 检测过程中,优化了 PCR 体系。

试剂	体积	试剂	体积
体系	25 μL	primer 1(10 μmol/L)	0.5 μL
Ex Taq 酶(5 U/μL)	0.3 μL	primer 2(10 μmol/L)	0.5 μL
10×Ex Taq Buffer(Mg2+plus)	2.5 μL	DNA 模板	20 ng
dNTP(2.5 mmol/L)	1 μL	ddH_2O	至 25 μL

反应程序:

循环数	温度(℃)	时间	作用
1	95	5 min	预变性
	95	40 s	变性
25~35	50~60	45 s	复性
	72	*n*min(1 kb/1 min)	延伸
1	72	10 min	总延伸
1	4~10	∞	保存

PCR 反应结束后电泳结果如图 3.13 所示：

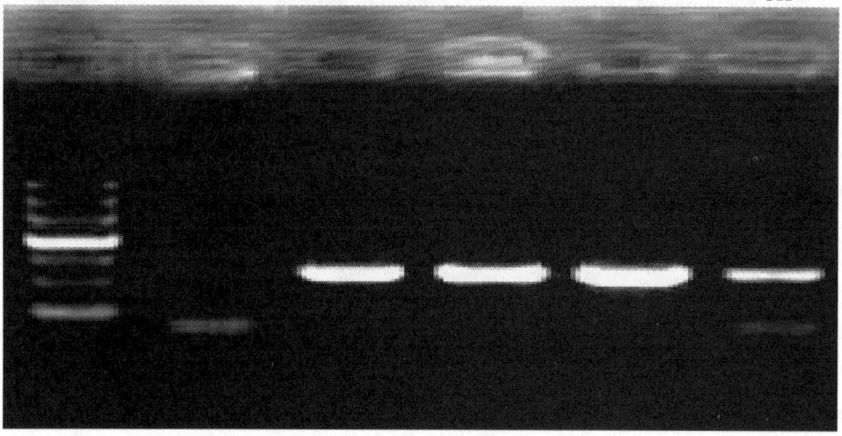

图 3.13　PCR 产物电泳结果

(3)Southern blotting

该技术是 1975 年英国爱丁堡大学的 E. M. Southern 首创的，Southern blotting 杂交故因此而得名。Southern blotting 杂交是进行基因组 DNA 特定序列定位的通用方法。一般利用琼脂糖凝胶电泳分离经限制性内切酶消化的 DNA 片段，将胶上的 DNA 变性并在原位将单链 DNA 片段转移至尼龙膜或其他固相支持物上，经干烤或者紫外线照射固定，再与相对应结构的标记探针进行杂交，用放射自显影或酶反应显色，从而检测特定 DNA 分子的含量。

Southern blotting 杂交技术是分子生物学领域中最常用的具体方法之一。其基本原理是：具有一定同源性的两条核酸单链在一定的条件下，可按碱基互补的原则形成双链，此杂交过程是高度特异的。由于核酸分子的高度特异性及检测方法的灵敏性，综合凝胶电泳和核酸内切限制酶分析的结果，便可绘制出 DNA 分子的限制图谱。Southern blotting 杂交技术包括两个主要过程：一是将待测定核酸分子通过一定的方法转移并结合到一定的固相支持物（硝酸纤维素膜或尼龙膜）上，即印迹（blotting）；二是固定于膜上的核酸同位素标记的探针在一定的温度和离子强度下退火，即分子杂交过程。

目前棉花中应用 Southern blotting 杂交技术进行分子生物学研究的很多（JF Wendel，1995；ME John，1996；CA Wu，2004；SQ Gao，2009，H Wang，2010；T Qin，2010；JA Baum，2012；SM Phillips，2012）。

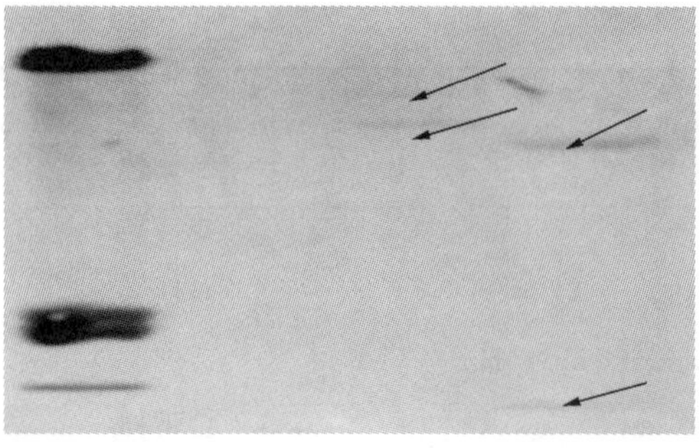

图 3.14　Southern blotting 地高辛标记显色结果

基本方法及主要步骤参照 Clontech 公司试剂盒及《分子克隆》（第 3 版），分别选用*Hind Ⅲ*、*EcoR Ⅰ* 两个内切酶单酶切棉花基因组 DNA 地高辛标记显色结果如图 3.14 所示。

(4)表达水平检测法

棉花 RNA 的分离与纯化（RNA 制备的条件与环境、总 RNA 的分离与纯化）。

棉花组织棉酚、萜类和多糖类物质含量较高，干扰完整 RNA 的提取。酚类氧化后与 RNA 不可逆结合，在氯仿抽提时造成 RNA 的丢失；萜类化合物造成 RNA 的降解；多糖与 RNA 性质类似，提取时两者难以分开。目前广为使用的 TriZol reagent kit 和异硫氰酸胍＞酚＞氯仿。一步提取法很难从中提取出高质量完整的棉花总 RNA。针对植物次生代谢类物质的干扰，研究者提出了一些相应的对策，综合比较，热 CTAB 抽提法所用的都是常规试剂，尽管需过夜沉淀但操作简单。我们将此方法首次应用于棉花叶片 RNA 的提取，证明该法易于重复，可以纯化出高质量完整的总 RNA，并且能满足许多分子生物学试验进一步操作的要求。热 CTAB 抽提法利用 LiCl 沉淀和碱性、高盐离子条件下氯仿抽提去除多糖的干扰，利用螯合剂 PVP 结合多酚，加入 2-巯基乙醇防止酚类物质的氧化，来去除植物中各种复杂成分的干扰，能从棉花叶片中提出高质量完整的 RNA。

RNA 质量检测：

1)非变性琼脂糖凝胶电泳：1.0%～1.5%琼脂糖凝胶，0.5×TBE 缓冲液，180 V，电泳 15 min 1.0%～1.5%的琼脂糖凝胶上进行快速胶电泳，RNA 呈现 2 条带(图 3.15)，其中 28S 的亮度大约是 18S 的 2 倍，没有拖带现象，这表明提取的 RNA 质量较好。

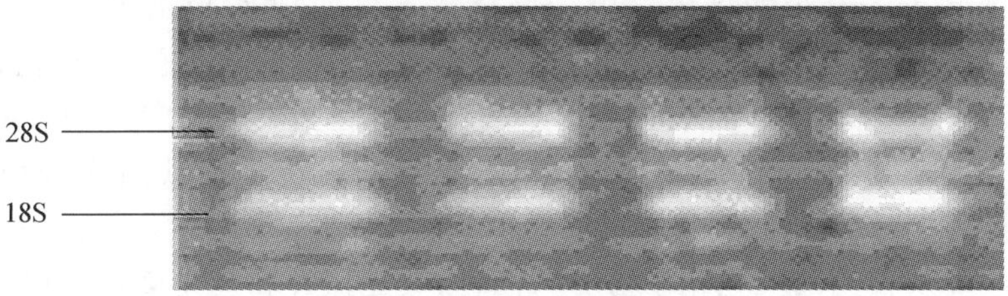

图 3.15 **RNA 电泳结果**

2)取 2 μL 稀释到 50 μL，测定 A260 和 A280。所取的棉花组织总 RNA 稀释后用紫外分光光度计检测，所有样品 OD_{260}/OD_{280} 均在1.8～2.0，表明酚类物质和蛋白质等杂质少，该方法所提取的 RNA 样品纯度较好。

Northern：Northern blotting 是一种通过检测 RNA 水平来检测基因表达的方法。通过 Northern blotting 的方法可以检测到细胞在生长发育特定阶段或者胁迫或病理环境下特定基因表达情况。Northern blotting 首先通过电泳的方法将不同的 RNA 分子依据其分子质量大小加以区分，然后通过与特定基因互补配对的探针杂交来检测目的片段。Northern blotting 在 1977 年由斯坦福大学 James Alwine，David Kemp 和 George Stark 发明。首先需要从组织或细胞中提取总 RNA，或者再经过寡聚(dT)纯化柱进行分离纯化得到 mRNA。然后 RNA 样本经过电泳依据分子质量的大小被分离开，随后凝胶上的 RNA 分子被转移到膜上。RNA 分子被转移到膜上后须经过烘烤或者紫外交联的方法加以固定。被标记的探针与 RNA 探针杂交，经过信号显示来表明需检测的基因的表达。Northern blotting 实验中阴性对照可以选用已经过 RT-PCR 或基因芯片检测过的无表达的基因。

Northern blotting 中最为常用的电泳胶是含有甲醛的琼脂糖凝胶。甲醛可以减少 RNA 的二级结构，电泳完成后的胶可经过 EB 染色后在紫外下检测 RNA 的质量。而对小分子的 RNA 或者 microRNA 一般采用聚丙烯酰胺变性胶电泳。RNA 电泳中可以依据核糖体 RNA 的大小大致判断条带的大小，28S RNA 大小一般为 5 kb，18S RNA 大小一般为 2 kb。28S RNA 的亮度一般是 18S 的 2 倍。

Norther blotting 中探针的序列需要和检测目的基因序列互补配对，探针可以是 DNA、RNA 或者其他的寡聚核苷酸，但最小的长度必须大于 25 bp，体外合成的 RNA 探针可以采用更高的退火温度来减少背景中的噪声。探针一般采用 P^{32} 或者地高辛来进行标记。

实验方法与步骤与 Southern blot 类似，参照《分子克隆》(第 3 版)。

分析基因的表达可以有很多种不同的方法，除 Northern blotting 外还有 RT-PCR、基因芯片、RNA 酶保护实验等。Northern blotting 较高的特异性可以有效地减少实验结果的假阳性。Northern blotting 实验中一个主要的问题是存在 RNA 的降解，所以 Northern blotting 中所有的实验用品都需要经过除去 RNA 酶的过程，如高温烘烤、DEPC 处理等。同时，Northern blotting 中很多实验用品如甲醛、EB、DEPC、紫外灯等对人体都有一定的伤害。Northern blotting 的优势在于它可检测目的片段的大小、是否具有可变剪切出现、可允许探针的部分不配对性，杂交过后的膜经过一定的处理除去探针后还可保存很长时间再次杂交使用。

RT-PCR(reverse transcriptase PCR)：又称反转录 PCR，是以反转录的 cDNA 作模板所进行的 PCR，可对基因的表达和序列多态性分析。

RT-PCR(real time PCR)实时荧光定量 PCR 原理，实时荧光定量 PCR 技术于 1996 年由美国 Applied Biosystems 公司推出。由于该技术不仅实现了 PCR 从定性到定量的飞跃，而且与常规 PCR 相比，它具有特异性更强、有效解决 PCR 污染问题、自动化程度高等特点，目前已得到广泛应用。所谓实时荧光定量 PCR 技术，是指在 PCR 反应体系中加入荧光基团，利用荧光信号积累实时监测整个 PCR 进程，最后通过标准曲线对未知模板进行定量分析的方法。

荧光定量 PCR 所使用的荧光化学可分为两种：荧光探针和荧光染料。现将其原理简述如下：①TaqMan 荧光探针：PCR 扩增时在加入一对引物的同时加入一个特异性的荧光探针，该探针为一寡核苷酸，两端分别标记一个报告荧光基团和一个淬灭荧光基团。探针完整时，报告基团发射的荧光信号被淬灭基团吸收；PCR 扩增时，Taq 酶的 5′—3′外切酶活性将探针酶切降解，使报告荧光基团和淬灭荧光基团分离，从而荧光监测系统可接收到荧光信号，即每扩增一条 DNA 链，就有一个荧光分子形成，实现了荧光信号的累积与 PCR 产物形成完全同步。而新型 TaqMan-MGB 探针使该技术既可进行基因定量分析，又可分析基因突变(SNP)，有望成为基因诊断和个体化用药分析的首选技术平台。②SYBR 荧光染料：在 PCR 反应体系中，加入过量 SYBR 荧光染料，SYBR 荧光染料特异性地掺入 DNA 双链后，发射荧光信号，而不掺入链中的 SYBR 染料分子不会发射任何荧光信号，从而保证荧光信号的增加与 PCR 产物的增加完全同步。

(5)翻译水平检测

Western blotting：蛋白质印迹的发明者一般认为是美国斯坦福大学的乔治·斯塔克(George Stark)。在尼尔·伯奈特(Neal Burnette)于 1981 年所著的《分析生物化学》(Analytical Biochemistry)中首次被称为 Western blotting。

与 Southern 和 Northern 杂交方法类似，但 Western blotting 采用的是聚丙烯酰胺凝胶电泳(PAGE)，被检测物是蛋白质，“探针”是抗体，“显色”用标记的二抗。经过 PAGE 分离的蛋白质样品，转移到固相载体(例如硝酸纤维素薄膜)上，固相载体以非共价键形式吸附蛋白质，且能保持电泳分离的多肽类型及其生物学活性不变。以固相载体上的蛋白质或多肽作为抗原，与对应的抗体起免疫反应，再与酶或同位素标记的第二抗体起反应，经过底物显色或放射自显影以检测电泳分离的特异性目的基因表达的蛋白成分。该技术也广泛应用于检测蛋白水平的表达。

ELISA:1971 年 Engvall 和 Perlmann 发表了酶联免疫吸附剂测定(enzyme linked immuno sorbent assay,ELISA)用于 IgG 定量测定的文章,使得 1966 年开始用于抗原定位的酶标抗体技术发展成液体标本中微量物质的测定方法。这一方法的基本原理是:①使抗原或抗体结合到某种固相载体表面,并保持其免疫活性。②使抗原或抗体与某种酶连接成酶标抗原或抗体,这种酶标抗原或抗体既保留其免疫活性,又保留酶的活性。在测定时,把受检标本(测定其中的抗体或抗原)和酶标抗原或抗体按不同的步骤与固相载体表面的抗原或抗体起反应。用洗涤的方法使固相载体上形成的抗原抗体复合物与其他物质分开,最后结合在固相载体上的酶量与标本中受检物质的量成一定的比例。加入酶反应的底物后,底物被酶催化变为有色产物,产物的量与标本中受检物质的量直接相关,故可根据颜色反应的深浅刊物定性或定量分析。由于酶的催化频率很高,故可极大地放大反应效果,从而使测定方法达到很高的敏感度。

主要方法类型:①双抗体夹心法;②双位点一步法;③间接法测抗体;④竞争法;⑤捕获法测 IgM 抗体;⑥应用生物素和亲和素的 ELISA。

(6)本实验室转基因棉花 Bt 毒蛋白含量的测定

试剂盒购自中国农业大学,参照王保民(1999)的方法测定 Bt 毒蛋白含量。设定阳性对照(新棉 33B)与阴性对照(中棉所 24 和中 99668)。Bt 棉花群体 T_5 代 Bt 含量结果分析:T_5 代的抗虫性在田间表现已经稳定(材料由中国农业科学院棉花研究所提供),阳性对照新棉 33B 的表达量为1 650 ng/g,有 83.4%株系的 Bt 含量高于对照。1 500~4 000 ng/g 范围内的株系个数占总数的 71%,说明大部分株系的表达量集中在这一范围。

3.6.3 转基因材料的创制概况

转基因作物自 1996 年商品化种植以来,目前全球转基因植物的种植面积已由 1996 年的 170 万公顷猛增到 2010 年的 1.48 亿公顷,增加了约 86 倍,累计已经超过 10 亿公顷,截止 2010 年底,已有 29 个国家 1 540 万农民种植转基因作物。棉花为我国主要农作物之一,其基因工程方面的研究进展迅速,在抗虫、抗除草剂、抗病、改善棉花纤维品质改良及其生态影响方面均取得了一系列重要研究成果。

3.6.3.1 抗虫材料

棉花是重要的经济作物,在我国农业生产及整个国民经济中占有重要的地位。影响棉花优质高产的因素很多,而虫害是重要的原因之一。我国每年因虫害造成的棉花产量损失约为 10%~15%,而在重灾年份损失更为严重。全国每年用于棉花害虫防治的杀虫剂用量约占杀虫剂使用总量的 2/3。因此,积极探索新的棉虫治理方法已迫在眉睫,其中转基因抗虫棉发展和应用是科学家们研究的热点。

(1)抗虫棉的研制概述

美国是最先研究出可在生产上利用转基因抗虫棉材料的国家,它们首先是在实验室内通过农杆菌介导法和基因枪法将不同类型的 *Bt* 基因导入到棉花植株中,获得的转基因抗虫棉材料。

澳大利亚采用两种方法培育适合于其国家栽培的转基因抗虫棉，首先分离和合成自己的抗虫基因，然后通过农杆菌介导法转入本国的优良品种 Siokra l-3、Siokra l-4 等中。

我国抗虫基因工程棉花品种的培育起步较晚，但发展迅速。1990 年，中国农业科学院生物技术研究中心分子生物学室范云六等从苏云金芽孢杆菌亚种 *Aizawai7-29* 和 *Kurstaki HD-1* 中分离克隆出了 *Bt* 基因，并且与江苏省农业科学院经济作物研究所合作，于 1991 年，谢道昕等首次报道通过花粉管通道法将 *Bt* 基因的两个变种（*Bt Aizawai 7-29* 和 *Bt Kurstaki HD-1*）转化导入我国棉花品种（无毒棉、中棉所 12，3118，3414）中。结果表明，其后代出现了杀虫晶体蛋白基因片段，说明基因已经整合到棉花基因组中，但是后代植株虽具有一定的抗虫性，但抗虫性较差，不足以致死害虫。1992 年，范云六、郭三堆等根据植物偏爱的密码子设计和改造了 *Bt* 基因，添加一系列增强基因转录、翻译和表达的元件，首先成功完成了 *Bt* 基因的人工全合成和高效植物表达载体的构建。与此同时，豇豆胰蛋白酶抑制剂（*CpTI*）等抗虫基因也相继分离和克隆。在此基础上，与有关单位合作，于 1993 年采用农杆菌介导法和外源基因胚珠直接注射法成功将该基因导入中棉所 12 号、泗棉 3 号、晋棉 7 号等大面积推广品种中，获得了国产 GK 系列转 *Bt* 基因抗虫棉材料，成为世界上掌握该项技术的第二个国家，进而又将豇豆胰蛋白酶抑制剂基因（*CpTⅠ*）和 *Bt* 基因进行重组，并成功导入棉花，育成了转双价基因（*CpTⅠ*＋*Bt*）SGK 系列抗虫棉。

中国科学院上海生物化学研究所首次采用生物技术从慈姑资源中获得慈姑蛋白酶抑制剂（*API*）基因，并构建高效表达载体，表达产物的比活力高且稳定，有抑制多种蛋白酶（胰蛋白酶、胰凝乳蛋白酶、激肽释放酶、弹性蛋白酶和 LYS-羧肽酶）的功能，是蛋白酶抑制剂家族中的新成员。所以该基因应用于植物抗虫基因工程育种，抗虫能力优于国际上常用的豇豆胰蛋白酶抑制剂基因等。由于 API 是一种新的蛋白酶抑制剂，在无同源基因序列参考情况下设计 PCR 扩增所需的引物，应用了植物氨基酸偏爱密码子，首先扩增了基因中的氨基酸密码子使用种类比较少的区段，用 PCR 扩增 *API* 基因获得成功。中国科学院上海生物化学研究所和江苏省农业科学院经济作物研究所合作，将慈姑蛋白酶抑制剂基因（*API*）导入了棉花。经抗虫性鉴定、PCR、RT-PCR、Southern blotting 检测，证实了 *API* 抗虫基因的整合和表达，并能遗传给后代（黄骏麒等，2001）。

部分抗虫棉品种见表 3.29。

（2）抗虫棉发展趋势

针对目前生产上遇到的一些问题和转基因抗虫棉自身的特点，我们认为今后转基因抗虫棉的研究重点和发展趋势为：

1）采用复合育种技术提高转基因抗虫棉的产量和品质。美国、澳大利亚推广种植的转基因抗虫棉一般均比当地优良推广品种增产，有的甚至增产 15%以上，这说明外源基因的导入并不影响棉花的产量，只要选择得当就能使抗虫棉的产量得到提高。因此采用杂交、回交等各种育种技术，并将它们结合起来，形成一种复合育种技术，使常规育种与生物技术育种紧密结合，将棉花的抗虫、丰产、优质和抗病等优良性状结合在一起，培育出优良的抗虫棉新品种。事实上，我国在这方面已取得了明显进展，在转基因抗虫棉出现的初期，其产量较低，经过近几年的改造，其产量已有明显的提高。

表 3.29 部分抗虫棉材料

材料名称	基因	受体	遗传转化	单位
GK1(国抗 1 号)	Bt 型抗虫基因(*GFM cryⅠA*)	泗棉 3 号	花粉管通道法	中国农业科学院生物技术研究中心、江苏省农科院和安徽省种子公司
GK95-1(晋棉 26 号)	*GFM cryⅠA*	晋棉 7 号	农杆菌介导法	中国农业科学院生物技术研究中心和山西省农业科学院棉花研究所
GK12(国抗 12 号)	*GFM cryⅠA*	泗棉 3 号	花粉管通道法	江苏农业科学院
sGK-321(国家双价抗虫棉 321 号)	*Bt*+*CpTI*	石远 321	花粉管通道法	中国农业科学院生物技术研究中心、江苏省农业科学院经济作物研究所、石家庄市农业科学研究院
sGK-中 23(中棉所 41、中棉所 45、中棉所 60,等)			花粉管通道法	中国农业科学院棉花研究所和中国农科院生物技术研
sGK-中 27(中棉所 45/中 221/ZGK-9822)	*Bt*+*CpTI*			中国农业科学院棉花研究所和生物技术研究所
SGKz4(中棉所 47、中抗杂 7 号)	*Bt*+*CpTI*	丰产抗病品系 P-7/双价抗虫棉品系 sGK-中 23	杂交转育	中国农业科学院棉花研究所和生物技术研究所
晋棉 38(DR409、98-2)	*cryⅠAc* 和 *API-B*	中棉所 35		山西省农业科学院棉花研究所、中国科学院微生物研究所、河南科润生物技术有限责任公司
鲁棉研 15 号(H9513、GKz10)		转基因抗虫棉选系 613、陆地棉选系 r55	杂交转育	山东棉花研究中心和中国农业科学院生物技术研究所
亚华棉 7 号		抗 3、湘 8891	杂交转育	湖南隆平高科亚华棉油种业有限公司
冀丰 106		品系 97-668、GK12 系选 97G1	杂交转育	河北省农林科学院粮油作物研究所河北冀丰棉花科技有限公司

2)转基因抗虫棉的杂种优势利用。杂交转育也是抗虫棉育种的一个重要方法。利用具有外源基因的种质系作供体,通过杂交、回交进一步向目标受体上转育;或直接与常规棉杂交配组利用 F_1 代,培育高产优质的抗虫杂交棉新品种在现阶段某种程度上可以弥补转基因抗虫棉产量偏低等方面的问题。实践证明,杂交转育的能够显著提高产量、改善纤维品质及增强抗耐病等,抗虫杂交棉的推广应用有力地推动了我国抗虫棉产业化进程,加速了现代生物技术在生产上发挥巨大作用。目前我国培育成功的抗虫杂交棉品种一般增产均在 15%以上。因此,今

后应加强抗虫杂交棉的研究和培育。

3)筛选新的抗虫基因,培育新的转基因抗虫棉品种。危害棉花的害虫种类很多,除棉铃虫外,还有棉蚜、红铃虫、红蜘蛛等。转入某一单抗基因只对某一类害虫有效,为了不造成产量损失,棉田还需用药防治其他害虫,而且单一抗虫基因害虫易产生抗性。因而我们应积极寻找筛选新的广谱性的抗虫基因,以培育出高效广谱性的抗虫棉花。目前已导入棉株体内的基因仅有 *CryⅠA*(b)、*CryⅠA*(c)、*CryⅡA*、*CpTⅠ*、*APⅠ*、*STKⅠ* 等少数几种,且在生产上应用的也仅是 *Bt* 基因,还不能完全有效地防治棉田害虫。为了达到有效防治棉田害虫,克服棉田害虫对抗虫棉产生抗性的问题,必须筛选新的抗虫基因,培育新的转基因抗虫棉。目前,有希望的抗虫基因有棉铃虫病毒基因、蝎毒素基因、外源凝集素基因等。

4)复合抗性品种的培育。棉花生产是一个多因素的复合体,实现高产优质高效是其根本目的。棉花在生长发育过程中除遭受虫害外,病害、草害、旱害、盐害、寒害等也同样影响着棉花的产量和品质。因此单单解决虫害问题并不是育种的最终目标,在转基因抗虫棉的培育过程中要有目的地将抗病、抗除草剂、抗旱、耐盐基因共同导入棉株体内,使棉花获得对各种逆境产生抗性的能力,才能实现棉花的高产优质高效生产。复合抗性品种的培育将是今后转基因抗虫棉研究发展方向和趋势。

5)重视外源与内源抗虫系统间的协调性,加强现代基因工程与传统抗虫育种相结合。单一使用一种因子长期控制害虫是不现实的,害虫防治必须强调多因子的协调综合作用。在利用基因工程改良棉花抗虫性的同时,外源抗虫蛋白与内源抗虫物质的协调性很重要,但这点尚未引起人们的足够重视。王琛柱等研究表明,苏云金杆菌 δ-内毒素和大豆胰蛋白酶抑制素,分别与棉酚和单宁对棉铃虫的协同作用有增效作用,因此内毒素基因和蛋白酶抑制素基因转入较高棉酚和(或)单宁含量的棉花植株,有望得到对棉铃虫高抗且稳定的棉花品种。

6)加强转基因抗虫棉田病虫害综合防治技术研究。抗虫棉的推广种植使得棉田的生态系统发生了变化。因此常规棉田的病虫害综合治理技术,以及病虫害发生规律、防治指标等在抗虫棉田不宜适用,应作相应调整和修订。今后应加强这方面的研究,以尽早提出抗虫棉田病虫害综合防治技术。同时要注重棉铃虫等主要害虫对抗虫棉的抗性监测和治理对策研究。

3.6.3.2 抗病材料

(1)抗黄萎病材料

棉花黄萎病是世界棉花生产中普遍存在的一大难题,也是长期困扰我国棉业的一种病害,我国很多学者对其病发的规律及机理进行了研究报道。几丁质酶基因和 β-1,3-葡聚糖酶基因是重要的水解酶,1991 年 Broglie 等首次报道转几丁质酶基因的植物抗真菌病,他们将菜豆几丁质酶基因置于 CaMV35S 启动子控制下,转入烟草和油菜,转基因植物组成型表达菜豆几丁质酶基因,死苗率大大降低,病情发展缓慢。2004 年余贤美等将外源 β-1,3-葡聚糖酶基因导入植物可提高植物的抗真菌病害的能力,到目前为止,丁质酶基因和 β-1,3-葡聚糖酶基因已经导入水稻、大麦、烟草等多种植物中。实践证明,转几丁质酶和葡聚糖酶基因植物能比较有效地抵抗真菌侵染引起的病害(李春娟,2004)。当前我国棉花的产量与品质受黄萎病等真菌性病害的破坏非常严重。为了解决这个问题,研究人员已经克隆了许多抗病相关基因,尝试利用分子生物学的手段改良棉花的抗病品质,为培育抗病能力高、品质优良的棉花品种提供有力的支持。在抗病基因工程棉花方面,在目前已有人将几丁质酶和 β-1,3-葡聚糖酶等抗真菌病害基因转入棉花中，取得了一定效果，如从生防菌木霉中分离出的几丁质酶 CHIT 42，Matteo Lorito(Matteo L et al，1998)将 T. harzianum 中编码 42 ku 几丁质酶基因连接到 CaMV35S 启动子下超表达。1996 年，中国科学院上海生物化学研究所与江苏省农业科学院经济作物研究所合作，已分离、克隆出抗黄萎病基因(A18)，且导入棉花品种，获得了抗黄萎病的转基因工程棉花。2004 年吴家和等把几丁质酶和葡聚糖酶通过农杆菌介导转化陆地棉品种冀合 321 和中棉所 35 基因组，获得了表现出不同程度的抗或耐黄萎病特性的转基因棉花。以色列希伯来大学在对几丁质酶控制棉花 Rhizoctonia 的研究中，从 *Serratia marcesens* 获得一个几丁质酶基因，克隆到具有强启动子的 *E. coli* 中，使基因得以高度表达。在温室条件下，酶的粗制备物能减少棉花病害 62%。应用活动的 *E. coli* 工程细胞也获得了相似的结果。

现在人们已从不同植物和真菌中分离纯化获得了多种几丁质酶和葡聚糖酶，利用其培育转基因抗病棉。但目前获得的转基因抗病棉对黄萎病等真菌性病害的抗性与预期还有差距。

(2)抗细菌性病害材料

目前为止，细菌性少病害的相关研究工作较，我国构建的 *APⅠ*(*amphipathic protein Ⅰ*)抗病蛋白质基因来源于甜椒，能抗细菌性病害，特别是抗棉花角斑病，已导入我国海岛棉品种，PCR 呈阳性。

3.6.3.3 纤维改良材料

棉花纤维的发育是一个复杂的过程，因而，影响纤维生长与发育的基因根据不同的功能可分为很多，表 3.30 列出了一些主要的纤维相关基因。

在纤维改良方面，目前我国棉花品种的纤维品质能够符合纺织工业的要求，但仍需要培育符合特种要求的专用品种。成熟纤维主要由纤维素组成(约占 87%)，此外还含有少量的果胶、半纤维素和蛋白质等物质。棉纤维的化学组成及其分子间的排列方式决定棉纤维的理化性质(品质)。在棉纤维中引进新的生物大分子是改良棉纤维品质的重要策略之一。

表 3.30 棉花纤维发育相关基因

基因	编码产物	表达阶段	参考文献
MYB109	*MYB* 转录因子	起始期	Suo et al，2003
FIF1	*MYB* 转录因子	起始期	Wang et al，2004
TTG1	*WD40* 转录因子	起始期	Humphries et al，2005
Sus	蔗糖合成酶	伸长期	Ruan et al，2003
PMATPase	质膜质子腺苷三磷酸酶	伸长期	Smart et al，1998
V-ATPase	液泡腺苷三磷酸酶	伸长期	Smart et al，1998
PEPCase	磷酸烯醇式丙酮酸羧酶	伸长期	Smart et al，1998
MIP	水孔蛋白	伸长期	Smart et al，1998
Expl	扩展蛋白	伸长期	Orford and Tinmis，1998
LTP1	脂类运输蛋白	伸长期	Ma et al，1995
E6	未知蛋白	伸长期	John and Crow，1992
GhPRP1	富含脯氨酸的蛋白	伸长期	Tan et al，2001

续表 3.30

基因	编码产物	表达阶段	参考文献
Annexin	膜联蛋白	伸长期	Shin and Brown,1999
GhTUB1	微管蛋白	伸长期	Li et al,2005
KCBP	驱动蛋白	伸长期	Preuss et al,2003
GhWBC1	转运蛋白	伸长期	Zhu et al,2003
GhGLP1	未知蛋白	伸长期	Kim and Triphlett,2004
GhBRI1	蛋白激酶	伸长期	Sun et al,2004
GhRac1	鸟嘌呤核苷酸酶	伸长期	Kim and Triphlett,2004
GHKCH1	驱动蛋白	伸长期	Preuss et al,2003
GhACT1	微丝蛋白	伸长期	Li et al,2005
GhRLK1	蛋白激酶	次生壁合成期	Li et al,2005
GhCesA1	纤维素合成酶	次生壁合成期	Pear et al,1996
FbL2A	未知蛋白	次生壁合成期	Rinehart et al,1996

1996 年美国 Agracetus 公司首次报道基因工程改良棉纤维的探索性试验。经遗传转化的棉纤维中含有一种天然的脂肪族聚酯化合物——聚-β-羟基丁酸(PHB)。PHB 聚酯是一种天然的可降解的热性塑料(thermoplastic),理化性质与聚丙烯相似。PHB 常以包涵体的形式存在于某些细菌的体内作为碳源。PHB 的生物合成涉及三种酶:β-酮硫解酶,乙酰 CoA 还原酶和 PHB 合成酶。棉纤维本身含有内源性的 β-酮硫解酶。1995 年 John 等将乙酰 CoA 还原酶基因(*pha*B)和 PHB 合成酶基因(*pha*C)分别与纤维特异性启动子 E6 和 FbL2A 连接,构建植物表达载体,运用基因枪技术,将 *pha*B 和 *pha*C 基因共转化到陆地棉栽培种 DP50 中,成功获得同时表达 *phaB* 和 *phaC* 基因的转基因棉花。*GUS* 基因表达、Northern 杂交等分子检测结果均证明,*phaB* 和 *phaC* 在转基因棉株纤维中表达。荧光显微镜和透射电子显微镜观察一致显示,转基因棉纤维细胞中含有 PHB 颗粒。对转基因棉纤维提取物的 GC-MC 分析表明,纤维中有与细菌 PHB 质谱相同的物质,证明转基因棉纤维中合成了 PHB 大分子物质。HPLC 分析结果表明,每克纤维干重含 30～3 440 μg 的 PHB,PHB 的合成始于开花后 10 d,纤维成熟后 PHB 含量没有降低。利用植物体内自身的乙酰 CoA 合成大分子 PHB,并没有对棉花纤维品质如长度、强度和马克隆值带来任何影响,然而 PHB 的存在的确提高了纤维的热绝缘性能。但是因纤维中 PHB 含量仍较低,绝缘性提高的幅度尚有限。尽管如此,John 的研究还是向人们展示了基因工程在改良棉纤维研究领域中的应用前景。

在基因工程改良棉纤维方面颇为人们关注的另一个焦点是美国 Auburn 大学 Daniell 的研究工作。1998 年 Daniell 试图将编码含 Val-Pro-Gly-Val-Gly 重复单元的蛋白聚体(protein-based polymers,PBPs)基因遗传转化棉花,使棉花细胞能特异表达出 PBPs 蛋白。PBPs 蛋白广泛存在于自然界中,如哺乳动物结缔组织中的弹性蛋白,分子内含有由多个氨基酸组成的重复顺序,PBPs 分子常表现出较强的弹性(弹性系数 10.6～10.9 Pa)。1998 年 Daniell 认为将 PHBs 引进棉纤维,一方面有望提高纤维的弹性和强度,另一方面纤维中蛋白质含量的提高,纤维吸水能力增强,与染料的亲和力亦相应增强。这是目前常规育种方法所做不到的。我国最近也获得了转兔毛、羊毛角蛋白基因的棉花，该基因在棉纤维中特异表达，从而使棉纤维具有弹性好、保暖性强、纤维更加细长等特点。

近些年来，北京大学与中国农业科学院棉花研究所合作，经过多年研究，取得重要进展。2006年提供ACO2-E6基因，通过农杆菌介导法导入中棉所24品种中，得到6个阳性转化体再生苗；2008年，嫁接到温室得到R_0代转基因种子；2009—2011年，经过三年的筛选、鉴定，转基因种子从R_1代发展到R_3代，其纤维品质检测结果比受体材料在长度和强度上都有显著提高。同时，鉴于株系中的单株个体在纤维品质上存在一定差异，实验室将对其再种植一年进行纯化筛选。

在国家转基因重大专项的支持下，我国科学家加快推进第二代转基因棉花——优质纤维转基因棉花的研发，成功创制出4种优质纤维转基因棉花种质新材料，其纤维长度、细度以及皮棉产量等指标均有显著提高，达到世界领先水平，为我国第二代转基因棉花新品种的培育提供了必要的育种材料。业内专家认为，该研究成果是自转基因抗虫棉诞生以来，我国在棉花生物技术育种领域取得的又一项具有标志性的重大成果，必将大幅改善我国的棉花纤维品质，提升棉花产业的国际竞争力。

3.6.3.4 其他转基因材料

(1)抗非生物胁迫材料

2004年吕素莲等将胆碱脱氢酶基因*betA*和突变的乙酰乳酸合成酶基因导入到3个棉花优良品种中，获得了耐盐性明显提高的转基因植株及其子代，为棉花耐盐育种提供了优异材料。

在干旱和盐渍逆境下，植物为抵抗渗透胁迫，通常在细胞内积累两类性质不同的渗透保护剂(osmoprotectant)。一类是小分子有机物质，如甘露醇、甜菜碱和脯氨酸；另一类是蛋白质，如调渗蛋白(osmotin)。上述两类物质的积累，与植物对干旱、盐渍逆境的抗性密切相关。因此，利用基因工程技术将不同来源的合成渗透调节物质的基因转入植物，在植物体内过量合成渗透保护剂，被认为是提高植物对各种可能诱导渗透胁迫的逆境适应性的措施之一。美国德克萨斯州Lubbock的USDA植物逆境实验室正着手将一种细菌的调渗基因(*osmogene*)转化到棉花中去，以提高棉花的耐旱性(Steward，1991)。澳大利亚的CSIRO研究人员正在从事与抗涝有关的乙醇脱氢酶基因(*ADH*)的遗传转化研究，试图将*ADH*基因转入棉花的栽培品种中，以提高其耐涝性(Millar，1990)。

1995年Randy首次将来自*Nicotana plumbaginifolla*的*MnSOD*基因与拟南芥的*RuBISCO*基因的叶绿体转导肽序列融合，并使之受控于CaMV35S启动子，通过农杆菌介导法转入棉花。经检测证实，转基因棉株叶绿体中含有MnSOD同工酶，并且转入的*MnSOD*基因呈孟德尔方式遗传。当棉苗长至一片真叶时，对其进行低温处理，即昼温15℃，夜温0℃，24 h；接着昼温15℃，夜温5℃，48 h，转MnSOD基因棉株存活率为75%，对照棉株的存活率仅有5%。初步认为棉花叶绿体中过量表达MnSOD同工酶能够增加棉株对低温逆境的适应性。

(2)抗除草剂材料

杂草的发生严重影响了棉花的生长。应用除草剂防除棉田杂草具有高效、省工等特点，是发展现代高效植棉业的重要措施。用于防治棉田杂草的除草剂主要有草甘膦、溴苯腈和

2,4-D。除草剂通过影响植物生理生长过程,如光合作用或氨基酸生物合成,抑制杂草生长。但是除草剂选择性不强,往往在杀死杂草的同时,也影响了棉花的正常生长。因此,培育抗除草剂棉花最大限度地减少除草剂对棉花的不利影响,是适应高效棉田耕作管理制度的需要。可通过三种途径获得抗除草剂植物:利用强组成型启动子过量表达除草剂作用的靶酶;诱导靶酶基因突变,对除草剂不再敏感;引入新的可降解除草剂的酶或酶系统。美国自 20 世纪 90 年代开始以公司为科技创新的主体,育成一系列转基因抗除草剂作物新品种,并在生产上大面积应用,取得了良好的经济效益。

获得棉花抗除草剂品种的主要方法有:辐射诱变、除草剂环境胁迫下进行定向筛选、转基因途径。目前公开报道的国内外已培育成功的抗除草剂棉花类型如下。

1)抗 2,4-D 材料

2,4-D 是一种激素型除草剂,超剂量使用 2,4-D 会严重干扰植物细胞的分裂,对阔叶类杂草的生长发育有明显的抑制作用。棉花对 2,4-D 除草剂非常敏感,只要百万分之一的浓度就会引起棉苗叶芽扭曲皱缩,严重时会绝收,因此很少用于棉田除草。即使在附近地域使用,也会随风漂移至数公里之外,造成对棉花的伤害。2,4-D 本身很稳定,土壤中的富养产碱菌(*Alcaligenes eutrophus*)能高效地分解 2,4-D。这类菌通常含有一个大质粒,*tfdA* 基因编码 2,4-D 单氧化酶,能将 2,4-D 降解为非光合毒性的 2,4-二氯苯酚和乙醛酸,其降解产物对植物的毒性比 2,4-D 小 100 倍。将控制该酶合成的基因导入棉株,并使之得到表达,从而获得抗 2,4-D 的棉花品种。1987 年,Streber 从该菌中分离到 2,4-D 单加氧酶基因(*tfdA*)。1990 年,Lyon 将此基因通过农杆菌介导法转入棉花。转 *tfdA* 基因的棉花的叶片中 2,4-D 单加酶活性是非转基因棉花的 17～38 倍,二叶期喷施商用 2,4-D 除草剂,转基因棉可耐受剂量达到 1.5 kg/hm^2,是小麦、玉米、高粱等作物最高使用剂量的 3 倍。1992—1994 年,山西省农科院棉花研究所陈志贤等将抗 2,4-D 的外源基因 *tfdA* 导入陆地棉“晋棉 7 号”、“冀合 321”等品种,通过分子杂交证明该基因已导入棉花。对其后代进行的田间抗药性鉴定结果表明,转基因系可耐 0.08%以上浓度的 2,4-D,超过了大田使用的浓度。

2)抗草甘膦材料

草甘膦(Glyphosate)又名镇草宁,是一种有机磷除草剂,由于它特有的非选择性、广谱高效、低毒、低残留、低成本、不破坏生态环境等特点,迄今依然是最为优秀的灭生性除草剂品种之一。作用机理是抑制植物细胞中芳香族氨基酸生物合成中的 5-烯醇-丙酮酰莽草酸-3-磷酸脂合酶。结果芳香族氨基酸缺乏,莽草酸积累,最终导致细胞死亡。培育抗草甘膦棉花的主要动机在于草甘膦具有广谱除草特性及较低的环境污染(降解迅速)。美国Calgene 公司将 *Salmonella typhimurium* 菌培养在含有草甘膦的培养基上,筛选到抗草甘膦的菌株,该抗性基因定为 *aroA*,编码 421 个氨基酸;1985 年又从这个突变体分离出 EPSP 合酶基因。1988 年该公司通过农杆菌介导法将此基因转入棉花,获得抗性稳定的转基因棉花。孟山都公司 Deaton 也报道,用同样的方法,以棉花胚轴为外植体,将 *EPSP-NPT* Ⅱ 嵌合基因转入棉花。转基因棉苗达 2～4 片真叶时喷施草甘膦,2 周后未见药害,而对照棉株的枝条和叶片有明显坏死。

Comai 等(1983,1985)从鼠伤寒沙门氏菌(*Salmonella typhimurium*)中分离出一些耐草甘膦的 EPSPs 突变体,其中 1 个突变体是在多肽序列 101 位的脯氨酸被丝氨酸所取代所致。编码此突变体的基因被克隆到了 *E. coli* 同时将抗性菌株的 EPSP 合成酶基因导入大豆、烟草等作物均获得抗草甘膦性状的表达，并可以在后代中遗传。

3)抗溴苯腈材料

溴苯腈是一种苄腈化合物，其作用机理是抑制光合作用中的电子传递，主要用于防除阔叶型杂草。美国 Calgene 公司 Mbride 从农田土壤中发现能分解溴苯腈的细菌（*Klebsiella ozeanae*，臭鼻杆菌）。该菌产生一特异性水解酶，能将溴苯腈水解为 3，5-二溴-4 羟基苯甲酸，从而丧失除草功效。控制该水解酶的基因（bxn）已被克隆，并在大肠杆菌体内表达出有活性的腈水解酶（Stalker et al，1987）。1989 年，Fillatti 等将该酶基因转入棉花中，获得的转 *bxn* 基因棉花能耐比田间用量高 10 倍的溴苯腈，并进一步将这一特性转育到斯字棉和珂字棉品种中。由罗纳-普朗克公司培育的抗溴苯腈转基因棉花，1997 年在美国出售种子，种植面积 20 万～50 万公顷。

4)抗磺酰脲和咪唑啉酮除草剂材料

磺酰脲（sulfonylurea）（如绿黄酮）类和咪唑啉酮（imidazolinone）（如普施特）类除草剂的作用机理，都是抑制叶绿体中乙酰乳酸合成酶（*ALS*）的活性（Chaleff，1984）。该酶是植物体内合成支链氨基酸，如缬氨酸、亮氨酸和异亮氨酸生物合成的关键酶。所有植物中都有 *als* 基因，植物对上述两类除草剂抗性的产生通常与 *als* 基因突变有关（Yadav et al，1986）。Phytogen 公司已分离出棉花的 *als* 基因，在保留天然启动子和先导序列的情况下，针对关键的密码子进行定向突变，以产生抗性。进而将突变后的 *als* 基因转移到棉花基因组中。

5)抗草胺膦材料

艾格福公司主要生产广谱除草剂草胺膦，以其为目标转化外源抗性基因，可选育出对草胺膦具有抗性的作物品种。该公司已成功创制抗草胺膦的棉花品种（Liberty Link Cotton），并于 2000 年在美国出售种子。

6)抗草丁膦材料

草丁膦是一种高效低毒的广谱除草剂。郭三堆等（1999）报道选育成功抗蚜虫兼抗除草剂的转基因棉花。将同时带有 GNA 与 *Bar* 基因的表达载体 pGBIgna. bar 转化棉花品种 699，获得 24 棵抗除草剂植株。通过 PCR-Southern 证实 *sGNA* 基因在棉花基因组中被整合。其中 14 棵具有血凝活性，说明 *sGNA* 基因在 CAD1-B 启动子指导下表达出有活性的雪花莲凝集素蛋白。抗蚜虫的实验结果显示，转化株与对照相比，蚜虫数目减少 60%～70%。

抗除草剂作物品种的选育必须紧随除草剂研制进程的变化因势做出调整。由于草甘膦除草剂在价格、杀草谱、选择性等诸多方面特有的竞争优势，在未来相当长的一段时间内，依托草甘膦这种灭生性茎叶除草剂的抗性作物品种的选育与推广，依然是一个不可抗拒的发展方向，它将会改变杂草防治体系。在棉田推广应用草甘膦化学除草技术，将促使易受土壤环境条件影响的芽前土表处理除草剂退居次要地位；而具有保水、保土及低投入特点的少耕、免耕、密植等简化栽培模式将会得到普及推广。这一发展态势必将给中国的棉花耕作制度带来新一轮的变革，其现实意义极其深远。

转基因植物的种植给农业生产带来了巨大的变革，转基因抗虫棉、抗病棉、抗除草剂棉花的应用给棉花的生产带来了许多积极的影响，但是转基因植物的安全性问题同样困扰着农业的生产和推广。

3.6.4 转基因材料在生产中存在的问题

转基因材料在创制与应用为农业生产提供极大的方便，但同时也存在许多问题，只有在不断的生产过程中，取之精华，去之糟粕，才能更好地为农业生产服务。目前转基因材料存在的主要问题有以下几个方面。

(1)抗虫材料的问题

由于过度单一的选择，使转化的转基因材料抗性单一，只抗棉铃虫，而对棉蚜虫、红蜘蛛等没有抗性，甚至使其危害更重。抗性不稳定也是存在的问题，转基因抗虫棉对1、2代棉铃虫抗性较好，对3、4代棉铃虫的抗性明显下降；在抗病材料方面，对于枯萎病和大部分的细菌性病害还没有找到合理的解决办法，另外，通过转基因创造的抗病材料，同时常常会引起株型、花畸形等不利性状的发生；在纤维材料改良方面，转基因的方法通常能提高其单一的纤维长度，无法提高棉花的总体产量。因此，合理解决转基因材料带来的负面影响，才能更好地为农业生产服务。

(2)转基因材料的安全问题

1)人类、动物或植物受到寄生、受体或带菌生物的感染。

2)因转基因生物、其组分或代谢产物而产生的毒性或过敏反应。

3)由转基因生物所代表的产品产生的毒性或过敏反应。

4)因意外释放转基因生物而产生的环境影响。

5)产生更多具有传染性或抗药性的微生物。

6)将有害的基因物质通过转基因生物传给人类。

7)会侵占周围环境，替换已在该地长期生长的其他植物。

8)转基因植物中由于基因物质的转移，可能会转移给相关的杂草植物，使其变得更有竞争性。

主要参考文献

[1]陈凌娜，曲延英，王兰岚，等.利用微束激光穿刺法将抗真菌基因导入棉花的研究初报.激光生物学报，2006，15:26-30.

[2]陈志贤，Danny J U ewellyn，范云六，等.利用农杆菌介导法转移 *tfdA* 基因获得可遗传的抗2,4-D棉株.中国农业科学，1994，27:31-37.

[3]楚素霞，等.多基因表达系统研究进展.中国生物工程杂志，2011，31:116-123.

[4]丛郁，渠慎春，乔玉山，等.超声波直接转导外源基因转化八棱海棠的技术研究.南京农业大学学报，2007，30:42-46.

[5]戴顺洪，李良材，丁月云，等.水稻基因枪法多基因转化研究.遗传学报，1998，25:345-350.

[6]邓德旺，郭三堆.棉花花粉管通道法转基因的分子细胞学机理研究.云南大学学报，2000，21:124-125.

[7]丁群星，谢友菊，戴景瑞，等. 用子房注射法将 Bt 毒蛋白基因导入玉米的研究. 中国科学(B 辑)，1993，23：707-713.

[8]丁志山，沃兴德. 超声波的生物学效用及其在转基因中的应用. 生命科学，1997，9：187-189.

[9]董国存，董越梅，孙敬三. 以 GFP 为标记用花粉管通道途径导入外源 DNA. 科学通报，1998，43：2531-2533.

[10]董云洲，贾士荣. 基因枪在植物遗传转化上的应用. 生物工程进展，1993，14：15-18.

[11]杜春芳，刘惠民，李朋波. 花粉介导法获得油菜转基因植株研究. 作物学报，2006，32：749-754.

[12]冯道荣，等. 多个抗病抗虫基因在水稻中的遗传和表达. 科学通报，2000，15：1593-1599.

[13]高翔，别晓敏，佘茂云，等. 安全型转基因植物培育技术研究进展. 植物遗传资源学报 2009，10：607-612.

[14]龚蓁蓁，沈慰芳，周光宇. 授粉后外源 DNA 导入植物技术——DNA 通过花粉管通道进入胚囊. 中国科学，1988，86：611-614.

[15]顾本康. 棉花黄萎病人工病圃设计与种质资源抗性鉴定. 江苏农业学报，1985，1：21-27.

[16]郭三堆，洪朝阳，王京红，等. 苏云金芽孢杆菌鲇泽变种 7-29 杀虫蛋白质结构基因的改造和表达. 微生物学报，1992，32：167-175.

[17]郭三堆，张秀梅，崔洪志，等. 抗蚜虫兼抗除草剂的转基因棉花研究. 云南大学学报(自然科学版)，1999，21：127.

[18]郝联芳，刘养浩. 陆地棉基因转移技术研究初报. 陕西师范大学学报(自然科学版)，1997，21：83-86.

[19]郝秀英，李仁敬. 用基因枪法转化新疆陆地棉新陆早 4 号. 新疆农业科学，1999，6：255-256.

[20]侯丙凯，陈正华. 高等植物的质体基因转化. 生物工程进展，2000，20：70-73.

[21]侯丙凯，胡赞民，党本元，等. 定点整合抗虫基因到油菜叶绿体基因组并获得转基因植株. 物生理与分子生物学学报，2002，28：187-192.

[22]黄波，等. 棉花中一个类 DREB1/CBF 基因(GhDREB1L)的分子克隆及其功能分析. 中国科学(C 辑：生命科学)，2006，36：390-397.

[23]黄晋玲，等. 棉花晋 A 细胞质雄性不育系及其保持系线粒体基因组文库的构建. 中国农业科学，2008，41：1603-1610.

[24]黄骏麒，龚蓁蓁，吴敬音，等. 慈姑蛋白酶抑制剂(API)基因导入棉花获得转基因植株. 江苏农业学报，2001，17：65-68.

[25]黄骏麒，钱思颖，刘桂玲，等. 外源海岛棉 DNA 导致陆地棉性状的变异. 遗传学报，1981，8：56-62.

[26]蒋玉蓉. 棉花遗传转化方法与耐盐、抗除草剂基因的转化利用研究. 杭州：浙江大学，博士学位论文，2006.

[27]乐锦华，祝建波，崔百明，等. 利用目的基因转化技术培育抗病新品种. 石河子大学学

报,2002,6:173-178.

[28]李宝健,等.论应用多基因转化策略综合改良生物体遗传性研究方向的前景.中山大学学报(自然科学报),2004,43:11-16.

[29]李春娟,单世华,许婷婷,等.几丁质酶和 β-1,3-葡聚糖酶基因研究进展.生物技术通报,2004,15:502-505.

[30]李付广,郭三堆,刘传亮,等.双价基因抗虫棉的转化与筛选研究.棉花学报,1999,11:106-112.

[31]李付广.双价转基因抗虫棉的获得及其抗虫性与生理生化特征.北京:中国农业科学院,博士学位论文,2003.

[32]李静,韩秀兰,沈法富,等.提高棉花花粉管通道技术转化率的研究.棉花学报,2005,17:67-71.

[33]李静,沈法富,于东海,等.转基因抗早衰棉的获得.西北植物学报,2004,4:1419-1423.

[34]李晓,王学德.根癌农杆菌转化棉花花粉的研究.棉花学报,2004,16:323-327.

[35]李燕娥,朱祯,陈志贤,等.豇豆胰蛋白酶抑制剂转基因棉花的获得.棉花学报,1998,10:237-243.

[36]李轶女,孙丙耀,苏宁,等.水稻叶绿体表达体系的建立及抗 PPT 叶绿体转化植株的获得.中国农业科学,2007,40:1849-1855.

[37]李正理.棉花形态学.北京:北京科学出版社,1979.

[38]刘方,王坤波,宋国立.中国棉花转基因研究与应用.棉花学报,2002,14:249-253.

[39]刘桂珍,蓝海燕,田颖川,等.利用激光微束穿刺法获得抗黄萎病转基因棉花的研究.中国激光,2000,27:279-283.

[40]刘金定,叶武威,刘国强.棉花抗逆性及其抗病虫鉴定技术.北京:中国农业科技出版社,1996:1-20.

[41]刘进元,等.棉花纤维品质改良的分子工程.植物学报,2000,42:991-995.

[42]刘欣芳,高晓蓉,苏乔,等.转植酸酶基因玉米的获得及其后代的初步鉴定.玉米科学,2008,16:15-19.

[43]刘志,郭旺珍,朱协飞,等.转 Bt+GNA 双价基因抗虫棉花的抗虫性表现特征.高技术通讯,2003,1:37-41.

[44]刘志,袁小玲,张天真.获得多价转基因作物的策略.遗传,2001,23:182-186.

[45]明小天,苑华毅,王莉江,等.通过基因枪提高根癌土壤杆菌转化水稻的效率.植物学报,2001,43:72-76.

[46]倪万潮,郭三堆,贾士荣,等.花粉管通道法介导的棉花遗传转化.中国农业科技导报,2000,2:27-32.

[47]倪万潮,黄俊麟,郭三堆,等.转 *Bt* 杀虫蛋白基因的抗棉铃虫棉花新种质.江苏农业学报,1996,12:1-6.

[48]倪万潮,张震林,郭三堆,等.转基因抗虫棉的培育.中国农业科学,1998,31:8-13.

[49]乔光明,李忠诚,陈正华,等.水稻胚乳特异性启动子 *Gt*1 的克隆及其在玉米中的功能验证.激光生物学报,2006,15:602-607.

[50]沈法富，尹承佾，于元杰，等. 棉花植株和花粉耐盐性的鉴定. 作物学报，1997，23：620-625.

[51]宋洪元，任雪松，司军，等. 利用 *Cre/lox* 重组系统获得无选择标记的 STI 抗虫转基因烟草. 西北植物学报，2010，30：21-29.

[52]王关林，等. 植物基因工程. 北京：科学技术出版社，2009.

[53]王关林，方宏筠，那杰. 外源基因在转基因植物中的遗传特性. 遗传，1996，18：7-41.

[54]王景雪，孙毅，崔贵梅，等. 花粉介导法获得玉米转基因植株. 植物学报，2001，43：275-279.

[55]王守才，王国英，戴景瑞. 关于高等植物转基因遗传问题的讨论. 生物工程进展，2000，20：64-66.

[56]王先平，胡勇，何奕昆. 基因定点整合技术及其在苔藓研究中的进展. 植物学通报，2003，20：137-143.

[57]王学德. 细胞质雄性不育棉花线粒体蛋白质和 DNA 的分析. 作物学报，26：35-39.

[58]王义琴，陈大军，危晓薇，等. 天麻抗真菌蛋白基因转化彩色棉的研究. 植物学通报，2003，20：703-722.

[59]吴敬音，朱卫民，朱祯，等. 陆地棉(*G. hirsutum* L.)茎尖分生组织培养及其在基因导入上的应用. 棉花学报，1994，6：89-92.

[60]谢宝贵，饶永斌，郑金贵. 银耳的超声波介导转化. 农业生物技术学报，2005，13：42-45.

[61]谢道昕，范云六，倪万潮，等. 苏云金杆菌(*Bacillus thuringiensis*)杀虫晶体蛋白基因导入棉花获得转基因植株. 中国科学(B辑)，1991，4：367-373.

[62]许新萍，等. 用高效的基因枪转化系统将抗虫抗病基因导入水稻. 遗传；1998，20：12-14.

[63]杨金水. 差异表达基因的分离策略. 生物工程进展，1995，15：41-45.

[64]杨培龙，刘德虎. 植物病毒表达载体研究进展. 生物工程进展，2000，20：43-48.

[65]杨书华，倪万潮，葛才林，等. 陆地棉花粉管通道形成时期的研究. 扬州大学学报(农业与生命科学版)，2006，27：63-65.

[66]杨英军，周鹏. 转基因植物中的标记基因研究新进展. 遗传，2005，27：499-504.

[67]杨颖，张逢春. 荧光素酶的分类、结构与应用. 北华大学学报(自然科学版)，2006，7：411-415.

[68]杨仲毅，王兰岚，刘志岩，等. 利用微束激光穿刺法将菜豆几丁质酶基因导入油菜的研究. 激光生物学报，1998，8：8-11.

[69]叶武威，刘金定，樊宝相. 棉花种质资源耐盐性鉴定技术研究. 中国棉花，1996，24：20.

[70]叶武威. 棉花种质资源耐盐性鉴定技术与应用. 中国棉花，1998，25：41.

[71]于晓红，朱勇清，陈晓亚，等. 种子特异表达 *ipt* 转基因棉花根和纤维的改变. 植物学报，2000，42：59-63.

[72]于娅，刘传亮，等. 基因枪转化技术在棉花遗传转化上的应用. 棉花学报，2003，15：243-247.

[73]于元杰. 异科外源 DNA 导入陆地棉引起性状变异初报. 山东农业大学学报，1991，

22:335-340.

[74]余贤美,郑服丛,艾呈祥,等. β-1,3-葡聚糖酶在植物抗真菌病基因工程中的研究进展. 生命科学研究,2004,8:53-57.

[75]袁钧,张铎. 棉花生态指标研究初报. 中国棉花,1991,18:9-10.

[76]张海燕,党本元,周奕华,等. 用激光微束穿刺法将 PAPcDNA 导入油菜获得抗病毒转基因植株. 中国激光,1999,26:1053-1056.

[77]张红艳,李冠,李仁敬. 彩色棉再生体系影响因子及抗病基因 NP1 转化的研究. 新疆大学学报,2004,21:94-95.

[78]张宏,王国英,谢友菊,等. 超声波介导法转化玉米愈伤组织及可育转基因植株的获得. 中国科学(C 辑),1997,27:162-167.

[79]张丽娜,叶武威,王俊娟,等. 棉花耐盐性的 SSR 鉴定研究. 分子植物育种,2010,8:891-898.

[80]张献龙,唐克轩,等. 植物生物技术. 北京:科学出版社,2004.

[81]张新梅,徐惠君,杜丽璞,等. 共转化法剔除转基因小麦中的 *Bar* 基因. 作物学报,2004,30:26-30.

[82]张莹,董燕,易良杰,等. 超声波辅助农杆菌介导法转化鱼腥草的初步研究. 江西农业学报,2010,22:9-11.

[83]张裕繁,刘全义,严根土. 我国棉花耐旱碱育种的进展与前景. 中国棉花,1998,25:2-5.

[84]张震林,陈松,刘正銮,等,转蚕丝芯蛋白基因获得高强纤维棉花植株. 江西农业学报,2004,16:15-29.

[85]张震林,刘正銮,周宝良,等. 转兔角蛋白基因改良棉纤维品质研究. 棉花学报,2004,16:72-76.

[86]张震林,倪万潮,郭三堆,等. 子房注射法获得转基因抗虫棉植株研究. 西北农业学报,2000,9:1-4.

[87]章力建,陈乐玫,袁静,等. 超声波法直接导入外源基因-高效烟草转化系统的建立. 中国农业科学,1990,23:88-90.

[88]赵丽芬,赵国忠,李爱国,等. 利用转角蛋白基因改良棉纤维品质的研究. 中国农学通报,2005,21:61-63.

[89]赵妍,余涛,邢少辰. Cre/LoxP 位点特异重组系统在转基因植物中的应用. 中国生物化学与分子生物学学报,2010,26:95-103.

[90]周蓓蓓,陈月红,章镇,等. 超声波辅助对农杆菌介导"美人指"葡萄遗传转化中 GUS 瞬时表达的影响. 江西农业学报,2010,22:6-8.

[91]周光宇,龚蓁蓁,王自芳. 远缘杂交的分子基础. 遗传学报,1979,6:05-13.

[92]张晶,周长梅. 无选择标记转基因植物研究进展. 东北农业大学学报,2004,35:496-499.

[93]Albert H,Dale E C,Lee D H,et al. Site-specific integration of DNA into wild-type and mutant lox sites placed in the plant genome. The Plant Journal,1995,7:649-659.

[94]An L J,Gao X R. A marker free and vector free method for plant transformation.

The intercommunion paper in the 7 congress. The genetics society of China,2003,10.

[95]Armaleo D,Ye G N,Klein T M,Shark K B,et al. Biolistic nuclear transformation of Saccharomyces cerevisiae and other fungi. Curr Genet,1990,17:97-103.

[96]Bae H J,Lee D H,Hwang I H. Dual targeting of xylanase to chloroplasts and peroxisomes as a means to increase protein accumulation in plant cells. Journal of Experimental Botany, 2006,57:161-169.

[97]Bechtold N,Ellis J,Pelletier G. In-planta Agrobacterium mediated gene transfer by infiltration of adult Arabidopsis thaliana plants. Life Science,1993,316:1194-1199.

[98]Boynton J E,Gillham N W,Harris E H,et al. Manipulating the chloroplast genome of Chlamydomonas: Molecular genetics and transformation. Current research in photosynthesis, Dordrecht: Kluwer Academic Publishers, 1990, 3:509-516.

[99]Boynton J E, Gillham N W, Harris E H, et al. Chloroplast transformation in Chlamydomonas with high velocity microprojectiles. Science 1988, 240:1534-1538.

[100]Broglie K E, Gaynor J J, Broglie R M. Ethylene-regulated gene expression: molecular cloning of the genes encoding an endochitinase from phaseolus vulgris. Proceedings of the National Academy of Sciences. USA. , 1986, 83:6820-6824.

[101]Broglie Ke, Chet I, Holliday M, et al. Transgenic plant with enhanced resistance to the fungal pathogen Rhizoctonia Solani. Science, 1991, 254:1194-1197.

[102]Chen L L, et al. Expression and inheritance of multiple transgenes in rice plants. Nature Biotechnology, 16:1060-1064.

[103]Christou P,McCabe D E,Swain W E. Stable Transformation of Soybean Callus by DNA-Coated Gold Particles. Plant Physiol, 1988,87:671-674.

[104]Christou P, Swain W F. Co-transformation frequencies of foreign genes in soybean cell culture. Theoretical and Applied Genetics, 1990, 79:337-341.

[105]Comai L, Stalker D. Mechanism of action of herbicides and their molecular manipulation. Plant Molecular and Cell Biology, 1986, 85:167-195.

[106]Corneille S, Lutz K, Svab Z, et al. Efficient elimination of selectable marker genes from the plasmid genome by the CRE/lox site-specific recombination system. Plant Journal, 2001, 27:171-178.

[107]Daniell H, Muthukumar B, Lee S B . Marker free transgenic plants: engineering the chloroplast genome without the use of antibiotic selection. Curr Genet, 2001, 39: 109-116.

[108]Dennis E, McCabe & Brian J, Martinell. Transformation of elite cotton cultivars via particle bombardment of meristem. Nature Biotechnology, 1993, 11:596-598.

[109]Guo Y D, Liang H, Berns M W. Laser-mediated gene transfer in rice. Physiol Plant, 1995, 93:19-24.

[110]Hadi M Z,McMullen M D,Finer J J. Transformation of 12 different plasmids into soybean via particle bombardment. Plant Cell Reports, 1996, 15:500-505.

[111]Hamilton C M, Frary A, Lewis C, et al. Stable transfer of intact high molecular

weight DNA into plant chromosome. Proceedings of the National Academy of Sciences, 1996, 93:9975-9979.

[112]Hoa T T C, Bong B B, Huq E, et al. Cre/lox site-specific recombination controls the excision of a transgene from the rice genome. Theoretical and Applied Genetics, 2002, 104:518-525.

[113]Ji S , et al. A beta-tubulin-like cDNA expressed specifically in elongating cotton fibers induces longitudinal growth of fission yeast. Biochemical and Biophysical Research Communications Res, 296:1245-1250.

[114]Jiang P D , et al. Metabolism of reactive oxygen species in cotton cyto-plasmil sterility and its restoration. Plant Cell Reports, 2007, 26:1627- 1634.

[115]John J, Finer, Michael D, et al. Transformation of cotton (*Gossypium hirsutum L.*) via particle bombardment. Plant Cell Reports, 1990, 8:586-589.

[116] John M E, et al. Metabolic pathway engineering in cotton: biosynthesis of polyhydroxybutyrate in fiber cell. Proceedings of the National Academy of Sciences, 1996, 93:12768-12773.

[117] Joyce M . Van Eck, Alan D. Blowers, et all. Stable transformation of tomato cell cultures after bombardment with plasmid and YAC DNA. Plant cell reports, 1995, 14:299-304.

[118]Kerry A, Lutz, Jane E, et al. Expression of bar in the plastid Genome Confers Herbicide Resistance. Plant Physiology, 2001, 125:1585-1590.

[119]Klein T M, Wole E D, Wu R, Sanford J C. High-velocity microprojectiles for delivering nucleic acids into living cells. Nature, May 1987:327, 70-73.

[120] Knoblauch M, Julian M H, John C G, et al. A galihgale expansion femto syringe for microinjection of eukaryotic organelles and prokaryotes. Nat Biotechnol, 1999, 17: 906-909.

[121]Koop H U. Integration of foreign sequences into the tobacco plastid via PEG-mediated protoplast transformation. Planta, 1996, 199:193-201.

[122]Kumar S, Dhingra A, Daniell H. Stable transformation of the cotton plastid genome and maternal inheritance of transgenes. Plant Molecular Biology, 2004, 56: 203-216.

[123] Leung W, Malkova A, Haber J E. Gene targeting by linear duplex DNA frequently occurs by assimilation of a single strand that is subject to preferential mismatch correction. Proceedings of the National Academy of Sciences, 1997, 94:6851-6856.

[124]Li X B , et al. Molecular characterization of the cotton *GhTUBI* gene that is preferentially expressed in fiber. Plant Physiol, 2001, 130:666-674.

[125] Maliga P. Plastid transformation in higher plants. Annual Review of Plant Biology, 2004, 55: 289-313.

[126]Matthias Fladung, Tobias M H, Schenk, et al. Elimination of marker genes and targeted integration via FLP/FRT recombination system from yeast in hybrid aspen (*Populus tremula* L. × *P.* tremuloides Michx.). Tree Genetics & Genomes, 2010, 6:205-217.

[127]Matzke M A. How and why do plant homologous inactivate genes. Plant Physiol,

1995,107:679-685.

[128]Natarajan S,Turna J. Excision of selectable marker genes from transgenic crops as a concern for environmental biosafety. Journal of the Science of Food and Agriculture,2007,87:2547-2554.

[129] Nguyen T T, Nugent G, Cardi T, et al. Generation of homo-plasmic plastid transformants of a commercial cultivar of potato (*Solanum tuberosum* L.). Plant Science,2005,168:1495-1550.

[130]Nishimura A,Ashikari M,Lin S,et al. Isolation of a rice regeneration quantitative trait loci gene and its application to transformation systems. PNAS,2005,102:11940-11944.

[131]Orford S J, et al. Specific expression of an expansin gene during elongation of cotton fibers. Bioehim. Biochimica et Biophysica Acta, 1998,1398:342-346.

[132]Park Y D, Moscone E A, Iglesis V A, et al. Gene silencing mediated by promoter homology occurs at the level of transcription and results in meiocitally heritable alterations in methylation and gene activity. Plant Journal,1996,9:183-194.

[133] Pear J R, et al. Genes encoding small GPT-binding Proteins analogous to mammalian rac are preferentially expressed in developing cotton fibers. Molecular genetics and genomics,1995,248:4-51.

[134]Randy D R,Trolinder N L. Expression of superoxide dismutase in transgenic plant leads to increased stress tolerance. Proceeding Beltwide Cotton Prod Res Confernces,2006,89:1136-1137.

[135]Reiss B,Schubert I,Kopchen K,et al. RecA stimulates sister chromatid exchange and the fidelity of double-strand break repair, but not gene targeting in pants transformed by Agrobacterium. Proceedings of the National Academy of Sciences,2000,97:3358-3363.

[136]Rothstein R J. One step gene disruption in yeast. Method in enzymology,1983,101:202-211.

[137]Ruf S, Hermann M, Berger I J, et al. Stable genetic transformation of tomato plastids and expression of a foreign protein in fruit. Nature Biotechnology,2001,19:870-875.

[138]Salvador P,et al. Production of the potent antibacterial polyketide erythromycin C in Escherichia coli. Applied and Environmental Microbiology,2005,71:2539-2547.

[139]Sauer B,Henderson N. Site-specific DNA recombination in mammalian cells by the Cre recombinase of bacteriophage P1. Proceedings of the National Academy of Sciences of the United States of America,1988,85:5166-5170.

[140]Serena S, Pavan U, Cristina D B, et al. PsbI affects the stability function and phosphorylation patterns of photosystemII assemblies in tobacco. The Journal of Biological Chemistry,2006,281:34227-34238.

[141]Shashi Kumar, Amit Dhingra, Henry Daniell. Stable transformation of the cotton plastid genome and maternal inheritance of transgenes. Plant Molecular Biology,2004,56:203-216.

[142]Shin H,et al. GTPase activity and biochemical characterization of a recombinant

cotton fiber annexin. Plant Physiol,1999,119:925-934.

[143] Sidorov V A, Kasten D, Pang S Z, et al. Stable chloroplast transformation in potato: use of green fluorescent protein as a plastid marker. The Plant Journal,1999,19:209-216.

[144] Stalker D M, McBride K E C. Cloning and expression in *Escherichia coli* of a klebsiella ozaenae plasmid-borne gene encoding a nitrilase specific for the herbicide bromoxynil. Journal of Bacteria,1987,169:955-960.

[145]Stalker D M,H iatt W R,Comai L. A single amino acids substitution in the enzyme 5-enolpyruvylshikimate-3- phosphate synthase confers resistance to the herbicide glyphosate. Biological Chemistry,1985,260:4724-4728.

[146]Staub J M,Maliga P. Long region of homologous DNA are incorporated into the tobacco plastid genome by transformation. Plant Cell,1992,4:39-45.

[147]Stephanie R,Hans K,Ralph B. Targeted inactivation of a tobacco intron-containing open reading frame reveals a novel chloroplast-encoded photosystem i-related gene. The Journal of Cell Biology,1997,139:95-102.

[148] Susanne Beck von Bodman, Leslie L, et al. Farrand. expression of multiple eukaryotic genes from a single promoter in nicotiana. *Nature Biotechnology*, 1995, 13: 587-591.

[149] Svab Z, Hajdukiewicz P, Maliga P. Stable transformation of plastids in higher plants. Proceedings of the National Academy of Sciences,1990,87:8526-8530.

[150] Tang K X, Sun X F, Yao J H, er al. The development of transgenic rice homozygous plants containing multiple genes via genetic transformation. Journal of Fudan University,2001,40:483-490.

[151]Theo van der Salm,Dirk Bosch,Guy Hone,et al. Insect resistance of transgenic plants that express modified Bacillus thuringiensis *cryⅠ A(b)and cryⅠ C* genes: a resistance management strategy. Plant Molecular Biology,1994,26:51-59.

[152] Tjokrokusumo D, Heinrich T, Wylie S. Vacuum infiltration of petunia hybrida pollen with Agrobacterium tumefaciens to achieve plant transformation. Plant Cell Reports, 2000,19:792-797.

[153]Toth R L,et al. A novel strategy for the expression of foreign genes from plant virus vectors. FEBS Lett,2001,489:215-219.

[154]Trolinder,Norma L,Linda K. In-planta method for the production of transgenic plants. USA Patent,1999,624:1-14.

[155]Venkateswarlu H,Nazar R N. Evidence for T-DNA mediated gene targeting to tobacco chloroplasts. Bio/Technol,1991,9:1103-1105.

[156] Vergunst A C, Jansen L E T, Hooykaas P J J. Site-specific integration of Agrobacterium T-DNA in *Arabidopsis thaliana* mediated by Cre recombinase. Nucleic Acids Research,1998,26:2729-2734.

[157] Vladimir A, Sidorov, Daniel Kasten, et al. Stable chloroplast transformation in

potato:use of green fluorescent protein as a plastid marker. The Plant Journal,1999,19:209-216.

[158]Wang J X,Li Y H,Liang C. Recovery of transgenic plants by pollen-mediated transformation in Brassica juncea. Transgenic Research,2008,17:417-424.

[159]Weber G,Monajembashi S S,Greulich K O,et al. Uptake of DNA in chloroplasts of Brassica napus by means of a microfocussed laser beam. European Journal of Cell Biology,1987,43:63.

[160]Yang H Y,Joe N,Peggy O A. Transformation of peanut using a modified bacterial mercurici on reductase gene driven by an actin promoter from Arabidopsis thaliana. Journal of Plant Physiology,2003,160:945-953.

[161]Zhou G Y,et al. Inheritance of exogenous DNA into cotton embryos. Methods in Enzymology,1983,:433-488.

[162] Zhu L, Fu Y P, Liu W Z, et al. Rapid generation of selectable marker-free transgenic rice with three target genes by co-transformation and anther culture. Rice Science,2007,14:239-246.

[163]Zoubenko O V,Allison L A,Svab Z,et al. Efficient targeting of foreign genes into the tobacco plastid genome. Nucleic Acids Research,1994,22:3819-3824.

[164]Zuo K J,et al. Over-expression *GbERF2* transcription factor in tobacco enhances brown spots disease resistance by activating expression of downstream genes. Gene,2007,391:80-90.

第4章

棉花分子聚合育种进展

4.1 棉花分子标记辅助选择

随着现代分子生物学的发展，现代生物技术为作物育种提供了强有力的工具，分子标记辅助选择(molecular marker assisted selection，MAS)就是其中重要的一项技术，它不仅弥补了作物育种中传统的选择技术准确率低的缺点，而且加快了育种进程(张文龙，2008；Xu et al，2008)。分子标记辅助选择是将分子标记应用于作物改良的一种手段(Dudley，1993)，已成为当前育种研究的新方向。

4.1.1 遗传标记的类型及其特点

遗传标记是指可以追踪染色体、染色体某一节段或某个基因座在家系中传递的任何一种遗传特性。它具有可遗传性和可识别性等两个基本特征。目前遗传标记主要分为4种类型，即形态标记、细胞学标记、生物化学标记以及分子标记。其中，前三种遗传标记都是以基因表达的结果(表现型)为基础的，是对基因的间接反映；而DNA分子标记则是DNA水平遗传变异的直接反映。

4.1.1.1 形态学标记

形态学标记为最初的遗传标记，是指那些能够明确显示遗传多态性的外观性状，在棉花中，如芽黄、光籽、鸡脚叶、无腺体、红秆、花瓣斑点等均是典型的形态标记。典型的形态标记用肉眼即可识别和观察，但由于形态标记数量少、可鉴别标记基因有限，因而难以建立饱和的遗传图谱。另外，许多形态标记还受环境、生育期等因素的影响，使形态标记在植物育种中的应用受到一些限制(刘勋员等，1998)。

4.1.1.2 细胞学标记

细胞学标记是指能明确显示遗传多态性的细胞学特征。染色体的结构特征和数量特征是常见的细胞学标记,它们分别反映了染色体结构上和数量上的遗传多态性。如在棉花中利用易位和单体等非整倍体,已成功地将许多质量性状基因定位于染色体上,并建立了相应的连锁群(方宣钧等,2000)。细胞学标记克服了形态学标记易受环境影响的缺点,但这种标记材料的产生需要花费大量的人力物力进行培养选择(王晓梅等,2000)。有些物种对染色体结构和数目变异的耐受性较差,难以获得相应的标记材料。某些物种虽然已有细胞学标记材料,但这些标记常常伴有对生物有害的表型效应,或有时观察和鉴定比较困难,从而限制了细胞学标记的应用(周延清,2000)。

4.1.1.3 生化标记

生化标记中最重要且应用最广泛的标记是同工酶(isozyme)标记,即具有相同催化功能而结构及理化性质不同的一类酶。这类酶结构的差异来源于基因类型的差异,因此并不一定是同一基因的产物。每一个酶的不同电泳酶谱表现型可能是由于不同的基因座引起的,也可能是同一基因座上的不同的等位基因引起的。与形态学标记、细胞学标记相比,生化标记特别是同工酶标记,数量上更丰富,受环境影响更小,能更好地反映遗传多态性,因此它是一种较好的遗传标记,可以被广泛应用于物种起源和进化研究、种质鉴定、分类和抗病性筛选等领域。但同工酶标记也有一些不足,具体表现有:通常每种同工酶标记都需特殊的显色方法和技术(Stuber,1988);某些酶的活性具有发育和组织特异性;仅能反映基因组编码区的表达信息;数量比较有限等。虽然至今已经发展了 57 种酶系统,可以鉴定 100 个左右的基因座位,但在某个特定的作物群体中,仅有 10～20 种同工酶,大约 30～40 个等位基因可表现出多态性。这样的数目远不能满足标记辅助育种的需要。

4.1.1.4 分子标记

分子标记是指能反映生物个体或种群间基因组中差异特征的 DNA 片段,它是 DNA 水平上遗传多态性的直接反映,是目前应用最广泛的一种标记。与传统的遗传学标记(前三种遗传学标记)相比,分子标记具有无法比拟的优点:①不受组织和发育时期特异性限制,由于 DNA 在不同组织和不同发育时期保持恒定,所以可以方便取材,而不影响个体正常生长发育;②基因组 DNA 变异极其丰富,多态性标记遍布整个基因组,可检测的基因座位几乎无限,理论上可以标记基因组上任何变异,可构建覆盖整个基因组的饱和遗传图谱;③通常遗传上呈现中性,不影响目标性状的表达,且不受自然选择作用,便于遗传分析;④位点多态性高,存在丰富的等位变异;⑤多为共显性标记,能够区别纯合基因型与杂合基因型,提供完整的遗传信息,因而对分离群体中目标基因的选择,尤其是对隐性的农艺性状的选择十分便利;⑥检测手段简单快捷,易于实现自动化,开发成本和使用成本低,并且所有生物的检测程序基本一致。

4.1.2 分子标记辅助选择的基本原理及其特点

分子标记辅助选择是将分子标记应用于作物品种改良过程中进行选择的一种辅助手段(Ribaut et al,1998)。其基本原理是利用与目标基因紧密连锁或表现共分离关系的分子标记对选择个体进行目标区域以及全基因组筛选,从而减少连锁累赘,获得期望的个体,达到提高育种效率的目的(Dudley et al,1993;Lee et al,1995)。分子标记辅助选择有以下几点优越性:①能快速、准确地选择出携带目的基因的单株。分子标记辅助选择借助和目的基因紧密连锁的分子标记可以在植物生长的任何阶段对目标基因进行鉴定,且不受环境的影响。②能有效地减少连锁累赘。回交育种导入有利基因的同时,一些与之连锁的不利基因也被导入到轮回亲本中,运用与目标基因紧密连锁的分子标记对导入基因进行跟踪,可以在较早的回交世代中显著地减少连锁累赘,能快速地恢复轮回亲本的基因组背景。③分子标记辅助选择可用于基因聚合育种。将抵抗不同生理小种的抗病基因聚合到一个品种中,那么该品种就具有抵抗多种生理小种的能力,这样就不容易因致病菌优势小种的变化而丧失抗性;将多个数量性状的 QTLs 聚合在一起可以使作物数量性状得到比单个 QTL 效应更大程度的改良。④分子标记辅助选择应用于表型难以观察的性状选择,比传统育种具有明显的优势(Xu,2010)。

4.1.3 分子标记辅助选择的基本方法

分子标记辅助选择的基本方法主要包括前景选择和背景选择(方宣钧等,2000;Xu,2010)。前景选择是指通过相连锁的分子标记对目标基因的选择,这是标记辅助选择的主要方面。前景选择的作用是保证从每一回交世代选出的作为下一轮回交亲本的个体都包含目标基因,其可靠性主要取决于标记与目标基因间连锁的紧密程度,当标记与基因相距较远时,在辅助选择的过程中很容易使标记与目标基因分离。若只用一个标记对目标基因进行选择,则标记与目标基因间的连锁必须非常紧密,才能够达到较高的正确率。同时用两侧相邻的两个标记对目标基因进行辅助选择,可大大提高选择的正确率。

对基因组中除了目标基因之外的其他遗传背景的选择,称为背景选择(方宣钧等,2000;Xu,2010)。与前景选择不同的是,背景选择的对象几乎包括了整个基因组。对整个基因组进行选择,就必须知道每条染色体的组成,这就要求用来选择的标记能够覆盖整个基因组,必须有一张完整的分子标记连锁图,当一个个体中覆盖全基因组的所有标记的基因型都已知时,就可以推测出各个标记座位上等位基因的可能来源(指来自哪个亲本),进而可以推测出该个体中所有染色体的组成。在标记辅助选择中,可以同时对前景和背景进行选择。背景选择是为了加快遗传背景恢复成轮回亲本基因组的速度,以缩短育种年限,另一个重要作用是,可以避免或减轻连锁累赘这个长期困扰作物育种的难题。连锁累赘是指有利基因(目标基因)与不利基因(非目标基因)间的连锁,回交育种中在导入有利基因的同时也带入了不利基因,常常造成性状改良后的新品种与原目标不一致。传统的回交育种难以消除连锁累赘的主要原因是无法鉴别目标基因附近所发生的遗传重组,利用高密度的分子标记连锁图就有可能直接选择到在目标基因附近发生了重组的个体。

需要指出的是,尽管分子标记辅助的背景选择效率很高,但依据个体表型进行背景选择的传统方法仍不应抛弃。由于目标基因是选择的首要对象,因此一般先进行前景选择,以保证不丢失目标基因,然后再对中选的个体进行进一步背景选择,以加快育种进程。

基因转移或基因渗入是指将供体亲本(一般为特异种质、地方品种或育种中间材料等)中的有用基因(即目标基因)转移或渗入到受体亲本(一般为生产大面积推广的优良品种)的遗传背景中,从而达到改良受体亲本个别性状的目的(方宣钧等,2000)。通常采用回交的方法,将供体亲本与受体亲本杂交,然后以受体亲本为轮回亲本,进行多轮回交,直到除了来自供体亲本的目标基因之外,基因组的其他部分全部来自受体亲本。在这一过程中,可同时进行前景选择和背景选择。南京农业大学郭旺珍等(2005)对聚合育种方法进行了研究,提出修饰回交聚合育种的方法。它以生产上推广或即将推广的品种为轮回亲本,将修饰回交育种法和分子标记辅助选择育种相结合,同时对轮回亲本的遗传背景和具有育种目标性状的基因或 QTL 进行选择,从而显著提高了育种效率。

4.1.4 棉花分子标记辅助选择的意义

棉花的一些重要农艺性状如产量、品质等表现为数量遗传特点,不仅易受外界环境条件的影响,而且存在遗传负相关,因此常常导致选种工作量大、选择效率低(殷剑美等,2002;郭旺珍等,2003)。传统的育种方法是利用杂交、回交和互交来打破高产和优质等目标性状间的负相关,进行同步改良。而每一轮的选择都需等到棉花吐絮纤维品质检测后才能决定,这就导致了育种的群体要大,周期长、成本高、预见性也差。并且整个育种过程中的选择主要是表型选择,这对质量性状而言一般是有效的,但对数量性状来说,则存在准确性差、效率低等许多缺点。要提高选择的效率,理想的方法应该是能够直接对基因型进行选择(殷剑美等,2002;石玉真等,2007)。

分子标记辅助选择是借助分子标记对目标性状的基因型进行选择,是对基因型直接选择,而不必考虑作物生长条件和环境条件,又减少来自同一位点不同等位基因或不同位点的非等位基因间的相互干扰,有利于快速聚合目标基因,加速回交育种进程,克服不利性状连锁,极大地缩短了育种时间,减少了群体种植规模,这是分子标记在棉花育种中应用的最主要方面(殷剑美等,2002)。分子标记辅助选择对同步改良纤维品质和产量、多性状基因聚合、快速培育棉花新材料新品种等具有重要的意义。

随着分子生物学的快速发展,棉花分子标记及其辅助选择的研究取得了较大进展。

4.1.5 棉花分子标记辅助选择的研究进展

4.1.5.1 棉花纤维品质分子标记辅助选择

棉花纤维品质性状属于数量性状,遗传基础复杂,易受环境影响,加上纤维品质检测繁琐,且与产量性状间存在负相关,用传统的育种方法对其进行改良,存在选择效率低,工作量大,周期长等局限,很难满足人们对纤维品质提高的要求。分子标记辅助选择可弥补这些不足。

袁有禄等(2000,2001)及 Zhang 等(2003)利用 1 个棉属野生种异常棉基因渐渗的优异纤维种质系 7235 进行棉花高强纤维 QTL 的分子标记筛选,找到一个高强纤维主效 QTL,与 6 个 RAPD 标记和 2 个 SSR 标记连锁,可以解释 30%的表型变异,且表现稳定,可以在南京、海南和美国的德克萨斯州检测到。沈新莲等(2001)、易成新等(2004)、Guo 等(2005)、石玉真等(2007)和董章辉等(2008)的研究结果都表明了来源于 7235 的这一高强纤维主效 QTL 在不同世代、不同遗传背景、不同生态环境中的遗传都是稳定的,分子标记辅助选择效果是显著的。

沈新莲等(2001)以四个杂交组合(泗棉 3 号×7235)BC_1F_5 206 个,(中棉所 35×7235)BC_1F_1 8 个,(苏棉 16 号×7235)BC_1F_2 16 个,(TM21×7235)$F_4$13 个共 243 个单株为材料,用 2 个 RAPD 标记 $FSR1_{933}$和 $FSR4_{1047}$和 1 个 SSR 标记 $FSS1_{130}$研究这一高强纤维主效 QTL 的遗传稳定性及分子标记辅助选择的效果。研究证明这 3 个分子标记标记的 QTL 在不同分离世代、不同遗传背景遗传稳定,经多代回交或自交后,有/无标记个体平均纤维比强度的差数变化不大,QTL 的效应稳定;用 2 个 RAPD 标记筛选后,有/无标记个体的平均纤维比强度分别为 25.68 cN/tex∥24.03 cN/tex 和 26.14 cN/tex∥23.66 cN/tex,差异均达极显著水平。用 1 个 SSR 标记筛选后,纯合有标记个体的平均纤维比强度为 25.94 cN/tex,无标记个体的平均纤维比强度 24.03 cN/tex,差异也达极显著水平;杂合基因型个体的平均纤维比强度为 24.94 cN/tex,与另两类基因型的差异不显著。该研究证明了仅利用鉴定出的 1 个主效 QTL 进行分子标记辅助选择提高棉花纤维比强度也是有效的。

易成新等(2004)利用具有 Acala 和异常棉种质的高纤维基因渐渗系 7235 与抗黄萎病轮回选择基因库 g2 中的不育株,两个抗虫品系及新引进的抗黄萎病种质 P60182 进行聚合杂交。选用一个共显性 SSR1521 标记和显性 RAP-DUBC301 标记,对已定位于第 10 染色体上的纤维比强度主效 QTL 进行 MAS,研究了在复杂遗传背景下对主效 QTL 进行 MAS 的实际效果。比较单标记、双标记对纤维比强度 MAS 的效应和该主效 QTL 对纤维品质的影响。

通过 MAS M_2、M_1,表型选择 P_2、P_1,分子标记结合表型选择 MP_1、MP_2 群体和基础群体 C_0,经两年的研究比较发现,第二轮标记选择群体 M_2 的比强度均高于其他群体,选择响应值达正值。在两轮选择中,均是标记选择高于表型选择。通过对 7 个群体的 911 个总单株的分子检测,证明了 2 个标记在选择群体达到显著或极显著水平时,可显著提高纤维比强度。SSR1521 标记纯合显性(++)/纯合隐性(——)标记和 RAPDUBC301 标记显性(+)/隐性(—)标记平均纤维比强度达极显著水平,2 个标记同时选择,显性(++)/隐性(——)也达极显著水平。这两个标记在提高纤维比强度的同时对其他品质性状也有改善。其中对伸长率、马克隆值有极显著的提高。

Guo 等(2005)利用优异纤维种质系 7235 和长江流域推广品种泗棉 3 号为亲本,配置了系统育种和修饰回交聚合育种两套群体。用来自 7235 的 2 个高强纤维主效 QTL 的分子标记,在上述育种群体中进行了分子标记辅助选择效率研究。高强纤维主效 QTLfs-1 是利用(7235×TM-1)F_2 分离群体,通过集团混合分离法检测到的,它可解释纤维比强度表型变异的 30%以上。高强纤维主效 QTLfs-2 最初是利用(HS427-10×TM-1)F_2 分离群体检测到的,它可解释纤维比强度表型变异的 12.5%以上。进一步的研究表明,该 QTL 与 QTLfs-1 非等位,也位于 7235 优质系中。利用与 QTLfs-1 连锁的分子标记 BNL1521、BNL2961 和

SCAR431 及与 QTLfs-2 相连锁的分子标记 BNL1122 和 BNL1395 在上述 2 套育种分离群体中进行分子标记辅助选择。结果利用 BNL1521、BNL2961 和 SCAR431 对 QTLfs-1 进行单标记选择时，选择效果均达到了显著水平。利用 BNL1395 对 QTLfs-2 进行单个 QTL 的辅助选择，结果，(++)与(——)，(+—)与(——)之间的差异都达到了极显著水平，只有(++)虽然比(+—)纤维比强度有所增强但没有达到显著水平。在利用 BNL1521、BNL2961 和 BNL1122 对 QTLfs-1 和 QTLfs-2 进行标记辅助聚合选择时，发现同时检测到三个标记的 18 颗植株比没有检测到任何一个标记的 125 颗植株平均纤维比强度提高了 4.34 cN/tex，比任何一个单标记或单个 QTL 的双标记辅助选择效果明显提高。2 套育种分离群体的 2 个高强纤维主效 QTL 的分子标记辅助选择效果表明：高强纤维主效 QTLfs-1 在不同环境条件下均稳定表达，它对不同遗传背景的育种群体均有显著的选择效果。尽管 QTLfs-2 的选择效果低于 QTLfs-1，但它在高世代育种群体中也表现较高的选择效率。利用分子标记辅助选择具有一定遗传距离的 QTLfs-1 区间，其纤维比强度的选择效率将大大增强。通过分子标记对位于不同连锁群上的 2 个 QTL 聚合选择，其中所选单株的纤维比强度显著提高。研究结果为利用分子标记辅助聚合优质 QTL 提供了成功实例。

Guo 等(2005)将修饰回交育种法和分子标记辅助选择育种相结合，以生产上推广或即将推广的品种为轮回亲本，同时对轮回亲本的遗传背景和具有育种目标性状的基因或 QTL 进行选择，从而可显著提高育种效率。利用这一方法，以山西 94-24 和 7235 品系分别为抗虫基因和优质 QTL 的供体亲本，长江流域推广品种泗棉 3 号为轮回亲本杂交回交，进行分子标记辅助的优质 QTL 系统选择和外源 *Bt* 基因的表型及分子选择。在(泗棉 3 号×7235)BC_1F_4 群体中获得遗传背景与泗棉 3 号相近，株型稳定，并且具有优质 QTL 的高强株系，在(泗棉 3 号×转 Bt 品系 94-24)BC_4F_1 群体中获得遗传背景与泗棉 3 号相近，抗棉铃虫效果明显的单株。并进一步通过高世代优质和抗虫株系的互交，分子标记辅助目标性状选择，分子检测，使高强纤维 QTL 和 *Bt* 基因快速聚合，培育出了优质、高产的抗虫棉新品系南农 85188。

石玉真等(2007)利用黄河流域广泛种植的转基因抗虫棉品种 sGK321 和 sGK9708(中 41)为轮回亲本，分别与优质丰产品种太 121 和高纤维品质渐渗种质系 7235 杂交的 F_1 代材料杂交并回交，配置了杂交回交组合两套，运用与一个已定位的高强纤维 QTL 紧密连锁的 2 个 SSR 标记，通过对这两套杂交组合的不同世代群体的数据进行分析研究，在 sGK321×[(Tai121×7235)×sGK321]组合的 F_2 群体、$F_{2:3}$ 群体和 sGK9708×[(Tai121×7235)×sGK9708]组合的 F_2 群体、$F_{2:3}$ 群体中，有/无标记个体的平均纤维比强度分别为 29.78 cN/tex // 28.19 cN/tex、29.35 cN/tex // 27.97 cN/tex 和 29.74 cN/tex // 27.65 cN/tex、29.12 cN/tex // 27.33 cN/tex，差异都达到了极显著水平(表 4.1)。该研究表明了此高强纤维主效 QTL 在不同的遗传背景，经过多代杂交、回交和自交后，能够稳定遗传而且 QTL 的效应稳定；利用此高强纤维主效 QTL 的分子标记进行辅助选择提高棉花纤维比强度效果是显著的。可以在棉花的苗期或早期世代进行分子标记辅助选择，这为快速有效地改良棉花纤维品质、培育棉花新品种新品系提供了理论依据。并运用此项技术结合其他手段进行了优质、抗虫等基因的聚合育种研究，可快速有效地改良现有的陆地棉推广品种，创造高产、优质、抗虫棉花新材料或新品系。

表 4.1　两个组合不同世代群体中各标记基因型单株的纤维比强度方差分析结果

群体	年份	基因型	单株个数	平均纤维比强度/(cN/tex)	差数	方差	T 值	P 值
sGK321×[(Tai121×7235)×sGK321] F_2	2003	+	64	29.78	1.59	7.57	3.91	7.73×10^{-5}
		−	144	28.19		6.94		
sGK9708×[(Tai121×7235)×sGK9708]F_2	2003	+	40	29.74	2.08	8.48	3.96	9.25×10^{-5}
		−	82	27.65		5.29		
sGK321×[(Tai121×7235)×sGK321] $F_{2:3}$	2005	+	32	29.35	1.38	4.79	3.13	1.45×10^{-3}
		−	52	27.97		2.35		
sGK9708×[(Tai121×7235)×sGK9708]$F_{2:3}$	2005	+	28	29.12	1.80	5.23	3.71	3.11×10^{-4}
		−	34	27.33		1.64		

注：+表示有标记的基因型；−表示无标记的基因型。

中国农科院棉花研究所的董章辉等(2008)以 2 个抗虫品种(系)TG41 和 sGK156 以及 3 个纤维品质优异的种质系 7235、HS427-10 和 0-153 为亲本，配制了(sGK156×HS427-10)×(0-153×7235)、(TG41×HS427-10)×(0-153×7235)和(sGK156×0-153)×(sGK156×HS427-10)3 套组合的双交 F_1 及 F_2 群体，用纤维比强度、纤维长度和马克隆值有关的 9 个 QTLs 相连锁的 8 个标记进行分子标记辅助选择效果检测，其中与纤维长度有关的 3 个 QTLs，相关标记为 NAU1043、CM67 和 MUSS497，分别来自亲本 7235 和 0-153(2 个)；与纤维比强度有关的 4 个 QTLs，相关标记为 NAU1262、BNL1521、MUSS034、CM67、TMK19 和 MUCS616，分别来自亲本 7235、HS427-10 和 0-153(2 个)，其中标记 NAU1262、BNL1521 与同一个 QTL 连锁，CM67、TMK19 也与同一个 QTL 连锁；与马克隆值有关的 2 个 QTLs，相关标记为 MUCS616 和 MUSS497，都来自亲本 0-153。其中标记 CM67 同时与纤维长度和纤维比强度连锁；标记 MUSS497 同时与纤维长度、马克隆值连锁；标记 MUCS616 同时与纤维比强度和马克隆值连锁。纤维比强度的单标记辅助选择中，标记 NAU1262、BNL1521、CM67、TMK19 和 MUCS616 在三个群体的双交 F_1 世代中有/无标记的单株平均纤维比强度之间的差异都达到了显著或极显著水平，标记 MUSS034 在两个群体的双交 F_1 世代中有/无标记的单株平均纤维比强度之间的差异都达到了极显著水平，在另一个群体中差异虽没有达到显著水平，差值仍在 0.5 cN/tex 以上；标记 NAU1262 和 BNL1521 与同一个纤维比强度相关的 QTL 连锁，标记 CM67 和 TMK19 也与同一个比强度相关的 QTL 连锁，然而用双标记同时对同一个 QTL 进行选择时，并没有比单标记辅助选择表现出更好的效果，可能两个标记位于 QTL 的同一侧。用标记 MUSS497、CM67 和 NAU1043 对纤维长度进行单标记辅助选择，结果在三个群体的 F_1 世代中辅助选择效果均达到显著水平。用标记 MUSS497 和 MUCS616 在三个群体的两个世代中进行马克隆值相关的分子标记辅助选择，结果标记 MUCS616 在三个群体的 F_1 世代中辅助选择效果均达到显著水平，标记 MUSS497 在两个群体的 F_1 世代中辅助选择效果达到显著水平。在 F_2 代群体中对这些单标记的辅助选择效果进行验证，结果标记 BNL1521、MUSS034、TMK19、CM67 对纤维比强度的选择效果和标记 NAU1043、MUSS497 对纤维长度的选择效果均在 F_2 代群体中得到了验证，这些标记仅用单标记辅助选择就能在至少两个群体的两个世代达到显著或极显著水平。

用4个纤维比强度相关QTLs位点的6个标记进行两两组合，共得到13种不同QTL的不同标记组合。将这13种不同标记的组合分别在3个不同群体的双交F_1世代进行不同QTLs位点的聚合效果检测。结果聚合2个QTLs的材料同聚合0个QTL的材料进行比较，在已分析的39对比较数据中差值全部(100%)大于0.5 cN/tex，其中28对(71.8%)数据差值大于1 cN/tex，其中32对数据(82.1%)差异达到显著水平以上，30对数据(76.9%)达到极显著水平，2个标记聚合选择使纤维比强度提高的幅度明显大于单标记辅助选择的效应。对聚合2个QTLs的材料同只聚合1个QTL的材料进行比较，在已分析的78对比较数据中有69对数据(88.5%)其差值大于0，43对数据(55.1%)差值大于0.5 cN/tex，12对数据(15.4%)差值大于1 cN/tex，其中25对数据(32.1%)差异达到显著水平以上，14对(17.9%)数据差异达到极显著水平，这说明，对这些QTL组合进行聚合选择时，纤维比强度的增强效果是可以相互累加的，当材料中聚合到1个比强度QTL再聚合第二个QTL时，大多数情况下可以使纤维比强度增强，表现出一定累加效应，表明通过分子标记辅助选择使两个QTLs聚合的方法对棉花纤维比强度的改良比单标记辅助选择更有效。用标记CM67和MUSS497的组合及CM67和NAU1043的组合对纤维长度相关的QTL进行两两聚合，结果检测到2个标记的单株明显比没有检测到任何标记的单株平均纤维长度值提高，且在3个群体中差异都达到了显著水平或极显著水平，选择效果比单标记辅助选择效果明显提高。

用TMK19、NAU1262、MUSS034的组合，CM67、NAU1262、MUSS034的组合，TMK19、NAU1262、MUCS616的组合，TMK19、MUCS616、MUSS034的组合，CM67、MUCS616、MUSS034的组合对纤维比强度进行3个QTL的聚合效果检测，结果聚合3个标记时纤维比强度均达到最大值，且聚合3个QTLs的材料与聚合0个、1个、2个QTLs的材料相比纤维比强度增强的幅度都达到了极显著水平。用标记NAU1262、CM67、MUSS034、MUCS616的组合和标记NAU1262、TMK19、MUSS034、MUCS616的组合对纤维比强度展开4个QTLs的标记辅助聚合选择效果检测，结果随着材料中聚合到QTLs个数的增多，纤维比强度不断增强，当材料中聚合到4个QTLs时，纤维比强度值达到最大，且与聚合0个、1个、2个、3个QTLs的材料相比纤维比强度增强的幅度都达到了极显著水平，通过分子标记将多个QTLs进行聚合选择可以更好地改良性状(表4.2)。另外，此研究所配制的群体材料由多个优质亲本通过杂交、双交而得到，世代低，遗传背景复杂，大多QTLs处于杂合状态，此研究仍然检测出了单个QTL位点及QTL位点聚合的显著遗传效应，明确了完全可以利用育种低世代群体研究基因的分子标记辅助选择和聚合效应。

表4.2 四个纤维比强度相关的不同位点QTLs聚合效果分析

聚合标记个数	纤维比强度/(cN/tex)	株数	差值/(cN/tex)	*P*值
4	33.32	15		
0	30.8	121	2.52	2.44E-05
1	31.4	61	1.92	4.00E-04
2	31.82	134	1.5	0.002 5
3	32.03	54	1.29	0.009 1

随着棉花纤维品质分子标记及其辅助选择研究的深入，棉花纤维品质的改良必将获得突破性进展。

4.1.5.2 棉花抗黄萎病基因分子标记辅助选择

棉花黄萎病是分布于世界各主要产棉国家的主要病害，严重威胁和阻碍着棉花的生产与发展。近年来，棉花黄萎病已蔓延到我国各主要产棉区，成为棉花生产可持续发展的主要障碍。1997 年中国因黄萎病减产 10.7%，损失皮棉 43 万吨，直接经济损失达 60.5 亿元，尤其是北方棉区更为严重，成为棉花减产的主要原因，2002 年发病面积超过 300 万公顷(简桂良等，2003)，黄萎病分子标记及其辅助选择的研究对培育抗黄萎病的棉花新品种具有重要意义，并取得了一定进展。

中国农业科学院棉花研究所的孔祥瑞等(2010)采用分子标记辅助选择技术将与陆地棉黄萎病抗性相关的 18 个 SSR 标记用于大田辅助选择育种。结果表明，18 个标记中的 BNL1721、BNL2733 和 BNL3452 标记在有/无标记基因型个体间病指差异显著，且选择效应能够在不同世代间稳定遗传。通过对单标记、多标记选择效应比较，发现不同标记间配制辅助选择最优组合可以实现选择效应的最大叠加。

在单标记分析的基础上实现多个单标记选择效应的有效累积是高效利用 MAS 方法的前提。在标记 BNL1721、BNL2733、BNL3452 的筛选条件下，对抗病标记基因型同其对应反应型的相互关系进行研究发现，仅有标记 BNL2733 的抗病标记基因型和其反应型在分离比上能够保持完全一致；标记 BNL1721 筛选出来的 48 株抗病基因型个体中仅有 11 株反应型达抗病级别；BNL3452 筛选的 54 株抗病基因型中，有 14 株达抗病级别。

综合 3 个标记的基因型和表型表现选择到 5 株抗黄萎病个体，2008—2009 年这些单株的最高相对病指为 19.94，最低为 15.31，按抗病反应型分级标准，全部达到抗病水平，说明对单标记选择效应的有效累积确实可以提高选择效率和选择的准确性。

王芙蓉等(2007)利用综合性状优良、适应性广、抗黄萎病的鲁棉研 22 号与渐渗了海岛棉优异纤维基因的鲁原 343 组配杂交组合，对 $F_{2:3}$家系在不同发病时期进行黄萎病鉴定，并以 SSR 标记对抗黄萎病性状进行定位分析，检测到 3 个 QTLs 位点与抗黄萎病有关，分别与 NAU751、BNL1395 和 BNL3590 连锁较紧密，能解释的表型变异分别为 10.27%、10.8%和 13.78%。利用检测到的与这 3 个 QTL 位点连锁较紧密的 SSR 标记对杂交后代辅助鉴定，发现标记 NAU751 和 BNL1395 的抗性基因型均能显著增加后代的黄萎病抗性，两个标记的抗性基因型聚合后，后代抗性水平提高极显著。分子标记辅助抗病选择应用于优异纤维渐渗系杂交后代的鉴定中，可以培育出既优质又抗病的棉花新品种。

BNL3590 的父、母本纯合基因型后代黄萎病病指均值差为 5.721，差异不显著。BNL1395 和 NAU751 的抗性纯合基因型后代(AA)与等位的非抗性纯合基因型后代(aa)病指均值差分别为 11.344($P=0.0116$)和 6.434($P=0.0184$)，差异均达显著水平，两个标记的纯合基因型后代与其杂合基因型后代(Aa)的平均病指没有显著差异。BNL1395 和 NAU751 位于同一连锁群上，但抗性基因型来源却不同，只有在发生交换的情况下，两个标记的抗性基因型才能聚合到一起，但由于两标记间发生交换的频率较低，所以后代群体中聚合有 BNL1395 和 NAU751 抗性基因型($A_1A_1A_2A_2$)的后代较少。对聚合有 $A_1A_1A_2A_2$ 型后代和聚合有 $a_1a_1a_2a_2$ 型后代的病指进行比较，两者间平均黄萎病病指差为 18.383，差异极显著

(P=0.000 1)。且聚合有 $A_1A_1A_2A_2$ 型的后代和仅含有一对抗性标记基因型(A_1A_1 或 A_2A_2)的后代相比,平均病指低甚至达显著水平。可见,BNL1395 和 NAU751 不仅可以作为单标记辅助选择提高后代育种群体的抗病性,而且将两标记的抗性基因型聚合进行抗黄萎病性状的辅助选择,抗病性明显提高。

李志坤等(2011)利用与海岛棉抗黄萎病基因连锁的 SSR 分子标记 $BNL3255_{208}$ 对海岛棉(*Gossypium barbadense* L.)品种 Pima90-53 与陆地棉(*G. hirsututum* L.)品种中棉所 8 号的杂交组合后代进行了分子标记辅助选择,抗性鉴定结果表明:50 个 F_2 植株中初步筛选到带有抗黄萎病基因分子标记的植株 36 株,在光温可控的培养室内 BC_1F_1 抗病单株中 89.4%的单株扩增出特异 SSR 标记特异片段,该特异片段的分子长度 208bp 且重复性好,稳定性高,平均选择符合率达 84.0%,表明该分子标记在检测黄萎病抗性基因和辅助选择育种方面是有效的。

4.1.5.3 棉花育性恢复基因分子标记辅助选择

南京农业大学的柳李旺等(2003)利用胞质雄性恢复系 0-613-2R 与转 *Bt* 基因抗虫棉 R019 杂交、回交产生的 BC_2 群体及 CMS 恢复基因 Rf_1 紧密连锁的 3 个 SSR 标记和 *Bt* 基因的 PCR 标记展开分子标记辅助选择培育聚合有 Rf_1 和 *Bt* 的转基因抗虫棉恢复系。结果在分析的 59 个 BC_2 单株中 55 株存在恢复基因标记,54 株存在 *Bt* 基因;综合标记结果,共获得 54 个同时具有 *Rf* 和 *Bt* 基因的聚合单株,这些单株自交后,再通过标记辅助选择,共获得 10 株含 *Bt* 基因且 Rf_1 纯合的单株。分子标记辅助选择为棉花优良恢复系的快速培育提供了重要工具。

4.1.5.4 棉花抗根结线虫病分子标记辅助选择

棉花根结线虫病在美国等国家发生较为普遍,已给棉花生产造成了严重的经济损失,抗根结线虫分子标记及其辅助选择的研究也取得了一定进展。

Gutierrez 等(2010)利用 3 个群体进行了抗根结线虫的基因定位,结果表明,位于不同染色体的 2 个基因协同抗根结线虫,位于第 11 染色体上的一个基因与 CIR316 紧密连锁,位于第 14 染色体上的一个基因与 BNL3545 和 BNL3661 紧密连锁。Jenkins 等(2011)利用与抗根结线虫病连锁的 2 个 SSR 标记 CIR316(chromosome11)and BNL3661 (chromosome 14)和 2 套组合 M240 RNR×FM966 和 Clevewilt6×PI563649 的后代单株,进行了分子标记辅助选择效果的研究,结果表明利用这两个标记进行辅助选择效果是显著的,可进行辅助选择快速培育抗根结线虫病新品种。

4.1.6 影响分子标记辅助选择(MAS)的因素

大量研究和实践表明,影响 MAS 选择效率的因素非常复杂,其中分子标记与基因或 QTL 之间的连锁程度、目标性状的遗传率、群体大小和性质、世代数、选用分子标记数目和类型、控制性状基因或 QTL 数目、数量性状 QTL 定位及其效应等是重要因素。

4.1.6.1 分子标记与基因(QTL)间的连锁程度

MAS选择的准确性主要取决于标记与目标基因的连锁强度，分子标记与基因连锁得愈紧密，依据标记进行选择的可靠性就愈高(Xu，2010)。此外，重组值 r 也影响到由该标记位点等位基因分离产生遗传方差的大小，r 值越小，遗传方差越大，数量性状的选择效率越高(Dudley，1993)。

4.1.6.2 性状的遗传率

性状的遗传率对MAS选择效率有很大的影响。遗传率较高的性状，根据表型就可较有把握地对其实施选择，此时MAS选择效率随性状遗传率增加而显著降低。在群体大小有限的情况下，低遗传率的性状MAS相对效率较高，但存在一个最适大小，在此限之下MAS效率会降低，如在0.1～0.2时，MAS效率会更高，但出现负面试验频率也高一些(QTL检测能力下降等)。因此利用MAS技术所选性状的遗传率应在中度(0.3～0.4)会更好(Moreau et al，1998；Berloo et al，1999)。

4.1.6.3 群体大小和性质

群体大小是制约MAS选择效率的重要因素之一。一般情况下，MAS群体大小不应小于200个。选择效率随着群体增加而加大，特别是在低世代，遗传率较低的情况下尤为明显(Moreau et al，1998；Hospital et al，1997)。所需群体的大小随QTL数目的增加呈指数上升。计算机模拟表明：遗传率为0.1时，转移5个QTL较2个QTL所需群体将增加8倍(Zhou et al，2003)。群体连锁不平衡性越大，MAS效率就越高。由两个自交系杂交产生的 F_2 群体，其连锁不平衡性往往最大，因而其MAS效率也较高(刘志文等，2005)。

4.1.6.4 世代的影响

在早期世代，分子标记与QTL的连锁非平衡性较大，随着世代数的增加，效应较大的QTL被固定下来，MAS效率随之降低(Hospital et al，1997；Luo，1998)。

4.1.6.5 选用分子标记数目和类型

从理论上看，标记数越多，从中筛选出对目标性状有显著效应的标记机会就越大，因而应有利于MAS效率的提高，但事实并非如此。MAS效率主要取决于对目标性状有显著效应的标记，因而选择时所用标记数不是越多越好。Gimelfarb等(1994)的研究表明，利用6个标记时，MAS效率明显高于3个标记，但用12个甚至更多时，MAS效率在低世代时反而降低，在高世代时增幅很小。一条染色体上有多个分子标记时，存在一个最适标记密度，在此之上则相对MAS效率降低。计算机模拟研究表明当每条染色体上标记数增加到6个以上时效率降低(Moreau et al，1998)，最优距离为20 cM(Hospital et al，1997)。

沈新莲等(2001)运用1个SSR和2个RAPD标记对纤维强度QTLs进行辅助选择，用显性标记与共显性标记对纯合基因型和杂合基因型之间选择差异进行比较，认为共显性SSR标记(可有效地剔除杂合基因型)对以加性/隐性为主遗传的QTL进行MAS效果会更好。

4.1.6.6 控制性状基因(QTL)数目

研究发现,当目标性状由少数几个基因(1～3)控制时,用标记选择对发掘遗传潜力非常有效;然而当目标性状由多个基因控制时,由于需要选择世代较多,加剧了标记与 QTL 位点重组,降低了标记选择效果;在少数 QTL 可解释大部分变异的情况下,MAS 效率更高(吴为人等,2002)。

4.1.6.7 数量性状 QTL 的划分、定位及其效应分布

QTL 的准确发现和对其效应无偏估计(unbiased estimates of QTL effects)有助于提高 MAS 效率(Willcox et al,2002)。QTL 精确定位取决于分子连锁图谱的饱和度以及对 QTL 性状的准确测量,可利用永久分离群体通过反复试验精确定位 QTL。Bohn 等(2001)提出用 CV(cross validation)和 IV (validation with an independent sample)分析方法对 QTL 效应和标记 QTL 遗传方差进行无偏估计。互作大小直接影响着 MAS 效率。在特定条件下获得的 QTL 分子标记连锁关系在不同年份间、不同环境下会表现的不一致。一般在不同年份间不同时期不同地点均能检测到的 QTL 的效果较好(刘志文等,2005)。

另外,基因型对 QTL 检测有较大影响,杂交早代植株基因型是杂合的,随着自交代数增加,许多位点趋于纯合,在早代选择的植株,其表现与高代的表现会不一致,应重新估价和筛选分子标记(Hospital et al,1997)。同一性状在不同群体间甚至不同群体大小间的 QTL 不一致,这些因素均影响 QTLs 检测并影响 MAS 的效率(Moreau et al,1998)。实践中,一纤维高强 QTL 在不同分离世代、不同遗传背景、不同环境中稳定遗传,效应稳定,利用 MAS 对棉花纤维强度的改良效果显著(石玉真等,2007;沈新莲等,2001)。

4.1.7 棉花分子标记辅助选择的基本策略

Ribaut 等(1999)提出了 QTL 辅助选择的 SLS-MAS 方法,即 QTLs 最好不超过 3 个,而且要求这些 QTLs 在不同的遗传背景及环境表达稳定,占的表型变异为最大,选择最有效的 QTL,要求这些标记的距离 5 cM 以内,以得到最紧密连锁的分子标记。Gimelfard 等(1995)通过计算机模拟发现,用于 QTL 辅助选择的标记并非必须和控制目标性状的 QTL 紧密连锁,因为选择的效果除和遗传距离有关外,还和 QTL 的效应、QTL 的数目、标记的数目等有关。MAS 选择效率受多种因素的影响。沈新莲等(2001)的试验结果也说明,QTL 的辅助选择没有固定的模式,应针对 QTL 和标记的信息来设计最佳的选择方案。

欲大规模开展棉花 MAS:第一,QTL 的遗传不受遗传背景、不同世代、不同生态环境的显著影响,QTL 效应稳定,这是 QTL 分子标记辅助育种的基础和必要条件(Guo et al, 2005);第二,MAS 的成本与可重复性是首要考虑因素;第三,检测方法简单、快速。因此,筛选稳定的 QTL 及其连锁的分子标记,采用稳定、快速的 PCR 反应技术,简化 DNA 抽提方法,改进检测技术是努力的方向(沈新莲等,2003)。中国农业科学院棉花研究所分子育种实验室采用改良的 DNA 微量提取法和小型胶电泳节约了成本、加快了 DNA 提取的速度、加大了规模。分子检测采用 SSR 标记,96 孔 PCR 仪,整个 PCR 反应程序 1.3 h,102 孔电泳胶电泳,

稳压 180 V,1 h 电泳结束。可大规模地开展 MAS,快速地改良陆地棉品种或创造棉花新材料新品种。

4.1.8 棉花分子标记辅助选择存在的问题及展望

适于作物基因组育种的分子标记必须具有遗传稳定、易操作的特点(郭旺珍等,2003),但目前适于棉花 MAS 育种目标性状的分子标记数量有限,且一些标记在不同遗传背景中表现不稳定,易受遗传背景影响;分子标记与育种相脱节,分子遗传图谱还欠饱和,但初步应用的成功为进一步的分子标记辅助育种的应用开辟了广阔的前景。随着分子生物学研究的新成果及其发展的新技术不断出现、棉花不同遗传图谱的日趋饱和以及棉花基因组学、生物信息学等研究的深入,棉花分子标记辅助选择在育种中将会发挥愈来愈大的作用。

4.2 转基因抗虫棉花新品种培育

为解决虫害给棉花生产造成的严重危害这一世界性难题,国内外相继应用植物基因工程技术,进行了抗虫棉的研究。

影响棉花优质高产的因素很多,而虫害是重要的原因之一。我国每年因虫害造成的棉花产量损失约为 10%～15%,而在重灾年份损失更为严重。特别是 1992 年,中国历史上发生了最严重的虫灾——棉铃虫大暴发,给当时我国最大的棉花生产区域——黄河流域棉区造成的棉花产量损失超过 50%(表 4.3),给国家和棉农造成上百亿元经济损失。全国每年用于棉花害虫防治的杀虫剂用量约占杀虫剂使用总量的 2/3。尽管化学农药的使用对减轻害虫的危害起到了明显的作用,但随着害虫抗药性的增加,棉田害虫的防治显得越来越困难。因此,人们正在积极探索新的棉虫治理方法,其中转基因抗虫棉的培育开辟了全新的研究领域并取得了巨大成功。经过联合攻关,我国成为世界上第二个拥有 *Bt* 杀虫基因自主知识产权的国家,同时还研发出更先进的双价杀虫基因(*Bt*+*CpTI*);创新性地建立了农杆菌介导法、花粉管通道法、基因枪轰击法三种高效转基因技术方法,这是国际上唯一可同时利用这三种方法快速获得转基因抗虫棉花新材料,并成功走向应用的技术平台。到 2002 年,国产抗虫棉占领国内市场份额的 35%,2003 年首次超过了国外抗虫棉,占 50%左右;2005 年已经占据 70%的份额,打破了国外抗虫棉的垄断地位。随后,中国棉花生产上应用的主栽品种便以为具有中国自主知识的自育转基因抗虫棉品种为主。转基因抗虫棉的种植比例也从 1997 年的零星种植到 2009 年转基因抗虫种植面积接近总植棉面积的 70%(James,2010;李付广等,2011)。

抗虫棉的种植有效地控制了棉铃虫的危害,农药用量减少 60%～80%,农药中毒事件降低了 80%;国产转基因抗虫棉每亩还可增产皮棉 7 kg 左右,增收节支约 130 元。至 2005 年,全国累计推广国产转基因抗虫棉 1 亿多亩,其中中棉所系列抗虫棉品种占 50%以上;国产抗虫棉已累计创造社会经济效益 150 多亿元(人民网资料)。

表 4.3 20 世纪 90 年代及 21 世纪初我国棉花生产情况统计表

年份	播种面积/万亩	单产/(千克/亩)	总产量/万吨
1990	8 382.20	53.80	451.00
1991	9 808.00	57.90	568.00
1992	10 253.00	44.00	451.00
1993	7 478.00	50.30	376.00
1994	8 292.00	51.30	425.00
1995	8 132.00	58.50	476.00
1996	7 083.40	59.30	420.32
1997	6 736.80	68.30	460.28
1998	6 689.10	67.30	450.10
1999	5 622.50	68.10	382.80
2000	5 400.00	81.80	441.70
2001	7 214.61	73.89	532.35
2002	6 720.00	78.47	492.00
2003	7 665.00	63.54	487.00

资料来源:1990—2000 年数据来源于《中国农业年鉴》,1991—2002 年版;2002 年数据来源于 2003 年国家统计局统计公报。

4.2.1 用于抗虫研究的重要基因

目前,已经克隆得到的抗虫基因有很多种,根据其来源可以分为三大类:第一类是从细菌中分离出来的抗虫基因,主要是苏云金芽孢杆菌(*Bacillus thuringiensis*,*Bt*)δ-内毒素蛋白基因(*δ-endotoxin crystal protein gene*,*Bt* 基因),以及营养期杀虫蛋白基因(*vegetative insecticidal proteins gene*)*Vip* 系列等;第二类是从植物组织中分离出来的抗虫基因,主要为蛋白酶抑制剂基因(*proteinase inhibitor gene*,*PI* 基因)、外源凝集素基因(*lectin gene*,*lectin* 基因)、淀粉酶抑制剂基因(*α-amylase inhibitor gene*,*α-AI* 基因)等;第三类是从动物体内分离到的毒素基因,主要有蝎毒素基因(*scorpion toxin gene*)和蜘蛛毒素基因(*spider toxins gene*)等。其中报道比较多的是关于 *Bt* 毒蛋白基因的研究,而 Hilder 等(1989)报道的源于植物的抗虫基因豇豆蛋白酶抑制剂基因(*cowpea trypsin inhibitor gene*,*CpTI* 基因),也受到了广泛的关注。

4.2.1.1 苏云金芽孢杆菌的内毒素蛋白基因

苏云金芽孢杆菌(*Bacillus thuringiensis*,*Bt*)是一种广泛存在于土壤中的常见革兰氏阳性土壤细菌。Bt 制剂作为一种生物杀虫剂在农业上应用已有近百年的历史,它不仅具有很强的专一性和抗虫效果,而且具有对人畜安全等优点。分子生物学研究表明,Bt 制剂的抗虫效果来源于其产生的一种叫 δ-内毒素的杀虫晶体蛋白(insecticidal crystal protein,ICPs),ICPs

被靶标昆虫取食后在中肠的碱性和还原性环境中降解为 60 ku 左右的活性肽，并与昆虫受体蛋白结合，引起细胞膜穿孔，破坏细胞渗透平衡，导致细胞肿胀破裂、昆虫瘫痪或死亡。ICPs 具有对敏感害虫专一性强、效果好等优点且对人畜安全。从 20 世纪 20 年代起，ICPs 就得到大规模生产并被用来防治欧洲玉米螟。但直到 1950 年，人们才了解 Bt 杀虫晶体蛋白杀虫活性完全由它在芽孢形成时产生的一种叫 δ-内毒素的伴孢晶体蛋白所决定（Hannay，1953）。为了更好地利用这种天然的杀虫资源，科学家从苏云金杆菌中分离出编码 ICPs 合成的基因，经修饰改造后导入植物细胞，使其自身产生 ICPs 而具有抗虫特性。

据统计已经有 60 多种 *Bt* 基因被报道，根据它们的杀虫谱范围和基因序列的同源性的不同（表 4.4），*Bt* 基因可粗分为 6 大类：*cry* Ⅰ、*cry* Ⅱ、*cry* Ⅲ、*cry* Ⅳ、*cry* Ⅴ 和 *cry* Ⅵ，每一类中又包含有不同的亚类。这些数字代表了 *Bt* 杀虫晶体蛋白质的几种杀虫范围（如Ⅰ和Ⅱ表明了对鳞翅目昆虫的毒性，Ⅲ和Ⅳ分别代表了对鞘翅目和双翅目昆虫的毒性等）。在每一类型下用英文字母 A、B、C 等代表不同的基因型，然后用小写的英文字母表示同一基因型内由于核苷酸序列差异造成的差异亚型。按照此系统，编码 *Bt* 杀虫晶体蛋白质的基因称为晶体蛋白质基因（简称 *cry*），其编码的蛋白质称为晶体蛋白质（简称 Cry）。前五类称为晶体蛋白基因家族（*crystal protein coden gene*），而第六类具有溶细胞作用的 27 ku 晶体蛋白基因，来源于灭蚊菌株 Bt israelensis HD-567，双翅目昆虫有杀虫活性，其蛋白序列与其他晶体蛋白没有同源性，因此也就不属于“δ-内毒素”家族（Hofte and Whiteley，1989），又因其蛋白质对昆虫细胞和脊椎动物的红细胞皆有溶胞活性，且其基因与上述 *cry* 基因在结构上完全无关，单列为一类，命名为 *cyt* 基因。

表 4.4 ***Bt* 杀虫晶体蛋白基因的分类及杀虫谱**

基因类型	亚类	编码蛋白质的分子质量/ku	生物活性
*cry*Ⅰ	*cry*ⅠA(*a*)	132.2	鳞翅目
*cry*Ⅰ	*cry*ⅠA(*b*)	131.0	鳞翅目/双翅目
*cry*Ⅰ	*cry*ⅠA(*c*)	133.3	鳞翅目
*cry*Ⅰ	*cry*ⅠB(*b*)	131.1	鳞翅目
*cry*Ⅰ	*cry*ⅠB	138.0	鳞翅目/双翅目
*cry*Ⅰ	*cry*ⅠC	134.8	鳞翅目
*cry*Ⅰ	*cry*ⅠD	132.5	鳞翅目
*cry*Ⅰ	*cry*ⅠE	133.0	鳞翅目
*cry*Ⅰ	*cry*ⅠF	133.6	鳞翅目
*cry*Ⅰ	*cry*ⅠG	133.0	鳞翅目
*cry*Ⅰ	*cry*ⅠX	81.0	鳞翅目
*cry*Ⅱ	*cry*ⅡA	70.9	鳞翅目/双翅目
*cry*Ⅱ	*cry*ⅡB	70.8	鳞翅目/双翅目
*cry*Ⅱ	*cry*ⅡC	69.5	鳞翅目/双翅目
*cry*Ⅲ	*cry*ⅢA	73.1	鞘翅目
*cry*Ⅲ	*cry*ⅢB	74.2	鞘翅目

续表 4.4

基因类型	亚类	编码蛋白质的分子质量/ku	生物活性
cryⅢ	*cryⅢ*B_2	74.0	鞘翅目
cryⅣ	*cryⅣA*	134.4	双翅目
cryⅣ	*cryⅣB*	127.8	双翅目
cryⅣ	*cryⅣC*	77.8	双翅目
cryⅣ	*cryⅣD*	72.4	双翅目
cryⅤ	*cryⅤA(a)*	152.0	鞘翅目/鳞翅目/线虫
cryⅤ	*cryⅤA(b)*	142.0	鞘翅目/鳞翅目/线虫
cryⅤ	*cryⅤB*	142.0	鞘翅目/鳞翅目/线虫
cryⅤ	*cryⅤC*	88.0	鞘翅目/鳞翅目/线虫
cryⅥ	*cryⅥA*	54.0	线虫
cryⅥ	*cryⅥB*	42.0	线虫
cyt	*cyt*A	27.4	双翅目/溶细胞

张洪瑞等，2008。

cry Ⅰ 型基因编码主要对鳞翅目昆虫有特异毒性的 81～138 ku 蛋白，可以降解为 60～70 ku 的毒素核心片段：*cry Ⅱ* 型基因编码 70 ku 左右的蛋白，在菌体内形成立方体伴孢晶体，其产物既对鳞翅目又对双翅目昆虫有毒性；*cry Ⅲ* 型基因编码对鞘翅目昆虫有毒性的 70 ku 左右的蛋白，在菌体内形成长斜方形伴孢晶体：*cry Ⅳ* 型对双翅目蚊幼虫有毒性，产生 70 ku 和 130 ku 左右的蛋白，它们同 *cytA* 基因编码的 27 ku 的蛋白在菌体内形成大小不同的卵圆形伴孢晶体。Tailor 等(1992)报道了 *cryⅤ* 型基因，对鞘翅目的马铃薯甲虫和鳞翅目的欧洲玉米螟有毒性；Feitelson 等(1992)也报道了新增加的 *cryⅤ* 和 *cryⅥ* 两类基因，对螨类和动、植物寄生线虫有毒性，它们的分子质量和同源性不同。

据张洪瑞等(2008)统计，自从 1981 年 Schnepf 和 Whiteley(1981)克隆出第一个晶体蛋白质基因以来，至少已经发现了 121 个晶体蛋白质基因。随着发现基因的增多，在氨基酸序列相似性和杀虫谱之间出现了越来越多的矛盾。1995 年国际无脊椎动力病理学会年会(SIP)上苏云金芽孢杆菌 *cry* 基因命名委员会按晶体蛋白质氨基酸序列的同源性采用四级分类法将其重新分类，将之归为 24 类群、48 类、72 亚类。同源性在 45%以下为第一等级，用阿拉伯数字表示；同源性在 45%～78%为第二等级，用大写英文字母表示：同源性在 78%～95%为第三等级，用小写英文字母表示：同源性在 95%以上为第四等级，用阿拉伯数字表示。只要已知 Bt 的伴孢晶体与已知的 *cry* 或 *cyt* 具有高的同源性，就可以纳入这个系统(黄大昉等，2000)。目前已经发现 299 种杀虫晶体蛋白基因，分属于 44 群(其中 *cry* 基因 42 群，*cyt* 基因 2 群)，136 模式基因(Kumer 等，1997)，随着苏云金芽孢杆菌研究的深入和应用的发展，这些类别还会逐渐增加。

转 *Bt* 基因抗虫棉的首次田间实验开始于 1989 年，当时由于导入的 *Bt* 基因是原来未加改造的原始型的 *Bt* 基因，其 δ-内毒素的表达量极低，难以起到有效防治棉田害虫的目的。随后 Perlak 等通过对 *Bt* 基因特定位点的改造，将 *Bt* 基因中不利于在植物细胞中表达的 A、T 碱基更换为 G、C，并更换了适用于棉花的启动子，从而使 *Bt* 基因得以在植物中高效表达，用该改造

后的 *Bt* 基因转化棉花获得的转基因棉株其 δ-内毒素的表达量提高了 50～100 倍，使改良的 *cryIA(c)*和 *cryIA(b)*的表达量达到棉株中可溶性蛋白的 0.1%和 0.05%(文学等，2000)，田间试验表明转基因株系对棉铃虫、红铃虫等鳞翅目害虫有较强的抗性，且皮棉的产量高于对照(Perlak et al，1991)。此后，谢道昕等(1991)将 *Bt Aizawai7-29* 和 *Bt KurstakiHD-1* 的杀虫基因分别导入我国陆地棉品种中，分子检测表明杀虫基因已经整合到棉花基因组中并得到了表达，这是我国首次报道的转杀虫基因的棉花植株，为获得抗棉(红)铃虫的优良品种资源和发展棉花基因工程抗虫育种的新途径提供了科学基础。1998 年，倪万潮等(1998)将人工合成的 *cryIA* 杀虫基因导入棉花，获得了高抗棉铃虫的转基因植株，使我国成为第 2 个独立成功研究转基因抗虫棉并拥有自主知识产权的国家，为我国转基因抗虫棉的应用奠定了基础。

Bt 基因是抗虫棉中研究最多、进展最快、应用最广泛的一类基因，它对鳞翅目昆虫有专一杀伤作用。*Bt* 基因的种类很多，但获得转基因抗虫棉的 *Bt* 基因仅有 *cryⅠA(b)*、*cryⅠA(c)*、*cryⅠA* 等少数几种。

Bt 抗虫棉对棉铃虫、红铃虫、玉米螟等害虫有较高的抗性，在减少农药施用、降低生产成本、减轻劳力投入以及增加农民收入等方面都起到显著的作用。转 *Bt* 基因抗虫棉的成功研制与大面积推广和应用，促进了高科技生产商品化趋势，降低了棉农和政府的投资风险，取得了显著的生态、社会和经济效益。

4.2.1.2 来源于高等植物的抗虫基因

目前，从高等植物获得的抗虫物质主要有两大类，一类是动物消化酶的抑制剂(包括蛋白酶抑制剂和淀粉酶抑制剂)，另一类是植物凝集素。

(1)蛋白酶抑制剂类抗虫基因

植物蛋白酶抑制剂(*protease inhibitor*，*PI*)基因表达的蛋白酶抑制剂是自然界含量最为丰富的蛋白种类之一，是一种天然的杀虫物质，它广泛存在于许多植物的各种组织及器官中，其中以贮藏器官(如种子和块茎中)的含量最高，其含量高达总蛋白含量的 1%～30%。最早发现于 1938 年，与 *Bt* 基因相比，由于其具有抗虫谱广，安全性高和害虫不易产生抗性等优点(Gatehouse and Hilder，1988)而广泛用于抗虫基因工程。它能抑制昆虫或动物消化系统的蛋白酶活性，是植物对付昆虫及病原体侵袭的一种天然防御体系，昆虫体内的蛋白酶负责食物中蛋白质的消化，将蛋白酶抑制剂基因引入植物，即可通过影响昆虫的消化作用而致昆虫死亡。

自然界中存在的蛋白酶抑制剂的种类很多，目前在植物中发现的蛋白酶抑制剂可根据它们的活性部位的本质和作用机制分为丝氨酸(Ser)蛋白酶抑制剂、半胱氨酸(Cys)蛋白酶抑制剂、天冬氨酸(Asp)蛋白酶抑制剂和甲硫氨酸(Met)蛋白酶抑制剂。尽管现在对蛋白酶抑制剂的作用模式还不很清楚，但有报道认为，蛋白酶抑制剂的直接抗消化作用似乎不是导致昆虫死亡的主要原因，更重要的是，由于蛋白酶抑制剂的存在，引起了昆虫体内蛋白酶的过量产生，从而造成昆虫体内必需氨基酸的亏空而致昆虫死亡。除此之外，蛋白酶抑制剂还可影响昆虫体内的水分平衡、酶的调节以及昆虫的蜕皮等。其中丝氨酸蛋白酶抑制剂对人类的关系最为密切，这是因为它能杀死大多数害虫(如大多数的鳞翅目、直翅目、双翅目、膜翅目及某些鞘翅目昆虫)。蛋白酶抑制剂的杀虫机理在于：它能与昆虫消化道内的蛋白消化酶相互作用，形成酶-

抑制剂复合物，阻断或削弱消化酶的蛋白水解作用。因此，一旦昆虫摄食蛋白酶抑制剂，就会影响食物中蛋白的正常消化；同时，蛋白酶抑制剂和消化酶形成的 *El* 复合物，能刺激消化酶的过量分泌，通过神经系统的反馈，使昆虫产生厌食反应，最终造成昆虫的非正常发育而死亡。人们试图将控制其合成的基因分离克隆出来以用于植物抗虫基因工程培育转基因抗虫植物。目前至少有 20 种不同的蛋白酶抑制基因导入到了 10 余种植物中，获得了稳定表达并抗虫的转基因植株。已有多种 *PI* 基因及其 cDNA 被克隆，包括豇豆胰 *PI* 基因、马铃薯 *PI* 基因和大豆胰 *PI* 基因等，并已成功转入到烟草、水稻等作物之中(刘芜等，1993；高越峰，1998；Liu et al，1992)。应用于棉花的 *PI* 基因主要是豇豆胰蛋白酶抑制剂(*CpTI* 基因)和慈姑蛋白质酶抑制剂(*API* 基因)。李燕娥等(1998)和陈宛新等(2002)分别将 *CpTI* 基因和修饰过的 *CpTI* 基因导入棉花，获得的转基因植株后代对抗棉铃虫具有明显的抗性。API 对多种蛋白酶具有抑制活性，其抗虫能力优于 *CpTI* 基因。Thomas 等(1995)将 *API* 基因导入棉花，获得了表达 *API* 基因的抗虫棉，用转基因棉花叶片饲喂白粉虱能降低成虫的羽化率。转蛋白酶抑制剂基因棉花的获得，使棉花的抗虫范围和抗虫能力有了新的扩展。下面简要概述几种主要的蛋白酶抑制剂基因：

1)大豆胰蛋白酶抑制剂基因(*SKTI* 基因)。大豆 Kunitz 型胰蛋白酶抑制剂基因是 Kunitz 家族蛋白酶抑制剂中常见的一种，也是到目前为止人们发现的抗虫效果较好的胰蛋白酶抑制剂基因，它对棉铃虫等棉花害虫的抗性比豇豆胰蛋白酶抑制剂基因强(Yuefeng et al，1998)。SKTI 应用于抗虫基因工程的最主要优点在于其抗虫谱广泛，其中包括鳞翅目、直翅目及鞘翅目等给农业生产造成重大经济损失的主要害虫。

2)豇豆胰蛋白酶抑制剂基因(*CpTI*)。豇豆胰蛋白酶抑制剂基因(*CpTI*)的主要优点与大豆 Kunitz 型胰蛋白酶抑制剂基因一样，具有广泛的抗虫谱，对棉铃虫、棉蚜、红铃虫、棉象鼻虫、玉米螟等鳞翅目、直翅目、鞘翅目的害虫都有毒杀作用。

美国学者 Hilder(1989)等首先分离并克隆了 *CpTI* 基因，并获得了转 *CpTI* 基因的烟草植株。此后美国 Monsanto 公司也将 *CpTI* 基因导入陆地棉栽培品种中。目前获得了转 *CpTI* 基因植物的种类很多，据不完全统计有苹果、油菜、水稻、番茄、向日葵、甘薯、烟草、马铃薯等 10 余种。

我国转 *CpTI* 棉花的研究已开展多年，并先后获得了转 *CpTI* 基因和转 *Bt*＋*CpTI* 双价基因棉花。中国农业科学院生物技术研究中心将改造后的 *CpTI* 基因和人工合成的 *Bt Cry* Ⅰ*A*杀虫基因重组，成功地构建了双向双价基因的高效植物表达载体，并导入到棉株中，获得了十几个转 *Bt*＋*CpTI* 双价基因抗虫棉优良品系，试验表明抗虫效果显著(李付广等，2000；郭多英等，2010)。

3)慈姑蛋白酶抑制剂基因(*API*)。慈姑块茎中富含蛋白酶抑制剂，它对胰蛋白酶和胰凝乳蛋白酶均有不同程度的抑制作用。慈姑胰蛋白酶抑制剂分为 A 型和 B 型两种，目前人们已分离出这两类基因并导入到了棉花植株体内，获得了稳定表达的能抗棉铃虫、棉蚜等棉田害虫的转基因棉花，其后代在大田中的表现研究正在进行之中。

4)马铃薯蛋白酶抑制剂-Ⅱ基因(*PI-Ⅱ*)。在马铃薯中有一类具有损伤诱导功能的蛋白酶抑制剂，当该植物受到害虫攻击或机械损伤时，叶组织中能诱导表达一系列的蛋白质，其主要成分是蛋白酶抑制剂。人们很重视该类基因的分离和克隆工作，以便能培育出害虫诱导表达抗虫性的转基因棉花。

(2)淀粉酶抑制剂基因

淀粉酶抑制剂(α-AI)是用于植物改良的第二大类酶抑制剂，它在植物界分布也较广，以禾谷类作物和豆科植物种子中的含量最为丰富，在植物对病虫害侵染的天然防御系统中起着重要的作用(Richardson,1990)。它的杀虫机理也就在于其能抑制昆虫消化道内 α-淀粉酶活性，使食入的淀粉无法正常消化水解，阻断了昆虫主要能量来源；同时，α-AI 和淀粉消化酶结合形成 EI 复合物，刺激昆虫过量分泌消化酶，通过神经系统反馈产生厌食反应，导致发育不良或死亡。目前，对淀粉酶抑制剂尚无统一的分类方法。来自菜豆的 α-淀粉酶抑制剂(α-AIPv)是目前了解较多的一种淀粉酶抑制剂，它是一种热稳定的糖蛋白，能够与昆虫或哺乳动物的 α-淀粉酶形成复合物。试验表明，转 *α-AIPv* 基因的烟草和豌豆均能阻止鞘翅目幼虫的生长发育(Shade,1994)。但由于它能抑制哺乳动物 α-淀粉酶(Shade,1994)，故限制了它在生食作物基因工程中的应用。

(3)植物凝集素基因

棉蚜是棉花的另一个主要害虫，随着抗棉铃虫转基因棉花的普遍种植，棉蚜的危害逐渐加重，由其造成的危害已远远超过棉铃虫等其他害虫的危害。而目前种植的转基因抗虫棉均是转 *Bt* 基因抗虫棉，其仅对棉铃虫、红铃虫等鳞翅目害虫有效，而对棉蚜等刺吸式害虫无效。因此，利用转基因技术获得抗蚜棉花品种已成为棉花抗虫育种的新课题。植物凝集素是一类具有特异糖结合的活性蛋白，在自然界中分布十分广泛，在储藏器官和繁殖器官中的含量尤其丰富。外源凝集素对植物有许多很重要的生理作用，其中在作物害虫防治方面所能表现出的作用是保护功能，即在植物生长的各个阶段，外源凝集素以不同的方式保护植物免受害虫的侵害，特别是对蚜虫等同翅目害虫有极强的抗杀作用。是植物防御系统的一个组成部分。研究结果表明，外源凝集素主要存在于植物细胞的蛋白粒中，其抗虫的作用机制可能是，一旦被害虫摄食，外源凝集素便会在昆虫的消化道内释放出来，并与肠道围食膜上的糖蛋白相结合，影响营养物质的正常吸收。同时，还可能在昆虫的消化道内诱发病灶，促进消化道内细菌的增殖，对害虫本身造成为害，从而达到杀虫的目的。人们已经从豆科、茄科、大戟科、禾本科、百合科和石蒜科等众多植物类群中分离鉴定出几百种这类蛋白质。根据植物凝集素亚基的结构特征，植物凝集素被分成 4 种类型：部分凝集素(merolectins)、全凝集素(hololectins)、嵌合凝集素(chlmerolectins)和超凝集素(superlectins)(郭三堆，1995；崔洪志等，1998)。

然而由于多种外源凝集素对人和哺乳动物有较强的毒副作用，因而在生产上应用较少。但也有一些特例，其中豌豆外源凝集素和雪莲花外源凝集素(*GNA*)对人的毒性极低，但对害虫却有极强的抑制作用，因而备受人们的重视。现已证明 *GNA* 对稻褐飞虱、黑尾叶蝉有极强的毒杀作用，同时还能抑制蚜虫的生长。因而通过植物基因工程技术将 *GNA* 基因导入到植物体内，以培育出对稻褐飞虱、蚜虫等刺吸式害虫有抗性的转基因植物。目前，cDNA 序列已被研究清楚，并已成功用于植物抗虫基因工程的凝集素基因有：雪花莲凝集素(*GNA*)基因、豌豆凝集素(*P-Lec*)基因、麦胚凝集素(*WGA*)基因、半夏凝集素(*PTA*)基因、苋菜凝集素基因(*ACA*)等。将来源于小麦胚芽凝集素基因导入陆地棉后，转基因 T_2 代能显著抑制棉铃幼虫和棉蚜的生长发育(Rajguru et al,1998)；而将 *Bt*+*GNA* 双价基因导入棉花后，获得的转基因株系对棉铃虫和棉蚜有较好的抑制效果(刘志等，2003)。

此外，菊芋凝集素基因对棉蚜也具有一定的抗性，用菊芋凝集素 *HTA* 基因和尾穗苋凝集素 *ACA* 基因转化棉花，获得的转化植株对蚜虫有明显抗性(李燕娥等，2004)。

(4)来源于高等植物的其他抗虫基因

几丁质酶是广泛存在于微生物和植物体内的一类蛋白质。豆科植物的几丁质酶基因曾被引入马铃薯,虽未发现对鳞翅目害虫具有抗虫性,但对蚜虫有一定抑制生长作用(Gatehouse et al,1996)。烟草阴离子过氧化物酶基因在烟草、番茄中表达时,可产生对鳞翅类、鞘翅类以及桃蚜的抗性(Carozzi et al,1997)。来源于长春花的色氨酸脱羧酶(TDC)基因在烟草中表达后,可使烟草白粉虱的繁殖力降低达97%(Liewellyn,1994)。豌豆脂肪氧化酶(Pea lipoxigenase)、番茄素(tomatine)、多酚氧化酶(PPO)对昆虫也有较强的毒杀作用(Mettler,1996; Fishhoff et al,1987)。总的说来,以上几种基因虽然都表现出了一定的抗虫性,但其抗虫机理并不清楚,抗虫效果还有待于更多的实例加以验证。

蛋白酶抑制剂基因作为一种比较理想的抗虫基因,这是与其自身特点分不开的。首先,从杀虫机理上看,其基因产物作用于昆虫消化酶的活性中心,这是酶的最保守部位,突变的可能性很小,基本上可以排除害虫通过突变产生抗性的可能;其次,蛋白酶抑制剂的抗虫谱广泛;另外,蛋白酶抑制剂来源于植物自身,对人畜无害。但是蛋白酶抑制剂基因要想达到理想的抗虫效果,就必须要求转基因植物蛋白酶抑制剂的表达量远远高于转*Bt*基因植株的表达量,这也给抗虫基因工程带来了一定的困难。

4.2.1.3　其他抗虫基因的研究及利用

除上面所讲述的几种抗虫基因外,人们还在不断探索新的抗虫基因,以便创造出更多更好的抗虫转基因作物。目前人们研究较多且认为较有希望的抗虫基因还有以下几类:

(1)昆虫神经激素基因

昆虫神经激素是已知三大类昆虫激素的一种。神经激素控制着昆虫许多关键的生理过程,且在极微量的情况下就能发生作用。目前人们已试图将它转入棉铃虫多角体病毒或其他害虫的病毒或细菌中,然后将含有这类基因的病毒或细菌施入农田作物或土壤;或将该类基因导入作物基因组中,使转化的植株产生昆虫神经激素,破坏昆虫的生理平衡而最终达到防治目的。

(2)几丁质酶基因

几丁质酶能够破坏昆虫肠上皮的保护层,从而导致昆虫消化道的损伤而死亡,目前人们已分离克隆出多种该类基因,并已获得转豌豆几丁质酶基因(*BCH*)和番茄几丁质酶基因(*TCH*)的马铃薯和洋菜。

(3)核糖体失活蛋白基因(*RIP*)

*RIP*通过水解核糖体RNA上特异位点结合的碱基,从而使核糖体失活,业已证明*RIP*对鞘翅目的一些害虫有毒杀作用。

(4)脂肪氧化酶基因

豌豆脂肪氧化酶对稻褐飞虱有毒害作用。

(5)蝎子和蜘蛛的多肽毒液

蝎子和蜘蛛的多肽毒液是一种极毒的杀虫蛋白,因而人们可将控制其合成的基因分离克隆出来并导入棉花等栽培作物使其产生蝎子和蜘蛛的多肽毒液,从而达到杀虫的目的。目前,人们已将蝎毒素*AaIT*基因导入到植株,结果表明其表达量仅需0.001%就具有很强的抗虫能力。蒋红等采用人工合成的方法获得了控制该毒素合成的基因并已导入烟草,获得了明显的抗虫效果。

(6)苦楝素合成基因

苦楝素是楝树合成的一种对棉铃虫等棉花害虫产生毒性的生化代谢产物，目前人们已从楝树中分离出控制该类代谢产物合成的基因并准备导入到棉株中。

(7)棉铃虫致病基因

目前人们还正在探讨另外一种途径来防治棉田害虫，即将一种棉铃虫的致病基因导入到棉株体内，当棉铃虫等棉花害虫吞食该类转基因植株后就会致病死亡，从而达到防治棉田害虫的目的，该项工作在国外尤其是法国和澳大利亚研究的较多，现已获得转基因植株。

(8)过氧化物酶基因

实验证明转烟草过氧化物酶基因的转基因植株(Dowd et al,1997,1998)对玉米夜蛾、蚜虫等害虫都具有较强的抗性。

(9)RNA 干涉的基因沉默

棉铃虫的细胞色素 P450 基因(*CYP6AE14*)可使棉铃虫对棉花的次生代谢物棉酚产生耐性，*CYP6AE14* 在棉铃虫中肠中大量表达，可使棉铃虫幼虫在含有棉酚的饲料中正常发育，当将表达了对 *CYP6AE14* 具有特异性的双链 RNA(dsRNA)的植物组织添加到饲料中后，该基因的表达量及棉铃虫幼虫的发育都受到明显抑制。在棉酚存在的情况下这种抑制作用尤为明显。由于谷胱甘肽转移酶基因(*GST1*)在表达 *GST1* dsRNA 的植物中受到沉默，因此，饲喂了表达有 dsRNA 的植物材料后可能会在棉铃虫体内引发 RNA 干涉作用(Mao et al,2007)，为棉铃虫的田间防治提供新的策略。

4.2.1.4 多价抗虫基因策略

Bt 杀虫蛋白和 PI 具有协同增强作用，将二者同时转入棉花中，可成倍提高抗虫效果。1999年，郭三堆等(1999)将人工合成的 *GFM cryⅠA* 和经过修饰的 *CpTI* 高效双价杀虫基因导入陆地棉品种，首次获得了双价转基因抗虫棉株系。抗虫鉴定表明，抗性好的株系棉铃虫幼虫校正死亡率大于96%。而郭洪年等(2003)将 *cryⅠAc*+*APIB* 基因导入棉花，获得了抗棉铃虫 90.0%～99.7%，且农艺性状优良的9个双价抗虫棉纯合品系。活性 *cryⅠAc* 和 APIB 蛋白在转基因抗虫棉株系中的表达量分别约占总可溶性蛋白的0.17%和0.09%，且双抗纯合系植株的抗虫性明显高于仅转 *Bt* 基因的。蝎毒是一种富含生物活性的多肽物质，其中有一类神经毒素专一作用于昆虫而对哺乳动物无害或毒性很小。将东亚钳蝎昆虫特异性神经毒素基因 *BmKITS* 与几丁质酶基因构建成双价抗虫基因导入棉花后，获得的转基因棉花具有抗虫特性(张志云等,2004)。

我国转双价抗虫棉棉花的研究已开展多年，并获得双价转基因棉花。试验表明，双价抗虫转基因棉抗虫效果显著。在双价抗虫基因研究的基础上，研究人员也开展了多价抗虫基因策略的研究，将 *Bt* 基因与 *GNA* 基因和 *SCK* 基因重组到同一个 T-DNA 内进行棉花转化，并取得成功(吴霞等,2006;张林水等,2005)。转双价或多价抗虫棉的研制成功，对减少农药施用，保护人类赖以生存的环境，实现农业可持续发展，将产生巨大而深远的影响。

4.2.2 抗虫基因的遗传与表达

外源基因能否在转基因植物中稳定地遗传和表达，将直接影响到转基因材料的应用价值，因此对抗虫棉的品种培育和商品化生产是至关重要的，也影响到该转基因材料是否有广泛的应用前景。一般来说，无论采用农杆菌介导法还是基因枪轰击法或花粉管通道法获得的转基因植物，整合到植物基因组中的外源基因与常规杂交育种转育的目标基因一样，能稳定地通过有性繁殖过程遗传给后代，并能进行稳定的表达（Fearing，et al，1997；Webb et al，1999），才有实用价值。

4.2.2.1 转基因植物外源基因的检测方法

研究外源基因在转基因植物中的遗传稳定性和转育所涉及的方法主要是外源基因的鉴定和遗传分析。外源基因的检测方法主要有标记基因或报告基因的鉴定筛选、PCR扩增、Southern杂交、原位杂交等。

（1）标记基因或报告基因的鉴定筛选

由于标记基因或报告基因与目的基因往往构建在同一个T-DNA框内，因此，通过检测标记基因或报告基因存在的状态，来间接证实目的基因的存在。这是一种方便快捷的外源基因检测方法。但该法的缺点是假阳性多，由于T-DNA插入是一个复杂的过程，特别是通过农杆菌法介导的基因转化，转化细胞要经过漫长的组织培养和再生过程，其间要通过标记基因或报告基因来将转化细胞从大量的非转化细胞中筛选出来。这常常造成目的基因的丢失。因而通过检测标记基因或报告基因的存在并不总能真实地反映目的基因，产生假阳性。

（2）PCR扩增

可以检测目的基因是否整合在受体细胞的染色体上，PCR检测方法具有快速、简便、灵敏、易操作等特点，缺点是易有DNA污染而产生假阳性，重复性较其他方法差，对插入基因的拷贝数及多位点插入难以检测。

（3）Southern杂交和原位杂交

分子杂交是检测外源基因整合在植物染色体上最可靠的方法，包括在DNA水平上的Southern杂交和染色体水平上的原位杂交。在DNA水平上，可用Southern杂交和原位杂交进行检测，Southern杂交可检测外源基因插入的拷贝数和插入方式，是一种较为精确的分析，也是目前鉴定外源基因存在于转基因植物中的权威方法；原位杂交是可以检测外源基因存在的位置、整合外源基因的染色体及外源基因在该染色体上的位置。

此外，在外源基因的转录水平上，即RNA水平上，一般采用Northern杂交来鉴定外源基因在植物中的表达，它不仅可以证实外源基因的存在，也是研究转基因植物中外源基因表达的重要方法。外源基因若编码蛋白，在转基因植物中表达蛋白的检测可采用ELISA和Western杂交。

在实验研究中，常常用多种方法协同鉴定外源基因在转基因植物中的整合与存在。因为只有准确的鉴定了外源基因，表达分析和遗传分析才有意义，才能进一步实现外源基因的研究与实用价值。

4.2.2.2 抗虫基因的遗传稳定性研究

植物基因工程大多数采用根癌农杆菌介导法、基因枪法和花粉管通道法。不同方法具有不同的转化效率和特点，因此也会带来外源基因在植物基因组中不同的行为特点，从而影响到其在植物体内的遗传与表达。

根癌农杆菌介导的组织培养的方法获得含外源目的基因的转基因植物，其外源基因随受体细胞在无性繁殖中必须经过愈伤组织诱导、不定芽分化、不定根形成等培养过程；在有性阶段中须经历萌芽、生长、开花、减数分裂、授粉受精、合子形成及胚的发育等一系列复杂过程，这些对外源基因的遗传稳定性提出了挑战。外源基因进入受体细胞后，其整合、表达及遗传规律一直是人们研究的热点问题之一。外源基因的遗传稳定性，一方面是在受体细胞中培养、分化、增殖过程中的稳定性，也就是转化细胞在无性繁殖中的稳定性，另一方面是外源基因在植物有性繁殖过程中遗传稳定性。因此，转基因的稳定性包括了外源基因在无性繁殖中的稳定性和有性繁殖过程中的稳定性。

转化细胞在无性繁殖中必须经过一系列的培养过程，同时也要经过多次扩繁和继代培养，这些过程都不仅有可能会使转化细胞出现变化与变异，也有可能会引起外源基因发生相应的变化，特别是在愈伤组织诱导的阶段。关于这方面的研究报道比较少，其主要原因是该过程比较复杂，其不稳定的插入转化事件会随着组织培养的过程而消失，因此，在利用最终获得的转基因植株作研究材料获得的研究结果往往因为实验数据的缺失而不能真实表述最初实现转化阶段的真实状况，但该过程对于提高外源基因的转化效率有很大的影响，应对此做进一步的研究。

关于外源基因在转基因植物中的有性阶段遗传稳定性研究国内外均有较多报道。由于外源基因插入到基因组中有单位点插入、同一染色体多位点插入、不同染色体多位点插入；而且插入的拷贝数不同，有单拷贝和多拷贝插入之分；另外，由于外源基因的整合是随机进行的，因此，外源基因在转基因植物中的遗传是很复杂的(王关林和方宏筠，2002)。Azhakanandam 等(2000)报道，用农杆菌介导法转化水稻获得成功，通过对转基因植株自交一代的 GUS 活性检测分析，后代中显性位点的遗传属孟德尔遗传，而且是单基因位点插入；夏兰琴和郭三堆(2001)研究了转基因双价抗虫棉的自交后代，结果表明外源基因能够稳定遗传并始终保持很高的抗虫性。Haymes 等(1998)通过根癌农杆菌介导的方法将 *GUS* 和 *NPTⅡ* 基因转入草莓中，获得了转基因植株，而且采用 PCR、Southern 杂交及 GUS 活性检测研究了转基因草莓的自交后代，发现外源基因能够稳定遗传给后代，外源基因的分离比为 15∶1。吴刚等(2000)以不同世代的转基因克螟稻自交后代为实验材料，通过抗虫鉴定、Southern 杂交、Western 分析等手段研究了 *cryⅠAb* 基因在不同世代的遗传稳定性。结果发现 *cryⅠAb* 基因在克螟稻后代中不仅能通过有性世代稳定传递，而且能在有性世代中保持表达的稳定性。巩振辉等(2001)研究了转 CaMV 弱株系 *Bar-1* 基因的大白菜、菜薹、花椰菜和芥菜株系的自交一代，通过对后代的抗病性分析表明，76%的植株表现为孟德尔单基因显性遗传分离比率为 1∶1，部分植株则表现为 1∶15 和 1∶95 的分离比，外源基因的插入位点和拷贝数均很复杂。

外源基因的丢失、基因失活、基因重排等均影响外源基因的稳定性。Budar 等(1986)以转基因烟草为试材，通过转基因植株自交方式研究了外源基因的遗传稳定性，结果表明，在 44 个转基因株系中，自交一代表现为 3∶1 的分离比的株系有 35 个，表现为 15∶1 分离比的株系有 5 个，另有 5 个转基因株系的外源基因没有检测到，表现为丢失。华志华等(2003)通过对低拷贝数的转基因株京引 119 的世代连续跟踪分析以及高世代材料的群体遗传分析表明，共转化基因 *Bar* 和 *cecropinB* 在基因组中紧密连锁并能稳定的遗传和表达；来自于转基因嘉 59 和

9363 的两高世代抗除草剂材料 TR5 和 TR6 的杂交后代分析结果显示，多拷贝的 *Bar* 基因以单基因表型性状传递，两材料中的 *Bar* 基因互不等位，多插入位点的 *Bar* 和 *cecropinB* 基因在遗传转育过程中发生基因片段丢失。但此片段不影响转基因的表达，表明转基因事件中，表型性状的稳定和转基因多插入位点的纯合互不一致。基因失活对外源基因在转基因植物的稳定性表达也会有影响。Li 等(2002)对农杆菌介导法获得的转基因烟草进行 *GUS* 表达分析，发现部分转基因植株无 *GUS* 活性，进一步用 Southern 杂交结果发现，*GUS* 基因失活的植株结果整合了多个基因拷贝数，而 GUS 活性高的植株多为单拷贝或低拷贝；Northern 杂交显示，失活植株无杂交带，表明多拷贝引起的失活发生在 RNA 水平上。基因重排影响外源基因在转基因植物中的遗传稳定性。朱常香等(2005)以含非翻译马铃薯 Y 病毒外壳蛋白(PVY-MCP)基因的抗病和感病 T_0、T_1～T_4 代转基因烟草为材料进行遗传研究，结果在含低拷贝(1～2 个)感病的转基因后代中，遵循孟德尔遗传分析规律；含多拷贝(4～6 个)转基因抗病植株，转基因后代虽然符合多位点插入的 15∶1 和 63∶1 的遗传规律，但转基因发生了重排，抗病性表现为不稳定遗传；对转基因植株中整合方式分析显示，多存在反向串联重复序列。

外源基因在转基因植物中的稳定性是很复杂的，大多数情况下，外源基因的整合位点难以做到定点插入，拷贝数的多寡也是随机的，而且可以插入到任何一条染色体上。另外，外源基因片段大小、甲基化、共抑制、基因沉默等都会影响其稳定遗传和表达(Simon Mateo et al, 2003；Stempak et al, 2005；Meyer, 2000)。

Fearing 等(1997)定量研究了转 *Bt* 基因玉米中毒蛋白的表达量，结果表明 *cryⅠA*(b)基因在转基因植株的连续世代之间稳定表达；Maqbool 等(2001)通过 Western blotting 分析表明，在转 *cryⅠAc*+*cryⅡA*+*GNA* 三价基因的水稻中，这 3 个抗虫基因表现为单个显性基因的遗传，一起遗传给下一代并都能稳定地表达。采用棉铃虫室内生物测定方法对转 *Bt*+*CpTI* 双价抗虫基因棉花 4 个连续世代的棉铃虫抗性进行了检测，结果表明，4 个世代在棉花的不同生育时期都对棉铃虫具有较高的抗性，且各世代抗性水平相近，可见该转基因抗虫棉对棉铃虫的抗性能在各世代之间稳定地遗传和表达。通过花粉通道法获得的转 *Bt*+*GNA* 双价基因抗虫棉花，它们中的抗虫基因及其对棉铃虫的抗性均表现为单个显性基因的经典孟德尔遗传方式(刘志等，2004)。

Bt 抗虫棉中 *Bt* 杀虫基因的表达与遗传稳定性对抗虫棉的品种培育和商品化生产是至关重要的。利用转基因双价抗虫棉 R_3，R_4 及 R_5 材料基因组 DNA，然后采用 *GFMcryⅠA* 基因的 PstⅠ酶切片段做探针，进行 Southern 杂交分析，研究 *Bt* 杀虫基因在双价抗虫棉中棉所 19 材料基因组中的整合、拷贝数及遗传稳定性。结果表明，转基因抗虫棉和阳性对照经 HindⅢ酶切，Southern blotting 均出现了约 4.7 kb 的杀虫基因阳性带，从而在分子水平上证实了杀虫基因在棉花基因组中的整合，并且存在比较完整。利用在杀虫基因中只有一个酶切位点的 XhoⅠ酶切后，阳性对照出现了预期大小的 17.7 kb 的阳性带，而双价转基因抗虫棉 R_3，R_4 及 R_5 材料均出现了分别为约 17.7、8.0、5.5 和 4.7 kb 的 4 条阳性带。初步结论是：外源 Bt 杀虫基因在双价抗虫棉中棉所 19 材料基因组中至少有 4 个拷贝，其中可能有一个以上能够稳定地遗传和表达(夏兰芹等，2001)。这些表明利用该转基因材料进行抗虫棉品种培育以及商品化生产具有遗传可靠性。

4.2.2.3 转基因抗虫棉的表达研究

(1)转基因抗虫棉的抗虫机制与特性

1)抗虫范围

目前生产上应用的转基因抗虫棉仅对棉铃虫、红铃虫等少数几个鳞翅目害虫有抗性(王仁祥,2003)。田间试验表明:在棉铃虫中等发生的程度下,基因抗虫棉对棉铃虫的控制效果为88.71%～97.65%。对红铃虫的抗性在不施药的情况下,子棉含虫量、棉籽被害率减少80.5%～96.5%,红花率减少61.4%～75.5%(程福如,2003)。王留明等(2001)报道,转基因棉除高抗鳞翅目的棉铃虫、红铃虫、烟草夜蛾等害虫外,对非鳞翅目害虫也会产生影响,但对棉蚜、棉叶螨、棉盲蝽、棉蓟马等均无抗性,对甜菜夜蛾也几乎没有抗性。

2)棉花不同生育阶段的抗虫性

Bt棉的抗虫性在棉株体生长发育过程中不是稳定的,表现出很大的波动性,不同生长发育阶段各器官的Bt杀虫蛋白的含量表现出较大的差异,因而造成棉花不同生育期的抗虫能力也产生相应变化。尽管由于供试材料、测定方法和环境条件的不同,不同研究者对抗虫性变化的研究结果和所得结论不尽相同,但多数报道认为,转基因抗虫棉的抗虫性在时间上呈前期较强、中后期较弱的一般规律(邢朝柱等,2001)。以转基因抗虫棉棉叶为材料对棉铃虫初孵幼虫的抗性具体表现为:蕾期＞花铃期＞吐絮期＞盛花期＞铃期(程福如,2003)。

3)棉株不同部位的抗虫性

转基因抗虫棉的抗虫性可以用生物测定方法直接测定各器官的抗虫性或以测定Bt蛋白含量来间接表示其抗虫性。测定结果表明,转基因抗虫棉的Bt杀虫蛋白的含量与对棉铃虫的抗虫能力在不同器官和组织中表现出显著的差异。以生物测定方法直接测定各器官不同时期的抗虫性发现,同一器官或组织的抗虫性随着生育进程的推进呈逐渐下降的趋势(陈松等,2000;Perlak et al,1990;夏兰芹等,2005)。一般同一组织表达的毒性在营养生长阶段＞营养与生殖并存阶段＞生殖生长旺盛阶段＞成熟衰老阶段(束春娥等,1998)。幼嫩组织或器官的抗虫性和毒蛋白含量也较高,成熟组织或器官次之,衰老组织最低(崔金杰等,1999)。而不同器官相比则表现为营养器官杀虫蛋白的含量和抗虫性均高于生殖器官,根、茎、叶比较,苗期全展功能叶中的Bt毒蛋白含量最高,而根、茎和叶柄中含量较低(孙伟等,2005);不同叶龄叶片及与花、蕾比较,Bt棉对棉铃虫的毒杀活力是下部成熟叶片高于顶部新叶(赵奎军等,2000),嫩叶＞顶尖＞幼蕾＞幼铃(戴小枫等,1998),而赵奎军则发现不同器官的杀虫活性和抑制幼虫生长作用的顺序均是叶＞蕾＞铃＞花(赵奎军等,2000;Greenplate,2000)。陈松等(2002)进一步指出,转*Bt*基因棉32B整个苗期抗虫性均较强,现蕾期有所下降,生长中后期显著下降至最低,子叶期的抗虫性似乎是整个生长期中最高的。以ELISA方法测定毒蛋白含量,间接研究Bt棉抗虫性变化的结果与直接生物测定所得结果基本一致。陈松等(2000)和孙伟等(2005)皆发现,抗虫棉叶片中Bt毒蛋白含量在苗期最高,蕾期次之,花铃期最低,表现出随生长发育进程的推进,*Bt*基因在叶片中的表达强度呈逐渐减弱的趋势。赵奎军等(2000)也得出了相同的结论。不过,也有一些与此略有差异的报道,Sachs等(1998)发现Bt毒蛋白在蕾期和花铃期的含量较高,而苗期、初花期、吐絮期含量较低,呈M形;有些情况下抗虫棉的抗虫性在中后期有短暂上升的现象(夏兰芹,2005),但总趋势还是下降的。

花器官的抗虫性也随棉株体的生长发育而变化。花瓣的杀虫活性随着植株的生长逐渐增强，苞叶的杀虫活性随着植株的生长逐渐减弱，蕾、铃、花蕊的杀虫活性变化较复杂，不同时期花蕊的杀虫活性始终较低，且杀虫活性变化幅度较小(汪飞等，2001)。

不同器官抗虫性的表达还受生育阶段的显著影响，也就是说抗虫性的表达存在时间与空间上的互作效应。7 月中旬以前，不同器官抗虫性强弱的顺序为棉蕾＞棉苞叶＞花瓣＞棉叶＞花蕊，而到 8 月份不同器官的抗性则变为棉苞叶＞棉蕾＞花瓣＞花蕊＞棉叶，9 月份以后不同器官的抗性又发生了新的变化，表现为棉蕾、棉苞叶＞棉桃＞棉叶＞花瓣＞花蕊(崔金杰等，1999)。

4)对不同时期棉铃虫的抗性

转基因抗虫棉的抗虫性随棉铃虫变大而降低，对 3 龄以上的棉铃虫毒死率明显下降。据周冬生等测定，不同龄期棉铃虫连续取食转基因抗虫棉嫩叶 6 d 后，1～5 日龄幼虫死亡率分别为：100％、73.33％、61.25％、55.17％和 35.00％。且 1～4 日龄幼虫最终全部死亡，5 铃幼虫可部分化蛹，化蛹率为 37.5％，王留明(2001)用转基因棉饲喂不同龄期棉铃虫幼虫试验结果表明，喂养 3 d，初孵幼虫死亡率 93.3％，2 日龄幼虫死亡率 97.5％，3 日龄幼虫死亡率为 85％，4 日龄幼虫死亡率下降为 59.5％，表现对 3 日龄前幼虫的杀虫活力显著高于大龄幼虫。

(2)栽培及环境因子对 Bt 棉抗虫性表达的影响

尽管 Bt 棉的抗虫性与本身的遗传背景有密切的关系，而且遗传背景对抗虫性的影响可能比其他因素更为显著，但越来越多的研究已经证实 *Bt* 棉的抗虫性也受环境因子的显著影响。Sachs 等发现同一抗虫棉品种在不同地点种植，*Bt* 基因的表达量和抗虫性存在较大差异，认为抗虫性在不同地点的差异主要是环境条件的不同造成的。目前已经确认，光、温、水、肥等是影响抗虫性的主要环境因子。

1)旱、涝的影响

干旱和渍涝是棉花生产中经常遇到的 2 种自然灾害。干旱引起气孔关闭、光合速率下降、呼吸强度增强、细胞膜透性增加、细胞内溶质外渗、核酸降解、蛋白质降解，显著影响棉花生长发育和产量、品质；涝害可造成根部有氧呼吸受抑制，阻碍吸水、吸肥，光合作用下降，对棉花产量和品质也有显著的不利影响。不仅如此，转基因抗虫棉在生长期间如遇严重干旱或渍涝，可显著减少棉株各器官的蛋白含量、从而降低抗虫活力。连续暴雨可降低田间基因抗虫棉 40％～50％的抗性表达。与渍涝相比，干旱对蛋白的合成抑制作用更强。王留明等(2001)报道，当花铃期遇干旱至棉叶萎蔫时，主茎下部老叶、幼蕾和主茎功能叶的 Bt 蛋白含量分别降低了 52.9％，37.0％和 30.0％。土壤涝渍也可降低 Bt 杀虫蛋白的毒性表达，导致转 *Bt* 基因棉抗虫性显著下降。盆栽抗虫棉淹水(水层为 3～4 cm)12 d 或在大田连续阴雨 21 d 的涝渍条件下，食其棉叶的棉铃虫死亡率低于正常供水的 *Bt* 棉(对照)。当逆境解除后，棉株恢复生长，Bt 棉抗棉铃虫的能力又恢复到涝渍前的水平。涝渍处理造成 Bt 棉抗虫性下降的原因在于杀虫晶体蛋白含量的降低。

王留明等(2005)还报道，花铃期淹水后棉花主茎功能叶和幼蕾的 Bt 蛋白含量平均分别比正常供水降低了 27.7％和 29.9％，而主茎下部老叶的 *Bt* 蛋白含量仅降低 6.6％，说明渍涝对生长旺盛器官 Bt 蛋白合成的影响远远大于衰老器官，并且认为，涝灾对 *Bt* 棉毒蛋白含量和抗虫性的影响小于干旱。但周冬生等(2001)则认为，土壤干旱对抗虫性的影响比涝害要小。这种干旱和涝渍对抗虫性影响程度的差异，既可能是2种胁迫性质不同引起的，也可能是试验中胁迫程度的不同造成的。

2)温度的影响

低温和高温胁迫都会影响*Bt*棉的抗虫性。1996年，美国局部地区Bt棉对美洲棉铃虫效果下降，被认为与气温反常有关。同样，1996—1997年度，澳大利亚一些地区Bt棉抗性下降被认为与低温有关。夏兰芹等对转双价基因抗虫棉的研究发现，高温促使Bt蛋白表达降低的时间提前，原因在于高温处理后*Bt*基因的沉默时间提前，导致Bt杀虫蛋白含量急剧降低；陈德华等报道，在结铃盛期给予37℃的高温胁迫，棉叶的Bt杀虫蛋白含量和抗虫性明显下降，而在结铃以前则基本不受高温的影响，说明Bt棉杀虫蛋白基因的表达在结铃盛期最容易受高温的影响，并认为高温条件下毒蛋白含量的降低既可能是蛋白合成受抑所致，也可能是蛋白质降解造成的。孟凤霞等发现，25℃条件下长成的叶片的抗虫性比在23℃条件下的叶片抗虫性更强。36℃高温条件下快速生长至高龄的棉铃虫幼虫，强迫其取食转*Bt*基因棉，仍表现出良好的适应性。这是由于高温下棉铃虫幼虫生长发育加快，前期存活并迅速生长至高龄的棉铃虫幼虫适应性增强所致。周桂生等(2009)研究发现，在温度胁迫发生时，胁迫的各个阶段，都能检测到Bt毒蛋白的存在，但无论是高温胁迫(35℃)还是低温胁迫(20℃)都对毒蛋白的表达量有明显的抑制作用。毒蛋白含量的下降主要出现在胁迫后的24 h之内，尤以12 h内的下降最为明显，随后幅度减轻。表明毒蛋白表达量对温度的胁迫反应迅速。当棉铃虫取食胁迫叶片72 h后的死亡率与可溶性蛋白、游离氨基酸和毒蛋白含量之间的相关系数达到显著或极显著水平，死亡率与可溶性蛋白、毒蛋白变化量之间的相关性也达到极显著水平。但在生产实践中，温度的胁迫并不完全单独完成其对Bt蛋白表达量及对棉铃虫抗虫性的影响，温度的变化往往和湿度的变化同步进行的，比如长江中下游地区，高温常伴随着干旱，而低温又总是和阴雨相随(周桂生等，2009)。由此可见，温度胁迫影响*Bt*棉抗虫性的原因可能是多方面的，既可能是通过影响毒蛋白的合成或降解发挥作用，也可能直接影响了毒蛋白的杀虫活性或棉铃虫的生长发育。

3)氮肥的影响

王润珍等报道，不施或少施氮肥，*Bt*棉对棉铃虫低龄幼虫的毒杀作用和抑制高龄幼虫生长的作用皆明显降低，而增加氮肥的施用量可使*Bt*棉的抗虫性显著增强。周冬生等以国抗棉1号等为材料的研究也得出相似的结论，在一定限度内随着施氮量的增加，*Bt*棉对低龄棉铃虫幼虫的抗虫活性和对高龄幼虫抑制生长的作用也逐渐增强。施氮促进了抗虫棉Bt蛋白的合成，有利于抗虫性的维持。即使合成Bt蛋白所需的氮不到植株所需总氮的万分之一，但是在低氮条件下植株可能会把有限的氮供给了其生长所必需的蛋白质和酶的合成上，从而影响对毒蛋白合成所需氮的供给。

4)栽培技术的影响

徐立华等(2006)在棉花现蕾及盛铃期对抗虫棉对缩节铵化控的反应做了研究，发现当对转基因抗虫棉施以适当的化控栽培技术后，不仅可增强棉花氮代谢水平，更有利于Bt蛋白的表达，而且随着化控强度的增加，抗虫棉叶片的Bt蛋白表达量随之增加。特别是生育中后期适控处理的可溶性蛋白以及游离氨基酸含量呈现较高水平，使棉株全生育期的蛋白质及氨基酸含量变化幅度较小，因而。适宜的化控处理会有利于棉花全生育期特别是花铃期Bt蛋白稳定表达，而这个时期也是棉铃虫防控的关键时期，有利用于棉铃虫的抗性表达。

(3)其他因子的影响

尽管 CO_2 浓度的升高可以提高植物的光合生产能力和水的利用效率(Samarakoon, Gifford,1996),但同时会显著降低 Bt 棉叶片内毒蛋白的含量,引起抗虫性的降低(Coviella et al,2002,Chen et al,2005)。播期也影响 Bt 棉的抗虫性,早播棉花叶片的毒蛋白含量比晚播棉花低 14;以 200 mmol/L NaCl 处理 Bt 棉 99B,发现叶片内的毒蛋白含量也显著降低,但生物测定却没有发现抗虫性的明显下降。

4.2.2.4 转 *Bt*+*CpTI* 双价基因抗虫棉的抗虫特性

转 *Bt*+*CpTI* 基因抗虫棉与转基因抗虫棉均有前期抗性强,后期抗性下降,对低龄幼虫抗性强,对高龄幼虫抗性低的特性。但也有不同,一是含有 *CpTI* 基因的抗虫棉杀虫具有广谱性,对棉铃虫、棉蚜、红铃虫、棉象鼻虫和玉米螟等鳞翅目、直翅目、鞘翅目的害虫都有毒杀作用。二是转 *Bt*+*CpTI* 基因抗虫棉对 3 龄以上高龄幼虫的抗性优于基因抗虫棉(程福如,2003;喻树迅等,2003),据芮昌辉等(2001)测定(*Bt*+*CpTI*)基因抗虫棉对 3 日龄和 4 日龄棉铃虫 6 d 的杀虫活性显著高于基因抗虫棉,其对 4 日龄幼虫的杀虫效果为 71.1%,而基因抗虫棉仅为 24.5%。三是转 *Bt*+*CpTI* 基因抗虫棉的抗虫性在棉花生长中后期比棉稳定,抗虫性降低的幅度比棉小(喻树迅等,2003)。

4.2.3 转基因抗虫棉的生理特性及生长规律研究

自 1998 年我国第一个转基因抗虫棉投放市场商业化生产,随之双价转基因(*Bt*+*CpTI*)抗虫棉也选育成功,转基因抗虫棉在我国得到大面积推广应用,并成为我国棉花种植的主要类型(王晓刚等,2002;邹奎,2003)。转基因抗虫棉除可以表达靶基因合成毒蛋白外,其生育特性和生理特性也都发生了一些变化(田晓丽等,2000;董合忠等,2005;Chen et al,2004)。

在以常规棉品种中棉所 12、晋棉 12、晋棉 19、晋棉 25,转基因抗虫棉品种:33B、99B、SGK321、GK19、GK109(由山西省棉花所生物技术中心选育)为实验材料的研究中,结果表明,转基因抗虫棉与常规棉相比,相同之处表现为两者发育规律基本相同。但转基因抗虫棉前期出苗慢,苗弱;生殖生育时间比常规棉早;抗虫棉蕾期转化速度比较快,开花成铃早而集中(赵海祯等,2002)。抗虫杂交棉也表现出类似的结果,转基因抗虫棉杂交种棉苗生长快、株高较高、果枝较长等营养生长较旺。生殖生长以苏棉 6 号抗虫杂交种成铃强度最高。在生理活性方面表现为叶片光合强度大,但养分较多的用于茎枝生长。因此在生产上应用转基因抗虫棉杂交种的技术关键是控制营养生长,促进结铃期养分向棉铃输送(陈德华等,1997)。

光合作用是作物生长发育和产量形成的生理基础及作物生产力高低的决定性因素,同时,也是全球碳循环及其他物质循环的最重要环节。气孔是水汽和 CO_2 进出的门户,是连接植物与生态系统碳循环和水循环的结合点。现有研究表明,转基因抗虫棉具有某些与常规棉不同的光合速率及日变化等光合生理特性(Dong et al,2006; Bebbar et al,2007; Sun et al,2007)。

以转 *CpTI-Bt* 双价抗虫棉 321(SGK321)及其受体对照棉石远 321(SY321),转 *Bt* 基因棉花中棉所 30(CCRI30)及其轮回亲本中棉 16(CCRI16)为实验材料,研究了盆栽种植条件下各自在蕾期和吐絮期光合生理特性 CO_2 响应特征。结果表明,与各自的常规棉对照比较,两种转基因抗虫棉单叶净光合速率 CO_2 响应的光合特征参数表观初始羧化效率、表观暗呼吸速率和最大净光合速率虽有一定程度的变化，但其差异均未达到显著水平(孙彩霞等，2010)。不同的转基因抗虫棉品种，可能会有不同的生理特性表现。转基因抗虫棉鲁棉研 21 号与其他品种相比，具有较高的叶绿素含量，具有较高的 SOD、POD 酶活性，因而形成了高生物和经济产量以及抗逆性强的生理基础(赵逢涛等，2010)。

4.2.4 抗虫基因对棉花农艺性状的影响

转基因作物品种是通过一系列遗传操作培育的。体细胞无性系变异，外源基因(包括目的基因、启动子基因、标记基因、载体骨架序列等)插入受体基因组区位的随机性和不确定性以及基因间的互作，可导致活性基因的修饰或沉默以及沉默基因的激活(Firn et al，1999；Conner et al，1999；Natasha et al，2001)。由于目前对植物基因调节以及基因间相互作用尚缺乏了解，特定 DNA 序列随机插入到基因组后的大部分可能效应是非预期的。因此，对转基因作物与其等位非转基因作物植株的生长发育、繁殖和化学成分以及生理过程进行广泛比较，有助于揭示外源基因插入或者内源基因修饰导致的非预期的潜在的多效性或诱变效应(Cellini et al，2004；Noteborn et al，2000)。

在农业生产过程中，要求转基因抗虫棉花除了具有较高的抗虫性能外，还应保持较好的光合生产及形成经济产量的能力(赵海祯等，2002)。由于受外源基因的影响，棉花的农艺性状和经济性状都会发生较大的变化(张宝红等，2000)。对 132 个转基因抗虫棉品系的产量构成要素进行了典型的相关分析的结果表明，不同的外源基因会对皮棉产量的关键因素产生不同的影响(张永山等，2002)。而皮棉产量构成三要素之间也相互联系，相互影响，形成动态平衡。因此，在进行转基因育种时，应针对不同的外源基因，采用不同的选择模式，才能达到最佳的品种选育效果。

4.2.5 抗虫基因对棉花纤维品质性状的影响

刘冬梅等(2007)通过对花粉管通道法获得的 38 个棉花转基因株系稳定后代 T_5 代主要农艺性状的变异进行分析发现，外源基因的导入可引起受体植株后代农艺性状可遗传的非靶标变异，且变异广泛，多个农艺性状出现了显著性变异。叶长和叶宽均有变短的趋势，但裂叶缺刻深浅变异方向不定，说明部分叶片变得更加皱缩。株高变异方向不定。与对照相比，吐絮期提前，单株结铃数增加，使皮棉和子棉产量均增加。纤维品质变异也很大，如比强度增大、马克隆值变大、纤维长度也显著增加；短纤维指数变异方向不定。

吕淑平等(2004)对同一受体材料导入同一 *Bt* 基因所产生的 5 个不同变异抗虫棉进行研究，观察其形态性状、产量性状、抗病性、纤维品质等几个方面，并和受体棉花做比较，表明 *Bt* 基因导入后不同的性状所表现的变异方向有所不同。有些性状表现为相同趋势，比如叶型变小，抗病性、结铃性增强，果枝数增加；变异方向不同的性状包括：叶色、衣分、铃重、株高等表现为分离广，变异面宽等。纤维品质总体上得到改善，比强度有不同程度增加，绒长呈下降趋势。在相同的遗传背景下，*Bt* 基因插入位点不同对棉花农艺性状表现所产生的效应有所不同。

吴征彬等(2004)以一组不同抗虫类型的陆地棉抗虫品种和一组常规棉品种作为亲本，按照不完全双列杂交(NC 域)试验设计配制杂交组合，将亲本材料和 F_1 代杂交种子按照随机区组设计方法，同时在网室和试验田进行棉花抗红铃虫鉴定和棉花抗虫性对棉花纤维品质的影响试验。结果表明，具有外源抗虫基因的抗虫棉材料对红铃虫具有很强的抗性，抗虫棉的纤维品质较好，大多数抗虫棉品种达到了育种目标要求。相关分析结果表明，棉花种子虫害率与马克隆值成显著负相关；与衣指成显著正相关；与 2.5%跨距长度、整齐度、比强度、伸长率和子指等指标相关性较低。利用外源抗虫基因转化的棉花新品种，用其作为亲本采用杂交育种法可以培育出优质的抗虫棉花新品种，而且提高棉花品种的抗虫性并不影响棉花纤维品质。

4.2.6 转基因抗虫棉新品种培育

分离抗虫基因仅是棉花抗虫基因工程的第一步，而只有将这些基因导入棉株体内并培育出转基因抗虫棉品种才能发挥出其在生产上的使用价值。目前培育转基因抗虫棉新品种的方法有多种，但归纳起来不外乎下面三种：一是通过转化直接获得转基因抗虫棉品种；二是先获得转基因抗虫棉棉株，然后再通过杂交转育的方法获得转基因抗虫棉品种；三是将现代转基因技术与杂种优势利用相结合，即是以转基因抗虫棉品系或把转基因抗虫材料为亲本运用传统杂交方法，根据杂种优势选育抗虫杂交棉新组合。第一种方法省时省力，但技术要求较高，一般是选用目前生产上正在推广使用的优良品种或有丰产潜力即将在生产上推广种植的新品系采用农杆菌介导法、基因枪法、花粉管通道法等将外源抗虫基因直接导入这些品种(或品系)，然后再在其后代选育出新品种的方法。但该方法也有明显的局限性，主要表现在两个方面：一是通过农杆菌介导法进行转基因时，其组织培养获得转基因再生植株受到严格的基因型限制，且具有这些基因型的品种多不是大面积推广的当家品种；二是在组织培养过程中，由于受到高强度的激素等胁迫，获得的再生植株多发生变异，使得从中直接培育转基因抗虫棉品种变得非常困难。第二种方法是建立在前一种方法之上的，它首先是将外源抗虫基因导入棉花植株(基因受体未必是优良品种)，然后在通过杂交和回交的方法将该抗虫基因转育到当地优良品种，该方法简单有效。杂种优势利用的方法应用转基因性状，也是建立在第一种方法之上，只要亲本之一具有转基因性状，就能在杂交种组合中利用该转基因性状，与常规杂种优势利用差别不大。

美国是最先培育出可在生产上利用转基因抗虫棉的国家，它们首先是在实验室内通过农杆菌介导法和基因枪法将不同类型的 *Bt* 基因导入到棉花植株中，然后将通过该手段获得的转基因抗虫棉转移到棉花种子公司，并由种子公司通过杂交转育的方法将该抗虫基因转育到当前优良推广品种(如岱字棉、斯字棉、爱字棉等)中而获得转基因抗虫棉新品种。目前美国已通过该方法获得了几十个适合于不同生态区种植的抗虫棉品种，并在生产上大面积推广种植。如美国岱字棉公司以孟山都公司的转 *Bt* 基因系为供体亲本，分别将 *Bt* 抗虫基因回交转育到常规推广品种 DP5415 和 DP5690 中，育成了以新商标 NuCOTN 命名的 NuCOTN33 和 NuCOTN35 两个抗虫棉品种。1994—1995 年 NuCOTN33 和 NuCOTN35 在全美植棉带进行了多点试验示范，结果表明这两个抗虫棉品种既保持了原转基因系的抗虫性，在产量上也略高于其轮回亲本 DP5415 和 DP5690，纤维品质与轮回亲本相当，随后他们又对该品种进行了改良和培育了新的抗虫棉品种，现在美国岱字棉公司培育出的抗虫棉品种无论产量还是纤维品质均优于或相当于当地推广品种。美国佐治亚大学将 *Bt* 抗虫基因回交转育到爱字棉 90 中，育成了 NuCOTN37。除此之外，美国斯字棉公司等也通过杂交转育的方法将外源 *Bt* 抗虫基因导入到当地主栽品种中，现已育成几十个含有外源 *Bt* 基因的抗虫棉新品种，并在生产上推广种植或试种示范，均取得了良好的效果。棉花成为美国第二大转基因作物，1996 年，美国推广种植该类抗虫棉已超过 80 万公顷。1997 年，种植转基因抗虫棉品种的面积已占美国棉田面积的 15%以上。此后种植面积逐年上升。到 2010 年，转基因棉花种植面积接近总植棉面积的 90%(Carlson,2011)。

澳大利亚是较早培育出转基因抗虫棉品种的国家之一。该国采用两种方法培育适合于其国家栽培的转基因抗虫棉，首先分离和合成自己的抗虫基因，然后通过农杆菌介导法转入本国的优良品种 Siokra 1-3、Siokra 1-4 等中；与此同时，澳大利亚还与美国 Monsanto 公司合作从该公司引进转基因抗虫棉种质，然后通过杂交转育的方法导入当地主栽品种中，已培育出适合本土栽培的优良抗虫棉品种十余个，并于 1996 年、1997 年度允许在生产上大面积推广种植，当年种植面积就达 3 万公顷，与全国棉田面积的 10%；1998/1999 年种植面积进一步扩大，可达 8 万公顷。随后，种植面积不断扩大，至 2001 年，虽经过连续三年前所未有的干旱和洪涝后，澳大利亚棉花种植面积达到了有史以来的最大值，其中 99.5%(59.7 万公顷)就用了转基因技术，包括 95%复合抗虫性状和耐除草剂品种(James,2012)。

我国早在 1991 年就已有将外源 *Bt* 基因导入棉株中的报道，但当时导入的基因表达量较低，难以杀死棉田害虫。1992 年我国首次人工合成了拥有自己知识产权的 *Cry*IA 杀虫基因，并于 1993 年采用农杆菌介导法和外源基因胚珠直接注射法成功导入中棉 12、泗棉 3 号等主栽品种中，获得了高抗棉铃虫的转基因棉花株系。此外，我国在直接导入外源抗虫基因的同时，还采用杂交转育的方法将转基因抗虫棉株中的抗虫基因转育到我国主栽品种中，该工作的开展几乎与美国和澳大利亚同步，但从其转育的效果来看不如美国和澳大利亚的成效好。目前我国已有 10 多个品种先后通过了国家或省市品种审定委员会的审定，允许在生产上推广种植。如 GK-1、GK-12 等品种 1999 年种植面积超过 10 万公顷。中棉所 29 作为我国第一个抗虫杂交棉品种，1998 年分别通过山东省、安徽省、河南省和全国农作物品种审定委员会审定，在生产上推广应用时间长、适应性广、经济效益显著，先后获得河南省科技进步一等奖和国家科技进步二等奖。

另外，埃及、法国、印度、泰国、前苏联等的一些国家也先后通过转化、杂交转育和引进的方法获得了适于本国推广种植的转基因抗虫棉。

人们在培育单基因抗虫棉的同时，为了有效预防棉铃虫等棉花害虫有可能对其产生抗性问题，人们对转双价基因甚至多价基因抗虫棉进行了研究，先后培育出多种双价基因抗虫棉。美国先后培育出含有两种不同 *Bt* 基因的双价抗虫棉，如同时将 *Cry*IA 和 *Cry*IIA 基因导入到同一棉株，这样既有效地克服了害虫对其产生抗性问题，延长了转基因抗虫棉的使用年限。又能有效地提高抗虫能力和扩大抗虫范围。澳大利亚在这方面也进行了探讨。我国从 1995 年起也开展了双价抗虫棉的研究，通过花粉管通道转化技术将 *Bt*+*CpTI* 基因导入一批主栽品种中，培育出十几个含 *Bt*+*CpTI* 基因的双价抗虫棉优良品系。中棉所 41，2002 年国家审定，作为双价转基因抗虫棉品种，增强了对棉铃虫的毒杀效果，提高了品种的适应性，比美国抗虫棉增产 20%以上，2009 年获国家科技进步二等奖。中棉所 60(sGK 中 156)，2009 年、2011 年分别通过河北省、天津市农作物品种审定委员会审定。2006—2007 年参加河北省冀中南春播棉组区域试验,霜前皮棉及皮棉总产分别比对照增产 21.65%及 18.3%。

4.2.7 转基因抗虫棉新品种的应用

我国是继美国之后成功培育出转基因抗虫棉并应用于棉花生产的国家。由于进入 20 世纪 90 年代后,棉铃虫和红铃虫成为危害我国棉花生产的灾难性害虫,仅棉铃虫造成的皮棉产量损失在最重年份多达 60 万~80 万吨。转基因抗虫棉对棉铃虫的高抗性使之极大地满足了棉花种子市场的需求。美国育成的抗虫棉品种 33B、99B 一进入中国便迅速占领了中国棉种市场,至 1998 年,美国抗虫棉面积占到我国抗虫棉总面积的 95%。随后,中国农业科学院生物技术研究所郭三堆等继成功构建具有自主知识产权的 *Bt* 基因后,又构建了 *Bt* 与 *CpTI* 双价基因的表达载体并成功转入棉花。使我国成为世界第二个拥有具有自主知识产权的抗虫基因的国家,育成了一批我国有自主知识产权的转基因抗虫棉品种,迅速改变了美国抗虫棉垄断中国棉种市场的被动局面。河北省石家庄市农科院把该双价基因转育到棉花品种石远 321 中,育成了 sGK321,于 2001 年通过河北省审定,2002 年通过国家审定。中国农业科学院棉花研究把该双价基因转育到中棉所 23 品种中,育成了新品种中棉所 41。中棉所 41 具有抗虫强,丰产性好等特点,其产量与抗虫杂交棉持平,于 2002 年通过国家审定。随后,中棉所 45、中棉所 47、鲁棉研 16、28 和中棉所 60 等抗虫棉相继问世,使我国抗虫棉种植面积迅速扩大,品种综合性状不断提高,据统计,1998 年我国抗虫棉种植面积共 25 万公顷,其中我国自育品种面积小于 5%,2002 年抗虫棉总种植面积 194.3 万公顷,国产抗虫棉种植面积 73.3 万公顷,占抗虫棉总种植面积的 38%;2004 年抗虫棉总种植面积 310.4 万公顷,其中国产抗虫棉种植面积 186.7 万公顷,占抗虫棉总面积的 60%;到 2006 年国产抗虫棉种植面积已占我国总抗虫棉种植面积的 80%以上。彻底结束了美国抗虫棉垄断我国抗虫棉棉种市场的被动局面。

4.3 分子聚合培育高产、优质、多抗棉花新品种

分子聚合育种,就是根据育种目标,将分子标记、转基因技术与常规育种技术相结合,通过回交、杂交、复交等手段,利用分子辅助选择技术将分布在不同的遗传背景中的目标基因聚合到同一个基因型背景的过程。棉花的分子聚合育种工作起步较晚,目前在生产上大面积推广应用的通过分子辅助聚合育种选育的品种极少(图 4.1)。

国内较早开展分子聚合育种研究工作的是南京农业大学张天真研究组。早在 1993 年,该研究组以中国农科院生物技术研究所培育的转 *Bt* 基因抗虫棉为基础材料,采取卡那霉素抗性鉴定、*Bt* 基因 PCR 分子标记辅助选择、抗虫性生物学测定方法相结合,快速选育出农艺性状稳定、抗虫性纯合的转基因抗虫棉品系 R101,并以 R101 为父本、苏棉 12 号选系为母本杂交,选育出转基因抗虫杂交棉南抗 3 号(张天真等,2001)。通过产量比较试验和江苏省品种区域试验鉴定,南抗 3 号的抗虫性与苏棉 12 号等对照品种相比,其抗虫性得到了显著提高,其子棉产量与苏棉 12 号、泗棉 3 号等对照品种相比增产均超过了 10%。南抗 3 号

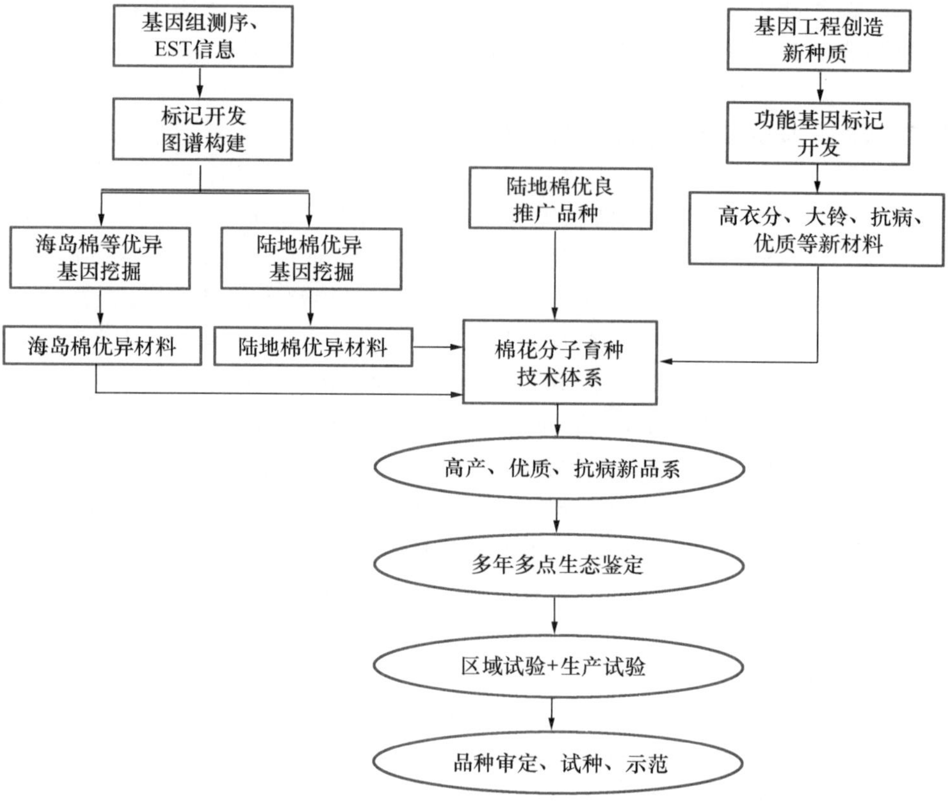

图 4.1　棉花分子聚合培育高产、优质、多抗棉花新品种

可以说是将高产基因与抗虫基因的分子辅助聚合育种的较早的比较成功的例子，但是该品种还存在不足，主要表现在其纤维品质偏差，尤其是比强度很低：两年品种区域试验检测结果，其纤维 2.5%跨距长度为 30.08 mm，整齐度为 47.20%，比强度仅为 19.95 cN/tex，马克隆值 4.78。

此外，中国农业科学院棉花研究所分子育种课题组也较早开展了棉花分子聚合育种研究工作。该研究组通过陆海杂交分子辅助回交，将海岛棉的纤维品质优异渐渗到陆地棉背景，通过分子标记辅助选育了高比强海岛棉渐渗系 901-001，并以渐渗系 901-001 为父本，与转双价基因（*Bt*+*CpTI*）sGK156 为母本，配制杂交组合，获得组合 MB4608，该组合通过产量比较试验和多年多点评价，子棉产量增产显著，且纤维品质突出，于 2005—2006 年参加了黄河流域杂交棉春棉区试。在两年区试中，该组合黄河流域棉区春播生育期 121 d，苗期长势较弱，中期长势转强，整齐度好，后期不早衰。株型松散，株高 105 cm，茎秆粗壮、茸毛多，叶片中等偏大、浅绿色，第一果枝节位 7.5 节，单株结铃 16.0 个，铃卵圆形、铃尖不明显，吐絮畅，单铃重 6.0 g，衣分 36.9%，子指 10.6 g，霜前花率 93.1%。2005—2006 年参加黄河流域棉区中熟杂交组区域试验，2005 年子棉、皮棉及霜前皮棉每公顷分别为 3 607.5 kg、1 318.5 kg 和 1 233 kg，分别比对照品种中棉所 41 增产 11.0%、3.0%和 2.6%；2006 年子棉、皮棉及霜前皮棉每公顷分别为 3 706.5 kg、1 380 kg 和 1 281 kg，分别比对照品种鲁棉研 15 号增产 8.8%和减产 0.1%、2.1%。农业部棉花品质监督检验测试中心检测 2005—2006 年黄河流域区域试验多点棉样汇总(HVICC 校准值),两年平均结果:纤维上半部平均长度 32.5 mm,断裂比强度 33.5 cN/tex,马克隆值 4.3,断裂伸长率 6.6%,反射率 74.5%,黄色深度 7.7,整齐度指数 85.1%,纺纱均匀性指数 166。纤维长度及纤维比强度突出,且长、强、细搭配合理,纺纱均匀指数高,该品种通过生产试验进一步明确了其纤维品质优异的特性,并于 2008 年通过国家农作物品种审定委员会审定,并将该组合定名为中棉所 70(袁有禄等,2009)。中棉所 70 是我国首批通过国家审定的优质抗虫杂交棉,它将抗虫性、纤维品质性状、抗病性、早熟性等性状的优良基因有效聚合到同一背景下,初步实现了产量、品质、抗性的同步改良。

随着棉花遗传学和基因组学以及转基因技术不断的发展,棉花产量、品质、抗性等性状相关的 QTL 陆续被检测定位,且这些性状的 QTL 与分子标记的距离越来越近,可以更加有效地进行分子辅助选择。同时,越来越多的高衣分、大铃、抗病、优质、抗逆等转基因材料也被创制出来,可供育种家利用。目前,中国农业科学院棉花研究所分子育种课题利用从 SGK9708 ×0-153 重组近交系群体中通过分子辅助选择获得了一个高比强材料 69307;通过分子辅助回交从中棉所 36×海 1 及中棉所 45×海 1 的渐渗系群体中获得多份高比强且抗病性突出的优质材料如 LMJ1 和 LMJ2。此外,还从中国农业科学院棉花研究所转基因课题组、清华大学、中国科学院上海植物生理生态所、西南大学、中国农业科学院生物所和中科院遗传所引进的优质、大铃、高衣分、抗病、耐钾等转基因新材料,与转基因常规抗虫棉中棉所 60 等材料相结合,将中棉所 60 分别与上述新材料杂交构建了(常规品系×MAS 优质)×(常规品系×转基因优质)、(常规品系×MAS 优质)×(常规品系×转基因高衣分)、(常规品系×MAS 优质)×(常规品系×转基因大铃)、(常规品系×MAS 优质)×(常规品系×转基因抗病)、(常规品系×MAS 优质)×(常规品系×转基因耐钾)、(常规品系×转基因优质)×(常规品系×转基因高衣分)和(常规品系×转基因优质)×(常规品系×转基因大铃)等双交群体,以及(常规品系×MAS 优质)、(常规品系×转基因优质)、(常规品系×转基因高衣分)、(常规品系×转基因大铃)和(常规品系×转基因抗病)与常规抗虫棉的回交群体。通过分子辅助选择或分子辅助回交,获得了 MBC11344、MBC11353、MBC11354、MBC11364、MBC11370 及 MBC11386 等集高产、优质于一体的优良材料(表 4.5),获得了 MBC11773、MBC13899、MBC13904、MBC13909 及 MBC13911 等衣分高、抗虫性好的新材料,同时通过杂种优势利用,选育了 MBH11134、MBH11160、MBH11184 及 MBH11202 等具有生产利用潜力的优良组合(表 4.6)。通过上述育种实践,初步明确了分子辅助聚合育种的选择效率确实要优于常规的表型选择方法。

通过分子聚合培育高产、优质、多抗棉花新品种从理论到实践的过程还面临许多困难。综合来看主要表现在以下几个方面:不同环境、不同遗传背景中检测到的稳定表达的 QTL 很少,目前检测到的 QTL 解释表型变异较小;QTL 与分子标记的连锁不紧密,可供分子标记辅助选择的 QTL 比较少。上述几个因素在很大程度上限制了分子标记辅助选择的效率和效果。还有,可供育种家利用的转基因材料很少,尤其是稳定表达的过硬材料很少。尽管面临上述几个方面的难题,但是随着研究的深入和技术的不断改进发展,我们有理由相信,通过分子标记辅助聚合,必然可以选育出集高产、优质、多抗于一体的突破性品种。

表 4.5 通过分子辅助聚合选育的优良株系

品种名称	铃重/g	衣分/%	亩产子棉/kg	亩产皮棉/kg	CK/%	纤维长度/mm	马克隆值	纤维比强度/(cN/tex)
MBC11773	5.81	44.23	220.9	97.7	125.2	30.5	4.2	31.9
MBC13909	5.86	46.95	195.5	91.8	117.7	29.0	4.7	28.5
MBC13911	6.57	45.34	202.1	91.6	117.4	31.0	4.7	30.5
MBC13899	4.54	45.33	209.5	94.9	121.7	29.4	3.9	33.4
MBC13904	4.46	46.99	197.4	92.8	118.9	29.3	4.0	32.0
MBC11665	5.54	41.47	234.5	97.2	124.6	28.0	4.7	30.8
MBC19618	5.68	37.97	249.2	94.6	121.3	31.0	4.5	31.2
MBC11271	6.55	43.25	216.2	93.5	119.8	27.8	5.2	27.0
MBC11364	6.47	39.32	257.5	101.2	129.7	31.1	4.4	34.1
MBC11354	6.42	40.50	207.8	84.1	107.8	32.8	4.2	34.7
MBC11353	6.95	36.14	235.5	85.1	109.1	34.3	3.9	36.4
MBC11344	6.02	37.11	246.3	91.4	117.1	31.0	3.9	33.3
MBC11386	5.79	38.12	209.0	79.7	102.1	31.8	3.8	34.8
MBC11370	6.01	39.51	203.7	80.5	103.1	31.5	4.0	34.3
CK 鲁棉研 28	5.84	41.22	189.1	78.0	100.0	28.34	4.23	28.7

表 4.6 通过分子辅助聚合选育的优良组合

品种名称	铃重/g	衣分/%	亩产子棉/kg	亩产皮棉/kg	CK/%	纤维长度/mm	马克隆值	纤维比强度/(cN/tex)
MBH11134	6.8	41.5	235.8	97.9	114.7	29.40	4.57	27.8
MBH11160	6.2	39.0	241.6	94.3	110.4	28.07	4.86	28
MBH11184	5.5	40.3	231.3	93.3	109.3	28.99	4.39	30.3
MBH11202	6.4	40.5	243.5	98.5	115.4	29.85	4.54	30.2
CK 中棉所 57	6.3	39.7	215.2	85.4	100.0	28.53	4.93	28.9

主要参考文献

[1] 董合忠，李维江，唐薇，等. 不同基因型抗虫棉的光和生产与叶源特征. 棉花学报，2005，17：328-333.

[2] 郭洪年，吴家和，陈晓英，等. 转 *cryIAc* 活性杀虫蛋白及慈姑蛋白酶抑制剂 B 基因的棉花. 植物学报，2003，45：108-113.

[3] 郭金英，张天真. 转 *Bt*＋*sck* 双价基因棉花的遗传稳定性研究. 华北农学报，2010，25：55-57.

[4] 郭三堆，崔洪志，夏兰芹，等. 双价抗虫转基因棉花研究. 中国农业科学，1999，32：1-7.

[5] 郭三堆. 植物 *Bt* 抗虫基因工程研究进展. 中国农业科学 ，1995，28：8-13.

[6] 陈松，吴敬音，周宝良，等. *Bt* 基因棉 Bt 毒蛋白表达量的时空变化. 棉花学报，2000，12：189-193.

[7] 郭旺珍，张天真. 棉花基因组育种现状与展望. 棉花学报，2003，15：298-303.

[8] 郭旺珍，张天真，朱协飞，等. 分子标记辅助选择的修饰回交聚合育种方法及其在棉花上的应用. 作物学报，2005，31：963-970.

[9] 华志华，朱雪峰，吴明国，等. 水稻转基因整合模式中外源基因的遗传规律. 作物学报. 2003，29：44-48.

[10] 黄大昉，林敏 . 农业微生物基因工程. 北京：中国科技出版社，2000.

[11] 孔祥瑞，王红梅，陈伟，等. 陆地棉黄萎病抗性的分子标记辅助选择效果. 棉花学报，2010，22：527-532.

[12] 李付广，袁有禄. 棉花分子育种进展与展望. 中国农业科技导报，2011，13：1-8.

[13] 李付广，崔金杰，刘传亮，等. 双价基因抗虫棉及其抗虫性研究. 中国农业科学，2000，33：46-52.

[14] 李燕娥，朱祯，陈志贤，等. 豇豆胰蛋白酶抑制剂转基因棉花的获得. 棉花学报，1998，10：237-243.

[15] 李燕娥，朱祯，上官小霞，等. 棉花转凝集素基因的研究进展. 中国棉花，2004，31：5-6.

[16] 李志坤，张艳，王省芬，等. 棉花抗黄萎病基因的分子标记辅助选择研究. 河北农业大学学报，2011，6：1-4.

[17] 刘芫，赵倩. 豆胰蛋白酶抑制剂基因的克隆及对烟草的遗传转化. 农业生物技术学报，1993，1：18-23.

[18] 刘勋甲，郑用琏，尹艳. 遗传标记的发展及分子标记在农作物遗传育种中的应用 1 遗传标记的发展及分子标记的检测技术. 湖北农业科学，1998，1：33-35.

[19] 刘志，郭旺珍，朱协飞，等. 转 *Bt*+*GNA* 双价基因抗虫棉对棉铃虫抗性的遗传分析. 农业生物技术学报，2003，11：388-393.

[20] 刘志，郭旺珍，朱协飞，等. 转 *Bt*+*GNA* 双价基因抗虫棉花中抗虫基因及其抗虫性的遗传稳定性. 作物学报，2004，30：6-10.

[21] 柳李旺，朱协飞，郭旺珍，等. 分子标记辅助选择聚合棉花 *Rf1* 育性恢复基因和抗虫 *Bt* 基因. 分子植物育种，2003，1：48-52.

[22] 倪万潮，张震林，郭三堆. 转基因抗虫棉的培育. 中国农业科学，1998，31：8-13.

[23] 芮昌辉，范贤林，郭三堆，等. 双价(*Bt*+*CpTI*)抗虫棉对棉铃虫的杀虫活性及抑制生长作用. 棉花学报，2001，13：337-341.

[24] 沈新莲，袁有禄，郭旺珍，等. 棉花高强纤维主效 QTL 的遗传稳定性及它的分子标记辅助选择效果. 高技术通讯，2001，11：13-16.

[25] 沈新莲，张天真. 作物分子标记辅助选择育种研究的进展与展望. 高技术通讯，2003，13：105-110.

[26] 石玉真,刘爱英,李俊文,等.与棉花纤维强度连锁的主效 QTL 应用于棉花分子标记辅助育种.分子植物育种,2007,5:521-527.

[27] 束春娥,孙洪武,孙以文,等.转基因棉 Bt 毒性表达的时空动态及对棉铃虫生存、繁殖的影响. 棉花学报,1998,10:301-306.

[28] 陈松,周冬生,吴振廷,等. 转 *Bt* 基因棉 32B 不同生育期抗虫性的变化及其机理.江苏农业学报,2002,18:80-84.

[29] 孙彩霞,郝健均,王杰,等.两个品种转基因抗虫棉光合生理的 CO_2 响应.生态学报,2010,30:504-510.

[30] 孙伟,曹玉洪. 转 *Bt* 基因抗虫棉 Bt 毒蛋白表达量的时空变化. 安徽农业科学,2005,33:202-203.

[31] 田晓丽,杨培珠,王保民,等.转 *Bt* 基因抗虫棉中棉所 30 的碳、氮代谢. 棉花学报,2000,12:172-175.

[32] 汪飞,宋荣,刘雪峰,等. Bt 棉杀虫活性表达的研究.新疆农业科学,2001,38:204-205.

[33] 王芙蓉,刘任重,王留明,等.陆地棉品种抗黄萎病性状的分子标记及其辅助选择效果.棉花学报,2007,19:424-430.

[34] 王关林,方宏筠.植物基因工程.北京:科学出版社,2002.

[35] 王留明,王家宝,沈法富,等.渍涝与干旱对不同转 *Bt* 基因抗虫棉的影响.棉花学报,2001,13:87-90.

[36] 王留明,张学坤,刘任重,等.转 *Bt* 基因棉花山东棉区的抗虫特性及棉田害虫发生与防治. 中国棉花,2001,128:5-8.

[37] 王仁祥.中国转基因抗虫棉的应用及发展对策.棉花学报,2003,15:180-184.

[38] 王晓刚,帅启荣,别墅,等.传基因抗虫棉的研究利用与市场前景. 中国棉花,2002,29:12-14.

[39] 陈宛新,王伟,吴茜,等.修饰的 *CpTI* 基因在转基因棉花后代中的表达及其抗虫性分析. 高技术通讯,2002,12:21-25.

[40] 王晓梅,杨秀荣,等.DNA 分子标记研究进展.天津农学院学报,2000,7:21-24.

[41] 文学,张宝红. 转基因抗虫棉研究现状与展望. 农业生物技术学报,2000.

[42] 吴刚,崔海瑞,舒庆尧,等.*cryIAb* 基因在转基因克螟稻后代中的遗传稳定性及表达.农业生物技术学报,2000,8:253-256.

[43] 吴为人,周元昌,李维明.数量性状基因型选择与基因型值选择潜力的比较.科学通报,2002,47:2080-2083.

[44] 吴霞,李燕娥,王娇娟,等. 转三价抗虫基因棉花遗传特性研究.中国生态农业学报,2006,14:21-23.

[45] 吴征彬,陈鹏,杨业华,等. 转基因抗虫棉对棉花纤维品质的影响. 农业生物技术学报,2004,12:509-514.

[46] 夏兰芹,徐琼芳,郭三堆. 抗虫棉生长发育过程中 *Bt* 杀虫基因及其表达的变化. 作物学报,2005,31:197-202.

[47] 夏兰琴,郭三堆.*Bt* 杀虫基因在转基因双价抗虫棉中的整合和遗传稳定性 . 科学通

报,2001,46:565-568.

[48] 谢道昕,范云六,倪万潮,等. 苏云金芽孢杆菌(*Bacillus thurhingiensis*)杀虫晶体蛋白基因导入棉花获得转基因植株. 中国科学(B辑),1991:367-373.

[49] 邢朝柱,靖深蓉,崔学芬,等. 转 *Bt* 基因棉杀虫蛋白含量时空分布及对棉铃虫产生抗性的影响 . 棉花学报,2001,13:11-15.

[50] 程福如 . 转 *Bt* 及(*Bt*+*CpTI*)基因抗虫棉抗性研究与利用 . 中国棉花,2003,30:6-9.

[51] 徐立华,杨长琴,张培通,等. 缩节安对转基因抗虫棉 Bt 蛋白表达与氮代谢特性的影响. 江苏农业科学,2006,6:59-61.

[52] 易成新,汪业春,郭旺珍,等. 陆地棉分子标记辅助轮回选择聚合育种研究Ⅳ:纤维比强度选择效果及对其他品质性状的影响. 作物学报,2004,30:680-685.

[53] 殷剑美. 陆地棉产量和品质性状的遗传及分子标记研究. 南京:南京农业大学,硕士学位论文,2002:12-15.

[54] 袁有禄. 棉花优质纤维特性的遗传及分子标记研究. 南京:南京农业大学,博士学位论文,2000:37-137.

[55] 张宝红,丰嵘 . 棉花的抗虫性与抗虫棉 . 北京:中国农业科技出版社,2000.

[56] 张洪瑞,朱其松,高芩昌,等. *Bt* 基因及其在转基因抗虫植物中的研究进展. 河北农业科学,2008,12:87-89.

[57] 张林水, 朱祯, 吴霞, 等. 转三价抗虫基因彩色棉的获得. 西北植物学报,2005,6.

[58] 张文龙,陈志伟,杨文鹏,等. 分子标记辅助选择技术及其在作物育种上的应用研究. 种子,2008,27:39-43.

[59] 张志云,张虎生,孙毅,等. 双价抗虫基因植物表达载体的构建. 西北植物学报,2004,8:1402-1408.

[60] 赵逢涛,王宗文,王景会,等. 鲁棉研 21 号高产稳产生理特性研究. 山东农业科学,2010,2:39-42,46.

[61] 崔洪志,郭三堆. Bt 毒蛋白抗虫植物基因工程进展. 农业生物技术学报 ,1998 ,6:166-172.

[62] 赵海祯,梁哲军,齐宏立,等. 转基因抗虫棉生物学特性研究. 中国棉花,2002,29:10-11.

[63] 赵奎军,赵建周,范贤林,等. 我国转 *Bt* 抗虫基因棉杀虫活性的时间与空间动态分析. 农业生物技术学报,2000,8:49-52.

[64] 周冬生,吴振廷,王学林,等. 土壤胁迫与温度对转 *Bt* 基因棉抗虫性的影响. 棉花学报,2001,13:290-292.

[65] 周延清. 遗传标记的发展. 生物学通报,2000,35:17-18.

[66] 朱常香,刘红梅,宋云枝,等. RNA 介导的病毒抗性在转基因烟草中的遗传分析. 遗传学报,2005,32:94-103.

[67] 邹奎. 我国棉花转基因抗虫棉品种现状分析. 中国棉花,2003,30:2-4.

[68] 陈德华,吴云康,段海,等. 转基因抗虫棉杂交种生长规律及其生理特性的研究. 中国棉花,1997,24:15-17.

[69] 巩振辉,何玉科,宋献军,等.转化 *CAMV* 基因 VI 芸薹属蔬菜植株抗病性鉴定及其遗传分析.园艺学报,2001,28:466-468.

[70] 董章辉,石玉真,张建宏,等.棉花纤维品质主效 QTLs 分子标记辅助聚合选择效应初步研究.中国农业科学院硕士学位论文,2008.

[71] 方宣钧,吴为人,唐纪良.作物 DNA 标记辅助育种.北京:科学出版社,2000.

[72] 高越峰.大豆 Kunitz 型胰蛋白酶抑制剂基因的分离及其在抗虫植物基因工程中的应用.植物学报,1998,40:405-411.

[73] 崔金杰,夏敬源.转 *Bt* 基因棉对棉铃虫抗性的时空动态.棉花学报,1999,11:141-146.

[74] 戴小枫,王武刚,董双林,等.我国转基因 *Bt* 棉对棉铃虫的控制效果.农业生物技术学报,1998,6:109-115.

[75] Guo W Z, Zhang T Z, Ding Y Z, et al. Molecular marker assisted selection and pyramiding of two QTLs for fiber strength in upland cotton. Acta Genetica Sinica, 2005,32:1275-1285.

[76] Gutierrez O A, Jenkins J N, McCarty J C, et al. SSR markers closely associated with genes for resistance to root-knot nematode on chromo-somes 11 and 14 of Up land cotton. Theoretical and Applied Genetics,2010,121:1323-1337.

[77] Hannay C L. Crystalline inclusions in aerobic spore forming bacteria. Nature, 1953,172:1004.

[78] Haymes K M, Davis T M. Agrobacterium-mediated transformation of Alpine Fragariaa vesca, and transmission of transgene to R1 progeny, Plant Cell Rep, 1998, 17: 279-283.

[79] Hebbar K B, Perumal N K, Khadi B M. Photosynthesis and plant growth response of transgenic Bt cotton hybrid under field condition. Photosynthetica,2007,45:254-258.

[80] Hilder V A, Barker RF, Samour R A, et al. Protein and cDNA sequences of bowman-Birk protease inhibitors from the cowpea (*Vigna unguiculate* Walp). Plant Molecular Biology,1989,13:701-710.

[81] Hofie H, Whiteley H R. Insecticidal crystal proteins of Bacillus thuringiensis. Microbiol Rev. 1989,53:242-255.

[82] Hospital F, Moreau L, Lacoudre F, et al. More on the efficiency of marker-assisted selection. Theoretical and Applied Genetics,1997,95:1181-1189.

[83] Jenkins J N, mcCarty J C, Wubben M J, et al. Marker assisted selection of root-knot nematode (*Meloidogyne incognita*) resistant plants in cotton (*Gossypium hirsutum* L). Euphytica,2011,183:49-54.

[84] Kumar P A, Sharma R P, Malik V S. The insecticidal Proteins of Bacillus thuringiensis. Advances in Applied Microbiology,1997,42:1-43.

[85] Lee M. DNA markers in plant Breeding programs. Advances in Agronomy,1995, 55:265-344.

[86] Li X G, Chen S B, Lu Z X, et al. Impact of copy number on transgenic expression in

tobacco. Acta Botanica Sinica, 2002, 44: 120-123.

[87] Liewellyn D. Proceeding of the 2nd Canberra meeting on Bacillusthuringiensis CSIRO. Australia, 1994: 19-21.

[88] Liu C M, Zhu Z, Zhou Z L. Obtaining of cowpea trypsin inhibitor transgenic tabacco with insect resistance. Chin Sci Bull, 1992, 18: 1694-1697.

[89] Luo Z W. Detecting linkage disequilibrium between a polymorphic marker locus and a trait locus in natural population. Heredity, 1998, 80: 198-208.

[90] Mao Y B, Cai W J, Wang J W, et al. Silencing a cotton bollworm P450 monooxygenase gene by plant-mediated RNAi impairs larval tolerance of gossypol. Nature Biotechnology 2007, 25: 1307-1313.

[91] Maqbool S B, Riazuddin S, Loc N T, et al. Expression of multiple insecticidal genes confers broad resistance against a range of different rice pests. Molecular Breeding, 2001, 7: 85-93.

[92] Mettler L. The proceeding the 2nd pacific Rim Conferences on biotechnology of Bacillus thuringiensis and its impact on the environment. Thailand, 1996. 78-79.

[93] Meyer P, Transcriptional transgene silencing and chromatin components. Plant Mol. Biol., 2000, 43: 221-234.

[94] Moreau L, Charcosset A, Hospital F, et al. Marker-assisted selection efficiency in populations of finite size. Genetics, 1998, 148: 1353-1365.

[95] Natasha S, John B K, Garry C W. Superfluous transgene integration in plants. Crit Rev Plant Sci, 2001, 20: 215-249.

[96] Noteborn H P J M, Lommen A, Van der Jagt R C, et al. Chemical fingerprinting for the evaluation of unintended secondary metabolic changes in transgenic food crops. Biotechnology, 2000, 77: 103-114.

[97] Perlak F J, Deaton R W, Armstrong T A, et al. Insect resistant cotton plants. Biotechnology, 1990, 8: 939-943.

[98] Perlak F J, Fuchs R L, Dean D A, et al. Modification of the coding sequence enhances plant expression of insect control protein genes. Proceedings of the National Academy of Sciences(USA), 1991, 88: 3324-3328.

[99] Rajguru S N, Stewart JMcD, Wilkin T A. Assessment of resistance of cotton transformed with lectin genes to tobacco budworm (*Heliothis virescens*) // Proc cotton research meeting and summaries of cotton research in progress. Univ Ark Agric Expt Sta Special Report, 188, Oosterhuis (ed), 1998: 95-98.

[100] Ribaut J M, Betran J. Single large-scale marker-assisted selection (SLS-MAS). Mol Breeding, 1999, 5: 531-541.

[101] Ribaut J M, Hoisington D. Maker-assisted selection: new tools and strategies. Trends in plant Sci, 1998: 236-239.

[102] Richardson M. Seed storage proteins: the enzyme inhibitors. In Methods in Plant Biochemistry (*Rogers*, L, ed.) 1990, 5: 261-307. Academic Press, London, UK.

[103] Sachs E S, Benedict J H, Stelly D M, et al. Expression and segregation of genes encoding Cry I A insecticidal proteins in cotton. Crop Science, 1998, 38: 1-11.

[104] Samarakoon A B, Gifford R M. Water use and growth of cotton in response to elevated CO_2 in wet and drying soil. Aust J Plant Physiol, 1996, 23: 63-74.

[105] Schnepf H E and Whiteley H R. Cloning and expression of the Bacillus thusingiensis Crystal protein gene in Escherichia coli. Proceedings of the National Academy of Science, USA. 1981, 78: 2893-2897.

[106] Schnepf H E, Whiteley H R. Cloning and expression of the Bacillus thuringiensis. Crystal protein gene in Escherichia coli. Proc. Natl. Acad. Sci. USA. 1981, 78: 2893-2897.

[107] Shade R E, Schroeder H E, Pueyo J J, et al. Transgenic pea seeds expressing the alpha-amylase inhibitor of the common bean are resistant to bruchid beetles. Biotechnology, 1994, 12: 793-796.

[108] Simon-Mateo C, Lopez-Moya J J, Guo H S, et al. Suppressor activity of potyviral and cucumoviral infections in potyvirus-induced transgene silencing. Gen Virol, 2003, 84: 2877-2883.

[109] Stempak J M, Sohn K J, Chiang E P, et al. Cell and stage of transformation-specific effects of folate deficiency on methionine cycle intermediates and DNA methylation in and in vitro model. Carcinogenesis, 2005, 26: 981-990.

[110] Stuber C W, Wendel J F, Goodman M M, et al. Techniques and scoring procedures for starch gel electrophoresis for maize (*Zea mays* L.). Tech Bull, 1988, 286: 75-78.

[111] Sun C X, Qi H, Sun J Q, et al. Photosynthetic characteristics of *Bt* or *CpTI-Bt* transgenic cotton at seedling stage. Acta Agronomica Sinica, 2007, 33: 469-475.

[112] Tailor R, Tippett J, Gibb G, et al. Identification and characterization of a novel Bacillus thuringiensis endotoxin entomocidal to coleopteran and lepidopteran larvae. Mol. Microbiol, 1992, 6: 1211-1217.

[113] Thomas J C, Adams D G, Keppenne V D, et al. Protease inhibitor s of Manduca sexta expressed in transgenic cotton. Plant Cell Rep, 1995, 14: 758-762.

[114] Webb K J, Humphreys M O, Skot L, et al. Inheritance and expression of transgenes in T_2 and T_3 generations of Lotus corniculatus transformed using Agrobacterium tumefaciens. Euphytica, 1999, 108: 169-179.

[115] Willcox M C, Khairallah M M, Bergvinson D, et al. Selection for resistance to southwestern corn Borer using marker-assisted and conventional backcrossing. Crop Science, 2002, 42: 1516-1528.

[116] Xu Y B. Molecular plant breeding. www.cabi.org. Mexico, 2010, pp286-380.

[117] Yuan Y L, Zhang T Z, Guo W Z, et al. Molecular tagging and mapping of QTLs for super quality fiber properties in upland cotton. Acta Genetica Sinica, 2001, 28: 1151-1161.

[118] Gao Y F, Zhu Z, Xiao G F, et al. Isolation of soybean kunitz trypsin inhibitor gene and its application in plant insect-resistance genetic engineering. Acta Botanica Sinica, 1998,

40:405-411.

[119] Xu Y B, Crouch J H. Marker-assisted selection in plant breeding: From Publications to Practice. Crop Science, 2008, 48:391-407.

[120] Zhang T Z, Yuan Y L, Yu J, et al. Molecular tagging of a major QTL for fiber strength in Upland cotton and its marker assisted selection. Theoretical and Applied Genetics, 2003, 106:262-268.

[121] Zhou W C, Kolb F L, Bai G H, et al. Validation of a major QTL for scabresistance with SSR markers and use of marker assisted selection in wheat. Plant Breeding, 2003, 122:40-44.

[122] Azhakanandam k, McCabe M S, Power J B, et al. T-DNA transfer, integration, expression and inheritance in rice: effects of plant genotype and agrobacterium super-virulence. Plant Physiol, 2000, 157:429-439.

[123] Bohn M, Groh S, Khariallah M M, et al. Re-evaluation of the pros-pects of marker-assisted selection for improving insect resistance to *Diatraea* spp. in tropical maize by cross validation and independent validation. Theoretical and Applied Genetics, 2001, 103: 1059-1067.

[124] Budar F, Thia-Toong L, van Montagu M, et al. Agrobacterium-mediated gene transfer results manily in transgenic plants transmitting T-DNA as a single mendelian factor. Genetics, 1986, 114:303-313.

[125] Cellini F, Chesson A, Colquhoun I, et al. Unintended effects and their detection in genetically modified crops. Food Chem Toxicol, 2004, 42:1089-1125.

[126] Chen D H, Ye G Y, Yang C Q, et al. Effect of introducing Bacillus thruingiensis gene on nitrogen metabolism in cotton. Field Crops Research, 2004, 87:235-244.

[127] Chen F J, Wu G, Ge F, et al. Effects of elevated CO_2 and transgenic *Bt* cotton on plant chemistry, performance, and feeding of an insect herbivore, the cotton boll worm. Entomol Exp Appl, 2005, 115:341-346.

[128] Conner A J, Jacobs J M E. Genetic engineering of crops as potential source of genetic hazard in the human diet. Mutat Res, 1999, 443:223-234.

[129] Coviella C E, Stipanovic R D, Trumble J T. Plant allocation to defensive compounds: interactions between elevated CO_2 and nitrogen in transgenic cotton plants. J Exp Bot, 2002, 53:323-331.

[130] Dong H Z, Li W J, Tang W, et al. Effect of genotypes and plant density on yield, yield components and photosynthesis in Bt transgenic cotton. Journal of Agronomy and Crop Science, 2006, 192:132-139.

[131] Dowd P F, Lagrimini L M. Examination of different tobacco (*Nicotiana* spp.) types under-and over-producing tobacco anionic peroxidase for their leaf resistance to Helicoverpa zea. J. Chem. Ecol. 1997, 23:2357-2370.

[132] Dowd P F, Lagrimini L M, Herms D A. Differential leaf resistance to insects of transgenic sweetgum (Liguidambar styraciflua) expressing tobacco anionic peroxidase.

CMLS,Cell. Mol. Life Sci. 1998,54:712-720.

[133] Dudley J W. Molecular markers in plant improvement: manipulation of genes affecting quantitative traits. Crop Science,1993,33:660-668.

[134] Fearing P L, Brown D, Vlachos D, et al. Quantitative analysis of *cryIA* (*b*) expression in Bt maize plants, tissue, and silage and stability of expression over successive generations. Molecular Breeding,1997,3:169-176.

[135] Feitelson J S, Payne J, Kim L. Bacillus Thuringiensis: insects and beyond. Biotechnology,1992,10:271-275.

[136] Firn R D, Jones C G. Secondary metabolism and the risks of GMOs. Nature, 1999,400:13-14.

[137] Fishhoff D A, Bowdish K S, Perlak F J. Insect tolerant transgenic tomato plants. Biotechnology,1987:807-813.

[138] Gatehouse A M R, Down R E, Powell K S, et al. Transgenic potato plants with enhanced resistance to the peach-potato aphid myzus persicae. Entomol Exp Appl,1996,79: 295-307.

[139] Gatehouse, A M R & Hilder V A. Introduction of genes confering insect resistance. Proceedings of Brighton Crop Protection Conference, 1988, 3: 1245-1254. Lavenham Press Ltd. Suffolk, U. K.

[140] Gimelfarb A, Lande R. Simulation of marker assisted selection in hybrid population. Genetical Research,1994,63:39-47.

[141] Berloo R V, Stam P. Comparison between marker assisted selection and phenotypical selction in a set of Arabidopsis thalians recombinent inbredlines. Theor Appl Gene,1999,98:113-118.

第5章

转基因棉花安全评价

5.1 安全评价内容和要求

转基因生物的安全性问题一直备受各国政府的关注。1995 年,联合国环境规划署(UNEP)发布了“转基因生物安全技术指南”(UNEP International Technical Guide Lines for Safety in Biotechnology),明确提出在转基因生物进行环境释放以前,必须对其环境安全(非靶效应、生态适应性、基因漂移和靶标害虫抗性)进行严格的评价和检测。2001 年,为进一步加强农业转基因生物安全管理,保障人类健康和动植物、微生物安全,保护生态环境,促进转基因生物技术研究,国务院颁发了《农业转基因生物安全管理条例》(以下简称《条例》),对农业转基因生物的研究、试验、生产、经营、加工和进出口活动实施全过程的安全管理。2002 年农业部发布了《农业转基因生物安全评价管理办法》,《农业转基因生物进口安全管理办法》和《农业转基因生物标识管理办法》三个配套规章。为加强转基因生物的安全监管,保证《条例》的顺利实施,农业部发布了一系列公告。2006 年农业部发布《转基因作物田间试验安全检查指南》和《转基因作物安全评价指南》;2006 年农业部发布第 736 号公告,规定了转基因生物安全证书续申请的程序;2007 年农业部发布第 822 号公告,规定了涉及南繁的转基因农作物安全评价申报要求;2008 年农业部发布第 989 号公告,进一步简化了抗虫棉安全证书审批程序。

1998 年,中国农业科学院棉花研究所的 2 个转基因棉品种(中棉所 29 和中棉所 30)通过国家审定,标志着我国转基因棉研究进入了大面积推广阶段。抗虫棉的商业化种植通过减少杀虫剂用量、节约劳动力等来降低生产成本,带来了巨大的社会效益和经济效益。对转基因棉花的安全评价,可以全面了解其安全性问题,及时采取有效的措施对其可能产生的不利影响进行防范和控制,才有可能或最大限度降低其对人类健康和生态环境的潜在危险,推动转基因棉花的发展。

5.1.1 安全评价的目的

转基因棉花环境安全评价的目的,就是通过采用适当的原则、程序和方法,确定和评估转基因植物及其产品在研究、开发、使用、环境释放和越境转移过程中，可能对环境以及人类健康产生的不利影响，力求对这些风险提供可靠的定量预测，同时通过采用适当的机制以及与评估结果相适应的技术措施来管理转基因植物及其产品的开发工作，从而使其风险降低到最低程度。同时，转基因棉花安全性评价是进行技术安全管理和科学决策管理的需要。安全评价的结果是制定安全监测和控制措施的基础，也是决定该项转基因产品是否应该继续或者如何继续的主要科学依据。同时转基因棉花安全评价是保障人类健康和环境安全的需要。通过对转基因棉花的安全评价，可以明确该种转基因棉花产品是否存在潜在的危险及其危险程度，从而可以有针对性地采取与之相适应的监测、管理和控制措施，以避免或降低转基因技术及其产品的应用对人类和环境可能带来的危害。

5.1.2　安全评价的原则

转基因棉花环境风险评估的总原则是在保证人类健康和环境安全的前提下，促进转基因植物及生物技术的发展。在具体评估实践中与转基因植物安全性评价的原则一样，一般也遵循以下 6 条原则：科学原则(science-base principle)、熟悉原则(familiarity principle)、预防原则(precautionary principle)、个案评估原则(case-by-case principle)、逐步深入原则(step-by-step principle)以及实质等同性原则(substantial principle)。以上 6 条原则可以最大限度地保证风险评估的科学性和评估结果的准确性。

科学性原则是指对棉花安全评价必须基于严谨的科学态度和科学的方法，应充分应用最先进的科学技术和公认的生物安全评价方法，认真实施和进行评价。只有进行严格的科学实验、认真收集科学数据和对科学数据进行科学的统计分析，才能得出有关生物安全的科学结论，达到棉花安全评价的目的。

熟悉原则是指对转基因棉花进行安全评价过程中，必须对转基因受体、目的基因、转基因方法以及转基因植物的用途和其所要释放的环境条件等因素非常熟悉和了解，这样在转基因棉花环境安全评价过程中才能对其可能带来的生物安全问题给予科学的判断。

预防原则是指对于可能会产生环境危害的转基因棉花，即使目前缺乏其产生环境危害的充分科学证据，也应该对该转基因植物进行严格的环境安全检测，并预先采取适当措施预防可能出现的环境危害。

个案评估原则是指根据外源基因、受体植物、转基因操作方式、转基因植物、释放环境及用途等不同特点，采取相应的检测方法，逐个开展具体转基因棉花的安全性研究和检测，通过全面综合考察得出准确的安全性检测结果。因此，对于转基因棉花，不同的基因或不同的基因操作方式，甚至上述条件均相同，但转基因事件不同，都应该分别对其转基因产品进行安全评价。

逐步深入原则是指对转基因棉花的环境安全检测应根据实验研究、中间试验、环境释放、生产性试验和申请安全证书 5 个阶段进行，在相应条件下逐步开展安全性检测。实验研究是指在实验室控制系统内进行的基因操作和转基因生物研究工作；中间试验是指在控制系统内或者控制条件下进行的小规模试验；环境释放是指在自然条件下采取相应安全措施所进行的中规模的试验；生产性试验是指在生产和应用前进行的较大规模的试验。

5.1.3 安全评价的内容

我国转基因棉花的安全评价内容包括:分子特征、遗传稳定性、环境安全和食用安全等几大部分。

5.1.3.1 分子特征

包括从基因水平、转录水平和翻译水平,考察外源插入片段的整合和表达情况,包括表达载体相关资料、目的基因在植物基因组中的整合情况和外源插入片段的表达情况。

(1)表达载体相关资料

1)目的基因与载体构建的物理图谱

详细注明表达载体所有元件名称、位置和酶切位点。

2)目的基因

详细描述目的基因的供体生物、结构(包括基因中的酶切位点)、功能和安全性。

供体生物:如 *Bt* 基因 *cryIA* 来源于苏云金芽孢杆菌。结构:完整的 DNA 序列和推导的氨基酸序列。功能:生物学性状,如抗鳞翅目昆虫。

安全性:从供体生物特性、安全使用历史、基因结构、功能及有关安全性试验数据等方面综合评价目的基因的安全性。

3)表达载体其他主要元件

启动子:供体生物来源、大小、DNA 序列(或文献)、功能、安全应用记录。

终止子:供体生物来源、大小、DNA 序列(或文献)、功能、安全应用记录。

标记基因:供体生物来源、大小、DNA 序列(或文献)、功能、安全应用记录。

报告基因:供体生物来源、大小、DNA 序列(或文献)、功能、安全应用记录。

其他表达调控序列:来源(如人工合成或供体生物名称)、名称、大小、DNA 序列(或文献)、功能、安全应用记录。

(2)目的基因在植物基因组中的整合情况

采用 PCR、Southern 杂交等方法,分析外源插入片段在植物基因组中的整合情况,包括目的基因和标记基因的拷贝数,标记基因、报告基因或其他调控序列删除情况,整合位点等。

外源插入片段的 PCR 检测:片段名称、引物序列、扩增产物长度、PCR 条件、扩增产物电泳图谱(含图题、分子质量标准、阴性对照、阳性对照、泳道标注)。

外源插入片段的 Southern 杂交:植物基因组总 DNA 限制性酶切,提供两种以上能明确整合拷贝数的、具有特异性杂交条带的限制性内切酶图谱。文字描述至少包括探针序列位置、内切酶名称、特异性条带的大小、图题、分子质量标准、阴性对照、阳性对照、泳道标注。

外源插入片段的全长 DNA 序列:实际插入受体植物基因组的全长 DNA 序列和插入位点的两端边界序列。提供 PCR 验证时相应引物名称、序列及其扩增产物长度。

(3)外源插入片段的表达情况

1)转录水平表达(RNA)

采用 RT-PCR 或 Northern 杂交等方法,分析主要插入序列(如目的基因、标记基因等)的转录表达情况,包括表达的主要组织和器官(如根、茎、叶、种子等)。

RT-PCR 检测:引物序列、扩增产物长度、RT-PCR 条件、扩增产物电泳图谱(含图题、分子质量标准、阴性对照、阳性对照、泳道标注)。

Northern 杂交:探针序列位置、特异性条带的大小、Northern 杂交条件、杂交图谱(含图题、分子质量标准、阴性对照、阳性对照、泳道标注)。

2)翻译水平表达(蛋白质)

采用 ELISA 或 Western 杂交等方法,分析主要插入序列(如目的基因、标记基因等)的蛋白质表达情况,包括表达的主要组织和器官(如根、茎、叶、种子等)。

ELISA 检测:描述定量检测的具体方法,包括相关抗体、阴性对照、阳性对照、光密度测定结果、标准曲线等。

Western 杂交:相关抗体名称、特异性条带的大小、Western 杂交条件、杂交图谱(含图题、分子质量标准、阴性对照、阳性对照、泳道标注、样品和阳性对照的加样量)。

5.1.3.2 遗传稳定性

主要考察转基因植物代际间目的基因整合与表达情况,包括目的基因整合的稳定性、目的基因表达的稳定性和目标性状表现的稳定性。

(1)目的基因整合的稳定性

用 Southern 或 PCR 手段检测目的基因在转化体中的整合情况,明确转化体中目的基因的拷贝数以及在后代中的分离情况,提供不少于 3 代的试验数据。

(2)目的基因表达的稳定性

用 Northern、RT-PCR、Western 等手段提供目的基因在转化体不同世代转录(RNA)和(或)翻译(蛋白质)水平表达的稳定性(包括不同发育阶段和不同器官部位的表达情况),提供不少于 3 代的试验数据。

(3)目标性状表现的稳定性

用适宜的观察手段考察目标性状在转化体不同世代的表现情况,提供不少于 3 代的试验数据。

5.1.3.3 环境安全

(1)生存竞争能力

提供在自然环境下,转基因植物与受体关于种子活力、种子休眠特性、越冬越夏能力、抗病虫能力、生长势、生育期、产量、落粒性等适合度变化与杂草化风险评估等的试验数据和结论。若受体植物为多年生草类(饲草、制种用的草坪草)或目标性状增强生存竞争力(如抗旱、耐盐等),应根据个案分析的原则提出有针对性的补充资料。

(2)基因漂移的环境影响

1)受体物种的相关资料如果存在可交配的野生近缘种,提供野生近缘种的地理分布范围、发生频率、生物学特性(生育期、生长习性、开花期、繁殖习性、种子及无性繁殖器官的传播途径等)以及与野生近缘种的亲缘关系(包括基因组类型、与栽培种的天然异交结实性(%)、杂种 F_1 的育性及其后代的生存能力和结实能力)的资料。如果存在同一物种的可交配植物类型,需提供同一物种植物类型的分布及其危害情况。

2)外源基因漂移风险。对于存在可交配的野生近缘种或存在同一物种可交配的植物类型,又无相关数据和资料的，可设计试验评估外源基因漂移风险及可能造成的生态后果，如基因漂移频率、外源基因在野生近缘种中表达情况、目的基因是否改变野生近缘种的生态适合度等。

(3)转基因植物的功能效率评价

提供自然条件下转基因植物的功能效率评价报告。如为有害生物抗性转基因植物，则需要提供对靶标生物的抗性效率试验数据。抗性效率指抗有害生物转基因植物所产生的抗性物质对靶标生物综合作用的结果，一般通过转基因品种与受体品种在靶标生物数量变化、危害程度、植物长势及产量等方面的差别进行评价。抗病虫转基因植物需提供在室内和田间试验条件下，转基因植物对靶标生物的抗性生测报告、靶标生物在转基因及受体品种田间季节性发生危害情况和种群动态的试验数据与结论。

(4)有害生物抗性转基因植物对非靶标生物的影响

根据转基因植物与外源基因表达蛋白特点和作用机制，有选择地提供对相关非靶标植食性生物、有益生物(如天敌昆虫、资源昆虫和传粉昆虫等)、受保护的物种等其他非靶标生物潜在影响的评估报告。

(5)对植物生态系统群落结构和有害生物地位演化的影响

根据转基因植物与外源基因表达蛋白的特异性和作用机理，有选择地提供对相关动物群落、植物群落和微生物群落结构与多样性的影响，以及转基因植物生态系统病虫害等有害生物地位演化的风险评估报告等。

(6)靶标生物的抗性风险

靶标生物的抗性是指靶标生物由于连续多代取食转基因植物，敏感个体被淘汰，抗性较强的个体存活、繁殖并逐渐发展成高抗性种群的现象。抗病虫害转基因植物需提供对靶标生物的作用机制和特点等资料，转基因植物商业化种植前靶标生物的敏感性基线数据，抗性风险评估依据和结论，拟采取的抗性监测方案和治理措施等。

5.1.3.4 食用安全

按照个案分析的原则，评价转基因植物与非转基因植物的相对安全性，主要进行新表达物质毒理学评价、致敏性评价、关键成分分析和食品安全性评价。

传统非转基因对照物选择：无性繁殖的转基因植物，以非转基因植物亲本为对照物；有性繁殖的转基因植物，以遗传背景与转基因植物有可比性的非转基因植物为对照物。对照物与转基因植物的种植环境(时间和地点)应具有可比性。

(1)新表达物质毒理学评价

1)新表达蛋白资料

提供新表达蛋白质(包括目标基因和标记基因所表达的蛋白质)的分子和生化特征等信息，包括分子质量、氨基酸序列、翻译后的修饰、功能叙述等资料。表达的产物若为酶，应提供酶活性、酶活性影响因素(如 pH、温度、离子强度)、底物特异性、反应产物等。

提供新表达蛋白质与已知毒蛋白质和抗营养因子(如蛋白酶抑制剂、植物凝集素等)氨基酸序列相似性比较的资料。

提供新表达蛋白质热稳定性试验资料，体外模拟胃液蛋白消化稳定性试验资料，必要时提供加工过程对其影响的资料。

若用体外表达的蛋白质作为安全性评价的试验材料，需提供体外表达蛋白质与植物中新表达蛋白质等同性分析(如分子质量、蛋白测序、免疫原性、蛋白活性等)的资料。

2)新表达蛋白毒理学试验

当新表达蛋白质无安全食用历史,安全性资料不足时,必须提供急性经口毒性资料,28 d喂养试验毒理学资料视该蛋白质在植物中的表达水平和人群可能摄入水平而定,必要时应进行免疫毒性检测评价。如果不提供新表达蛋白质的经口急性毒性和28 d喂养试验资料,则应说明理由。

3)新表达非蛋白质物质的评价

新表达的物质为非蛋白质,如脂肪、碳水化合物、核酸、维生素及其他成分等,其毒理学评价可能包括毒物代谢动力学、遗传毒性、亚慢性毒性、慢性毒性/致癌性、生殖发育毒性等方面。具体需进行哪些毒理学试验,采取个案分析的原则。

4)摄入量估算

应提供外源基因表达物质在植物可食部位的表达量,根据典型人群的食物消费量,估算人群最大可能摄入水平,包括同类转基因植物总的摄入水平、摄入频率等信息。进行摄入量评估时需考虑加工过程对转基因表达物质含量的影响,并应提供表达蛋白质的测定方法。

(2)致敏性评价

外源基因插入产生新蛋白质,或改变代谢途径产生新蛋白质的,应对其蛋白质的致敏性进行评价。

提供基因供体是否含有致敏原、插入基因是否编码致敏原、新蛋白质在植物食用和饲用部位表达量的资料。

提供新表达蛋白质与已知致敏原氨基酸序列的同源性分析比较资料。

提供新表达蛋白质热稳定性试验资料,体外模拟胃液蛋白消化稳定性试验资料。

对于供体含有致敏原的,或新蛋白质与已知致敏原具有序列同源性的,应提供与已知致敏原为抗体的血清学试验资料。

受体植物本身含有致敏原的,应提供致敏原成分含量分析的资料。

(3)关键成分分析

提供受试物基本信息,包括名称、来源、所转基因和转基因性状、种植时间、地点和特异气候条件、储藏条件等资料。受试物应为转基因植物可食部位的初级农产品,如大豆、玉米、棉籽、水稻种子等。同一种植地点至少三批不同种植时间的样品,或三个不同种植地点的样品。

提供同一物种对照物各关键成分的天然变异阈值及文献资料等。

1)营养素

包括蛋白质、脂肪、碳水化合物、纤维素、矿物质、维生素等,必要时提供蛋白质中氨基酸和脂肪中饱和、单不饱和、多不饱和脂肪酸含量分析的资料。矿物质和维生素的测定应选择在该植物中具有显著营养意义或对人群营养素摄入水平贡献较大的矿物质和维生素进行测定。

2)天然毒素及有害物质

植物中对健康可能有影响的天然存在的有害物质,根据不同植物进行不同的毒素分析,如棉籽中棉酚、油菜子中硫代葡萄糖苷和芥酸等。

3)抗营养因子

对营养素的吸收和利用有影响、对消化酶有抑制作用的一类物质。如大豆胰蛋白酶抑制剂、大豆凝集素、大豆寡糖等,玉米中植酸,油菜子中单宁等。

4)其他成分

如水分、灰分、植物中的其他固有成分。

5)非预期成分

因转入外源基因可能产生的新成分。

(4)全食品安全性评价

大鼠 90 d 喂养试验资料。必要时提供大鼠慢性毒性试验和生殖毒性试验及其他动物喂养试验资料。

(5)营养学评价

如果转基因植物在营养、生理作用等方面有改变的,应提供营养学评价资料。

1)提供动物体内主要营养素的吸收利用资料。

2)提供人群营养素摄入水平的资料以及最大可能摄入水平对人群膳食模式影响的评估资料。

(6)生产加工对安全性影响的评价

应提供与非转基因对照物相比,生产加工、储存过程是否可改变转基因植物产品特性的资料,包括加工过程对转入 DNA 和蛋白质的降解、消除、变性等影响的资料,如油的提取和精炼、微生物发酵、转基因植物产品的加工、储藏等对植物中表达蛋白含量的影响。

(7)按个案分析的原则需要进行的其他安全性评价

对关键成分有明显改变的转基因植物,需提供其改变对食用安全性和营养学评价资料。

5.1.4 各阶段安全评价的要求

《农业转基因生物安全评价管理办法》规定,凡在中国境内从事农业转基因生物的研究、试验、生产、进口活动必须进行安全评价。安全评价按照植物、动物、微生物三个类别,四个安全等级和实验研究、中间试验、环境释放、生产性试验和申请安全证书 5 个阶段进行。在上述 5 个阶段中,安全等级为Ⅲ、Ⅳ的实验研究和所有安全等级的中间试验实行报告制管理;环境释放、生产性试验和申请领取安全证书阶段实行审批制管理。《农业转基因生物进口安全管理办法》规定,对进口或引进的农业转基因生物,按照用于研究试验、用于生产、用于加工原料三种类型实施安全管理。《农业转基因生物标识管理办法》规定,凡在中国境内销售列入农业转基因生物标识目录的农业转基因生物,应有明确的标识。列入第一批标识目录的有转基因大豆、玉米、油菜、棉花、番茄 5 类 17 种产品。

我国对转基因棉花安全评价实行分级管理。国家设立农业转基因生物安全委员会,负责农业转基因生物的安全评价工作,农业转基因生物安全委员会由从事农业转基因生物研究、生产、加工、检验检疫、卫生、环境保护等方面的专家组成。农业部设立农业转基因生物安全管理办公室,负责农业转基因生物安全评价管理工作。凡从事转基因棉花研究与试验的单位,应当成立由单位法人代表负责的农业转基因生物安全小组,负责本单位农业转基因生物的安全管理及安全评价申报的审查工作。农业部根据农业转基因棉花安全评价工作的需要,委托具备检测条件和能力的技术检测机构对农业转基因生物进行检测,为安全评价和管理提供依据。

我国对从事转基因棉花试验的条件进行了要求,要求从事农业转基因棉花实验研究与试验应当有专门的机构和从事农业转基因生物实验研究与试验的专职技术人员,且具备与实验研究和试验相适应的仪器设备和设施条件。另外也要成立农业转基因生物安全管理小组,负责本单位转基因生物研究与试验的安全工作。

在我国从事农业转基因棉花安全试验的单位和个人,应分阶段向农业转基因生物安全管理办公室报告或者提出申请。2008年农业部调整了转基因生物安全评价时间和方式,每年进行3次评审,农业部每年组织3次农业转基因生物安全评审。每次安全评价资料申报受理截止时间分别为3月1日、7月1日和11月1日。被受理的申请,交由国家农业转基因生物安全委员会进行安全评价。农业部自收到安全评价结果后45日内做出批复。

转基因棉花在研制过程中要经过4个安全等级和实验研究、中间试验、环境释放、生产性试验和申请安全证书5个阶段进行。实验研究和中间试验实行报告制管理;环境释放、生产性试验和申请领取安全证书阶段实行审批制管理。报告制是由研究试验单位负责安全管理,在研究开始之前,向农业部专业转基因生物安全管理办公室报告并备案;审批制是由申请人向农业部提出安全申请后,经国家农业转基因生物安全委员会进行安全评价合格的,由农业部批准并颁发农业转基因生物安全审批书或安全证书。

5.1.4.1 实验研究阶段

在我国从事转基因棉花试验研究,由本单位农业转基因生物安全小组批准,并报农业部转基因生物安全管理办公室备案。

5.1.4.2 中间试验阶段

中间试验是指在控制系统内或控制条件下进行的小规模试验。中间试验阶段的重要目的是为了了解转基因棉花的遗传稳定性及外源基因的表达情况等基本资料。中试阶段一次申报的转基因棉花材料数量不超过20个(由不超过5个品种或品系的同种受体棉花、相同的目的基因和相同的基因操作所获得的转化体),试验地点不超过两个省,每省不超过3个点,一次申报的总面积不超过4亩,一次申报的试验年限一般为1～2年。

在转基因棉花实验研究结束后拟转入中间试验的,试验单位应当向农业转基因生物安全管理办公室报告。试验单位向农业转基因生物安全管理办公室报告时应当提供下列材料:

(1)提供外源插入序列的分子特征资料。

(2)提供每一个转化体的转基因植株自交或杂交代别及目的基因和标记基因PCR检测的资料。

(3)按《转基因植物及其产品食用安全评价导则》(NY/T 1101-2006)提供受体植物、基因供体生物的安全性评价资料。

(4)提供新表达蛋白质的分子和生化特征等信息,以及提供新表达蛋白质与已知毒蛋白质和抗营养因子氨基酸序列相似性比较的资料。

(5)提供抗虫植物表达蛋白质和已商业化种植的转基因抗虫植物对靶标害虫作用机制的分析资料,评估交互抗性的风险。

(6)农业转基因生物的安全等级和确定安全等级的依据。

(7)相应的安全研究内容、安全管理和防范措施。

(8)对于需要南繁的转基因棉花,申报单位在填写申报书时,应当在"试验申请表"中注明南繁试验的起止时间、地点和规模,同时按照《农业转基因生物安全评价管理办法》附录I"转基因植物试验方案”要求逐条提供南繁试验的技术资料。

5.1.4.3 环境释放阶段

环境释放是指在自然条件下采取相应安全措施所进行的中规模的试验。环境释放阶段的目的是进一步了解转基因棉花的基本资料及其释放对环境的影响。环境释放阶段一次申请的转基因棉花材料数量不超过5个(由同一品种或品系的受体植物、相同的目的基因、相同的基因操作方法所获得的转化体)。试验地点不超过2个省,每省不超过7个点,试验总面积为4～30亩,一次申报环境释放的期限一般为1～2年。

在农业转基因生物中间试验结束后拟转入环境释放的,试验单位应当向农业转基因生物安全管理办公室提出申请,经农业转基因生物安全委员会安全评价合格并由农业部批准后,方可根据农业转基因生物安全审批书的要求进行相应的试验。试验单位提出前款申请时,应当提供下列材料:

(1)申请中间试验提供的相关资料以及中间试验结果的总结报告。

(2)提供每个转基因株系中目的基因的PCR检测图,并注明转基因株系的代别和编号。

(3)提供每个转基因株系中目的基因和标记基因整合进植物基因组的Southern杂交图和插入拷贝数,并注明转基因株系的代别和编号。

(4)提供目的基因在转录水平或翻译水平表达的资料。

(5)提供转基因株系遗传稳定性的资料,包括目的基因和标记基因整合的稳定性、表达的稳定性和表型性状的稳定性。

(6)抗病虫转基因植物,提供目标蛋白的测定方法、植物不同发育阶段目标蛋白在各器官中的含量以及对靶标生物的田间抗性效率。

(7)新蛋白质(包括目标基因和标记基因所表达的蛋白质)在植物食用和饲用部位表达含量的资料。

(8)提供靶标害虫对新抗虫植物和已商业化种植的抗虫植物交互抗性的研究资料。

(9)提供对可能影响的非靶标生物的室内生物测定资料。

(10)提供目标性状和功能的评价资料。如抗虫植物应明确靶标生物种类并提供室内或田间生物测定报告。

(11)对于需要南繁的转基因棉花,申报单位在填写申报书时,应当在“试验申请表”中注明南繁试验的起止时间、地点和规模,同时按照《农业转基因生物安全评价管理办法》附录I“转基因植物试验方案”要求逐条提供南繁试验的技术资料。

5.1.4.4 生产性试验阶段

生产性试验阶段是指在生产和应用前进行的较大规模试验。生产性试验的目的主要是为了对转基因棉花环境安全进行全面而综合的了解,对是否批准其进行生产和应用进行科学而准确的评价。生产性试验一次只能申报一个转基因棉花品系,应在批准过环境释放的省(市、自治区)进行,不超过2个省,每省不超过5个点,试验总面积大于30亩。试验地点应明确试验所在的省(市、自治区)、县(市)、乡、村,一次申报生产性试验的期限一般为1～2年。

农业转基因生物在环境释放结束后拟转入生产性试验的,试验单位应当向农业转基因生物安全管理办公室提出申请,经农业转基因生物安全委员会安全评价合格并由农业部批准后,方可根据农业转基因生物安全审批书的要求进行相应的试验。试验单位提出前款申请时，应当提供下列材料：

(1)申请环境释放提供的相关资料以及环境释放结果的总结报告。

(2)提供转化体外源插入片段(如目的基因和标记基因等)整合进植物基因组的 PCR 检测图、Southern 杂交图和插入拷贝数，并注明供试材料的名称和代别。

(3)提供目的基因和标记基因翻译水平表达的资料，或目标基因(被 RNAi 等方法所干涉的基因)在转录水平或翻译水平表达的资料。

(4)提供该转化体遗传稳定性至少 2 代的资料，包括目的基因整合的稳定性、表达的稳定性和表现性状的稳定性。

(5)提供该转化体个体生存竞争能力的资料。

(6)提供该转基因植物基因漂移的资料。

(7)提供目标性状和功能的评价资料。如抗虫植物应提供田间试验条件下，靶标生物在转基因及受体品种田间季节性发生危害情况和种群动态的试验数据。

(8)提供靶标生物对抗病虫转基因植物的抗性风险评价资料。

(9)提供对非靶标生物和生物多样性影响的评价资料。

(10)提供新表达蛋白质体外模拟胃液蛋白消化稳定性试验资料。

(11)必要时提供全食品毒理学评价资料。

(12)对于需要南繁的转基因棉花，申报单位在填写申报书时，应当在“试验申请表”中注明南繁试验的起止时间、地点和规模，同时，按照《农业转基因生物安全评价管理办法》附录 I“转基因植物试验方案”要求逐条提供南繁试验的技术资料。

5.1.4.5　申请安全证书阶段

在农业转基因生物生产性试验结束后拟申请安全证书的，试验单位应当向农业转基因生物安全管理办公室提出申请，经农业转基因生物安全委员会安全评价合格并由农业部批准后，方可颁发农业转基因生物安全证书。试验单位提出前款申请时，应当提供下列材料：

(1)汇总以往各试验阶段的资料，提交环境安全和食用安全综合评价报告。

(2)提供外源片段的全长 DNA 序列和插入位点的两端边界序列。

(3)提供该转化体遗传稳定性至少 3 代的资料，包括目的基因整合的遗传稳定性、表达的稳定性和表现性状的稳定性。

(4)提供该转化体个体生存竞争能力、自然延续或建立种群能力的资料。

(5)提供该转基因植物基因漂移的资料。

(6)提供至少 2 年对目标性状和功能的田间评价资料。

(7)提供靶标生物对转基因植物所产生抗病/虫物质的敏感性基线资料，抗性风险评估的依据和结论；拟采取的靶标生物综合治理策略、抗性监测方案和治理措施等。

(8)提供至少 2 年对非靶标生物和生物多样性影响的评价资料以及转基因植物生态系统下病虫害地位演化的风险评估报告。

(9)提供完整的毒性、致敏性、营养成分、抗营养因子等食用安全资料。

(10)如为续申请，则需要提供上次批准期限内的商业化种植数据和环境影响监测报告。

(11)对于需要南繁的转基因棉花，申报单位可在拟申报安全证书有效期内申请一次以上的南繁试验。申报单位在填写申报书时，应当在“安全证书申请表”中注明南繁试验的起止时间、地点和规模，同时，按照《安评办法》附录Ⅰ“转基因植物试验方案”要求逐条提供南繁试验的技术资料。

5.1.4.6 抗虫棉安全评价简化程序

为规范转基因抗虫棉的安全管理，促进转基因抗虫棉产业化的健康发展，根据《农业转基因生物安全评价管理办法》的有关规定，农业部发布了410号和989号公告，简化了转基因抗虫棉生产应用安全证书申请程序。为进一步提高转基因抗虫棉生物安全评价的科学性、公正性和客观性，进一步规范转基因抗虫棉检测工作，2011年12月农业部又发布了1693号公告。

(1)已获得生产应用安全证书的转基因抗虫棉品种(系)(类型1)，可直接申请所有适宜生态区的生产应用安全证书。

利用已获得生产应用安全证书的转基因抗虫棉品种(系)通过常规育种选育的抗虫棉新品系(类型2)，可直接申请适宜生态区的生产应用安全证书。对于上述类型1、2，申报单位在申请生产应用安全证书时，应提供下面所列材料：

1)转基因抗虫棉生产应用安全证书申请表。

2)已获得的转基因抗虫棉生产应用安全证书复印件。

3)已获得生产应用安全证书的转基因抗虫棉生产应用情况总结报告。

4)所申请转基因抗虫棉的选育过程。

5)农业部委托农业部科技发展中心组织的转基因抗虫棉技术检测机构出具的检测报告(类型1中在同一生态区生产应用的，不需要检测报告)：

①新选育的转基因抗虫棉在苗期、蕾期和铃期棉花叶片、棉蕾和棉铃中杀虫蛋白表达量的检测报告；

②该转基因抗虫棉对靶标害虫抗虫性的生测报告。

6)申请单位农业转基因生物安全小组审查意见。

7)申请单位意见。

(2)转基因棉花生产应用安全证书有效期5年，如需延长安全证书，应提供下面所列材料：

1)农业转基因生物技术检测机构出具的所在生产应用区域抗虫棉对靶标害虫抗性效率的监测报告。

2)生产应用区域棉铃虫抗性风险评估及治理技术。

3)历年来生产应用综合报告。

5.2 转 *Bt* 基因棉花安全性研究进展

转 *Bt* 基因棉花是治理棉铃虫等鳞翅目害虫抗性的新技术(Jenkins，1990)。美国 Agracetus 公司1987年在世界上首次报道将 *Bt* 基因转入商品棉(Wilson，1992)，但由于转基因棉花中毒素蛋白质的含量不够，试验效果不理想。经过一系列的研究改进，Bt 毒素蛋白在棉株中的表达量由最初的占可溶性蛋白的0.000 1%提高到0.05%～0.1%，毒性提高了1 000倍(Wilson，1991)，室内和田间均表现出良好的抗虫性。我国对转 *Bt* 基因棉的研究起步较晚，但进展较快。谢道昕等 1991 年在国内首次报道将 *Bt* 基因导入了棉花品种；中国农业科学院生物技术中心与山西棉花所和江苏农科院等单位合作，将人工合成的 *Bt* 基因转入生产品种获得高抗棉株（崔洪志，1996）；中国农科院棉花研究所利用高新技术和常规育种相结合的技术途径，成功地将 *Bt* 基因转入中棉所系列品种中，培育出中棉所抗虫棉系列品系，1994—1995 年在冀、鲁、豫等省的示范试种中，表现出良好的抗虫性和丰产性（崔洪志，1996）。

1997 年我国开始商业化种植转 *Bt* 基因抗虫棉，至 2010 年全国共审定转基因抗虫棉品种 288 个，其中通过国家审定 102 个，通过省级审定 186 个，转基因抗虫棉的种植面积达到 410 万公顷，占我国棉花种植面积的 75％以上。

中国农业科学院棉花研究所自 1994 年开始开展转 *Bt* 基因抗虫棉安全性研究，也是我国最早开展转基因棉花安全性研究的单位。率先从个体生物学、种群生态学、群落生态学和综合治理的角度系统研究了转 *Bt* 基因抗虫棉的安全性（夏敬源等，1995；崔金杰等，1998；崔金杰等，1999）。在转基因棉花安全性研究方面积累了大量的数据，为我国转基因抗虫棉的安全管理提供了有力的技术支撑。

5.2.1　对棉铃虫控制作用

5.2.1.1　对棉铃虫的抗性

转 *Bt* 基因抗虫棉不同组织器官对棉铃虫的抗性呈现明显的时空动态。结果表明，7 月份以后，棉叶对棉铃虫初孵幼虫的抗性明显下降，由 6 月下旬的 100％下降到 8 月初的 62.5％，然后抗性又逐渐回升，8 月下旬达到 93.8％，9 月份以后棉株逐渐衰老，抗性又明显下降；棉蕾和花瓣对初孵幼虫的抗性随着时间的变化趋势相同，在 7 月中旬以后有所下降，8 月下旬抗性回升，9 月份以后抗性显著下降；棉苞叶对初孵幼虫的抗性较稳定，9 月份以后下降明显；花蕊对初孵幼虫的抗性波动范围较小，7 月份下降，8 月份抗性回升，8 月下旬又有所下降，9 月份以后抗性上升，但整个棉花生育期的抗性明显低于其他棉花器官；棉桃对初孵幼虫的抗性，随生长季节呈显著下降的趋势。

可见，整个棉花生育期，棉花不同器官随着时间的变化其抗性有较大的差异。棉花生长前期（7 月中旬以前）棉叶、棉蕾、花瓣、棉苞叶对棉铃虫有良好的抗性，以后抗虫性均有不同程度的下降，8 月中旬以后抗虫性虽有回升，但此时棉株开始衰老，9 月份以后抗虫性显著下降。7 月中旬至 8 月中旬棉叶、棉蕾等器官抗性下降的原因可能是：转基因棉的结铃结构和常规棉有较大的差异；抗虫棉前期个体发育较小，且生长缓慢，后期既要进行营养生长又要进行生殖生长，负担较重，影响了转基因棉花毒蛋白的表达。

棉花生长前期，不同器官对棉铃虫初孵幼虫的抗性表现为：棉蕾＞棉苞叶＞花瓣＞棉叶＞花蕊；8 月份，不同器官的抗性表现为：棉苞叶＞棉蕾＞花瓣＞花蕊＞棉叶；9 月份以后，不同器官的抗性表现为：棉蕾、棉苞叶＞棉桃＞棉叶＞花瓣＞花蕊。可见转基因棉在棉花生长的某一阶段，其不同器官对棉铃虫初孵幼虫的抗性有较大的差异。

5.2.1.2　对棉铃虫生物学的影响

（1）生长发育

左广胜等（1994）利用苏云金素 0～1 000 μg/mL 含毒饲料喂棉铃虫幼虫，处理后第 7 天，各处理平均体长和体重与对照差异明显，初孵幼虫体长抑制率为83%左右，5日龄幼虫体长和体重抑制率分别为40.15%～61.61%和78.10%～91.43%，随着苏云金素浓度的增加，含毒饲料上取食的棉铃虫幼虫数权重逐渐下降。吴坤君等(1993)用人工饲料饲养幼虫，组建了生命表，研究饲料蛋白质含量对棉铃虫种群生长的影响。基础饲料含可溶性糖27.6%，饲料蛋白质含量由7%增加到13%时，幼虫历期明显缩短，成虫繁殖力大幅度提高，导致种群趋势指数上升85%。更高的饲料蛋白质含量虽然对幼虫的发育和存活没有不利的影响，但成虫的产卵量下降。根据试验资料估测，饲料中碳水化合物和蛋白质含量的比率在1.5～2.6对棉铃虫种群生长比较合适。这些结果表明，食料植物中碳水化合物和蛋白质的浓度以及两者的比率对棉铃虫的生长、发育和繁殖可能都有一定的影响。

崔金杰等(2002)研究表明，5日龄棉铃虫幼虫取食转*Bt*基因棉后其体重、蛹重、化蛹率、羽化率及体长均和常规棉对照有明显的差异。取食转*Bt*基因棉后其体重减轻18.7%～47.9%，化蛹率降低84.1%～87.5%，蛹重减轻3.5%～36.2%，羽化率降低83.7%～89.2%，体长减少17.6%～23.5%，差异均达显著或极显著水平。

(2)取食行为

崔金杰等(2002)研究结果表明，棉铃虫低龄幼虫在转*Bt*基因棉上取食时间明显减少，静息、吐丝下垂的时间明显延长，爬行时间略增加。连续观察6 h，3日龄幼虫在转*Bt*基因棉上的取食时间较在常规棉上减少57.6%，差异极显著；吐丝下垂的时间增加396.1%，差异极显著；爬行的时间增加22.4%，差异不显著；静息的时间增加4.0%，差异不显著。

棉铃虫在转*Bt*基因棉上取食时间减少，减轻了棉株受害程度，同时由于棉铃虫取食量的降低，使得棉铃虫生长发育延迟，体重明显减轻，甚至死亡；吐丝下垂时间延长减少了棉株上的幼虫数量，增加了被天敌捕食和逆境致死的概率；爬行和静息时间的延长，增加了害虫在植株表面的暴露时间，有利于自然天敌的寄生和捕食。

(3)产卵量和卵孵化率

崔金杰等(2002)研究结果表明，5日龄棉铃虫连续取食转*Bt*基因棉的棉铃、棉叶、棉蕾至化蛹，成虫羽化后产卵量分别比对照降低50.1%、63.1%、69.7%，差异均达显著或极显著水平；卵孵化率分别比对照降低87.8%、80.6%、83.5%。

取食转*Bt*基因棉花粉的棉铃虫成虫，其产卵量明显减少，卵孵化率明显降低。取食转*Bt*基因棉和常规棉花粉的产卵量分别为317.6粒和789.4粒(减少了59.8%)，卵孵化率分别为21.4%和76.8%(降低了72.1%)，差异均达极显著水平。转*Bt*基因棉花粉不仅对棉铃虫成虫产卵量和卵孵化率有较大的影响，而且对成虫寿命亦有较大的影响，取食转基因棉和取食常规棉花粉的成虫平均寿命分别为6.1 d和8.0 d，前者较后者平均寿命缩短1.9 d。

(4)产卵排趋性

相邻种植转基因棉和常规棉时，第2代棉铃虫发生期转基因棉和常规棉上平均百株落卵量分别为56.6粒和103.3粒，转基因棉上减少45.2%，差异显著；第3代棉铃虫发生期转基因棉和常规棉平均百株落卵量分别为1 961.7粒和1 933.3粒，转基因棉上增加1.5%；相间种植转基因棉和常规棉时，第2代棉铃虫发生期转基因棉和常规棉上平均百株落卵量分别为133.3粒和196.7粒，*Bt*棉上减少32.2%，差异显著；第3代棉铃虫发生期转基因棉和常规棉平均百株落卵量分别为816.7和810.0粒，*Bt*棉上增加0.8%。从以上结果可以看出，棉铃虫在大发生的条件下，在转*Bt*基因棉和常规棉上产卵没有明显的选择性；在轻发生的条件下，则有明显的选择性。说明转基因棉对棉铃虫有一定的产卵排趋性。

5.2.2 对主要害虫种群动态的影响

5.2.2.1 对靶标害虫种群动态的影响

(1)棉铃虫卵消长动态

第2代棉铃虫发生期,常规棉对照田(常规棉田全生育期不施用化学农药,简称对照田)、转 *Bt* 基因抗虫棉综合防治田(采取综合防治的转 *Bt* 基因抗虫棉田,简称综防田)、转 *Bt* 基因抗虫棉不施药田(转 *Bt* 基因抗虫棉田全生育期不施用化学农药,简称自控田)百株累积落卵量分别为729粒、609粒和600粒,综防田和自控田分别比对照田减少16.5%和17.7%,综防田比自控田增加1.5%;第3代棉铃虫发生期,对照田、综防田、自控田百株累积落卵量分别为458粒、389粒和297粒,综防田和自控田分别比对照田减少15.1%和35.2%,综防田比自控田增加23.7%;第4代棉铃虫发生期,对照田、综防田、自控田百株累积落卵量分别为448粒、248粒、300粒,综防田和自控田分别比对照田减少44.6%和33.0%,综防田比自控田减少17.3%,差异不显著。可见,棉铃虫在转基因棉上的落卵量与常规棉相比没有明显差异。

(2)棉铃虫幼虫种群消长

崔金杰等(2002)研究表明,第2代棉铃虫发生盛期,对照田、综防田、自控田百株幼虫数量分别为70头、6头、6头,转基因棉上幼虫减少91.4%,差异极显著;第3代棉铃虫发生盛期,对照田、综防田、自控田百株幼虫数量分别为276头、5头、26头,综防田和自控田分别比对照田减少98.2%和90.6%,差异极显著,综防田比自控田减少80.8%;第4代棉铃虫发生盛期,对照田、综防田、自控田百株幼虫数量分别为38头、9头、10头,综防田和自控田分别比对照田减少76.3%和73.7%,差异极显著,综防田比自控田减少10.0%。可见,转基因棉对棉铃虫幼虫有良好的抗性,但自控田第3代、第4代棉铃虫仍需化学防治。

朱洪生等(2003)研究结果表明,转 *Bt* 基因棉对棉铃虫幼虫均有良好的抗性,棉铃虫在转 *Bt* 基因棉棉田的落卵量比常规棉不治虫棉田的落卵量第2代减少33.3%,第3代增多35%,第4代增多32.5%,而比常规棉治虫棉田的落卵量第2代减少10.1%,第3代增加42.8%,第4代增加56%;第2代棉铃虫幼虫数量,转 *Bt* 基因棉田比常规棉不治虫棉田减少90%;第3代减少了84.9%,第4代减少了74.9%;而比常规棉治虫棉田的第2代减少53%。但第3代增多26.5%,第4代增多55.1%;转 *Bt* 基因棉比常规棉不治虫的棉造桥虫减少87.8%,比常规棉治虫的棉田减少54.3%。

5.2.2.2 对非靶标害虫种群动态的影响

崔金杰等(2002)研究表明,转基因棉田棉造桥虫有2个发生高峰,9月上旬和下旬,综防田和自控田分别比对照田减少94.1%和90.7%;由于小麦的屏障作用,夏棉(早熟棉)苗蚜发生较轻,对照田、综防田、自控田百株苗蚜数量均显著低于百株2 000头的防治指标。夏棉伏蚜有2个明显的发生高峰,综防田和自控田分别比对照田减少25.1%和增加33.1%;综防田比自控田减少43.7%;麦套夏棉田红蜘蛛在7月中旬有1个明显的发生高峰。综防田和自控田分别比对照田减少18.5%和增加138.9%,综防田比自控田减少65.9%;麦套夏棉田棉蓟马有 2 个发生高峰,综防田和自控田分别比对照田增加 315.3%和 346.0%,综防田比自控田减少 6.9%。麦套夏棉田白粉虱主要发生在 7 月中旬以后,综防田和自控田分别比对照田增加 29.0%和 68.3%,综防田比自控田减少 23.4%;棉叶蝉发生高峰期,综防田和自控田分别比对照田增加 14.2%和 11.5%,综防田比自控田增加 2.4%。

朱洪生等(2003)研究表明,转 *Bt* 基因棉棉田苗期蚜虫比常规棉不治虫的棉田减少 14.3%,比常规棉治虫的棉田增多 82.7%,花铃期的伏蚜比常规棉不治虫的棉田增多 8.0%,比常规棉治虫的棉田增多 67.5%;转 *Bt* 基因棉比常规棉不治虫的棉田红蜘蛛、盲蝽象分别减少 31.1%、3.1%,比常规棉治虫的棉田红蜘蛛、盲蝽象分别增多 88.1%、40.2%;转 *Bt* 基因棉比常规棉不治虫棉田的白粉虱、棉叶蝉分别增多 58.8%、15.3%,比常规棉治虫棉田的白粉虱、棉叶蝉分别增多 70.6%、62.3%。

邓曙东等(2003)在湖北棉区系统研究了转 *Bt* 基因棉对棉田非靶标害虫及天敌种群动态的影响。试验设三个处理:转 *Bt* 化防田(使用化学农药控制害虫)、转 *Bt* 自控田(仅依靠田间自然天敌控制害虫)及常规对照棉田(利用综合防治措施控制害虫)。结果表明,在转 *Bt* 基因棉田中,除棉蓟马外,其他主要非靶标害虫(主要是刺吸性害虫)的种群发生数量呈明显的上升趋势。2000 年棉蚜发生的总计值,化防田和自控田分别比常规对照田增加 37.9%和 71.4%,2001 年则分别增加 92.5%和 134.9%;2000 年朱砂叶螨发生的总计值,化防田和自控田分别比常规对照田增加 181.1%和 298.3%,2001 年则分别增加 69.9%和 105.0%。孙长贵等(2002)研究表明,转 *Bt* 基因棉田棉蚜和棉盲蝽等刺吸性害虫发生数量加重。

5.2.3 对自然天敌的影响

5.2.3.1 对捕食性天敌的影响

(1)对捕食性天敌捕食量和捕食功能反应

转基因棉对棉铃虫幼虫有明显的避食作用,其体重明显轻于取食常规棉的棉铃虫。初孵幼虫取食 12 h 转基因棉后的体重比取食相同时间常规棉的减轻 80.42%,由于取食转基因棉后棉铃虫生长发育延迟,体重明显减轻,个体明显较小,4 种主要天敌对用转基因棉处理的棉铃虫的捕食量均大于取食常规棉处理,差异均达显著水平。

将 4 种天敌对棉铃虫幼虫的捕食量绘成散点图,均符合 HollingⅡ型反应。依据有关数据计算得到 4 种天敌对棉铃虫捕食功能反应方程及有关参数。4 种天敌对用转基因棉处理的棉铃虫的日最大捕食量均大于对照,处理一头棉铃虫低龄幼虫所用的时间均短于对照,功能系数即瞬间攻击率均高于对照。

多数研究也未发现取食转基因棉花的植食性昆虫猎物对捕食性昆虫的个体生长发育、生殖、捕食行为等有不良影响,相反,有些甚至还提高捕食效果。刘杰通过室内饲养观察发现,草间钻头蛛、八斑鞘腹蛛取食转基因棉叶处理的棉铃虫幼虫与取食普通棉叶处理的棉铃虫幼虫的发育历期、成蛛体重都没有明显差异。不同猎物饲养成熟的草间钻头蛛对同种处理的棉铃虫幼虫的捕食行为也没有明显差异。利用转基因棉叶饲喂棉铃虫初孵幼虫,再用该虫分别饲喂草蛉、龟纹瓢虫、七星瓢虫、大眼蝉长蝽、草间小黑蛛等捕食性天敌,发现这些天敌的捕食量均大于对照,瞬时攻击力平均高于对照。其中日最大捕食量为常规棉对照的 1.5～3.0 倍,处理1头猎物的时间为常规棉对照的33.3%～66.2%，瞬间攻击率为常规棉对照的1.1～1.4倍。但有研究认为，转基因棉花对草蛉的产卵量和卵孵化率有较明显的影响(董亮等，2003；郭建英等，2005)。比较2种转*Bt*基因抗虫棉和常规棉棉蚜对丽草蛉发育和繁殖的影响，发现与取食常规棉上棉蚜相比，取食转*Bt*基因抗虫棉上棉蚜的第1代和第2代丽草蛉幼虫期和茧期的死亡率、发育历期、茧重及成虫性比等均与对照无明显差异，但第1代成虫的产卵量减少了288.0粒，第2代成虫产卵的孵化率降低了17.6%。而董亮等以转*Bt*基因抗虫棉和常规棉上的棉蚜饲喂中华草蛉，发现不同处理间中华草蛉幼虫和茧的死亡率以及成虫无显著差异。

(2)对捕食性天敌种群动态的影响

崔金杰等(2002)研究对照田、综防田、自控田百株平均龟纹瓢虫数量分别为60、110和68头，综防田和自控田分别比对照田增加45.5%和11.8%，综防田比自控田增加38.2%。可见，转基因棉田龟纹瓢虫种群的数量有所增加，特别是转基因棉综合防治田龟纹瓢虫数量显著增加；草间小黑蛛数量分别为56头、53头和52头，综防田和自控田分别比对照田减少3.6%和3.6%，差异不显著；综防田比自控田增加2.0%，差异不显著；草蛉数量分别为10头、16头、8头，综防田和自控田分别比对照田增加38.7%和减少22.2%，差异不显著；综防田比自控田增加105.2%，差异不显著；小花蝽数量分别为31头、29头、22头，综防田和自控田分别比对照田减少9.0%和30.4%，综防田比自控田增加23.5%，差异显著。可以看出，转基因棉田主要捕食性天敌种群的数量除龟纹瓢虫明显增加外，与常规棉田相比无明显的差异。说明转基因棉对棉田捕食性天敌影响不显著；采取综合防治措施可以有效增加转基因棉田捕食性天敌的数量。

束春娥等(2002)在江苏棉区的南京、盐城两地种植转基因抗虫棉GK22，研究观察其对棉田捕食性天敌种群数量和动态的影响。结果表明，抗虫棉GK22对棉田捕食性天敌种类和数量没有明显不良影响。全期南京点共计15次调查，抗虫棉GK22区百株累计查到捕食性天敌总数1 497.17头，比常规对照棉区的1 606.8头少6.82%；盐城点全期19次调查，GK22区百株捕食性天敌总数累计1 228头，比对照区的1 198头增加2.5%，均未达到显著水平。

5.2.3.2 对寄生性天敌的影响

(1)对寄生性天敌生物学的影响

侧沟茧蜂(*Microplitis* sp.)是棉铃虫幼虫的优势寄生性天敌之一，在黄河流域棉区常年对棉铃虫幼虫的寄生率可达1.9%～25.0%。用转基因棉饲养的棉铃虫其被寄生率和出蜂率分别为14.0%和0.0%，均显著低于对照处理(32.6%和100%)，说明转基因棉严重影响侧沟绿茧蜂的寄生率和蜂的羽化率。用转基因棉和常规棉饲养的棉铃虫被侧沟绿茧蜂寄生后茧重分别为0.002 9 g和0.005 2 g，用转基因棉饲养的棉铃虫其寄生蜂茧重减轻44.2%，差异极显著，说明其质量较差，并且其茧不能出蜂。

齿唇姬蜂(*Campoletid chlorideae* Uchida)是棉铃虫幼虫的重要寄生性天敌之一，在黄河流域棉区常年对棉铃虫幼虫的寄生率为2.2%～36.2%。用转基因棉饲养的棉铃虫，被寄生率和出蜂率分别为6.9%和62.5%，均显著低于对照处理(80.6%和100%)，说明转基因棉严重影响齿唇姬蜂的寄生率和羽化率。用转基因棉饲养的棉铃虫其寄生蜂茧重和蜂重分别为0.004 0 g和0.000 8 g，分别比对照减轻54.0%和11.1%，说明用转基因棉饲养的棉铃虫其寄生蜂质量很差。

(2)对寄生性天敌种群动态的影响

田间侧沟茧蜂发生高峰期对照田、综防田、自控田百株数量分别为 54 头、5 头、6 头，综防田和自控田分别比对照田减少 90.7%和 88.9%，差异极显著；齿唇姬蜂发生高峰期对照田、综防田、自控田百株数量分别为 24 头、3 头、5 头，综防田和自控田分别比对照田减少 87.5%和 79.2%，差异均达极显著水平。可见，转基因棉对棉铃虫寄生性天敌的影响较大，一方面由于转基因棉田棉铃虫幼虫的数量较少，直接影响了其寄生性天敌的种群数量，另一方面由于转基因棉对棉铃虫寄生蜂的羽化和质量有较大的影响，直接影响了棉田寄生性天敌的种群数量。

5.2.4 对棉田节肢动物群落的影响

5.2.4.1 对节肢动物群落结构和组成的影响

麦套夏播转 *Bt* 基因棉在自然控制(自控田)和综合防治(综防田)条件下，与麦套夏播中棉所 16 棉田(对照田)的种类丰富度差异较大。自控田昆虫群落组成有 13 个目、54 个科、86 种，其中天敌亚群落 20 个科、42 种，害虫亚群落 29 个科、44 种；综防田昆虫群落组成有 13 个目、44 科、75 种，其中天敌亚群落 25 个科、42 种，害虫亚群落 20 个科、33 种；对照田昆虫群落组成有 13 个目、55 个科、98 种，其中天敌亚群落 28 个科、49 种，害虫亚群落 28 个科、49 种。可见，三种不同处理的麦套夏棉的昆虫群落、天敌亚群落、害虫亚群落的种类丰富度均为对照田＞自控田＞综防田。

王凤延等(2003)在 1998—2000 年对转 *Bt* 基因抗虫棉田昆虫种群动态进行了系统调查和大田普查。调查了转 *Bt* 基因抗虫棉田昆虫群落的物种组成，共调查到昆虫种类 51 种，比非抗虫棉田增加 18 种。

李桂亭等(2006)研究了转基因抗虫棉田节肢动物群落的结构及害虫、天敌优势种群动态利用功能团、营养层的分析，研究了棉田节肢动物物种及功能团群落的特征，并分析时空变化的动态，室内研究了棉田捕食性天敌对棉蚜的捕食作用及捕食当量，系统研究了不同农药对棉田节肢动物群落结构的影响、群落物种构成及各种群数量动态，田间系统调查共记录棉田害虫 35 种，捕食性天敌 24 种，中性节肢动物 6 种。按照各物种的功能和地位将所调查的 62 种节肢动物划分 14 个功能团，根据各功能团在节肢动物中功能特征划分为 7 个类群，同时根据棉田节肢动物的营养关系将其划分为基位物种、中位物种和顶位物种 3 个营养层；群落主要优势种的空间格局及其动态棉田节肢动物群落害虫优势种主要为棉蚜、粉虱、棉叶螨、棉盲蝽；捕食性天敌优势种主要为四点亮腹蛛、龟纹瓢虫、T-纹豹蛛、草间小黑蛛、八斑球腹蛛、华姬猎蝽、小花蝽、青翅隐翅虫；棉田节肢动物害虫、捕食性天敌的空间格局均表现出个体间相互聚集特征，其聚集程度随时间状态发生变化，天敌的空间分布格局反映了不同天敌对生境条件的选择，与猎物的选择密切相关，在棉花不同部位的分布比例，四点亮腹蛛、T-纹豹蛛、草间小黑蛛、八斑球腹蛛、小花蝽、青翅隐翅虫为下部＞中部＞上部，粉虱、棉盲蝽为上部＞中部＞下部，华姬猎蝽为上部＞下部＞中部；棉蚜在 6 月 20 日前，上部＞下部＞中部，在 6 月 30 日之后，下部＞上部＞中部；棉叶螨在前期为下部大于上部，后期为上下波动不大，均大于中部；龟纹瓢虫在 7 月 10 日前为上部＞中部＞下部，7 月 20 日之后，下部＞上部＞中部。

崔金杰等(2002)从田间宏观研究了田间群落的组成，从棉花全生育期看，三种处理棉田的昆虫群落和天敌亚群落的物种数均为7、9月份最高，8月份由于气温升高，棉田湿度增加，部分天敌和害虫因不适应高温高湿环境而迁出棉田或种群发生数量受到抑制，物种数明显下降；害虫亚群落的物种数7月份最高。对照田昆虫群落及天敌亚群落、害虫亚群落的物种数一直多于其他两种转基因棉，而综防田昆虫群落和害虫亚群落的物种数一直低于自控田，但其天敌亚群落前期(6～7月份)和后期(9～10月份)的物种数却多于后者。可见，转基因棉在采取多种保护、增殖和利用自然天敌的综合防治措施条件下，可以增加前期和后期的天敌种类。

5.2.4.2 对个体总数和丰盛度的影响

三种处理棉田的总个体数和丰富度差异显著，自控田的个体总数最多(29 914头)，综防田次之(22 252头)，对照田最少(18 472头)。对照田由于棉铃虫为害较严重，棉花顶尖被害，叶片千疮百孔，由于食物缺乏，致使其它害虫种群增长受到抑制，故昆虫群落的个体数明显减少。综防田由于采取了综合防治措施，尽量避免施用化学农药，不同月份各亚群落发生数量变化幅度小，昆虫群落相对稳定，基本上控制了害虫的暴发为害。自控田不同月份个体总数和天敌亚群落个体数波动幅度较大，说明该群落稳定性较差。

对照田害虫类、捕食性天敌、寄生性天敌、蜘蛛类分别为76.1%、10.2%、1.8%、12.0%；综防田害虫类、捕食性天敌、寄生性天敌、蜘蛛类分别为76.3%、12.6%、1.8%、9.3%；自控田害虫类、捕食性天敌、寄生性天敌、蜘蛛类分别为85.7%、6.1%、0.8%、7.4%。自控田害虫类的相对丰盛度明显高于其他两个处理棉田，存在害虫大发生的潜在威胁。

5.2.4.3 对优势种和优势度的影响

对照田的优势害虫种类有红蜘蛛、棉蚜、棉蓟马、棉铃虫，优势度分别为0.500 4、0.082 8、0.065 2和0.059 2；综防田有红蜘蛛、棉蓟马、棉蚜，优势度分别为0.326 4、0.190 9和0.070 5；自控田有红蜘蛛、棉蓟马、棉蚜，优势度分别为0.651 8、0.140 9和0.061 9。可见，棉铃虫不是转基因棉田的主要害虫，而红蜘蛛、棉蚜、棉蓟马等刺吸性害虫则上升为主要害虫，且优势度明显高于对照田。王凤延等(2003)的研究结果也表明转*Bt*基因抗虫棉田昆虫群落内各类群相对多度前几位的是棉蚜、烟蓟马、棉叶螨、烟粉虱和美洲斑潜蝇。转*Bt*基因抗虫棉田其他害虫种群数量上升，棉铃虫种群数量下降。对物种优势度进行了分析，转*Bt*基因抗虫棉田不同时期害虫的优势度随着时间的变化，优势度最大的昆虫依次是棉蚜、棉叶螨、美洲斑潜蝇、烟蓟马、烟粉虱等；天敌在各个生育期内以龟纹瓢虫和中华草蛉优势度最高。

对照田的优势捕食性天敌种类有龟纹瓢虫、小花蝽、草蛉和大眼蝉长蝽，优势度分别为0.252 8、0.070 1、0.042 1、0.014 9；综防田有龟纹瓢虫、小花蝽、草蛉和七星瓢虫，优势度分别为0.406 2、0.053 7、0.034 7、0.005 9；自控田有龟纹瓢虫、小花蝽、草蛉和七星瓢虫，优势度分别为0.308 2、0.048 2、0.030 4、0.008 9。可见，转基因棉的优势捕食性天敌种类变化不大，表明转基因棉对捕食性天敌影响较小。

对照田的优势寄生性天敌种类有侧沟绿茧蜂、齿唇姬蜂、棉蚜茧蜂和小茧蜂，优势度分别为0.036 2、0.018 8、0.009 5、0.007 5；综防田为棉蚜茧蜂、侧沟绿茧蜂、齿唇姬蜂，优势度分别为0.068 1、0.002 8、0.001 9；自控田为棉蚜茧蜂、侧沟绿茧蜂、齿唇姬蜂，优势度分别为0.048 6、0.004 2、0.001 4。可见，转基因棉的优势寄生性天敌种类变化较大，表明转基因棉对寄生性天敌影响较大。

对照田的优势蜘蛛种类和综防田、自控田相同，均为草间小黑蛛和丁纹豹蛛，且优势度差异较小，分别为0.243 6和0.237 2、0.198 4和0.185 5、0.257 4和0.241 5。可见，转基因棉田蜘蛛优势种类无明显变化，表明转基因棉对蜘蛛类影响较小。

可以看出，三种处理棉田昆虫群落各营养阶层的优势种有较大差异，转基因棉田棉铃虫已不是主要害虫，而红蜘蛛、棉蓟马和棉蚜则为主要害虫；对照田的主要害虫仍为红蜘蛛、棉蚜和棉铃虫。与其他两种棉田相比，综防田害虫亚群落的优势种的优势度差异较小，而捕食性天敌亚群落的优势种的优势度较高，说明转基因棉田采取综防措施后可以增加捕食性天敌的优势度。

三种处理棉田在不同时期害虫的优势种和优势度也有较大差异。对照田6、7月份害虫优势种为红蜘蛛和棉铃虫，优势度分别为0.524 9和0.070 9，8月份优势种为白粉虱和棉蓟马，优势度分别为0.287 1和0.209 1，9月份为棉蓟马，优势度为0.289 7，10月份为叶甲，优势度为0.278 5；综防田6、7月份害虫优势种为红蜘蛛，优势度0.485 0，8月份为棉蓟马，优势度为0.589 6，9、10月份优势种为叶甲，优势度为0.431 1；自控田6、7月份害虫优势种为红蜘蛛，优势度分别为0.810 1，8、9月份为棉蓟马，优势度分别为0.495 0，10月份优势种为叶甲，优势度为0.305 2。可见，自控田9月份以前害虫的优势度均高于对照田和综防田，说明自控田9月份以前害虫大发生的可能性较大。

三种处理棉田不同时期捕食性天敌优势种均为龟纹瓢虫，但优势度有较大差异，对照田、综防田和自控田6月份龟纹瓢虫的优势度分别为0.093 4、0.614 0、0.325 3；7月份分别为0.179 0、0.396 4、0.301 7；8月份分别为0.313 8、0.442 2、0.372 7；9月份分别为0.220 0、0.324 8、0.257 1；10月份分别为0.186 1、0.267 7、0.266 2。可见，两类转基因棉田不同月份龟纹瓢虫的优势度均明显高于对照田，说明转基因棉田捕食性天敌种类较单一，应加强对其它捕食性天敌的保护和利用。

三种处理棉田不同时期寄生性天敌优势种和优势度差异较大。对照田6月份为棉蚜茧蜂，优势度为0.002 7，7月份为齿唇姬蜂，优势度为0.018 9，8、9月份为侧沟绿茧蜂，优势度为0.054 1，10月份为小茧蜂，优势度为0.047 1；综防田6～8月份为棉蚜茧蜂，优势度为0.069 9，9月份为侧沟绿茧蜂，优势度为0.004 9，10月份为齿唇姬蜂，优势度为0.006 5；自控田6～8月份为棉蚜茧蜂，优势度分别为0.051 1，9月份为侧沟绿茧蜂，优势度为0.006 0。可见，两类转基因棉不同时期除优势种与对照田有较大的差异外，优势度明显高于对照田，说明转基因棉对寄生性天敌影响较大。

三种处理棉田不同时期蜘蛛优势种均为草间小黑蛛，但其优势度差异较大。对照田、综防田、自控田6月份草间小黑蛛的优势度分别为0.020 1、0.123 1、0.140 4；7月份分别为0.332 2、0.247 9、0.333 8；8月份分别为0.202 8、0.171 8、0.127 3；9月份分别为0.260 7、0.311 8、0.312 4；10月份分别为0.275 8、0.245 2、0.255 4。可见，两类转基因棉不同时期草间小黑蛛的优势度基本上均大于对照田，说明转基因棉对蜘蛛有一定的影响。

5.2.4.4 对优势集中性的影响

对照田昆虫群落的优势集中性为0.172 0，各亚群落的优势集中性为蜘蛛类(0.459 2)＞寄生性天敌类(0.416 8)＞捕食性天敌类(0.394 6)＞害虫类(0.278 7)；综防田昆虫群落的优势集中性为0.124 9，各亚群落的优势集中性为寄生性天敌类(0.841 2)＞捕食性天敌类

(0.600 4)＞蜘蛛类(0.473 6)＞害虫类(0.190 6)；自控田昆虫群落的优势集中性为0.336 3，各亚群落的优势集中性为寄生性天敌类(0.813 6)＞捕食性天敌类(0.534 6)＞蜘蛛类(0.467 4)＞害虫类(0.451 7)。可见三种处理棉田昆虫群落的优势集中性为自控田＞对照田＞综防田，和三种处理棉田害虫亚群落的优势集中性顺序相同。说明自控田中某种害虫在群落中的个体数占有较大的比例，其种群的变化对害虫亚群落乃至整个群落有较大的影响，该种害虫大发生的可能性较大。

从昆虫群落、害虫和天敌亚群落优势集中性的时间格局来看，不同处理棉田不同月份优势集中性值差异较大。就昆虫群落而言，9 月份以前三种处理棉田的优势集中性普遍较高，9 月份以后趋于平缓。其中自控田的优势集中性均高于对照田和综防田，除 7 月份以外对照田的优势集中性最低，综防田介于两者之间，且变化平缓。说明 9 月份以前，自控田某种昆虫的数量在群落中占的比例较大。

自控田害虫亚群落的优势集中性均最高，综防田除 7 月份优势集中性低于对照田外，其他月份均高于对照田。说明 9 月份以前自控田某种害虫在群落中占有很大的比例，大发生的可能性较大；7 月份对照田某种害虫也有大发生的可能性。

天敌亚群落的优势集中性变化较平缓。可以看出，综防田整个棉花生长期天敌的优势集中性均最高，自控田次之，对照田最低。表明，综防田某种天敌的数量在整个群落中占有较大的比例，对抑制害虫种群增长起着决定性的作用。

5.2.4.5 对多样性的影响

群落多样性是群落稳定性的一个重要尺度，是生物群落的重要特征。群落的多样性参数值越大，其反馈系统也就越强大，对于环境的变化或来自群落内部种群波动的缓冲作用越强。这样的昆虫群落优势种就不太突出，害虫也就不容易大发生。

崔金杰等(2002)三种处理棉田昆虫群落的多样性为对照田(2.511 4)＞综防田(2.484 6)＞自控田(1.818 1)；害虫亚群落的多样性为综防田(1.985 9)＞对照田(1.924 4)＞自控田(1.337 1)；天敌亚群落的多样性为对照田(2.078 6)＞自控田(1.831 3)＞综防田(1.780 8)。

从三种处理棉田昆虫群落多样性的时间格局来看，6 月份小麦收割后，对照田和自控田的多样性有不同程度的下降，综防田由于采取了综合防治措施，多样性则有所增加；7 月份以后，随着棉株的长大，昆虫的种类和丰盛度增加，棉田昆虫群落逐渐发展起来，其多样性又逐渐增加；9 月份以后，棉株衰老，昆虫群落随之衰败，进入了没落时期，多样性开始下降。整个棉花生长季节，自控田昆虫群落的多样性最低，特别是 6 月份，此期转基因棉的抗虫性最强，由于棉田鳞翅目害虫(主要为棉铃虫和甜菜夜蛾)被转基因棉大量毒杀，以其为捕食猎物的优势天敌减少，以其为寄生对象的寄生性天敌种群明显受到抑制，因此昆虫群落多样性下降到最低点，直到 7 月份以后昆虫群落的多样性才逐渐增加并趋于平缓；综防田昆虫群落的多样性变化幅度最小，呈平缓上升趋势，可见转基因棉田采取综合防治措施，对于保持其群落的多样性有重要的意义；对照田昆虫群落的多样性变化幅度较大，6 月中旬至 7 月中旬棉田昆虫群落的多样性下降，主要由于小麦的屏障作用此期棉苗蚜发生较轻，小麦收割后麦田天敌大量迁出棉田，昆虫的种类和数量锐减所致，7 月份以后昆虫群落的多样性明显增加。门兴元等(2003)研究了在棉花生长的早期、中期和后期转 *Bt* 基因棉和常规棉两种棉田的节肢动物群落、害虫亚群落和天敌亚群落多样性。结果表明，GK12 未防治区的节肢动物群落多样性指数和害虫亚群落的多样性指数在棉花生长前期和后期要高于泗棉3号未防治区;GK12未防治区的天敌亚群落多样性指数在棉花生长后期高于泗棉3号未防治区,在棉花生长的早期和中期,两者的大小没有表现出显著性差异。对影响棉田生态系统3种多样性指数的因子的方差分析表明,棉花品种和化学防治措施的共同作用是影响棉田生态系统节肢动物群落和天敌亚群落多样性指数的主要因子。

三种处理棉田害虫亚群落的多样性的时间格局来看,自控田害虫亚群落的多样性最低,对照田(7月份除外)的多样性最高,综防田的多样性虽然低于对照田,但高于自控田。说明对照田害虫亚群落除7月份外稳定性较好,自控田稳定性最差,综防田介于两者之间。表明转基因棉采取综合防治措施后有较好的稳定性。

三种处理棉田天敌亚群落的多样性的时间格局来看,整个棉花生长期多样性指数变化较平缓,对照田的多样性指数均最高,而综防田和自控田差异不明显。说明转基因棉对天敌亚群落的多样性影响较大,采取综合防治措施也难以增加其多样性。

5.2.4.6 对均匀度的影响

三种处理棉田昆虫群落的均匀度表现为综防田(0.575 5)>对照田(0.547 7)>自控田(0.408 2),综防田和对照田的均匀度相比差异较小,但均高于自控田;害虫亚群落的均匀度也表现为综防田(0.568 0)>对照田(0.494 4)>自控田(0.353 3),综防田由于采取了综合防治措施,保护增殖了自然天敌,适时防治了害虫,各种害虫个体数之间的差异减小,故其均匀度最高,而对照田由于鳞翅目害虫特别是棉铃虫、棉造桥虫和甜菜夜蛾发生较重,棉株严重受害,间接地抑制了其它害虫种群的增长,使得种群间个体数差异不显著,故其害虫亚群落的均匀度较高,自控田由于转基因棉对鳞翅目害虫有较好的抗性,棉株受害较轻,间接地促进了其它害虫特别是刺吸性害虫种群的增长,致使害虫种群间个体数有较大的差异,故其均匀度最小;天敌亚群落的均匀度则表现为对照田(0.534 1)>自控田(0.490 0)>综防田(0.476 4),对照田害虫发生较重,天敌种类和数量较为丰富,物种间相互制约、相互统一,群落内部形成有机的联系,致使天敌间个体数无明显的差异,故其均匀度较高,而转基因棉田害虫发生相对较轻,天敌种类较为单一,物种间个体数量差异较大,故其均匀度较小。

从三种处理棉田昆虫群落均匀度变化的时间格局来看,无论是昆虫群落,还是害虫、天敌亚群落,其变化规律均与多样性的变化规律相似,即多样性指数高或低的,均匀度值也高或低。

5.2.4.7 对复杂度的影响

将田间调查所得的系统资料进行复杂度分析表明群落中的种与其对应的个体数的相关系数值均在0.7以上,说明棉田昆虫群落中种与个体数间关系符合 $\log_N x = a + bx$ 模型。模型中,参数 b 在种间个体数差异大时其值变小,种间个体数差异小时其值变大,故 b 值被认为与群落的复杂度成正比。

从三种处理棉田昆虫群落复杂度来看,自控田昆虫群落复杂度波动范围最大,7月份最低,8月中旬以前低于其他两类处理棉田,说明该群落此期种间个体数差异较大,某种或某几种昆虫在整个群落中占有绝对优势,一旦条件适宜,则可能会暴发为害;综防田昆虫群落复杂度虽然低于对照田,但高于自控田,说明该群落和自控田相比,种间个体数差异较小,种间相互关系更为复杂,群落的稳定性较强;对照田昆虫群落的复杂度最高,说明该群落物种之间个体数差异最小，相互关系最为复杂，群落最稳定。

从害虫亚群落复杂度来看，8 月中旬以前，对照田害虫亚群落复杂度高于转基因棉田，说明对照田害虫种间个体数差异较小，害虫亚群落相对稳定；综防田害虫亚群落复杂度一直高于自控田，且 8 月中旬以后高于对照田，说明综防田由于对优势害虫进行了综合防治，害虫种类间个体数差异较小，群落较稳定且 8 月中旬以后比对照田更稳定；自控田害虫种类间个体数差异较大，存在某种害虫大发生的潜在危险。

从天敌亚群落复杂度来看，自控田天敌亚群落复杂度低于对照田，说明自控田天敌种间个体数差异较大；综防田波动范围最大，7 月份和 9 月份复杂度达到最低值，说明此期间综防田由于采取综合措施防治了害虫，自然天敌受到食料的影响，某些天敌种类个体数发生较大的变化，故天敌物种间个体数差异最大，可见在此期保护增殖自然天敌是提高下一季节的天敌资源利用率的重要环节。

5.2.4.8 对昆虫群落相似性的影响

群落相似性表示群落的相似性程度，在一定程度上反映了群落的演替变化和相互关系。对照田和综防田比较，昆虫群落的群落系数为 0.603 1、害虫亚群落为 0.735 9、天敌亚群落的群落系数为 0.800 0（其中捕食性天敌亚群落为 0.746 7、寄生性天敌为 0.186 6、蜘蛛类为 0.960 4）；对照田和自控田比较，昆虫群落的系数为 0.663 5、害虫亚群落为 0.617 0、天敌亚群落的群落系数为 0.857 7（其中捕食性天敌亚群落为 0.870 7、寄生性天敌为 0.236 1、蜘蛛类为 0.960 3）；综防田和自控田比较，昆虫群落的群落系数为 0.672 5、害虫亚群落为 0.631 5、天敌亚群落的群落系数为0.855 7（其中捕食性天敌亚群落为 0.778 5、寄生性天敌为 0.736 0、蜘蛛类为 0.956 6）。

可以看出，综防田和自控田两种处理棉田昆虫群落的相似性及天敌亚群落的相似性和寄生性天敌亚群落的相似性最高；对照田和综防田害虫及蜘蛛亚群落的相似性最高，但寄生性天敌亚群落的相似性最低；对照田和自控田捕食性天敌亚群落的相似性最高。上述结果说明，与常规棉相比，转基因棉对棉田昆虫群落的相似性影响较大，特别是对寄生性天敌亚群落的影响较大，而对捕食性天敌及蜘蛛亚群落的影响较小；转基因棉田采取综合防治措施防治主要害虫以后，害虫亚群落和常规棉的相似性增加。

5.2.4.9 对稳定性的影响

群落的稳定性是指群落在一段时间过程中维持物种间相互组合及各物种数量关系的能力，以及在受到扰动的情况下恢复到原来平衡状态的能力，它包含了现状的稳定，时间过程的稳定，抗变能力和变动后恢复原状的能力。当一个群落包含了更多的种类，而且每个种类的个体数比较均匀地分布时，它们之间就容易形成一个较为复杂的相互关系。这样，群落对于环境的变化或来自群落内部种群的波动，由于有一个较强大的反馈系统，从而得到较大的缓冲。从群落能量学的观点来看，多样性高的群落，食物链和食物网更加趋于复杂，群落内能流途径更多一些，如果某一条能流途径受到干扰被填塞不通，就可能由其他的线路予以补偿。群落的多样性、均匀度及优势集中性是群落组织水平的 3 个指标。一般而言，多样性指数和均匀度值较高而优势集中性值较低的群落，其稳定性较好（赵志模，1990）。

就昆虫群落而言，多样性指数为对照田＞综防田＞自控田，均匀度指数为综防田＞对照田＞自控田，优势集中性为自控田＞对照田＞综防田；说明对照田最稳定，其次为综防田，自控田稳定性最差。三种处理棉田害虫亚群落的多样性指数为综防田＞对照田＞自控田，均匀度指数为综防田＞对照田＞自控田，优势集中性为自控田＞对照田＞综防田；说明综防田害虫亚群落最稳定，其次为对照田，自控田稳定性最差，某种害虫大发生的可能性较大。三种处理棉田天敌亚群落的多样性指数为对照田＞自控田＞综防田，均匀度指数为对照田＞自控田＞综防田，优势集中性为综防田＞自控田＞对照田；说明对照田天敌亚群落最稳定，其次为自控田，综防田稳定性最差。

5.2.4.10 对节肢动物群落季节性格局的影响

三种处理棉田昆虫群落在时间方向上的系统聚类分析结果表明，各类棉田昆虫群落均可以划分为3个发展阶段：前期、中期、后期。

（1）前期

6月初至7月下旬，此期是棉田昆虫群落的逐步发展阶段，随着棉株的逐渐长大，物种数逐渐增多，个体数量也增多，昆虫群落从初步建立到逐渐强盛。此期对照田优势害虫种类为红蜘蛛和棉铃虫，优势捕食性天敌为龟纹瓢虫，优势寄生性天敌为棉蚜茧蜂、齿唇姬蜂，蜘蛛优势种为草间小黑蛛；两类转基因棉田优势害虫均为红蜘蛛，优势捕食性天敌为龟纹瓢虫，优势寄生性天敌为棉蚜茧蜂，优势蜘蛛类为草间小黑蛛。此期害虫的防治应以生物生态调控为主，选用对自然天敌具有选择性的农药，如用抗蚜威、吡虫啉防治麦穗蚜，扫螨净或螨克防治红蜘蛛，避免对自然天敌的杀伤，充分发挥其控害作用。

（2）中期

7月底至8月底，此期由于气温升高，棉田湿度增加，部分天敌和害虫因不适应高温高湿的环境条件而迁出棉田或种群数量受到抑制，致使昆虫种类和数量下降。此期对照田优势害虫种类为白粉虱和棉蓟马，优势捕食性天敌为龟纹瓢虫，优势寄生性天敌为侧沟绿茧蜂，优势蜘蛛类为草间小黑蛛；两类转基因棉田优势害虫均为棉蚜和棉蓟马，优势捕食性天敌为龟纹瓢虫，优势寄生性天敌为棉蚜茧蜂，优势蜘蛛类为草间小黑蛛。此期自然天敌的种类和数量均明显减少，故害虫的防治应以化学防治为主，以生物生态调控为辅，协调好生物防治和化学防治的矛盾，如用吡丹或高巧防治棉伏蚜，用棉铃虫 NPV 病毒防治棉铃虫，发生严重时使用丙溴磷或克虫净喷雾防治，兼治其它害虫。

（3）后期

9月份以后，此期是昆虫群落发展的没落阶段，随着棉花的衰老，物种数和个体数逐渐减少，昆虫群落由强盛走向衰败。此期对照田优势害虫为棉蓟马和叶甲类，优势捕食性天敌为龟纹瓢虫，优势寄生性天敌为侧沟绿茧蜂，优势蜘蛛类为草间小黑蛛；综防田优势害虫为叶甲类，自控田优势害虫为棉蓟马，两类转基因棉田优势捕食性天敌均为龟纹瓢虫，优势寄生性天敌的优势度极低，优势蜘蛛类为草间小黑蛛。后期自然天敌的种类和数量均有所回升，故害虫的防治应以生物生态调控为主，化学防治为辅，尽量减少化学农药的施用，可以选用棉铃虫 NPV 病毒、硫丹、辛硫磷等选择性农药。

5.2.5 不同种植条件下转 *Bt* 基因棉对节肢动物群落的影响

在麦套夏播、麦套春播和单作春播不同种植方式下，转 *Bt* 基因棉对节肢动物群落的影响有较大的差异（崔金杰等，1999；崔金杰等，2000）。

5.2.5.1 群落的组成

三类棉田的昆虫种类以麦套春棉田最高（113 种，其中害虫 52 种，天敌 61 种），单作春棉田次之（110 种，其中害虫 54 种，天敌 56 种），麦套夏棉田最低（86 种，其中害虫 44 种，天敌 42 种）。

5.2.5.2 相对丰盛度

麦套春棉田害虫类、捕食性天敌类、寄生性天敌类和蜘蛛类的相对丰盛度分别为 69.8%、16.2%、1.5%、12.5%；单作春棉田分别为 71.5%、15.6%、1.6%、11.2%；麦套夏棉田分别为 86.7%、6.1%、0.8%、7.4%。可以看出麦套夏棉田害虫类的相对丰盛度最高，其次为单作春棉田，麦套春棉田最低，说明麦套夏棉田害虫大发生的潜在威胁较大。

5.2.5.3 优势种

无论何种种植方式的棉田，棉铃虫均不再是主要害虫，而红蜘蛛、棉蚜、棉蓟马等上升为主要害虫。三类棉田中优势捕食性天敌和寄生性天敌种类差异不大。

5.2.5.4 群落的特征

三类棉田昆虫群落的多样性指数为麦套春棉田（2.802 8）＞单作春棉田（2.613 3）＞麦套夏棉田（1.818 1）；均匀度指数为麦套春棉田（0.580 5）＞单作春棉田（0.532 1）＞麦套夏棉田（0.408 2）；优势集中性为麦套夏棉田（0.336 6）＞单作春棉田（0.129 1）＞麦套春棉田（0.108 5），表明麦套春棉田昆虫群落的稳定性较好，单作春棉田次之，麦套夏棉田稳定性最差。

三类棉田害虫亚群落的多样性指数为麦套春棉田（2.397 3）＞单作春棉田（1.718 4）＞麦套夏棉田（1.337 1）；均匀度指数为麦套春棉田（0.529 2）＞单作春棉田（0.430 8）＞麦套夏棉田（0.353 3）；优势集中性为麦套夏棉田（0.451 7）＞单作春棉田（0.224 6）＞麦套春棉田（0.187 2），表明麦套春棉田害虫亚群落的稳定性较好，单作春棉田次之，麦套夏棉田稳定性最差，说明麦套春棉田害虫亚群落对于环境的变化或来自群落内部种群波动的缓冲作用较强，某种害虫大发生的可能性较小，而麦套夏棉田某种害虫大发生的可能性较大。

三类棉田天敌亚群落的多样性指数为单作春棉田（2.496 2）＞麦套春棉田（2.404 9）＞麦套夏棉田（1.831 3）；均匀度指数为单作春棉田（0.620 6）＞麦套春棉田（0.580 5）＞麦套夏棉田（0.490 0）；优势集中性为麦套夏棉田（0.225 5）＞麦套春棉田（0.155 8）＞单作春棉田（0.135 9），表明单作春棉田天敌亚群落的稳定性较好，麦套春棉田次之，麦套夏棉田稳定性最差。

5.3 转 *Bt* + *CpTI* 基因棉花安全性研究进展

随着 *Bt* 基因棉花的大面积推广，靶标害虫在生长过程中长期受 Bt 杀虫蛋白的选择，会产生抗性，给转 *Bt* 基因抗虫棉的种植带来一定风险。“庇护所”对策和培育转双价及多价基因抗虫棉是预防和延缓抗毒性产生的重要措施，由于我国千家万户、分散经营的特点，“庇护所”对策在我国难以实施，因此研究和培育转双价基因(*cryⅠAc*+*CpTI*)抗虫棉显得尤为重要。

目前我国应用成功的双价基因主要有 *CpTI* 是从豇豆中分离、克隆的胰蛋白酶抑制剂基因，可以抑制昆虫必需的消化蛋白酶活性，引起昆虫发育不正常和由于缺少必需的氨基酸饥饿而死。*CpTI* 对烟蚜夜蛾、棉铃虫、象鼻虫、玉米螟等多种害虫有毒杀作用，杀虫范围较广。生化研究表明，*CpTI* 是由 80 个氨基酸分子构成的多肽，经序列分析合成寡核苷酸探针，并从豇豆子叶 cDNA 文库中调出 *CpTI* 基因，构建到农杆菌 LBA4404 菌株 Ti 质粒上，再转化到烟草、棉花等作物上。中国农科院棉花研究所生物技术研究室利用花粉管道导入的方法将双价杀虫基因(*cryⅠAc*+*CpTI*)直接导入中棉品种，得到转双价基因抗虫材料，并于 2002 年在国内率先审定了转双价基因抗虫棉品种中棉所 41。

很多学者对转双价基因棉花的安全性进行了多方面的研究(芮昌辉等，1999；崔金杰等，2003)，转双价基因棉对棉铃虫的抗性好于转 *Bt* 基因棉花，在对棉铃虫杀虫活性和抑制生长作用上也有明显优势。通过棉铃虫对转双价(*cryⅠAc*+*CpTI*)和转 *Bt*(*cryⅠAc*)杀虫基因的转基因烟草的室内抗性风险评价表明，转双价基因烟草汰选棉铃虫 18 代后对 *cryⅠAc* 的抗性指数为对照种群的 3.0 倍，而转 *Bt* 基因烟草汰选种群的抗性指数高达 13.1 倍，表明转双价基因作物可显著延缓害虫的抗性发展(郭三堆等，2000)。

5.3.1 对棉铃虫的控制作用

5.3.1.1 对棉铃虫的抗性及时空动态

崔金杰等(2002)、张继红等(2004)通过室内生物测定，系统研究了转双价基因棉(中棉所 41 号)不同组织器官对不同龄期棉铃虫的抗性及其抗性时空动态，并比较了其与转 *Bt* 基因(*cryⅠAc*)棉的差异。同时运用 ELISA 方法测定了转(*cryⅠAc*+*CpTI*)基因棉和转 *Bt* 基因棉不同组织器官中 Bt 毒蛋白的含量，结果表明，转 *cryⅠAc*+*CpTI* 基因棉花蕊中 Bt 毒蛋白的含量高于转 *Bt* 基因棉花蕊，因而转双价棉花蕊对棉铃虫的抗性好于转 *Bt* 基因棉，其他组织器官中 Bt 毒蛋白的含量无明显的差异。虽然转双价基因棉不同组织器官对棉铃虫的抗性和转 *Bt* 基因棉一样具有时空性，但由于转双价基因棉中 *cryⅠAc* 基因和 *CpTI* 基因的协同毒杀作用，转双价基因棉对棉铃虫的抗性比转 *Bt* 基因棉稳定，且对高龄幼虫的抗性优于转 *Bt* 基因棉。

同一棉花生长季节，双价棉不同组织器官对棉铃虫的抗虫性有明显差异。表现为 7 月份不同棉花组织器官的抗虫性顺序为：棉苞叶、棉铃＞棉蕾＞花瓣＞花蕊＞棉叶；8 月份抗虫性顺序为：棉苞叶＞花瓣＞棉铃＞棉蕾、花瓣＞棉叶；9 月份抗虫性顺序为：棉蕾、花瓣＞棉苞叶、棉铃＞花蕊＞棉叶。总体上，双价棉不同组织器官对棉铃虫初孵幼虫的抗虫性表现为繁殖器官高于营养器官(崔金杰等,2002)。袁小玲等(2002)研究了转 *Bt*+*CpTI* 双价抗虫棉双抗-1 四个世代的棉铃虫抗性及其生育后期棉花对棉铃虫的杀虫活力,结果表明 4 个不同世代的双抗-1 在苗期、蕾期、开花期和铃期的抗虫性水平相近,说明双抗-1 的棉铃虫抗性能稳定遗传;双抗-1 不同部位叶片抗虫性明显,抗性水平与中心 Bt 相近,也表现出前期抗虫性强,后期抗虫性弱的时空表达特性。尽管抗虫性有所下降,双抗-1 在生育后期仍能延缓棉铃虫 1～3 龄幼虫的生长发育使其不能化蛹羽化并逐渐死亡,而在对照苏棉 12 号上的 1～3 龄幼虫能化蛹羽化。田间种植试验也表明双抗-1 生育后期没有被棉铃虫危害的症状,表现出了高抗虫性。

5.3.1.2 对棉铃虫营养效应方面的影响

崔金杰等(2002)用双价棉和 *Bt* 棉的不同组织器官饲喂棉铃虫 6 龄幼虫,其相对取食速率、相对生长速率、近似消化率以及粗生长效率均较常规棉对照降低,而相对代谢速率则明显升高,不但导致幼虫的取食速率和近似消化率降低,而且增加了幼虫的代谢负担,使相对代谢速率值升高。能量的摄入低于消耗,必然使相对生长速率和粗生长率明显降低,导致害虫死亡。

5.3.1.3 对棉铃虫取食行为的影响

用转双价棉花饲喂棉铃虫,棉铃虫低龄幼虫在双价棉上取食时间概率明显缩短,吐丝下垂的时间概率明显增加。和 *Bt* 棉相比,棉铃虫低龄幼虫在双价棉上的取食时间缩短,吐丝下垂时间也明显缩短。表明转双价基因棉花对棉铃虫取食行为在一定的时期有一定的影响(崔金杰等,2002)。

5.3.2 对主要非靶标害虫的影响

5.3.2.1 对非靶标鳞翅目害虫的影响

转双价基因棉(中棉所 41)对非靶标害虫种群的调控作用的研究也有很多报道。崔金杰等(2002)研究了转双价基因(*cryIAc*+*CpTI*)抗虫棉对小地老虎的存活、生长发育、繁殖及营养效应的影响。结果表明,两种转基因抗虫棉对小地老虎幼虫均有一定的抗性,转 *cryIAc* 基因抗虫棉对低龄幼虫的抗性好于转双价基因抗虫棉,而转双价基因抗虫棉对高龄幼虫的抗性好于转 *cryIAc* 基因抗虫棉,但两种转基因抗虫棉对小地老虎幼虫的控制作用均不理想。两种转基因抗虫棉对小地老虎幼虫的生长发育、繁殖和营养效应均有较大的影响。表现为发育历期延长,虫重和蛹重减轻,羽化率、化蛹率、产卵量和卵孵化率降低;相对生长率、相对取食量、近似消化率、食物转化率和利用率明显降低,而相对代谢速率明显增加。黄东林等(2006)利用两种转双价基因棉,除中棉所 41 饲喂斜纹夜蛾 2 龄幼虫死亡率极显著高于中棉所 23 外,其他龄期幼虫死亡率、化蛹率及幼虫成蛾率均无显著差异;除中棉所 41 饲喂的斜纹夜蛾初孵幼虫历期显著长于中棉所 23,5 龄幼虫显著短于中棉所 23,两种转双价基因棉饲喂的 4 龄幼虫历期显著短于中棉所 23,蛹重显著轻于中棉所 23 外,其它龄期幼虫、蛹期、成虫产卵前期、产卵期、平均产卵量和雌成虫寿命均无显著差异。中棉所 45、中棉所 41 和中棉所 23 饲喂斜纹夜蛾的净增长率(R_0)分别为186.872 1、236.758 5、264.224 6;世代平均周期(T)分别为45.670 6、43.226 2、46.890 8;内禀增长率(r_m)分别为0.114 5、0.126 5、0.118 9;周限增长率(λ)分别为1.121 3、1.134 8、1.126 3;种群加倍时间(DT)分别为6.053 7、5.479 4、5.829 7;种群趋势指数(I)分别为237.70、315.24、319.28。综合分析中棉所45、中棉所41对斜纹夜蛾抗性不明显。黄东林等(2007)以常规棉中棉所23为对照,采用饲喂法,测定了转双价($Bt+CpTI$)基因抗虫棉中棉所45不同器官对亚洲玉米螟幼虫的杀虫活性和对幼虫的生长抑制作用,调查了田间罩笼试验和自然为害的结果。结果表明:中棉所45对亚洲玉米螟幼虫具有较高的抗性。室内饲喂结果表明,亚洲玉米螟的抗性:一代>二代>三代;1龄>3龄;对3龄幼虫的抑制生长作用显著。

李文东等(2003)采用田间花粉沉积量测定结合室内生物测定的方法评价了转双价基因棉花粉对柞蚕生长发育的生态风险。花粉沉积量测定表明,棉田外1~6 m的范围内,棉花花粉5 d累积密度低于200粒/cm^2。用转基因抗虫棉花粉处理(花粉密度约1 000粒/cm^2和10 000粒/cm^2)的辽东栎叶片分别饲养蚁蚕至3龄末,结果显示,与非转基因棉花粉处理相比1~3龄柞蚕的死亡率、发育历期以及食物利用率、食物转化率、相对代谢速率、相对取食量和近似消化率等营养指标均无显著差别。表明两种供试转基因抗虫棉的种植不会对柞蚕的生长发育带来显著不利影响。

5.3.2.2 对刺吸性害虫的影响

对于双价棉田刺吸性害虫的影响,很多学者也进行了研究,崔金杰等(2002)研究表明,转双价基因棉对棉铃虫田间落卵量没有影响,但对棉铃虫幼虫有良好的控制作用,第2、3、4代棉铃虫发生期,平均百株棉铃虫幼虫数量分别比常规棉田减少81.4%、87.1%和87.0%,分别比*Bt*棉田减少11.1%、33.3%和57.1%;百株棉苗蚜数量比*Bt*棉田减少4.0%,但比常规棉田增加21.6%;百株伏蚜数量分别比*Bt*棉田和常规棉田减少5.5%和23.3%;百株棉叶螨的数量比*Bt*棉田减少34.0%,但比常规棉田增加158.3%;百株棉盲蝽的数量比*Bt*棉田减少39.6%,比常规棉田增加20.8%;百株棉蓟马数量比*Bt*棉田减少5.9%,比常规棉田增加23.1%;百株棉粉虱数量分别比*Bt*棉田和常规棉田减少16.7%和13.0%。结果显示,转双价基因棉田棉蚜、棉叶螨、棉蓟马等刺吸性害虫的种群数量重于常规棉,但轻于转*Bt*基因棉田,应加强虫情监测,并适时防治。同时从生化研究的角度,进一步分析了转双价基因棉、转*Bt*基因棉及常规棉中抗性生化物质的差异及其变化,证实了转双价基因棉(中棉所41号)的单宁含量低于常规棉(中棉所41的亲本中棉所23号),而蛋白质和可溶性糖的含量高于常规棉;但转双价基因棉中单宁含量高于转*Bt*基因棉(中棉所32号),可溶性糖含量偏低。生化物质含量的变化可能是导致不同类型棉花对刺吸性害虫抗性产生差异的主要原因之一,另外转双价基因棉和转*Bt*基因棉对棉铃虫有良好的控制作用,棉铃虫种群数量下降,用药量和用药次数明显减少,使得原来可以兼治的害虫数量上升,为害加重。这也是转双价基因棉田和转*Bt*基因棉田刺吸性害虫种群数量上升的原因之一。

5.3.3 对棉田节肢动物群落结构的影响

5.3.3.1 对节肢动物群落结构与组成的影响

转基因作物的生物安全性是国内外研究的热点和焦点之一。转基因抗虫棉在为人类社会做出巨大贡献的同时，人们也普遍关注转基因抗虫棉对环境的安全性问题。由于科学研究不够，近年来围绕转基因植物及食品对人类健康与环境安全的问题，国际上出现了激烈的争论，而转基因棉对昆虫群落的影响是转基因棉花安全性评价的重要内容。随着害虫综合防治理论和实践的纵深发展，群落生态学方法的应用日益受到普遍的重视。崔金杰等(2002)、郦卫弟等(2003)针对转双价基因(*cryIAc*+*CpTI*)棉的生产应用与安全性问题，运用群落生态学的研究方法，从个体生态学、种群生态学、群落生态学和害虫综合治理的角度，对转双价基因棉的昆虫群落的结构与功能、主要害虫及其天敌种群的发生与发展动态、转双价基因棉对主要害虫的抗性生化机制及其时空变化格局等进行全面、系统地研究。结果表明，双价棉田昆虫群落组成有 14 个目、37 个科、50 种，其中害虫亚群落 11 个目、21 个科、27 种，天敌亚群落 8 个目、17 个科、23 种。*Bt* 棉田昆虫群落组成有 14 个目、38 个科、53 种，其中害虫亚群落 11 个目、21 个科、30 种，天敌亚群落 8 个目、18 个科、23 种。常规棉田组成有 14 个目、37 个科、50 种，其中害虫亚群落 11 个目、21 个科、27 种，天敌亚群落 8 个目、17 个科、23 种。常规施药田昆虫群落组成有 14 个目、35 个科、44 种，其中害虫亚群落 11 个目、21 个科、26 种，天敌亚群落 6 个目、15 个科、18 种。说明双价棉田昆虫群落的结构与组成与 Bt 棉田和常规棉田无明显的差异，但与常规施药棉田差异明显。

4 种处理棉田昆虫群落的物种丰富度为 *Bt* 棉田＞双价棉田、常规棉田＞常规施药田，其中前三者差异不显著，但和后者差异均达显著水平；害虫亚群落的物种丰富度为 *Bt* 棉田＞双价棉田、常规棉田＞常规施药田，其中 *Bt* 棉田与后三者差异显著，后三者间差异不显著；天敌亚群落的物种丰富度为 *Bt* 棉田＝双价棉田＝常规棉田＞常规施药田，前三者间差异不显著，但与常规用药田差异均达显著水平。

种植双价棉后昆虫群落、害虫亚群落、天敌亚群落的个体总数和常规棉田没有明显的差异，而不合理的施用化学农药对自然天敌的杀伤严重，天敌数量锐减，对害虫的控制作用下降，引起害虫种群数量增加，为害加重。

四种类型棉田害虫类的相对丰盛度为常规用药田＞双价棉田＞常规棉田＞*Bt* 棉田，天敌类昆虫的相对丰盛度为 *Bt* 棉田＞常规棉田＞双价棉田＞常规用药田。可见，常规用药棉田由于自然天敌的控害能力锐减，存在害虫大发生的潜在危险。因此转双价基因棉(中棉所 41 号)田昆虫群落的结构与组成、昆虫群落的物种丰富度及其时空动态、多样性指数和均匀度、昆虫群落的稳定性和 *Bt* 棉(中棉所 32 号)田、常规棉(中棉所 23 号)田相比没有明显的差异。明确了转双价基因棉田生物群落具有内在稳定性高，对主要害虫种群具有较强的调控能力的系统特征。

5.3.3.2 对棉田节肢动物群落多样性与稳定性的影响

群落多样性是评价群落稳定性的一个重要尺度，是生物群落的重要特征。群落的多样性指数值越大，其反馈系统也就越强大，对于环境的变化或来自群落内部种群波动的缓冲作用越强。这样的昆虫群落优势种不太突出，害虫不容易大发生。

(1)对群落多样性的影响

据崔金杰等(2002)、郦卫弟等(2003)研究，4种类型棉田昆虫群落的多样性指数以双价棉田和 *Bt* 棉田最高，其次为常规棉田，常规施药田最低；害虫亚群落多样性指数以双价棉田和 *Bt* 棉田最高，其次为常规用药田，常规棉田最低；天敌亚群落多样性指数以双价棉田最高，其次为常规棉田和常规用药田，*Bt* 棉田最低。4种类型棉田昆虫群落的多样性时间格局总体变化趋势为：5月份升高，6月下降，7—9月份又有所回升，说明双价棉田和 *Bt* 棉田害虫亚群落对环境的变化或来自种群内部种群波动的缓冲作用较强，害虫种群稳定。而常规棉田和常规用药田害虫亚群落容易受外界因素或群落内部因素的影响，害虫种群稳定性差。

四种处理棉田天敌亚群落的多样性为双价棉田＞常规棉田＞常规用药田＞*Bt* 棉田。说明双价棉田天敌亚群落和常规棉田相比，天敌种群受外界环境或内部因素影响较小，种群稳定，而 *Bt* 棉田天敌种群波动较大，种群稳定性差。

(2)对群落优势集中性的影响

四种处理棉田昆虫群落的优势集中性为常规用药田＞常规棉田＞双价棉田＞*Bt* 棉田。四种处理棉田害虫亚群落的优势集中性为常规棉田＞常规用药田＞*Bt* 棉田＞双价棉田，说明常规棉田某种害虫在群落中占有较大的比例，其种群的变化对害虫亚群落乃至整个群落有较大的影响，该种害虫大发生的可能性较大，而双价棉田和 *Bt* 棉田害虫亚群落的优势集中性较小，害虫种群相对稳定。

四种处理棉田天敌亚群落的优势集中性为 *Bt* 棉田＞常规用药田＞常规棉田＞双价棉田。说明 *Bt* 棉田中某种天敌的种群数量较多，在天敌亚群落中占有较高的比例，而双价棉田各类天敌的种群数量相对比较均匀，天敌种群比较稳定。

(3)对群落均匀度的影响

四种处理棉田害虫亚群落的均匀度为双价棉田＞*Bt* 棉田＞常规用药田＞常规棉田。说明双价棉田各类害虫种群数量比较均匀，某种害虫大发生的可能性较小，而常规棉田害虫种群之间数量差异较大，害虫暴发为害的几率较高。

四种处理棉田天敌亚群落的均匀度为常规用药田＞双价棉田＞常规棉田＞*Bt* 棉田。说明双价棉田和常规棉田天敌种群数量分布比较均匀，天敌种群稳定，自然控害能力较强。而 *Bt* 棉田天敌种群间数量分布不均匀，天敌种群不太稳定。

(4)对群落相似性的影响

群落的相似性表示群落的相似性程度，在一定程度上反映了群落的演替变化和相互关系。双价棉田和 *Bt* 棉田相比，昆虫群落的相似性系数为0.805 0，害虫亚群落的相似性系数为0.842 3，天敌亚群落的相似性系数为0.380 4；双价棉田和常规棉田相比，昆虫群落的相似性系数为0.945 0，害虫亚群落的相似性系数为0.970 0，天敌亚群落的相似性系数为0.731 7；双价棉田和常规用药田相比，昆虫群落的相似性系数为0.793 5，害虫亚群落的相似性系数为0.806 3，天敌亚群落的相似性系数为0.567 3；*Bt* 棉田和常规棉田相比，昆虫群落的相似性系数为0.832 0，害虫亚群落的相似性系数为0.834 5，天敌亚群落的相似性系数为0.809 8；*Bt* 棉田和常规用药田相比，昆虫群落的相似性系数为0.913 7，害虫亚群落的相似性系数为0.952 2，天敌亚群落的相似性系数为0.273 0；常规棉田和常规用药田相比，昆虫群落的相似性系数为 0.784 4，害虫亚群落的相似性系数为 0.809 2，天敌亚群落的相似性系数为 0.482 8。

可以看出，双价棉田和常规棉田昆虫群落的相似性和害虫亚群落的相似性系数均为最高，而 *Bt* 棉田和常规棉田天敌亚群落的相似性最高。常规棉田和常规用药田昆虫群落相似性最低，双价棉田和常规用药田的害虫亚群落的相似性最低，*Bt* 棉田和常规用药田天敌亚群落的相似性最低。说明双价棉田对昆虫群落和害虫亚群落相似性的影响较小，但对天敌亚群落的相似性有一定的影响，常规用药田对昆虫群落和天敌亚群落的相似性影响较大。

(5)对群落稳定性的影响

群落的稳定性是指群落在一段时间过程中维持物种间相互组合及各物种数量关系的能力，以及在受到扰动的情况下恢复到原来平衡状态的能力。群落的多样性、均匀度及优势集中性是群落组织水平的 3 个指标。一般而言，多样性指数和均匀度值较高而优势集中性值较低的群落，其稳定性较好。

四种类型棉田昆虫群落、害虫亚群落、天敌亚群落的群落参数见表 2.4。就昆虫群落而言，多样性指数 *Bt* 棉田＞双价棉田＞常规棉田＞常规用药田，均匀度指数为 *Bt* 棉田＞双价棉田＞常规棉田＞常规用药田，优势集中性指数为常规用药田＞常规棉田＞*Bt* 棉田＞双价棉田，说明双价棉田和 *Bt* 棉田昆虫群落的稳定性较好，其次为常规棉田，常规用药田昆虫群落稳定性最差。

四种类型棉田害虫亚群落的多样性指数为双价棉田＞*Bt* 棉田＞常规用药田＞常规棉田，均匀度指数为双价棉田＞*Bt* 棉田＞常规用药田＞常规棉田，优势集中性指数为常规棉田＞常规用药田＞*Bt* 棉田＞双价棉田，说明双价棉田和 *Bt* 棉田害虫亚群落的稳定性较好，其次为常规用药田，常规棉田害虫亚群落稳定性最差，某种害虫大发生的可能性最大。

四种类型棉田天敌亚群落的多样性指数为双价棉田＞常规棉田＞常规用药田＞*Bt* 棉田，均匀度指数为双价棉田＞常规棉田＞常规用药田＞*Bt* 棉田，优势集中性指数为 *Bt* 棉田＞常规用药田＞常规棉田＞双价棉田，说明双价棉田天敌亚群落的稳定性最好，其次为常规棉田和常规用药田，*Bt* 棉田天敌亚群落的稳定性最差。可见，种植转双价基因棉不会降低昆虫群落的稳定性，昆虫群落、害虫亚群落和天敌亚群落的稳定性反而得到提高，害虫种群和天敌种群趋于稳定。

5.3.4 对自然天敌的影响

5.3.4.1 对天敌种群动态的影响

国内外有关转基因植物对天敌的影响已见报道，Hilbeck 等(1998)观察了绿草蛉吃了用转基因玉米和正常的玉米处理的欧洲玉米螟后，对其生长发育和死亡率有明显的影响，前者死亡率为 62%，对照为 37%；前者发育时间延长，成虫发育时间比对照慢 3 d。Birch 等(1999)发现瓢虫取食转基因马铃薯处理的蚜虫后，生殖力下降，并死亡得早。张永军等(2002)报道，取食含大豆胰蛋白酶抑制剂饲料的番茄夜蛾(*Laca nobiaoleracea*)幼虫血淋巴中很快检测到了该抑制剂，而大豆胰蛋白酶抑制剂对番茄夜蛾幼虫的寄生性姬蜂(*Eulophus pennicornis*)的生长发育有抑制作用，可能对寄生蜂有间接影响，转豇豆胰蛋白酶抑制剂(CpTI)的番茄，显著降低寄生性姬蜂的寄生成功率，但对姬蜂后代发育没有影响。

国内对双价棉对天敌种群动态的研究报道较少。崔金杰等(2002)研究了转双价基因棉田天敌种群动态，结果显示，百株草间小黑蛛的数量分别比 *Bt* 棉田和常规棉田增加 4.5%和 9.5%；龟纹瓢虫数量比 *Bt* 棉田减少 7.5%，比常规棉田增加 8.9%；小花蝽数量比 *Bt* 棉田增加 11.1%，比常规棉田减少 9.1%。百株棉蚜茧蜂数量比 *Bt* 棉田增加 7.1%，比常规棉田减少 28.6%；中红侧沟茧蜂数量和 *Bt* 棉田相同，比常规棉田减少 83.3%，数据证明，种植双价棉对棉铃虫落卵量没有影响，对棉铃虫幼虫有良好的控制作用，但对非靶标害虫没有控制作用，一些刺吸性害虫如棉蚜、棉叶螨、棉蓟马、棉盲蝽等的种群数量明显上升，发生为害加重，但上述害虫的为害轻于 *Bt* 棉田。双价棉田捕食性天敌的数量明显多于常规棉田和 *Bt* 棉田，说明双价棉对捕食性天敌无不利影响；而双价棉田棉铃虫寄生性天敌数量明显减少，说明双价棉对寄生性天敌影响较大，但其影响较 *Bt* 棉小。

5.3.4.2 对捕食性天敌生长发育及捕食功能的影响

(1)对生长发育的影响

崔金杰等(2002)研究表明，分别用双价棉、*Bt* 棉和常规棉的棉叶饲养的棉蚜混合群体饲喂异色瓢虫 4 龄幼虫，其日最大捕食量前两者分别比后者增加 22.9%和 11.3%；幼虫发育到蛹的历期，两种转基因棉处理分别比常规棉处理缩短 0.6 d 和 0.2 d；发育到成虫的时间，两种转基因棉处理分别比常规棉处理缩短 0.6 d 和 0.1 d；成虫体重分别为 30.9 mg、32.2 mg 和 32.9 mg。分别用双价棉、*Bt* 棉和常规棉的棉叶饲养的棉铃虫连续饲喂草间小黑蛛，表明双价棉处理的棉铃虫饲喂的草间小黑蛛的单雌产卵量比常规棉处理的增加 9.2%，*Bt* 棉处理的产卵量比常规棉处理的减少 7.4%；双价棉处理的棉铃虫饲喂的草间小黑蛛的死亡率比常规棉处理减少 42.9%，*Bt* 棉处理的比常规棉处理的减少 16.5%。

(2)对捕食功能的影响

1)对不同处理棉蚜的捕食性功能反应四种棉田龟纹瓢虫、异色瓢虫、草间小黑蛛和小花蝽 4 种主要捕食性天敌对用双价棉、*Bt* 棉和常规棉处理的棉蚜的捕食量有很大差异。无论在何种密度下，四种天敌对用转基因棉处理的棉蚜的日最大捕食量均大于对照，处理一头棉蚜所用的时间均短于对照，功能系数即瞬间攻击率均高于对照。

2)对不同处理的棉铃虫的捕食性功能反应四种棉田龟纹瓢虫、异色瓢虫、草间小黑蛛和大眼蝉长蝽 4 种主要捕食性天敌对用双价棉、*Bt* 棉和常规棉处理的棉铃虫的捕食量有很大差异。无论在何种密度下，4 种天敌对用双价棉和 *Bt* 棉处理的棉铃虫的日最大捕食量均大于常规棉处理，处理一头棉铃虫所用的时间均短于常规棉处理，功能系数即瞬间攻击率均高于常规棉处理。

5.3.4.3 对寄生性天敌的影响

(1)拟对澳洲赤眼蜂的影响

耿金虎等(2005)在室内评价了常规棉花粉和转 *cryⅠAc*+*CpTI* 棉(*Bt* 棉)花粉通过不同处理方式作为食物源对拟澳洲赤眼蜂寿命、寄生卵数、子代羽化数和性比等繁殖和存活特征的影响。共设计 7 个饲喂处理，即不饲喂(UNFED)、水(W)、水+常规棉花粉(W+P)、水+*Bt* 棉花粉(W+BtP)、10%蜂蜜水(H)、10%蜂蜜水+常规棉花粉(H+P)和 10%蜂蜜水+转 *Bt* 棉花粉(H+BtP)。在提供或不提供米蛾卵条件下，经 W+P 或 W+BtP 饲喂的雌蜂寿命与

W 或 UNFED 间无显著差异，但均显著短于 H 和 H+P 或 H+BtP 饲喂的雌蜂，而经 H+P 或 H+BtP 饲喂的雌蜂寿命又均显著长于经 H 饲喂的雌蜂($p<0.05$)。比较每雌寄生卵数和子代羽化数来看，各处理明显分为 3 类，即 UNFED、W、W+P 和 W+BtP 为最低，H 为居中，H+P 和 H+BtP 为最高。比较每雌子代性比来看，各处理也明显分为 3 类，即 H、H+P 和 H+BtP 为最低，W+P 和 W+BtP 为居中，UNFED 和 W 为最高。饲喂 W+P 和 W+BtP 的雌蜂寿命、寄生卵粒数、子代羽化数和性比分别与 W+BtP 和 H+BtP 饲喂间无显著差异($p<0.05$)。因而，棉花花粉需与蜂蜜组合才能成为拟澳洲赤眼蜂实现其最大存活和繁殖力的食物；*Bt* 棉花粉对拟澳洲赤眼蜂无影响。

(2)对棉蚜寄生蜂的影响

分别从双价棉田、*Bt* 棉田和常规棉田采回棉蚜僵蚜，室内观察棉蚜茧蜂的羽化率。结果表明，三种处理的棉蚜僵蚜羽化率分别为 94.0%、90.0%和 90.0%，双价棉田棉蚜茧蜂的羽化率分别比 *Bt* 棉田和常规棉田增加 4.4%和 4.4%，差异不显著。双价棉田棉蚜茧蜂的蜂重分别比 *Bt* 棉田和常规棉田增加 19.9%和 1.1%，前者差异显著。可见双价棉田、*Bt* 棉田和常规棉田棉蚜茧蜂的羽化率无明显差异，而双价棉田蜂重与常规棉田差异不明显，但 *Bt* 棉田蜂重减轻。表明双价棉田棉蚜茧蜂的羽化率和蜂重与常规棉田无明显差异，棉蚜茧蜂对用双价棉、*Bt* 棉和常规棉处理的棉蚜的寄生数量、蜂羽化率、历期及蜂的体重没有明显影响。虽然双价棉田出生的棉蚜茧蜂对双价棉田棉蚜的寄生率有所下降，但棉蚜茧蜂的羽化率却明显提高，说明转双价基因棉对棉蚜茧蜂的寄生力影响不大(Velder et al,2002)。

(3)对棉铃虫侧沟茧蜂的影响

棉铃虫侧沟茧蜂对用双价棉和 *Bt* 棉处理的棉铃虫幼虫的寄生率分别为 21.6%和 17.4%，分别比常规棉处理降低 33.7%和 46.6%，前者差异显著，后者差异极显著；双价棉处理比 *Bt* 棉处理增加 24.1%，差异显著，羽化率分别为 47.7%和 30.0%，分别比常规棉降低 52.7%和 70.0%，差异均达极显著水平；双价棉处理比 *Bt* 棉处理增加 9.8%，差异显著，茧重分别比常规棉处理降低 25.5%和 39.2%，差异极显著；双价棉处理比 *Bt* 棉处理增加 22.6%，差异显著；蜂重均比常规棉处理降低 14.3%，差异显著，双价棉处理和 *Bt* 棉处理差异不显著。可见双价棉和 *Bt* 棉均严重影响侧沟茧蜂的寄生率、羽化率、茧重和蜂重，这是双价棉田和 *Bt* 棉田侧沟茧蜂种群数量明显下降的主要原因。但双价棉对侧沟茧蜂的影响比 *Bt* 棉的影响小。

(4)对棉铃虫齿唇姬蜂的影响

齿唇姬蜂对用双价棉和 *Bt* 棉处理的棉铃虫幼虫的寄生率分别为 43.3%和 16.9%，分别比常规棉处理降低 46.3%和 79.0%，前者差异显著，后者差异极显著；双价棉处理比 *Bt* 棉处理增加 156.2%，差异显著，羽化率分别为 73.6%和 64.5%，分别比常规棉降低 26.4%和 35.5%，差异均达极显著水平；双价棉处理比 *Bt* 棉处理增加 14.1%，差异显著，茧重分别比常规棉处理降低 23.0%和 44.8%，差异极显著；双价棉处理比 *Bt* 棉处理增加 39.6%，差异显著；蜂重均比常规棉处理降低 11.1%，差异显著，双价棉处理和 *Bt* 棉处理差异不显著。可见双价棉和 *Bt* 棉均严重影响齿唇姬蜂的寄生率、羽化率、茧重和蜂重，这是双价棉田和 *Bt* 棉田齿唇姬蜂种群数量明显下降的主要原因。但双价棉对齿唇姬蜂的影响轻于 *Bt* 棉。

5.3.5 外源基因导入对棉株体内生化物质含量的影响

5.3.5.1 外源 Bt 蛋白含量的变化

崔金杰等(2000)、张永军等(2001)研究表明双价棉 Bt 毒蛋白含量在棉花生育过程中有明显的时空动态变化,双价棉棉叶整个生育期毒蛋白含量呈现两头高,中间低的不规则"V"字形,即第三代棉铃虫发生期,棉叶毒蛋白含量明显下降;第四代棉铃虫发生期,毒蛋白含量又有所回升。和 *Bt* 棉相比,双价棉 5、6 月份棉叶毒蛋白含量高于 *Bt* 棉,这也是双价棉棉叶前期抗性好于 *Bt* 棉的原因;中后期棉叶毒蛋白含量低于 *Bt* 棉,但由于双价棉 *CpTI* 基因的存在,发挥了联合毒杀作用,所以中后期双价棉的抗性和 *Bt* 棉无明显差异。方差分析结果表明,双价棉棉叶中毒蛋白的含量与 *Bt* 棉差异不显著。

双价棉棉蕾 7 月份以前毒蛋白的含量较高,7 月份以后含量稳定,但总体上呈下降趋势。*Bt* 棉棉蕾毒蛋白含量变化趋势与双价棉相同。方差分析结果表明两类棉花棉蕾中毒蛋白含量差异不显著。

双价棉花蕊毒蛋白含量高于 *Bt* 棉,经方差分析,差异达显著水平,因此双价棉花蕊抗性高于 *Bt* 棉,但两种转基因棉花花蕊毒蛋白含量均随生育进程呈下降趋势。

由于双价棉组织器官中 Bt 毒蛋白含量与 *Bt* 棉无明显差异,而双价棉中同时还拥有 *CpTI* 基因,因此双价棉的抗性好于 *Bt* 棉。

5.3.5.2 次生性物质含量变化

单宁类和酚类物质是棉花的重要抗生性次生代谢产物,对棉花的许多害虫具有抗性(王朝生等,1987;顾本康等,1990;王琛柱等,1993;张金发等,1993;张青文等,1998)。张青文等(1998)、张永军等(2001)、崔金杰(2002)等研究结果发现,外源基因导入棉花后,影响了棉花的次生代谢,双价棉和 *Bt* 棉中棉酚和单宁含量和常规棉相比发生了较大变化,张永军等(2001)、Gary(1999)等研究表明抗虫萜烯类和芸香苷均可增加 Bt 毒蛋白的功效,单宁类化合物可导致昆虫中肠细胞破损,丧失再生能力,直至中肠死亡,Bt 毒蛋白与单宁合用可提高毒效(Gibsion et al,1995),但 Navon(1993)进行饲料剂量反应试验中,得出缩合单宁与 Bt 毒蛋白之间有拮抗作用,并推测 BT 制剂或 *Bt* 棉可能与高含量的缩合单宁不相容。张永军等(2000)研究表明棉花缩合单宁和 Bt 毒蛋白之间有一定的拮抗作用。这可能是由于 *Bt* 杀虫基因转入棉株体内后,打破了棉株的能量和物质代谢平衡所造成的。

(1)棉酚含量

双价棉棉叶 6、7 和 9 月份棉酚的含量分别比常规棉高 72.5%、33.9%和 26.6%,而 8 月份棉酚含量比常规棉低 34.3%;Bt 棉棉叶 6、7 和 9 月份棉酚的含量分别比常规棉高 5.2%、30.7%和 0.7%,而 8 月份棉酚含量比常规棉低 29.6%;两种转基因棉花相比,双价棉棉叶 6、7、9 月份棉酚含量分别比 *Bt* 棉高 63.9%、2.5%和 25.7%,8 月份棉酚含量比 *Bt* 棉低 6.7%。

双价棉棉蕾 6 月份棉酚的含量比常规棉高 17.8%,7、8、9 月份棉酚含量分别比常规棉低 30.6%、38.9%和 32.1%;*Bt* 棉棉蕾 6 月份棉酚的含量比常规棉高 48.8%,7、8、9 月份棉酚含量分别比常规棉低 43.8%、45.5%和 28.3%;两种转基因棉相比,双价棉棉蕾 6 月份和 9 月份

棉酚含量分别比 *Bt* 棉低 20.8%和 5.3%，而 7 月份和 8 月份棉酚含量分别比 *Bt* 棉高 23.5%和 12.3%。

可见，外源基因的导入对棉株中棉酚含量有较大的影响。棉叶中棉酚含量的变化与室内生物测定的转基因棉花的抗虫性变化趋势基本相同。从时间上分析，棉花生长前期即 6、7 月份棉酚含量高于常规棉，抗虫性强，8 月份转基因棉花的棉酚含量下降，抗虫性亦明显下降，9 月份转基因棉花的棉酚含量增加，抗虫性也回升。两种转基因棉花相比，双价棉棉酚 6、7、9 月份棉酚含量高于 *Bt* 棉，这也是双价棉抗虫性好于 *Bt* 棉且抗虫性稳定的原因之一。

(2)单宁含量

双价棉棉叶 6、7、8、9 月份单宁的含量分别比常规棉减少 18.9%、22.6%、9.3%和 15.2%；*Bt* 棉棉叶 6、7、8、9 月份单宁的含量分别比常规棉减少 36.7%、40.8%、15.8%和 9.8%；两种转基因棉花相比，双价棉 6、7、8 月份棉叶中单宁含量分别比 *Bt* 棉高 28.1%、30.8%和 9.3%，而 9 月份棉叶中单宁含量比 *Bt* 棉减少 6.0%。

双价棉棉蕾 6、7、8、9 月份单宁的含量分别比常规棉减少 14.0%、2.0%、0.7%和 20.4%；*Bt* 棉棉蕾 6、7、8、9 月份单宁的含量分别比常规棉减少 20.8%、10.8%、20.0%和 17.6%；两种转基因棉花相比，双价棉 6、7、8 月份棉蕾单宁含量分别比 *Bt* 棉高 10.8%、10.3%和 26.4%，而 9 月份棉叶单宁含量比 *Bt* 棉减少 20.4%。

可见，外源基因的导入对棉株体内单宁含量有较大的影响。无论是棉叶，还是棉蕾，其整个生长期单宁的含量均低于常规棉，致使转基因棉田刺吸性害虫种群上升，发生为害重于常规棉。两种转基因棉相比，双价棉组织中单宁含量高于 *Bt* 棉，所以双价棉田刺吸性害虫种群数量轻于 *Bt* 棉。

5.3.5.3 营养物质含量变化

(1)蛋白质含量

整个棉花生长期，两种转基因抗虫棉花棉叶蛋白质含量均高于常规棉；双价棉棉叶蛋白质含量除 7、8 月份低于 *Bt* 棉外，均高于 *Bt* 棉，但差异均未达显著水平。说明两种转基因棉花棉叶蛋白质含量丰富，比常规棉更有利于棉铃虫的生长发育。

(2)可溶性糖含量

6 月中旬以前双价棉棉叶中可溶性糖的含量低于常规棉，6 月中旬以后双价棉棉叶中可溶性糖的含量均明显高于常规棉；整个棉花生长期 *Bt* 棉棉叶中可溶性糖的含量均高于常规棉；两种转基因棉相比，7 月中旬以前双价棉可溶性糖的含量低于 *Bt* 棉，7 月中旬以后高于 *Bt* 棉。棉蕾可溶性糖含量测定结果表明，整个棉花生长期，双价棉和 *Bt* 棉棉蕾中可溶性糖的含量均高于常规棉，双价棉棉蕾中可溶性糖类含量均高于 *Bt* 棉。

由于棉蚜、棉叶螨等刺吸性害虫喜欢取食含糖量高的棉株，碳水化合物含量多则有利于其生长发育，因此双价棉田和 *Bt* 棉田棉蚜、棉叶螨等刺吸性害虫种群数量上升，发生危害重于常规棉田。但和 *Bt* 棉田相比，双价棉田棉蚜、棉叶螨、棉盲蝽、棉蓟马等刺吸性害虫的种群数量较少，发生为害较轻。

5.3.5.4 主要生长素和酶类含量变化

(1)生长素 IAA

转双价棉花和转 *Bt* 棉花苗期棉叶生长素的含量均低于常规棉,而蕾铃期生长素的含量均高于常规棉,8 月下旬以后棉叶生长素的含量均低于常规棉。两种转基因棉花相比,苗期双价棉生长素的含量高于 *Bt* 棉,蕾铃期生长素的含量低于 *Bt* 棉,8 月份以后生长素含量高于 *Bt* 棉。

生长素对植物生长有明显的促进作用,由于苗期两种转基因抗虫棉生长素的含量均低于常规棉,所以转基因抗虫棉苗期生长缓慢,长势偏弱,而蕾铃期生长素含量迅速增加,有较强的生长优势,所以生长发育较快。但棉花生长后期转基因棉花叶片中生长素水平降低,易引起早衰。和 *Bt* 棉相比,双价棉苗期生长较旺盛,蕾铃期生长较为缓慢,不会陡长,但 8 月份生长素含量偏低,容易早衰。因此双价棉田 8 月份应加强管理,增施磷肥,延缓早衰现象的发生。

由于双价棉和 *Bt* 棉苗期生长素含量偏低,生长延缓,有利于棉蚜、棉叶螨等害虫的为害,所以棉蚜、棉叶螨等害虫为害较重。而蕾铃期生长素含量增加,生长旺盛,可吸引棉铃虫产卵、对棉铃虫生长发育有利,同时由于此期毒蛋白含量下降,所以应加强虫情监测,适时防治棉铃虫。

(2)脱落酸 ABA

对茎、叶、侧芽的生长表现抑制的作用,具有明显的促进脱叶的作用。在棉花果实发育过程中,脱落酸的含量发生变化。在幼果脱落和棉铃开裂时期,脱落酸的含量达到高水平,因而认为它是刺激脱落的因素。双价棉和 *Bt* 棉在棉花产量形成期棉蕾脱落酸的含量均低于常规棉,因此双价棉和 *Bt* 棉的结铃性强于常规棉。双价棉整个生长期棉蕾脱落酸的含量均低于 *Bt* 棉,所以双价棉的结铃性更强。棉蕾脱落数量的减少,一方面为棉铃虫等钻蛀性害虫提供了充足的食物,有利于棉铃虫等害虫的生长发育,另一方面由于棉花蕾铃期转基因棉花的抗性下降,棉铃虫可能对棉花造成较重的危害,造成产量的损失。因此,此期应加强虫情监测,严格按防治指标防治棉铃虫。

(3)POD 和 SOD 酶的变化

活性氧自由基具有较强的氧化作用,它能迅速攻击包括 DAN 在内的所有类型的生物膜,造成不可修缮的代谢功能的丧失和细胞死亡,然而植物细胞器中分布着酶类和非酶类抗氧化防御系统。SOD 主要存在于叶绿体、线粒体、细胞浆和过氧化物体中,对细胞具有重要的保护作用,可防止细胞产生的具有毒害作用的 O_2^- 的侵害;超氧化物歧化酶 SOD、过氧化氢酶 CAT、过氧化物酶 POD 是抗氧化酶类防御系统。过氧化物体与线粒体、叶绿体一样,其正常代谢均能产生 O_2^-。在正常代谢条件下,由于细胞有足够的抵御自由基侵害的能力,所以过氧化物膜产生的 O_2^- 对细胞没有伤害。但在植物处于胁迫条件下,过氧化物体膜产生的 O_2^- 则大为增加。

叶片中的过氧化物体是光合组织中特殊的过氧化物体,因为它参与光呼吸的主要过程。过氧化物体是唯一一个由单层膜包围的亚细胞器,单层膜的基本酶组成有过氧化氢酶和能产生 H_2O_2 的黄素氧化酶。这些细胞器最早由 De Duve 在 20 世纪 60 年代分离出来。最初,过氧化物体的唯一功能被描述为膜上的过氧化氢酶对过氧化物体呼吸作用时所产生的具有毒害作用的 H_2O_2 行使清除作用,但近年来过氧化物体在维持真核细胞基本功能上的作用越来越得到公认。

据研究 9 月份以前两种转基因抗虫棉棉叶中过氧化物酶 POD 的含量均高于常规棉；双价棉苗期 SOD 酶的含量高于常规棉和 *Bt* 棉，而 *Bt* 棉苗期此酶的含量低于常规棉。说明双价棉对环境的适应性较好，苗期长势较好，而 *Bt* 棉对环境的适应性较差，苗期长势较差。

(4)脯氨酸含量

脯氨酸的含量与棉株的抗旱性有关，其含量高则有较强的抗旱能力。据研究双价棉脯氨酸的含量变化趋势和常规棉相同，而 *Bt* 棉变化幅度较大。双价棉和 *Bt* 棉 7 月份以前和 8 月中旬以后抗旱性较差，尤其是 *Bt* 棉，应注意田间农事管理，适时浇水，防止干旱影响棉花生长；花铃期双价棉的抗旱性好于常规棉和 *Bt* 棉。

5.3.6 对土壤微生物的影响

娜布其等(2011)利用根箱法对棉花根部土壤进行分区采集，并采用传统平板培养和 DGGE 克隆测序技术相结合的方法，对转双价基因棉和常规棉 3 个生长时期(播种后 40 d、50 d 和 60 d)不同根区土壤细菌、放线菌和真菌数量及细菌多样性进行对比分析。平板培养结果表明，与常规棉相比，转双价基因棉根区土壤细菌、放线菌的数量显著下降；DGGE 图谱分析表明，在棉花生长的 3 个时期内，转双价基因棉和常规棉根区土壤细菌多样性指数、均匀度和条带数均无显著差异，2 种棉花处理间有着很强的相似性，不受转双价基因棉种植的影响。转双价基因棉种植仅改变了根区土壤可培养微生物数量，对细菌多样性无显著影响。

5.3.7 外源基因漂移的研究

双价棉外源基因向周围环境遗传漂流的频率和距离，研究结果表明，导入到棉株体内的外源基因均可向周围环境漂流，其最高漂流频率为 10.48%，最远漂流距离可达 50 m。防止外源基因向周围环境扩散的最有效方法是设置一定的隔离带，隔离带的距离以 50～100 m 为好。

5.4 转基因抗除草剂棉花安全性研究进展

在转基因作物中，发展最快的是耐除草剂作物。据统计，2001 年在全球转基因作物总的种植面积中，耐除草剂作物占 77%，其次是抗虫转基因作物，另有 8%是既表达耐除草剂性状又表达抗虫性状的基因堆积作物。2004 年美国大豆种植面积的 85%为耐除草剂大豆，棉花种植面积的 60%是耐除草剂棉花，耐除草剂玉米占玉米种植面积的 18%。从 1988 年起，每年向美国农业部动植物健康检验部门提出转基因作物田间试验的申请中，耐除草剂作物占 20%～30%，在 1987—2004 年的所有许可中占 26%，而在批准商品化生产的产品中，有 36%是耐除草剂作物。

转基因抗除草剂方面，从 20 世纪 80 年代起，孟山都公司以其拥有广谱、高效除草剂农达(草甘膦)的优势而率先开始除草剂抗性基因的转移研究与抗性作物品种的开发，并取得了突出的成就。他们从土壤微生物中克隆抗草甘膦基因，并将其导入到棉花，育成抗草甘膦棉花种质系-Roundup，目前已在主产棉州大面积推广种植。拥有广谱除草剂草铵膦的艾格福公司通过基因工程开发出一系列抗草铵膦的作物品种，2000 年在美国出售种子。同时，美国氰胺公司创制出抗咪唑啉酮类除草剂作物品种，杜邦公司研制出抗磺酰脲类除草剂作物品种。在转基因抗性作物的开发中，孟山都公司最负盛名，一直处于领先地位，创制出一系列抗农达的作物品种——抗农达棉花，并于 1997 年开始在美国出售种子，目前已经获得大面积种植。另外，孟山都公司已研制成功兼具抗农达基因与 *Bt* 基因的棉花新品种(苏少泉，1998)。1997 年美国引进抗草甘膦除草剂棉，大约种植 30 万公顷，1998 年超过 100 万公顷(牛巧鱼，2000)。转基因抗溴苯腈和抗草甘膦棉花品种很快被棉农采用。1999 年，北卡罗那州 13%的棉田、弗吉尼亚州 30%的棉田种植了抗溴苯腈棉。东南部其余 4 个州 1%的棉田种植抗溴苯腈棉，东南部的 6 个州平均 50%的棉田种植抗草甘膦棉，弗吉尼亚州最少为 23%，南卡罗那州最多超过 80%。1999—2000 年度转基因单抗除草剂棉在美国的种植面积 161.90 万公顷；双抗棉铃虫和除草剂棉 56.66 万公顷(王淑民，1999)。2001—2002 年度美国棉花种植面积为 570 万公顷，其中转基因抗棉铃虫和抗除草剂品种占 78%(牛巧鱼，2002)。2006 年，南非生物技术作物种植面积达1 400万公顷，抗虫和抗除草剂叠加基因棉花也获准种植(孟胜利，2007)。据 Agrow 报道，2007 年孟山都第二代抗草甘膦棉花在美国和澳大利亚种植面积超过 80 万公顷。

由于全球转基因作物产业化迅速发展的影响，我国在抗除草剂作物的研究和产业化方面取得的进展也较快。1986 年转基因抗虫和抗除草剂作物批准进入田间试验(王琴芳，2000；沈桂芳，2001)。目前已有 10 余种转基因植物进入田间试种，有 6 种转基因植物被批准商品化生产。据中国农业生物技术学会的统计，到 1996 年底正在研究的转基因种类达 47 种，涉及各类基因 103 种，其中与病、虫、草害防治有关的基因就有 62 种，包括抗病毒 33 种、抗细菌病害 8 种、抗真菌病害 7 种、抗虫 11 种、抗除草剂 3 种。

中国农业科学院棉花研究所马艳等在 2008—2010 年，以常规棉中棉所 49 为对照品种，以转基因抗草甘膦棉花材料为试验材料，系统研究了转基因抗除草剂棉花对草甘膦的耐受性、抗性级别、对棉田非靶标生物的影响、对生物多样性的影响等。

5.4.1 对草甘膦的耐药性

马艳等(2010)在棉花 3～4 片真叶期喷药处理，结果表明药后 5 d，18 个转基因抗草甘膦棉花材料的药害指数均随着草甘膦(41%农达)稀释倍数(50 倍、100 倍、150 倍、200 倍、250 倍，下同)的增加药害指数呈现降低的趋势，而药后 10 d，同一材料不同浓度草甘膦处理的药害指数差异不大。董合忠等(2007)研究显示，转基因抗草甘膦棉花四叶期后喷施草甘膦会显著降低花粉粒的活性，抑制散粉、授粉和结实，故施用不应迟于四叶期，草甘膦用量为 0.84 kg/hm^2(华水金等，2007；苏少泉，2008)。若喷施不当则很容易引起抗草甘膦棉花受害，尤其是花药开裂和花粉活力方面易遭受影响，使得棉铃数目和铃重降低，最终导致抗草甘膦棉花产量下降。

马艳等(2010)蕾期喷药处理结果表明药后 5 d，15 个抗/耐草甘膦棉花材料的药害指数均低于 30，药后 10 d 的药害指数低于 24。李世民等(2010)为探索盛蕾期防治杂草的草甘膦适宜施药质量浓度，以抗草甘膦棉花 KC07-58 和非抗棉花 o2c07-68 为材料，在盛蕾期对全株喷施不同质量浓度(1 g/L、2 g/L、4 g/L、8 g/L、10 g/L)的草甘膦。结果表明，喷施不同质量浓度的草甘膦 15 d 后，1 g/L、2 g/L 质量浓度下，抗性材料均恢复正常，而非抗材料均出现多头，质量浓度再增加对两者造成不同程度的影响。10 g/L 质量浓度下，非抗材料死亡率 100%，抗性材料死亡率显著高于 1 g/L、2 g/L、4 g/L、8 g/L 处理。各处理间，抗性材料总成铃数差异不显著，吐絮率差异亦不显著(除 1 g/L 与 8 g/L 之间差异极显著外)。抗草甘膦棉花材料 KC07-58 盛蕾期喷施草甘膦的安全浓度≤4 g/L。May 等(2004)用 4～6 个新的转基因抗草甘膦棉花品系在美国进行多点试验，分别在棉花四叶期喷施 1.68 kg/hm^2 和 2.52 kg/hm^2 草甘膦，结果显示，棉花生长安全。王秀丽等(2008)认为，鉴定棉花品种是否含转抗草甘膦基因的最佳时间在苗期，蕾期虽可鉴定但对棉花生长会造成不良影响。刘亚平等(2008)认为，抗草甘膦棉花田间使用草甘膦最佳时间为现蕾前，而在现蕾后、开花期使用会导致花蕾、成铃都减少，脱落率也增加。

马艳等(2010)研究了棉花花铃期喷药处理对棉花的影响，结果表明药后 5 d，15 个抗草甘膦棉花材料经草甘膦 50 倍稀释液处理后的药害指数为 6.5～20.3，明显高于 100 倍和 150 倍稀释液处理，且后两者的差异不大；药后 10 d，所有处理的药害指数均降低。

5.4.2 对棉田节肢动物群落的影响

5.4.2.1 昆虫群落的结构与组成

马艳等(2010)在整个调查期内记录的主要昆虫群落组成为 10 个目、27 个科、35 个种，其中害虫亚群落 7 个目、13 个科、17 个种，天敌亚群落 6 个目、15 个科、18 个种。不同类型棉田昆虫群落的结构与组成存在差异。其中，2009 年昆虫群落的物种数、害虫亚群落及天敌亚群落均表现为抗虫棉田＞抗草甘膦棉田＞抗草甘膦施药田＞抗虫棉施药田，其中前两者差异不显著，但与后两者差异均达显著水平，且后两者间也存在显著的差异。可见，未施药田的昆虫物种数明显高于施药田。2010 年昆虫群落及天敌亚群落的物种数均表现为常规棉田＞抗草甘膦棉田＞抗虫棉田，三者均存在显著性差异，而三者的害虫亚群落物种数数量相同。因此，常规棉田中棉所 49 的生态环境有利于昆虫种群的生存，而抗草甘膦棉田及转基因抗虫棉中棉所 44 在某种程度上影响或抑制了某些昆虫的繁殖生存，但是施用化学农药对昆虫群落的物种数影响较大，导致物种数明显减少。

5.4.2.2 对个体总数和相对丰盛度的影响

马艳等(2009)研究不同类型棉田昆虫群落及害虫亚群落的个体总数均表现为抗草甘膦棉田＞抗虫棉施药田＞抗虫棉田和抗草甘膦施药田，其中抗虫棉田和抗草甘膦施药田的差异不显著，前三者间存在极显著的差异。天敌亚群落的个体总数表现为非施药田明显多于施药田，抗草甘膦棉田天敌亚群落的个体数最大，达 375 头/百株，而抗草甘膦施药田只有 98 头/百株。可见，种植转基因抗除草剂棉使得昆虫群落的个体总数增加，而化学农药的不合理施用对自然天敌的杀伤力极大，导致天敌数量锐减，而害虫亚群落的个体总数并未减少。调查研究还发现，4 种类型棉田害虫类昆虫的相对丰盛度表现为抗虫棉施药田(0.965)＞抗草甘膦施药田(0.942)＞抗草甘膦棉田(0.890)＞抗虫棉田(0.855)，天敌类昆虫的相对丰盛度刚好相反。可见，施药田由于自然天敌的控害能力锐减，而存在害虫大发生的潜在危险。

3 种不同类型棉田昆虫群落及害虫亚群落的个体总数均表现为常规棉田＞转基因抗虫棉＞抗草甘膦棉田，三者间存在显著性的差异。天敌亚群落的个体总数表现为抗草甘膦棉田＞常规棉田＞转基因抗虫棉田，但三者间差异不显著。可见，常规棉田不仅在昆虫种群的物种数量上高于两种转基因棉田，而且在其昆虫种群的个体总数上也高于两种转基因棉田（天敌个体总数除外），存在害虫大发生的潜在危险。抗草甘膦棉不仅有效地抑制害虫数量的增加，而且还有效的保护自然天敌数量的增加。而转基因抗虫棉在有效抑制害虫增加的同时也使得天敌亚群落物种数及个体总数的减少。

5.4.2.3 优势昆虫群落的组成

2009—2010 年研究结果表明，昆虫群落、害虫亚群落和天敌亚群落的优势集中度均表现为施药棉田大于非施药棉田，而非施药棉田的多样性指数、均匀性指数和物种丰富度大于施药棉田。再者，三种非施药棉田的优势害虫种类有棉叶蝉、绿盲蝽、棉蚜、蓟马、棉叶螨、棉铃虫、隆背花薪甲、烟粉虱和啮虫，而两种施药田的优势害虫种类主要为棉蚜、蓟马和烟粉虱，三者总的相对丰盛度达 0.937 以上，且棉叶蝉和绿盲蝽数量极少，相对丰盛度仅为 0.001。5 种类型棉田的优势天敌种类有草蛉、大眼蝉长蝽、龟纹瓢虫、蚜茧蜂、蜘蛛类和小花蝽，但 2 种施药棉田中，大眼蝉长蝽数量较少，相对丰盛度仅为 0.007。可见，转基因抗除草剂棉的种植并不影响棉田优势昆虫群落的组成，而化学农药的使用才是影响优势昆虫群落构成的主要因素，施药棉田的优势昆虫种类明显少于非施药棉田。

5.4.3 对主要害虫种群动态的影响

5.4.3.1 棉蚜

2009—2010 年马艳等研究结果表明，与 2009 年相比，抗草甘膦棉田和中棉所 44 棉田在 2010 年其棉蚜暴发的高峰期较早（5 月下旬），即苗期蚜虫发生严重，而在 2009 年其棉蚜暴发的高峰期于 7 月下旬至 8 月上旬，即伏蚜发生严重。结合两年的气象资料，2009 年 5 月份的降雨次数多于 2010 年的，而 2010 年 7、8 月份降雨次数多于 2009 年的。可见，棉蚜的发生量及为害程度可能与当年的天气情况有着一定的关系。并且，这两年中，抗草甘膦棉田棉蚜的发生量高于或与中棉所 44 棉田相当。

5.4.3.2 烟粉虱

抗草甘膦棉田和中棉所 44 棉田于 2009 年烟粉虱发生的量显著高于 2010 年，结合两年的气象资料，2010 年 8、9 月份降雨次数及降雨量要明显多于 2009 年。可见，烟粉虱的发生量及为害程度可能与当年的天气情况有着一定的关系。并且，这两年中，中棉所 44 棉田烟粉虱的发生量均高于抗草甘膦棉田。

5.4.3.3 叶蝉

抗草甘膦棉田和中棉所 44 棉田于 2009 年叶蝉发生的量显著高于 2010 年。结合两年的气象资料，2010 年 7、8 月份降雨次数及降雨量要明显多于 2009 年。可见，棉叶蝉的发生量及为害程度可能与当年的天气情况有着一定的关系。并且，这两年中，抗草甘膦棉田叶蝉的发生量高于或与中棉所 44 棉田相当。

5.4.3.4 棉铃虫

2009 年抗草甘膦棉田和中棉所 44 棉田均于 6 月下旬和 9 月上中旬出现两次高峰期，而在 2010 年，抗草甘膦棉田和中棉所 44 棉田分别在 7 月初、8 月初及 9 月初出现三次高峰期，并且其棉铃虫卵的数量明显高于 2009 年的。并且，这两年中，抗草甘膦棉田棉铃虫卵的发生量高于中棉所 44 棉田。

2009 年抗草甘膦棉田棉铃虫幼虫的发生量明显高于中棉所 44 棉田，并且，还高于 2010 年的抗草甘膦棉田和中棉所 44 棉田的发生量。

综合比较可以看出，中棉所 44 可以有效降低棉铃虫的发生量，而抗草甘膦棉田于 2010 年其棉铃虫的发生量明显轻于 2009 年的量，并且，与中棉所 44 棉田发生程度相当。

5.4.3.5 隆背花薪甲

2009 年两种棉田隆背花薪甲的发生程度高于 2010 年，并且，中棉所 44 棉田显著高于其他棉田。结合两年的气象资料，2010 年 7、8 月份降雨次数及降雨量要明显多于 2009 年。可见，隆背花薪甲的发生量及为害程度可能与当年的天气情况有着一定的关系。

5.4.3.6 绿盲蝽

2009 年两种棉田绿盲蝽的发生程度明显高于 2010 年，结合两年的气象资料，2010 年 7、8 月份降雨次数及降雨量要明显多于 2009 年。可见，绿盲蝽的发生量及为害程度可能与当年的天气情况有着一定的关系。

5.4.3.7 棉叶螨

在 2009 年两种棉田棉叶螨的发生期明显早于 2010 年，即在 2009 年两种棉田于 5 月下旬开始发生，而 2010 年两种棉田于 6 月下旬开始发生。结合两年的气象资料，2009 年 5 月初气温已进入 30℃左右，而 2010 年 5 月下旬才进入 30℃左右，由于棉叶螨在气温 25～30℃时，繁殖最快。因此，随着气候变化，棉叶螨在每年发生高峰期、虫口密度和为害程度也会改变。

5.4.4 对主要天敌种群动态的影响

5.4.4.1 草蛉

2009 年两种棉田草蛉的发生量要高于 2010 年。并且，在 2009 年抗草甘膦棉田从 7 月份至 9 月份分别出现 5 次高峰期，中棉所 44 棉田从 7 月份至 9 月份分别出现 3 次高峰期，而在 2010 年抗草甘膦棉田从 7 月份至 9 月份也分别出现 5 次高峰期，但数量程度明显低于 2009 年的量，中棉所 44 棉田在 2010 年其草蛉的发生量最少。结合两年的气象资料，2010 年 7～9 月份初降雨次数明显高于 2009 年的。因此，草蛉的发生量可能与当年的天气情况有着一定的关系。

5.4.4.2 龟纹瓢虫

2009年两种棉田龟纹瓢虫的发生量明显高于2010年，即2009年两种棉田发生期主要集中在7月中旬至8月中旬。结合两年的气象资料，2010年7、8月份降雨次数明显高于2009年的。因此，龟纹瓢虫的发生量可能与当年的天气情况有着一定的关系。

5.4.4.3 蜘蛛

2009年两种棉田蜘蛛的发生量明显高于2010年，尤其是在8月初之后呈现明显的上升趋势，而在2010年两种棉田蜘蛛的发生量坡度不大，就抗草甘膦棉田在9月初有一小坡度的上升，而中棉所44棉田在棉花的整个生育期基本保持同一水平。结合两年的气象资料，2010年8月份降雨次数明显高于2009年的。因此，蜘蛛的发生量可能与当年的天气情况有着一定的关系。

5.4.4.4 小花蝽

2009年两种棉田小花蝽的发生量明显高于2010年，尤其是中棉所44棉田于2010年只零星发生，没有产生一定的数量。结合两年的气象资料，2010年7、8月份至9月份初降雨次数明显高于2009年的。因此，小花蝽的发生量可能与当年的天气情况有着一定的关系。

5.4.4.5 大眼蝉长蝽

2009年两种棉田大眼蝉长蝽的发生量明显高于2010年，而中棉所44棉田于2010年其大眼蝉长蝽的发生期早于其他棉田，抗草甘膦棉田于2010年只零星发生，没有产生一定的数量。结合两年的气象资料，2010年7、8月份至9月份初降雨次数明显高于2009年的。因此，大眼蝉长蝽的发生量可能与当年的天气情况有着一定的关系。

5.4.4.6 蚜茧蜂

2009年两种棉田蚜茧蜂的发生量明显高于2010年，并且两种棉田于2009年7、8月份产生1～2次高峰，其数量显著高于2010年的数量。结合两年的气象资料，2010年7、8月份降雨次数明显高于2009年的。因此，蚜茧蜂的发生量可能与当年的天气情况有着一定的关系。

根据两年调查结果可以得出，在2009年无论是优势害虫还是自然天敌，抗草甘膦棉田和中棉所44棉田发生程度及数量基本上都高于2010年的发生情况。结合两年的气象资料可以看出，气温对优势害虫和自然天敌的世代历期、成虫寿命、产卵量和迁移活动等都有直接的影响。因此，随着气候变化，棉田害虫在同一棉田不同年份的发生高峰期、虫口密度和为害程度都会改变。

5.4.5 对棉田主要病害的影响

5.4.5.1 不同类型棉田病情比较

2009年调查结果表明，5种类型棉田的发病率均超过60%，病情指数达35以上，均属于易感病类型，但是不同类型棉田的发病情况不尽相同。5种不同类型棉田的发病率表现为常规施药田＞抗草甘膦施药田＞抗草甘膦棉田＞常规棉田＞抗溴苯腈棉田，其中前两者差异不显著，但与后者差异均达到显著水平；不同类型棉田的病情指数表现为抗草甘膦棉田＞常规施药田＞抗草甘膦施药田＞常规棉田＞抗溴苯腈棉田，其中前两者差异不显著，但与后者差异均达到显著水平。可见，施药田的发病率和病情指数均高于非施药田；对于 3 种非施药田来说，抗溴苯腈棉田的抗病性最强，而抗草甘膦棉田的抗病性最差。

2010 年调查结果表明，4 种类型棉田于 8 月份的发病率都为 100%，病情指数达到 35 以上，均属于易感病类型，但是不同类型棉田的发病情况不尽相同。4 种不同类型棉田的病情指数表现为中棉所 49 棉田＞抗草甘膦棉施药田＞抗草甘膦棉非施药田＞中棉所 44 棉田，其中前两者差异显著，并且与后者差异均达到显著水平，但后两者间差异不显著。由于，抗草甘膦棉田于 8 月份喷施 1 次草甘膦药剂后，产生了轻微的药害，从而加重了黄枯萎病的发生。总体而言，四种类型棉田相比，抗草甘膦棉非施药田和转基因抗虫棉中棉所 44 棉田对黄枯萎病表现的相对较抗，而抗草甘膦施药田和常规棉中棉所 49 棉田的抗病性较弱。

5.4.5.2　不同类型棉田病情的季节变化

2009 年调查结果表明，5 种不同类型棉田病情的季节变化较一致。随着棉花生育进程的发展，棉株的发病率呈“S”形增加趋势（$r^2>0.92$，$p<0.001$），均于 8 月初达到最高（100%），所有的棉株都呈现不同程度的病害；从棉花的整个生长期来看，不同类型棉田的病情指数随生长季节也呈现“S”形增加趋势（$r^2>0.91$，$p<0.001$），棉花的发病高峰期集中在 7 月份中下旬，8 月初所有棉田的病情指数均达到 35 以上。随着生育期的延续，发病指数继续增加，且表现为线性增长趋势（从 8 月上旬至 9 月下旬，$r^2>0.63$，$p<0.05$）。

不同类型棉田的病情指数随生长季节呈现明显的不同。棉花的发病高峰期集中在八月初，其发病率均达到最高（100%），所有的棉株都呈现不同程度的病害；8 月初除了抗草甘膦棉非施药田外其他棉田的病情指数均达到 35 以上。随着生育期的延续，常规棉中棉所 49 棉田的病情指数基本处于增加趋势，于 9 月上中旬病情指数最高为 76.3%。转基因抗虫棉中棉所 44 于 8 月上旬其病情指数达到最高，数值为 67.1%，之后呈现下降趋势。抗草甘膦棉施药田的病情指数基本上一直高于抗草甘膦棉非施药田，而且，抗草甘膦棉施药田于 8 月中旬和 9 月初其病情指数出现两次高峰，其值分别为 71.5%和 71.4%，而抗草甘膦棉非施药田于 9 月中旬其病情指数达到最高为 59.8%。可见，与常规棉中 49 相比，转基因抗虫棉中 44 和抗草甘膦棉非施药田对棉花的黄枯萎病有一定的控制作用。

主要参考文献

[1] 崔洪志，郭三堆，等. 我国抗虫转基因棉花研究取得重大进展. 中国农业科学，1996，29(1)：93-95.

[2] 崔金杰，夏敬源. 不同种植方式下转 *Bt* 基因棉对昆虫群落的影响. 中国棉花，1999，26(5)：8-9.

[3] 崔金杰，夏敬源. 麦套夏播转基因棉 R93-6 对昆虫群落的影响. 昆虫学报，2000，43(1)：43-51.

[4] 崔金杰,夏敬源. 一熟转 *Bt* 基因棉田昆虫群落研究. 西北农业大学学报，1999，27(6):28-32.

[5] 崔金杰，夏敬源，马丽华,等. 转双价基因抗虫棉对棉铃虫的抗虫性及时空动态. 棉花学报，2002，14(6):323-329。

[6] 崔金杰，夏敬源，马艳. 转双价基因(*cryIAc*+ *CpTI*)抗虫棉(ZGK 97)对小地老虎抗虫性研究. 棉花学报，2002,14(1):3-7.

[7] 崔金杰，夏敬源，马艳. 转双价基因抗虫棉对棉铃虫的抗虫性研究. 中国棉花学会第六届代表大会及第十二次学术研讨会. 2001.

[8] 崔金杰，夏敬源. 麦套夏播转 *Bt* 基因棉田主要害虫及其天敌的发生规律. 棉花学报，1998，10(5):255-262.

[9] 崔金杰，夏敬源. 一熟转 *Bt* 基因棉田主要害虫及其天敌的发生规律. 植物保护学报，2000，27(2):141-145.

[10] 崔金杰，夏敬源. 转 *Bt* 基因棉对棉铃虫抗性的时空动态. 棉花学报，1999，11(3):141-146.

[11] 崔金杰，夏敬源. 转 *Bt* 基因棉对棉铃虫生长发育及繁殖的影响. 河南农业大学学报，1999，33(1):20-24.

[12] 崔金杰，夏敬源. 转 *Bt* 基因棉对棉田天敌种群动态的影响. 棉花学报，1999,11(2):84-91.

[13] 崔金杰. 转 *Bt* 基因棉对棉田昆虫群落的影响及其作用机制. 北京:中国农业科学院,硕士学位论文,2003.

[14] 丁莉，于江南，王登元,等. 转双价基因抗虫棉对棉蚜的控制作用. 新疆农业科学，2004，41(5):316-318.

[15] 董合忠，代建龙. 转基因抗除草剂棉花及其对草甘膦抗性的时空表达. 中国农学通报，2007，23(2):355-359.

[16] 董双林，夏敬源,王月恒. 转 *Bt* 基因棉花对棉铃虫存活、生长及为害的影响,中国植物保护研究进展. 棉花学报,1997,9(4):176-182.

[17] 郭三堆，崔洪志，夏兰芹,等. 双价抗虫转基因棉花研究. 中国农业科学，1999，32(3):1-7.

[18] 华水金，袁淑娜，邵明彦,等. 抗草甘膦棉花研究进展. 分子植物育种，2007，5(4):534-539.

[19] 黄大昉. 基因工程正在开辟植物病虫害防治的新途径. 植物保护，1999,25(1):34-36.

[20] 黄东林，刘汉勤，蒋思霞. 转双价基因抗虫棉对斜纹夜蛾实验种群的影响. 植物保护学报，2006，33(1):1-5.

[21] 李进步，方丽平，张亚楠,等. 不同类型品种棉花上棉蚜适生性及种群动态. 昆虫学报，2007，50(10):1027-1033.

[22] 李世民,沈海龙,刘迪,等. 盛蕾期转基因抗草甘膦棉花对草甘膦的抗性研究. 河南农业科学，2010，10:46-48.

[23] 郦卫弟，吴孔明，陈学新，等. 华北地区转(*Bt*+ *CpTI*)和转 *Bt* 基因棉棉田害虫和

天敌昆虫的群落结构. 农业生物技术学报，2003，11(5):494-499.

[24] 刘亚平，肖远龙，涂祈钧. 抗草甘膦除草剂棉花品系的筛选. 江西棉花，2008,30(6):30-32.

[25] 孟凤霞，沈晋良，周威君，等. 转 *Bt* 基因棉对棉铃虫抗虫性测定方法的研究. 南京农业大学学报，2000，23(1):109-113

[26] 孟胜利. 非洲生物技术大国：南非. 生物技术世界，2007,3:7-13.

[27] 刘全义. 2001—2002 年度美国主要棉花品种. 中国棉花(环球棉讯)，2002,29(2):6.

[28] 牛巧鱼. 美国转基因抗除草剂棉的推广及问题. 中国棉花(环球棉讯)，2000,27(8):48.

[29] 牛巧鱼. 转基因抗草甘膦除草剂棉在美国的试验情况. 中国棉花(环球棉讯)，2000,27(7):28.

[30] 芮昌辉，范贤林，郭三堆. 转 *Bt* 和 *CpTI* 双基因抗虫棉花延缓棉铃虫对 *Bt* 的抗性. 中国植保学会、中国农业科学院植物保护研究所合编，面向 21 世纪的植物保护发展战略. 北京:中国科学技术出版社，2001,508-512.

[31] 沈桂芳，苏宁. 农业高新技术产业化发展趋势. 生物技术通报，2001,1:1-5.

[32] 苏少泉. 草甘膦与抗草甘膦作物. 农药，2008，47(9):632-640.

[33] 苏少泉. 转基因抗除草剂作物品种的现状与展望. 世界农业，1998,8:21- 23.

[34] 万鹏，黄民松，吴孔明，等. 转 *cryIA* 基因棉对棉蚜生长发育及种群动态的影响. 中国农业科学，2003，36(12):1484-1488.

[35] 王保民，李斌，田晓莉. 转 *Bt* 抗虫棉各器官毒蛋白的含量及表达规律. 中国棉花学会第六届代表大会及第十二次学术研讨会. 2001.

[36] 王朝生，董顺文，辜明芳，等. 几组棉花抗虫品系单宁含量分析. 中国棉花，1987，4(2):22-23.

[37] 王琛柱，杨奇华. 棉酚和可水解单宁含量与棉花抗棉铃虫的关系. 北京农业大学学报，1993，19(增刊):67-70.

[38] 王琴芳，薛爱红，黄大昉. 转基因植物产业化现状及发展趋势. 中国农业科技导报，2000，2(2):33-36.

[39] 王淑民. 1999—2000 年度美国转基因棉面积. 中国棉花(环球棉讯)，1999,11(1):26.

[40] 王秀丽，王留明，王家宝，等. 转基因抗草甘膦棉花鉴定方法研究. 山东农业科学，2008,9:79-80.

[41] 夏敬源，崔金杰. 转双价基因抗虫棉主要害虫的抗性观察与防治技术要点. 植保技术与推广，2003,23(2):3-5.

[42] 夏敬源，汪若海、文绍贵，等. 抗虫棉在棉铃虫综合治理中的作用. 中国棉花，1995，22(8):8-11.

[43] 谢道昕，等. 苏云金杆菌杀虫晶体蛋白基因导入棉花获得转基因植株. 中国科学 B 辑，1991,4:4.

[44] 袁小玲，唐灿明，张天真. 转 *Bt*+*CpTI* 双价抗虫棉的遗传稳定性及生育后期对棉铃虫抗性表现. 作物学报，2002，28(2):179-184.

[45] 张继红，王琛柱，郭三堆. 转 *Bt*+*CpTI* 基因棉和转 *Bt* 基因棉对棉铃虫幼虫存活、生长及营养利用的影响. 昆虫学报，2004，47(2):146-151.

[46] 赵志模,郭依泉. 群落生态学原理与方法. 重庆:科学技术文献出版社重庆分社,1990.

[47] Wilson F D, et al. Field performance of cotton genetically-modified to express insecticidal protein from *Bacillus thuringiensis* VI:Maricopa A Z. Proc Belt Cotton Prod Res Con, 1991,187.

[48] Wilson F D, et al. Resistance of cotton lines containing a *Bacillus thuringiensis* toxin to pink bollworm and other insects. Journal of Economic Entomology, 1992, 85(4): 1516-1521.

第6章

棉花分子育种展望

目前，随着新一代测序技术和棉花基因组学研究的发展，分子育种技术必将在棉花育种实践中得到应用和提高。下面将从棉花结构基因组、功能基因组学、棉花全基因组测序和新基因的挖掘与利用等几个方面讨论棉花分子育种的最新进展。

6.1 棉花结构基因组

20 世纪后期，“基因组”的概念被提了出来，这一概念是指一种生物的全套基因和染色体。在 1986 年，“基因组学”的概念被提出，这一概念被提出时，所含范畴较小，主要是指基因组的作图、测序及分析的学科，随后，其范围逐渐扩大，目前主要包括两个分支，一个是结构基因组学，以物种的基因组结构序列为主要研究内容(主要以遗传图谱、物理图谱以及全基因测序及序列分析为主要研究对象)；另一个是功能基因组学在结构基因组学研究获得的大量数据基础上，以基因功能评价为主要研究内容，其主要研究手段是在大规模序列(基因组序列和转录信息)测定的基础上，利用新的实验方法，对基因功能进行评价。

棉花结构基因组研究的主要包括遗传图谱、物理图谱的构建以及全基因测序及序列分析等。其中，遗传图谱构建是棉花结构基因组学的研究重点，不仅为棉花基因组基础研究、棉属的起源进化和基因组结构的研究提供重要基础，而且对重要农艺性状相关 QTL 定位和分子标记辅助选择也有重要意义。

6.1.1 棉花遗传图谱

遗传图谱(genetic maps)又被称为遗传连锁图谱，是结构基因组研究中的一个重要组成部分，通过计算连锁的遗传标记间的重组率确定它们之间的相对距离(cM)，进而得到基因组中不同位点及专一的多态性标记之间相对位置的图谱。

自 20 世纪 80 年代以来，随着新的标记类型的出现和应用，为构建棉花高密度分子遗传图谱提供了可能。目前，棉花遗传图谱构建中应用较多的分子标记主要有 RFLP、SSR、RAPD、AFLP、EST-SSR 和 SRAP 等标记类型，用于棉花遗传连锁图构建的群体主要有 F_2、$F_{2:3}$、BC_1 以及 DH 群体等不同的群体类型。目前，棉花高密度的遗传图谱已被成功地应用于重要农艺和经济性状的 QTL 定位、标记辅助选择等研究（张天真等，2007；李付广，2011）。此外，遗传连锁图谱在棉花的基因组起源于进化、全基因组测序数据的拼接等方面也有重要价值。快速构建高密度、饱和的遗传图谱是进行上述研究的重要基础，遗传图谱应用价值的大小，依赖于标记数量的多少或图谱的饱和度、标记在图谱上定位的准确性，以及标记在图谱上分布的均匀程度等，一张高质量的棉花遗传图谱应当具备标记密度高、位点分布均匀等特点。增加图谱饱和度的根本办法是增加标记的数量，而利用不同类型标记的扩增区域不同的特点，对全基因组进行扫描，可以更有效的增加图谱饱和度，弥补单一标记的不足（张天真等，2007；李付广，2011）。

由于异源四倍体棉种的染色体数目较多、染色体较小、基因组复杂，与水稻、玉米、小麦等重要粮食作物比较，棉花的遗传学和分子生物学研究相对落后，遗传图谱研究开展较晚。棉花第一张分子标记遗传图谱是由 Reinisch 等于 1994 年构建，其群体材料为 Palmeri×K101 的 F_2 群体，共包括 57 个单株，以 RFLP 标记为主，图谱总长为 4 675 cM，含 683 个位点，标记间的平均遗传距离为 7.1 cM，分布在 41 个连锁群上。此后，国际上先后构建了数十张遗传连锁图谱，主要包括 Shappley 等（1998）、Jiang 等（1998）、Ulloa 等（2000）、Jiang 等（2000）、Ulloa 等（2002）、Lacape 等（2003）、Mei 等（2004）、Nguyen 等（2004）、Rong 等（2004）、Lu 等（2008）、Zhang 等（2011）构建的遗传图谱。其中，Rong 等（2004）构建的图谱是目前综合了多种标记、最为完善的棉花遗传连锁图谱。

国内已构建了 10 余张高密度的遗传连锁图谱。其中影响较大的主要有左开井等（2000）、Zhang 等（2002）、Song 等（2005）、Lin 等（2005）、Zhang 等（2005）、Shen 等（2007）、He 等（2007）、Guo 等（2007）、Ma 等（2008）、Yu 等（2007）、Wang 等（2008）、Lin 等（2008）、Zhang 等（2008）构建的遗传图谱。Yu 等（2007）构建的遗传连锁图谱较为完善，全长 4 536.7 cM，包含有 1 252 个标记。

Reinisch 等（1994）利用陆地棉野生种系 Palmeri 与海岛棉 K101 的 F_2 群体 57 个单株进行 705 个多态性的 RFLPs 标记分析，构建了棉花第一张 RFLP 图谱。Ulloa 和 Meredith 等（2000）利用陆地棉岱字棉 MD5678ne 和海岛棉 Prema 的 F_2 群体，进行 RFLP 分析，构建了含 81 个标记位点，17 个连锁群的分子标记连锁图，标记间平均图距是 8.7 cM，连锁图谱总长 700.7 cM，覆盖基因组 15%左右。2002 年，第一张以 PCR 为基础的遗传图谱被构建出来（Zhang et al，2002），利用 TM-1×Hai7124 杂交后代所产生的 58 个单倍体及其双倍体，利用 SSR 和 RAPD 两种标记，构建一张含有 43 个连锁群，489 个标记，覆盖 3 314.5 cM 的遗传距离，平均的标记间距为 6.78 cM。2004 年，Rong 在 Reinisch 等工作的基础上，发表了当时密度最高的一张四倍体栽培棉种遗传图谱，该图谱标记以 RFLP 为主，共包含 2 584 个位点，覆盖了 4 447.9 cM 的遗传距离，标记间的平均遗传距离为 1.72 cM，分布在 26 个连锁群上，约 774 kb 物理距离上有 1 个分子标记。2008 年，南京农业大学发表了一张遗传图谱（Guo et al；2008），该图谱包含大量功能标记标记，图谱包含 2 247 个位点，覆盖了 3 540.4 cM 的遗传距离，标记间的平均遗传距离为 1.58 cM，全部分布于 26 个连锁群上（Song et al，2005；Han et al,2004,2006;Guo et al,2007,2008)。

Yu 等(2007)以陆地棉中棉所 36 为母本,海岛棉品种海 7124 为父本配置杂交组合,F_1 自交后代的 222 个 F_2 单株(永久 F_2 群体)的宿根活体长期保存于海南三亚中国农业科学院棉花研究所野生棉种植园,选取其中的 186 个 F_2 单株作为作图群体。他们利用不同类型的分子标记对两个作图亲本进行多态性筛选,共得到 1 250 个分子标记,包括 198 个 TRAPs、758 个 SSRs、143 个 AFLPs 和 151 个 SRAPs 标记。他们利用 Map Maker/EXP 3.0 对所得到的 1 252 个标记进行连锁分析,最终有 1 097 个标记进入 35 个连锁群,包括 697 个 SSR、171 个 TRAP、SRAP 129 个、98 个 AFLP 和 2 个形态标记。该图谱总长 4 536.8 cM,标记间平均距离4.1 cM。根据锚定或公共的 SSR 标记确定连锁群,最后确定了和 26 条染色体对应的大连锁群和 4 个未知的小连锁群。每个连锁群的长度在 3.5～235.1 cM,标记位点个数为 2～63 个不等,标记间平均距离为 1.8～11.9 cM。其中最长的连锁群染色体 9,长度为 235.1 cM,含有 56 个标记。染色体 A 亚组有 590 个标记,遗传距离 2 215.2 cM,平均距离 3.8 cM;D 染色体亚组有 490 个标记,共 2 203 cM,标记间平均距离 4.1 cM。其中,45 个 SSR 重复位点建立了异源四倍体棉花 13 对同源染色体中的 11 对同源关系。中国农业科学院棉花研究所袁有禄等以中棉所 36×海 1 的 BC_1F_1 群体,构建了包含 2 280 个 SSR 标记位点的分子连锁图谱,分布于 26 个染色体,覆盖 5 088.3,平均标记间距 2.23 cM,标记位点最多的染色体 Chr19 含有 154 个标记,位点最少的 Chr04 有 40 个,较少的还有 Chr02 和 Chr01,与 Yu、Guo 等的结果基本一致。位于 D 亚组的标记位点为 1 225 个,多于 A 亚组的标记位点 1 016 个,和 Yu、Guo 结果一致。和上述图谱相比较,袁有禄等的图距最长,标记间距最大。覆盖图距最长 Chr21 是 304.73 cM,最短的 Chr06 是 90.75 cM。D 亚组比 A 亚组稍长,Chr3 长于 Chr17。标记间平均距离从 Chr21 的 3.39 cM 最大,到 Chr6 的 1.35 cM 最小不等。

棉花异源四倍体种间遗传图谱因其所用亲本具有较远的亲缘关系,容易获得覆盖全基因组的多态位点,其图谱在全基因组结构研究中具有重要意义。如果要对栽培种——陆地棉的重要农艺和经济性状进行精细定位并用于分子辅助选择聚合育种,则需要构建覆盖陆地棉全基因组的遗传图谱。迄今为止,已构建了多张陆地棉遗传图谱(Shen et al,2005;Ulloa et al,2000,2005;Zhang et al,2005)。由于陆地棉遗传基础较为狭窄、标记的多态性低、直接导致陆地棉遗传图谱的构建工作远远滞后于高密度的陆海种间遗传图谱。

Shappley 等(1996,1998)利用陆地棉×陆地棉群体,用 138 个多态性 RFLP 标记位点构建了总长为 865 cM、含 120 个 RFLP 位点、分布于 31 个连锁群、平均标记间距为 7.2 cM、有 18 个标记独立、覆盖基因组 18.6%左右的连锁图。2000 年,左开井等发表了一张利用泗棉 3 号与鄂荆 1 号杂交 $152F_2$ 单株群体,构建的 67 个多态性位点的图谱,图谱长度为 1 337.4 cM,覆盖了棉花基因组的 26.75%,这是国内首次运用多种标记构建的 DNA 分子标记连锁图谱。He 等(2005)利用邯郸 208 与 Pima90 杂交构建的 F_2 群体,利用 SSR、SRAP、RAPD 标记,得到了总长度为 5 148.8 cM,平均间距为 9.8 cM 的遗传图谱。在 2008 年,Qin 等(2008)公开发表的一张陆地棉种遗传图,标记类型包括 SRAP、SSR、RAPD 及 RGAP 标记等,共包含 506 个位点,覆盖了 3 070.2 cM 的遗传距离。

利用标记的线性关系,将不同图谱整合成一张图谱也有报道,Ulloa 等(2002)报道了一张整合图谱,该研究组将四张 RFLP 图谱整合为一张遗传图谱。整合后的图谱包含 284 个位点,覆盖了 1 502.6 cM 的遗传距离,标记间平均遗传距离为 5.3 cM,分布在 47 个连锁群上。蔡彩平等将其实验室的18个陆地棉图谱进行整合，得到了一张高密度的陆地棉种内遗传图谱，该图谱包含67个连锁群，694个位点，覆盖了3 552.8 cM的遗传距离，标记间的平均遗传距离为5.12 cM，并将67个连锁群全部定位到相应的26条染色体上，几乎覆盖了整个四倍体棉种基因组(蔡彩平，2009)。2006年，Frelichowski等(2006)利用TM-1×3-79的RIL群体，构建了包含433个位点，覆盖了2 126.3 cM的遗传距离，标记间的平均遗传距离为4.91 cM，分布在46个连锁群。

与四倍体棉种比较，二倍体棉种遗传图谱研究开展较少。目前A基因组遗传图谱主要有两张：2006年，Desai等利用草棉和亚洲棉群体，利用RFLP标记构建了一张包含275个位点、覆盖1 147 cM的图谱；2007年，马雪霞等利用我国亚洲棉栽培品种江陵中棉和浙江萧山绿树(亚洲棉)构建了一个包含189个单株的F_2作图群体，将267个位点构建到13个连锁群上，图谱总长2 508.71 cM，标记间平均遗传距离为9.4 cM。并通过与海陆种间遗传连锁图比较，对A基因组与AD组的染色体进化进行了初步分析，结果初步表明在A染色体不同种间存在相互易位，但是A组和D组的染色体大部分存在共线性关系，四倍体(AD组)染色体可能与二倍体之间存在两个相互易位。

2004年，Rong等发表了D组的遗传图谱，以Brubaker等(1999)曾经所用的D染色体组的棉种*G. trilobum*与*G. raimondii*杂交产生的62个F_2单株为材料，修订了Brubake等(1999)构建的D染色体标记连锁图谱，该图谱更新后含763个标记位点、13个连锁群、长1 493.3 cM、平均间距为1.96 cM。

Zhang等(2005)利用陆地棉品种间杂交(渝棉1号×T586)F_2群体，构建的遗传连锁图，包括28个连锁群和173个标记位点(159个SSR、11个AFLP和3个形态标记)，覆盖1 360 cM，约占棉花基因组的30.6%、标记间的平均距离为7.9 cM。

孔凡金等利用鲁棉研28号×新陆早24号F_2群体(238个单株)得到了238个多态性标记位点，构建了一张包括44个连锁群、总长为1 509.38 cM的遗传连锁图谱，标记间平均距离为8.16 cM，覆盖陆地棉总基因组的33.91%。

Sun等(2012)以优质陆地棉品系0-153和中棉所41选系sGK9708为亲本杂交，通过$F_{2:8}$的单株选择，构建了一套含有196个系的陆地棉$F_{6:8}$重组自交系群体，利用400个SSR标记构建了一个包括54个连锁群、总长1 260.68 cM，约占总基因组的28.33%，标记间的平均距离为3.15 cM的棉花种内遗传连锁图谱。

虽然二倍体和四倍体棉种已经构建了一系列的图谱，但仍存在具有实用价值的标记少、陆地棉品种间连锁图谱密度低、分布不均一，多环境、多世代、多遗传背景稳定的QTL少等问题。今后棉花分子标记研究的趋势是以基因组数据为基础，开发新的、稳定的SSR和SNP标记等新型标记，以及其他适于育种应用的分子标记；同时，利用已克隆的棉花重要功能基因序列，开发功能标记；并利用开发的分子标记，加密陆地棉种内分子标记遗传图谱，对陆地棉纤维品质、产量、抗病等性状的基因/QTL进行定位；并利用关联分析、多环境检测等方法进一步明确已获得的重要目标性状QTL的数目、位置及效应，明确QTL与QTL间、QTL与环境间的互作，QTL的一因多效性等。这些对于研究棉属不同染色体组和同源染色体之间的演化关系，揭示异源多倍体起源与进化，探讨棉花重要农艺性状所对应的基因组织结构、基因结构与功能的关系对重要农艺性状的影响等，进而为棉花分子标记辅助选择奠定基础，加速棉花育种进程，对于棉花遗传改良具有十分重要的意义。

6.1.2 棉花物理图谱

基因组高覆盖率的 BAC 文库是构建物理图的基础。与水稻、拟南芥等重要模式植物比较，棉花物理图谱的研究报道较少。目前，在陆地棉、海岛棉、草棉及雷蒙德氏棉等棉种均有 BAC 文库构建的报道。已经构建 BAC 克隆文库的棉花品种主要是 TM-1，海岛棉主要是 Pima90-53（Yin et al，2004；王省芬等，2006；郑拥民等，2006；Xu et al，2008）。在雷蒙德氏棉中，BAC 文库容量覆盖 10 倍基因组，并已经构建好 BAC 文库的指纹图谱（Lin et al，2010）。现在，陆地棉 TM-1 的 BAC 文库也被用来整合遗传连锁图和物理图（Yin et al，2004；王省芬等，2006；郑拥民等，2006，Xu et al，2008）。棉花高容量 BAC 文库的构建不仅对于测序工作非常重要，在其他方面也发挥了巨大的作用（Xu et al，2008）。

目前，国内从事棉花 BAC 文库构建的单位主要有南京农业大学和河北农业大学（Yin et al，2004；王省芬等，2006；郑拥民等，2006）。其中，南京农业大学构建了陆地棉和亚洲棉的 BAC 文库，利用棉花哈克尼西棉胞质雄性不育的恢复系 0-613-2R 为材料，构建了陆地棉恢复系的 BAC 文库，共包括 97 825 个单克隆，插入片段平均为 130 kb，大小范围从 80 kb 到 275 kb，其中，95.7%的片段大于 100 kb。按棉花基因组大小为 2 250 Mb 来算，此文库相当于 5.7 倍棉花基因组大小，并在此基础上将一个陆地棉的雄性不育恢复基因初步定位两个克隆之间约 100 kb 左右的区段上（殷剑美，2005）。Wang 等（2006，2007）利用 BAC-FISH 技术将遗传连锁群与染色体的遗传序号对应起来。河北农业大学以优质抗病海岛棉品种 Pima90-53 为材料，构建了海岛棉的 BAC 文库，共包含有 77 568 个克隆，其平均片段大小介于 50～260 kb，平均插入片段为 130 kb，94%的插入片段在 100 kb 以上，空载率小于 4%（王文生，2006；王省芬等，2006）；该基因组文库中叶绿体基因的污染率低于 0.2%，覆盖海岛棉基因组的 7.2 倍。在此文库的基础上，得到了一套可以识别二倍体 D 组染色体的特异 BAC 探针（陈丹，2009）。

在物理图谱构建研究方面，2008 年，Xu 等在已经构建的 BAC 文库的基础上（BamHI 文库，包含 76 800 个克隆，平均插入大小为 130 kb；Hind Ⅲ BAC 文库，包含 76 800 个克隆，平均插入大小 152 kb；Maxxa 文库，包含 129 024 个克隆，平均插入片段大 37 kb），完成了陆地棉 12 和 26 染色体的精确物理图谱，分别将 220 个和 115 个重叠群定位在这两条染色体上（Xu et al，2008）。2010 年，Lin 等在全世界首先完成了二倍体棉种雷蒙德氏棉（D 染色体组）全基因组序列的物理图谱，该图谱在雷蒙德氏棉 BAC 文库的基础上构建（该文库包含 92 160 个克隆，插入片段平均大小为 100 kb），其中，4 032 个克隆经过末端测序后发现与叶绿体基因组具有同源关系。利用指纹图谱分析发现，共有 9 290 重叠群和 26 716 个单一序列。利用 Overgo 探针杂交的方法，共应用 2 828 个探针和 13 662 个 BAC 末端序列，将 1 585 个重叠群锚定在棉花分子遗传图谱上（Lin et al，2010）。

6.2 棉花功能基因组学

功能基因组学(functional genomics),又被称为后基因组学(post genomics),它在结构基因学的基础上,通过在基因组数据或系统水平上全面分析某一物种或者组织基因的功能,从多个基因或蛋白质同时进行系统的研究。功能基因学的发展,是在得到静态基因组序列后,对基因组上表达信息的动态生物学功能学研究,其主要研究内容包括重要基因功能挖掘、基因功能及表达分析等。

6.2.1 棉花功能基因组学研究的遗传材料

突变体是从物种野生型的一个或者某些基因突变,导致基因功能丧失或者改变后,导致了表型变化,并经过特点选择而来的纯合的系,与野生型相比,因它们具有相同的遗传背景,作为近等基因系,在功能基因组学研究中发挥着重要的作用,是功能基因组学研究的重要原始材料。同时,因某些突变体具备突出的性状,在遗传育种和生理生化研究中,这些突变体也具有重要的应用价值。棉花突变体主要包括纤维发育突变体、株高突变体(矮化突变体)、腺体(低酚)突变体及其他类型的突变体(抗除草剂、芽黄)等。

目前,纤维发育突变体已经被广泛地应用于棉花纤维发育的功能基因组研究。棉纤维突变体是相对于野生型纤维而言的,指纤维(包括短绒)性状上发生变异的个体,是研究纤维分化和发育的理想材料,研究中应用的突变体类型包括无短绒有纤维突变体即光籽、无纤维无短绒的无絮突变体、纤维极端缩短的短纤维有短绒的 *Ligon-lintless* 棉以及棉纤维颜色突变体等。

目前,在二倍体和四倍体棉花中,均分离到了纤维发育突变体。在二倍体棉花中,中国农业科学院棉花研究所种质资源研究室在亚洲棉 DPL971 中选育出来了纤维发育突变体品系 DPL972,该突变体具备无绒有絮的表型,二者除在短绒的发育上存在着明显的差异外,在植物学形态特征上几乎没有差别(Wang et al,2009;赵国红等,2010)。并利用芯片和蛋白组学对其分子机制进行了研究。在四倍体陆地棉中,也选育出了大量的纤维发育突变体,其中无绒无絮突变体(起始突变)和短绒突变体(伸长突变)。Yu 等(2002)在田间发现一个陆地棉徐州 142 突变体 *fl*。该突变体种皮基本上是光滑的,只在胚珠合点处有少量短纤维着生。除此之外,突变体的其他性状与野生型相同。自此,*fl* 突变体被广泛用于分离识别纤维优势表达基因。无绒无絮突变体以从徐州 142 中发现的徐州 142 无绒无絮突变体(XZ142w)最为典型,被广泛应用到棉花纤维发育分子机制中,徐州 142 除了种子无短绒无纤维外,突变体 XZ142w 在表型上与野生型徐州 142(简称 XZ142)没有区别,遗传分析表明 XZ142w 突变体是产生于 XZ142 的一个隐性突变基因控制(Zhang et al;于晓红等)。无长绒突变体 *Ligon-lintless*(*lil*)是一种显性突变体,该突变影响了植物发育的很多方面,包括茎秆扭曲、叶片卷曲和种子表皮没有长绒等。该突变体是在 20 世纪 30 年代发现并命名的棉纤维变短的突变系,*lil* 突变体的茎叶扭曲的表型与拟南芥极生长素性运输突变体很接近。研究发现 *lil* 突变体中,生长素的极性运输也受到了抑制,该突变体表型如下:在自然条件下突变体纤维细胞突起与标准系相同,均在开花当天开始有纤维突起,在开花后 3 d,纤维伸长开始滞后于野生型,伸长速度缓慢,开花后 15～20 d 停止伸长，纤维最终长度为 6.0 mm，只有其野生型纤维长度的 21.6%。目前，无长绒突变体 *li1* 的突变位点已经被定位于棉花 22 号染色图上分别距离 Gate4CA09 2.7 cM 和 Coau1J04 1.3 cM 的位点(Rong et al，2005)。

目前报道的棉花矮化突变突变体包括：1918 年，Harland 在海岛棉中发现一种"矮皱突变体"(*crinkled dwarf*)，该突变植株个体比正常植株小得多，而且矮化与皱缩 2 个性状同时表达，植株生长缓慢，开花结铃数少，遗传研究表明，该突变性状是受 1 对完全隐性基因控制。1937 年 Hutchinson 等在陆地棉中也发现了"矮皱突变体"(*crinkled dwarf*)，该突变体在幼苗期生长正常，矮皱特征是从第 4 片或第 5 片真叶开始，叶片发育异常，变得皱小、生长缓慢，植株极少开花结铃，单株产量低，遗传研究表明，该突变性状也受 1 对完全隐性基因控制。1942 年 McMichae 在陆地棉 Acala 中发现 1 种矮红株突变，该突变体的"矮皱与红叶"(*dwarf-red*)两性状同时存在，表现为 1 个整体复合性状，遗传研究显示它受 1 对不完全显性基因控制。1996 年，何鉴星等在陆地棉科遗 2 号×中棉(*G. arboretum* L.)的种间杂交衍生后代群体中分离出一株矮秆小叶突变体，育成了矮早 1 号，遗传分析显示其矮化特性是由两对隐形基因控制，控制株高的两对基因间表现重叠作用。1998 年，中国农业科学院棉花研究所杜雄明研究员等在一个陆地棉与野生棉的杂交群体中，发现一株矮化突变体，经自交纯化，得到矮化突变体"AS98"(张超，2006)。2004 年，陈旭升等在陆地棉 C119-2 分离群体中发现 1 种矮秆突变体，该突变体的子叶与真叶卷缩并极度矮化，若不进行人工喷外源 GA_3 处理，该突变单株不能开花、结铃，但通过外源 GA_3 处理，可以正常开花结铃，研究分析显示该性状是受一对完全隐性基因控制的质量性状。

棉酚发育突变体包括：Afifi 等人通过同位素磷 32 辐射诱变海岛棉(*G. barbadence* L.)，获得一个无腺体突变体，命名为"Bahtim110"，遗传研究结果表明，该性状受到一对显性主基因控制，并命名为 *Gl2e*，它可以有效抑制棉酚腺体的形成。唐灿明等人对海 1 的遗传分析表明，其无腺体性状也是由 *Gl2e* 控制的。这些突变体为低酚棉育种提供了新的种质，低酚性状与由 *gl2gl3* 隐性基因控制的无腺体性状相比，不易发生天然杂交而导致品种混杂，并可通过回交等方法将其转育到综合农艺性状的陆地棉中，从而大大加快育种进程。由该基因控制的无腺体性状还可作为一个优良的指示性状，应用于棉花杂种优势的研究(袁有禄等，1997)。

除上述突变体类型外，棉花突变体的报道还包括抗除草剂、芽黄等类型。宋美珍等(2011)从"实践卫星"八号搭载的早熟短季棉品种中棉所 58 航天诱变 SP0 中筛选到一株稳定遗传的芽黄突变体，经过多代连续自交，获得芽黄性状稳定遗传且不同于国家棉花种质资源中期库 17 份已有芽黄材料的芽黄突变体——中棉所 58*Vsp*，该芽黄性状受一对隐性核基因控制，其抗氧化系统酶活性、色素含量、叶绿素合成前体物质及叶绿体的超微结构均受到一定的影响。

6.2.2　功能基因组学的主要研究手段

目前，棉花功能基因组学的研究已经从单个基因的表达和变化，逐步发展到了在进行不同环境、不同组织和不同发育条件下棉花全基因组表达谱和转录组研究水平，并在棉花纤维细胞发育、体细胞胚胎发生、花发育、抗盐等的研究中取得了重要的进展。大规模、高通量的基因表达分析技术的快速发展揭开了棉花生物学研究的新篇章，不同条件下的棉花全基因组的基因表达分析成为了棉花功能基因组学新的切入点，其研究的策略主要有两种：第一是利用测序技术分析某一组织或者某一特定发育阶段样品中基因的表达情况，得到该阶段样品中全基因组水平的基因表达序列信息，并结合生物信息学的手段对基因的功能进行分析；第二种是利用第一种策略得到了的大量生物信息资源，通过人工合成、PCR扩增等方法，将目的基因序列结合在一定介质上，之后将不同的组织或者发育阶段的RNA样品通过标记后，利用杂交并检测杂交信号的方法分析各种探针对应的基因的表达情况。

6.2.2.1 cDNA文库构建和大规模EST测序

cDNA文库是指构建文库时重组DNA片段来源于mRNA反转录的cDNA序列。以mRNA为模板，经反转录酶催化，在体外反转录成cDNA，与适当的载体（常用噬菌体或质粒载体）连接后转化受体菌，则每个细菌都含有一段cDNA，并能繁殖扩增，目前，国内外的实验室已经利用陆地棉、海岛棉、亚洲棉、雷蒙德氏棉等不同棉种的胚珠、纤维、愈伤组织、叶片、根系等不同组组织cDNA文库。

EST是指从cDNA文库中随机挑取克隆进行测序所获得的部分cDNA的5′或3′端短序列（300～500 bp），用EST技术来进行基因组研究的思想，由美国科学家Venter等在人类基因组计划开始时提出的（Adams et al，1991），EST可以部分反映植物基因组的编码部分，可以直接获得基因表达的信息，多快好省地获得部分基因的表达情况。截止到2013年3月20日，棉属中EST记录总数为467 716条，其中陆地棉为297 522条，雷蒙德氏棉为63 577条、海岛棉为39 115条，亚洲棉为64 087条，其他棉种研究则相对较少。

在国际上，棉花EST数据主要由美国和澳大利亚的科学家提交。2004年，美国USDavis的Wilkins实验室通过测定亚洲棉花后10 d和花后24 d的纤维cDNA文库，共得到了46 603条来自亚洲棉不同发育时期的EST，并预测棉属A基因组棉花基因数量为35 000～40 000个（Arpat et al，2004）。2006年，Iowa州立大学的Wendel实验室的研究报道通过PAVE（Assembling and Viewing ESTs）序列组装分析，综合了当时全球主要棉花cDNA序列资源（185 000条，来自不同棉花亚种及组织的EST序列），共得到了33 665条棉花独立基因（Udall et al，2006），其中，包括两个雷蒙德氏棉的cDNA文库信息，一个来自幼苗（一片真叶），另一个来自开花正负3 d的胚珠，分别有33 671和35 061条EST。澳大利亚澳CSIRO Plant Industry科学家分别从不同的纤维细胞中分离、测序了总数超过10万条棉花EST（Wu et al，2006）。

在国家973、863、国家自然基金等项目的支持下，我国在棉纤维发生发育的分子机制研究等方面处于世界领先地位，并积累了一大批cDNA文库和EST序列等资源。北京大学朱玉贤领导的研究组以徐州142纤维为材料，以Uni-ZAP XR为载体，成功构建了陆地棉纤维5～10DPA的cDNA文库，并从中随机挑选36 000个克隆进行测序，共获得29 992条EST序列（平均长度为500 bp以上），将这些序列进行拼接后共获得12 233个独立的EST序列，其中，4 648个重叠群（contig）和7 585条单条序列（singleton）（Shi，et al，2006）。上海植物生理与生态研究所陈晓亚研究组以徐州142开花前3 d到开花后5 d的胚珠和开花后5～25 d的纤维，分别构建了棉花的cDNA文库并进行了测序，其信息覆盖了从纤维细胞起始到次生壁合成的各阶段。通过大规模测序，得到了约8 150个EST（Gou et al，2007）。中国农业科学院棉花研究所喻树迅研究组以中棉所36为材料，构建了棉花的花器官发育的均一化全长cDNA文库，库容为1.7×10^6 pfu，重组率为100%，插入片段500～3 000 bp。从中棉所36 cDNA文库挑取了约25 000个克隆，经过3′端测序、去载体后，共得到高质量EST序列22 915条，利用Phrap软件进行拼接和组装后，共得到Singlets 9 810条(68.3%)，Contigs 4 563条(31.7%)，其中组装成Contigs的EST共有13 015条，总共得到Unigenes 14 373条(Lai et al,2011)。

6.2.2.2 基因芯片技术

基因芯片技术是20世纪90年代发展起来的一项前沿的生物技术，它从根本上改变了生理学和生物技术的观念和效率，对基因组学和后基因组学的研究产生了显著的影响(Schena et al,1995)。芯片技术具有高通量、高效率的特点，能够快速地在基因组水平上研究基因地表达和变化。基因芯片的出现加速了生命科学的研究进程，为生命科学相关领域发展提供了强大动力。目前，基因芯片在疾病、基因功能、药物、遗传筛查和诊断等领域得到了广泛应用并取得了较好的效果(Marton et al,1998；Winzeler et al,1998；Ryu and Nam,2000；Lee et al,2004；Gutsche et al,2009；Trask et al,2009)。

基因芯片(gene chips)，又称DNA微阵列(DNA microarrays)，其基本原理是将大量的基因探针或基因片段固定在硅片、玻璃、塑料等固相载体上，通过固定化处理后，以类似Northern杂交的方法将芯片与待研究的样品(荧光染料标记Cy3和Cy5)进行杂交，借助高通量激光扫描仪检测荧光信号，软件分析获得基因表达的大量信息。芯片具有高通量、高灵敏、高效率、平行化等优点，是基因表达分析的强有力工具(Marton et al,1998；Winzeler et al,1998；Ryu and Nam,2000；Lee et al,2004；Gutsche et al,2009；Trask et al,2009)。

基因芯片的构建方法大致可分为两类：一种是将所需用的核酸片段直接在载体上原位合成；另一种是交联后合成是将预先制备好的探针以大致相当的浓度，按一定的排列方式利用手工或自动点样装置点样在特定的固相支持物上。

靶样品的制备是基因芯片实验流程中的一个重要环节。从待测样品中提取RNA后，经过体外反转录、PCR扩增、标记，构成与微阵列探针杂交的靶标分子。近年来随着多通道扫描技术出现，常采用双色荧光(Cy3-dNTP和Cy5-dNTP)标记靶探针。

芯片杂交，即将标记的待测样品与芯片是的探针进行杂交，产生检测信号。杂交原理类似于Northern blotting，反应条件根据探针的长度、探针浓度及芯片类型有所不同。

杂交反应完成后，利用芯片扫描仪获取每个反应点荧光信号，借助相关软件将荧光信号转换成数字信号。根据信号强度和图像质量对基因进行标记，删除荧光信号弱的基因以及对照、内标、外标等冗余数据后，进行数据标准化，统计分析，得到基因表达谱(Marton et al,1998；Winzeler et al,1998；Ryu and Nam,2000；Lee et al,2004；Gutsche et al,2009；Trask et al,2009)。

近年来，基因芯片技术已广泛应用于棉花纤维发育过程中基因表达变化分析。Arpat等(2004)运用亚洲棉(*G. arboretum* L.)7～10 DPA纤维cDNA文库测序所得46 603条ESTs序列设计了包括14 000个基因的寡聚核苷酸芯片。并分析发现在初生壁向次生壁生成转化合成阶段有2 553个基因下调表达而只有81个基因上调表达，这些上调表达的基因都与细胞壁的合成和能量代谢相关。

基因芯片技术同样被应用于陆地棉纤维突变体研究中。朱玉贤等(2004)通过cDNA芯片在陆地棉徐州142开花后10 d的纤维组织和其无长绒的突变体开花后10 d的胚珠中发现属于 E6、LTP、PRP、Expansin 家族的基因在两种组织中存在显著差异。进而对差异表达基因筛选并研究后发现乙烯在棉纤维的伸长中具有重要作用(Shi et al,2006)。随后,Gou 等用 cDNA 微阵列对陆地棉徐州 142 的(－3～24 DPA)表达谱和代谢谱分析,找到 633 个基因在棉纤维不同发育时期差异表达。研究表明与生长素、细胞壁松弛、脂代谢相关基因在纤维伸长期高表达;而在次生壁合成期与纤维素合成基因高表达,其他代谢有关基因下调表达(Gou et al,2007)。

Chaudhary 等(2008)将基因芯片用于研究海岛棉野生种和栽培种见纤维发育中的差异表达基因。其用含有 42 429 个 unigenes 的芯片对海岛棉野生种(K101)和栽培种(Pima S-7)进行纤维基因差异表达整体分析,找到约 4 200 个差异表达基因。其研究表明,驯化作用会增强细胞对氧化还原水平的调节,从而避免或延迟应激反应;在棉纤维延伸过程中,信号转导和植物激素基因在栽培种中上调表达,细胞壁成熟相关基因下调表达。2008 年,Hovav 等(2008)用陆地棉 TM-1 纤维(2DDA25 DPA)的 RNA,与含有 13 178 个 EST 序列的寡核苷酸芯片杂交,与对照相比,有 6 802 个基因在一个或多个时期中上调表达,有 4 714 个基因下调表达。这些上调表达的基因被分为 7 类,其中与囊泡的形成和运输有关的基因在棉纤维发育的整个时期中都超量表达。

Al-Ghazi 等(2009)利用基因芯片的方法比较了陆地棉和海岛棉纤维发育阶段基因表达差异,结果显示最显著的基因表达差异在纤维发育的早期,而在次生壁加厚阶段基因表达几乎是一致的,表明这两个种间纤维结构的差异可能在发育的早期决定(Al-Ghazi et al,2009)。Chaudhary 等(2008)对现代驯化的栽培海岛棉和其野生种基因表达的差异研究显示:一系列不同的代谢通路和网络参与了海岛棉种皮毛的进化。由于调控生长的细胞内氧化还原平衡能力的增强而避免或推迟了胁迫反应,从而导致海岛棉纤维延长,其他一些参与激素信号通路也对纤维的延长有作用,此外,一些细胞壁发育相关基因(如纤维素成合成酶和类果胶甲酯酶)表达下调,而这些细胞壁成熟基因在野生型棉花生长阶段高量表达(Chaudhary et al,2008)。Yuan 等(2011)的研究显示在海岛棉纤维起始 cDNA 库中,12.5%的基因编码转录因子,而陆地棉中只有约 10%的基因编码转录因子,多出的转录因子可能提升了海岛棉对细胞内氧化还原水平的调节,避免或推迟了胁迫过程,而延长了纤维伸长期(Yuan et al,2011)。Gou 等(2007)结合基因芯片和代谢产物分析显示生长素信号传导途径、细胞壁松弛以及脂代谢在纤维延伸阶段非常活跃,而在次生壁合成阶段纤维素合成占优势,许多其他的代谢途径表达下调,每个阶段的纤维有其自己独特的转录组。参与次生代谢、脂肪酸、碳水化合物代谢的基因在纤维发育阶段显示显著变化。大量差异表达的代谢基因在相应的代谢产物的变化上反映出来,与基因表达谱相比,代谢组变化显示一个大约 3 d 的延迟(Gou et al,2007)。

次生代谢(Al-Ghazi et al,2009)、细胞骨架系统(Wang et al,2009;Wang et al,2010b)、氧化还原相关基因(Chaudhary et al,2009)、果胶裂解酶(Wang et al,2010)等一大批可能影响棉花纤维发育的基因被筛选出来,其具体的功能和作用机制还有待进一步研究。然而,随着基因芯片、高通量测序等现代分子生物学技术的迅速发展,与棉纤维发育相关的基因被鉴定出来(Wang et al,2010),各种调控机制逐渐得到阐明,这些都将有利于育种家有目的调控棉纤维的发育过程,从而利用分子标记辅助培育出优质棉花纤维新种质。

6.2.3 新一代测序技术在棉花转录组学研究中的应用

转录组是指在一个生物体中所有基因表达后产物的总和。目前，在棉花转录组数据获得和分析的方法主要有基于杂交技术的芯片（gene chip 或 microarray）技术，基于序列分析的基因表达系列分析（serial analysis of gene expression，SAGE）（缑金营，2006）、大规模 EST 测序和大规模平行信号测序系统（massively parallel signature sequencing，MPSS）等。随着 DNA 测序技术的发展，下一代测序技术以其高通量、低成本的特点，已经被越来越多的生物学研究者所选用，并在棉花转录组研究中得到了应用（祁云霞等，2011）。与传统 Sanger 法测序比较，主要特点是测序通量高，测序时间和成本显著下降。目前，以 Roche 公司推出的 454 测序技术、Illumina 公司的 Solexa 测序技术和 ABI 公司推出的 SOLid 测序技术为代表等。其中，最早实现商业化运营的是 454 测序系统。把上述高通量测序技术应用到由 mRNA 逆转录生成的 cDNA 上，从而获得来自不同基因的 mRNA 片段在特定样本中的含量，这就是 mRNA 测序或 mRNA-Seq，同样原理，各种类型的转录本都可以用深度测序技术进行高通量检测，统称作 RNA-Seq（Wang et al，2009）。与传统技术比价，RNA-Seq 技术具备以下特点：①数字化信号，可以直接测定每个转录本片段序列，单核苷酸分辨率的精确度，可以检测单个碱基差异、基因家族中相似基因以及可变剪接造成的不同转录本的表达；②高灵敏度，能够检测到细胞中少至几个拷贝的稀有转录本；③任意物种的全基因组分析，无需预先设计特异性探针，能够直接对任何物种进行转录组分析（Wilhelm et al，2008；祁云霞等，2011）等特点，已经在棉花基因发掘得到了应用，例如，王刚应用 Solexa 技术测定了棉花在幼苗盐胁迫条件下转录组变化（2011），王丹应用 Solexa 技术研究了棉花叶片衰老过程中叶片的转录组变化（2011）。Wang 等（2010）运用 Solexa 基因组分析平台对徐州 142 棉花和其无毛突变体纤维起始期和延伸期两个时期转录组的高通量 Tag-seq 分析表明，20 个显示最大差异表达的基因属于纤维素合酶，磷酸酶和脱氢酶，所有这些基因都参与纤维细胞发育。对棉花纤维转录组的分析预测在纤维发育早期和延伸期分别大约 37 000～45 000 个基因，显示了纤维早期发育转录调节高度的复杂性。他们的研究结果也显示与之前的研究识别的一些在纤维中表达的基因的不一致性（Wang et al，2010）。

6.2.4 棉花蛋白组学研究进展

蛋白质组（proteome）是由 Marc Wikins 等学者在 1996 年提出的一个新概念，主要指“一个细胞或一个组织基因组（genome）表达的全部蛋白质”，即生物个体、器官、组织、细胞乃至体液等在特定的环境条件下，特定的时期的全部蛋白质的表达谱。而蛋白质组学（proteomics）则是主要研究一个组织或者细胞在特定条件或者特定时间内蛋白质表达情况，是大规模水平上研究蛋白质的总体特征，包括蛋白质表达水平，翻译后修饰，蛋白和蛋白相互作用等，由此获得蛋白质水平上关于疾病发生，细胞代谢等生物过程整体而全面的认识（万晶宏等，1999；何大澄等，2002）。从某种意义上讲，蛋白质组来源于基因组，因不同发育时期和环境条件蛋白编码基因的表达的变化较大，加上基因存在可变剪切、翻译后修饰、蛋白和蛋白相互作用等因素，其表达的蛋白质种类和数量也随发育时间和环境条件的变化而处于动态的变化中。因此，根据研究的目标和内容，目前，蛋白组学可以分为表达蛋白质组学和结构蛋白质组学两个主要分支（何大澄等，2002；郭春燕等，2010）。

表达蛋白质组学主要是研究特定细胞或组织在不同条件的蛋白质表达和功能及其表达谱，是目前蛋白质组学的研究在这方面开展得最为广泛，其运用技术主要依赖双相电泳（two-dimensional gel electrophoresis，2-DE）技术以及图像分析系统，其基本的原理是蛋白质分子质量大小和等电点的不同，由于蛋白质发生修饰后其电泳特性将发生改变，这些技术可以直接测定蛋白质的含量，并有助于发现蛋白质翻译后的修饰，如糖基化和磷酸化等（何大澄，2002；郭春燕，2010；甄艳，2011）。在双相电泳分离差异表达蛋白质的基础上，利用质谱对蛋白质逐一进行鉴定。可以实现蛋白质鉴定高通量、高灵敏度和高精度等要求。结构蛋白质组学的目标是识别蛋白质的结构及蛋白质间的相互作用。蛋白质之间的相互作用与控制细胞生长、复制等的代谢和信号通路关系极为密切，目前，酵母双杂交和噬菌体展示技术等被广泛地应用与蛋白质相互作用研究中（甄艳，2011）。

目前，棉花蛋白组学研究主要集中在表达蛋白质组学方面，其研究的主要策略如下；第一步，运用 2-DE 技术分离样品中的蛋白质；第二步，应用质谱技术或 N 末端测序鉴定 2DE 分离的蛋白质；第三步，应用生物信息学技术存储、处理、比较获得的数据。其中，清华大学刘进元实验室建立了快速高效地进行棉纤维细胞的蛋白质组学研究方法（Yao et al，2006）及发明了快速灵敏高通量的蛋白质固相定量方法（Wu et al，2007）。2008 年，Yang 等也利用比较蛋白质组学研究了棉纤维发育机制，利用比较蛋白质组学分析，大约有 1 600 个蛋白点在整个纤维发育过程中处于一个稳定表达的水平，通过比较开花后 5 d 到开花后 25 d 五个时期的考马斯亮蓝染色图谱（pH 值为 3～10）发现，至少在一个时期有差异的蛋白点共计 235 个，平均每个时期有 47 个蛋白点，进而利用质谱技术鉴定了其中的 106 个，由于棉花还没有全基因组测序，仅鉴定了 45.1％的差异蛋白点（Yang et al，2008）。Pang 等（2010）利用蛋白质双向电泳技术，建立了棉花纤维快速伸长期的银染电泳图谱，发现有 101 个蛋白质在棉纤维。进一步利用 MALDI-TOF MS 技术对其进行鉴定了其中的 93 个蛋白点，发现这些蛋白由 66 个基因编码，利用 KOBAS（KO-Based Annotation System）对这些蛋白进行分析发现主要集中在 17 个生物代谢途径，其中核苷糖转换代谢途径是最显著上调的生物代谢途径。2011 年，Liu 等（2011）利用 2-DE 和 MS/MS 联用技术比较了徐州-142 和 fl 突变体纤维起始的蛋白质变化。发现有 46 个蛋白质在－3 到 0 DPA 胚珠（分别属于纤维分化和起始阶段）差异表达，这些差异表达的蛋白参与了氧化还原稳态、胁迫反应、转录后和转译后调控以及糖、能量、蛋白质、氨基酸和固醇代谢等途径，通过与 40 个蛋白编码基因的 qRT-PCR 结果比较发现，21 个基因的蛋白质表达和转录变化一致，而 19 个基因显示没有关联。说明这些基因在转录和翻译调控之间的存在差异，因此必须结合不同的方法来阐明复杂的纤维发育调控机制。

6.3 棉花全基因组测序

6.3.1 棉花基因组测序的意义

棉花是世界上最重要的天然纤维来源，也是世界上最重要的经济作物之一。全球共有 75

个国家种植棉花，栽培区域分布在北纬 32°到南纬 47°的广大区域内，棉花常年播种面积在 33 万公顷，约占耕地面积的 5.0%。世界上有 80 多个国家生产棉花，包括澳大利亚、印度、巴基斯坦、美国、墨西哥、乌兹别克斯坦和一些非洲国家(Jia et al,2006)。中国是全球最大的原棉生产国和消费国，美国是第二大生产国。

作为最长的植物细胞之一，棉花纤维细胞也是研究植物细胞命运决定、伸长、纤维素合成的良好试验系统(Ruan et al,2003)。据统计，每个棉花胚珠表面约有 25 000 个棉纤维，这些细胞均由胚珠表皮层细胞发育而成，且其发育时期高度一致，同时，棉花纤维细胞的次生壁近乎完全由纤维素(植物生物量的最大组成部分)构成。因此，作为良好的试验系统，棉花纤维细胞发育研究正逐渐成为国内外植物生物学研究的重点之一(Ruan et al,2003)。

棉属(*Gossypium*)在分类上属于被子植物锦葵目(*Malvales*)、锦葵科(*Malvaleae*)、棉族(*Gossypiceae*)。现在，棉属约有 50 个棉种，共分为二倍体基因组群(即 A-G 和 K)和异源多倍体基因组群(即 AD 基因组)两个大类。棉属共包括大约 45 个二倍体种($2n=2X=26$)和 5 个四倍体种($2n=4X=52$)。二倍体棉种($2n=26$)分为 A-G 和 K 等 8 个基因组。A、B、E 和 F 基因组主要分布在非洲和亚洲；D 基因组分支产于美洲；C、G 和 K 基因组在澳大利亚发现，其基因组较大；而陆地棉和海岛棉是经典的天然四倍体(52 个染色体的棉种)，主要分布于新大陆，据目前细胞学研究揭示，推测其为 A 基因组的非洲祖先种和似 D 基因组的美洲种经种间杂交产生的，现存与原始四倍体的祖先棉有亲缘关系的是草棉(A1)、亚洲棉(A2)和雷蒙德氏棉(D5)。测定棉花全基因组序列对于揭示棉属进化及起源、全基因组复制、异源四倍体形成时间、基因组大小变异、农艺学重要性状形成的基础等均具有重要意义(Wendel et al,1992; Reinisch et al,1994; Brubaker et al,1999; Rong et al,2004; Hendrix et al,2005; Hawkins et al,2006; Desai et al,2006)。

棉花全基因序列的测定将在基础研究和农业应用中产生巨大的影响。与模式植物拟南芥和水稻比较，棉花的基础研究相对落后，其基因组的测定，可以有力地推动比较基因组学的新发展，加深对基因组进化，特别是锦葵目植物的进化规律的了解。同时，其基因组的测定将为棉属 EST 序列、甲基过滤序列、低重复性序列等功能基因组的研究提供参照，进而有效地探索棉花在进化过程中对环境的适应性和异源多倍体形成等问题研究提供数据支持，为生命科学中一系列最基本问题的回答提供线索(Chen et al,2007)。

由于陆地棉的遗传基础狭窄，纤维品质、产量和抗性等重要性状之间存在负相关，使得以表型选择为主要手段的传统育种技术难以实现多基因的有效聚合，并同步改良棉花纤维品质和纤维产量(喻树迅,2007a,b)。棉花基因组测序的完成对棉花遗传育种的发展具有重要意义，将为更有效的育种手段如分子标记辅助选择、基因克隆和转基因等得到更好的开发和利用。同时，棉花全基因组序列的测序将有助于人们加深对棉花重要性状形成和遗传规律的了解，加强对其丰富的遗传资源开发和应用。

基于上述原因，棉花全基因组测序已经逐步成为棉花基因组学的研究重点之一，为了促进棉花基因组学的研究，加强全球棉花学术界的交流和合作、知识和资源的整合、技术的共享以及研究计划的协调，国际棉花基因组研究计划(international cotton genome initiative, ICGI)于 2000 年正式启动。ICGI 2000、2001、2002、2004、2006、2008 和 2010 年会议已分别在澳大利亚堪培拉、法国蒙彼利埃、中国南京、印度海德拉巴、巴西的巴西利亚、中国安阳和澳大利亚堪培拉举行。2007 年，美国启动了二倍体棉花雷蒙德氏棉(D 组)的基因组测序；同期中国农业科学院棉花研究所联合美国农业部南方平原农业研究中心作物资源研究所，在世界上首次启动了陆地棉基因组测序研究项目，对来源于陆地棉 12 和 26 号染色体基因富集区的部分 BAC 进行了测序。美国能源部 DOE 联合基因组研究所将二倍体棉花（雷蒙德氏棉）进行了全基因组测序，并得到了覆盖度约为 1 倍的全基因组序列，虽然距离组装基因组测序图谱相差很远，但它为研究棉花基因组及其他棉花重要物种提供一定的信息。2009 年，中国农业科学院棉花联合深圳华大基因研究院，利用全基因组鸟枪法，启动了雷蒙德氏棉全基因组测序。

6.3.2 棉花基因组测序的策略

目前，全基因组测序的策略主要有两种：全基因组鸟枪法（whole genome shotgun strategy）和基于高分辨率物理图谱的逐步克隆法（clone by clone）。在 2007 年 Plant Physiology 杂志上，基于对棉花基因组特点的认识，发表了关于棉花基因组测序的白皮书《Toward Sequencing Cotton (Gossypium) Genomes》，就棉花基因组测序策略提出了如下观点：①进行雷蒙德氏棉全基因组鸟枪法测序，为了解棉花基因组的特点和结构组织提供基本信息；②进行四倍体陆地棉基因组相应的染色体进行测序，并利用比较基因组学的技术，发现全基因组测序可能遇到的技术困难；③制定并实施陆地棉高质量序列的策略；④开发生物信息学和数据库工具，用以组装和分析，使相关信息可以为棉花界科学家利用。

目前，随着测序技术的发展，第二代测序技术（next-generation sequencing）应运而生。第二代测序技术的核心思想是边合成边测序（sequencing by synthesis），即通过捕捉新合成的末端的标记来确定 DNA 的序列，技术平台主要包括 Roche/454 FLX、Illumina/Solexa Genome Analyzer 和 Applied Biosystems SOLID system。而以第二代测序技术为基础的全基因组鸟枪法为主的随机测序方法，由于其并行化程度大大提高，可以较快地对一个基因组完成测序，已经成为了基因组测序首选技术。基于上述技术，中国农业科学院棉花联合深圳华大基因研究院等单位，利用全基因组鸟枪法，启动了雷蒙德氏棉全基因测序，2011 年完成了序列的组装和注释，2012 年 8 月正式发表在《自然—遗传学上》。与传统的 Sanger 测序法比较，其测序速度和费用已经大大降低；已经不能完全满足研究的需要，美国能源部 DOE 联合基因组研究所也利用 Roche/454 技术平台，向 NCBI 数据库中提交了部分雷蒙德氏棉的 Roche/454 FLX 测序结果。

6.3.3 棉花细胞质基因组

叶绿体是植物细胞中与光合作用直接相关的细胞器，也是淀粉、脂肪酸、叶绿素、胡萝卜素等物质的合成场所。大部分叶绿体基因组都是共价闭合的双链环状分子，少数为线性分子（于惠敏，2001）。植物的叶绿体 DNA（cpDNA）长度一般为 120～160 kb，最显著的特征是具有 2 个反向重复序列（inverted repeat，IR），其长度为 6～76 kb，在 2 个 IR 之间有一个小单拷贝区（small single-copy region，SSC）和一个大单拷贝区（large single-copy region，LSC），前者长度约为 20 bp，后者约 80 bp（于惠敏，2001）。目前，棉属中的海岛棉和陆地棉的叶绿体基因组已经被测定出来，其中海岛棉叶绿体基因组长度为 160 317 bp，陆地棉叶绿体基因组长度为 160

301 bp。其中陆地棉叶绿体基因组具备植物叶绿体基因组的典型特征，包含一对 25 608 bp 长的 IR 区，88 816 bp 的 LSC 和 20 269 bp 的 SSC，目前，共注释出 131 个基因，即 112 个单基因和 19 个位于 IR 区的重复基因(Lee et al，2006；Ibrahim et al，2006)。棉花的整个叶绿体基因组上，TA 含量达 62.75%，GC 含量为 37.25%。蛋白质编码基因占 56.46%，非编码区(包括内含子和基因间隔区)占 43.54%(Lee et al，2006；Ibrahim et al，2006)。基因间隔区和内含子的扩张导致了陆地棉 cpDNA 具有相对较长的 LSC 和 SSC。内含子的分类取决于内含子的保守边界序列，这些序列在内含子的拼接、RNA 的折叠过程中起重要作用。此外，陆地棉 cpDNA 内含子的边界序列与其他高等植物有高度的同源性，除了 trnL(UAA)属于类群Ⅰ型内含子外，其他内含子都属于自拼接类群 II 型。在棉花 17 个包含内含子的基因中，15 个只含 1 个内含子，2 个(clpP，ycf 3)包括 2 个内含子(Lee et al，2006；Ibrahim et al，2006；江媛等，2010)。

关于棉属线粒体基因组序列目前报道较少，代培红等(2007)以陆地棉 P30A 细胞质雄性不育系黄化苗为材料，利用低熔点琼脂糖包埋和原位消化裂解的方法制备出了高分子质量的线粒体 DNA(mtDNA)，经 *BamH* Ⅰ，Hind Ⅲ酶切和 PCR 扩增进行纯度鉴定，并对其进行部分酶切，酶切片段与载体连接，电击转入大肠杆菌 DH10B 中，成功地构建了棉花线粒体基因组 BAC 文库，该文库共挑取 3 840 个单克隆，平均插入片段大小为 15.5 kb，覆盖率超过 70 倍，研究结果表明该基因文库具有较高的质量，为下一步的测序奠定了良好的基础。

6.3.4 棉花基因组学的最新进展

几年来棉花基因组学研究取得了一系列重大进展，2006 年，美国佐治亚大学的 Andrew H. Paterson 教授启动了二倍体棉花雷蒙德氏棉的基因组测序，同期启动的还有 Thea Wilkins 领导的亚洲棉的基因组测序。2007 年，中国农业科学院棉花研究所发起并主持实施棉花基因组计划(cotton genome project，CGP)，该计划主要致力于棉花全基因组测序和功能基因挖掘与利用。同年，中国农业科学院棉花研究所与美国农业部南方平原研究中心启动了陆地棉标准系 TM-1 的 12、26 号染色体部分 BAC 的测序工作，目前，已完成了 2 条染色体的 10%序列分析。棉属的二倍体种雷蒙德氏棉和亚洲棉基因组序列分析进展顺利，已经完成了二倍体雷蒙德氏棉、亚洲棉的全基因组测序、序列拼接、注释等，其中，二倍体棉花-雷蒙德氏棉的全基因组图谱已经完成，研究成果以“二倍体棉花-雷蒙德氏棉的基因组草图”(The draft genome of a diploid cotton gossypium raimondii)为题目，已经在《nature genetics》正式发表，这标志着我国棉花基因组学研究取得了国际领先的地位。该研究采用全基因组鸟枪法结合新一代的高通量 DNA 测序技术，对雷蒙德氏棉“CMD＃10”进行了全基因组测序，获得了其 87.7%的全基因组序列，研究结果证明棉花基因组经历了真双子叶植物共同经历的一次古六倍化事件和一次棉属特异的全基因组复制事件，表明了其古多倍体起源。推测雷蒙德氏棉基因组约包含有 40 976 个蛋白质编码基因。进化分析发现，只在棉花与可可发现了 CDN1 基因家族，这一家族参与棉酚生物合成的关键步骤，而棉酚是棉属特有的一类物质。此外，还从基因组注释结果中发现 2 706 转录因子，其中大量的 *MYB* 和 *bHLH* 基因在花后 0 d 和 3 d 的胚珠中表达，暗示这些基因与可能是早期纤维发育所必须。

完成雷蒙德氏棉(D 基因组)全基因组草图后，棉花基因组计划将进入下一个阶段，将致力于完成亚洲棉(A 基因组)和四倍体栽培种陆地棉(AD5 基因组)的全基因组图谱,并将基因组学研究结果系统应用到棉花种质资源的遗传多样性、基因挖掘及功能基因研究与利用,并在全基因组水平上开发快捷的分子育种工具,将棉花基因组学研究成果应用到优良新品种的培育上,最终实现基因组水平上的棉花分子设计育种。

6.4 新基因的挖掘与利用

始于20世纪70年代的植物基因工程研究为拓宽植物可利用基因库提供了新的可能,从而为植物的遗传改良开辟了一条新途径。转基因工程技术在争议中发展,棉花因为其产品的特殊性成为转基因技术在我国首先得到批准上市的作物之一,转基因技术促进了棉花生产的迅猛发展。

病虫危害和纤维品质差是长期困扰我国棉花产业发展的两大顽疾。20世纪90年代,我国科学家研制了具有自主知识产权的第一代转基因——*Bt* 抗虫棉,成功抵御了棉铃虫危害。目前,国产转基因抗虫棉市场占有率高达95%以上。在转基因抗虫棉推广应用的基础上,以改善纤维品质、提高产量、增强抗逆性等为主要目标的第二代转基因棉花,成为世界科研领域竞相研究的热点。在国家转基因重大专项的支持下,中国农业科学院棉花研究所、北京大学、复旦大学、西南大学等国内多家科研院所和高校科研人员充分发挥第一代转基因棉研究中积累的经验和技术联合攻关,终于在转基因优质纤维品种培育及材料创制方面获得重大突破。使我国第二代转基因棉花研究总体跃居世界领先水平,并拥有国际发明专利等自主知识产权,为摆脱高品质棉花长期依赖进口的局面打下坚实基础。这是我国继转基因抗虫棉之后,在这一高科技领域取得的又一项标志性重大科技成果。预计这一成果的推广应用将使我国棉花生产在5～10年内从目前适纺32支纱提高到适纺60支纱,棉纱及其加工产品的档次将得到提高,其价格也将会提高50%左右。这不仅能够使棉农增产增收,提高棉农种棉积极性,还对全面提升我国整个棉花产业链的国际竞争力具有重要意义。在提高棉纤维产量方面,中国农业科学院棉花研究所与复旦大学合作完成的优质大铃转 RRM(RNA recognition motif)基因棉花种质新材料,单铃重可达7.5 g,显著高于一般棉花品种,其结铃性比一般棉花品种提高20%以上,在高产、优质品种培育方面具有非常大的应用潜力。

随着棉花转基因技术的发展,迫切需要挖掘大量抗虫、抗病、抗逆、纤维品质、产量、抗除草剂等新的功能基因。科研工作者已从不同生物中克隆分离出了大量具有应用潜力的基因。将具有应用潜力的基因转入棉花进行功能验证筛选,是解决棉花转基因工程育种中基因资源短缺问题的有效途径,也是进行棉花优良种质材料创制的必要工作,势必获得棉花转基因分子育种研究的新突破。

6.4.1 新型抗虫基因

我国在第一代转基因棉花——*Bt* 抗虫棉广泛应用后,还培育出了我国第二代抗虫棉——双价基因抗虫棉(*GFMcry Ia*+*CpTI*)。对转基因棉种植的长期跟踪研究表明抗虫棉的推广应用有效地控制了棉铃虫害的暴发,同时节约农药60%～80%。美国国家研究委员会于2010

年发布了一个较为全面的评估转基因作物对美国农业可持续发展影响的报告，指出十多年来，转基因技术的推广应用为美国农民带来了巨大的环境和经济效益。转基因抗虫棉的大面积推广，解决了棉铃虫的防治问题，但也带来了新的隐忧。首当其冲的是棉铃虫被基本控制后，盲蝽象、烟粉虱、红蜘蛛、蚜虫等刺吸式“小害虫”集中大暴发，“小虫成大灾”，用药量反而猛增。因此克隆抗盲蝽象、红蜘蛛等害虫的新抗虫基因已成为迫切需要，虽然目前有关报道不多，但毋庸置疑该领域已成为科学家和育种学家研究的热点。胆固醇氧化酶(*Cho*)基因和营养杀虫蛋白基因被称为第 2 代抗虫基因(李晶等，2009)。*Cho* 基因表达的产物能催化昆虫肠道表皮细胞膜中的胆固醇生成 17-酮类固醇和过氧化氢，使昆虫肠道细胞受损，引起昆虫死亡，是一类新型杀虫物质，已经克隆出至少 3 个胆固醇氧化酶基因。营养杀虫蛋白能够与昆虫表皮细胞结合，造成细胞分解，引起昆虫迅速死亡。目前，也克隆出了多个 *Vip* 类营养杀虫蛋白基因(Yu，2011)。近期还报道，本生烟草(*Nicotiana benthamiana*)中的两个 WRKY 家族的基因 *NaWRKY*3 和 *NaWRKY*6 具有调节害虫响应过程的作用，*NaWRKY*3/6 是两个昆虫反应基因，昆虫进攻期间具有维持活性茉莉酸(jasmonic acid，JA)水平的功能，使 2 基因沉默后的烟草植株丧失对害虫攻击的抵抗力(Stork et al，2009)。*OsWRKY*89 的超表达可以使叶表蜡质层增厚，从而增加抵御白背飞虱的能力(Wang，2007)。类黄酮化合物的积累是植物应答逆境胁迫的一个重要特性，类黄酮在植物中具有抗虫功能，因此有关其合成与调控相关的基因也是有待挖掘的具有抗虫潜力的一类基因(张金发等，1993)。

6.4.2 抗病相关基因

近年来，我国棉花分子抗病育种工作取得重要进展，已将 *PR*2，*PR*3，*PR*10，*GO*，*Pto*，*NPR1* 等几十种抗黄萎病基因转入棉花，培育出了一批黄萎病抗性明显增强的棉花新品系。其中主要是病程相关蛋白(pathogensis-related proteins，PRs)等病原应答基因，一些 *PR* 基因表达产物，具有降解真菌细胞壁的功能，在病原菌侵染后启动表达，通过降解真菌细胞壁而使植物产生抗性。然而研究也发现单个 *PR* 基因的表达影响较少，只有多个 *PR* 基因协同表达才能有效地提高植物的抗病性。然而，由于将多个基因同时导入一个植株中困难较大，因此，科学工作者开始尝试导入上游具有调控作用的转录因子基因(WRKY/MYB/ERF/bZIP 家族)及感受病原菌侵染信号激活抗病反应系统的抗性基因来解决这一难题，这些类型的基因将是挖掘棉花抗病基因的重要库源。

6.4.2.1 *R* 基因

R 基因是存在于寄主植物体内能特异性识别病原激发子或效应子并激发抗病反应信号传导途径的基因，研究表明大多数 *R* 基因都符合“基因对基因”的理论，它们与植物对多种真菌、细菌、病毒等病原体的抗性产生密切相关。这些 *R* 基因编码的产物存在极其相似的保守结构域，根据它们保守结构域的不同，*R* 基因可分为多类，包括毒素还原酶类、NBS-LRR 类(TIR-NBS-LRR、TIR-NBS、CC-NBS-LRR、CC-NBS、CC-TIR-NBS、CC-TIR-NBS-LRR、NBS-LRR、NBS)、蛋白激酶类、跨膜 LRR 受体蛋白类、受体激酶类、TFIIAγ 类等。植物全基因组测序结果表明，*R* 基因在植物基因组中大量存在：马铃薯(577)(RobertoLozano et al，2011)、大白菜(92)、拟南芥(200)(Blake C. Mdeyers，2003)、苜蓿(333)、苹果(992)、黄瓜(61)、大豆(392)、

杨树(402)、葡萄(341)、水稻(535)、短柄草(238)、高粱(245)和玉米(129)。许多 *R* 基因已被克隆出来并进行了较为详细的研究,下表所列基因都是部分已报道的抗性基因,其在棉花中的实际应用潜力还有待于进一步的转化实验进行评价。

表 6.1 已报道的部分植物 *R* 基因

基因	宿主	病原菌	受体蛋白类型	文献
RPS2	拟南芥	*Pseudomonas syringae*	CC-NBS-LRR	Science,1994,265:1856-1860
RPS5	拟南芥	*Pseudomonas syringae*	LZ-NBS-LRR	Plant Cell,1998,10:1439-1452
RPM1	拟南芥	*Pseudomonas syringae*	CC-NBS-LRR	PNAS,1998,95:15849-15854
RPP8/HRT	拟南芥	*Peronospora parasiticia*	CC-NBS-LRR	Plant Cell,1998,10:1861-1874
RPP13	拟南芥	*Peronospora parasiticia*	CC-NBS-LRR	Plant J,2000,21:177-188
RCY1	拟南芥	*Cucumber mosaic virus*	CC-NBS-LRR	Plant J,2002,32:655-667
RPP/HRT	拟南芥	*Turnip crinkle virus*	CC-NBS-LRR	Plant Cell,2000,12:663-676
RRS1-R	拟南芥	*Ralstonia solanscearum*	WRKY-TIR-NBS-LRR	PNAS,2002,99:2404-2409
RPS4	拟南芥	*Pseudomonas syringae*	TIR-NBS-LRR	Plant J,1999,20:265-277
RPP1	拟南芥	*Peronospora parasiticia*	TIR-NBS-LRR	Plant Cell,1998,10:1847-1860
Rpp10	拟南芥	*Peronospora parasiticia*	TIR-NBS-LRR	Plant Cell,1998,10:1847-1860
Rpp14	拟南芥	*Peronospora parasiticia*	TIR-NBS-LRR	Plant Cell,1998,10:1847-1860
RPP4	拟南芥	*Peronospora parasiticia*	TIR-NBS-LRR	Plant J,2002,29:439-451
RPP5	拟南芥	*Peronospora parasiticia*	TIR-NBS-LRR	Plant Cell,1997,9:879-894
SSI4	拟南芥	*P. syringae pv. maculicola*	TIR-NBS-LRR	Plant Cell,2002,14:3149-3162
RPP27	拟南芥	*Peronospora parasiticia*	Receptor like protein	Plant Physiol,2004,135:1100-1112
RFO1	拟南芥	*Fusarium oxysporum*	Receptor-like kinase	Genetics,2005,171:305-321
Rpw8	拟南芥	*Erysiphe cruciferarum*	TM-CC	Science,2001,291:118-120
RPM1	番茄	*Pseudomonas syringae*	CC-NBS-LRR	Science,1995,269:843-846
Bs4	番茄	*Xanthomonas campestris*	TIR-NBS-LRR	Plant J,2004,37:46-60
I2C	番茄	*Fusarium oxysporum*	NBS-LRR	Plant Cell,1997,9:521-532
Prf	番茄	*Pseudomonas syringae*	CC-NBS-LRR	1996,86:123-133
I2	番茄	*Fusarium oxysporum*	CC-NBS-LRR	Plant Cell,1997,9:521-532
Mi-1	番茄	*Meloidogyne javanica*	CC-NBS-LRR	Plant Cell,1998,10:1307-1319
Mi-9	番茄	*Meloidogyne javanica*	CC-NBS-LRR	Plant Physiol,2007,143:1044-1054
Sw-5/Mi	番茄	*Tospovirus*	CC-NBS-LRR	Mol Plant-Microbe Interact,2000,13:1130-1138
Hero	番茄	*Globodera rostochiensis*	NBS-LRR	Plant J,2002,31:127-136

续表 6.1

基因	宿主	病原菌	受体蛋白类型	文　献
Pto	番茄	*Pseudomonas syringae*	Ser/Thr protein kinase	Science,1993,262:1432-1436
Cf-9	番茄	*Cladosporium fulvun*	LRR-TM	Science,1994,266:789-793
Cf-2	番茄	*Cladosporium fulvun*	LRR-TM	Cell,1996,84:451-459
Cf-4	番茄	*Cladosporium fulvun*	LRR-TM	Plant Cell,1997,9:2209-2224
Hcr9-4E	番茄	*Cladosporium fulvum*	LRR-TM	Mol Microbiol,2004,54:533-545
Cf-2/5	番茄	*Cladosporium fulvun*	LRR-TM	Plant Cell,1998,10:1915-1925
Ve	番茄	*Verticillium dahliae*	LRR-TM	PNAS,2001,98:6511-6515
Rx2	马铃薯	*PVX (Potato X virus)*	CC-NBS-LRR	Plant Cell,1999,11:781-792
Gpa2/Rx1	马铃薯	*Globodera pallida/PVX*	CC-NBS-LRR	Plant J,2000,23:567-576
R1	马铃薯	*Phutophthora infestans*	CC-NBS-LRR	Plant J,2002,30:361-371
Mla1	大麦	*Blumeria graminis*	CC-NBS-LRR	Plant Cell,2001,13:337-350
Mla6	大麦	*Blumeria graminis*	CC-NBS-LRR	Plant J,2001,25:335-348
Mla12	大麦	*Blumeria graminis*	CC-NBS-LRR	Plant Cell,2003,15:732-744
Mla13	大麦	*Blumeria graminis*	CC-NBS-LRR	Plant J,2004,38:215-226
Rpg1	大麦	*Puccinia graminis*	Protein kinase	PNAS,2002,99:9328-9333
Mlo	大麦	*Erysiphe graminis*	TM	Cell,1997,88:695-705
Pib	水稻	*Magnaporthe grisea*	CC-NBS-LRR	Plant J,1999,19:55-64
Pi-ta	水稻	*Magnaporthe grisea*	CC-NBS-LRR	Plant Cell,2000,12:2033-2046
Pi36	水稻	*Magnaporthe grisea*	CC-NBS-LRR	Genetics,2007:176(4):2541-2549
Xa1	水稻	*Xanthomona oryzae*	CC-NBS-LRR	PNAS,1998,95:1663-1668
Pi9	水稻	*Magnaporthe grisea*	NBS-LRR	Genetics,2006,172:1901-1914
Pi2/ Piz-t	水稻	*Magnaporthe grisea*	NBS-LRR	Mol Plant-Microbe Interact, 2006, 11:1216-1228
Xa21	水稻	*Xanthomona oryzae*	LRR-Ser/Thr protein kinase	Science,1995,270:1804-1806
Xa21D	水稻	*Xanthomona oryza*	LRR receptor-like protein	Plant Cell,1998,10:765-780
Xa26	水稻	*Xanthomona oryzae*	LRR receptor-like kinase	Plant J,2004,37:517-527
Pi-d2	水稻	*Magnaporthe grisea*	B-lectin PK	Plant J,2006,46:794-804
Xa5	水稻	*Xanthomona oryzae*	TF A Ⅱ transcription factor	Trans-Mol Genet Genomics, 2006, 275:354-366

续表 6.1

基因	宿主	病原菌	受体蛋白类型	文　献
Xa27	水稻	*Xanthomona oryzae*	No homolog	Nature,2005,435:1122-1125
Xa13	水稻	*Xanthomona oryzae*	Homolog of nodulin MtN3	Genes Dev,2006,20:1250-1255
L6	亚麻	*Melampsora lini*	TIR NBS-LRR	Plant Cell,1995,7:1195-1206
L,L1-L11,LH	亚麻	*Melampsora lin*	TIR-NBS-LRR	Plant Cell,1999,11:495-506
M	亚麻	*Melampsora lini*	TIR-NBS-LRR	Plant Cell,1997,9:641-951
P	亚麻	*Melampsora lini*	TIR-NBS-LRR	Plant Cell,2000,13:163-178
P2	亚麻	*Melampsora lini*	TIR-NBS-LRR	Plant Cell,2002,13:163-178
Pm3b	小麦	*Blumeria graminis* F. sp. Tritici	CC-NBS-LRR	Plant J,2004,37:528-538
Lr10	小麦	*Puccinia triticina*	CC-NBS-LRR	PNAS,2003,10:15253-15258
Cre3	小麦	*Heterodera avenuae*	NBS-LRR	Genome,1997,40:659-665
Cre1	小麦	*Heterodera avenuae*	NBS-LRR	Mol Plant-Microbe Interact,2003,16:1129-1134
Pl8J	向日葵	*Plasmopara halstedii*	CC-NBS-LRR	Experi Botany,2005,56:567-575
Rp1	玉米	*Puccinia sorghi*	CC-NBS-LRR	Plant Cell,1999,11:1365-1376
Dm3	莴苣	*Bremia lactucae*	CC-NBS-LRR	Plant Cell,1998,10:1818-1832
Bs2	胡椒	*Xanthomonas campestris*	CC-NBS-LRR	PNAS,1999,96:14153-14158
N	烟草	*Tobacco mosaic virus*	TIR-NBS-LRR	Cell,1994,78:1011-1015
Hslpro-l	甜菜	*Heterodera schachtii*	LRR-TM	Science,1997,275:832-834
GbVe	海岛棉	*Verticillium dahliae*	LRR-TM	Plant Cell Rep ,2011,30:2085-2096 30:2085-2096

6.4.2.2 抗病相关转录因子基因

植物转录因子种类繁多。参与调控防卫反应的植物转录因子基因多属于 *WRKY*、*ERF*、*MYB*、*bZIP* 等家族。植物感受外界胁迫信号后，激活 JA、SA 等信号转导途径，最终诱导大量的抗病响应基因表达，从而使植物产生抗病性。转录因子作为这些信号途径中的重要组分，处于关键位置，通过与下游基因启动子区的顺式作用元件结合而直接调控靶基因的表达，或形成同源/异源二聚体，或与其他蛋白互作成为某种活化形式而参与抗病应答基因表达的调控。

表 6.2　已报道的植物部分 WRKY 家族抗病功能基因

基　因	功　能	文　献
AtWRKY75	激发植物的基础抗性	Encinas-Villarejo S et al, 2009
AtWRKY48	是 *PR* 基因表达的负调节因子,也是植物对假单胞菌抗性的负调节因子	Xing D H et al,2008
AtWRKY27	在青枯病菌病变过程中起重要作用	Mukhtar M S et al,2008
AtWRKY41	基因超表达时能提高拟南芥对假单胞菌的抗性	Higashi K et al,2008
AtWRKY18	高表达激活转基因植株 *PR*1、*PR*2 和 *PR*5 病原相关基因的表达,并随着发育进展而不断增强,进而促进转基因植株抗性形成	YODA H et al,2002
OsWRKY13	过表达增加植株对细菌疫病(*Xanthomonas oryzae pv oryzae*)和真菌(*Magnaportha grisea*)的抗性	Qiu D et al,2007;Qiu D et al,2008
OsWRKY31	提高植物的抗病性	Zhang J et al,2008
OsWRKY45-1/2	能受稻瘟病菌和白叶枯病菌的诱导表达,进一步研究表明转录因子 *OsWRKY*45-2 和 45-1 分别通过正和负不同的调控机制提高转基因植株对假单孢菌的抗性	Tao Z et al,2009
VvWRKY2	异位超表达只增强植株对死体营养型真菌 *Alternaria tenuis*、*B. cinerea* 和 *Pythium* 的抗性	Mzid R,et al,2007
CaWRKY1	防卫反应的负调控因子,它的过表达造成对假单胞菌和烟草花叶病毒敏感的细胞死亡	Oh S K et al,2008
NtWRKY12	调控水杨酸和细菌诱导 *PR* 基因表达的过程	Van V M C et al,2008

在众多的转录因子中,*WRKY* 家族转录因子近年来研究较多,是一个较大的转录因子家族,一些完成了基因组测序的植物中鉴定出大量的 *WRKY* 基因,如拟南芥(*Arabidopsis thaliana*)、水稻(*Oryza sativa*)、木瓜(*Carica papaya*)、杨树(*Populus*)、高粱(*Sorghum bicolor*)、苔藓(*Physcomitrella patens*)中分别有 74、102/103(indica /japonica)、66、104、68 和 38 条。由于这类转录因子蛋白中都含有大约 60 个氨基酸组成的高度保守的 WRKY 结构域而得名。*WRKY* 转录因子的 DNA 结合域是由约 60 个氨基酸组成的锌指结构,锌指基序 CX_{4-7}-CX_{23-28}-HX_{1-2}-(H/C)中高度保守的 7 肽区域(WRKYGQK)是其核心序列,称为 WRKY 域。根据 WRKY 域的数量及锌指结构的类型可将 WRKY 蛋白分为 3 类:Ⅰ类 WRKY 蛋白(C_2H_2+2WRKY)含有 2 个 WRKY 域;Ⅱ类(C_2H_2+1WRKY)和Ⅲ类(C_2HC+1WRKY)蛋白都只含 1 个 WRKY 域,但锌指结构不同:Ⅱ类 WRKY 的锌指类型为 C_2H_2 型;Ⅲ类 WRKY 的锌指类型为 C_2HC 型。多数 *WRKY* 转录因子属于Ⅲ类,只存在于高等植物中,可响应多种生物胁迫反应。研究表明 *WRKY* 家族基因在植物体内并非组成型表达,其表达受各种环境因子的诱导,且表达具有快速、瞬时等特点,同时还具有组织特异性,是很有应用潜力的抗性基因资源。

Ohme-Takagi 等(1995)在寻找能够和 *PRs* 等乙烯反应基因启动子顺式元件(GCC-box)结合和互作的蛋白因子时,从烟草中分离出了四种可以和 GCC-box 特异结合的蛋白,研究发现它们和当时已知的碱性亮氨酸拉链和锌指蛋白等转录因子都不同源，鉴定为一类新的DNA结合蛋白家族。同年，Weigel发现ERF蛋白的DNA结合域和AP2蛋白的结合域是非常相似的，认为两者应该具有相似的功能，将两个结构域合称为AP2/EREBP结构域(后来称为AP2/ERF域或ERF域)，两者构成一个大家族，现在界定为超家族。ERF是其中一个家族，虽然具有相同*ERF*保守域，但各成员功能也不尽相同，为了更好地研究其功能，科学家开始进行分类整理。目前存在两个分类系统：Sakuma系统和Nakano系统。两者的不同主要表现在关于*ERF*族/亚族的分类方面。前者首先把*ERF*家族分为两个亚家族或组，即*DREB*亚家族(A组)和ERF亚家族(B组)，然后两组各分为6个亚组，即A1，A2，A3，A4，A5，A6和B1，B2，B3，B4，B5，B6共12亚组。而Nakano系统直接把*ERF*家族分为12个组分别是Ⅰ-Ⅹ和Ⅺ(Ⅵ-L)，Ⅻ(Ⅹb-L)组，并进一步把每个组分为a、b、c、d等若干个亚组。两种分类系统进行比较分析发现，除了外在形式不同外，其内容不管是分类依据和分组情况基本是一致的。不同的*ERF*家族转录因子的功能是不同的，一些成员在植物防卫反应中也起着重要作用，得到充分研究的具有抗病功能的*ERF*转录因子多属于B3(Ⅸ)小组。利用MeJA和甘蓝黑斑病菌两因素处理拟南芥分析转录因子的表达情况时，24个被调控的转录因子中有10个(7%)属于*AP2/ERF*族，其中7个属于B3亚组(表6.3)。

表6.3 B3亚组*ERF*家族转录因子的功能

组别	基因	功能	物种
Ⅸ/B3	*LeERF-1*	抗病	番茄
Ⅸ/B3	*ERF1*	抗病	拟南芥
Ⅸ/B3	*Pti5*	抗病	番茄
Ⅸ/B3	*NtERF5*	抗病	烟草
Ⅸ/B3	*OPBP1*	耐盐、抗病	烟草
Ⅸ/B3	*Pti4*	抗病	番茄
Ⅸ/B3	*MtERF1-1*	抗病	苜蓿
Ⅸ/B3	*ORA59*	抗病	拟南芥
Ⅸ/B3	*AtERF14*	抗病	拟南芥
Ⅸ/B3	*AtERF13*	介导生物和非生物胁迫反应	拟南芥
Ⅸ/B3	*TSRF1*	抗病	番茄
Ⅸ/B3	*Tsil*	抗病	烟草

刘坤，2011。

*MYB*是植物较大的转录因子家族之一，在拟南芥、玉米及棉花中发现分别含有130、80、200多个成员，很多植物的*MYB*已被克隆。它们都含有50～53个氨基酸残基的保守结构域，能通过螺旋-转角-螺旋的折叠方式与DNA结合。家族成员一般分为3个亚类：①调节转录过程的单一MYB结构域类；②对激素刺激、外界环境胁迫做出应答的两个重复MYB结构域类；③调节细胞周期的3个重复MYB结构域类。该家族转录因子可以与T/CAACG/TGA/C/TA/C/T、TAACTAAC、CNGTTR、GKTWGTTR、GKTWGGTR、TAACTG等元件结合，响应病原信号，调控下游抗病基因的表达，启动防卫反应。

MYB 基因在植株中的过表达能够显著提高植物的抗病能力，并具有一定的广谱效应。植物过敏性反应(hypersensitive response，HR)是侵染位点表现出的一种据有抗病功能的细胞程序性死亡现象。水杨酸(salicylic acid，SA)在植物抵御病原菌侵染中起着重要作用。病原菌侵染植物后植物诱导系统获得抗性主要有两种类型：一种是依赖水杨酸获得抗性(SAR)，如拟南芥中的 *AtMyb30* 是 HR 早期特异性表达的一个 *MYB* 转录因子基因，是植物受到病菌侵染时的 HR 反应正调控因子。在 *AtMYB30* 超表达的拟南芥与病原细菌互作过程中表现出过敏反应或类似过敏反应，对多种细菌和烟草蛙眼病菌的抗病能力增强。反义表达 *AtMYB30* 的转基因拟南芥对几种病原细菌的抗性下降。另外，烟草 *Myb1* 基因编码一种 *MYB* 转录因子，能够被 *TMV* 以及假单孢菌诱导表达，编码一个水杨酸下游的信号复合物，当其与 *PR* 基因的启动子序列结合后能激活 *PR* 基因的表达和植物抗病防卫反应。当外施有活性的 SA 时，*Myb1* 表达先增加，PR 蛋白随后增加，表明 *Myb1* 基因可能作用于 SA 的下游，并且在 *PR* 基因的表达及植物的抗病反应中起重要的调控作用。

另一种是依赖茉莉酸(JA)和乙烯(ET)的诱导系统抗性(ISR)。如拟南芥的 *AS1*、金鱼草的 *PHAN*、烟草的 *NSPHAN* 和玉米的 *RS2* 等 *MYB* 类转录因子可在信号分子茉莉酸激发的防卫反应中被激活，进而调控相关下游抗病功能基因的过量表达，以减轻病原菌造成的伤害。该途径不依赖 SA。不同种类生物体在逆境胁迫条件下耐性有很大差异，这与其体内的类黄酮化合物含量、类型和结构等有密切关系。而 *MYB* 转录因子已被证实广泛参与类黄酮代谢途径的调控。利用 *MYB* 转录因子调控植物体内类黄酮的含量以增强植物对病原菌的抗性，已成为近年来研究植物抗病基因工程的又一新热点。

木质素可以通过加强寄主细胞壁成为机械屏障防止病原菌对寄主的侵染，火炬松的管胞中含有磷酸化的 *PMYB4*，它能够促进木质素形成，这可能与植物对外界病原菌应答过程中木质素的形成有关。构建白粉病菌诱导葡萄藤的 SSH 文库，发现 *MYB* 转录因子及一些抗病相关基因的表达，这说明 *MYB* 可能参与葡萄藤对白粉病的防御过程。通过基因敲除的方法构建 *myb72* 缺陷型拟南芥，对假单孢菌、寄生霜霉、链格孢菌和灰霉菌的抵抗能力降低，说明 *AtMYB72* 可能在植物抗病方面起作用。

bZIP(碱性亮氨酸拉链)转录因子是真核生物中分布最广、最保守的一类，它们都含有保守的与特异 DNA 序列结合的碱性结构域和参与寡聚化作用的亮氨酸拉链区。在植物抗病过程中，这些结构域能够识别防卫基因启动子上核心序列为 ACGT 的顺式作用元件 CACGTG(G 盒)、CACGTC(C 盒)、TACGTA(A 盒)等，并与其相互作用，调控下游许多病原响应基因的表达。在 *bZIP* 家族中的 TGA/OBF 类型的蛋白参与植物的抗病反应，它在植物防卫反应过程中起着正向和负向双重调控作用。在正调控方面，*PPI-1* 是在辣椒中发现了一个病原诱导型 *bZIP* 转录因子，它不受非生物因子的诱导。拟南芥 *AtbZIP57/OBF4/TGA4* 可能是通过 *AtEBP* 与 *PR* 基因启动子上的乙烯应答元件相结合发挥抗病作用的。辣椒 *CabZIP1* 转录因子，能够受黄单胞菌的诱导表达，转入拟南芥异位超表达对假单孢菌的抗性是对照的 8～50 倍。在负调控方面，据报道 TGA 类型的 *bZIP* 转录因子能够响应 *SA* 信号，通过调控 *PR* 蛋白诱导植物抗病的顺式作用元件相结合，将三个 TGA 类型基因敲除的植株对 *SA* 敏感，同时又能在非诱导条件下积累 *PR1*，说明它们参与植物对 *SA* 的耐受性调节，并在 *SA* 信号途径中这 3 种 TGA 起负调控作用。

6.4.3 抗逆相关基因

对植物生长影响最大的是非生物环境因素，其中低温、干旱和盐碱是限制农作物生长、发育和产量最严重的非生物胁迫。目前，全世界的盐渍化土壤约占陆地面积的30%，而我国的盐渍地比例明显高于世界平均水平，现有盐碱地面积约 4×10^7 hm^2，同时我国土地盐渍化程度不断加剧，由此造成耕地面积不断减少。因此如何对地球表面大面积盐碱地资源进行开发利用，是国内外亟待解决的问题之一，也是21世纪农业可持续发展的重要课题。选育抗盐碱、耐干旱能力强的棉花品种，提高棉花的耐旱耐盐性是有效利用盐碱地资源、解决粮棉争地的一条经济而有效的途径。虽然利用传统的育种方式培育抗旱耐盐的品种的研究取得一定进展，但随着基因工程技术的迅速发展，借助转基因手段培育新种质越来越受到重视。本节主要介绍棉花中有应用前景的一些类型的基因。

6.4.3.1 *LEA* 蛋白基因

LEA 蛋白(late embriogenesis abundant protein)在植物胚胎发育后期的种子中大量积累，干旱、高盐和低温等逆境刺激能诱导其转录和累积。*LEA* 蛋白基因在逆境中有抗脱水、渗透调节和清除自由基活性等生理作用，*LEA* 蛋白基因可以作为渗透调节蛋白和脱水保护剂，参与细胞渗透压的调节，保护细胞结构的稳定性，避免植物在干旱、高盐等胁迫下细胞成分的晶体化对细胞造成的损伤。另外，*LEA* 蛋白基因还可以与核酸结合调控相关基因的表达。*LEA* 蛋白基因可分为*LEA1*～*LEA6* 6类，其中 *LEA1*～*LEA3* 与植物抗逆性相关。对转基因水稻株系的分析表明 *LEA2* 有较强的抗脱水作用。研究发现大麦 *HVA1*(*LEA3* 同源蛋白)与种子的干旱脱水有关，且干旱、极端温度及盐胁迫均可诱导其迅速在幼苗中表达。转 *HVA1* 基因水稻 T_2 代植株对快速水分胁迫和高盐的耐受性较强，且与 *HVA1* 蛋白积累水平呈正相关，说明 *HVA1* 蛋白可防止干旱、高盐胁迫对细胞膜的损伤，具有抗旱功能。转入大麦 *HVA1* 基因的水稻，在盐旱胁迫实验中，长势明显优于对照；将 *HVA1* 基因转入小麦，在干旱胁迫下转基因植株 *HVA1* 稳定表达，转基因植株表现的生长特征良好，其后代在相同胁迫条件下的生长状况明显优于对照组小麦，说明 *LEA* 蛋白基因增加了小麦抗旱能力。*ME-leaN4* 是从甘蓝型油菜中克隆的 *LEA* 蛋白基因，利用根癌农杆菌介导法将其转入生菜中，在水分胁迫条件下转基因植株生长能力明显高于对照。

LEA2 类，又称脱水素，均含有 K 片段(EKKGIMDKIKEKLPG)。根据聚类分析和脱水素的保守区域可将其分为5亚类：*YnSK2*，*Kn*，*KnS*，*SKn* 和 *YnK*。碱性 *YnSK2* 型脱水蛋白主要受干旱和脱落酸诱导表达；*Kn* 型由低温和寒冷诱导；*KnS* 和 *SKn* 型等酸性脱水蛋白则优先受低温诱导；*Y2Kn* 型与植物抗寒和抗旱有关。最近的研究表明脱水蛋白在逆境下保护细胞免受伤害的作用机制主要包括：防止细胞免受脱水的作用；聚集在膜附近，稳定生物膜的结构；在低温下起防冻剂的作用；结合金属离子和清除自由基的活性等。

6.4.3.2 水孔蛋白基因

水孔蛋白存在于所有器官组织中，可分为4类，同一器官可表达多种不同类型的水孔蛋白。水孔蛋白表达具有组织特异性，并受发育阶段和环境因素的调节。野生马铃薯水孔蛋白

ScPIP2a 基因 *mRNA* 的积累与果实成熟中细胞的扩张作用相一致，冰草 *MIP2A* 可能控制水分从木质部薄壁细胞流向木质部导管腔。向日葵液泡水孔蛋白 *SunTIP7* 转录物在干旱胁迫下积累，表明其与干旱有关。利用反义基因技术抑制拟南芥质膜 *PIP1b* 的表达，*PIP1a* 的表达也被抑制，原生质体透性降低为对照的 1/3，而根量增加 5 倍，说明根量的增加弥补了水孔蛋白数量的不足和导水率的降低。*PIP2* 在拟南芥根皮层中大量表达导致根皮层水导度、渗透作用及伤流降低。植物水孔蛋白在逆境胁迫中通过促进细胞内外的跨膜水分运输、调节细胞内外水分平衡及细胞的胀缩等来维持细胞渗透压防止渗透伤害，从而提高植物的抗逆性。

6.4.3.3 海藻糖合成酶基因

海藻糖在生物体内可以作为细胞结构组分如细菌的细胞壁成分，也可以作为能源物质，但最重要是海藻糖的积累可以提高生物在逆境中的生存能力。高等植物一般是不能合成海藻糖的，但在微生物和一些低等植物中可以产生，利用转基因技术提高植物体内海藻糖的积累，有可能提高植物在非生物胁迫中的生存能力。*otsB* 和 *otsA* 是从大肠杆菌中克隆的大肠杆菌海藻糖-6-磷酸合成酶基因。将 *otsB*、*otsA* 导入甜菜、马铃薯中，转基因植物的抗旱能力得到了提高。将 *otsA* 基因导入野生型烟草中，获得该基因在烟草中稳定表达的植株，该株系表现为耐盐抗旱性，将 *otsB* 基因转入小麦中并获得转基因植株，干旱胁迫条件下转基因植株生长状况优于对照，并且海藻糖积累量明显升高，说明从微生物中克隆的海藻糖基因可以在植物中成功表达并能提高植物抗旱能力。*TPS* 基因是从酿酒酵母、拟南芥和复苏植物等真核生物中分离得到的海藻糖-6-磷酸合成酶基因。真核生物海藻糖的合成分别由 *Tps1* 和 *Tps2* 基因来完成，其功能分别相当于大肠杆菌的 *otsA* 和 *otsB* 基因，将 *CaMV35S* 启动子和 *AtTPS1* 构建载体转入拟南芥和烟草中，获得的转基因拟南芥脱水耐受性增强，转基因烟草可以在渗透胁迫条件下生长良好，以上实验说明 *TPS1* 基因提高了植物的抗旱耐盐的能力。

6.4.3.4 多醇类代谢相关基因

甘露醇、山梨醇和肌醇等多醇类含多个羟基，亲水性较强，可以有效稳定细胞膨压，减少高盐胁迫下的渗透失水，增加植物抗盐性。甘露醇-1-磷酰脱氢酶(*mtlD*)和 6-磷酸山梨醇脱氢酶基因(*gutD*)是从大肠杆菌中分离的编码甘露醇合成代谢过程中的关键酶基因。Thomas 等将 *mtlD* 导入拟南芥，转基因植株的种子有甘露醇积累，在高盐下能萌发，而对照植株的种子甘露醇含量低则不能萌发。将 *mtlD* 基因转入小麦，转基因植株在聚乙二醇和高盐胁迫下生长状况明显优于对照组。把 *mtlD*/*gutD* 双价基因导入籼稻，转基因植株合成并积累了甘露醇和山梨醇，耐盐能力得到明显提高。将 *mtlD*/*gutD* 双基因转入烟草，转基因烟草能在 2%NaCl 条件下正常生长。1-磷酸-L-肌醇合成酶(PINO1)是一个在肌醇合成过程中起着重要催化作用的关键酶，从一种野生的盐生水稻中克隆分离出该基因，转化烟草，转基因烟草植株表现出高耐盐性。这些研究结果均证实多醇类与植物的抗旱耐盐能力有关。

6.4.3.5 转录因子基因

许多转录因子参与抗逆代谢的调节过程，具有提高植物耐盐性功能。目前研究较多的生物抗胁迫转录因子是 *DREB*，*DREB* 转录因子与抗逆基因启动子区域中的顺式作用元件结合，启动抗逆基因表达，参与高盐等胁迫应答反应。*DREB1A* 和 *DREB2A* 是同属于 DREB 亚家族的转录因子基因,表达产物能够与 DRE 元件结合。用高盐处理盐生植物山菠菜后从其 cDNA 文库中克隆得到编码 *EREBP/AP2* 类蛋白基因 *AhDREB1*,将该基因连到 CaMV35S 启动子下游转入烟草中,AhDREB1 表达增强并且提高了转基因烟草的抗盐能力。从水稻中克隆的受逆境诱导的 *DREB* 基因在拟南芥中超量表达,明显提高了拟南芥在高盐胁迫下的抗性能力。从黄豆中克隆的 *GmDREB2* 基因在转基因拟南芥中表达,转基因拟南芥在高盐的胁迫中抗性增强而且并未引起植株的生长迟缓。Jaglo-Ottosen 等将 CBF1 导入拟南芥,该基因的过量表达明显提高了耐寒性;从拟南芥中克隆的 *CBF3/DREB1A* 转入水稻,明显增加了水稻的抗干旱能力也并未影响水稻的正常生长。

MYB 类转录因子是植物转录因子最大家族之一。它们在植物的生长发育、生物和非生物胁迫反应以及在调节多种基因的表达中起着重要作用。从水稻中克隆的 *OsMYB3R-2* 基因在拟南芥过表达后增加了转基因拟南芥高盐胁迫的抗性,转基因植株的种子可以在脱落酸诱导和高盐环境中发芽生长,而野生型则不能发芽,说明 *OsMYB3R-2* 提高了拟南芥的耐盐性。转入 *AtMYB44* 基因的拟南芥表现出水的损失率降低,在高盐胁迫下和野生型相比抗性明显增强。研究表明在逆境胁迫下拟南芥的 *AtMYB2* 转录因子表达明显增强,同时增强了相关干旱应答基因的表达。

NAC 类转录因子是植物中另一类重要的转录因子,主要作用是调控植物体生长发育和提高植物对环境胁迫的适应能力。*ANAC019*、*ANAC055* 和 *ANAC072* 是从拟南芥中分离到的 3 个不同 *NAC* 基因,在受干旱、高盐和 ABA 的诱导条件下表达增强,实验表明这些基因的超量表达显著增强了转基因植株的耐旱能力,*SNAC1* 是从水稻中克隆的 NAC 类型的转录因子基因,研究表明在生殖生长期严重干旱的情况下,*SNAC1* 在转基因植株超量表达,转基因植株抗旱性较对照组有明显提高。

6.4.3.6 热激蛋白基因

热激蛋白(heat shock proteins,Hsps)是广泛存在于原核细胞和真核细胞中的一类在生物体受到高温等逆境刺激后大量表达的保守性蛋白质家族。在肽链折叠或解折叠变化中发挥作用。目前已知有 *Hsp100*、*Hsp90*、*Hsp70*、*Hsp60*、*Hsp40* 和小 *Hsp* 等亚类。高温引起的植物伤害称热害,植物对高温胁迫的适应称为抗热性。在高温胁迫下,所有生物都将产生热激反应(heat shock response)。热激反应的作用主要是保护细胞和生物体免受严重损害,恢复正常的细胞活性和生理活性,提供了一种暂时的保护机制,通过热激蛋白的高水平表达而提高耐热性。目前,热激基因所编码的 *Hsps* 根据分子质量大小分为 5 个家族,即 *Hsp*(*Clp*)、*Hsp90*、*Hsp70*(*DnaK*)、*chaperonins*(*Gro EL and Hsp60*)、*the small Hsps*(*sHsps*)。

在高温环境中,植物体产生 *Hsp*,许多研究表明 *Hsp* 生成量与生物耐热性呈正相关。热激条件下,大部分植物热激蛋白的合成开始出现,例如无花果、大豆、黄瓜、烟草、蚕豆、番茄等,目前虽不清楚是否已检测到的每一种 *Hsp* 都为产生耐热性所必需,但已证实某些 *Hsp* 的确与植物体的抗热能力有关系,例如大豆 *Hsp* 可阻止经热诱导的大豆幼苗溶质的渗漏,番茄及其他植物高温下在细胞质聚集形成的热激颗粒能对蛋白质的合成机器起保护作用。将热激蛋白基因转入大豆让其超表达,转基因大豆植株耐热性增强,此后又相继从番茄、拟南芥中分离出了 *Hsp* 基因,并且通过研究证明 *Hsp* 的过量表达确实能提高植物的耐热性。

6.4.3.7 脯氨酸合成酶基因

脯氨酸是水溶性很强的氨基酸，蛋白通过脯氨酸束缚更多的水分子，进而可以在细胞脱水时避免和减少蛋白质变性。在盐胁迫下，许多植物体内脯氨酸含量迅速增加，通过积累脯氨酸来达到渗透调节的目的。吡咯啉-5-羧酸合成酶(P5CS)和吡咯啉-5-羧酸还原酶(P5CR)是脯氨酸合成过程中两种关键酶。对拟南芥幼苗进行盐胁迫处理，植株中 *P5CR* 基因和 *P5CS* 基因转录水平都迅速提高，这两种酶的基因已从不同植物中得到分离和克隆。将从乌头叶豇豆中克隆的 *P5CS* 基因转入烟草中，发现转基因植株中脯氨酸含量比对照高出数倍，耐盐性也明显提高，其种子可以在 200 mmol/L NaCl 的培养基中正常生长，在盐胁迫条件下，转基因烟草植株与对照相比生理状况良好，结实率有了很大提高。脯氨酸合成酶基因转化的紫云英植株抗逆境能力增强。*P5CS* 转化水稻，在水分胁迫处理后，脯氨酸积累量明显提高，抗性增强。将 *P5CS* 的 cDNA 转入小麦中，获得的转基因小麦植株的耐盐能力明显提高，说明脯氨酸可以在渗透胁迫下对转基因植株起到保护作用并提高小麦渗透调节能力。将从拟南芥中克隆的 *P5CS* 基因转入马铃薯中，在高盐胁迫下转基因马铃薯表现出较高抗性，生长状况优于对照，并且检测到转基因植株在高盐诱导下脯氨酸有较高水平的积累，说明脯氨酸提高了转基因植株的抗盐能力。

6.4.3.8 甜菜碱代谢基因

甜菜碱通过防止生物大分子在高电解质浓度下变性维持细胞的膨压，提高植物的耐盐性。甜菜碱醛脱氢酶(betaine aldehyde dehydrogenase，BADH)是甜菜碱合成的一个关键酶。转 *BADH* 基因的豆瓣菜 BADH 酶活性明显提高，盐胁迫时与对照相比膜结构所受损伤较小，在 0.5% NaCl 培养基上能正常生长。胡萝卜是对盐胁迫较敏感的植物，当 NaCl 的浓度高于 20 mmol/L 后，盐浓度每增加 10 mmol/L 胡萝卜产量会减少 7%，利用转基因技术让胡萝卜细胞叶绿体基因组过表达 *BADH* 后植株耐盐能力明显升高可以在400 mmol/L NaCl 中生存。将 *BADH* 基因导入马铃薯，在 NaCl 和 PEG 胁迫下，转基因植株长势明显优于对照，在株高和单株重量等生理指标也是优于对照组，说明 *BADH* 基因的导入提高了马铃薯植株抗旱耐盐的能力。构建超表达载体将 *BADH* 基因和另外两个甜菜碱合成酶基因(*PEAMT* 和 *CMO*)同时转入拟南芥中，抗盐性实验表明转基因植株在 NaCl 25 mmol/L 的 1/2 MS 培养基生长良好，与对照相比优势明显。甜菜碱调控植物抗盐性已经成为一个研究热点。

6.4.3.9 多胺合成酶基因

多胺具有促进植物体生长发育和延迟衰老的作用，并与植物的抗逆性关系密切。多胺类化合物能减轻植物在逆境条件下叶绿素的损失，稳定类囊体膜组分，具体作用机理可能由于多胺化合物直接结合在膜上，阻止了膜脂氧化和膜蛋白降解。许多报道指出在胁迫环境下，植物体内多胺类水平及其合成酶活力增加，这种反应对于植物对抗逆境具有重要意义。*Odc*(小鼠鸟氨酸脱羧酶编码基因)是多胺合成的关键酶基因。将 *Odc* 转入胡萝卜细胞系并过量表达 *Odc* 基因，结果表明转基因细胞能够耐受盐胁迫和渗透胁迫的盐浓度明显增大。

6.4.3.10 蛋白激酶类基因

大量实验证实蛋白质磷酸化和去磷酸化过程在细胞信号识别与转导中起重要作用,而细胞信号识别与转导直接关系着植物体对环境变化的感应和对逆境信息的传递,在这个过程中蛋白激酶起着重要的作用。目前研究较为清楚的是钙依赖而钙调素不依赖的蛋白激酶(calcium dependentand calmodulin in dependent protein kinase,CDPK)。*CDPKs* 在植物体生长、发育和逆境等生理活动信号转导中发挥着重要作用,*CDPKs* 在植物抗逆性作用中的研究逐渐成为热点之一。玉米中受干旱和高盐胁迫诱导的启动子可以被原生质体中 *CDPK1* 和 *CDPK1a* 激活,而对照实验中去除 *CDPK1* 激酶区的突变体植株对胁迫没有反应。烟草中的 *NtCDPK4* 基因在高盐诱导下表达增多,表明 *NtCDPK4* 对于烟草在环境胁迫中发挥重要的作用。从水稻中克隆出了 29 个 *CDPK* 基因,有 4 个基因(*OsCPK6*,*OsCPK13*,*OsCPK17* 和 *OsCPK25*)对低温,高盐和干旱诱导。*AtCPK23* 也是 *CDPK* 蛋白激酶家族的一员,*AtCPK23* 基因超表达拟南芥转化体对干旱和高盐的耐受性提高,*AtCPK23* 可能是通过改变气孔的开闭来调节植物对干旱和高盐的响应。

类受体蛋白激酶(receptor-like protein kinases,RLKs)位于细胞膜上,具有感受外界刺激,参与胞内信号传递的功能。从拟南芥中克隆到的受体蛋白激酶基因 *RPK1* 受干旱,高盐及低温诱导。实验表明,干旱或高盐胁迫下,*RPK1* 的表达量逐步增强并在一定时间里保持稳定的高表达。该基因在低温诱导及脱落酸处理下也能快速表达。*CaMRP1* 是从辣椒中克隆的一种新的 *RLKs* 基因,该基因在拟南芥中过表达时明显提高了对高盐的耐受性并启动了对脱落酸反应的相关基因的表达。*StLRPK1* 是最近从马铃薯里发现的一种编码富含亮氨酸的受体蛋白激酶基因,该基因在花和幼叶中表达较多在其他组织中较少,检测发现在感染晚疫病(*phytophthora infestans*)的马铃薯叶片中发现该基因的 mRNA 表达,在 ABA、高盐等条件处理下该基因表达概况发生明显变化,提高了植物在胁迫环境下的生存能力。

6.4.4 纤维品质和产量相关基因

纤维品质相关基因依然是科学家关注的重要目标。作为曾经的纤维之王,棉纤维良好的吸湿性、舒适的手感,使其颇具优势。不过,它也有自身的缺点,比如说易皱,美国农业生活技术公司则针对这个缺点培育出带有外源基因的"不皱棉花"。外源基因来自能生产 PHB(聚羟基丁酸酯)聚合物的细菌,将这种细菌的基因导入棉花的细胞,生长出来的新棉花仍保留原有的吸水、柔软等性能,但其保温性、强度、抗皱性均高于普通棉纤维。因此,用这种"不皱棉花"制成的衬衫可免烫,从而消除使用甲醛抗皱剂对人体的影响。

棉花纤维和拟南芥表皮毛相似起源于胚珠表皮细胞,研究表明一些 *MYB* 家族的转录因子控制它们的形成过程。薛勇彪等分离出在发育起始时期的棉花胚珠纤维细胞表达的 55 个 *MYB* 家族转录因子,其中 *GhMYB109* 属于 *R2R3* 亚类,结构和拟南芥中控制表皮毛发育起始 *AtMYBGL1* 和 *AtWER* 蛋白的相似,并在棉纤维发育起始阶段特异表达,因此推测该基因在棉纤维的起始和伸长过程中扮演重要角色。表 6.4 是部分有应用潜力的纤维发育起始、伸长等相关的基因。

表 6.4 部分与纤维发育伸长有关基因

基因	功 能	参考文献
SusC	纤维素细胞次级壁合成	Brill et al,2011
GhKCH1	纤维细胞生长中协调微管和微丝的互作	Preuss et al,2004
GhWBC1	棉花纤维发育与伸长	Zhu et al,2003
GhXTH1-1	棉花纤维起始于伸长	Georgios Michailidis et al,2009
AtAPY1/2	棉花纤维细胞生长	GregClark et al,2010
GhExp1/2	棉花纤维伸长	Harmer et al,2002
GhPIP1-2,*GhγTIP1*	棉花纤维细胞扩展	Liu et al,2008
GhFLA6/14/15/18	棉花纤维发育	Huang et al,2008
GhCPK1	棉纤维伸长钙信号传递	Huang et al,2008
GhRLK1	棉纤维发育中的次生壁的形成	Li et al,2005
GhDET3	棉花纤维伸长	Xiao et al,2008

6.4.5 棉花内源基因的分离和应用

棉花基因组测序工作的迅速推进,使棉花内源新基因发掘已进入快速发展阶段。内源基因挖掘具有重要意义,必将推动棉花特征性的各种正常和逆境生理代谢机制的研究,为各类基因资源的应用奠定理论基础和技术基础。

6.5 转基因新技术

在棉花中,已利用的转基因材料主要通过农杆菌介导法、基因枪轰击法、花粉管通道法获得,近年来在转基因专项、863 等相关的资助下,叶绿体转化、多基因转化等技术的获得的材料也逐渐进入安全性评价阶段,假以时日,会在棉花分子育种大展身手。其相关内容在第四章已予以叙述,此处不再赘述。因为基因叠加等新技术尚在发展中,本文仅就其基本原理、操作流程、优缺点及棉花上的应用等主要方面予以简述。

6.5.1 基因叠加

中国农业科学院棉花研究所同中国科学院华南植物园开展了棉花的基因叠加的研究与应用。

目前将多个独立基因整合到一个基因组内的方法是通过传统育种手段来进行的。通过杂交选育可将不同研究者在不同时间利用不同方法所转化的基因整合到一个基因组内。该方法的缺点是随着转基因位点的增加,需要在越来越大的群体中才能找到稀有的同时含有期望转基因和其他优良非转基因性状组合的个体。直接将外源基因导入栽培种不需要通过育种手段即可直接用于生产，这样需要向位于世界各地的田间栽培品种重复导入同样的基因，并需要对每一次转基因事件进行鉴定和申请安全许可。如果能减少分离的转基因位点，那么将大大简化随后的基因渗入过程。实现这一目的可以通过在一个位点同时导入多个基因来进行，然而在需要加入新的基因时，使用该方法，需要重复转化已经转化的基因。同源重组系统或定点重组系统可以实现在一个已经转化的基因位点上加入新 DNA 的目的。这里我们将讨论基于特异性位点重组酶的基因叠加方法，以及通用型转基因操作系统的运用。该系统适用于不同研究者在不同时间利用不同方法获得转化的基因的整合。减少分离的转基因位点的一种解决方案将多个基因打包，使多基因导入成为一次性的转化事件。向转基因作物中再次导入新性状时，虽然这样有利于加速育种进程，但是仍然需要找到一个使得该基因包内所有基因都有一定表达量的转化体，而且要在整合后不容易发生 DNA 重排。但是这样的话，由于整合位点很可能位于不同位置，以前已经审查通过的性状(基因)又需要重新审查。尽管如此，对某些产品的研发，同时导入转基因性状可能是最符合逻辑的策略，比如耐除草剂和抗虫性状。因为导入抗虫基因需要共同转化一个筛选基因，耐除草剂基因既可以作为筛选标记又可作为农艺性状。

原则上通过特异性位点重组可以在转基因片段后面叠加基因，即按次序来排列东西。在植物体基因组特定位点定向导入 DNA，可以通过重组酶介导的基因打靶和同源重组依赖的基因打靶来实现。其中重组酶介导的方法通过引入重组酶来识别相应位点特异性重组系统的重组位点来实现(Ow，2002)。到目前为止，植物中广泛使用的重组系统有 Cre-lox(Albert et al，1995；Vergunst et al，1998)，FLP-FRT(Li et al，2009)，R-RS(Nanto et al，2005)，phiC31-att(Lutz et al，2004)和 Bxb1-att(Yau et al，2011)。每个系统都是由重组酶-重组位点命名。而基于同源重组的基因打靶方法，同源基因定向导入过程对宿主细胞具有依赖性。作物中，有人报道了水稻的实际的基因定向导入频率(Terada，2002)。引入经遗传工程改造的识别目标 DNA 的蛋白，该蛋白可以导致 DNA 双链断裂，结果显示由于 DNA 修复的启动而提高了基因的定向导入频率。锌指核酶(Shukla et al，2009；Townsend et al，2009)、核酸核酶(Yang et al，2009；Ga et al，2010)和 TAL 效应核酸酶(Christian et al，2010)可以有效地诱导位点特异性的基因定向导入。

基于同源重组和重组酶介导的基因打靶这两种方法各有优缺点。基于同源重组依的基因打靶，最大的优势是通过替换宿主基因可产生突变体(Yamauchi et al，2009；Curtin et al，2011)，这里的基因替代仅仅发生在预设的重组位点上，通过所谓的“盒式交换”的方式进行(Nanto et al，2009)。然而，重组酶介导的反应是精确的，且在双链断裂修复反应中常常涉及非保守性的 DNA 末端连接。然而在很多实际应用中，特别是基因功能敲除，末端连接过程足以产生预期的结果。

这两种方法在理论上都足以实现在已有的转化基因后面顺次叠加新 DNA 的目的。第一个重组位点可以通同源依赖的重组方法导入基因组，但未必是种优势。因为目前对植物基因组的认识并不能预测染色体的一个特定位置是如何影响新导入的 DNA 的。因此对于任一个方法，必须通过依赖经验筛选成百上千的随机整合事件，才能发现一个合适的整合位点。但是从叠加第二个基因起，因为不再需要设计序列特异的核酸酶，重组酶介导的方法会变得简单起来。另外重组酶介导的基因叠加优势还表现在可以解决引起社会关注的转基因食品的安全问题。

基本操作流程：重组酶介导的基因叠加方案至少需要两个重组系统。第一个系统催化不可逆反应，即重组酶系统。目前已研究出多个系统，发现基于 Bxb1-att 的基因叠加系统更具优势。对第二个系统，Cre-lox，FLP-FRT，或者 R-RS 都是适用的，因这些系统都可以催化特异性位点的切除和盒式交换反应。然而更多的研究是集中于 Cre-lox 系统在植物中的应用方面。特别是用于生成特定的包括染色体内重组在内的染色体重排（Qin et al，1994；Medberry et al，1995；Koshinsky et al，2000；Vergunst et al，2000）。这也是目前为止在美国商业品种中唯一使用的特异性位点重组系统。2006 年，美国解除了转基因高赖氨酸玉米 LY038 系的监管，其中的抗性基因卡那霉素是通过 Cre-lox 特异性重组系统删除（Ow，2007）。Cre-lox 定点重组系统在基因选择标记删除的应用，获得美国和其他六个国家监管部门的批准。据报道，Cre-lox 专利最近就会到期，基于上述因素，我们也选择 Cre-lox 用于新的转基因系统的开发。

与基因叠加特别相关的是，可以利用基因枪法转化用于位点特异性插入的环状质粒分子（Srivastava and Ow，2002）。利用基因枪法产生的转基因水稻系，大多数是单拷贝插入，而且转基因在后代中稳定表达（Chawla et al，2006）。这一结论与此前众多使用基因枪法导致在基因组中随机插入 DNA 的结果不同。他们经常发现多拷贝复杂模式整合，并经常会发生基因沉默。通过 Cre-lox 重组产生的有用的特异性位点整合，将整个环状分子载体导入基因组，促进了基因叠加的发展，而不像通过 T-DNA 整合，只有部分线性分子插入。另一个考虑是，期待康奈尔大学粒子轰击方法专利即将到期，届时可以自由使用。

6.5.2 TALEN 靶向基因敲除

TALEN（transcription activator-like effector nucleases）靶向基因敲除技术是一种崭新的分子生物学工具，现已应用于植物、细胞、酵母、斑马鱼及大、小鼠等各类研究对象。在国内，中国农业科学院棉花研究所同中国科学院、美国艾奥瓦州立大学正在合作开发该系统。

Xanthomonas TAL 蛋白核酸结合域的氨基酸序列与其靶位点的核酸序列有较恒定的对应关系。利用来自 Xanthomonas TAL 的序列模块，构建针对任意核酸靶序列的重组核酸酶，在特异的位点打断目标基因，敲除该基因功能。成功解决了常规的 ZFN 方法不能识别任意目标基因序列，以及识别序列经常受上下游序列影响识别特性的问题，使基因敲除变得简单方便。

基本原理与基因敲除步骤如下。

步骤一：TAL 靶点识别模块构建：TAL 的核酸识别单元为间隔 32 个恒定氨基酸序列的双连氨基酸。双连氨基酸与 A、G、C、T 有恒定的对应关系，即 NI 识别 A，NG 识别 T，HD 识别 C，NN 识别 G，非常简单明确。因此，欲使 TALEN 特异识别某一核酸序列（靶点），只需按照靶点序列将相应 TAL 单元串联克隆即可。目前，TALEN 系统利用 Fok1 的内切酶活性打断目标基因。因 FokI 需形成 2 聚体方能发挥活性，在实际操作中需在目标基因中选择两处相邻（间隔 17 碱基）的靶序列（一般十几个碱基）分别进行 TAL 识别模块构建。

步骤二：将（两个相邻）靶点识别模块（分别）克隆入真核表达载体，得到 TALEN 质粒对靶点识别模块串接成功后需克隆入真核表达载体中。此真核表达载体含有 TAL 的其他必需结构域并在 C 端融合有 Fok1 序列。

步骤三：将 TALEN 质粒对共转入细胞中实现靶基因敲除，TALEN 质粒对共转入细胞后，其表达的融合蛋白即可分别找到其 DNA 靶位点并与靶位点特异结合。此时，两个

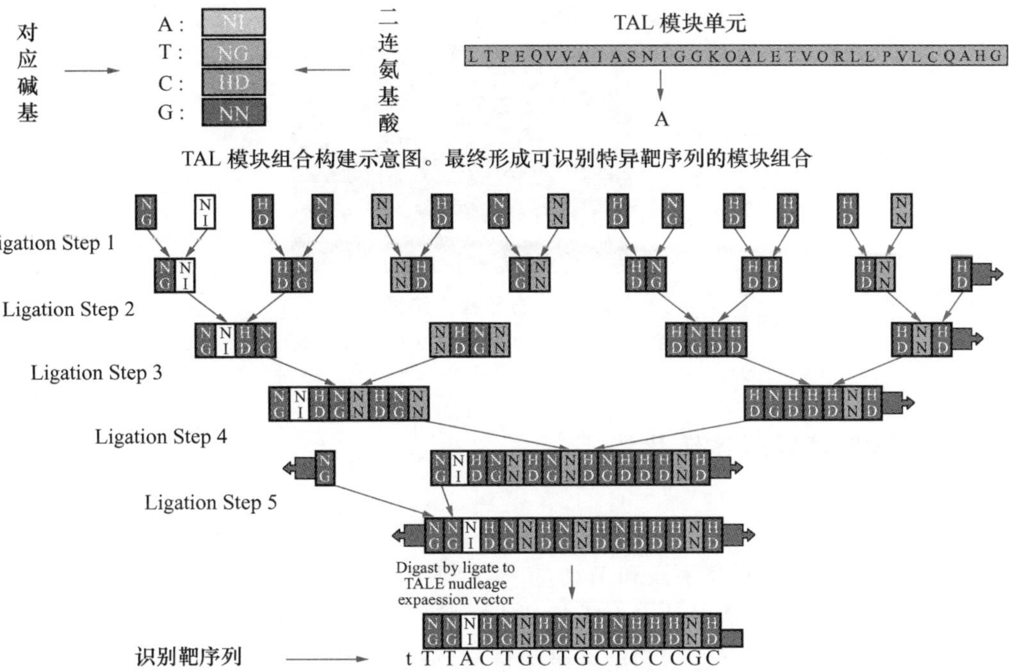

图 6.1(彩图 8) **TAL 模块构建示意图**

(引自生物器材网,http://www.bio-equip.com)

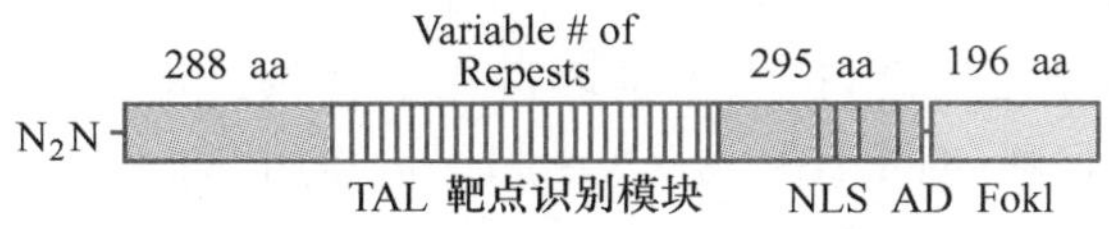

图 6.2(彩图 9) **TAL 载体示意图**

(引自生物器材网,http://www.bio-equip.com)

TALEN 融合蛋白中的 Fok1 功能域形成二聚体,发挥非特异性内切酶活性,于两个靶位点之间打断目标基因。诱发 DNA 损伤修复机制。由于在此修过程中总是有一定的错误率存在。在修复中发生错误的个体即形成目标基因敲除突变体。

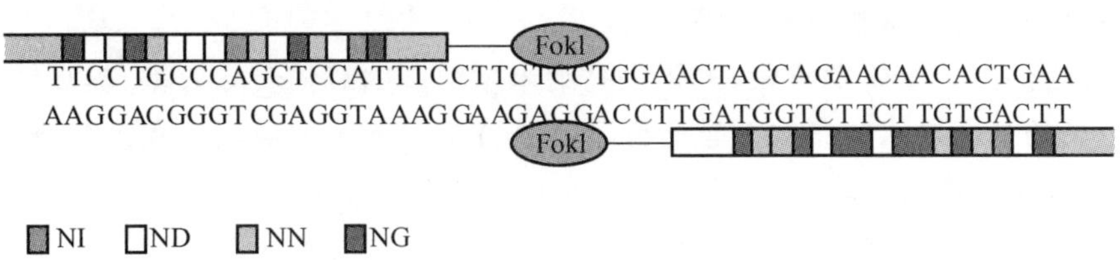

图 6.3 **敲除突变示意图**

(引自生物器材网,http://www.bio-equip.com)

步骤四:目标基因敲除突变体筛选确证:利用实验设计时挑选的,位于相邻靶位点之间的特异性内切酶位点,可进行 PCR 产物酶切鉴定以筛选发生目标基因敲除的突变个体。

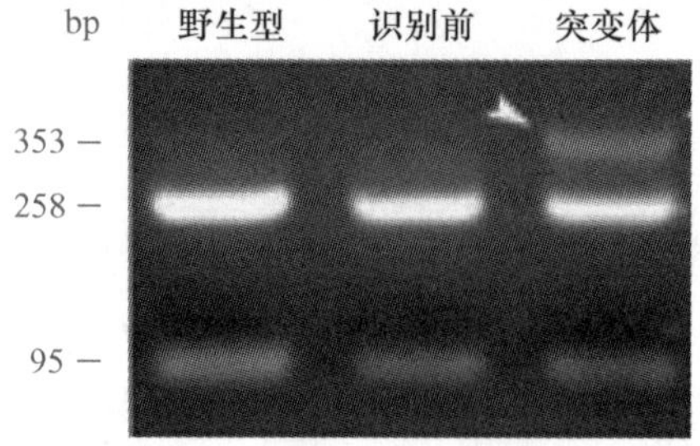

图 6.4 分子检测结果

（引自生物器材网，http://www.bio-equip.com）

6.5.3 纳米基因载体转化法

纳米技术（nanotechnology）是 20 世纪 90 年代发展起来的一项高新技术，纳米技术在生物技术中作为一种全新的研究手段和工具，拓宽了研究者认识生命规律并改造生命的视野，成为生物技术新的研究热点，纳米技术在生物技术中的应用，给基因工程的发展和应用带来新的契机。其原理是，当聚合物微粒达到纳米级数量后，分子的特性会发生很大的变化，主要表现在表面效应和体积效应方面，表面效应指超细微粒的表面原子数和总原子数之比随着粒径变小而急剧增大，表面原子的晶场环境与结合能与内部原子不同，因缺少相邻原子呈现不饱和状态，具有很大的活性，表面能大大增加，易与其他原子结合变稳定。一个纳米颗粒载体可以包含大量的 DNA 或 RNA，稳定性高，扩大了基因进入受体细胞的几率。纳米载体的第二个优点是，可选择适当的外壳材料，对 DNA 或 RNA 起保护作用，防止酶的降解。

纳米颗粒基因载体的构建：作为基因载体或检测用的纳米颗粒主要是核壳型的。整个制备过程涉及核壳型纳米颗粒成核技术、纳米颗粒包壳技术、核壳纳米颗粒表面生物分子修饰技术等几个关键技术。何晓晓等制备四氧化二铁的胶体溶液的基础上，采用油包水形成微乳液，与正硅酸乙酯水解产物共聚制备硅壳磁性纳米颗粒。所制备的纳米颗粒硅基外壳上含有羧基、羟基、氨基等活性基团，可通过化学键合的方法将 DNA，酶、抗体、抗癌药物、刀豆球蛋白等生物分子和一些吸附剂连接到磁性纳米颗粒上。主要包括阳离子高分子基因载体、壳聚糖及其衍生物类载体、无机纳米颗粒载体等。

目前该方法仍然处于研发阶段，需要提高纳米颗粒基因载体转导效率、提高纳米颗粒的靶向性、外加磁场的基因导入的参数配置研究等。该方法目前主要应用于免疫检测等，在棉花上转基因研究正处于起始阶段。

6.6 棉花分子设计育种

6.6.1 目前分子育种中存在的主要问题

在棉花数量性状的 QTL 定位研究中，前期主要以陆海杂交的种间群体为主，且种间图谱已趋近饱和，但由于棉花育种一般都使用陆地棉种内杂种，棉花种间图谱在育种中的作用很小。近年来，随着在棉花中开发的分子标记日渐增多，以陆地棉种内图谱为基础的棉花产量与纤维品质性状的 QTL 定位研究逐渐受到重视，许多重要性状的分子标记已经获得。但仍存在着不少的问题，主要有：①经济适用的分子标记仍然缺乏，陆地棉种内遗传图谱的覆盖率仍比较低，标记密度远未达到饱和的水平，QTL 定位的精度较差；②棉花的产量与纤维品质等重要性状的 QTLs 遗传机理有待进一步明确，已获得的目标重要性状 QTL 的数目、位置、效应，QTL 间的上位性效应，QTL 与环境的互作，QTL 的一因多效性等仍需要进一步阐明；③多环境、多遗传背景共同定位 QTL 的研究较少，导致了 QTL 定位结果可靠性较低，难以应用于分子标记辅助育种；④棉属野生资源优异性状基因尚未有效挖掘等问题；⑤由于主要产量性状与纤维品质性状的负相关，难以同时对产量和纤维品质性状 QTL 进行同步筛选，达到产量与纤维品质同步改良的目的。

在棉花基因工程创制新材料方面，目前存在转化效率低，基因型限制等关键瓶颈需要打破；有育种利用价值的基因较少等问题；转基因与分子标记相结合的高效分子聚合育种体系平台尚未建立；高产、优质、多抗、高效等具有突破性的品种少。棉花上应用的转基因新技术，主要为基因叠加、TALEN 靶向操作、纳米基因载体转化法等，其应用总体而言要比水稻稍微延后，领先于其他作物。这是因为水稻可视为作物中的“模式作物”，相关研究基础好，遗传背景相对简单，潜在应用价值大。对棉花来说，限制因素主要为相关的研究基础相对薄弱，包括基因组测序及生物信息学等，遗传背景复杂等。但由于棉花的转基因商业化的成功、转基因安全性相对较好、民众接受程度高等原因，今年来棉花的转基因新技术的应用与研发还处于较理想的地位，但如果相关研发者掉以轻心，将极大可能被玉米、小麦等作物取代。

6.6.2 棉花分子育种的发展方向

随着新一代测序技术的发展，主要农作物(水稻、玉米、黄瓜、白菜、马铃薯、番茄等)全基因组测序已经完成，水稻、玉米等重要农作物的基因组设计育种研究已经开展(苏岩等，2010；王益军等，2010)。目前，我国已经完成陆地棉二倍体供体种雷蒙德氏棉(D 组)全基因组测序(王益军等，2012)，开展陆地棉全基因组测序和基因组设计育种的时机已经成熟，将基因组学研究结果系统应用到棉花种质资源的遗传多样性、基因挖掘及功能基因研究与利用，并在全基因组水平上开发快捷的分子育种工具，将分子标记辅助选择技术、转基因技术和常规育种技术进行有效集成，建立优质高产多抗高效等多性状同步改良的分子设计聚合育种技术平台，实现全基因组水平上的棉花分子设计育种，整体提升棉花育种选择效率；对转基因导入的优质、高产、多抗等重要性状基因与棉花基因组本身的主效 QTL 进行同步聚合，打破优质、高产、多抗性之间的负相关，有望将优质、高产、多抗等多个性状聚合到棉花主栽品种和有苗头的品系中，创制出具有突破性的棉花新品系(品种)。

6.6.3 棉花分子育种未来发展任务

6.6.3.1 棉花基因组学研究

以棉花种质资源为基础，开展基因组测序和重测序，获得棉属重要野生种和栽培种标准系的精细物理图谱;对核心种质和骨干亲本的重要发育阶段进行转录组测序和基因芯片分析,挖掘优异棉花基因资源和优异种质资源的基因表达模式。其具体内容为:

(1)在目前棉花全基因组测序进展的基础上,开发大量 EST-SSR 及 SNP 标记,构建棉属重要野生种和标准系高密度遗传连锁图谱。

(2)棉花重要野生种、栽培种标准系全基因组序列分析,构建全基因组精细物理图谱。

(3)棉花重要野生种、核心种质资源、骨干亲本、强优势组合等的重测序;开发新的、稳定的 SSR 和 SNP 等覆盖全基因组的新型标记。

(4)构建棉花全基因组芯片,棉花重要野生种、核心种质资源、骨干亲本、强优势组合等重要发育阶段的转录组测序和基因芯片分析,挖掘优异棉花种质资源基因表达模式。

(5)借助生物信息学工具,汇集棉花以及水稻等模式植物高产优质多抗性状遗传研究结果,挖掘棉花优异性状基因资源,发掘高产优质多抗重要性状分子靶位点。

6.6.3.2 棉花基因组分子设计育种

解析棉花高产优质多抗的分子靶点,研究这些分子靶点与农艺性状之间的遗传互作效应,以及分子靶点基因及其产物的表达调控规律,揭示棉花主要性状的遗传机理;建立高效基因组分子设计和多基因聚合育种的理论和方法;培育具有重要应用前景的优异育种新材料,同时创制有育种价值的高产优质多抗新品种(系)。其具体内容为:

(1)高产优质多抗等重要性状分子靶点的发掘

①构建关联分析群体:在充分研究现有棉花种质资源的基础上,筛选在高产优质多抗上有广泛变异的种质资源,利用 SSR、SNP 等标记进行遗传背景结构分析,各选取具有独立来源的材料构建关联分析的基础群体。

②全基因组扫描关联分析确定重要高产优质多抗性状形成相关的基因/QTL 及其染色体区段:对关联分析群体进行多年、多点的产量和品质性状表现型鉴定,采用棉花基因组序列信息,开发稳定的 PCR 引物 20 000 对以上,对每个群体材料进行全基因组扫描分析。通过关联分析,确定变异与性状的相互关系,发掘控制高产优质多抗性状的基因/QTL 位点。

③应用比较基因组学进行高产优质多抗性状基因/QTL 的定位:充分利用水稻等模式植物现有的研究成果,对棉花高产优质多抗性状基因/QTL 位点进行比较遗传学分析,阐明决定棉花产量、优质和多抗性状的基因位点的共线性关系,由此获得相关的基因/QTL 位点。

④高产优质多抗基因/QTL 的精细定位和分子靶点验证:通过关联分析、QTL 分析和比较基因组学分析获得大量控制高产优质多抗性状基因/QTL 位点。利用染色体片段渗入系、高世代回交群体等开展精细定位,将目标基因/QTL 限定在少数几个候选基因范围内。通过回交转育的方法,把候选分子靶点导入其他优良遗传背景,验证分子靶点的真实性和育种价值。

⑤高产优质多抗紧密连锁标记和功能标记的开发:对重要高产优质性状分子靶点基因组区段进行序列分析,挖掘紧密连锁的分子标记;对功能明确的基因,开发相关性状的功能标记。

(2)高产优质多抗重要靶点基因/QTL 克隆和作用机理

①图位克隆法分离功能基因:在精细定位的基础上,对关键重组体进行基因/QTL 的遗传效应分析,利用基因组大片段 BAC 库或长距离 PCR 的方法分离控制高产优质多抗等性状的候选基因,通过转基因功能互补验证和 RNAi 干扰等方法确定功能基因。

②反向遗传学方法克隆功能基因：利用 T-DNA 插入、转座子标签等方法建立突变体库，根据所研究的高产优质多抗性状筛选相应的突变体，分离插入位点的侧翼和突变位点，建立侧翼序列、突变位点和变异性状的共分离关系，通过转基因功能互补的方法或查找独立突变体的方法确定功能基因。

③候选基因途径克隆功能基因：利用水稻等模式植物已克隆的高产优质性状功能基因，基于基因组序列的共线性关系，分离棉花相关的高产优质基因。

④功能基因结构和作用机理分析：对已经获得的控制棉花高产优质多抗重要性状功能基因或者基因家族进行结构、表达、调控、代谢、作用机理等方面展开深入系统的分析。

(3)高产优质多抗性状关键位点间的互作效应

①高产优质多抗性状重要靶点的遗传互作：选用所筛选到的重要高产优质性状分子靶点在同一遗传背景下的导入系或近等基因系，通过靶点间的相互杂交，将相关的靶点聚合在一起，通过观察其表现型，研究分子靶点间的遗传互作效应。

②高产优质多抗性状的基因和表达谱分析：对已确定重要性状形成基因或候选基因，利用 Northern 和 Real-time PCR 进行全生育期基因表达谱的研究；利用基因芯片、转录组测序手段测定高产优质多抗性状形成过程中全基因组表达谱的动态变化。通过分子生物学和生物信息学手段，鉴定与高产优质基因相互作用的上游和下游调控基因，阐明影响基因表达过程的调控因子及作用元件。

③高产优质多抗性状遗传与环境的互作：通过遗传交配设计，揭示在不同遗传背景、不同环境条件下高产优质多抗基因/QTL 位点间的互作及与性状与环境的互作关系，为基因组分子设计育种奠定基础。

(4)高产优质多抗育种新材料的创制

以高产优质多抗的棉花自交系为材料，在回交和聚合杂交转育中应用全基因组分子标记辅助选择，创建高产优质多抗近等基因系或渗入系，聚合不同来源、不同类型的目标功能基因，同步改良和提高纤维品质、产量和抗病虫等主要性状，筛选获得遗传基础优良并聚合有多个优良性状基因位点适于不同生态区种植的优质、高产、多抗、高效棉花聚合育种新材料、新品种。

6.6.4 分子育种技术平台的建立

6.6.4.1 建立数据库

整合棉花和模式物种的基因组数据、重要农艺性状遗传研究的结果、生物信息学方法和软件等数据，组建棉花基因组分子设计育种平台，实现棉花基因组分子设计育种的实时更新与共享；

6.6.4.2 转基因技术创新

改良棉花转基因技术体系，建立无基因型限制的棉花农杆菌介导转化体系。在此基础上，建立和改良新的转基因技术体系：多基因转化、叶绿体转化、无选择标记转化等转基因新技术。以这些转基因技术为基础，改良棉花转基因技术平台，大量验证候选基因，获得批量转基因材料，通过田间试验，培育出具有育种价值的转基因材料。

6.6.4.3 开发重要分子设计育种软件

针对棉花基因组分子设计育种的理论模型和方法体系，开发相应的计算机软件，用于基因组分子设计育种实践；

6.6.4.4 构建高产优质多抗性状目标基因型的分子设计与用于基因聚合的亲本组配技术

从分散在不同亲本材料中的大量目标基因（靶点）设计目标基因型，并研究制定基因聚合最佳组配方案的技术。目标基因型包括纯系和杂种，聚合包括性状内基因和性状间基因的聚合。

6.6.4.5 基因组分子设计育种技术

研究聚合杂交、回交、互交并结合分子标记辅助选择在基因组分子设计育种的效果；研究同一目标性状内多位点优良等位基因聚合和不同性状间多位点优良等位基因聚合的方法与技术；研究高产优质多抗分子育种的背景选择方法与技术。

6.6.4.6 建立基因组分子设计育种的理论和方法体系

通过实验和模拟建立优化分子标记辅助亲本选配和后代选择策略，组装结合前景选择和背景选择的全基因组水平上的实用性强的棉花高产、优质、多抗等重要性状多基因聚合育种技术体系，完善分子设计育种和常规育种相结合的育种程序，进而探索建立突破高产优质多抗等目标性状的分子育种理论与技术体系，实现分子设计育种目标，使传统育种向高效、精确、定向化育种发展。

主要参考文献

[1]蔡彩平. 四倍体栽培棉种高密度遗传图谱的构建及应用. 南京：南京农业大学，博士学位论文，2009.

[2]陈丹. 二倍体 D 组棉种染色体特异 BAC 克隆的筛选和应用. 武汉：华中农业大学，硕士学位论文，2009.

[3]陈峰，韩成云，任春梅. 植物 WRKY 转录因子的分子生物学功能. 湖南农业科学，2010，19：30-33.

[4]陈观水，周以飞，林生，等. 甘薯 NBS 类抗病基因类似物的分离与序列分析. 热带亚热带植物学报，2006，14：359-365.

[5]陈丽萍，何道一. 植物抗旱耐盐基因的研究进展. 基因组学与应用生物学，2010，29：542-549.

[6]陈旭升，狄佳春，许乃银，等. 陆地棉超矮秆突变性状质量遗传规律分析. 遗传，2007，29：471-474.

[7]程林梅，孙毅，任永玲. 转基因耐盐植物研究进展. 生物技术通报，2007，1：24-27.

[8]代培红,孟志刚,罗淑萍,等.棉花线粒体基因组细菌人工染色体文库的构建.新疆农业大学学报,2007,4:57-62.

[9]高玉龙,郭旺珍,王磊,等.海岛棉抗病基因类似物与防卫基因类似物的分离及特征分析.中国科学(C辑),2006,36:97-108.

[10]缑金营.棉花纤维发育研究:表达谱和代谢谱分析.上海:中国科学院上海生命科学研究院,博士学位论文,2006.

[11]郭春燕,詹克慧.蛋白质组学技术研究进展及应用.云南农业大学学报,2010,25(4):583-591

[12]郭三堆.植物BT抗虫基因工程研究进展.中国农业科学,1995,28:8-13.

[13]何大澄,肖雪媛.差异蛋白质组学及其应用.北京师范大学学报(自然科学版),2002,38(4):558-562.

[14]何鉴星,孙传渭,姜茹琴,等.棉花矮化突变体的遗传分析.遗传学报,1996,23:397-402.

[15]侯文胜,郭三堆,路明.利用转基因技术进行植物遗传改良.生物技术通报,2002,1:10-15.

[16]贾士荣.我国棉花基因工程的研究进展.中国农业科技导报,2000,2:18-20.

[17]江媛,俞嘉宁,姚艳玲,等.棉花叶绿体基因组的研究进展.棉花学报,2010,22:495-500.

[18]金慧,栾雨时.转录因子在植物抗病基因工程中的研究进展.中国生物工程杂志,2010,30:94-95.

[19]孔凡金,李俊文,龚举武,等.不同遗传背景下陆地棉衣分和子指性状QTL定位.中国农学通报,2011,27:104-109.

[20]乐锦华,祝建波,崔百明,等.利用目的基因转化技术培育棉花抗病新品种.石河子大学学报(自然科学版),2002,6:173-178.

[21]李付广.价转基因抗虫棉的获得及其抗虫性与生理生化特征.北京:中国农业科学院,博士学位论文,2003.

[22]李晶,梁爱华,吴家和.抗虫基因及其在转基因棉花中的应用.安徽农学通报,2009,15:40-52.

[23]李朋波,薛龙飞,王彦霞,等.雷蒙德氏棉叶绿体基因组Fosmid文库构建.棉花学报,2011,23:10-14.

[24]李银心,常风启,杜立群,等.转甜菜碱醛脱氢酶基因豆瓣菜的耐盐性.植物学报,2000,42:480-484.

[25]林忠旭,张献龙,聂以春,等.棉花SRAP遗传连锁图构建.科学通报,2003,48:1676-1679.

[26]刘俊君,黄绍兴,彭学贤.耐盐双价转基因烟草的研究.生物工程学报,1996,11:381-384.

[27]刘坤.海岛棉ERF家族B3和B1亚组转录因子基因的克隆与特征研究.北京:中国农业科学院,博士学位论文,2011.

[28]刘彦峰,刘英,李娜.植物抗病基因工程的研究进展及前景展望.生物技术通报,2005,

5:7-10.

[29]罗达.中国科学家在棉花纤维发育研究领域取得最新进展.分子植物育种,2006,51:1-3.

[30]罗敏,朱友林,余潮,等.植物抗病基因的克隆及其结构与功能.遗传,2000,6:429-433.

[31]罗赛男,杨国顺,石雪晖,等.转录因子在植物抗逆性上的应用研究.湖南农业大学学报(自然科学版),2005,31:219-223.

[32]罗晓丽,肖娟丽,王志安,等.菠菜甜菜碱醛脱氢酶基因在棉花中的过量表达和抗冻耐逆性分析.生物工程学报,2008,24:1464-1469.

[33]祁云霞,刘永斌,荣威恒.转录组研究新技术:RNA-Seq 及其应用.遗传,2011,33:1191-1202.

[34]宋美珍,杨兆光,范术丽,等.一个短季棉芽黄基因型的鉴定及生理生化分析.中国农业科学,2011,44:3709-3720.

[35]苏岩,钱前,曾大力.水稻分子设计育种的现状和展望.中国稻米,2010,16:5-9.

[36]唐灿明,闵留芳,张天真,等.海 1 无腺体性状遗传基因 *Gl2* 与 *Gl1* 间的互作.棉花学报,1996,8:138-140.

[37]万晶宏,贺福初.蛋白质组技术的研究进展.科学通报,1999,44:904-911.

[38]王丹.棉花叶片衰老相关基因的数字化表达谱分析.杨凌:西北农林科技大学,硕士学位论文,2011.

[39]王刚.棉花幼苗盐胁迫条件下 Solexa 转录组测序结果的分析及验证.泰安:山东农业大学,硕士学位论文,2011.

[40]王慧中,黄大年,鲁瑞芳,等.转 *mtlD/gutD* 双价基因水稻的耐盐性科学通报.2000,45:724-728.

[41]王均华,苏波,马冲,等.植物抗旱基因工程研究进展.生物技术通报,2008,1:20-24.

[42]王省芬,郑拥民,马骏,等.高纤维强力棉花种质系苏远 7235BAC 文库的构建.棉花学报,2006,18:200-203.

[43]王文生.Pima90-53 细菌人工染色体(BAC)文库构建及抗黄萎病相关基因筛选.保定:河北农业大学,硕士学位论文,2006.

[44]王益军,孙萍,邓德祥,等.玉米关联分析与品种分子设计.玉米科学,2010,18:9-13,18.

[45]王志兴,刘昱辉,孙敬三,等.葡萄糖氧化酶基因的克隆及其在转基因烟草中的表达.自然科学进展,2003,13:248-252.

[46]尉万聪,薛照辉,高武军,等.植物抗病反应中的信号物.世界农业,2000,13:33-34.

[47]吴家和,张献龙,罗晓丽,等.转几丁质酶和葡聚糖酶基因棉花的获得及其对黄萎病的抗性.遗传学报,2004,31:183-188.

[48]杨柳,张振乾,宋继金,等.植物抗逆基因研究进展.作物研究,2010,24:126-129.

[49]杨勤忠,杨佩文,王群,等.水稻抗病基因同源序列的克隆及测序分析.中国水稻科学,2001,15:241-247.

[50]殷剑美,武耀廷,张军,等.陆地棉产量性状 QTL 的分子标记及定位.生物工程学报,

2002,18:162-166.

[51]殷剑美,武耀廷,朱协飞,等.陆地棉产量与品质性状的主基因与多基因遗传分析.棉花学报,2003,15:67-72

[52]殷剑美.棉花胞质雄性不育恢复基因的精细定位和物理作图.南京:南京农业大学,博士学位论文,2005.

[53]于惠敏.植物的叶绿体基因组.植物生理学通讯,2001,5:483-488.

[54]于霁雯.短季棉遗传多样性分析及其重要农艺和经济性状的QTL定位.武汉:华中农业大学,博士论文,2006.

[55]于晓红,朱勇清,卢山,等.陆地棉徐-142种子无毛突变体的比较研究.SCIENCE IN CHINA (Series C),2010:517-522.

[56]喻树迅,郭香墨,邢朝柱.我国棉花现代育种技术应用与育种展望(上).中国农业信息,2008,3:19-22.

[57]喻树迅,郭香墨,邢朝柱.我国棉花现代育种技术应用与育种展望(下).中国农业信息,2008,4:16-18.

[58]袁有禄,靖深蓉,张天真,等.陆地棉显性无腺体指示性状的杂种优势利用研究.种子,1997,6:15-17.

[59]张超.棉花矮化突变体AS98的遗传及基因表达差异研究.雅安:四川农业大学,博士学位论文,2006.

[60]张建国,何彩云,段爱国,等.植物热激蛋白研究进展.福建林学院学报,2005,25:187-192.

[61]张金发,孙济中,吴征彬,等.棉花对朱砂叶螨抗性的鉴定和机制研究.植物保护学报,1993,20:156-161.

[62]赵广荣,刘进元.棉纤维形态建成研究的新进展.棉花学报,2002,14:121-125.

[63]赵国红,王晟,贾银华,等.杜雄明cDNA芯片筛选亚洲棉短绒分化发育相关基因.中国农业科学,2010,43:430-437.

[64]赵中秋,郑海雷,张春光.植物抗病的分子生物学基础.生命科学,2001,13:135-138.

[65]甄艳,施季森.质谱技术在蛋白质组学研究中的应用.南京林业大学学报(自然科学版),2011:103-110.

[66]郑拥民,王省芬,马峙英,等.高产优质抗病棉花品种中棉所12号细菌人工染色体(BAC)文库构建.河北农业大学学报,2004,27:17-20.

[67]左开井,孙济中,张献龙,等.利用RFLP、SSR和PAPD标记构建陆地棉分子标记连锁图.华中农业大学学报,2000,19:190-193.

[68]Afifi A,Bary A A,Kamel S A,et al. Bahtim 110,a new strain of Egyptian cotton free from gossypol. Emp Cot Grow Rew,1966,43:112-120.

[69]Al-Ghazi Yves,Bourot Stéphane,Arioli Tony,et al. Transcript Profi ling During Fiber Development Identifies Pathways in Secondary Metabolism and Cell Wall Structure That May Contribute to Cotton Fiber Quality. Plant Cell Physiol,2009,50:1364-1381.

[70]Arpat A B,Waugh M,Sullivan P J,et al. Functional genomics of cell elongation in developing cotton fibers. Plant Molecular Biology,2004,54:911-929.

[71]Blake C. Meyers, Alexander Kozik, Alyssa Griego, et al. Genome-Wide Analysis of NBS-LRR-Encoding Genes in Arabidopsis. The Plant Cell, 2003, 15:809-834.

[72]Brill E, van Thournout M, White RG, et al. A novel isoform of sucrose synthase is targeted to the cell wall during secondary cell wall synthesis in cotton fibre. Plant Physiology Preview, 2011, as DOI:10. 1104/ pp. 111. 178574.

[73]Brubaker C L, Paterson A H, Wendel J F. Comparative genetic mapping of allotetraploid cotton and its diploid progenitors. Genome, 1999, 42:184-203.

[74]Brubaker C L, Wendel J F. Reevaluating the origin of domesticated cotton (*Gossypium hirsutum*: *Malvaceae*) using nuclear restriction fragment length polymorphisms (RFLPs). American J Botany, 1994, 81:1309-1326.

[75]Chaudhary B, Hovav R, Rapp R, et al. Global analysis of gene expression in cotton fibers from wild and domesticated *Gossypium barbadense*. Evolution & Dvelopment, 2008, 10:567-582.

[76]Clark G, Torres J, Finlayson S, et al. Apyrase (nucleoside triphosphate diphosphohydrolase) and extracellular nucleotides regulate cotton fiber elongation in cultured ovules. Plant Physiology, 2010, 152:1073-1083.

[77]Desai A, Chee D P, Rong J K, et al. Chromosome structural change in diploid and tetraploid A genomes of *Gossypium*. Genome, 2006, 49:336-34.

[78]Dixon M S, Jones D A, Keddie J S, et al. The tomato Cf-2 disease resistance locus comprises two functional genes encoding leucine-rich repeat proteins. Cell, 2001, 84:451-459.

[79] Ellis J, Dodds P, Pryor T. Structure, function and evolution of plant disease resistance genes. Current Opinion in Plant Biology, 2000, 3:278-284.

[80]Encinas-Villarejo S, Maldonado A M, Amil-Ruiz F, et al. Evidence for a positive regulatory role of strawberry (*Fragaria x ananassa*) FaWRKY1 and Arabidopsis At WRKY75 proteins in resistance. Journal of Experimental Botany, 2009, 60:3043-3065.

[81]Fukuoka S, Mizobuchi R, Saka N, et al. A multiple gene complex on rice chromosome 4 is involved in durable resistance to rice blast. Theoretical and Applied Genetics, 2012.

[82] Georgios Michailidis, Anagnostis Argirioua, Nikos Darzentas, et al. Analysis of xyloglucan endotransglycosylase/hydrolase (XTH) genes from allotetraploid (*Gossypium hirsutum*) cotton and its diploid progenitor sex pressed during -ber Elongation. Journal of Plant Physiology, 2009, 166:403-416.

[83]Gou J, Wang L, Chen S , et al. Gene expression and metabolite profiles of cotton fiber during cell elongation and secondary cell wall synthesis. Cell Research, 2007, 17:422-434.

[84]Guo W, Cai C, Wang C, et al. A Microsatellite-Based, Gene-Rich Linkage Map Reveals Genome Structure. Function and Evolution in *Gossypium*. Genetics, 2007, 176:527-541.

[85] Guo W, Cai C, Wang C, et al. A preliminary analysis of genome structure and composition in *Gossypium hirsutum*. BMC Genomics, 2008, 9:314.

[86]Harmer S E, Orford S J, Timmis J N. Characterisation of six α-expansin genes in *Gossy pium hirsutum* (upland cotton). Mol Genet Genomics, 2002, 268:1-9.

[87]Hawkins J S, Kim H, Nason J, et al. Differential lineage-specific amplification of transposable elements is responsible for genome size variation in *Gossypium*. Genome Research, 2006, 16: 1252-1261.

[88]He D, Lin Z, Zhang X, et al. Mapping QTLs of traits contributing to yield and analysis of genetic effects in tetraploid cotton. Euphytica, 2005, 144: 141-149.

[89]Hendrix B, Stewart J M. Estimation of the nuclear DNA content of *Gossypium* species. Annales Botunical, 2005, 95: 789-797.

[90]Higashi K, Ishiga Y, Inagaki Y, et al. Modulation of defense signal transduction by flagellin-induced WRKY41 transcription factor in *Arabidopsis thaliana*. Mol Genet Genomics, 2008, 279: 303-312.

[91] Hmida-Sayari A, Costa A, Leone A, et al. Identification of salt stress-induced transcripts in potato leaves by cDNA-AFLP. Mol Biotechnol, 2005, 30: 31-40.

[92]Hovav R, Udall J, Hovav E R, et al. A majority of cotton genes are expressed in single-celled fiber. Planta, 2008, 227: 319-329.

[93]Huang G Q, Xu W L, Gong S Y, et al. Characterization of 19 novel cotton FLA genes and their expression profiling infiber development and in response to phytohormones and salt stress. Physiologia Plantarum, 2008, 134: 348-359.

[94]Huang Q S, Wang H Y, Gao P, et al. Cloning and characterization of a calcium dependent protein kinase gene associated with cotton-ber development. Plant Cell Rep, 2008, 27: 1869-1875.

[95]Ibrahim R I H, Azuma J I, Sakamoto M. Complete nucleotide sequence of the cotton (*Gossypium barbadense* L.) chloroplast genome with a comparative analysis of sequences among 9 dicot plants. Genes & genetic Systems, 2006, 81: 311-321.

[96]Iyer A S, McCouch S R. The rice bacterial blight resistance gene xa5 encodes a novel form of disease resistance. Mol Plant Microbe Interact, 2004, 17: 1348-1354.

[97]Ji S J, Lu Y C, Feng J X, et al. Isolation and analysis of genes preferentially expressed during early cotton fibre development by subtractive PCR and cDNA array. Nucleic Acids Research, 2003, 31: 2534-2543.

[98]Jiang C X, Wright R J, El-Zik K M Paterson. Polyploid formation created unique convenues for response to selection in *Gossypium* (cotton). Proceedings of the National Academy of Sciences, 1998, 95: 4419-4424.

[99]Jiang C X, Wright R J, Woo S S, et al. QTL analysis of leaf morphology in tetraploid *Gossypium*(cotton). Theoretical and Applied Genetics, 2000, 100: 409-418.

[100]Kang L, Han M, Zhang C. Comparative proteomic analysis reveals the mechanisms governing cotton fiber differentiation and initiation. J Prot, 2012, 75: 845-856.

[101]Kishor P, Hong Z, Miao GH, et al. Overexpression of δ-Pyrroline-5-Carboxylate synthetase increases proline production and confers osmotolerance in transgenic plants. Plant Physiol, 1995, 108: 1387-1394.

[102]Kohel R J, Lee J A. Genetic analysis of Egyptian glandless seeds cotton. Crop

Science,1984,24:1119-1121.

[103]Kumar S,Dhingra A,Daniell H. Plastid-expressed betaine aldehyde dehydrogenase gene in carrot cultured cells, roots, and leaves confers enhanced salt tolerancel. Plastid-expressed betaine aldehyde dehydrogenase gene in carrot cultured cells, roots, and leaves confers enhanced salt tolerance. Plant Physiology,2004,136:2843-2854.

[104]Lacape J M,Nguyen T B,Brigitte C,et al. QTL analysis of cotton quality using multiple *gossypium hirsutum* × *gossypium barbadense* backcross generations. Crop Science, 2005,45:123-140.

[105]Lacape J M,Nguyen T B. Mapping quantitative trait loci associated with leaf and stem pubescence in cotton. Journal of Heredity,2005,96:441-444.

[106]Lai Z, Vinod K, Zheng Z, et al. Roles of Arabidopsis WRKY3 and WRKY4 transcription factors in plant responses to pathogens. BMC Plant Biology,2008,8:68.

[107]Lee J J,Hassan O S ,Gao W,et al. Developmental and gene expression analyses of a cotton naked seed mutant. Planta,2006,223:418-432.

[108]Lee S,Kaittanis C,Jansen R,et al. The complete chloroplast genome sequence of *Gossypium hirsutum*:organization and phylogenetic relationships to other angiosperms. BMC Genomics,2006,7:61.

[109]Lin L,Pierce G J,Bowers J E,et al. a physical map of a D-genome cotton species map of a D-genome cotton species(*Gossypium raimondii*). BMC Genomics,2010,11:395.

[110]Lin Z X,He D H,Zhang X L,et al. Linkage map construction and mapping QTL for cotton fiber quality using SRAP,SSR and RAPD. Plant Breeding,2005,124:180-187.

[111]Lin Z X,Zhang X L,Nei Y C,et al. Construction genetic linkage map for cotton based on SRAP. Chinese Sci Bull,2003,48:2063-2067.

[112]Liu D Q, Tu L L, Wang L L, et al. Characterization and expression of plasma and tonoplast membrane aquporins in elongating cotton -bers. Plant Cell Report,2008,27:1385-1394.

[113]Liu J L,Liu X L,Dai L Y,et al. Recent progress in elucidating the structure,function and evolution of disease resistance genes in plants. Journal of Genetics and Genomics,2007,34:765-776.

[114]Lozano R,Ponce O,Ramirez M,et al. 20 Genome-wide identification and mapping of NBS-Encoding resistance genes in *solanum tuberosum* group phureja. PLoS ONE, 2012,7: e34775.

[115]Ma X,Zhou B,Lii Y,et al. Simple sequence repeat genetic linkage maps of A-genome diploid cotton(*Gossypium arboreum*). Journal of Integrative Plant Biology,2008,50: 491-502.

[116]Mei M,Syed N H,Gao W,et al. Genetic mapping and QTL analysis of fiber-related traits in cotton(*Gossypium*). Theoretical and Applied Genetics,2004,108:280-291.

[117]Mukhtar M S,Deslandes L,Auriac M C,et al. The Arabidopsis Transcription factor WRKY27 influences wilt disease symptom development caused by *alstonia solanacearum*. The Plant Journal,2008,56:935-947.

[118]Mzid R,Marchive C,Blancard D,et al. Overexpression of *VvWRKY2* in tobacco

enhances broad resistance to necro-trophic fungal pathogens. Physiol Plant, 2007, 131: 434-447.

[119]Nguyen T B, Giband M, Brottier P, et al. 2004, Wide coverage of the tetraploid cotton genome using newly developed microsatellite markers. Theoretical and Applied Genetics, 109: 167-175.

[120]Oh SK, Baek KH, Park JM, et al. Capsicum annuum WRKY protein CaWRKY1 is a negative regulator of pathogen defense. New Phytol, 2008, 177: 977-989.

[121] Ohme-Takagi M, Shinshi H. Ethylene-inducible DNA binding proteins that interact with an ethylene-responsive element. Plant Cell, 1995, 7: 173-182.

[122] Pang C Y, et al. Comparative proteomics indicates that biosynthesis of pectic precursors is important for cotton fiber and Arabidopsis root hair elongation. Molecular Cellular & Proteomics, 2010, 9: 2019-2033.

[123]Preuss M L, Kovar D R, Julie Lee Y R, et al. A plant-specific kinesin binds to actin microfilaments and interacts with cortical microtubules in cotton fibers. Plant Physiology, 2004, 136: 3945-3955.

[124]Qin H D, Guo W Z, Zhang Y M, et al. QTL mapping of yield and fiber traits based on a four-way cross population in *Gossypium hirsutum* L. Theoretical and Applied Genetics, 2008, 117: 883-894.

[125] Qiu D, Xiao J, Ding X, et al. OsWRKY13 mediates rice disease resistance by regulating defense related genes in salicylate and jasmonate-dependent signaling. Mol Plant Microbe Interact, 2007, 20: 492-499.

[126]Qiu D, Xiao J, Xie W, et al. Rice gene network inferred from expression profiling of plants over expressing OsWRKY13, a positive regulator of disease resistance. Mol Plant, 2008(1): 538-551

[127]Reinisch A. et al. A detailed RFLP map of cotton (*G. hirsutum*×*G. barbadense*): Chromosome organization and evolution in a disomic polyploidy genome. Genetics, 1994, 138: 829-847.

[128]Rong J, et al. A 3347-locus genetic recombination map of sequence-tagged sites reveals features of genome organization, transmission and evolution of cotton (*Gossypium*). Genetics, 2004, 166: 389-417.

[129] Ruan Y, Llewellyn D J, Furbank R T. Suppression of sucrose synthase gene expression represses cotton fiber cell initiation, elongation, and seed development. Plant Cell, 2003, 15: 952-964.

[130]Shappley Z W, Jenkins J N, Meredith W R, et al. An RFLP linkage map of upland cotton, *Gossypium hirsutum* L. Theoretical and Applied Genetics, 1998, 97: 756-761.

[131]Shappley Z W, Jenkins J N, Zhu J, et al. Quantitative trait loci associated with agronomic and fiber traits of upland cotton. Cotton Science, 1998, 2: 153-163.

[132]Shen X L, Guo W Z, Yuan Y L, et al. Genetic mapping of quantitative trait loci for fiber quality and yield trait by RIL approach in Upland cotton. Euphytica, 2007, 155:

371-380.

[133]Shi Y, Zhu S, Mao X, et al. Transcriptome profiling, molecular biological, and physiological studies reveal a major role for ethylene in cotton fiber cell elongation. The Plant Cell, 2006, 18: 651-664.

[134]Shivaprasad P V, Chen H M, Patel K, et al. A MicroRNA superfamily regulates nucleotide binding Site-Leucine-Rich repeats and other mRNAs. Plant Cell, 2012, 24: 859-874.

[135]Skibbe M, Qu N, Galis I, et a1. Induced plant defenses in the natural environment: *Nicotiana attenuata* WRKY3 and WRKY6 coordinate responses to herbivory. Plant Cell, 2008, 20: 1984-2000.

[136]Song X L, Wang K, Guo W Z, et al. A comparison of genetic maps constructed from haploid and BC_1 mapping populations from the same crossing between *Gossypium hirsutum* L. ×*G. barbadense* L. Genome, 2005, 48: 378-390.

[137]Song Y, Ai C R, Jing S J, et al. Research progress on function analysis of rice WRKY gene. Rice Science, 2010, 17: 60-72.

[138]Stork W, Diezel C, Halitschke R, et al. An ecological analysis of the herbivory-elicited JA burst and its metabolism: plant memory processes and predictions of the moving target model. PLoS One, 2009, 4: 04697.

[139]Suo J, Liang X, Pu L, et al. Identification of GhMYB109 encoding a R2R3 MYB transcription factor that expressed specifically in fiber initials and elongating fibers of cotton (*Gossypium hirsutum* L.). Biochimica et Biophysica Acta, 2003, 1630: 25-34.

[140]Tao Z, Liu H, Qiu D, et al. A pair of allelic WRKY genes play opposite roles in rice-bacteria interactions. Plant Physiol, 2009, 151: 936-948.

[141]Udall J A, Swanson J M, Haller K, et al. 2006 A global assembly of cotton ESTs. Genome Research, 2006, 16: 441-450.

[142]Ulloa M, Cantrell R G, Pency R G, et al. QTL analysis of stomatal conductance and relationship to lint yield in an interspecific cotton. Journal of Cotton Science, 2000, 4: 10-18.

[143]Van V M C, Pappaioannou D, Neeleman L, et al. A Novel WRKY transcription factor is required for induction of PR-1a gene expression by salicylic acid and bacterial elicitors. Plant Physiol, 2008, 146: 1983-1995.

[144]Velasco R, Zharkikh A, Affourtit J, et al. The genome of the domesticated apple (*Malus*×*domestica* Borkh). Nature genetics, 2010, 42: 833-841.

[145]Wang H, Hao J, Chen X, et al. Overexpression of rice WRKY89 enhances ultraviolet B tolerance and disease resistance in rice plants. Plant Molecular Biology, 2007, 65: 799-815.

[146]Wang K B, Li F G, Song G L, et al. The draft genome of a diploid cotton *Gossypium raimondii*. Nature Genetics, 2012, 44: 1098-1103.

[147] Wang K, Guo W Z, Zhang T Z. Development of one set of chromosome-specificmicro-satellite-containing BACs and their physical mapping in *Gossypium hirsutum*

L. Theoretical and Applied Genetics, 2007, 115: 675-682.

[148]Wang K, Song X L, Han Z G, et al. Complete assignment of the chromosomes of *Gossypium hirsutum* L. by translocation and fluorescence in situ hybridization mapping. Theoretical and Applied Genetics, 2006, 113: 73-80.

[149]Wang Q, Liu F, Chen X, et al. Transcriptome profiling of early developing cotton fiber by deep-sequencing reveals significantly differential expression of genes in a fuzzless/lintless mutant. Genomics, 2010, 96: 369-376.

[150]Wang S Q, Zhang D H, Li P, et al. Cloning and analysis of a new NBS-LRR resistance gene family in rice. Acta Genetica Sinica, 2005, 32: 704-711.

[151]Wang Z, Gerstein M, Snyder M. RNA-Seq: a revolutionary tool for transcriptomics. Nature Reviews Genetics, 2009, 10: 57-63.

[152]Wendel J F, Albert V A. Phylogenetics of the cotton genus (*Gossypium*): character-state weighted parsimony analysis of chloroplast-DNA restriction site data and its systematic and biogeographic implications. Systematic Botany, 1992, 17: 15-143.

[153]Wilhelm B T, Marguerat S, Watt S, et al., Dynamic repertoire of a eukaryotic transcriptome surveyed at single-nucleotide resolution. Nature, 2008, 453: 1239-1243.

[154]Wu T, Tian Z D, Liu J, et al. A novel leucine-rich repeat receptor-like kinase gene in potato, *StLRPK1*, is involved in response to diverse stresses. Molecular Biology Reports, 2009, 36: 2365-2374.

[155]Wu X, Cheng Y, Liu J. Microwave enhanced ink staining for fast and sensitive protein quantitation in proteomic study. Journal of Proteome Research, 2007, 6: 387-391.

[156]Xiao Z Y, Tan K L, Hu M Y, et al. Cloning and expression analysis of *GhDET*3, a vacuolar H^+-ATPase subunit C gene, from cotton. Journal of Genet Genomics, 2008, 35: 307-312.

[157]Xing D H, Lai Z B, Zheng Z Y, et al. Stress-and pathogen-induced Arabidopsis WRKY48 is a transcriptional activator that represses plant basal defense. Molecular Plant, 2008, 1: 459-470.

[158]Yang Y, Bian S, Yao Y, et al. Comparative proteomic analysis provides new insights into the fiber elongating process in cotton. Journal of Proteome Research, 2008, 7: 4623-4637.

[159]Yao Y, Yang Y, and Liu J. An efficient protein preparation for proteomic analysis of developing cotton fibers by two-dimensional gel electrophoresis. Electrophoresis, 2006, 27: 4559-4569.

[160]Yin J M, Guo W Z, Yang L M, et al. Physical mapping of the Rfl fertility-restoring gene to a 100 kb region in cotton. Theoretical and Applied Genetics, 2006, 1: 1318-1325.

[161]Yoda H, Ogawa M, Yamaguchi Y, et al. Identification of early-responsive genes associated with the hypersensitive response to tobacco mosaic virus and characteriza-tion of a WRKY-type transcription factor in tobacco plants. Molecular Genet Genomics, 2002, 267: 154-161.

[162]Yu J, Yu S, Lu C, et al. High-density linkage map of cultivated allotetraploid cotton based on SSR, TRAP, SRAP and AFLP markers. Journal of Integrative Plant Biology,

2007,49:716-724.

[163]Yu X,Zheng A,Zhu J,et al. Characterization of vegetative insecticidal protein vip genes of Bacillus thuringiensis from Sichuan Basin in China. Curr Microbiol. 2011,62:752-757.

[164]Yuan D,Tu L,Zhang X. Generation,annotation and analysis of first large-scale expressed sequence tags from developing fiber of *Gossypium barbadense* L. PLoS ONE, 2011,6:e22758.

[165]Zhang J,Guo W Z,Zhang T Z. Molecular linkage map of allotetraploid cotton (*Gossypium hirsutum* L. × *Gossypium barbadense* L.) with a haploid population. Theoretical and Applied Genetics,2002,105:1166-1174.

[166] Zhang J, Peng Y, Guo Z. Constitutive expression of pathogen inducible OsWRKY31 enhances disease resistance and affects root growth and auxin response in transgenic rice plants. Cell Research,2008,18:508-521.

[167]Zhang Y,Wang X F ,Yang S,et al. Cloning and characterization of a Verticillium wilt resistance gene from *Gossypium barbadense* and functional analysis in Arabidopsis thaliana. Plant Cell Report,2011,30:2085-2096.

[168]Zhang Z,Xiao Y,Luo M,et al. Construction of a genetic linkage map and QTL analysis of fiber-related traits in upland cotton (*Gossypium hirsutum* L.). Euphytica,2005, 144:91-97.

[169]Zhu Y Q,Xu K X,Luo B,et al. An ATP-Binding cassette transporter GhWBC1 from elongating cotton fibers. Plant Physiology,2003,133:580-588.

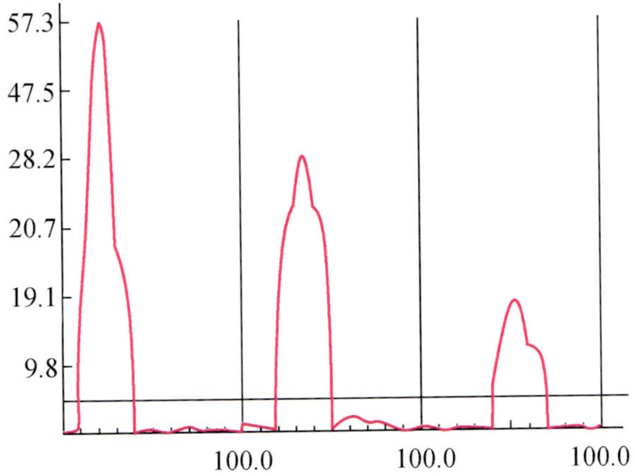

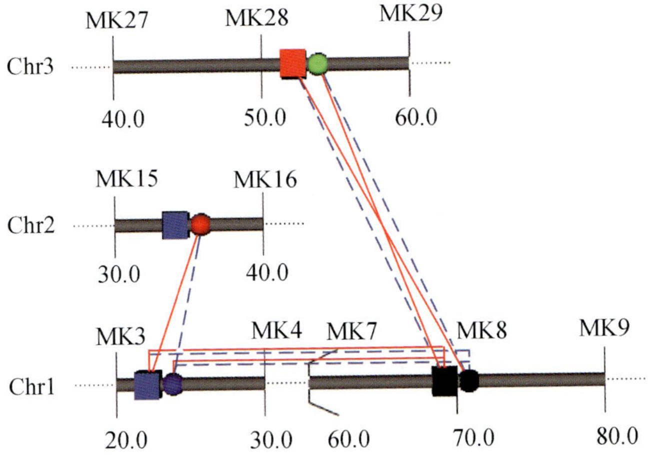

彩图 1(正文图 2.5)　用 IM、CIM、MCIM 分析棉花铃重 QTL 结果，发现用 MCIM 定位了 3 个铃重 QTL 并能分析基因间的互作

红色球表示只有加性效应 A，红色方块表示只有显性效应 D，绿色球表示具有 A 效应与 AE 互作效应(E 为环境效应)，蓝色球表示具有 A 和 AE 效应，蓝色方块表示具有 D 和 DE 效应，黑色球和方块表示只有发生互作才表现出效应值；红色线表示具有互作效应，蓝色虚线表示除 QTL 之间互作外与环境也有互作。

彩图 2(正文图 3.4)　棉花下胚轴为外植体的农杆菌转化实验技术流程

彩图 3(正文图 3.5) 转基因再生苗嫁接

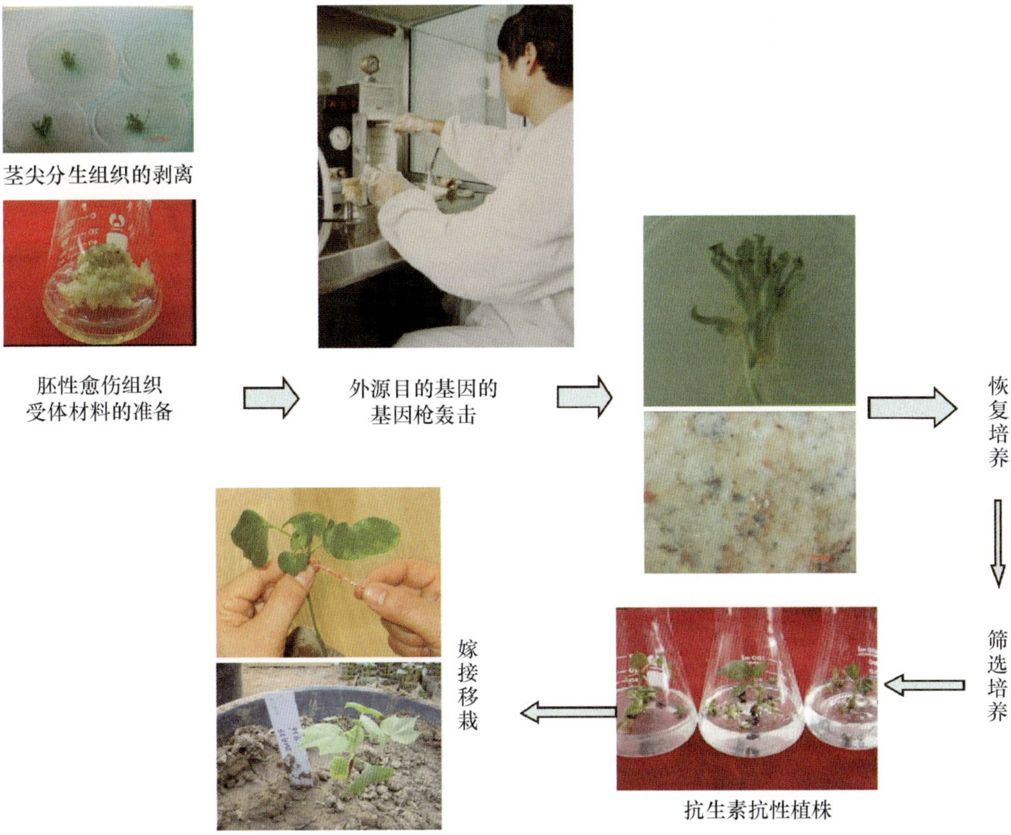

彩图 4(正文图 3.8) 基因枪转化法技术流程

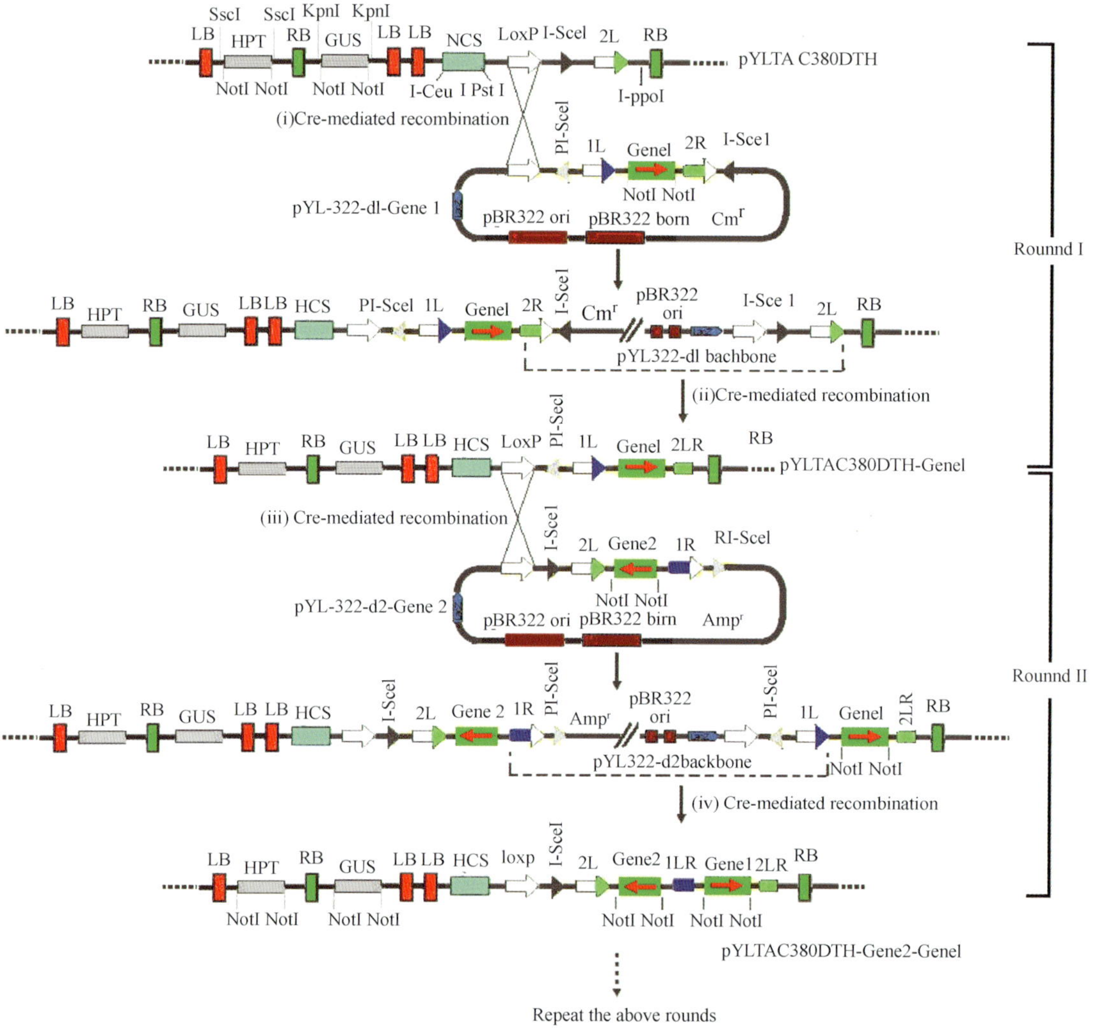

彩图 5(正文图 3.9) pYLTAC380DTH 直接进行多基因组装示意图

(引自国家转基因"863"计划项目:高效、安全规模化转基因技术体系构建)

不具卡那抗性的棉花叶片

卡那抗性棉花叶片

彩图 6(正文图 3.11) 转基因阳性植株卡那筛选

(孟宪鹏提,2009)

抗虫材料　　非抗虫材料

彩图 7(正文图 3.12) 抗虫实验结果

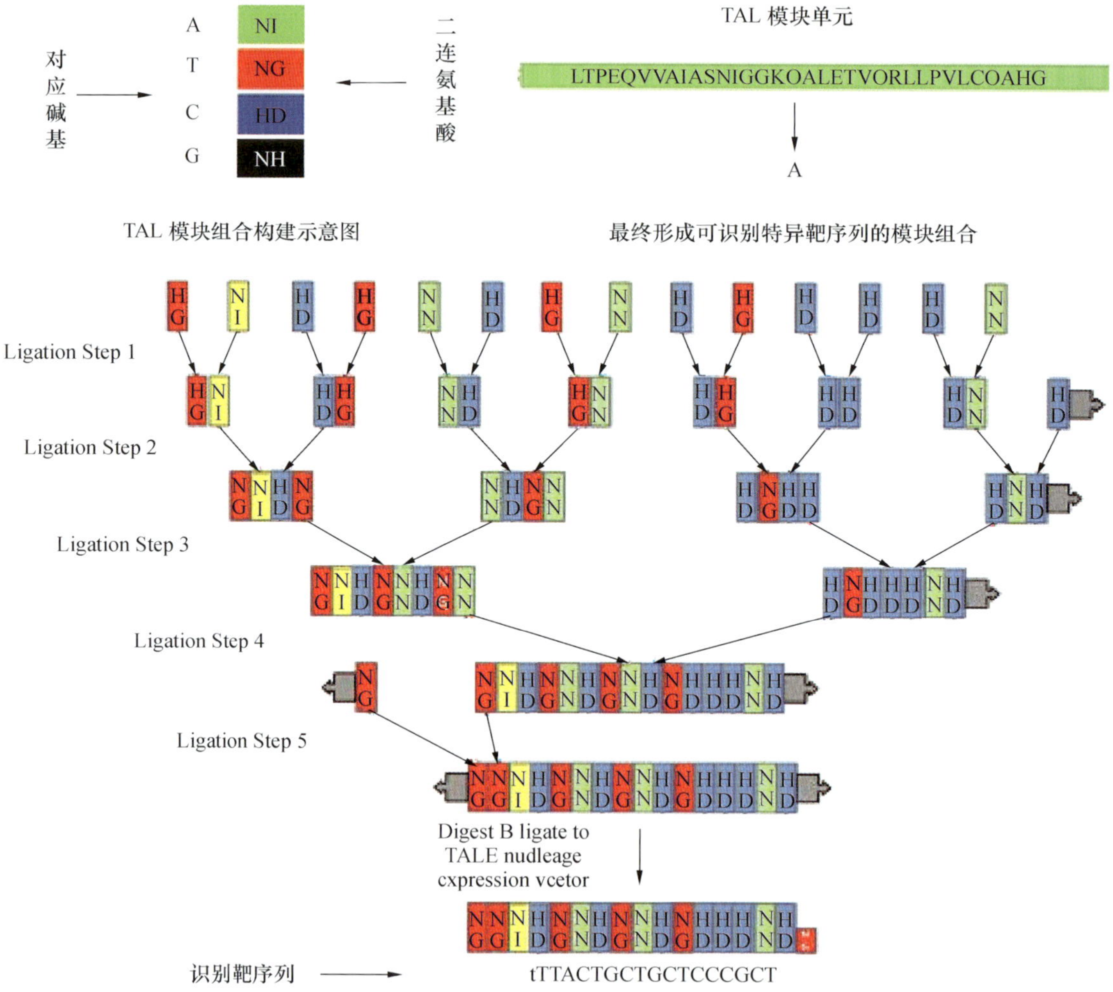

彩图 8(正文图 6.1) **TAL 模块构建示意图**

(引自生物器材网,http://www.bio-equip.com)

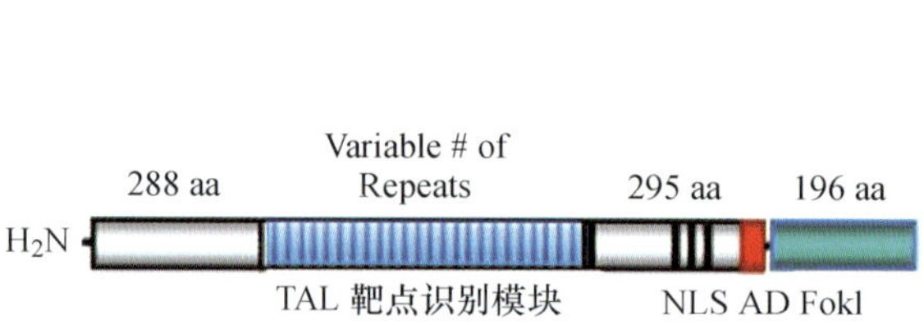

彩图 9(正文图 6.2) **TAL 载体示意图**

(引自生物器材网,http://www.bio-equip.com)